林翔云 著

辨香术

U0231364

化学工业出版社

·北京·

本书系统地介绍了各种香料、香精、香制品、加香产品，如各种天然与合成的香料材料、香药材、精油、纯露、净油、辛香料、浸膏、香树脂、油树脂、香水、化妆品、食品、香烟、燃香等加香产品的鉴定、测定方法和理论，详细介绍了理化分析、化学分析、仪器分析和感官分析的原理和操作、各种方法的优缺点及应用局限。

本书对从事香料、香药材、香制品的贸易、加工、使用、收藏的人员及香料、香精、食品、日用品等加香产品生产厂家的决策者、业务人员、技术人员、管理人员在交易、选购、使用各种香料的过程中极具参考价值，是香料、香精和所有轻工产品制造厂技术人员的重要技术资料。本书可作为全国各地开设香化课程的大学、各类轻工业技术院校、技工学校的教材和阅读材料，也是美容美发、足浴推拿、芳香疗法、芳香养生、精油应用、香文化推广等行业的专业培训教材。

图书在版编目（CIP）数据

辨香术/林翔云著．—北京：化学工业出版社，2017.11（2023.7重印）
ISBN 978-7-122-30666-1

Ⅰ.①辨… Ⅱ.①林… Ⅲ.①香料-鉴定 Ⅳ.①TQ65

中国版本图书馆 CIP 数据核字（2017）第 234619 号

责任编辑：夏叶清 　　　　　　　　　　　文字编辑：孙凤英
责任校对：宋　夏 　　　　　　　　　　　装帧设计：韩　飞

出版发行：化学工业出版社（北京市东城区青年湖南街 13 号　邮政编码 100011）
印　　装：北京盛通数码印刷有限公司
787mm×1092mm　1/16　印张 24　字数 647 千字　2023 年 7 月北京第 1 版第 5 次印刷

购书咨询：010-64518888 　　　　　　　售后服务：010-64518899
网　　址：http://www.cip.com.cn
凡购买本书，如有缺损质量问题，本社销售中心负责调换。

定　　价：118.00 元

前　言

　　香料，尤其是天然香料，自古以来都属于"贵重物质"，有的"价值连城"，大多数也与金银同等价位，有许多香料是重要的药物或食物，人们在辨别、使用、贸易、储运、保存时不敢掉以轻心，担心一不小心就造成巨大的损失。因此，从几千年前到现在，天然香料的辨识、鉴评方法就层出不穷。现今保存在世界各地的有关天然香料、药物的古籍以及近现代各种香料香精、加香产品的书刊、各国的药典里有着大量香物质的检测、鉴赏和评价的技术、方法，供人们选用、借鉴，本书多处引用上述这些文献的资料，读者可作参考。

　　几百年前的人们不可能有今天我们普遍掌握的这么多的化学知识，所以对各种香料、香物质的辨识只能依靠人类的五大感觉器官——眼睛、耳朵、鼻子、舌头和皮肤，靠着视觉、听觉、嗅觉、味觉和肤觉来辨认、分析、评价，这些其实就是我们现在还在进行的、而且仍然是极其重要的所谓的"感官分析法"。古人的大量宝贵经验以及给今人留下的这些方法、技术大部分还是有效的，可以好好总结进一步提高并发扬光大，但有些方法则由于时代的关系，现在已经不适用了，或者应该摒弃了——本书中保留了一些内容，只是想给读者借鉴，或者说明一段历史。各位还是尽量使用"现代手段"进行分析、评定香料，不必受限于先人们的"教条"而有所顾虑，畏缩不前。

　　现代科学技术给我们提供了大量精确、准确的分析仪器、分析方法和分析技术，先人们要是能活到现代，一定羡慕得要死——本书尽量收集了现代仪器方法用于各种香料、香精、香制品的鉴别、检测和评价，每一种香物质都至少有一个明确的、科学的检测手段、方法。读者需要检测与"香"有关的物品，大都可以在本书中找到正确的答案。如还有疑问，也可以直接同本书作者联系，共同探讨、改进。

　　实际上，每一种香料、香物质都有无数的检测、检验方法，选择一个或几个"行之有效"的方法才是人们最关心的。一般来说，能够用比较简单、省钱的方法又能得到正确的结果就不需要动用极其贵重的仪器、设备。有时候贵重的仪器、"高贵的"实验室并不能说明检测的结果就是正确可靠的，因为近现代越是高级昂贵的仪器越是"专注于"某一个或某一类化学成分的检测，这时候你如果没有先作常规的或者一般的分析就轻易相信所谓"高新技术"带给你的片面结果，反而会作出不正确的判断。本书第五章第二节"龙涎香的鉴定方法"里就有这样的实例，读者可以借鉴之。

　　世间一切事物，只要成为商品，就有做假的可能，越是贵重的商品就越是有人做假，香料、香制品自然也不例外，每千克几千、几万甚至几十万元的香料"假货"不断，每千克几百、几十元的也有"假冒伪劣"的。最常见的做假手段就是"掺兑"——在合格品里面兑入廉价香料或者无香添加剂、无香溶剂，造假手段简单易行，让你防不胜防，一不小心就上当受骗，后悔终生。"高明"一点的做假就更不容易识别了。所以，掌握辨香、识假的技术便是每一个香料工作者、与"香"有关的人们所必备的。道高一尺，魔高一丈，想要不上当，学习《辨香术》应当是一辈子的事了。

著者
2017 年 8 月

目　　录

第一章　辨香术语

感官分析——或称感官评价，英文 sensory analysis，是将实验设计和统计分析技术应用于人类和动物的感官（视觉、听觉、嗅觉、味觉、触觉）的一种分析方法，目的在于评估某种物品的品质和价值。该分析需要测试产品并记录反馈的评估员进行集体讨论，即评价（香料、香精和加香产品的感官评价即为评香）。通过对结果应用统计技术可能会获得潜藏于结果之下的推论和信息。

理化分析——通过物理、化学、物理化学等分析手段进行分析，确定物质成分、性能、微观宏观结构和用途等等。

物理分析——主要对物质材料进行分析、检验，确定一些物理变化数据，如密度、折射率、熔点、沸点、蒸气压的测定以及一些简单的光谱分析、超声分析等。

化学分析——以物质的化学反应为基础的分析方法。化学分析有定性分析和定量分析两种。

物理化学分析——即**仪器分析**，基于物理或物理化学原理和性质而建立起来的分析方法，也就是以测量物质的物理性质为基础的分析方法。所以，与化学分析法比较，也可以叫做"物理分析法"或"物理化学分析法"。这类方法通常是以测量光、电、热、声、磁等物理量而求得分析结果的，而测量这些物理量，一般必须使用组装成套的仪器设备，因此称为"仪器分析"。仪器分析的结果往往是相对定量的，一般根据标准工作曲线估计出来。

香——气味好闻，与"臭"相对。会意字，据小篆，从黍，从甘。"黍"表谷物；"甘"表香甜美好。本义：五谷的香。单字用作名词时意为"卫生香"及烧香拜佛用的香，现在统称"燃香"。

臭——通常是指下列之第 1 条，即"难闻的气味"：

（1）难闻的气味。《国语·晋语》"惠公改葬申生，臭彻于外。"

（2）香气。《易·系辞上》"同心之言，其臭如兰。"

（3）名词，气味之总名。气味通于鼻称臭（即嗅，念 xiù），在口者称味。

味——舌头尝东西所得到的感觉和鼻子闻东西所得到的感觉。

滋味——滋味指舌头感觉的味道，酸、甜、苦、咸、鲜、"肥"、辣、涩等等。如《老残游记续集遗稿》第一回说的："鼻能审气息，舌能别滋味。"

味觉——某些溶于水或唾液的化学物质作用于舌面和口腔黏膜上的味蕾所引起的感觉，由酸、甜、苦、咸、鲜、"肥"等 6 种基本感觉组成。

口感——食物在口腔中所引起的感觉的总和，包括味觉、硬度、黏性、弹性、附着性、温度感等。

嗅觉——挥发性物质作用于嗅觉器官而产生的感觉。

伏觉——又称费洛蒙感觉，信息素作用于犁鼻器产生的感觉，经常被人称为"第六感觉"。

犁鼻器——在鼻腔前面的一对盲囊，开口于口腔顶壁的一种化学感受器，能够感觉用于影响同种动物行为的信息素。

信息素——又称外激素，是由个体分泌到体外被同物种的其他个体通过犁鼻器察觉，使后者表现出某种行为、情绪、心理或生理机制改变的物质。

气味——专指人和动物通过嗅觉器官得到的感觉。

香味——令人感到愉快舒适的气息和味感的总称，是通过动物和人的嗅觉和味觉器官得到的感觉。

臭味——通常是指下列之第1条，即"臭恶之气味"：

(1) 臭恶之气味。《周礼·天官·内饔》"辨腥臊膻香之不可食者"。汉郑玄注："腥臊膻香可食者，是别其不可食者，则所谓者皆臭味也。"清赵翼《裙带鱼臭如腌鲞载洲白门乃酷嗜诗以调之》："臭味辐辏不可亲，嗜痂偏作席间珍。"

(2) 气味。汉仲长统《昌言下》："性类纯美，臭味芬香，孰有加此乎？"宋苏轼《题杨次公蕙》诗："蕙本兰之族，依然臭味同。"

(3) 比喻志趣。汉蔡邕《玄文先生李休碑》："凡其亲昭朋徒，臭味相与，大会而葬之。"唐代元稹《与吴端公崔院长五十韵》："吾兄谙性灵，崔子同臭味。投此挂冠词，一生还自恣。"清方苞《赠潘幼石序》："岂臭味之同，虽先生亦有不能自主者耶？"

(4) 比喻同类。《左传·襄公八年》："季武子曰：'谁敢哉！今譬於草木，寡君在君，君之臭味也。'"杜预注："言同类。"唐李百药《房彦谦碑》："且复留连宴赏，提携臭味，登山临水，必动咏言。"宋苏轼《下财启》："夙缘契好，获媾婚姻，顾门阀之虽微，恃臭味之不远。"

香料——广义上，"有气味的物质"就是香料。任何物质，不管是天然的还是人造的，活的还是死的，生物质还是矿物质，有机物还是无机物，只要带有气味，不管这气味是"香"的还是"臭"的，有毒的还是无毒的，强烈的还是淡弱的，都可以叫做"香料"。所以，加香后的物品都算是"香料"；未加香的物品，只要带有某种气味，不管这气味强还是弱，也都可以把它看做是一个"香料"。

但在香料工业里，只有"用来配制香精的有气味的物质"才叫做"香料"。

本书中为了叙述方便，采用的是后一个定义，即"香料"的狭义定义。

香料都含有挥发物，但不一定能挥发干净。也就是说，香料里面可能含有非香料物质。

香料可以分成两大类，即食用香料和非食用香料。非食用香料又叫日用香料。如按来源分类，则分为天然香料与合成香料两大类。

天然香料——以前的定义是"取自自然界的、保持原有动植物香气特征的香料"。通常以自然界存在的芳香植物的含香器官和泌香动物的腺体分泌物为原料，采用粉碎、发酵、蒸馏、压榨、冷磨、萃取以及吸附等物理和生物化学方法进行加工提制而成，分为动物性和植物性香料两大类。现在把微生物发酵产物、美拉德反应产物、"天然香料自然反应产物"等也称为天然香料。

合成香料——包括半合成和全合成方法制成或用天然香料单离出来的香料。按有机化合物的官能团分类，主要有烃类、萜类、醇类、醚类、酸类、酯类、内酯类、醛类、酮类、缩醛(酮)类、腈类、酚类、杂环类及其他各种含硫含氮化合物等。

天然等同香料——代表该香料物质存在于自然界，但是采用合成方法制造获得的。

单离香料——是指用物理或化学方法从天然香料中分离得到的单一成分香料。如月桂烯、薄荷脑、左旋芳樟醇、右旋芳樟醇、桉叶油素、天然香叶醇、天然柠檬醛等。

"脑"——天然香料用物理方法提取出的精华部分，大多数在常温下是固体。如樟脑、龙脑、薄荷脑等等。

单体香料——合成的单一香料化合物与单离香料的总称。

香精——两个或两个以上香料的混合物即香精。香精可以全部是香料的混合物，也可以含有非香料成分，如溶剂（包括水）、色素、乳化剂、稳定剂、抗氧化剂、载体、包容物及其他"必要的"添加剂等。

香精也分成两大类，即食用香精和非食用香精。非食用香精通常又叫日用香精。

稀释剂——调节香精浓度的溶剂，常用的稀释剂为水、乙醇、丙二醇、二缩丙二醇、柠檬酸三乙酯、邻苯二甲酸二乙酯、植物油、矿物油等。

闻香纸——又称试香纸、香水试条。一般是质地厚而结实的纸，长 10～20cm，宽 0.5～1.5cm。使用时在纸条上蘸一滴液体香料、香精或香水，供人们嗅闻、观察、比较、测试香味之用。

香基——具有一定香气特征的香料混合物，所以也属于香精。香基代表某种香型，并作为香精中的一种"香料"来使用，例如要让某一个香精多一些茉莉花香韵，可以往其中加入一定量的茉莉花香基。任何一种香精也都可以当做香基使用。

头香——也称为顶香，是人们对香料、香精或香制品嗅辨中最初片刻时的香气印象，或者是人们首先嗅感到的香气特征。头香是香精整个香气的一个组成部分，一般由香气扩散力较好的香料所形成。把香料、香精或香水沾在闻香纸上，半个小时内嗅闻到的香气为头香。

体香——头香与底香中间过渡的香味。有人认为体香是香料或香精的"灵魂"。在闻香纸上，半个小时到四个小时内嗅闻到的香气为体香。

基香——也称为底香，香料、香精最后散发的香味。在闻香纸上，四个小时后还能嗅闻到的香气为基香。

香韵——多种香气结合在一起所带来的某种香气韵调，是某种香料、香精或香制品的香气中带有的某些香气韵调而不是整个物料的香气特征。

香型——也称香气类型，用来描述某种香料、香精或香制品的整个香气类型或格调。

气味阈值——在一定温度及压力下，人或动物的嗅觉把一种物质与纯空气区分开的最低浓度值（在空气中）。其单位有 mg/m^3 空气、mg/cm^3 空气及 10^{-6}、10^{-9}、mol/m^3 空气等。

味觉阈值——在一定条件下被人或动物的味觉系统所感受到的某刺激物的最低浓度值。其单位有 $mg/1000kg$ 溶剂、mg/kg 溶剂及 10^{-6}、10^{-9}、mol/kg 溶剂、$mol/1000kg$ 溶剂等。

辨香——识辨香气，区分、辨别出各种香味，评定其优劣，鉴定品质等级。识辨出被辨评样品的香气特征，如香韵、香型、强弱、扩散程度和留香持久性等。对于调香师、评香师和加香实验师来说，辨香就是能够区分辨别出各类或各种香料、香精、加香和未加香产品的香气或香味，能评定它的"好""坏"以及鉴定其品质等级。如果是辨别一种香料混合物或加香产品，还要求能够指出其中香气和香味大体上来自哪些香料，能辨别其中"不受欢迎"的香气和香味来自何处。

评香——对比香气或鉴定香气。嗅辨和比较香料、香精、加香产品的香韵，头香、体香、基香、香气强度、协调程度、留香程度、相像程度、香气的稳定程度和色泽的变化等。

评香师——对各种香料、香精和加香产品的香气进行评价的人员。

嗅盲——某些人对某种或者某些香料气体无嗅感，但不是嗅觉完全缺失。

嗅觉疲劳——也称为嗅觉适应现象。人们长期接触某种气味，无论该气味是令人愉快的还是令人憎恶的，都会引起人们对所感受气味强度的不断减弱，这一现象叫做嗅觉疲劳。一旦脱离该气味，让鼻子暴露于新鲜空气中，对所感受的气味感觉可以恢复如常。

油——常温下为液体的憎水性物质的总称，通常指食用油。形声字，从水，从由，由亦声。"由"意为"滑动"。"水"指"汁水"、"液体"。"水"与"由"联合起来表示"润滑的液体"。本义：润滑的（动植物）汁液，一般指动物的脂肪和由植物或矿物中提炼出来的脂质物（英文 oil）。

　　油脂——食用油和脂肪的统称。从化学成分上来讲油脂都是高级脂肪酸与甘油形成的酯。植物油在常温常压下一般为液态，称为油，而动物脂肪在常温常压下为固态，称为脂。油脂均为混合物，无固定的熔沸点。油脂不但是人类的主要营养物质和主要食物之一，也是重要的工业原料。制法有压榨法、溶剂提取法、水代法和熬煮法等四类。所得的油脂可按不同的需要，用脱磷脂、干燥、脱酸、脱臭、脱色等方法精制。

　　精油——又称**天然精油**，从广义上讲，是指从香料植物和泌香动物的器官中经加工提取所得到的挥发性含香物质制品的总称。从狭义上讲，精油是指用水蒸气蒸馏法、压榨法、冷磨法或干馏法从香料植物器官中所制得的含香物质的制品。

　　薁——俗称蓝油烃，一种青蓝色片状晶体，熔点 99℃，沸点 242℃。薁是萘的异构体，是由一个七元环的环庚三烯负离子和五元环的环戊二烯正离子稠合而成的。如果不考虑桥键，它有 10 个 π 电子，符合 $4n+2$ 规则，具有芳香性；符合休克尔规则，具有平面结构，能进行硝化和付-克反应。薁类化合物是许多植物挥发油的成分之一。薁的化学结构式见图 1-1。

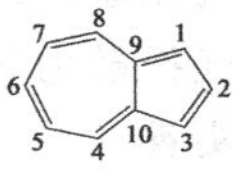

图 1-1　薁的化学结构式

　　薁类化合物的沸点一般在 250～300℃。植物精油分馏时，高沸点馏分可见到美丽的蓝色、紫色或绿色的现象时，表示可能有薁类化合物存在。

　　薁类化合物溶于石油醚、乙醚、乙醇、甲醇等有机溶剂，不溶于水，溶于强酸。

　　薁类化合物具有随水蒸气挥发的性质，可将含有薁类化合物的药物与水共蒸馏，使薁类成分随水蒸气一并馏出。

　　薁类化合物易溶于强酸，借此可用 60%～65% 硫酸或磷酸从挥发油中提取薁类成分，硫酸或磷酸提取液加水稀释后，薁类成分即沉淀析出。

　　自然界里大约 20% 的天然精油含有薁类化合物，薁类化合物有抗过敏、抗炎、促进伤口愈合等作用，用于治疗辐射热灼伤、皲裂、冻疮等。

　　纯露——用水蒸气蒸馏法提取精油时得到的副产品，即精油上面或下面含少量特殊香料成分的蒸馏水。

　　酊剂——用一定浓度的乙醇浸提香料植物器官或其渗出物以及泌香动物的含香器官或其香分泌物所得到的含有一定数量乙醇的香料制品，常温下制得的酊剂称为"冷法酊剂"，在加热回流条件下制得的酊剂称为"热法酊剂"。

　　除萜精油——采用减压分馏法或选择性溶剂萃取法，或分馏-萃取联用法将精油中所含的单萜烯类化合物（$C_{10}H_{16}$）或倍半萜烯类化合物（$C_{15}H_{24}$）除去或除去其中的一部分，这种处理后的精油叫做除萜精油。

　　精制精油——用再蒸馏或真空精馏处理过的精油，其目的是将精油（原油）中某些对人体不安全的或带有不良气息的或含有色素的成分除去，用以改善产品的质量。

　　浓缩精油——采用真空分馏或萃取或制备性层析等方法，将精油（原油）中某些无香气价值的成分除去后的精油成品。

　　配制精油——采用人工调配的方法，制成近似该天然品香气和其他质量要求的精油。

　　全天然配制精油——采用天然精油或其中某些馏分与单离香料配制的精油，可以代替天然精油使用，不得含有非天然成分，与重组精油类似。

　　重组精油——也叫**重整精油**，采用一定的方法去除精油的某些成分，不补入或补入一些其他物质，使其香气和其他质量要求与该天然品相近似。如果补入的成分来自于天然物质，人们还是把它视同"全天然"精油。

　　复配精油——两种或两种以上的精油混合而成，要求混合后的液体上下均匀一致，不分层，不沉淀。实际上，在合成香料出现之前所有的香精都是复配精油。

浸膏——用有机溶剂或超临界二氧化碳浸提香料植物器官（有时包括香料植物的渗出物树胶或树脂）所得的膏状香料制品。

辛香料——也称**香辛料**，专门作为调味用的香料植物全草或其枝、叶、果、籽、皮、茎、根、花蕾、分泌物等，有时也指从这些香料植物中制得的香料制品。

香树脂——用有机溶剂浸提香料植物渗出的树脂样物质所得到的香料制品。

香膏——香料植物由于生理或病理的原因而渗出带有香成分的树脂样物质。

树脂——有天然树脂和合成树脂两种：天然树脂是植物渗出植株外的萜类化合物因受空气氧化而形成的固态或半固态物质，不溶于水，多数天然树脂是没有香气的。合成树脂是用人工合成的树脂，有时候也指将天然树脂中的精油去除后的制品。

油树脂——有天然油树脂和经过制备的油树脂之分：天然油树脂是树干或树皮上的渗出物，通常是澄清、黏稠、色泽较浅的液体。

经过制备的油树脂是指采用能溶解植物中的精油、树脂和脂肪的无毒溶剂或超临界二氧化碳浸提植物药材，然后蒸去溶剂、二氧化碳所得的液态制品。本书中叙述的"油树脂"指的都是这种油树脂。

油树脂是指采用适当的溶剂从辛香料原料中将其香气和口味成分尽可能抽提出来，再将溶剂蒸馏回收，制得的稠状、含有精油的树脂性产品。其成分主要有：精油、辛辣成分、色素、树脂及一些非挥发性的油脂和多糖类化合物。与精油相比，油树脂的香气更丰富，口感更丰满，具有抗菌、抗氧化等功能。油树脂能大大提高香料植物中有效成分的利用率。例如：桂皮直接用于烹调，仅能利用有效成分的25％，制成油树脂则可达95％以上。

油树脂是由芳香油、脂肪油及树脂物质所组成的混合体，呈深棕色或绿色液体，它的挥发油含量、颜色等理化指标与生产方法有关，生产工艺不同其理化指标有所差异，但均含有每种辛香料的芳香成分、辛香味成分、脂肪油等有效成分，具有该种辛香料的香味、滋味和感官特性。

树胶——来自植物和微生物的一切能在水中生成溶液或黏稠分散体的多糖和多糖衍生物。

树胶树脂——植物的天然渗出物，包含树脂和少量的精油，它们部分溶于乙醇、烃类溶剂、丙酮或含氯的溶剂。

油-树胶-树脂——植物的天然渗出物，其中含有精油、树胶与树脂，典型的品种是没药油-树胶-树脂。

香脂——用脂肪（或油脂）冷吸法将某些鲜花中的香成分吸收在纯净无臭的脂肪（或油脂）内，这种含有香成分的脂肪（或油脂）称为香脂。

净油——用乙醇萃取浸膏、香树脂或香脂的萃取液，经过冷冻处理，滤去不溶于乙醇中的全部物质（多半是蜡质，或者是脂肪、萜烯类化合物），然后在减压低温下，谨慎地蒸去乙醇的产物。用乙醚萃取纯露中的香料成分，蒸去乙醚后的产物也是净油。

第二章 理化检测、化学分析和仪器分析

第一节 理 化 检 测

理化检测，就是借助物理、化学的方法，使用某种测量工具或仪器设备，如千分尺、千分表、验规、显微镜、密度计、折光仪等进行的检验，与官能检验（感官分析）、仪器分析一样是质量检验的方式之一。凡是利用物理的、化学的技术手段，采用理化检验用的计量器具、仪器仪表、测试设备或化学物质和实验方法，对产品进行检验而获取检验结果的检验方法都属于理化检测范畴。

换一个说法，理化检测是以机械、电子或化学量具为依据和手段，对天然物品、人造产品、混合加工制品的物理和化学特性进行测定，以确定其是否符合规定要求。

理化检测通常都是能测得具体的数值，人为的误差小。因而有检验条件时，要尽可能采用理化检验。

理化检测的基本程序大致如下：

① 样品的采集和保存；

② 样品的制备和预处理；

③ 检验测定；

④ 分析数据处理；

⑤ 检验报告。

香料、香精、加香产品检测的第一步都是理化检测，有的物品只要简单的理化检测就可以确定"是不是"和"品质如何"，就不需要"大动干戈"再进行烦琐的感官分析或仪器检测。例如有许多合成香料单体只要测定它的密度、折射率、熔点、沸点、蒸气压、旋光度等就可以断定其质量、纯度是否"合格"，这在香料香精制造厂里是很正常的事，而且天天都有人在进行着这种"简单的"测验。

一、密度检测

密度是单位体积的质量——某种物质的质量和体积的比值即单位体积的某种物质的质量，叫作这种物质的密度。国际单位为千克每立方米（kg/m^3），此外还常用克每立方厘米（g/cm^3）。对于液体或气体还用克每升（g/L）、千克每升（kg/L）、克每毫升（g/mL）等。

密度是物质的一种特性，不随质量和体积的变化而变化，只随物态温度、压强变化而变化。用水举例：水的密度在 4℃ 时为 $10^3 kg/m^3$ 或 $1g/cm^3$（$1.0 \times 10^3 kg/m^3$），其物理意义是每立方米的水的质量是 1000 千克。

密度通常用"ρ"表示。

密度是一个物理量，用来描述物质在单位体积下的质量。

密度也可以引申为一个量与一个范围的比值作为这种情况下的简称，例如人口密度、磁通

密度（又称磁感应强度）等，与本书内容无关。

密度在生产技术上的应用可从以下几个方面反映出来：

1. 可鉴别组成物体的材料

密度是物质的特性之一，每种物质都有一定的密度，不同物质的密度一般是不同的，因此我们可以利用密度来鉴别物质。其办法是测定待测物质的密度，把测得的密度和密度表中各种物质的密度进行比较，就可以鉴别物体是什么物质组成的。

2. 可计算物体中所含各种物质的成分

3. 可计算某些很难称量的物体的质量或形状比较复杂的物体的体积

根据密度公式的变形式 $m=V\rho$ 或 $V=m/\rho$，可以计算出物体的质量和体积，特别是一些质量和体积不便直接测量的问题，如计算不规则形状物体的体积、质量等。

4. 可判定物体是实心还是空心

利用密度知识可以解决简单问题，如判断物体是否空心等。判定物体是空心的还是实心的一般有以下三种方法：

（1）根据公式求出其密度，再与该物质密度 ρ 比较，若小于 ρ，则为空心，若等于 ρ，则为实心；

（2）已知质量由公式 $V=m/\rho$，求出 V，再与 $V_物$ 比较，若 $V_物<V$，则为空心，若 $V=V_物$，则该物体为实心；

（3）把物体当作实心物体对待，利用求出体积为 V 的实心物体的质量 m，然后将 m 与物体实际质量 m 物比较，若 $m>m_物$，则该物体为空心，若 $m=m_物$，则该物体为实心。

5. 可计算液体内部压强以及浮力等

综上所述可见，密度在科学研究和生产生活中有着广泛的应用。对于鉴别未知物质，密度是一个重要的依据。

测量香料密度的方法多种多样，液体香料直接用密度计测定即可。

常用的密度计有浮子式密度计、静压式密度计、振动式密度计和放射性同位素密度计等。

浮子式密度计的工作原理是物体在流体内受到的浮力与流体密度有关，流体密度越大浮力越大。如果规定了被测样品的温度（例如规定 25℃），则仪器也可以用密度数值作为刻度值。这类仪器中最简单的是目测浮子式玻璃密度计，简称玻璃密度计（图 2-1）。玻璃密度计有两种，一种测密度比纯水大的液体密度，叫重表；另一种测密度比纯水小的液体，叫轻表。

高精度液体密度计如图 2-2 所示。

静压式密度计的工作原理：一定高度液柱的静压力与该液体的密度成正比。因此可根据压力测量仪表测出的静压数值来衡量液体的密度。膜盒是一种常用的压力测量元件，用它直接测量样品液柱静压的密度计称为膜盒静压式密度计。

振动式密度计——两位奥地利著名科学家 Hans Stabinger 和 Hans Leopord 发现了振荡管密度计的测量原理：物体受激而发生振动时，其振动频率或振幅与物体本身的质量有关，如果在一个 U 形的玻璃管内充以一定体积的液体样品，则其振动频率或振幅的变化便反映一定体积的样品液体的质量或密度。两位科学家后来设计出密度计原型并交由 Urich Santner 先生以及其公司 Anton Paar 在 1967 年设计了最早的数字式液体密度计。全自动的液体密度计均基于 U 形振荡管的原理。振荡管高精度液体密度计见图 2-3，振动式密度计见图 2-4。

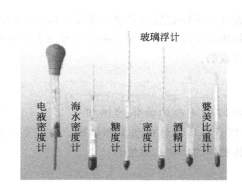

图 2-1　玻璃密度计

图 2-2　高精度液体密度计

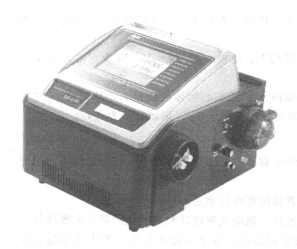

图 2-3　振荡管高精度液体密度计

图 2-4　振动式密度计

另一种常用的密度计是单管吹气式密度计，它以测量气压代替直接测量液柱压力。将吹气管插入被测液体液面以下一定深度，压缩空气通过吹气管不断从管底逸出。此时管内空气的压力便等于那段高度的样品液柱的压力，压力值可换算成密度。

放射性同位素密度计仪器内设有放射性同位素辐射源。它的放射性辐射（例如 γ 射线），在透过一定厚度的被测样品后被射线检测器所接收。一定厚度的样品对射线的吸收量与该样品的密度有关，而射线检测器的信号则与该吸收量有关，由此反映出样品的密度。

数显全自动精油密度计是香料工业常用的测量仪器，分为透射式密度计和反射式密度计两种。

现介绍一种比较简单的不溶于水的固体香料的测量方法：

首先使用天平测出该香料的质量，然后使用量筒测出体积，最后使用公式得出密度。

测固体密度的基本原理 $\rho = m/V$。

器材：天平、量筒、水、细绳。

步骤为：

① 用天平称出香料的质量 m；

② 往量筒中注入适量水读出体积为 V_1；

③ 用细绳系住香料放入量筒中浸没，读出体积为 V_2。

计算表达式为

$$\rho = m/(V_2 - V_1)$$

各种香料的密度见本书后面的"常用香料理化数据表"。

用密度计测定精油的密度是检测精油密度最常见也是最简单、有效的方法，但是也有作假者利用调配的方法调节密度而以假乱真，所以单单靠密度检测从而断定某个香料的品质是不够的。

二、折射率检测

折射率是有机化合物最重要的物理常数之一，它能精确而方便地被测定出来；作为液体物质纯度的标准，它比沸点更为可靠。利用折射率，可鉴定未知化合物。如果一个化合物是纯的，那么就可以根据所测得的折射率排除考虑中的其他化合物，从而识别出这个未知物来。

基本原理：光在不同介质中的传播速度不相同。光线自一种透明介质进入另一透明介质的时候，由于两种介质的密度不同，光的进行速度发生变化，即发生折射现象，一般折射率是指光线在空气中进行的速度与供试品中进行速度的比值。

根据折射定律，折射率是光线入射角的正弦与折角的正弦的比值，即：$n = \sin i / \sin r$。式中，n 为折射率；$\sin i$ 为光线入射角的正弦；$\sin r$ 为折射角的正弦。

折射率的定义：在不同介质里的光线入射角正弦与折角正弦比值。

$$n = c_1/c_2$$

其中 c 表示在不同介质里的光速。比如光在玻璃里的速度是在真空中的 1/2，那么玻璃相对真空的折射率为 2。

物质的折射率因温度或光线波长的不同而改变，透光物质的温度升高，折射率变小；光线的波长越短，折射率越大。

作为液体物质纯度的标准，折射率比沸点更为可靠。

利用折射率，可以鉴定未知化合物，也可用于确定液体混合物的组成。所以浓度也应该可以测出。事实上已有大量经验数据，对照相应表格可以进行该项实验。

在蒸馏两种或两种以上的液体混合物且各组分的沸点彼此接近时，就可利用折射率来确定馏分的组成。因为当组分的结构相似和极性相同时，混合物的折射率和物质的量组成之间常呈线性关系。例如，由 1mol 四氯化碳和 1mol 甲苯组成的混合物折射率为 1.4822，而纯甲苯和纯四氯化碳在同一温度下折射率分别为 1.4944 和 1.4651。所以，要分馏此混合物时，就可利用这一线性关系求得馏分的组成。

物质的折射率不但与它的结构和光线波长有关，而且也受温度、压力等因素的影响。所以折射率的表示须注明所用的光线和测定时的温度，常用 n 表示。D 是以钠灯的 D 线（589.3nm）作光源，t 是与折射率相对应的温度。由于大气压的变化对折射率的影响不显著，所以只在很精密的工作中，才考虑压力的影响。一般地，当温度增高 1℃ 时，液体有机化合物的折射率就减小 $3.5 \times 10^{-4} \sim 5.5 \times 10^{-4}$。某些液体，特别是测定折射率的温度与其沸点相近时，其温度系数可达 7×10^{-4}。在实际工作中，往往把某一温度下测定的折射率换算成另一温度下的折射率。为了便于计算，一般用 4×10^{-4} 作为温度变化常数。这个粗略计算所得的数值可能略有误差，但却有参考价值。

折光仪又称折射仪，是利用光线测试液体浓度的仪器，用来测定折射率、双折率、光性。

折射率是物质的重要物理常数之一，许多纯物质都具有一定的折射率，物质如果其中含有杂质则折射率将发生变化，出现偏差，杂质越多，偏差越大。

折射仪主要由高折射率棱镜（铅玻璃或立方氧化锆）、棱镜反射镜、透镜、标尺（内标尺或外标尺）和目镜等组成。

折射仪有手持式折光仪、糖量折光仪、蜂蜜折光仪、宝石折光仪、数显折光仪、全自动折光仪及在线折光仪等。

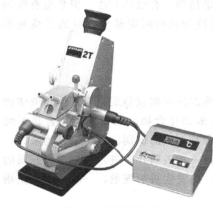

图 2-5　阿贝折光仪

当光由介质 A 进入介质 B，如果介质 A 对于介质 B 是疏物质，即 $n_A < n_B = $ "1/sin" 也是一个常数。很明显，在一定波长与一定条件下，通过测定临界角就可以得到折射率，这就是通常所用阿贝（Abbe）折光仪的基本光学原理。

为了测定折射率值，阿贝折光仪（图 2-5）采用了"半明半暗"的方法，就是让单色光由 0°～90°的所有角度从介质 A 射入介质 B，这时介质 B 中临界角以内的整个区域均有光线通过，因而是明亮的；而临界角以外的全部区域没有光线通过，因而是暗的，明暗两区域的界线十分清楚。如果在介质 B 的上方用一目镜观测，就可看见一个界线十分清晰的半明半暗的像。

介质不同，临界角也就不同，目镜中明暗两区的界线位置也不一样。如果在目镜中刻上一"十"字交叉线，改变介质 B 与目镜的相对位置，使每次明暗两区的界线总是与"十"字交叉线的交点重合，通过测定其相对位置（角度）并经换算，便可得到折射率。而阿贝折光仪的标尺上所刻的读数即是换算后的折射率，故可直接读出。同时阿贝折光仪有消色散装置，故可直接使用日光，其测得的数字与钠光线所测得的一样。这些都是阿贝折光仪的优点所在。

阿贝折光仪的使用方法：先使折光仪与恒温槽相连接，恒温后，分开直角棱镜，用丝绢或擦镜纸沾少量乙醇或丙酮轻轻擦洗上下镜面。待乙醇或丙酮挥发后，加一滴蒸馏水于下面镜面上，关闭棱镜，调节反光镜使镜内视场明亮，转动棱镜直到镜内观察到有界线或出现彩色光带；若出现彩色光带，则调节色散，使明暗界线清晰，再转动直角棱镜使界线恰巧通过"十"字的交点。记录读数与温度，重复两次测得纯水的平均折射率与纯水的标准值（1.33299）比较，可求得折光仪的校正值，然后以同样方法测出待测液体样品的折射率。校正值一般很小，若数值太大时，整个仪器必须重新校正。

精油的折射率照样可以作假，也就是有人会在某种精油里加入一些其他香料成分或者溶剂改变精油的折射率。所以单靠测精油的折射率来判定精油有没有问题也是不可靠的。

三、熔点检测

物质的熔点，即在一定压力下，纯物质的固态和液态呈平衡时的温度，也就是说在该压力和熔点温度下，纯物质呈固态的化学势和呈液态的化学势相等。而对于分散度极大的纯物质固态体系（纳米体系）来说，表面部分不能忽视，其化学势不仅是温度和压力的函数，而且还与固体颗粒的粒径有关，属于热力学一级相变过程。

熔点是固体将其物态由固态转变（熔化）为液态的温度，一般可用 T_m 表示。进行相反动作（即由液态转为固态）的温度，称为凝固点。与沸点不同的是，熔点受压力的影响很小。大多数情况下一个物体的熔点就等于凝固点。

晶体开始熔化时的温度叫做熔点。物质有晶体和非晶体，晶体有熔点，而非晶体则没有熔点。晶体又因类型不同而熔点也不同。一般来说晶体熔点从高到低为：原子晶体＞离子晶体＞金属晶体＞分子晶体。在分子晶体中又有比较特殊的，如水、氨气等。它们的分子间因为含有氢键而不符合"同主族元素的氢化物熔点规律性变化"的规律。

熔点是一种物质的一个物理性质。物质的熔点并不是固定不变的，有两个因素对熔点影响很大。一是压力，平时所说的物质的熔点，通常是指 1 个大气压（1atm＝101325Pa，下同）时的情况；如果压力变化，熔点也要发生变化。熔点随压力的变化有两种不同的情况。对于大多数物质，熔化过程是体积变大的过程，当压力增大时，这些物质的熔点要升高；对于像水这样的物质，与大多数物质不同，冰融化成水的过程体积要缩小（金属铋、锑等也是如此），当压力增大时冰的熔点要降低。另一个就是物质中的杂质，我们平时所说的物质的熔点，通常是指纯净的物质的熔点。但在现实生活中，大部分的物质都是含有其他的物质的，比如在纯净的液态物质中溶有少量其他物质，或称为杂质，即使数量很少，物质的熔点也会有很大的变化。例如水中溶有盐，熔点就会明显下降，海水就是溶有盐的水，海水冬天结冰的温度比河水低，就是这个原因。饱和食盐水的熔点可下降到约－22℃，北方的城市在冬天下大雪时，常常往公路的积雪上撒盐，只要这时的温度高于－22℃，足够的盐总可以使冰雪融化，这也是一个熔点在日常生活中的应用。

熔点实质上是该物质固、液两相可以共存并处于平衡的温度，以冰融化成水为例，在一个大气压下冰的熔点是 0℃，而温度为 0℃时，冰和水可以共存，如果与外界没有热交换，冰和水共存的状态可以长期保持稳定。在各种晶体中粒子之间相互作用力不同，因而熔点各不相同。同一种晶体，熔点与压力有关，一般取在 1 个大气压下物质的熔点为正常熔点。在一定压力下，晶体物质的熔点和凝固点都相同。熔解时体积膨胀的物质，在压力增加时熔点就要升高。

在有机化学领域中，对于纯粹的有机化合物，一般都有固定的熔点。即在一定压力下，固-液两相之间的变化都是非常敏锐的，初熔至全熔的温度不超过 0.5～1℃（熔点范围或称熔距、熔程）。但如混有杂质则其熔点下降，且熔距也较长。因此熔点测定是辨认物质本性的基本手段，也是纯度测定的重要方法之一。

熔点测定方法一般用毛细管法和微量熔点测定法。在实际应用中都是利用专业的测熔点仪来对一种物质进行测定。全自动熔点测定仪见图 2-6。

相同条件不同状态物质的熔、沸点比较规律：

（1）在相同条件下，不同状态的物质的熔、沸点的高低是不同的，一般有：固体＞液体＞气体。例如：NaBr（固）＞Br_2（液）＞HBr（气）。

（2）不同类型晶体的比较规律。一般来说，不同类型晶体的熔、沸点的高低顺序为：原子晶体＞离子晶体＞分子晶体。金属晶体的熔、沸点有高有低。这是由于不同类型晶体的微粒间作用不同，其熔、沸点也不相同。原子晶体间靠共价键结合，一般熔、沸点最高；离子晶体阴、阳离子间靠离子键结合，一般熔、沸点较高；分子晶体分子间靠范德华力结合，一般熔、沸点较低；

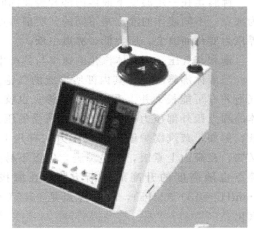

图 2-6　全自动熔点测定仪

金属晶体中金属键的键能有大有小，因而金属晶体熔、沸点有高有低。

例如：金刚石＞食盐＞干冰。

（3）同种类型晶体的比较规律

① 原子晶体　熔、沸点的高低，取决于共价键的键长和键能，键长越短，键能越大，熔、沸点越高。

例如：晶体硅、金刚石和碳化硅三种晶体中，因键长 C—C＜C—Si＜Si—Si，所以熔、沸点高低为：金刚石＞碳化硅＞晶体硅。

② 离子晶体　熔、沸点的高低，取决于离子键的强弱。一般来说，离子半径越小，离子所带电荷越多，离子键就越强，熔、沸点就越高。

例如：MgO＞CaO；NaF＞NaCl＞NaBr＞NaI。

③ 分子晶体　熔、沸点的高低，取决于分子间作用力的大小。一般来说，组成和结构相似的物质，其分子量越大，分子间作用力越强，熔、沸点就越高。

例如：F_2＜Cl_2＜Br_2；CCl_4＜CBr_4＜Cl_4。

④ 金属晶体　熔、沸点的高低，取决于金属键的强弱。一般来说，金属离子半径越小，自由电子数目越多，其金属键越强，金属熔、沸点就越高。

例如：Na＜Mg＜Al；Li＞Na＞K。

绝大多数香料属于有机化合物，而有机化合物熔点的高低取决于晶格引力的大小，晶格引力愈大，熔点愈高，反之则愈低。而晶格引力的大小，主要取决于分子间作用力性质、分子结构形状以及晶格的类型，其中以离子间的电性吸引力最大，偶极分子间的吸引力与分子间的缔合次之，非极性分子间的吸引力最小。

由化合物的熔点与其结构可以归纳出以下 4 条规律：

① 以离子为晶格单位的无机盐、有机盐或能形成内盐的氨基酸等熔点都较高；

② 在分子中引入极性基团，偶极矩增大，熔点、沸点都升高，故极性化合物比分子量接近的非极性化合物的熔点高；但是当羟基上引入烃基时，熔点降低；

③ 能形成分子间氢键的比形成分子内氢键的熔点高；

④ 同系物中，熔点随分子量的增大而升高，且分子结构愈对称，排列愈整齐，熔点愈高。

四、沸点检测

沸腾是在一定温度下液体内部和表面同时发生的剧烈汽化现象。液体沸腾时候的温度被称为沸点。不同液体的沸点是不同的，所谓沸点是针对不同的液态物质沸腾时的温度。沸点随外界压力变化而改变，压力低，沸点也低。

饱和蒸气压：当液体汽化的速率与其产生的气体液化的速率相同时的气压。

当液体沸腾时，在其内部所形成的气泡中的饱和蒸气压必须与外界施予的压力相等时，气泡才有可能长大并上升，所以，沸点也就是液体的饱和蒸气压等于外界压力时的温度。液体的沸点跟外部压力有关。当液体所受的压力增大时，它的沸点升高；压力减小时，沸点降低。例如，蒸汽锅炉里的蒸汽压力，有几十个大气压，锅炉里的水的沸点可在200℃以上。又如，在高山上煮饭，水易沸腾，但饭不易熟。这是由于大气压随地势的升高而降低，水的沸点也随高度的升高而逐渐下降。在海拔 1900m 处，大气压约为 79800Pa（600mmHg，1mmHg＝133.322Pa），水的沸点是 93.5℃。沸点低的一般先汽化，而沸点高的一般较难汽化。

在相同的大气压下，液体不同沸点亦不相同。这是因为饱和气压和液体种类有关。在一定的温度下，各种液体的饱和气压亦一定。例如，乙醚在 20℃ 时饱和气压为 5865.2Pa（44cmHg），低于大气压，温度稍有升高，使乙醚的饱和气压与大气压力相等时，将乙醚加热到 35℃即可沸腾。液体中若含有杂质，则对液体的沸点亦有影响。液体中含有溶质后它的沸点要比纯净的液体高，这是由于存在溶质后，液体分子之间的引力增加了，液体不易汽化，饱和气压也较小。要使饱和气压与大气压相同，必须提高沸点。不同液体在同一外界压力下，沸点不同。沸点随压力而变化的关系可由克劳修斯方程式得到。

测定沸点常用的方法有常量法（蒸馏法）和微量法（沸点管法）两种。沸点测定可用沸点测定仪，见图 2-7；不同外压下液体沸点测定仪见图 2-8。

图 2-7　沸点测定仪

图 2-8　不同外压下液体沸点测定仪

微量法测定沸点：

① 沸点管的制备　沸点管由外管和内管组成，外管用长 7～8cm、内径 0.2～0.3cm 的玻璃管将一端烧熔封口制得，内管用市购的毛细管截取 3～4cm 封其一端而成。测量时将内管开口向下插入外管中。

② 沸点的测定　取 1～2 滴待测样品滴入沸点管的外管中，将内管插入外管，然后用小橡皮圈把沸点管附于温度计旁，再把该温度计的水银球位于 b 形管两支管中间，然后加热。加热时由于气体膨胀，内管中会有小气泡缓缓逸出，当温度升到比沸点稍高时，管内会有一连串的小气泡快速逸出。这时停止加热，使溶液自行冷却，气泡逸出的速率即渐渐减慢。在最后一气泡不再冒出并要缩回内管的瞬间记录温度，此时的温度即为该液体的沸点，待温度下降 15～20℃后，可重新加热再测一次（2 次所得温度数值不得相差 1℃）。

双液系沸点测定仪（图 2-9）可测定不同混合溶液的沸点。如收集互成平衡时的气相和液相，测出折射率，从而可作出二元液系平衡相图。

绝大多数香料属于有机化合物，有机化合物沸点的高低，主要取决于分子间引力的大小，分子间引力越大，沸点就越高，反之则越小。而分子间引力的大小受分子的偶极矩、极化度、氢键等因素的影响。具体可以归纳出 4 条规律：

① 在同系物中，随着分子量增加，沸点升高；直链异构体的沸点高于支链异构体，支链愈多，沸点愈低。

② 含有极性基团时的化合物偶极矩增大，其沸点比母体烃类化合物沸点高。同分异构体的沸点一

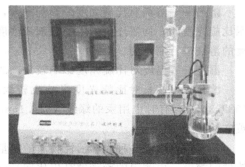

图 2-9　双液系沸点测定仪

一般是伯异构体＞仲异构体＞叔异构体。

③ 当分子中能形成缔合氢键时，沸点显著升高，且形成的氢键越多，沸点越高。

④ 在顺反异构体中，一般顺式异构体的沸点高于反式。

五、旋光分析

旋光分析法是利用物质的旋光性质测定溶液浓度的方法。许多物质具有旋光性（又称光学活性），如含有手性碳原子的有机化合物。当平面偏振光通过这些物质（液体或溶液）时，偏振光的振动平面向左或向右旋转，这种现象称为旋光。偏振光旋转的角度称为旋光度，旋转的方向与时针转动方向相同时称为右旋，以"＋"号表示；如与之相反，则称为左旋，以"－"号表示。

这些旋光性质为化合物的特性，可以用于鉴别和定量测定。为便于比较，通常将旋光度换算成比旋光度（又称旋光率），其定义为在一定温度下，一定波长的偏振光透过每毫升中含有1g旋光性物质的溶液1dm长时所旋转的角度。

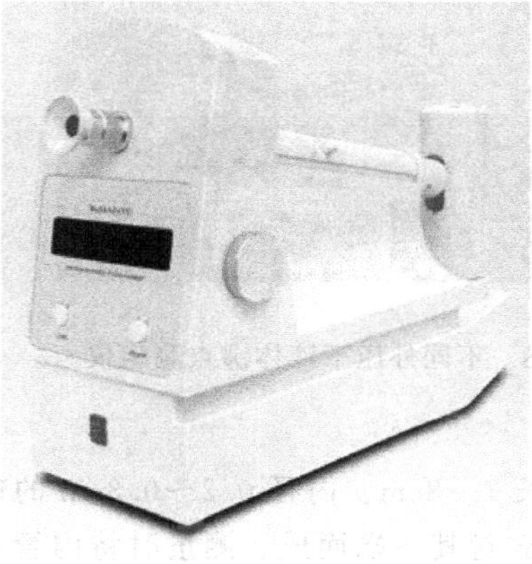

图 2-10　旋光计

测定旋光的仪器称为旋光计（图 2-10），它由单色光源、偏光镜、测量管、分析镜和检测装置所组成。由光源发出的单色光经过偏光镜（常用尼科尔棱镜）产生面偏振光，然后通过测量管，照到分析镜上。分析镜为另一偏光镜，可在轴心方向转动。当测量管内不含样品时，通过分析镜的光强度由偏光镜与分析镜偏振面的交角而定。交角为零度时则全部通过，而当二者成90°角时，则无光线通过，在分析镜上的检测装置视野中将为全暗。此时，如果在测量管中装上光学活性物质的溶液时，由于偏振光被旋转，从测量管透过的光与分析镜偏振面的交角不再为90°，因此有部分光线通过，在检测器视野中将看到光亮。将分析镜旋转，又可使视野中变为全暗，此时偏振光与分析镜的偏振面又为直角相交。分析镜旋转的角度可由刻度盘上读出，此读数即样品的旋光度。为了便于观察，仪器中常装有半荫器，将视野分为两个半圆，测量时将分析镜调节至两个半圆内的光亮度相等时作为终点。新式的仪器则使用光电管或其他装置，将光强度转为电信号后测量，或自动显示出旋光度读数，消除了人为的误差，提高了准确度。

影响比旋光度的因素如下。

浓度——大多数光学活性物质的比旋光度都或多或少受浓度的影响；

溶剂——溶剂对比旋光度的影响很大，和溶剂分子与溶质分子之间的作用有关。因此在表示比旋光度时，均需注明所用的溶剂和浓度，如"$c=1$，$CHCl_3$"表明是在氯仿中配成1%浓度的溶液进行测量的。

温度——温度对比旋光度影响较大，故进行测量时应保持在恒定温度并标明之。

波长——波长对比旋光度影响也较大，所以测量时必须固定波长，常用钠光谱的 D 线（589.3nm），有时也用汞的绿线（546.1nm）。以比旋光度或旋光度对波长作图，称为旋光谱，英文缩写为 ORD。

旋光法可用于各种光学活性物质的定量测定或纯度检验。将样品在指定的溶剂中配成一定浓度的溶液，由测得的旋光度算出比旋光度与标准比较，或以不同浓度溶液绘制出标准曲线，求出含量。

旋光度 α 除了与样品本身的性质有关以外，还与样品溶液的浓度、溶剂、光线穿过的旋光管的长度、温度及光线的波长有关。一般情况下，温度对旋光度测量值影响不大，通常不必使样品置于恒温器中。因此常用比旋光度 $[\alpha]_\lambda^t$ 来表示各物质的旋光性。在一定的波长和温度下比旋光度 $[\alpha]_\lambda^t$ 可以用下列关系式表示：

$$\text{纯液体的比旋光度} = [\alpha]_\lambda^t = \alpha/(dl)$$
$$\text{溶液的比旋光度} = [\alpha]_\lambda^t = 100\alpha/(cl)$$

$[\alpha]_\lambda^t$ 表示旋光性物质在 t℃、光源的波长为 λ 时的比旋光度。光源的波长一般用钠光的 D 线，在 20℃ 或 25℃ 测定。如 $[\alpha]_D^{20}$（水）表示某旋光化合物以水为溶剂在 20℃ 时在钠光的 D 线下所测的比旋光度。

式中，α 为标尺盘转动的角度读数（即旋光度），用旋光仪测定；λ 为光源的光波长；d 为纯液体的密度，g/cm³。

六、蒸气压检测

一定外界条件下，液体中的液态分子会蒸发为气态分子，同时气态分子也会撞击液面回归液态。这是单组分系统发生的两相变化，一定时间后，即可达到平衡。平衡时，气态分子含量达到最大值，这些气态分子撞击液体所能产生的压强，简称蒸气压。

蒸气压反映溶液中有少数能量较大的分子有脱离母体进入空间的倾向，这种倾向也称为逃逸倾向。

蒸气压不等同于大气压。

在饱和状态时，湿空气中水蒸气分压等于该空气温度下纯水的蒸气压。

一种物质的蒸气压也称作饱和蒸气压，蒸气压指的是这种物质的气相与其非气相达到平衡状态时的压力。任何物质（包括液态与固态）都有挥发成为气态的趋势，其气态也同样具有凝聚为液态或者凝华为固态的趋势。在给定的温度下，一种物质的气态与其凝聚态（固态或液态）之间会在某一个压力下存在动态平衡。此时单位时间内由气态转变为凝聚态的分子数与由凝聚态转变为气态的分子数相等。这个压力就是此物质在此温度下的饱和蒸气压。蒸气压与物质分子脱离液体或固体的趋势有关。对于液体，从蒸气压高低可以看出蒸发速率的大小。具有较高蒸气压的物质通常说其具有挥发性。

任何物质的蒸气压都随着温度非线性增加，它们之间的关系可以用克劳修斯-克拉佩龙方程（Clausius-Clapeyron relation）描述。随着温度的升高，物质蒸气压随之升高直到足以克服周围大气的压力从而在物质本体内的任何位置发生汽化而产生大量气泡，这一现象叫做沸腾，而这个温度叫做此压力下的沸点。物质的常压沸点就是此物

图 2-11　蒸气压测定仪

质的饱和蒸气压等于 1 个标准大气压时候的温度。需要注意的是在较深液体中发生的沸腾所需温度会高于较浅液体中的沸腾，因为除了大气压力外还需要克服液体自身深度所造成的压力。

各种常用的香料都可以用蒸气压测定仪（图 2-11）检测其蒸气压，部分香料在 25℃ 的蒸气压（μmHg）数据见表 2-1。

表 2-1　部分香料在 25℃ 的蒸气压（μmHg）数据

香料	蒸气压	香料	蒸气压	香料	蒸气压	香料	蒸气压
乙醛	837000	戊酸异丁酯	1550	甲酸芳樟酯	125	四氢香叶醇	46
甲酸甲酯	584000	糠醛	1500	苯乙酸甲酯	125	玫瑰油	45
二甲基硫醚	500000	对伞花烃	1450	甲酸薄荷酯	120	二苯甲烷	44
甲酸乙酯	243000	二聚戊烯	1400	乙酸苄酯	120	丙酸苯酯	42
二乙酮	224000	异戊酸正戊酯	1400	水杨酸甲酯	118	甲基壬乙醛	42
乙酸甲酯	218000	甜橙油	1400	甲酸苯乙酯	116	十二醛	42
乙酸乙酯	94600	香柠檬油	1400	苄醇	115	格蓬油	40
丙酸甲酯	85300	对甲酚甲醚	1200	甲基黑椒酚	110	丙酸香茅酯	38
甲酸丙酯	82700	甲基庚烯酮	1200	龙蒿油	110	异丁酸芳樟酯	38
乙醇	59000	苯甲醛	1100	庚炔羧酸甲酯	110	二苯醚	37
异丁酸甲酯	50400	乙基戊基甲酮	1100	溴代苏合香烯	105	百里香酚	35
异丙醇	44500	α-水芹烯	1030	乙酸对甲酚酯	105	乙酸二甲基苄基甲酯	34
甲酸异丁酯	42000	正丁醇	1030	乙酸芳樟酯	101		
甲酸	40000	正辛醛	850	正辛醇	100	乙酸香叶酯	34
丙酸乙酯	36500	正丁酸正戊酯	850	龙葵醛二甲基缩醛	100	龙脑	33.5
乙酸丙酯	33600	甲基己基甲酮	820	香叶油	100	二缩丙二醇	33
正丁酸甲酯	32600	α-小茴香酮	800	留兰香酮	95	异丁酸苯乙酯	33
水	23756	糠醇	770	乙酸壬酯	95	大茴香醛	32
异丁酸乙酯	22100	小茴香醇	680	苯丙醛	92	异丁酸苄酯	32
戊酸甲酯	19000	乙酰乙酸乙酯	670	乙酸异胡薄荷酯	92	桂醛	29.5
乙酸异丁酯	17200	α-辛酮	560	异胡薄荷醇	90	苯乙酸异丁酯	29
异丁酸异丙酯	15900	庚酸乙酯	550	乙酸龙脑酯	86	月桂醛	28
丁酸乙酯	15500	甲酸庚酯	525	壬酸乙酯	75	香芹醛	26
乙酸	15200	水杨醛	480	乙酸薄荷酯	75	香芹酚	26
甲酸异戊酯	14000	β-侧柏酮	435	依兰依兰油	75	石竹烯	25.5
丙酸异戊酯	13100	甲酸辛酯	400	十一醛	74	羟基香茅醛二甲基缩醛	25
二乙硫	8400	乙酸庚酯	400	异戊基苯甲基醚	71		
异戊酸乙酯	8100	苯乙醛	390	丙酸异龙脑酯	70	正壬醇	24
异丁酸丙酯	7900	正庚醇	380	丙酸龙脑酯	68	苯丙醇	23
丙酸异丁酯	6600	苯甲酸甲酯	340	苯乙酸乙酯	66	丙酸香叶酯	23
乙酸异戊酯	5600	薄荷酮	320	丙酸苯酯	65	苹果酸二乙酯	23
苏合香烯	4900	甲酸苄酯	320	枯茗醇	65	异黄樟油素	22.8
异丁酸异丁酯	4700	苯乙酮	307	乙酸松油酯	64	N-甲基邻氨基苯甲酸甲酯	22
正丁酸正丙酯	4500	正壬醛	260	对甲基龙葵醛	62		
α-蒎烯	4400	甲酸龙脑酯	240	甲基壬基甲酮	62	甲基丁香酚	22
正壬烷	4250	香茅醛	230	苯甲酸异丁酯	60	乙酸苯丙酯	22
丙酸	4000	龙葵醛	225	大茴香脑	58	香叶醇	20.5
甲基戊基甲酮	3850	苯甲酸乙酯	220	柠檬醛	58	6-甲基喹啉	20
异硫氰酸烯丙酯	3550	丙二醇	220	乙酸苯乙酯	58	广藿香油	20
正庚醛	3400	樟脑	202	L-薄荷脑	54	橡苔浸膏	20
大茴香醚	3300	二甲基对苯二酚	180	苯乙醇	54	水杨酸异丁酯	19
莰烯	2700	辛酸乙酯	175	丙酸芳樟酯	54	异戊酸苄酯	18
丙酸异戊酯	2600	芳樟醇	165	异十一醛	54	α-紫罗兰酮	16
正丁酸异丁酯	2250	除萜香柠檬油	165	水杨酸乙酯	54	苯乙酸异戊酯	16
异戊酸异丁酯	2200	草莓醛	153	黄樟油素	53	β-杜松烯	15.6
丙酸正戊酯	2100	乙酸苏合香酯	145	甲酸香叶酯	50	桂酸甲酯	15.4
异丁酸正戊酯	2100	琥珀酸二乙酯	140	α-松油醇	48	香茅醇	15.1
异松油烯	1800	胡薄荷酮	138	乙酸香茅酯	48	异丁香酚甲醚	15
己酸乙酯	1700	对甲基苯乙酮	137	异丁酸龙脑酯	48	正癸醇	14
桉叶油素	1650	乙酸辛酯	135	乙酸对叔丁基环己酯	47	丁香酚	13.8
月桂烯	1650	苯乙醛二甲缩醛	130			苯甲酸戊酯	12.8
						邻氨基苯甲酸甲酯	12

续表

乙酸大茴香酯	12	兔耳草醛	6.7	柏木脑	4	二苯甲酮	1
乙酸桂酯	12	α-檀香醇	6.3	丙位壬内酯	4	丙位十一内酯	1
吲哚	11.8	酒石酸二乙酯	6.2	洋茉莉醛	4	柠檬酸三乙酯	0.9
乙二醇单苯基醚	10.6	檀香醇	6	乙酸香根酯	4	甲位己基桂醛	0.7
金合欢醇	10	十一烯醇	6	瑟丹内酯	3.8	环十五内酯	0.5
β-紫罗兰酮	9.9	异丁酸香叶酯	6	苯乙酸	3.7	邻苯二甲酸二乙酯	0.5
对乙酰茴香醚	9.6	十一酸乙酯	5.5	春黄菊倍半萜烯醇	3.5		
茉莉酮	9.4	3-甲基吲哚	5.3	乙酰丁香酚	3.3	苯甲酸苄酯	0.36
十一烯酸甲酯	9.4	香茅基含氧乙醛	5	十二醇	3.2	6-甲基香豆素	0.2
亚苄基丙酮	9	异丁香酚	5	桂酸异丁酯	3.1	香兰素	0.17
橙花叔醇	8	水杨酸异戊酯	4.9	香豆素	3	水杨酸苄酯	0.15
大茴香醇	8	十一醇	4.5	甲位戊基桂醛	3	乙基香兰素	0.15
异丁酸香茅酯	8	异丁香酚	4.5	麝香酮	2.5	葵子麝香	0.025
甲基紫罗兰酮	7.1	羟基香茅醛	4.4	苯乙酸苄酯	2	二甲苯麝香	0.01
桂花乙酯	7.1	桂醇	4.2	惕各酸香叶酯	2	酮麝香	0.0024
邻苯二甲酸二甲酯	7	洋茉莉醛	4.2	异戊基桂醛	1.3		

　　检测出的蒸气压可以初步判定一个香料样品的真伪，了解这个香料的"纯度"，但最好同时测定"标准品"的蒸气压，两相比较才能得出正确的结果。

七、溶解性检测

　　溶解性是指一种物质能够被另一种物质溶解的程度，即一种物质在一种溶剂里溶解能力的大小。发生溶解的物质叫溶质，溶解他物的液体（一般过量）叫溶剂，或称分散媒，生成的混合物叫溶液。

　　物质的溶解性与物质的溶解度之间既有联系，又有区别。物质的溶解性，即物质溶解能力的大小。这种能力既取决于溶质的本性，又取决于它跟溶剂之间的关系。不论影响物质溶解能力的因素有多么复杂，都可以简单地理解为这是物质本身的一种属性。例如食盐很容易溶解在水里，却很难溶解在汽油里；油脂很容易溶解于汽油，但很难溶解于水等。食盐、油脂的这种性质，是它们本身所固有的一种属性，都可以用溶解性这个概念来概括。然而溶解度则不同，它是按照人们规定的标准，来衡量物质溶解性的一把"尺子"。在同一规定条件下，不同溶质在同一溶剂中所能溶解的不同数量，就在客观上反映了它们溶解性的差别。因此，溶解度的概念既包含了物质溶解性的含义，又进一步反映了在规定条件下的具体数量，是溶解性的具体化、量化，是为定量研究各物质的溶解性而作的一种规定后形成的概念。

　　溶解性是指达到（化学）平衡的溶液而不能容纳更多的溶质。在特殊条件下，溶液中溶解的溶质会比正常情形多，这时它便成为过饱和溶液。每份（通常是每份质量）溶剂（有时可能是溶液）所能溶解的溶质的最大值就是"溶质在这种溶剂里的溶解度"。

　　溶解度的定义：在一定温度下，某固体物质在100g溶剂里达到饱和状态时所溶解的质量。

　　如果一种溶质能够很好地溶解在溶剂里，我们就说这种物质是可溶的。如果溶解的程度不好，称这种物质是微溶的。如果很难溶解，则称这种物质是不溶或难溶的。

　　实际上，溶解度往往取决于溶质在水中的溶解平衡常数，这是平衡常数的一种，反映了溶质的溶解-沉淀平衡关系，当然它也可以用于沉淀过程（那时它叫溶度积）。因此，溶解度与温度关系很大，也就不难解释了。

　　溶剂通常分为两大类：极性溶剂、非极性溶剂。溶剂种类与物质溶解性的关系可被概括为："溶其所似"或者"相似相溶"。意思是说，极性溶剂能够溶解离子化合物以及能离解的共价化合物，而非极性溶剂则只能够溶解非极性的共价化合物。比如，食盐是一种离子化合物，它能在水中溶解，却不能在乙醇中溶解。

有机化合物的溶解度与分子的结构及所含的官能团密切相关，可用"相似相容"的经验规律判断。

① 一般离子型的有机化合物如有机酸盐、胺的盐类等易溶于水。

② 能与水形成氢键的极性化合物易溶于水，如：醇、醛、酮、胺等化合物。其中直链烃基<4 个碳原子，支链烃基<5 个碳原子的一般都溶于水，但是随碳原子数的增加，这些化合物在水中的溶解度将逐渐减小。

③ 能形成分子内氢键的化合物在水中的溶解度将减小。

④ 一般碱性化合物可溶于酸，如有机胺可溶于盐酸，一般酸性有机化合物可溶于碱，如：羧酸、酚、磺酸等可溶于 NaOH 中。

在有机化学中一般会用到的溶剂有丙酮、乙醇、水和苯等。

水以及非极性溶剂是不能互溶的，例如水和石油醚不相溶解。如果施以强烈搅拌或振荡，它们也不会形成均一的混合物，这时称作悬浊液，最终会分离为两层。在油中加入相应的乳化剂，入水后有可能形成水包油或油包水的均一乳状液体。

第二节　化学分析

利用物质的化学反应为基础的分析，称为化学分析。化学分析历史悠久，是分析化学的基础，又称为经典分析。化学分析是绝对定量的，根据样品的量、反应产物的量或消耗试剂的量及反应的化学计量关系，通过计算得出待测组分的量。而另一种重要的分析方法仪器分析是相对定量，一般是根据标准工作曲线，估计出来的。

化学分析根据其操作方法的不同，可将其分为滴定分析（titrimetry）和重量分析（gravimetry）。而近年来国内已形成了另一种分析概念，称为"微谱分析"技术。

化学分析分为主成分分析和全成分分析等。

1. 滴定分析

根据滴定所消耗标准溶液的浓度和体积以及被测物质与标准溶液所进行的化学反应计量关系，求出被测物质的含量，这种分析被称为滴定分析，也叫容量分析（volumetry）。利用的是溶液 4 大平衡理论，即酸碱（电离）平衡理论、氧化还原平衡理论、络合（配位）平衡理论、沉淀溶解平衡理论。

滴定分析根据其反应类型的不同，可将其分为：

① 酸碱滴定法：测各类酸碱的酸碱度和酸碱的含量；

② 氧化还原滴定法：测具有氧化还原性的物质；

③ 络合滴定法：测金属离子的含量；

④ 沉淀滴定法：目前主要是测卤素和银。

2. 重量分析

根据物质的化学性质，选择合适的化学反应，将被测组分转化为一种组成固定的沉淀或气体形式，通过钝化、干燥、灼烧或吸收剂的吸收等一系列的处理后，精确称量，求出被测组分的含量，这种分析称为重量分析。

经过 19 世纪的发展，到 20 世纪 20～30 年代，分析化学已基本成熟，它不再是各种分析方法的简单堆砌，已经从经验上升到了理论认识阶段，建立了分析化学的基本理论，如分析化学中的滴定曲线、滴定误差、指示剂的作用原理、沉淀的生成和溶解等基本理论。

一、官能团定性分析

有机物的官能团是指化合物分子中具有一定结构特征，并反映该化合物某些物理特性和化学特性的原子或原子团。

官能团是决定有机化合物的化学性质的原子或原子团。常见官能团有碳碳双键、碳碳三键、羟基、羧基、醚键、醛基、羰基等。有机化学反应主要发生在官能团上，官能团对有机物的性质起决定作用，—X、—OH、—CHO、—COOH、—NO$_2$、—SO$_3$H、—NH$_2$、RCO—，这些官能团就决定了有机物中的卤代烃、醇或酚、醛、羧酸、硝基化合物或亚硝酸酯、磺酸类有机物、胺类、酰胺类的化学性质。常见官能团及典型代表物的名称和结构简式见表 2-2。

表 2-2 常见官能团及典型代表物名称和结构简式

类别	官能团	典型代表物的名称和结构简式	
烷烃	—	甲烷	CH$_4$
烯烃	C=C 双键	乙烯	CH$_2$=CH$_2$
炔烃	—C≡C— 三键	乙炔	CH≡CH
芳香烃	—	苯	⬡
卤代烃	—X（X 代表卤素原子）	溴乙烷	CH$_3$CH$_2$Br
醇	—OH 羟基	乙醇	CH$_3$CH$_2$OH
酚	—OH 羟基	苯酚	⬡—OH
醚	—C—O—C— 醚键	乙醚	CH$_3$CH$_2$OCH$_2$CH$_3$
醛	—C(=O)—H 醛基	乙醛	H$_3$C—C(=O)—H
酮	—C(=O)— 羰基	丙酮	H$_3$C—C(=O)—CH$_3$
羧酸	—C(=O)—OH 羧基	乙酸	H$_3$C—C(=O)—OH
酯	—C(=O)—O—R 酯基	乙酸乙酯	H$_3$C—C(=O)—O—C$_2$H$_5$

烯烃：碳碳双键（C=C）；加成反应、氧化反应。具有面式结构，即双键及其所连接的原子在同一平面内。

炔烃：碳碳三键（—C≡C—）；加成反应。具有线式结构，即三键及其所连接的原子在同一直线上。

卤代烃：卤素原子（—X），X 代表卤族元素（F、Cl、Br、I）。

醇、酚：羟基（—OH）；伯醇羟基可以消去生成碳碳双键，酚羟基可以和 NaOH 反应生成钠盐和水，与 Na$_2$CO$_3$ 反应生成 NaHCO$_3$，二者都可以和金属钠反应生成氢气。

醚：醚键（—C—O—C—），可以由醇羟基脱水形成。最简单的醚是甲醚（二甲醚 DME）。

硫醚：（—S—）由硫化钾（或钠）与卤代烃或硫酸酯反应而得，易氧化生成亚砜或砜，与卤代烃作用生成锍盐（硫鎓盐）。在分子中硫原子影响下，α-碳原子可形成碳正、负离子或碳自由基。

醛：甲酰基（—CHO）；可以发生银镜反应，可以和费林试剂反应氧化成羧基。与氢加成生成羟基。

酮：羰基（$\diagdown$C＝O）；可以与氢加成生成羟基。由于氧的强吸电子性，碳原子上易发生亲核加成反应。其他常见化学反应包括亲核还原反应、羟醛缩合反应。

羧酸：羧基（—COOH）；酸性，与 NaOH 反应生成水（中和反应），与 $NaHCO_3$、Na_2CO_3 反应生成二氧化碳，与醇发生酯化反应。

酯：酯（—COO—）；在酸性条件下水解生成羧酸与醇（不完全反应），碱性条件下生成盐与醇（完全反应）。

硝基化合物：硝基（—NO_2）；亚硝基（—NO）。

胺：氨基（—NH_2），弱碱性。

磺酸：磺基或磺酸（—SO_3H），酸性，可由浓硫酸取代生成。

酰：—CO—，有机化合物分子中的氮、氧、碳等原子上引入酰基的反应统称为酰化。

硝酸：HO—NO_2。

硝酰基：—NO_2。

硫酸：HO—SO_2—OH。

磺酰基：R—SO_2—。

腈：氰基（—C≡N），氰化物中碱金属氰化物易溶于水，水解呈碱性。

胩：异氰基（—NC）。

腙：＝C＝NNH_2，醛或酮的羰基与肼或取代肼缩合。

巯基：—SH，弱酸性，易被氧化。

膦：—PH_2，由磷化氢的氢原子部分或全部被烃基取代。

肟：醛肟，RH$\diagup\diagdown$C＝N—OH；酮肟，RR′$\diagup\diagdown$C＝N—OH，醛或酮的羰基和烃胺中的氨基缩合。

环氧基：—CH(O)CH—。

偶氮基：—N＝N—。

芳香环（如苯环），其特征是容易发生亲电取代，难以发生加成反应，并且光谱上这种大共轭体系一般具有特征吸收峰。如进行核磁共振时，芳香环对于连接其上的氢一般有很强的去屏蔽效应。

有机物的分类依据组成、碳链、官能团和同系物等。对于同一种原子组成，却形成了不同的官能团，从而形成了不同的有机物类别，这就是官能团的种类异构。如：相同碳原子数的醛和酮，相同碳原子数的羧酸和酯，都是由于形成不同的官能团所造成的有机物种类不同的异构。

根据对象的不同，可分为无机定性分析和有机定性分析；根据分析手续的不同，可分为系统分析和分别分析；根据操作方式的不同，可分为干法分析和湿法分析；根据取样量的不同，可分为常量分析、半微量分析、微量分析和超微量分析，微量分析包括点滴实验和显微分析。

定性分析的主要任务是确定物质（化合物）的组成，只有确定物质的组成后，才能选择适当的分析方法进行定量分析，如果只是为了检测某种元素、离子、化合物、混合物是否存在，是分别分析；如果需要经过一系列反应去除其他干扰元素、离子、化合物、混合物或要求了解有哪些其他元素、离子、化合物、混合物存在，则为系统分析。

定性分析主要是解决研究对象"有没有"和"是不是"的问题，定性研究分为三个过程：

① 分析综合；

② 比较；

③ 抽象和概括。

定性分析常在定量分析之前进行，它为设计或选择定量分析方法提供有用的信息；但并非所有的定量分析都必须事先进行定性分析，因为有时分析对象中含有哪些组分是已知的。

定性分析必须通过一系列的实验去完成，如果实验结果与预期相符，称为得到一个"正实验"，或称实验阳性，也就是说某组分在试样中是存在的；反之，得到一个"负实验"或实验阴性，表示某组分不存在。

组分存在与否的根据是：

① 物质的物理特性，如颜色、气味、密度、硬度、焰色、熔点、沸点、溶解度、光谱、折射率、旋光性、磁性、导电性能、放射性、晶形等，有时可利用放大镜或显微镜获得物质组分的重要线索；

② 物质在发生化学反应时，特征颜色、荧光、磷光的出现或消失，沉淀的生成或溶解，特征气体和特征气味的出现，光和热的产生等；

③ 生物学现象，例如只要存在痕量的某些重金属元素，就能促进或抑止某些微生物的生长；也可以利用酶的特殊选择性去检出物质，如尿素酶能使尿素分解为二氧化碳和氨，但其不与硫脲、胍、甲基脲作用。

官能团分析——分子结构能反映其特性并具有反应性能的一种分析，即对官能团的分析。分析方法有化学方法和物理方法。化学方法如醇类的酯化、羧酸类的羧基等这类官能团可用定性方法分析；对活性强的官能团可利用选择反应进行化学方法分析；对于离解常数大的酸根类可用电位方法进行分析。物理方法一般可用红外光谱法或拉曼谱。这些物理方法是靠官能团中的原子振动吸收的能量谱线直接确定官能团。

官能团对有机物的性质起决定作用，有机物的性质实际上是官能团的性质，含有什么官能团的有机物就应该具备这种官能团的化学性质，不含有这种官能团的有机物就不具备这种官能团的化学性质。例如，醛类能发生银镜反应，或被新制的氢氧化铜悬浊液所氧化，可以认为这是醛类的特征反应；但这不是醛类物质所特有的，而是醛基所特有的。因此，凡是含有醛基的物质，如葡萄糖、甲酸及甲酸酯等都能发生银镜反应，或被新制的氢氧化铜悬浊液所氧化。

有机物分子中的基团之间存在着相互影响，这包括官能团对烃基的影响，烃基对官能团的影响以及含有多官能团的物质中官能团之间的相互影响。

① 醇、苯酚和羧酸的分子里都含有羟基，故皆可与钠作用放出氢气，但由于所连的基团不同，在酸性上存在差异。

R—OH 为中性，不能与 NaOH、Na_2CO_3 反应；与苯环直接相连的羟基成为酚羟基，不与苯环直接相连的羟基成为醇羟基。

C_6H_5—OH 为极弱酸性，其酸性比碳酸弱，但比 HCO_3^-（碳酸氢根）要强；不能使指示剂变色，能与 NaOH 反应。苯酚可以和碳酸钠反应，生成苯酚钠与碳酸氢钠。R—COOH 显弱酸性，具有酸的通性，能与 NaOH、Na_2CO_3 反应。

显然，羧酸受羧基中的羰基的影响使得羟基的氢易于电离。

② 醛和酮都有羰基（ C=O ），但醛中的羰基碳原子连接一个氢原子，而酮中的羰基碳原子上连接着烃基，故前者具有还原性，后者比较稳定，不为弱氧化剂所氧化。

③ 同一分子内的原子团也相互影响。如苯酚，—OH 使苯环易于取代（致活），苯基使 —OH 显示酸性（即电离出 H^+）。果糖中，多羟基影响羰基，可发生银镜反应。

由上可知，我们不但可以由有机物中所含的官能团来确定有机物的化学性质，也可以由物质的化学性质来判断它所含有的官能团。如葡萄糖能发生银镜反应、加氢还原成六元醇，可知具有醛基；能跟酸发生酯化生成葡萄糖五乙酸酯，说明它有五个羟基，故为多羟基醛。

有机化学反应主要发生在官能团上，因此，要注意反应发生在什么键上，以便正确地书写化学方程式。

如醛的加氢发生在醛基的碳氧键上，氧化发生在醛基的碳氢键上；卤代烃的取代发生在碳卤键上，消去发生在碳卤键和相邻碳原子的碳氢键上；醇的酯化是羟基中的 O—H 键断裂，取代则是 C—O 键断裂；加聚反应是含碳碳双键（$\overset{\diagdown}{\diagup}C{=}C\overset{\diagdown}{\diagup}$）（并不一定是烯烃）的化合物的特有反应，聚合时，将双键碳上的基团上下甩，打开双键中的一键后手拉手地连起来。

二、官能团定量分析

定性分析与定量分析应该是统一的、相互补充的；定性分析是定量分析的基本前提，没有定性的定量是一种盲目的、毫无价值的定量；定量分析使定性更加科学、准确，它可以促使定性分析得出广泛而深入的结论。

定性分析与定量分析是人们认识事物时用到的两种分析方式。定性分析的理念早在古希腊时代就已经有了，那个时候的一批著名学者，在自己的研究之中都是给自己所研究的自然世界给以物理解释。例如：亚里士多德研究过许多自然现象，但在他厚厚的著作之中，却发现不了一个数学公式。他对每一个现象的都是描述性质的，对发现的每一个自然定理都是性质定义。虽然这种认识对人们认识感官世界功不可没，但却缺乏深入思考的基础，因为从事物的一种性质延伸到另一种性质，往往超出了人类的认识能力。所以，定量分析作为一种古已有之但是没有被准确定位的思维方式，其优势相对于定性分析非常明显，它把事物定义在人类能理解的范围，由定量而定性。

定性分析就是对研究对象进行"质"的方面的分析。

把定量分析法作为一种分析问题的基础思维方式始于伽利略。作为近代科学的奠基者，伽利略第一次把定量分析法全面展开在自己的研究之中，从动力学到天文学，伽利略抛弃了以前人们只对事物原因和结果进行主观臆测成分居多的分析，而代之以实验、数学符号和公式。"伽利略追求描述的决定是关于科学方法论的最深刻、最有成效的变革。它的重要性，就在于把科学置于科学的保护之下。"而数学是关于量的科学，可以这样说，一门科学只有在成功运用了数学的时候，才能称得上是一门科学。

从理性的发展过程来看，伽利略提出的以定量代替定性的科学方法使人类认识对象由模糊变得清晰起来，由抽象变得具体，使得人类的理性在定性之上又增加了定量的特征，而且由于这种替代，那些与定量的无关的概念，如本质起源性质等概念在一定的领域内和一定的范围内被空间、时间、质量、速度、加速度、惯性、能量等全新的概念替代。

定量分析是依据统计数据，建立数学模型，并用数学模型计算出分析对象的各项指标及其数值的一种方法。定性分析则是主要凭分析者的直觉、经验，凭分析对象过去和现在的延续状况及最新的信息资料，对分析对象的性质、特点、发展变化规律作出判断的一种方法。相比而言，前一种方法更加科学，但需要较高深的数学知识，而后一种方法虽然较为粗糙，但在数据资料不够充分或分析者数学基础较为薄弱时比较适用，更适合于一般的投资者与经济工作者。必须指出，两种分析方法虽然对数学知识的要求有高有低，但并不能就此把定性分析与定量分析截然划分开来。事实上，现代定性分析方法同样要采用数学工具进行计算，而定量分析则必须建立在定性预测基础上，二者相辅相成，定性是定量的依据，定量是定性的具体化，二者结合起来灵活运用才能取得最佳效果。

不同的分析方法各有其不同的特点与性能，但是都具有一个共同之处，即它们一般都是通过比较对照来分析问题和说明问题的。正是通过对各种指标的比较或不同时期同一指标的对照才能反映出数量的多少、质量的优劣、效率的高低、消耗的大小、发展速度的快慢等，才能为作鉴别、下判断提供确凿有据的信息。

官能团定量分析就是根据其物理特性或化学特性进行含量测定的。

官能团定量分析主要解决两个问题：

① 通过对试样中某组分的特征官能团的定量测定，从而确定组分在试样中的百分含量。

② 通过对某物质特征官能团的定量测定，来确定特征官能团在分子中的百分比和个数，从而确定或验证化合物的结构。

有机官能团定量分析的特点：一种分析方法或分析条件不可能适用于所有含这种官能团的化合物；速度一般都比较慢，许多反应是可逆的，很少能直接滴定（滴定操作见图 2-12）；反应专属性比较强。

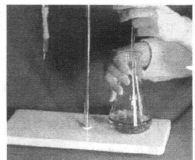

图 2-12 滴定

官能团定量分析的一般方法：

① 酸碱滴定法；

② 氧化还原滴定法；

③ 沉淀滴定法；

④ 水分测定法；

⑤ 气体测量法；

⑥ 比色分析法。

下面列举一些官能团定量分析的例子供参考。

(一) 含碳-碳双键的烯基化合物不饱和度的测定

卤素加成（卤化）法：卤素加成法是利用过量的卤化剂与烯基化合物起加成反应，然后测定剩余的卤化剂。

卤素加成法测定烯基化合物的不饱和度时，分析结果有以下三种表示方法：

① 双键的百分含量（纯样品）。

② 烯基化合物百分含量（规格分析）。

③ "碘值" 或 "溴值"，其定义是在规定条件下，每 100g 试样在反应中加成所需碘或溴的质量（g）（例如油脂分析）。

1. 氯化碘加成法 (韦氏法)

(1) 基本原理 使过量的氯化碘溶液和不饱和化合物分子中的双键进行定量的加成反应。反应完全后，加入碘化钾溶液，与剩余的氯化碘作用析出碘，以淀粉作指示剂，用硫代硫酸钠标准溶液滴定。同时做空白实验。

氯化碘加成法主要用于动植物油不饱和度的测定，以 "碘值" 表示，是油脂的特征常数和衡量油脂质量的重要指标。

例如亚麻油的碘值约为 175，桐油的碘值为 163～173。此外，该法还适用于测定不饱和烃、不饱和酯和不饱和醇等。

苯酚、苯胺和一些易氧化的物质，对此法有干扰。

(2) 测定条件

① 为使加成反应完全，卤化剂应过量 100%～150%，氯化碘的浓度不要小于 0.1 mol/L。

② 试样和试剂的溶剂通常用三氯甲烷或四氯化碳，也可用二硫化碳等非极性溶剂。

③ 加成反应不应有水存在，仪器要干燥，因 ICl 遇水发生分解。

④ 反应时瓶口要密闭，防上 ICl 挥发；并忌光照，防止发生取代副反应。一般应在暗处静置 30min；碘值在 150 以上或是共轭双键时，应静置 60min。

⑤ 以乙酸汞作催化剂，可在 3～5min 反应完全。

2. 溴加成法

溴加成法是利用过量的溴化试剂与碳碳双键发生溴加成反应，并使其完全转化，剩余的溴再用碘量法回滴，即在反应液中加入碘化钾，碘化钾与溴作用生成碘，再用硫代硫酸钠标准溶液滴定碘。同时做空白实验。

这种溴和溴化钠形成的分子化合物使溴不易挥发且不易变质，与碳碳双键发生加成反应时，不易发生取代反应。

测定条件：

① 应保持溶液刚好呈酸性。

② 溴化剂的用量不宜太多，也不能太少，一般以溴化剂过量 10％～15％为宜。

③ 在测定一些含活泼芳核或 α-碳上有活泼氢的羰基化合物中的碳碳双键时，反应必须在低温下于暗处进行，以尽量避免与光接触而引发取代反应。

3. 催化加氢法

基本原理：在金属催化剂存在下，不饱和化合物分子中的双键和氢发生加成反应。

由所消耗氢气的量可以计算烯基和烯基化合物的含量。进行试样结构分析时，以每摩尔分子中所含双键数来表示测定结果。

（二）羟基化合物的测定（这里介绍乙酰化法）

试剂通常选用乙酸酐是因为性质较稳定，不易挥发，酰化反应速率虽较慢，但可加催化剂来提高，必要时可加热。

不同醇的乙酰化反应速率有很大的差异，一般规律是伯醇的乙酰化反应速率比仲醇快，烯醇的酰化速率比相应的饱和醇要慢。

测定条件：

① 为了加快酰化反应速率，并使反应趋于完全，酰化剂的用量一般要过量 50％以上。

② 反应的时间以及是否需要加热，取决于试样的性质和试样的分子量的大小。

③ 滴定常用甲酚红-百里酚蓝混合指示剂，由黄色突变为紫红色即为终点。如果试样颜色过深，妨碍终点观察时，最好改用电位法确定终点，终点 pH 值应为 8～9。

（三）醛与酮的测定（亚硫酸氢钠法）

1. 酸碱滴定法

亚硫酸氢钠溶液很不稳定，因此，在实际测定中，使用比较稳定的亚硫酸钠，临时加入一定量的硫酸标准溶液，使其生成亚硫酸氢钠。待反应完全后，再用碱标准溶液滴定过量的亚硫酸氢钠（实际上可看做滴定的是过量的硫酸）。这种反应历程应该认为是醛和甲基酮与亚硫酸钠作用，释出的氢氧化钠，立即又被所加入的硫酸中和，从而破坏了化学平衡，迫使反应完全。

2. 碘量法

试样中加入已知过量的亚硫酸氢钠溶液，当反应完全后，用碘标准溶液直接滴定反应液中过量的亚硫酸氢钠，或者加入过量碘标准溶液，用硫代硫酸钠标准溶液回滴。

由于羟基磺酸钠在水溶液中或多或少会离解为原来的羰基化合物，离解常数大于 10^{-3} 时，用直接碘量法会得到偏低的结果。在此情况下，最好在低温下进行滴定。

（四）羧基和酯基的测定

1. 羧基的测定

电离常数大于 10^{-8}、能溶于水的羧酸，在水溶液中，可用氢氧化钠标准溶液直接滴定、难溶于水的羧酸，可将试样先溶解于过量的碱标准溶液中，再用酸标准溶液回滴过量的碱。

在生产实际中，常用碱滴定法来求羧基、羧酸的百分含量和"酸值"。

酸值是在规定的条件下，中和 1g 试样中的酸性物质所消耗的氢氧化钾的质量（mg）。根据酸值的大小，可判断产品中所含酸性物质的量。

2. 酯基的测定

酯在碱性溶液中的水解反应称为皂化反应，酯基测定方法有两种：

① 皂化-回滴法；
② 皂化-离子交换法。

（五）胺类化合物的测定（酸滴定法）

酸滴定法主要包括两种方法：直接滴定法和非水滴定法。碱性较强的胺（$K_b = 10^{-3} \sim 10^{-6}$ 的脂肪胺类）可直接滴定。

水溶性的胺，可在水溶液中，用盐酸标准溶液直接滴定。

不溶于水的长链脂肪胺可溶于乙醇或异丙醇中进行滴定（指示剂为中性红、甲基红，使用甲基红-溴甲酚绿混合指示剂更好）。

碱性很弱的胺（$K_b = 10^{-6} \sim 10^{-12}$），不能在水和醇溶剂中滴定，需要在非水溶剂中滴定。

目前还有许多香料、香精和香制品采用官能团定量分析测定样品中某些化合物的含量，这里不一一列举，读者可查阅、参考本书附录里有关香料、香精分析的文献资料。

第三节　仪器分析

20 世纪 40 年代以后，一方面由于生产和科学技术发展的需要，另一方面由于物理学革命使人们的认识进一步深化，分析化学也发生了革命性的变革，从传统的化学分析发展为仪器分析。

仪器分析就是利用能直接或间接地表征物质的各种特性（如物理性质、化学性质、生理性质等）的实验现象，通过探头或传感器、放大器、分析转化器等转变成人可直接感受的已认识的关于物质成分、含量、分布或结构等信息的分析方法。也就是说，仪器分析是利用各种学科的基本原理，采用电学、光学、精密仪器制造、真空、计算机等先进技术探知物质化学特性的分析方法。因此仪器分析是体现学科交叉、科学与技术高度结合的一个综合性极强的科技分支。仪器分析的发展极为迅速，应用前景极为广阔。

仪器分析是化学学科的一个重要分支，它是以物质的物理性质和化学性质为基础建立起来的一种分析方法。利用较特殊的仪器，对物质进行定性分析、定量分析和形态分析。

仪器分析方法所包括的分析方法目前有数十种之多。每一种分析方法所依据的原理不同，所测量的物理量不同，操作过程及应用情况也不同。

仪器分析的分析对象一般是半微量（0.01～0.10g）、微量（0.1～10mg）、超微量（<0.1mg）组分的分析，灵敏度高；而化学分析一般是半微量（0.01～0.10g）、常量（>0.1g）组分的分析，准确度高。

仪器分析大致可以分为电化学分析法、核磁共振波谱法、原子发射光谱法、气相色谱法、原子吸收光谱法、高效液相色谱法、紫外-可见光谱法、质谱分析法、红外光谱法和其他仪器分析法。

仪器分析主要特点如下：

① 灵敏度高　大多数仪器分析法适用于微量、痕量分析。例如，原子吸收分光光度法测定某些元素的绝对灵敏度可达 10^{-14} g，电子光谱甚至可达 10^{-18} g。

② 取样量少　化学分析法取样量为 10^{-4}～10^{-1} g；仪器分析试样量常在 10^{-8}～10^{-2} g。

③ 在低浓度下的分析准确度较高　含量在 10^{-9}%～10^{-5}% 的杂质测定，相对误差低达 1%～10%。

④ 快速　例如，发射光谱分析法在 1min 内可同时测定水中的 48 个元素，灵敏度可达 ng^{-1} 级。

⑤ 可进行无损分析　有时可在不破坏试样的情况下进行测定，适用于考古、文物等特殊领域的分析，试样可回收。有的方法还能进行表面或微区分析。

⑥ 能进行多信息或特殊功能的分析　有时可同时作定性、定量分析，有时可同时测定材料的组分比和原子的价态。放射性分析法还可作痕量杂质分析。

⑦ 专一性强　例如用单晶 X 衍射仪可专测晶体结构；用离子选择性电极可测指定离子的浓度等。

⑧ 便于遥测、遥控、自动化　可用于即时、在线分析控制生产过程、环境自动监测与控制。

⑨ 操作较简便　省去了繁多化学操作过程。随自动化、程序化程度的提高，操作将更趋于简化。

⑩ 仪器设备较复杂，价格较昂贵。

仪器分析自 20 世纪 30 年代后期问世以来，不断丰富了分析化学的内涵并使分析化学发生了一系列根本性的变化。随着科技的发展和社会的进步，分析化学将面临更深刻、更广泛和更激烈的变革。现代分析仪器的更新换代和仪器分析新方法、新技术的不断创新与应用，是这些变革的重要内容。

现代仪器分析涉及的范围很广，其中常用的有光学分析法、电化学分析法和色谱法。光学分析法是基于人们对物质光谱特性的认识而发展起来的一种分析测定方法。17 世纪牛顿将白光分成了光谱以后，科学家对光谱进行了研究。19 世纪前半期，人们已经把某一特征谱线和某种物质联系了起来，并提出了光谱定性分析的概念。在此基础上，德国化学家本生和物理学家基尔霍夫合作设计并制造了第一台用于光谱分析的光谱仪，实现了从光谱学原理到光谱分析的过渡，产生了一种新的分析方法即光谱分析法。19 世纪后半期，人们又对光谱定量分析的可能性进行了探讨。1874 年，洛克厄通过大量实验得出结论，认为光谱定量分析只能依据光谱线的强弱。到 20 世纪，用光电量度法测定了光谱线的强度。后来，光电倍增管被应用于光谱定量分析。与此同时，光谱分析中的另一种方法即利用物质的吸收光谱的吸收光度法，也得到了发展。

电化学分析法是利用物质的电化学性质发展起来的一种分析方法。

电化学分析法中首先兴起的是电重量分析法。美国化学家吉布斯把电化学反应应用于分析化学中，用电解法测定铜，后来这种方法被广泛应用于生产中。电重量分析法存在着耗时长、易氧化等缺点，化学家在研究中把物质的电化学性质与容量分析法结合起来，发展出了一种新方法，这就是电容量分析法。电容量分析法中发展较早的是电位滴定法。其后，极谱分析法和库仑分析法也相继发展起来。

色谱分析法是基于色谱现象而发展起来的一种分析方法。1906年，俄国植物学家茨维特认识到所谓色谱现象和分离方法有密切联系，而且对分离有重大意义。他用这种方法分离了植物色素，并系统地研究了上百种吸附剂，奠定了色谱分析法的基础。20世纪30年代，具有离子交换性能的合成树脂问世，解决了一系列疑难问题，进一步发展了色谱分离技术。由于单纯的分离意义不大，20世纪50年代，人们开始将分离方法和各种检测系统连接起来，分离与分析同时进行，设计和制造了大型色谱分析仪。

除了上述的方法以外，现代仪器分析法还有核磁共振法、射线分析法、电子能谱法、质谱法等。

分析化学中的分析是分离和测定的结合，分离和测定是构成分析方法的两个既相独立又相联系的基本环节。分离是使物质纯化的一种手段，而纯化的背后是物质的不纯，是物质具有混合性。我们知道，化学家所说的物质指的是物质本身，是某种单质或化合物。这里所说的物质本身，意思是以纯粹的形式存在的物质，没有其他物质混合于其中的物质，也就是人们通常所说的纯物质。可是，无论是天然存在的还是人工制造的物质，都不是绝对纯的，绝对纯是达不到的，绝对纯只能在理论中或思想上存在。因此，在化学分析中，首先遇到的矛盾就是纯与不纯的矛盾。

分离是纯化物质的一种手段。分离一般有两条基本途径：一条是将所要分析的物质从混合物中提取出来，另一条则是将杂质提取出来。这两条途径是同一原理的两种不同的实现方式，它们互为正反，互为表里。在分析化学发展的历史中，产生了许多分离方法。在古代，在酿造业中应用了蒸馏、结晶等分离手段；在近代，产生了各种各样的分离方法，如沉淀分离、溶剂萃取分离、离子交换分离、电解分离等。分离是有限度的。有些混合物由于性质非常相似，分离非常困难，如果不分离，共存的组分又互相干扰。在化学分析中，常常使用从分离操作中演变出的其他方法，如掩蔽方法。

在仪器分析的发展史上，试样和试剂有不同的发展形式和内容。在早期，需要分析的是自然物，如矿石和植物，本身就是试样，而与其发生作用而进行鉴别的主要是火。后来，被分析的是溶液，与之发生变化的也是溶液，这时，试样和试剂都是溶液。人们最早使用的试剂是一种叫五倍子的植物浸液，被用于测定矿泉水中的铁。随着实践和认识的发展，大量植物浸液被应用于化学分析之中，形成了天然植物试剂系列。在应用天然试剂的过程中，人们也在研究如何制备化学试剂。世界上第一个人工制备的分析化学试剂是黄血盐溶液，由此开创了化学试剂的新领域，拓宽了分析化学的研究范围。

随着生产、生活和科学的发展，作为被分析的试样，其外延扩大了，从单一的自然物发展为自然物和人工产物。试样的内涵深化了，要求分析的内容不再局限于物质的定性组成，还要求分析各组分的含量。与此同时，试剂的种类越来越多，应用范围也越来越广。一种试样可以用多种试剂进行分析，一种试剂也可用于分析多种试样，同时还产生了类似于系统分析中组成试剂的一般性试剂。

在当代，被分析的试样既有各类混合物，也有一些纯净的化合物，既要求进行元素分析，还要求进行结构分析、生物大分子的测定等。试剂也有很大发展，应用于分析化学的试剂，有各种物理化学试剂、有机试剂和生化试剂，还研究和制备了一系列相对于某种分析方法的专用试剂、特效试剂和特殊试剂。

在分析过程中，又产生了一种关系，这就是灵敏度和准确度的关系。灵敏度是被测组分浓度或含量改变一个单位所引起的测量信号的变化。若考虑分析时存在噪声等因素，灵敏度实际上就是被测组分的最低检出限。准确度是测量值的可靠程度，实质上是测量值与真实值的接近程度，一般用误差来表示。在分析中，既要求分析方法具有一定的灵敏度，又要求具有一定的准确度。就具体的分析方法来说，灵敏度和准确度常常发生矛盾。有的分析方法有较高的准确度，却不够灵敏；有的分析方法灵敏度较高，但却不够准确。前者如重量分析法，后者如比色分析法。现代科学技术的发展，要求高准确度和高灵敏度，现代仪器分析正是适应这种要求而发展起来的。

在分析化学发展的初期，人们只是在实践中掌握了一些简单的分析、检验方法，当时既没有化学理论，也没有分析方法的理论。随着分析、检验实践的进步和发展，各种分析和检验方法被应用于生产、生活和科学研究之中，并对这些方法进行了概括和总结，形成了分析化学理论，分析化学才真正成为一门科学。

在仪器分析的发展中，理论和方法的相互作用需要中介和桥梁，这就是技术。理论要起指导作用，要转化为方法，需要特定的仪器、设备和试剂。而制作和使用仪器或工具，正是通常所说的技术的特点。例如，光谱学原理早在牛顿时期就已初步形成，到18世纪已经发展成熟，利用特征光谱线进行物质的鉴定的思想也已有人提出，但是直到19世纪中期，才实现了光谱分析。其原因在于，到这个时候才应用光谱学原理制作出了可用于分析的光谱仪。技术是实现和实施方法的保证，仪器分析方法尤其如此。

现代仪器分析应用了现代分析化学的各项新理论、新方法、新技术，把光谱学、量子学、傅里叶变换、微积分、模糊数学、生物学、电子学、电化学、激光、计算机及软件成功地运用到现代分析的仪器上，研发了原子光谱（原子吸收光谱、原子发射光谱、原子荧光光谱）法、分子光谱（UV、IR、MS、NMR、Flu）法、色谱（GC、LC）法、分光光度法、激光光谱法、拉曼光谱法、流动注射分析法、极谱法、离子选择性电板法、火焰光度分析法等现代仪器分析方法。计算机的应用则极大地提高了仪器分析能力。现代分析仪器灵敏度高、选择性好、检出限低、准确性好，可进行数据处理和显示分析结果，实现了分析仪器的自动化和样品的连续测定。

现代科学技术的发展、生产的需要和人们生活水平的提高，对分析化学提出了新的要求，为了适应科学发展，仪器分析随之也将出现一些发展趋势。

① 方法创新　需要进一步提高仪器分析方法的灵敏度、选择性和准确度。各种选择性检测技术和多组分同时分析技术等是当前仪器分析研究的重要课题。

② 分析仪器智能化　计算机在仪器分析法中不仅只运算分析结果，而且可以储存分析方法和标准数据，控制仪器的全部操作，实现分析操作自动化和智能化。

③ 新型动态分析检测和非破坏性检测　离线的分析检测不能瞬时、直接、准确反映生产实际和生命环境的情景实况，不能及时控制生产、生态和生物过程。运用先进的技术和分析原理，研究并建立有效实用的实时、在线、高灵敏度、高选择性的新型动态分析检测和非破坏性检测，将是21世纪仪器分析发展的主要方向。生物传感器和酶传感器、免疫传感器、DNA传感器、细胞传感器等不断涌现。纳米传感器的出现也为活体分析带来了机遇。

④ 多种方法的联合使用　仪器分析多种方法的联合使用可以使每种方法的优点得以发挥，每种方法的缺点得以补救。联用分析技术已成为当前仪器分析的重要发展方向。

⑤ 扩展时空多维信息　随着环境科学、宇宙科学、能源科学、生命科学、临床化学、生物医学等学科的兴起，现代仪器分析的发展已不局限于将待测组分分离出来进行表征和测量，而且成为一门为物质提供尽可能多的化学信息的科学。随着人们对客观物质认识的深入，某些

过去所不甚熟悉的领域（如多维、不稳定和边界条件等）的研究也逐渐提到日程上来。采用现代核磁共振光谱、质谱、红外光谱等分析方法，可提供有机物分子的精细结构、空间排列构成及瞬态变化等信息，为人们对化学反应历程及生命的认识提供了重要信息。

总之，仪器分析正在向快速、准确、灵敏及适应特殊分析的方向迅速发展。

一、紫外光谱分析

紫外吸收光谱和可见吸收光谱都属于分子光谱，它们都是由于价电子的跃迁而产生的。利用物质的分子或离子对紫外和可见光的吸收所产生的紫外可见光谱及吸收程度可以对物质的组成、含量和结构进行分析、测定、推断。

在有机化合物分子中有形成单键的 σ 电子、有形成双键的 π 电子、有未成键的孤对 n 电子。当分子吸收一定能量的辐射能时，这些电子就会跃迁到较高的能级，此时电子所占的轨道称为反键轨道，而这种电子跃迁同内部的结构有密切的关系。

紫外可见吸收光谱应用广泛，不仅可进行定量分析，还可利用吸收峰的特性进行定性分析和简单的结构分析，测定一些平衡常数、配合物配位比等；也可用于无机化合物和有机化合物的分析，对于常量、微量、多组分都可测定。紫外可见吸收光谱采用紫外可见分光光度计测定。

物质的紫外吸收光谱基本上是其分子中生色团及助色团的特征，而不是整个分子的特征。如果物质组成的变化不影响生色团和助色团，就不会显著地影响其吸收光谱，如甲苯和乙苯具有相同的紫外吸收光谱。另外，外界因素如溶剂的改变也会影响吸收光谱，在极性溶剂中某些化合物吸收光谱的精细结构会消失，成为一个宽带。所以，只根据紫外光谱是不能完全确定物质的分子结构，还必须与红外吸收光谱、核磁共振波谱、质谱以及其他化学、物理方法共同配合才能得出可靠的结论。

1. 化合物的鉴定

利用紫外光谱可以推导有机化合物的分子骨架中是否含有共轭结构体系，C=C—C=O、苯环等。利用紫外光谱鉴定有机化合物远不如利用红外光谱有效，因为很多化合物在紫外没有吸收或者只有微弱的吸收，并且紫外光谱一般比较简单，特征性不强。利用紫外光谱可以用来检验一些具有大的共轭体系或发色官能团的化合物，可以作为其他鉴定方法的补充。

① 如果一个化合物在紫外区是透明的，则说明分子中不存在共轭体系，不含有醛基、酮基或溴和碘。可能是脂肪族碳氢化合物、胺、腈、醇等不含双键或环状共轭体系的化合物。

② 如果在210~250nm有强吸收，表示有 K 吸收带，可能含有两个双键的共轭体系，如共轭二烯或 α,β-不饱和酮等。同样在260nm、300nm、330nm 处有高强度为 K 吸收带，表示有三个、四个和五个共轭体系存在。

③ 如果在260~300nm有中强吸收（$\varepsilon=200~1000$），则表示有 B 带吸收，体系中可能有苯环存在。如果苯环上有共轭的生色基团存在时，则 ε 可以大于10000。

④ 如果在250~300nm有弱吸收带（R 吸收带），则可能含有简单的非共轭并含有 n 电子的生色基团，如羰基等。

2. 纯度检查

如果有机化合物在紫外可见光区没有明显的吸收峰，而杂质在紫外区有较强的吸收，则可利用紫外光谱检验化合物的纯度。

3. 异构体的确定

对于异构体的确定，可以通过经验规则计算出 λ_{max} 值，与实测值比较，即可证实化合物是哪种异构体。如乙酰乙酸乙酯的酮-烯醇式互变异构。

4. 位阻作用的测定

由于位阻作用会影响共轭体系的共平面性质，当组成共轭体系的生色基团近似处于同一平面，两个生色基团具有较大的共振作用时，λ_{max}不改变，ε_{max}略为降低，空间位阻作用较小；当两个生色基团具有部分共振作用，两共振体系部分偏离共平面时，λ_{max}和ε_{max}略有降低；当连接两生色基团的单键或双键被扭曲得很厉害，以致两生色基团基本未共轭，或具有极小共振作用或无共振作用，剧烈影响其 UV 光谱特征时，情况较为复杂化。在多数情况下，该化合物的紫外光谱特征近似等于它所含孤立生色基团光谱的"加合"。

5. 氢键强度的测定

溶剂分子与溶质分子缔合生成氢键时，对溶质分子的 UV 光谱有较大的影响。对于羰基化合物，根据在极性溶剂和非极性溶剂中 R 带的差别，可以近似测定氢键的强度。

6. 定量分析

朗伯-比尔定律是紫外-可见吸收光谱法进行定量分析的理论基础，它的数学表达式为：

$$A = \varepsilon bc$$

各种因素对吸收谱带的影响表现为谱带位移、谱带强度的变化、谱带精细结构的出现或消失等。

谱带位移包括蓝移（或紫移，hypsochromic shift or blue shift）和红移（bathochromic shift or red shift）。蓝移（或紫移）指吸收峰向短波长移动，红移指吸收峰向长波长移动。吸收峰强度变化包括增色效应（hyperchromic effect）和减色效应（hypochromic effect）。前者指吸收强度增加，后者指吸收强度减小。

影响有机化合物紫外吸收光谱的因素有内因（分子内的共轭效应、位阻效应、助色效应等）和外因（溶剂的极性、酸碱性等溶剂效应）。由于受到溶剂极性和酸碱性等的影响，将使这些溶质的吸收峰的波长、强度以及形状发生不同程度的变化。这是因为溶剂分子和溶质分子间可能形成氢键，或极性溶剂分子的偶极使溶质分子的极性增强，因而在极性溶剂中 $\pi \rightarrow \pi^*$ 跃迁所需能量减小，吸收波长红移（向长波长方向移动）；而在极性溶剂中，$n \rightarrow \pi^*$ 跃迁所需能量增大，吸收波长蓝移（向短波长方向移动）。

极性溶剂不仅影响溶质吸收波长的位移，而且还影响吸收峰吸收强度和它的形状，如苯酚的 B 吸收带，在不同极性溶剂中，其强度和形状均受到影响。在非极性溶剂正庚烷中，可清晰地看到苯酚 B 吸收带的精细结构，但在极性溶剂乙醇中，苯酚 B 吸收带的精细结构消失，仅存在一个宽的吸收峰，而且其吸收强度也明显减弱。许多芳香烃化合物中均有此现象，这是由于有机化合物在极性溶剂中存在溶剂效应。所以在记录紫外吸收光谱时，应注明所用的溶剂。

另外，由于溶剂本身在紫外光谱区也有其吸收波长范围，故在选用溶剂时，必须考虑它们的干扰。

测定单体香料紫外吸收图谱采用紫外可见分光光度计（见图 2-13）。每一个单体香料化合物都有自己的紫外吸收图谱，例如苯甲酸与水杨酸的紫外图谱见图 2-14（1 为苯甲酸，2 为水杨酸）。

苯甲醇及其包合物的紫外图谱见图 2-15。

利用紫外吸收图谱可以帮助我们对许多香料进行定性分析，但香料香精的分析更多的是在应用液相色谱分析时，利用紫外检测器对色谱分离出来的每一个峰进行的定性分析，详见"液相色谱分析"一节。

图 2-13　紫外可见分光光度计

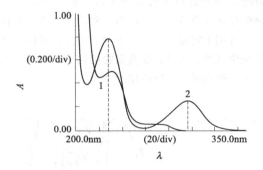

图 2-14　苯甲酸与水杨酸的紫外图谱

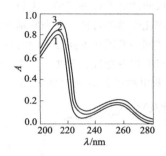

图 2-15　苯甲醇及其包合物的紫外图谱

1—0.0088% 苯甲醇；2—0.0088% 苯甲醇，0.0912% β-CD；

3—0.1% β-CD 和苯甲醇的包合物

二、红外光谱分析

　　将一束不同波长的红外射线照射到物质的分子上，某些特定波长的红外射线被吸收，形成这一分子的红外吸收光谱。每种分子都有由其组成和结构决定的独有的红外吸收光谱，据此可以对分子进行结构分析和鉴定。红外吸收光谱是由分子不停地作振动和转动运动而产生的。分子振动是指分子中各原子在平衡位置附近做相对运动，多原子分子可组成多种振动图形。当分子中各原子以同一频率、同一相位在平衡位置附近作简谐振动时，这种振动方式称简正振动（例如伸缩振动和变角振动）。分子振动的能量与红外射线的光量子能量正好对应，因此当分子的振动状态改变时，就可以发射红外光谱，也可以因红外辐射激发分子而振动而产生红外吸收光谱。分子的振动和转动的能量不是连

图 2-16　红外光谱仪

续而是量子化的。但由于在分子的振动跃迁过程中也常常伴随转动跃迁，使振动光谱呈带状，所以分子的红外光谱属带状光谱。

　　红外光谱仪（图 2-16）的种类有：

　　① 镜和光栅光谱仪。属于色散型，它的单色器为棱镜或光栅，属单通道测量。

　　② 傅里叶变换红外光谱仪。它是非色散型的，其核心部分是一台双光束干涉仪。当仪器中的动镜移动时，经过干涉仪的两束相干光间的光程差就改变，探测器所测得的光强也随之变

化，从而得到干涉图。经过傅里叶变换的数学运算后，就可得到入射光的光谱。

这种仪器的优点：

① 通道测量，使信噪比提高。

② 光通量高，提高了仪器的灵敏度。

③ 波数值的精确度可达 0.01cm^{-1}。

④ 增加动镜移动距离，可使分辨本领提高。

⑤ 工作波段可从可见区延伸到 mm 区，可以实现远红外光谱的测定。

红外光谱分析可用于研究分子的结构和化学键，也可以作为表征和鉴别化学物种的方法。红外光谱具有高度特征性，可以采用与标准化合物的红外光谱对比的方法来做分析鉴定。已有几种汇集成册的标准红外光谱集出版，可将这些图谱储存在计算机中，用以对比和检索，进行分析鉴定。利用化学键的特征波数来鉴别化合物的类型，并可用于定量测定。由于分子中邻近基团的相互作用，使同一基团在不同分子中的特征波数有一定变化范围。此外，在高聚物的构型、构象、力学性质的研究以及物理、天文、气象、遥感、生物、医学等领域也广泛应用红外光谱。

例如苯甲酸的红外光谱图如图 2-17 所示。

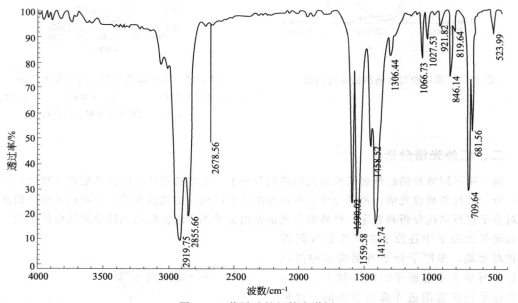

图 2-17　苯甲酸的红外光谱图

乙酸龙脑酯的红外光谱图如图 2-18 所示。

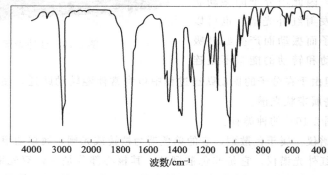

图 2-18　乙酸龙脑酯的红外光谱图

麝香草酚的红外光谱图如图 2-19 所示。

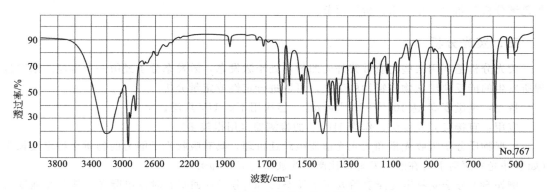

图 2-19　麝香草酚的红外光谱图

γ-戊内酯的红外光谱图如图 2-20 所示。

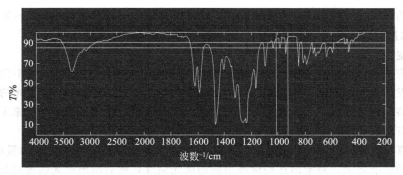

图 2-20　γ-戊内酯的红外光谱图

四氢呋喃的红外光谱图如图 2-21 所示。

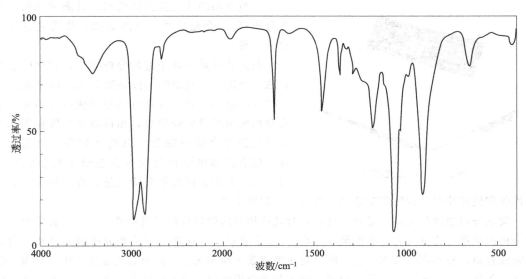

图 2-21　四氢呋喃的红外光谱图

利用红外吸收图谱可以帮助我们对许多香料进行定性分析，但香料香精的分析更多的是在应用气相色谱分析时，利用红外检测器对色谱分离出来的每一个峰进行的定性分析，详见"气相色谱分析"和"气红联用分析"两节。

三、荧光分析

荧光分析是利用某些物质被紫外光照射后处于激发态，激发态分子经历一个碰撞及激发过程所发生的能反映出该物质特性的荧光，可以进行定性或定量分析。

特点：灵敏度高 达 $10^{-12} \sim 10^{-10}$ g/mL，但应用不如 UV 广泛。

应用：直接荧光光度法；作为 HPLC 的检测器（用得较多）。

根据物质分子吸收光谱和荧光光谱能级跃迁机理，具有吸收光子能力的物质在特定波长光（如紫外光）照射下可在瞬间发射出比激发光波长的光，即荧光。

例如 SO_2 分子受特定光照射后处于激发态的 SO_2 分子返回基态时发出荧光，其荧光强度与 SO_2 呈线性关系，从而可测出气体浓度。当检测仪器系统确定后，荧光总光强 I 与 SO_2 浓度之间的关系可表示为：

$$I = kc$$

在稳定的条件下，这些参数也随之确定，k 可视为常数。因此，$I = kc$ 表示紫外荧光光强 I 与样气的浓度 c 成线性关系。这是紫外荧光法进行定量检测的重要依据。

直接测定法：利用物质自身发射的荧光进行测定分析。

间接测定法：由于有些物质本身不发射荧光（或荧光很弱），这就需要把不发射荧光的物质转化成能发射荧光的物质。如用某些试剂（如荧光染料），使其与不发射荧光的物质生成各种络合物，络合物能发射荧光，再进行测定。因此荧光试剂的使用，对一些原来不发射荧光的无机物质和有机物质进行荧光分析打开了大门，扩展了分析的范围。

不管是直接测定还是间接测定，一般是采用标准工作曲线法，取各种已知量的荧光物质，配成一系列的标准溶液，测定出这些标准溶液的荧光强度，然后给出荧光强度对标准溶液的浓度的工作曲线。在同样的仪器条件下，测定未知样品的荧光强度，然后从标准工作曲线上查出未知样品的浓度（即含量）。

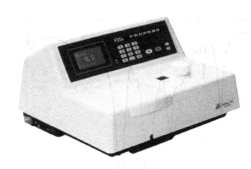

图 2-22　荧光光度计

一般常用的荧光分析仪器有：目测荧光仪（荧光分析灯）、荧光光度计（图 2-22）和荧光分光光度计三种。

荧光分析是一种先进的分析方法，它比电子探针法、质谱法、光谱法、极谱法等都应用得较广泛和普及，这同荧光分析具有的很多优点分不开。荧光分析所用的设备较简单，如目测荧光仪和荧光光度计构造非常简单完全可以自己制造。比起质谱仪、极谱仪和电子探针仪来在造价上要便宜很多倍，而且荧光分析的最大特点是分析灵敏度高、选择性强和使用简便。同时具备这三大特点的仪器并不多。

荧光分析法的最大特点是灵敏度高，对某些物质的微量分析可以检测到 10^{-9} g 数量级。荧光分析的灵敏度比分光光度法的灵敏度高 2～3 个数量级，这是由于荧光分析的荧光和入射光之间成直角，而不在一条直线上，所以是在黑背景下检测荧光。而分光光度法的接收器与入射光在一条直线上，是在亮背景下检测。因此荧光分析法比分光光度法灵敏度高。分光光度法的灵敏度一般只能检测到 10^{-6} g，两者相差三个数量级。当然荧光分析法比起带电子显微镜的电子探针法灵敏度又低一些，然而电子探针仪器价格昂贵，使用不方便。

荧光分析的第二个特点是选择性强，特别是对有机化合物而言。因荧光光谱既包括激发光谱又包括发射光谱，凡是能发射荧光的物质，必须首先吸收一定波长的紫外线，而吸收了紫外线后不一定就发射荧光。能发射荧光的物质，其荧光波长也不尽相同。即使荧光光谱相同，它的激光光谱也不一定相同。反之如果它们的激发光谱相同，则可用发射光谱把它们区分开来，因此供选择的余地是比较多的，所以荧光分析的选择性很强。例如有两种物质，它们的荧光光谱很相似，不易把它们分开。但它们的激光光谱不会相同，因此就可用扫描激光光谱把它们分开。如果用分光光度法就难以办到这一点，因为分光光谱只能得到待测物质的特征吸收光谱。所以分光光度法的选择性就没有荧光分析法强。

目前利用荧光光度法直接测定香料、香精和香制品的实例不多，但通过测定、分析各种香辛料、精油样品的抗氧化性时，则常用荧光光度法测定其对羟基自由基的清除率。

芳香化合物都有荧光，在乙醇溶液里，它们的谱带限度：苯 $255\sim300nm$，甲苯 $261\sim300nm$，邻二甲苯 $260\sim320nm$，间二甲苯 $267\sim280nm$，对二甲苯 $265\sim290nm$，苯酚 $287\sim350nm$，邻甲苯酚 $287\sim385nm$，间甲苯酚 $286\sim385nm$，对甲苯酚 $292\sim385nm$；在己烷溶液里，联苯 $294\sim365nm$，二苯甲烷 $272\sim320nm$，联苄基 $270\sim320nm$，二苯醚 $284\sim368nm$，二苯胺 $326\sim415nm$；在液体溶液中，喹啉 $385\sim490nm$，7-羟基香豆素为蓝色荧光；在酸性溶液中，吖啶 $425\sim454nm$，为蓝绿色荧光。

吲哚和15种吲哚环的第3或第5位有取代基的衍生物，在强碱的甲醛溶液中，显出的荧光在 $380\sim460nm$。

表2-3是几个香料的直接荧光分析方法。

表 2-3　几个香料的直接荧光分析方法

香料名称	试剂或溶剂	pH 值	λ_{ex}/nm	λ_{em}/nm	灵敏度/$\times10^{-6}$
乙酸	间苯二酚-盐酸		330	440	0.1
联苯	水	7	270	318	＞0.1
吲哚	水	7	269(315)	350	0.01～0.1
水杨酸	水	10	310	400	＜0.01
邻氨基苯甲酸	水	2.7	355	422	0.01～0.1
邻氨基苯甲酸	水	7	300	405	0.001
胡椒基丁醚	甲醇	—	282(302)	318	＞0.1
萘乙酸	水	11	270(305)	327	＞0.1

所有的醇都能与8-羟基喹啉钒盐反应生成络合物，所生成的络合物水解，释放出的8-羟基喹啉再与镁络合生成荧光产物，利用这一反应可做醇的荧光测定，其灵敏度可达微克级。利用此方法可做所有醇类香料的荧光分析。

酚在硫酸介质中与乙酰乙酸乙酯缩合生成香豆素，呈蓝-蓝紫色荧光。利用此方法可做所有酚类香料的荧光分析。

水杨酸酯可在碱性的二甲基甲酰胺溶剂中直接做荧光测定。

事实上，所有单体香料都可以采用化学"修饰"、络合等方法做荧光检测，只是目前这类工作还未得到香料分析工作者的重视。

四、核磁共振分析

核磁共振主要是由原子核的自旋运动引起的。不同的原子核，自旋运动的情况不同，它们可以用核的自旋量子数 I 来表示。自旋量子数与原子的质量数和原子序数之间存在一定的关系，大致分为三种情况：I 值为0的原子核可以看做是一种非自旋的球体。I 为 1/2 的原子核可以看做是一种电荷分布均匀的自旋球体，^1H、^{13}C、^{15}N、^{19}F、^{31}P 的 I 均为 1/2，它们的原子核皆为电荷分布均匀的自旋球体。I 大于 1/2 的原子核可以看做是一种电荷分布不均匀的自旋椭球体。

核磁共振波谱法是研究处于强磁场中的原子核对射频辐射的吸收，从而获得有关化合物分子结构信息的分析方法。以 ^1H 核为研究对象所获得的谱图称为氢核磁共振波谱图；以 ^{13}C 核为研究对象所获得的谱图称为碳核磁共振波谱图。核磁共振波谱与红外吸收光谱具有很强的互补性，已成为对有机和无机化合物结构分析强有力的工具之一。近年来，核磁共振波谱分析技术发展迅速，超导核磁、二维和三维核磁-脉冲傅里叶变换核磁等技术的应用也日益广泛。

连续波核磁共振波谱仪 CW-NMR：如今使用的核磁共振仪有连续波（continal wave，CW）及脉冲傅里叶（PFT）变换两种形式。连续波核磁共振仪主要由磁铁、射频发射器、检测器、放大器及记录仪等组成。磁铁用来产生磁场，主要有永久磁铁、电磁铁、超导磁铁三种。

CW-NMR 价格低廉，易操作，但是灵敏度差。因此需要的样品量大，且只能测定如 $^1H/^{19}F/^{31}P$ 之类天然丰度很高的核，对诸如 ^{13}C 之类低丰度的核则无法测定。

核磁共振波谱仪（图 2-23）的分辨率多用频率表示（也称"兆数"），其定义是在仪器磁场下激发氢原子所需的电磁波频率。如一台磁场强度为 9.4T 的超导核磁中，氢原子的激发频率为 400MHz，则该仪器为"400M"的仪器。频率高的仪器，分辨率好，灵敏度高，图谱简单易于分析。磁铁上备有扫描线圈，用来保证磁铁产生的磁场均匀，并能在一个较窄的范围内连续精确变化。射频发射器用来产生固定频率的电磁辐射。波检测器和放大器用来检测和放大共振信号。记录仪将共振信号绘制成共振图谱。

20 世纪 70 年代中期出现了脉冲傅里叶核磁共振仪，它的出现使 ^{13}C 核磁共振的研究得以迅速开展。

脉冲变换傅里叶核磁共振波谱仪（pulse Fourier transform-NMR）与连续波仪器不同，它增设了脉冲程序控制器和数据采集处理系统，利用一个强而短（1～50μs）的脉冲将所有待测核同时激发，在脉冲终止时及时打开接收系统，采集自由感应衰减信号（FID），待被激发的核通过弛豫过程返回平衡态时再进行下一个脉冲的激发。得到的 FID 信号是时域函数，是若干频率的信号的叠加，在计算机中经过傅里叶变换转变为频域函数才能被人们识别。PFT-NMR 在测试时常进行多次采样，而后将所得的总 FID 信号进行傅里叶变换，以提高灵敏度和信噪比（进行 n 次累加，信噪比提高 $n^{1/2}$ 倍）。傅里叶变换离子回旋共振质谱仪见图 2-24。

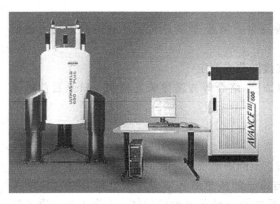

图 2-23　核磁共振波谱仪

图 2-24　傅里叶变换离子回旋共振质谱仪

PFT-NMR 灵敏度很高，可以用于低丰度核，测试时间短（扫一次一到几秒），还可以测定核的弛豫时间，使得利用核磁共振测定反应动态成为现实。

香叶醇-β-D-葡萄糖苷（ gerany-1β-D-glycoside，GGLY），结构如图 2-25 所示。天然存在于茶叶等植物中，是挥发性香料物质香叶醇的糖苷键合态风味前体，其本身没有香气，在植物成熟期间通过酶水解释放出配基——香叶醇。也可以通过加酸、加热、紫外辐射、光照等方式分解释放出配基，可作为新型的、热稳定型香原料。有一个香叶醇糖苷的 ^{1}H NMR 中，在 D 4.35 附近出现双重峰，耦合常数 $J_{1-2}=7.8$Hz，这是葡萄糖环上的 C1—H 的化学位移，它受两个杂原子的去屏蔽作用，化学位移明显移向低场，根据 β-型 $J_{1a-2a}=7.0 \sim 10.0$Hz，α-型 $J_{1e-2a}=2.5 \sim 3.5$Hz 的规律，证明它为 β-型糖苷。

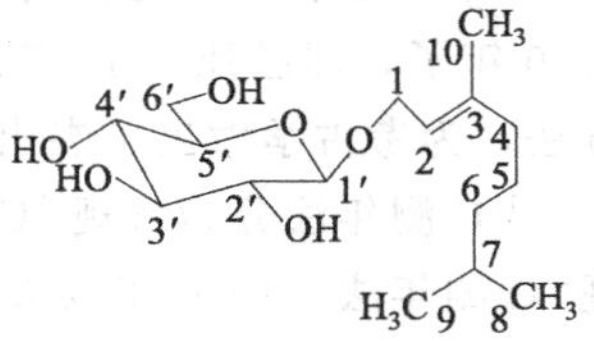

图 2-25　香叶醇-β-D-葡萄糖苷

有报道称某种肉香香气物质（挥发性）的分析方法如下：利用活性炭或纤维针对香气物质进行物理吸附，然后通过气相色谱进行分离，最后用质谱进行物质鉴定。这一过程即为顶空分析，通过该方法可以完成对香气成分的定性、定量分析。对非挥发性的香味物质可以采用常规的分离方法（如凝胶过滤、离子交换树脂、高效液相色谱等）进行分离，然后再通过紫外分光光度法、红外吸收光谱法、核磁共振波谱法等对物质进行分析鉴定。

覆盆子酮是一种具有幽雅果香香韵的香料，广泛用于食用香精、化妆品用香精的调配及医药中间体的合成。以对羟苯甲醛为主要原料，通过 Claisen-Schmidt 缩合、加氢还原二步反应合成覆盆子酮，根据气味分子结构理论设计合成了四个覆盆子酮类似物，采用红外光谱、核磁共振及质谱等分析方法对合成产物的结构进行了表征，并经调香师对其进行评香，确定这些化合物具有作为香料的应用前景。

有关资料表明，目前新发现的和新合成的香料大多是用核磁共振、红外光谱、紫外光谱及质谱等分析方法对其进行表征的，与香叶醇糖苷类似的"香料前期物"（潜香物质）则几乎都用核磁共振法表征。

五、同位素分析

自然界中碳元素有三种同位素，即稳定同位素 ^{12}C、^{13}C 和放射性同位素 ^{14}C，^{14}C 的半衰期为 5730 年。^{14}C 的应用主要有两个方面：一是在考古学中测定生物死亡的年代，即放射性测年法；二是以 ^{14}C 标记化合物作为示踪剂，探索化学和生命科学中的微观运动。

利用宇宙射线产生的放射性同位素 ^{14}C 来测定含碳物质的年龄，就叫 ^{14}C 测年。

^{14}C 测年法是如何测定古代遗存物的年龄呢？

原来，宇宙射线在大气中能够产生放射性 ^{14}C，并能与氧结合成二氧化碳形后进入所有活组织，先为植物吸收，后为动物纳入。只要植物或动物生存着，它们就会持续不断地吸收 ^{14}C，在机体内保持一定的水平。而当有机体死亡后，即会停止呼吸 ^{14}C，其组织内的 ^{14}C 便以 5730 年的半衰期开始衰变并逐渐消失。对于任何含碳物质，只要测定剩下的放射性 ^{14}C 的含量，就可推断其年代。

植物进行光合作用吸入大气层中的二氧化碳，然后又被动物进食，故此所有生物都固定的与大自然交流着 ^{14}C，直至它们死亡。一旦它们死亡，这个交流就会停止，^{14}C 的含量就会通过放射衰变逐步减少。这个衰变可以用来计量一个已死的生物的死亡时间。

当生物体死亡后，新陈代谢停止，由于 ^{14}C 的不断衰变减少，因此体内 ^{14}C 和 ^{12}C 含量的相对比值相应不断减少。通过对生物体出土化石中 ^{14}C 和 ^{12}C 含量的测定，就可以准确算出生物体死亡（即生存）的年代。例如某一生物体出土化石，经测定含碳量为 M（g）（或 ^{12}C 的质量），按自然界碳的各种同位素含量的相对比值可计算出，生物体活着时，体内 ^{14}C 的质量应为 $m(g)$。但实际测得体内 ^{14}C 的质量内只有 m 的 1/8，根据半衰期可知生物死亡已有了 3 个 5730 年了，即已死亡了 17290 年了。美国放射化学家 W.F. 利比因发明了放射性 ^{14}C 测年代的方法，为考古学做出了杰出贡献而荣获 1960 年诺贝尔化学奖。

^{14}C 测年法分为常规 ^{14}C 测年法和加速器质谱 ^{14}C 测年法两种。当时，Libby 发明的就是常规 ^{14}C 测年法。1950 年以来，这种方法的技术与应用在全球有了显著进展，但它的局限性也很明显，即必须使用大量的样品和较长的测量时间。于是，加速器质谱 ^{14}C 测年技术发展起来了。

加速器质谱 ^{14}C 测年法具有明显的独特优点。一是样品用量少，只需 $1\sim5mg$ 样品就可以了，如一小片织物、骨屑、古陶瓷器表面或气孔中的微量碳粉都可测量，而常规 ^{14}C 测年法则需 $1\sim5g$ 样品，相差 3 个数量级；二是灵敏度高，其测量同位素比值的灵敏度可达 $10^{-16}\sim10^{-15}$，而常规 ^{14}C 测年法则与之相差 $5\sim7$ 个数量级；三是测量时间短，测量现代碳若要达到 1% 的精度，只需 $10\sim20min$，而常规 ^{14}C 测年法却需 $12\sim20h$。

正是由于加速器质谱 ^{14}C 测年法具有上述优点，自其问世以来，一直为考古学家、古人类学家和地质学家所重视，并得到了广泛的应用。可以说，对测定 50000 年以内的文物样品，加速器质谱 ^{14}C 测年法是测定精度最高的一种。

由于 ^{14}C 含量极低，而且半衰期很长，所以用 ^{14}C 只能准确测出 5 万~6 万年以内的出土文物，对于年代更久远的出土文物，如生活在 50 万年以前的周口店北京猿人，利用 ^{14}C 测年法是无法测定出来的。

^{14}C 测定年代方法在技术上不同于一般放射性同位素测量，它的特点是放射性强度弱，能量低，自然碳中 ^{14}C 含量仅为 1.2×10^{-10}%，每克碳的放射性强度仅几微微居里，即每分钟约有 10 多个原子衰变，标本的年代越久远，放射性还会迅速降低，如 20000 年以上的标本，其计数率就会降到每分钟一次以下，针对这种情况，必须专门设计低本底和低能量 β 射线的高效率探测器，把标本中的碳制备成探测器的组成部分，并在特制的屏蔽室中进行测量，如气体法将标本碳全部转成计数管中的计数气体，液体法则全部转成闪烁液的溶剂，这些基本要求就决定了 ^{14}C 年代测定必须要有一个完备的实验室，包括设有化学处理、标本制备的系统，完善的屏蔽设备，特制的探测器和能长时间工作而又稳定的电子测量系统，并且经过精心的操作才能保证数据准确可靠。

原本的测量是借由数出个别碳原子的放射衰变量（见液相闪烁计数），但这是一个不灵敏和受制于统计误差的测量：在开始的时候已并不多的 ^{14}C，而由于此其半衰期很长，故很少原子会发生衰变，所以探测它们变得相当困难［例：刚死去时的衰变为 4 原子/(s·mol)，10000 年后衰变为 1 原子/(s·mol)］。

利用粒子加速器（质谱仪）的技术，^{14}C 可以直接数出，灵敏度和敏感度因而大大提升。粗略的放射性碳年数通常以 BP（before present）来表示。BP 就是从 1950 年起以前的放射性碳年数。这是一个名义上于 1950 年 ^{14}C 在大气层水平（假定这个水平不变，见下文"校准"）。

同位素指质子数相同而中子数不同的同种化学元素，最常用的稳定同位素有碳-13（^{13}C）、氮-15（^{15}N）、氢-2（^2H 即氘）和氧（^{18}O）等。因为这些同位素比普通元素重 1 到 2 个原子量单位，所以也叫作重元素。稳定同位素（stable isotope）就是天然同位素或非放射性同位素（non-radioactive isotope），即无辐射衰变，质量保持永恒不变。稳定同位素在自然界无处不在，包括所有化合物、水和大气，所以也就自然地存在于动植物和人体内。其物理化学性质与普通元素相同，所以可用作示踪剂来标记化合物用于科学研究、临床医学和药物生产等几乎所有自然领域。由于没有辐射污染，稳定同位素示踪剂可以用于任何对象，包括孕妇、婴儿和疾病患者，无论是口服还是注射，都绝对安全。稳定同位素质谱实验室如图 2-26 所示。

稳定同位素技术的另一特点是其测试定量的高精度和超高精度，达到 ppm 级（即百万分之一精度，1×10^{-6}），而且同时也测定了化合物的浓度，事半功倍，且降低了测试误差。现在，利用同位素技术人们可以同时测定多个不同的样品，从而提高测定效率。这些高效率、高精度的特点是放射性同位素等技术所不可比拟的。

稳定同位素技术的第三个特点是其示踪能力的微观性和灵活多变性。微观性是指它可以用来标记、追踪化合物分子内部某个或多个特定原子，比如葡萄糖分子中

图 2-26　稳定同位素质谱实验室

各个原子在人体内的不同代谢途径，哪些原子进入三羧酸循环产生能量，而哪些原子进入脂肪代谢途径参与脂肪合成等。多变性是指通过对同位素标记位点的合理选择和巧妙设计来追踪、定性定量测定化合物的不同代谢途径或者生成过程。

由于以上特性，自 20 世纪中叶特别是 70 年代以来稳定同位素技术在科技领先的国家被广泛应用于医学、营养、代谢、食品、农业、生态和地质等研究和生产领域。近年来在药物研发生产以及新兴的基因工程、蛋白质组学（proteomics）、代谢组学（metabolomics）和代谢工程（metabolic engineering）等前沿领域，稳定同位素技术已成为一种应用广泛、独特高效甚至必需的技术，显著提高了解决科学问题的能力和生产效率。最近的例子是德国科学家用碳-13 氨基酸通过三代喂养成功地标记了动物全身所有的蛋白质而获得了细胞代谢的重要发现。这一崭新的技术堪比当年的聚合酶连锁反应技术（PCR），必将迅速得到广泛的推广和应用，有力地推动生命科学的发展。稳定同位素在自然界的无处不在意味着该技术应用的普遍性，具有大自然显微镜的独特功能，未来将揭开越来越多的大自然和人体的奥秘。

现今世界越来越多的消费者倾心于天然食品、饮料、药片、香料、香精和其他天然物质。可是随着合成技术的发展，市场上不断出现以廉价人工合成品冒充天然制品的现象，有时这

图 2-27　多功能同位素/发光测定仪

种冒牌品与天然品中关键成分的化学结构基本相同，所以用化学分析法难以鉴别。然而，在天然食品原料的生长过程中，某些同位素会发生分馏作用，使其同位素比值与人工合成品中的相应比值有较大差别。根据这一原理，Bircout 提出了利用 SIRA（稳定同位素比值分析）技术检验天然物质中掺假物质的设想，并首先用于检查天然果汁，成功地检出用水冲稀的制品。多功能同位素/发光测定仪如图 2-27 所示。

正当这项技术在食品检验中取得可喜成就之时，伪造商又设法用少量特征的稳定同位素标记体掺到人工合成品中，调整该同位素的总含量，企图以假乱真。可是进一步研究发现，在伪造品中加入同位素标记物虽然可以模仿该同位素的总含量，但分子中某一些特征基团的同位素比值将出现更大的差别。因而检查起来更为灵敏。1983 年 Dana 等利用这一原理在检验伪造香料、香精方面取得了令人满意的结果。

植物中碳水化合物的碳来源于 CO_2。CO_2 有 ${}^{12}C{}^{16}O_2$（98.426%）、${}^{13}C{}^{16}O_2$（1.095%）、${}^{12}C{}^{16}O{}^{18}O$（0.195%）及 ${}^{12}C{}^{16}O{}^{17}O$（0.079%）等四种同位素。大气（尤其是乡村大气）中的

CO_2，其 $^{12}C/^{13}C$ 值基本上是恒定不变的。在 ISRA 中 $^{12}C/^{13}C$ 值是用相对于国际标准的 PDB (pee dee belemnite) 值的 $\delta^{13}C$ 来表示。PD 是美国南卡罗来纳州 PDB 岩层中骨骼化石的碳酸盐加酸释放出来的 CO_2。

陆地植物 $^{12}C/^{13}C$ 分析结果表明，碳同位素分馏作用与 CO_2 光同化途经有关，C_3 途径中 $\delta^{13}C$ 为 -0.7%PDB 的大气 CO_2，因为 1,5 -二磷酸核酮糖羧化酶的分馏作用可达 1.7%，所以 C_3 植物有机物质中 $\delta^{13}C$ 的为 $-2.4\%\sim-3.0\%$PDB。而 C_4 植物中有机物质中的 $\delta^{13}C$ 只有 $-0.9\%\sim-2.1\%$PDB。

例如：食用香精是食品工业的重要添加剂，其中天然香荚兰香精尤为珍贵，每年工业产值可达数百万美元。天然香荚兰香精的主要成分是香兰素，而香兰素可以用廉价的木质素或愈创木酚（来自石油，也有部分来自木焦油）制备。

香兰素分子中共有 8 个碳原子，对从香荚兰豆中提取的天然香兰素而言，除了塔希提出产的以外，不论是总碳的 $\delta^{13}C$ 还是甲基碳的 $\delta^{13}C$ 值都很稳定，从总碳的 $\delta^{13}C$ 值可知香荚兰豆的 $\delta^{13}C$ 比木质素（C_3 植物）合成的香兰素高，见表2-4；各地天然香兰素的 $\delta^{13}C$ 分析结果平均值见表2-5。

表2-4　天然香兰素与合成香兰素的 $\delta^{13}C$ 值

香草醛类别	总碳 $\delta^{13}C$ PDB/%	甲基碳 $\delta^{13}C$ PDB/%
香草豆的香草醛（马达加斯加）	-21.1	-25.0
木质素合成香草醛（早期冒牌货）	-27.3	-28.4
^{12}C 标记体＋木质素合成香草醛（近期冒牌货）	-20.6	$+25.8$

注：表中的"香草豆"即香荚兰豆，"香草醛"即香兰素，下同。

表2-5　各地天然香兰素的 $\delta^{13}C$ 分析结果平均值

香草豆产地	总碳 $\delta^{13}C$ PDB/%	甲基碳 $\delta^{13}C$ PDB/%	香草豆产地	总碳 $\delta^{13}C$ PDB/%	甲基碳 $\delta^{13}C$ PDB/%
马达加斯加	-21.1	-25.0	爪哇	-19.8	-25.3
科摩罗群岛	-20.1	-25.5	塔希提	-18.5	-11

因此利用各 $\delta^{13}C$ 值可以容易地检查出以木质素合成的香兰素代替天然香兰素的冒牌货。

有人利用二烃基苯醛与 ^{13}C-碘甲烷的甲基化反应，得到（^{13}C-甲基）香兰素，以一定的比例掺到木质素香兰素中去，使混合物的总碳 $\delta^{13}C$ 值与天然香兰素的总碳 $\delta^{13}C$ 值相仿。但从表2-4可以清楚地看到，伪制品的 $\delta^{13}C$ 主要集中在甲基上，所以只要改用甲基碳的 $\delta^{13}C$ 值作检验指标，就能更加灵敏地检出这种伪制品来，$\delta^{13}C$ 的差值达 5.08%PDB。甲基碳分析样品的制备也很容易，只要将香兰素与浓的氢碘酸作用，甲基就作为碘甲烷而脱去。利用 Sofer (1980) 燃烧法（将碘甲烷与 CuO 一起密封在燃烧管中，加热到 50℃ 过夜），使碘甲烷转化为 CO_2，净化后，进入质谱计测定。Dana 等人（1983）认为，即使把 10% 的这种伪制品加到天然香兰素中，也能很容易地检查出来。这一方法也可检出碳环式醛基位置上标记有 $\delta^{13}C$ 的合成香兰素。对于这种伪制品，甲基碳的 $\delta^{13}C$ 仍是木质素的特征值（$-2.8\%\sim-3.0\%$PDB）。

天然度的概念是测试中 ^{14}C 的比活度（单位为 DPM/gC，每克碳每分钟的衰变，下同）与标准值（15.5DPM/gC）的比值，天然度是区别乙醇法乙酸与合成法乙酸（原料来源于煤、石油等）的有效方法，前者天然度在 $96\%\sim120\%$，后者近乎为零。主要是因为 ^{12}C、^{13}C、^{14}C 为同位素，但 ^{14}C 活泼，具有放射性。^{14}C 的半衰期为 5300 年左右，乙醇法乙酸中的 ^{14}C 来源于自然界，和 5000 年相比，可以忽略不计，可以认为乙醇法乙酸中的 ^{14}C 没有发生衰变，而直接或间接以石油等为原料制成的乙酸中的 ^{14}C 来源于很深的地下，经历了几百万年，其中的 ^{14}C 早已衰变掉。利用富集碳装置，采取 ^{14}C 低水平测试，所测试结果精确度较高，可以比较准确地做出乙醇法乙酸与合成法乙酸的天然度。以不同粮食为原料生成乙酸的天然度不同，例如北方比南方天然度大，主要是因为不同植物或同一植物在不同环境吸附 ^{14}C 的两不同，但相差不会很大。

六、气相色谱分析

(一) 色谱法

色谱法也叫层析法，它是一种高效能的物理分离技术，将它用于分析化学并配合适当的检测手段，就成为色谱分析法。

色谱法的最早应用是用于分离植物色素，其方法是这样的：在一玻璃管中放入碳酸钙，将含有植物色素（植物叶的提取液）的石油醚倒入管中。此时，玻璃管的上端立即出现几种颜色的混合谱带。然后用纯石油醚冲洗，随着石油醚的加入，谱带不断地向下移动，并逐渐分开成几个不同颜色的谱带，继续冲洗就可分别接得各种颜色的色素，并可分别进行鉴定。色谱法也由此而得名。

由以上方法可知，在色谱法中存在两相，一相是固定不动的，我们把它叫做固定相；另一相则不断流过固定相，我们把它叫做流动相。

色谱法的分离原理就是利用待分离的各种物质在两相中的分配系数、吸附能力等亲和能力的不同来进行分离的。

使用外力使含有样品的流动相（气体、液体）通过一固定于柱中或平板上、与流动相互不相溶的固定相表面。当流动相中携带的混合物流经固定相时，混合物中的各组分与固定相发生相互作用。

由于混合物中各组分在性质和结构上的差异，与固定相之间产生的作用力的大小、强弱不同，随着流动相的移动，混合物在两相间经过反复多次的分配平衡，使得各组分被固定相保留的时间不同，从而按一定次序由固定相中先后流出。与适当的柱后检测方法结合，实现混合物中各组分的分离与检测。

色谱分析法有很多种类，从不同的角度出发可以有不同的分类方法。

从两相的状态分类：色谱法中，流动相可以是气体，也可以是液体，由此可分为气相色谱法（GC）和液相色谱法（LC）。固定相既可以是固体，也可以是涂在固体上的液体，由此又可将气相色谱法和液相色谱法分为气-液色谱、气-固色谱、液-固色谱、液-液色谱。

另外，还有一种超临界流体色谱法（supercritical fluid chromatography，SFC），超临界流体色谱是指用超临界流体做流动相，以固体吸附剂（如硅胶）或键合到载体（或毛细管壁）上的高聚物为固定相的色谱法。超临界流体是在高于临界压力和临界温度时的一种物质状态，它既不是气体也不是液体，但兼有气体和液体的某些性质。

(二) 气相色谱

气相色谱可分为气固色谱和气液色谱。气固色谱指流动相是气体，固定相是固体物质的色谱分离方法。例如活性炭、硅胶等作固定相。气液色谱指流动相是气体，固定相是液体的色谱分离方法。例如在惰性材料硅藻土涂上一层角鲨烷，可以分离、测定纯乙烯中的微量甲烷、乙炔、丙烯、丙烷等杂质。

20 世纪 60 和 70 年代，由于气相色谱技术的发展，柱效大为提高，环境科学等学科的发展，提出了痕量分析的要求，又陆续出现了一些高灵敏度、高选择性的检测器。如 1960 年 Lovelock 提出电子俘获检测器（ECD）；1966 年 Brody 等发明了 FPD；1974 年 Kolb 和 Bischoff 提出了电加热的 NPD；1976 年美国 HNU 公司推出了实用的窗式光电离检测器（PID）等。同时，由于电子技术的发展，原有的检测器在结构和电路上又作了重大的改进。如 TCD 出现了衡电流、横热丝温度及衡热丝温度检测电路；ECD 出现衡频率变电流、衡电流脉冲调制检测电路等，从而使性能又有所提高。

20 世纪 80 年代，由于弹性石英毛细管柱的快速广泛应用，对检测器提出了体积小、响应快、灵敏度高、选择性好的要求，特别是计算机和软件的发展，使 TCD、FID、ECD 和 NPD 的灵敏度和稳定性均有很大提高，TCD 和 ECD 的体积也大大缩小。

进入 20 世纪 90 年代，由于电子技术、计算机和软件的飞速发展使 MSD 生产成本和复杂性下降，以及稳定性和耐用性增加，使其成为最通用的气相色谱检测器之一。其间出现了非放射性的脉冲放电电子俘获检测器（PDECD）、脉冲放电氦电离检测器（PDHID）和脉冲放电光电离检测器（PDECD）以及集次三者为一体的脉冲放电检测器（PDD）。其后，美国 Varian 公司推出了商品仪器，它比通常 FPD 灵敏度高 100 倍。另外，快速 GC 和全二维 GC 等快速分离技术的迅猛发展，促使快速 GC 检测方法逐渐成熟。

图 2-28　气相色谱仪

气相色谱法是指用气体作为流动相的色谱法。由于样品在气相中传递速度快，因此样品组分在流动相和固定相之间可以瞬间达到平衡。另外加上可选固定相的物质很多，因此气相色谱法是一个分析速度快和分离效率高的分离分析方法。近年来采用了高灵敏选择性检测器，使得它又具有分析灵敏度高、应用范围广等优点。气相色谱采用气相色谱仪测定（图 2-28）。

GC 主要是利用物质的沸点、极性及吸附性质的差异来实现混合物的分离，待分析样品在汽化室汽化后被惰性气体（即载气，也叫流动相）带入色谱柱，柱内含有液体或固体固定相，由于样品中各组分的沸点、极性或吸附性能不同，每种组分都倾向于在流动相和固定相之间形成分配或吸附平衡。但由于载气是流动的，这种平衡实际上很难建立起来。也正是由于载气的流动，使样品组分在运动中进行反复多次的分配或吸附/解吸附，结果是在载气中浓度大的组分先流出色谱柱，而在固定相中分配浓度大的组分后流出。当组分流出色谱柱后，立即进入检测器。检测器能够将样品组分转变为电信号，而电信号的大小与被测组分的量或浓度成正比。当将这些信号放大并记录下来时，就是气相色谱图了。

在石油化学工业中大部分的原料和产品都可采用气相色谱法来分析；在电力部门中可用来检查变压器的潜伏性故障；在环境保护工作中可用来监测城市大气和水的质量；在农业上可用来监测农作物中残留的农药；在商业部门可用来检验及鉴定食品质量的好坏；在医学上可用来研究人体新陈代谢、生理机能；在临床上用于鉴别药物中毒或疾病类型；在宇宙舱中可用来自动监测飞船密封舱内的气体等等。

气相色谱原理：气相色谱的流动相为惰性气体，气-固色谱法中以表面积大且具有一定活性的吸附剂作为固定相。当多组分的混合样品进入色谱柱后，由于吸附剂对每个组分的吸附力不同，经过一定时间后，各组分在色谱柱中的运行速度也就不同。吸附力弱的组分容易被解吸下来，最先离开色谱柱进入检测器，而吸附力最强的组分最不容易被解吸下来，因此最后离开色谱柱。如此，各组分得以在色谱柱中彼此分离，顺序进入检测器中被检测、记录下来。

气相色谱仪由以下五大系统组成：气路系统、进样系统、分离系统、温控系统、检测记录系统。组分能否分开，关键在于色谱柱；分离后组分能否鉴定出来则在于检测器，所以分离系统和检测系统是仪器的核心。

利用色谱柱先将混合物分离，然后利用检测器依次检测已分离出来的组分。色谱柱的直径为数毫米，其中填充有固体吸附剂或液体溶剂，所填充的吸附剂或溶剂称为固定相。与固定相相对应的还有一个流动相。流动相是一种与样品和固定相都不发生反应的气体，一般为氮或氢气。待分析的样品在色谱柱顶端注入流动相，流动相带着样品进入色谱柱，故流动相又称为载气。载气在分析过程中是连续地以一定流速流过色谱柱的，而样品则只是一次一次地注入，每注入一次得到一次分析结果。样品在色谱柱中得以分离是基于热力学性质的差异。固定相与样品中的各组分具有不同的亲和力（对气固色谱仪是吸附力不同，对气液分配色谱仪是溶解度不同）。当载气带着样品连续地通过色谱柱时，亲和力大的组分在色谱柱中移动速度慢，因为亲和力大意味着固定相拉住它的力量大，亲和力小的则移动快。

检测器对每个组分所给出的信号，在记录仪上表现为一个个的峰，称为色谱峰。色谱峰上的极大值是定性分析的依据，而色谱峰所包罗的面积则取决于对应组分的含量，故峰面积是定量分析的依据。一个混合物样品注入后，由记录仪记录得到的曲线，称为色谱图。分析色谱图就可以得到定性分析和定量分析结果。

（三）气相色谱检测器

气相色谱仪几种常用检测器：氢火焰离子化检测器（FID）、热导检测器（TCD）、氮磷检测器（NPD）、火焰光度检测器（FPD）和电子捕获检测器（ECD）等。

氢火焰离子化检测器（FID）：氢火焰离子化检测器是根据气体的导电率与该气体中所含带电离子的浓度呈正比这一事实而设计的。一般情况下，组分蒸气不导电，但在能源作用下，组分蒸气可被电离生成带电离子而导电。

工作原理：由色谱柱流出的载气（样品）流经温度高达 2100℃ 的氢火焰时，待测有机物组分在火焰中发生离子化作用，使两个电极之间出现一定量的正、负离子，在电场的作用下，正、负离子各被相应电极所收集。当载气中不含待测物时，火焰中离子很少，即基流很小，约 10^{-14} A。当待测有机物通过检测器时，火焰中电离的离子增多，电流增大（但很微弱 $10^{-12} \sim 10^{-8}$ A）。需经高电阻 $10^8 \sim 10^{11}$ Ω 后得到较大的电压信号，再由放大器放大，才能在记录仪上显示出足够大的色谱峰。该电流的大小，在一定范围内与单位时间内进入检测器的待测组分的质量成正比，所以火焰离子化检测器是质量型检测器。

火焰离子化检测器对电离势低于 H_2 的有机物产生响应，而对无机物、久性气体和水基本上无响应，所以火焰离子化检测器只能分析有机物（含碳化合物），不适于分析惰性气体、空气、水、CO、CO_2、CS_2、NO、SO_2 及 H_2S 等。

热导检测器（TCD）：热导检测器（TCD）又称热导池或热丝检热器，是气相色谱法最常用的一种检测器。它是基于不同组分与载气有不同的热导率的原理而工作的热传导检测器。

工作原理：热导检测器的工作原理是基于不同气体具有不同的热导率。热丝具有电阻随温度变化的特性。当有一恒定直流电通过热导池时，热丝被加热。由于载气的热传导作用使热丝的一部分热量被载气带走，一部分传给池体。当热丝产生的热量与散失热量达到平衡时，热丝温度就稳定在一定数值。此时，热丝阻值也稳定在一定数值。由于参比池和测量池通入的都是纯载气，同一种载气有相同的热导率，因此两臂的电阻值相同，电桥平衡，无信号输出，记录系统记录的是一条直线。当有试样进入检测器时，纯载气流经参比池，载气携带着组分气流经过测量池，由于载气和待测量组分二元混合气体的热导率和纯载气的热导率不同，测量池中散热情况因而发生变化，使参比池和测量池孔中热丝电阻值之间产生了差异，电桥失去平衡，检测器有电压信号输出，记录仪画出相应组分的色谱峰。载气中待测组分的浓度越大，测量池中气体热导率改变就越显著，温度和电阻值改变也越显著，电压信号就越强。此时输出的电压信号与样品的浓度成正比，这正是热导检测器的定量基础。

热导池（TCD）检测器是一种通用的非破坏性浓度型检测器，一直是实际工作中应用最多的气相色谱检测器之一。TCD特别适用于气体混合物的分析，对于那些氢火焰离子化检测器不能直接检测的无机气体的分析，更是显示出独到之处。TCD在检测过程中不破坏被监测组分，有利于样品的收集，或与其他仪器联用。TCD能满足工业分析中峰高定量的要求，很适于工厂的控制分析。

氮磷检测器（NPD）：氮磷检测器（NPD）是一种质量检测器，适用于分析氮、磷化合物的高灵敏度、高选择性检测器。它具有与FID相似的结构，只是将一种涂有碱金属盐如 Na_2SiO_3、Rb_2SiO_3 类化合物的陶瓷珠，放置在燃烧的氢火焰和收集极之间，当试样蒸气和氢气流通过碱金属盐表面时，含氮、磷的化合物便会从被还原的碱金属蒸气上获得电子，失去电子的碱金属形成盐再沉积到陶瓷珠的表面上。

工作原理：在NPD检测器的喷口上方，有一个被大电流加热的碱金属盐（铷珠），受热后逸出少量离子，铷珠上加有-250V极化电压，与圆筒形收集极形成直流电场，逸出的少量离子在直流电场作用下定向移动，形成微小电流被收集极收集，即为基流。当含氮或磷的有机化合物从色谱柱流出，在铷珠的周围产生热离子化反应，使碱金属盐（铷珠）的电离度大大提高，产生的离子在直流电场作用下定向移动，形成的微小电流被收集极收集，再经微电流放大器将信号放大，再由积分仪处理，实现定性定量的分析。

氮磷检测器的使用寿命长、灵敏度极高，可以检测到 5×10^{-13} g/s 偶氮苯类含氮化合物，2.5×10^{-13} g/s 的含磷化合物，如马拉松农药。它对氮、磷化合物有较高的响应。而对其他化合物有的响应值低 10000～100000 倍。氮磷检测器被广泛应用于农药、石油、食品、药物、香料及临床医学等多个领域。

火焰光度检测器（FPD）：火焰光度检测器是在一定外界条件下（即在富氢条件下燃烧）促使一些物质产生化学发光，通过波长选择、光信号接收，经放大把物质及其含量和特征的信号联系起来的一个装置。主要由燃烧室、单色器、光电倍增管、石英片（保护滤光片）及电源和放大器等组成。

工作原理：当含S、P化合物进入氢焰离子室时，在富氢焰中燃烧，有机含硫化合物首先氧化成 SO_2，被氢还原成S原子后生成激发态的 S_2^* 分子，当其回到基态时，发射出 350～430nm 的特征分子光谱，最大吸收波长为394nm。通过相应的滤光片，由光电倍增管接收，经放大后由记录仪记录其色谱峰。此检测器对含S化合物不成线性关系而呈对数关系（与含S化合物浓度的平方根成正比）。

当含磷化合物氧化成磷的氧化物，被富氢焰中的H还原成HPO裂片，此裂片被激发后发射出 480～600nm 的特征分子光谱，最大吸收波长为526nm。发射光的强度（响应信号）正比于HPO浓度。

电子捕获检测器（ECD）：早期电子捕获检测器由两个平行电极制成。现多用放射性同轴电极。在检测器池体内，装有一个不锈钢棒作为正极，一个圆筒状放射源（^{3}H、^{63}Ni）作负极，两极间施加交流电或脉冲电压。

工作原理：当纯载气（通常用高纯 N_2）进入检测室时，受射线照射，电离产生正离子（N_2^+）和电子 e^-，生成的正离子和电子在电场作用下分别向两极运动，形成约 10^{-8} A 的电流——基流。加入样品后，若样品中含有某种电负性强的元素即易于电子结合的分子时，就会捕获这些低能电子，产生带负电荷阴离子（电子捕获）。这些阴离子和载气电离生成的正离子结合生成中性化合物，被载气带出检测室外，从而使基流降低，产生负信号，形成倒峰。倒峰大小（高低）与组分浓度呈正比，因此，电子捕获检测器是浓度型的检测器。其最小检测浓度可达 10～14g/mL，线性范围为 10^3 左右。

电子捕获检测器是一种高选择性检测器。高选择性是指只对含有电负性强的元素的物质，如含有卤素、S、P、N 等的化合物等有响应。物质电负性越强，检测灵敏度越高。

气相色谱-嗅觉测量（GC-O）法是一种有效分析食品风味化合物的检测技术，能够从大量的挥发性成分中挑选出气味活性成分，并衡量其对整体气味的贡献。目前，GC-O 和 GC-O-MS 技术仅应用于香气研究，国内的相关报道较少。Delahunty 等认为 GC-O 法作为气味活性化合物检测方法，可用于确定样品中挥发性化合物的气味活性。GC-O 法对鉴定特征香味化合物、香味活性化合物及确定香味强度都非常有用。但 GC-O 法也存在一些缺点，如难以确定色谱峰对应的气味。在色谱图中，某几个峰有可能在一个特定气味的保留时间附近，从而难以确定气味所对应的相应色谱峰。通常采用 GC-O-MS 法研究香气，该法可在同一时间得到香气和MS 信息，使得识别气味大为简化。

除了确定色谱峰的气味，GC-O-MS 还可进行化合物的鉴别。Van Opstaele 等将顶空固相微萃取与 GC-O-MS 法相结合，研究了单品种含氧倍半萜类酒花油馏分以确定气味活性成分。目前，GC-O-MS 技术已应用于食品、酒类和香精香料等领域。

（四）全二维气相色谱

全二维气相色谱（comprehensive two-dimensional gas chromatography，GC×GC）是 20世纪 90 年代新发展起来的一种分析方法。与常规的二维色谱不同，该方法是将两种不同性质的色谱柱串联起来，中间用调制器连接，两支色谱柱采用不同的分离机理，使样品中所有组分在二维平面达到正交分离。全二维气相色谱具有高分辨率、高灵敏度等特点，是目前最为强大的分离工具之一，广泛应用于石油、烟草、制药等复杂体系的分离分析。

中药作为天然产物，组成十分复杂，组分间含量差异很大，并且在复方中药制剂中，数种中药材配伍使用，使其化学成分相当复杂。武建芳等在报道中提到了阮春海等曾采用 GC×GC/TOFMS 方法对中药挥发油进行的方法学研究是基于全二维气相色谱实现的族分离，建立了用药效群代替药效组分的中药评价方法。

武建芳等建立了分析中药莪术挥发油组成的 GC×GC/TOFMS 方法，实现了莪术挥发油的单个组分与族组分分析，鉴定出匹配度大于 800 的组分有 249 种，其中单萜 18 种，单萜含氧衍生物 34 种，倍半萜 35 种，倍半萜含氧衍生物 37 种，有 69 种组分的体积分数＞0.02%。

武建芳课题组又对连翘挥发油的组成分析建立了 GC×GC/TOFMS 方法。连翘挥发油组成复杂，且大部分组分为痕量组分，通过优化色谱条件，使得组分的分离得到大大改善，同时鉴定出更多痕量组分，鉴定的匹配度大于 800 的组分有 220 种，而以往文献报道的均在百种之内。

邱涯琼等分别使用 GC×GC/TOFMS 和 GC×GC/FID（氢焰检测器），对来自 5 个不同产地的 15 个羌活挥发油样品进行定性和定量分析，其中 3 号挥发油样品（四川产道地羌活）定性出相似度大于 800 的组分共 769 个。结合程序升温，各挥发油样品均可以得到包含组分结构信息的二维谱图，根据单萜、单萜含氧衍生物、倍半萜、倍半萜含氧衍生物四类物质实现了明显的族分离。各产地羌活挥发油样品的定性定量结果显示，四川产道地羌活挥发油的化学成分与其他 4 个产地的药材相比有很大差异，其中以单萜类和倍半萜含氧衍生物类成分的含量差异最为显著。对 15 个样品的 GC×GC/FID 分析数据进行主成分分析，获得了满意的聚类结果，并且找到 20 个对聚类分析影响最为显著的化合物，即导致不同产地羌活挥发油的化学成分差异的标记物，均属于单萜类或倍半萜含氧衍生物类化合物，与定性定量分析结果相一致。

Dimandja 等用 GC×GC/FID 对薄荷油和荷兰薄荷油进行分析，并与 GC/MS 方法进行比较，发现薄荷醇、薄荷酮为薄荷油的主要成分，而香芹酮、薄荷醇和柠檬烯则为荷兰薄荷油的主要成分，并且证实了全二维气相色谱用于挥发油分析的优越性。

七、气红联用检测

近年来以气相色谱为基础的联用技术是气相色谱发展的重要领域，而多维色谱是解决复杂混合物检测的有效手段。气相色谱和各种选择性检测器的联用受到了人们的关注，进而得到了较快的发展和普遍的应用。

气相色谱是物质分离和定量分析的有效手段，但在定性方面始终存在困难，仅靠保留指数定性未知物或未知组分是非常不可靠的。红外光谱法能提供丰富的分子结构信息，是非常理想的定性鉴定工具。然而红外光谱法原则上只适用于纯化合物，对于混合物的定性分析常常无能为力。将这两种技术取其所长，即将气相色谱的高效分离及定量检测能力与红外光谱独特的结构鉴定能力结合在一起，就是气相色谱-红外光谱（GC-FFIR）联用技术的设计思路。

20 世纪 60 年代就有人尝试气相色谱与红外光谱的在线联用，但当时的色散型红外光谱仪因扫描速度慢、灵敏度低等不足，难以做到同步跟踪扫描，也难以胜任微量组分的检测。干涉型傅里叶变换红外光谱仪的出现为 GC-FTIR 联用创造了条件。1967 年 Low 和 Freeman 首次演示了气相色谱-傅里叶变换红外光谱联用实验。与色散型红外光谱仪相比，干涉型傅里叶变换红外光谱仪光通量大，检测灵敏度高，能够检测微量组分，而且由于多路传输，可同时获取全频域光谱信息，其扫描速度快，可同步跟踪扫描气相色谱馏分。70 年代，窄带汞镉碲（MCT）检测器代替了热释电（TGS）检测器，内壁镀金硼硅玻璃光管代替了早期的不锈钢光管，这两项关键技术使气相色谱-红外光谱联用技术进入了实用阶段。这些突破性的发展，使 GC-FFIR 联用仪器的检测限降低了大约 3 个数量级，进入商品化生产阶段。

GC-FIR 联用系统主要由气相色谱、接口、红外光谱、计算机数据系统四个单元组成。其工作原理是：一方面，红外光线被干涉仪调制后会聚到加热的光管气体池入口，经过光管镀金内表面的多次反射到达探测器；另一方面，样品经过色谱柱的分离，色谱馏分将按照保留时间顺序通过光管，在光管中选择性吸收红外辐射，计算机系统采集并储存来自探测器的干涉图信息，并作快速傅里叶变换，最后得到样品的气相红外光谱图。

在色谱红外联用系统中，从色谱柱中洗脱出来的组分被自动地输送到样品池，让实验人员摆脱了以往从色谱馏分中收集样品的麻烦，也保证了样品在不受破坏的条件下进行红外光谱分析，这是"脱机"检测无法比拟的。

试样经气相色谱分离后各馏分按保留时间顺序进入接口，接口是联用系统的关键部分。目前已有光管接口和冷冻捕集接口两种类型；后者可以使联机系统具有更高的信噪比，但由于其价格昂贵，至今普遍使用的仍是相对廉价的光管接口。目前普遍采用的是 Azarrag 光管，其为内表面镀金的硼硅毛细管。红外光线经镀金内壁的多次反射，有效地增加了光管的长度。根据 Beer 定律，光程增加，吸收值相应增加，提高了检测灵敏度，而且金的化学惰性可以防止样品在高温下分解。因为光管型 GC-FIR 操作简便，价格相对低廉，所以至今普遍使用的仍是光管接口。

光管接口一般包括传输线（transfer line）、光管（light pipe）、加热装置及汞镉碲（MCT）检测器。接口的出口端可直接放空或进一步连接到气相色谱仪的氢火焰检测器或热导检测器等，可同时得到各种气相色谱图。近些年很多学者在光管方面作了很多研究，例如有一种低温光管的应用技术，可以克服在高温状态下热不稳定化合物的降解。

重建色谱图是将检测器记录的干涉图经过计算机处理后的结果。主要有官能团色谱图、总吸收度重建色谱图、Gram-Schmidt 重建色谱图。

官能团色谱图是在 GC-FTIR 联机过程中通过实时处理技术而获得。操作者可以预先设定

5个"窗口"波数范围，测定过程中当某一窗口出现光谱图时，就表示样品可能含有与此吸收范围相关的官能团，通过对光谱进行积分处理，将其转换成相应的色谱图，红外光谱仪就成了气相色谱的选择性检测器。

总吸收度重建色谱图，由于色谱图上各色谱峰的响应强度是相应化合物的红外总吸收强度，能比较全面地反映色谱流出情况。但因其不是实时记录，且信噪比较低，这在很大程度上影响了它的应用。

Gram-Schmidt 重建色谱图是在第一个样品馏分淋洗出来之前，从采集的扫描数据中选出仅含载气背景的干涉图，通过 Gram-Schmidt 矢量正交化确定一个代表载气背景干涉数据的基集，然后从后来的干涉数据中除去背景信息，并计算出背景与馏分之间的差。此时，红外光谱仪相当于气相色谱的检测器。红外光谱检测的是光谱的总吸收强度，而这个 Gram-Schmidt 重建色谱图是在联机运行后计算出来的，其突出优点是信噪比高。虽然其横坐标是时间，但它却不是实时的，同时，由于不同种类的化合物的红外总吸收度不同，峰面积不能反映化合物的含量。因此，这种图一般只作为色谱馏分示意图，为关联红外光谱图与气相色谱网提供帮助。

红外光谱图表征着化合物分子中各基团的吸收频率及其强度。利用红外光谱图可以鉴定其化学结构。

色谱保留值可以作为红外光谱定性的重要辅助依据。特别是当鉴定像同系物等分子结构内有不同数目的重复单元的化合物时，尤为重要。因为这类化合物的红外光谱特征十分相似，而它们的色谱保留值却存在着显著差异。

目前，商用 GC-FTIR 仪器一般都带有谱图检索软件，可以对 GC 馏分进行定性检索。将得到的 GC 馏分气态红外光谱图与计算机中储存的气态红外标准谱图进行比较，以实现未知组分的确认。但目前由于化合物的气态红外标准谱图数目有限，其应用受到限制。

GC-FTIR 广泛应用于各种香料的分析、石油化工分析、环境污染分析（包括毒物检测、废水分析、空气污染物分析、农药分析）等。另外，燃料分析（煤与石油分馏产物的分析）也广泛使用了 GC-FTIR 联用技术。

随着仪器与计算机的发展，计算机差谱技术得到应用，通过光谱差减，可以把混峰光谱进行剥离，从而有可能对混峰进行完全鉴定，甚至也有可能对 GC 本身没有分开的峰进行剥离鉴定。GC-FTIR 联用技术得到了空前的发展，应用领域越来越广泛，发挥着重要作用，尤其在异构体的分离与鉴定方面有其他分析方法无可比拟的优越性。GC-FTIR 在药物分析中已得到广泛应用，并具有美好前景。

然而在痕量组分定性方面，GC-FTIR 还受到两方面的限制：一是普遍应用的光管 GC-FTIR 检测灵敏度较低；二是可供检索的标准气相红外图谱数量少，不能像 GC-MS 那样方便检索，有些组分不能定性。应用双冷阱进样技术，预前柱进样技术，顶空进样技术等可不同程度提高系统的灵敏度。

随着各类标准谱库的增加与完善，会使 GC-FTIR 的检索范围逐渐扩大。

GC-FTIR 联用技术在化合物定性方面是 GC-MS 的重要辅助手段，GC-MS 在化合物定性中被广泛使用，主要的优点有：灵敏度高，具有强大的标准谱图数据库方便检索。

但是，仅仅依靠 GC-MS 得到的结果对化合物进行定性并不十分充分，其缺点有：不能够区分异构体，有时候计算机给出的几个化合物具有相似的检索相似度，难以判断结果。而红外光谱在化合物定性方面的优点有：能够提供化合物完整的结构信息，能够区分异构体，每种化合物都具有唯一的红外光谱图。这些特性使得 GC-FTIR 成为 GC-MS 的重要补充，二者的结合使化合物定性更加准确。而且红外检测器是非破坏性的，组分在经过红外检测后可以继续进行质谱检测，实现 GC-FTIR-MS 联用，进一步提高检测结果的可靠性。

八、气质联用检测

气相色谱法是一种以气体作为流动相的柱色谱分离分析方法，它可分为气-液色谱和气-固色谱。作为一种分离和分析有机化合物有效方法，气相色谱法特别适合进行定量分析，但由于其主要采用对比未知组分的保留时间与相同条件下标准物质的保留时间的方法来定性，使得当处理复杂的样品时，气相色谱法很难给出准确可靠的鉴定结果。

气-质联用（GC-MS）法是将 GC 和 MS 通过接口连接起来，GC 将复杂混合物分离成单组分后进入 MS 进行分析检测。

迄今为止，人们所认识的化合物已超过 1000 万种，而且新的化合物仍在快速地增长，体系的分离和检测已成为分析化学的艰巨任务。

气相色谱具有极强的分离能力，但它对未知化合物的定性能力较差。质谱对未知化合物具有独特的鉴定能力，且灵敏度极高，但它要求被检测组分一般是纯化合物。将 GC 与 MS 联用，彼此扬长避短，既弥补了 GC 只凭保留时间难以对复杂化合物中未知组分做出可靠的定性鉴定的缺点，又利用了鉴别能力很强且灵敏度极高的 MS 作为检测器。凭借其高分辨能力、高灵敏度和分析过程简便快速的特点，GC-MS 在环保、医药、农药和兴奋剂等领域起着越来越重要的作用，是分离和检测复杂化合物的最有力工具之一。

GC-MS 联用技术的原理：将样品分子置于高真空（$<10^{-3}\,Pa$）的离子源中，使其受到高速电子流或强电场等作用，失去外层电子而生成分子离子；或使化学键断裂生成各种碎片离子，经加速电场的作用形成离子束，进入质量分析器，再利用电场和磁场使其发生色散、聚焦，获得质谱图。根据质谱图提供的信息可进行有机物、无机物的定性、定量分析，复杂化合物的结构分析，同位素比的测定及固体表面的结构和组成等分析。

GC-MS 系统的组成：气质联用仪（图 2-29）是分析仪器中较早实现联用技术的仪器。自 1957 年 J. C. Holmes 和 F. A. Morrell 首次实现气相色谱和质谱的联用以后，这一技术得到了长足的发展。在所有的联用技术中，GC-MS 联用技术发展最为完善，应用最广泛。GC-MS 联用系统各部分组成见图 2-30。

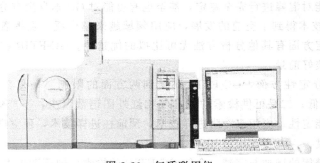

图 2-29　气质联用仪

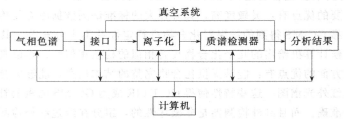

图 2-30　GC-MS 联用仪的组成示意图

气相色谱仪分离样品中各组分，起着样品制备的作用；接口把气相色谱流出的各组分送入质谱仪进行检测，起着气相色谱和质谱之间适配器的作用；质谱仪对接口依次引入的各组分进行分析，成为气相色谱仪的检测器；计算机系统控制气相色谱、接口和质谱仪，进行数据采集和处理，是 GC-MS 的中央控制单元。

混合物被一股气流（流动相，又称气相）携带，通过一根长长的内壁涂有薄薄的一层液膜（液态固定相）的毛细柱。因为混合物的不同组分与固定相的结合能力不同，因此在柱的末端，混合物中的各个组分会逐个地出来（洗脱）而达到分离的目的。

在一个简单的气相色谱装置中，这些被逐个洗脱出来的组分被某种火焰燃烧以便于检测（通用火焰离子化检测器，FID），或者穿过某种其他的检测器后放入大气。在气相色谱中，这些组分在色谱图中是以峰的形式来记录。有关组分的信息通过测量色谱图中该组分峰的峰高和峰面积来确定。这些对应着检测到的组分量以及该组分通过毛细柱的时间。色谱图上某个组分峰最高点对应的时间（以进样作为时间起点）被称为保留时间。通常利用该组分的特定保留时间对其定性，但这种定性方式并不绝对准确，组分的确定经常会模糊或根本无法识别该组分。

与气相色谱形成鲜明对比的是，质谱检测器对混合物的检测毫无办法。如果一个单独的组分进入质谱检测器，它的质谱图可以通过各种离子化检测方法而获得。确定了该物质的质谱图通常来说就可以准确鉴别该物质为何物，并可以确定它的分子结构。显然，如果是混合物质进入质谱检测器，所获得的质谱图就会是该混合物中所有组分谱图的总和。

物质的质谱图可能会相当的复杂以至于准确鉴别混合物中的多种组分几乎是不可能的。一方面气相色谱能够高效地分离混合物但并不善于鉴定各个组分；另一方面质谱检测器善于鉴别单一的组分却难以鉴别混合物。因此，不难理解早期人们为什么致力于研究如何将两种方法联合在一起使用，组成气相色谱-质谱联用仪（GC-MS）。气相色谱-质谱联用仪能将一切可气化的混合物有效分离并准确定性、定量其组分。

（一）GC-MS 联用仪器的分类

按照仪器的机械尺寸，可以粗略分为大型、中型、小型三类气质联用仪；按照仪器的性能，可以粗略分为高档、中档、低档三类或研究级和常规检测级两类气质联用仪。

按照色谱技术，可分为气相色谱-四极杆质谱、气相色谱-离子阱质谱、气相色谱-飞行时间质谱等。

按照质谱仪的分辨率，可分为高分辨率（通常分辨率高于 5000）、中分辨率（通常分辨率为 1000～5000）、低分辨率（通常分辨率低于 1000）气质联用仪。小型台式四极杆质谱检测器（MSD）的分辨率范围一般低于 1000。四极杆质谱由于其本身固有的限制，一般 GC-MS 分辨率在 2000 以下。和气相色谱联用的飞行时间质谱（TOFMS），其分辨率可达 5000 左右。

GC-MS 联用技术的应用：GC-MS 联用在分析检测和研究的许多领域中起着越来越重要的作用，特别是在许多有机化合物常规检测工作中成为一种必备的工具。如环保领域在检测许多有机污染物，尤其是一些低浓度的有机化合物时。如二噁英等的检测方法就规定用 GC-MS；药物研究、生产、质控以及进出口的许多环节中都要用到 GC-MS；法庭科学中对燃烧、爆炸现场的调查，对各种案件现场的各种残留物的检测，如纤维、呕吐物、血迹等的检验和鉴定，无一不用到 GC-MS；工业生产的许多领域如香料香精、石油、食品、化工等行业都离不开 GC-MS；甚至竞技体育运动中，用 GC-MS 进行兴奋剂的检测越来越起着重要的作用。

（二）GC-MS 的一些应用

痕量污染物分析：随着人类社会的不断发展、科学的不断进步，人们对生存环境中的痕量污染物的分析研究越来越重视。此类样品基体复杂，所含的未知组分多，且多为痕量分析范围，GC-MS是目前环境分析中判定未知化合物及其结构最有效的方法。已广泛应用于大气、水、土壤、沉积物、生物样品和化工产品等介质中各种有机污染物的痕量检测、鉴定和证实。

法庭科学：GC-MS用于血、尿、体液或毛发中各种毒品（如大麻、海洛因、可卡因等）或血、尿中挥发性有机物（如甲醇、乙醇、氯仿等）的检测，为疑难案件的鉴定和审定，提供了有力的证据。另外，运动员尿样中兴奋剂的检测和案件中安眠镇定药物的检测和鉴定，GC-MS也是必备的手段。

天然物质和食品：各种天然物质（如中草药、植物挥发油、昆虫性信息素和各种花香）有效成分的研究，烟、酒和饮料中风味物质（如脂肪酸、醇和酯等）和有害物质（如甲醇、农药和苯并芘等）的检测，还有药物及其临床化学的检验及鉴定，GC-MS是十分有效的手段。

（三）GC-MS联用中的主要技术问题

仪器接口：众所周知，气相色谱的入口端压力高于大气压，在高于大气压力的状态下，样品混合物的气态分子在载气的带动下，因在流动相和固定相上的分配系数不同，产生的各组分在色谱柱内的流动速度不同而分离，最后和载气一起流出色谱柱。通常色谱柱的出口端压力为大气压力。质谱仪中样品气态分子在具有一定真空度的离子源中转化为样品气态离子。这些离子包括分子离子和其他各种碎片离子在高真空的条件下进入质量分析器运动。在质量扫描部件的作用下，检测器记录各种按质荷比不同分离的离子其离子流强度及其随时间的变化。因此，接口技术中要解决的问题是气相色谱仪的大气压的工作条件和质谱仪的真空工作条件的连接和匹配。接口要把气相色谱柱流出物中的载气尽可能的除去，保留或浓缩待测物，使近似大气压的气流转变成适合离子化装置的粗真空，并协调色谱仪和质谱仪的工作流量。

扫描速度：未与色谱仪连接的质谱仪一般对扫描速度要求不高。和气相色谱仪连接的质谱仪，由于气相色谱峰很窄，有的仅几秒钟时间。一个完整的色谱峰通常需要至少六个以上的数据点。这样，一方面要求质谱仪有较高的扫描速度，才能在很短的时间内完成多次全质量范围的质量扫描。另一方面，要求质谱仪能很快在不同的质量数之间来回转换，以满足选择离子检测的需要。

气质联机是目前香料、香精、加香产品检测中最有用也是最常用的仪器，几乎所有香料、香精和加香产品用其他方法检测后，如果觉得在"定性"和"定量"方面还有疑问的话，都会采用气质联机再一次核验一下，以打消疑虑。

例如某薰衣草油样品经过检测，各项理化指标如外观、香气、相对密度、沸点、折射率、旋光度、溶解性等都"合格"，但还是不敢确定它有没有"掺杂"，此时再用气质联机检测，看看有没有"薰衣草醇"、"乙酸薰衣草醇酯"和其他"应该有的成分"，有的话，含量是多少；还可以用"手性柱"检测，看看里面的"芳樟醇"和"乙酸芳樟酯"的左旋体和右旋体各占多少比例，从而确认该样品是否为"真品"。

全二维气相色谱（GC×GC）在复杂样品分析中非常有用，但是由于其第二维的分析速度极快，因此对检测器的采集速度提出了更高的要求。目前，主要采用GC×GC与四极杆质谱联用或GC×GC与飞行时间质谱联用（GC×GC-TOFMS）。GC×GC-TOFMS可以获得海量数据，当分析大量样品时，其数据处理较困难。Weldegergisa等采用GC×GC-TOFMS法来表征Pinotage葡萄酒的挥发性成分。熊国玺等采用GC×GC-TOFMS法对烟用香精进行了定性分析，该法与GC-MS法相比具有更好的分离能力，检测出的组分明显多于一维气相色谱，有利于更全面地认识香精的化学成分，为香精原料剖析、香精开发提供更有力的支持。

九、固相微萃取分析

固相微萃取（solid-phase microextraction，SPME）技术是 20 世纪 90 年代兴起的一项新颖的样品前处理与富集技术，它最先由加拿大 Waterloo 大学 Pawliszyn 教授的研究小组于 1989 年首次进行开发研究，属于非溶剂型选择性萃取法。

SPME 是在固相萃取技术上发展起来的一种微萃取分离技术，是一种集采样、萃取、浓缩和进样于一体的无溶剂样品微萃取新技术。与固相萃取技术相比，固相微萃取操作更简单，携带更方便，操作费用也更加低廉；另外克服了固相萃取回收率低、吸附剂孔道易堵塞的缺点。因此成为目前所采用的样品前处理技术中应用最为广泛的方法之一。

固相微萃取方法分为萃取过程和解吸过程两步：

（1）萃取过程——具有吸附涂层的萃取纤维暴露在样品中进行萃取。

（2）解吸过程——将已完成萃取过程的萃取器针头插入气相色谱进样装置的气化室内，使萃取纤维暴露在高温载气中，并使萃取物不断地被解吸下来，进入后序的气相色谱分析。

固相微萃取装置外形如一只微量进样器，如图 2-31 所示。由手柄（holder）和萃取头或纤维头（fiber）两部分构成，萃取头是一根 1cm 长、涂有不同吸附剂的熔融纤维，接在不锈钢丝上，外套细不锈钢管（保护石英纤维不被折断），纤维头在钢管内可伸缩或进出，细不锈钢管可穿透橡胶或塑料垫片进行取样或进样。手柄用于安装或固定萃取头，可永远使用。

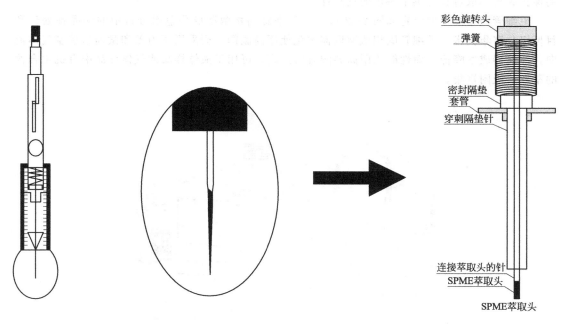

图 2-31　固相微萃取装置

固相微萃取法分为直接萃取、顶空萃取和膜保护萃取。

（一）直接萃取

直接萃取方法中，涂有萃取固定相的石英纤维被直接插入到样品基质中，目标组分直接从样品基质中转移到萃取固定相中。在实验室操作过程中，常用搅拌方法来加速分析组分从样品基质中扩散到萃取固定相的边缘。对于气体样品而言，气体的自然对流已经足以加速分析组分在两相之间的平衡。但是对于水样品来说，组分在水中的扩散速度要比气体中低 3～4 个数量级，因此需要有效的混匀技术来实现样品中组分的快速扩散。比较常用的混匀技术有：加快样品流速、晃动萃取纤维头或样品容器、转子搅拌及超声。

这些混匀技术一方面加速组分在大体积样品基质中的扩散速度，另一方面减小了萃取固定相外壁形成的一层液膜保护鞘而导致的所谓"损耗区域"效应。

（二）顶空萃取

在顶空萃取模式中，萃取过程可以分为两个步骤：

① 被分析组分从液相中先扩散穿透到气相中。

② 被分析组分从气相转移到萃取固定相中。

这种改型可以避免萃取固定相受到某些样品基质（比如人体分泌物或尿液）中高分子物质和不挥发性物质的污染。在该萃取过程中，步骤②的萃取速度总体上远远大于步骤①的扩散速度，所以步骤①成为萃取的控制步骤。因此挥发性组分比半挥发性组分有着快得多的萃取速度。实际上对于挥发性组分而言，在相同的样品混匀条件下，顶空萃取的平衡时间远远小于直接萃取的平衡时间。

（三）膜保护萃取

膜保护 SPME 的主要目的是在分析很脏的样品时保护萃取固定相避免受到损伤，与顶空萃取 SPME 相比，该方法对难挥发性物质组分的萃取富集更为有利。另外，由特殊材料制成的保护膜对萃取过程提供了一定的选择性。

毛细管固相微萃取装置如图 2-32 所示，毛细管固相微萃取是色谱分析中的样品预处理和目标组分富集技术。毛细管固相微萃取器避免使用高温阀，而采用压力差和微通道控制气体流向，使仪器成本降低，而性能比用高温阀有所提高。可用于液体样品或气体样品中有机化合物的萃取或吸附富集。

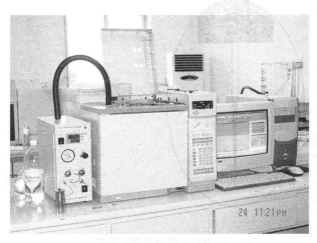

图 2-32　毛细管固相微萃取装置

十、顶空气相色谱法

顶空进样法是气相色谱特有的一种进样方法，适用于挥发性大的组分分析。测定时，精密称取标准溶液和供试品溶液各 3～5mL 分别置于容积为 8mL 的顶空取样瓶中。将各瓶在 60℃ 的水浴中加热 30～40min，使残留溶剂挥发达到饱和，再用同一水浴中的空试管中加热的注射器抽取顶空气适量（通常为 1mL），进样。重复进样 3 次，按溶剂直接进样法进行计算与处理。

顶空进样法使待测物挥发后进样，可免去样品萃取、浓集等步骤，还可避免供试品种非挥发组分对柱色谱的污染，但要求待测物具有足够的挥发性。

顶空分析是通过样品基质上方的气体成分来测定这些组分在原样品中的含量。测定时使用顶空气相色谱仪，如图 2-33 所示。其基本理论依据是在一定条件下气相和凝聚相（液相和固相）之间存在着分配平衡。所以，气相的组成能反映凝聚相的组成。可以把顶空分析看作是一种气相萃取方法，即用气体做"溶剂"来萃取样品中的挥发性成分，因而，顶空分析就是一种理想的样品净化方法。传统的液液萃取以及 SPE 都是将样品溶在液体里，不可避免会有一些共萃取物的干扰分析。况且溶剂本身的纯度也是一个问题，这在痕量分析中尤为重要。而其做溶剂可避免不必要的干扰，因为高纯度气体很容易得到，且成本较低。这也是顶空气相被广泛采用的一个原因。

作为一种分析方法，顶空分析首先简单，它只取气体部分进行分析，大大减少了样品本身可能对分析的干扰或污染。作为 GC 分析的样品处理方法，其一，顶空是最为简便的。其二，是可以使气化后进样，顶空分析有不同模式，可以通过优化操作参数而适合于各种样品。其三，顶空分析的灵敏度能够满足相关要求。其四，顶空进样可相对减少用于溶解样品的沸点较高的溶剂的进样量，缩短分析时间，但对溶剂的纯度要求较高，尤其不能含有低沸点的杂质，否则会严重干扰测定。其五，与 GC 的定量分析能力相结合，顶空 GC 完全能够进行准确的定量分析。

图 2-33 顶空气相色谱仪

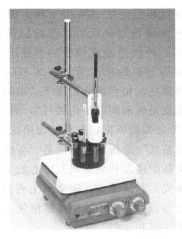

图 2-34 固相微萃取平台

根据取样和进样方式的不同，顶空分析有动态和静态之分。所谓静态顶空就是将样品密封在一个容器中，在一定温度下放置一段时间使气液两相达到平衡。然后取气相部分带入 GC 分析。所以静态顶空 GC 又称为平衡顶空 GC，或叫做一次气相萃取。如果第二次再取样，结果就会不同于第一次取样的分析结果，因为第一次取样后样品组分已经发生了变化。与此不同的是连续气相萃取，即多次取样，直到样品中挥发性组分完全被萃取出来。这就是所谓的动态顶空 GC。常用的方法是在样品中连续通入惰性气体，如氦气，挥发性成分即随该萃取气体从样品中逸出，然后通过一个吸附装置（捕集器）将样品浓缩，最后再将样品解析后进入 GC 进行分析。这种方法通常被称为吹扫-捕集分析方法。

顶空气相色谱法（HS-GC）又称液上气相色谱分析，是一种联合操作技术。通常采用进样针在一定条件和一定温度下对固体、液体、气体等进行萃取吸附，然后在气相色谱分析仪上进行脱附注射。萃取过程常在固相微萃取平台（图 2-34）上进行。

顶空色谱进样器可与国内外各种气相色谱仪相连接，它是将液体或固体样品中的挥发性组分直接导入气相色谱仪进行分离和检测的理想进样装置。

它采用气体进样，可专一性的收集样品中的易挥发性成分，与液-液萃取和固相萃取相比，既可避免在除去溶剂时引起挥发物的损失，又可降低共提物引起的噪声，具有更高的灵敏度和分析速度，对分析人员和环境危害小且操作简便，是一种符合"绿色分析化学"要求的分析手段。

顶空分析方法随气相色谱分析方法的发展在不断更新和发展，现代顶空分析法已形成一个相对较为完善的分析体系。

顶空分析方法主要分为静态顶空分析、动态顶空分析、顶空-固相微萃取三类。

顶空技术的使用，可以免除冗长烦琐的样品前处理过程，避免有机溶剂带入的杂质对分析造成干扰，减少对色谱柱及进样口的污染。顶空色谱技术以其简单实用的优点在环境检测（如饮用水中挥发性卤代烃和工业污水中挥发性有机物）、药物中有机残留溶剂检测、食品、法庭科学、石油化工、包装材料、涂料及酿酒业分析等领域得到了广泛的应用。例如对香蕉、薄荷油、烤咖啡、白兰地酒、威士忌酒等的挥发性组分的顶空气相色谱分析，即使没有作精密的定性定量分析，从色谱图上也能了解其气味或味道的真实情况。另外，可与电子鼻、电子舌等感官仪器联用，对食品、化妆品、药品等的检测分析起到很好的辅助效果。

顶空气相色谱法也可用于测定固体高聚物和高聚物分散系。此技术检测残留单体比用常规的把高聚物溶解后再度沉淀的方法要灵敏得多。顶空气相色谱法也是测试高聚物化学稳定性的一种快速而又简便的方法。取容器中的气体进行气相色谱分析，则可了解在各种温度下容器材料的抗水蒸气、抗 HCl 气体等的性能。

目前顶空气相色谱法还用于"植物精气"的分析上。每一种植物都会散发一些挥发性物质出来，这就是所谓的"植物精气"，通过该植物上端"植物精气"的分析可以作为该植物进行"化学型"分类的依据，香料植物用这个方法来判定更有实际意义。例如我们可以从一棵樟树的"植物精气"分析判断该树是"芳樟""桉樟""脑樟"或者是其他化学型的樟树。

中南林学院森林旅游研究中心的吴楚材、吴章文教授带领课题组用顶空气相色谱法通过7年多的研究，测试了150种中国主要树种的叶片、103种木材、22种花、18个树种林分精气的化学成分，鉴定出440种植物精气的化学成分，并根据相关的技术资料对植物精气的保健功能作出了认定和评价。

十一、液相色谱分析

高效液相色谱法（HPLC）是继气相色谱之后，在20世纪70年代初期发展起来的一种以液体作流动相的新色谱技术。

高效液相色谱是在气相色谱和经典色谱的基础上发展起来的。现代液相色谱和经典液相色谱没有本质的区别。不同点仅仅是现代液相色谱比经典液相色谱有较高的效率和实现了自动化操作。经典的液相色谱法中，流动相在常压下输送，所用的固定相柱效低，分析周期长。而现代液相色谱法引用了气相色谱的理论，流动相改为高压输送（最高输送压力可达 4.9×10^7 Pa）。色谱柱是以特殊的方法用小粒径的填料填充而成，从而使柱效大大高于经典液相色谱（每米塔板数可达几万或几十万）；同时柱后连有高灵敏度的检测器，可对流出物进行连续检测。因此，高效液相色谱具有分析速度快、分离效能高、自动化等特点。所以人们称它为高压、高速、高效或现代液相色谱法。

高效液相色谱仪（图2-35）主要由进样系统、输液系统、分离系统、检测系统和数据处理系统等组成。

图 2-35 高效液相色谱仪

其中高压输液泵、色谱柱、检测器是关键部件。有的仪器还有梯度洗脱装置、在线脱气机、自动进样器、预柱或保护柱、柱温控制器等，现代 HPLC 仪还有计算机控制系统，进行自动化仪器控制和数据处理。制备型 HPLC 仪还备有自动馏分收集装置。

高效液相色谱更适宜于分离和分析高沸点、热稳定性差、有生理活性及分子量比较大的物质，因而广泛应用于核酸、肽类、内酯、稠环芳烃、高聚物、药物、人体代谢产物、表面活性剂、抗氧化剂、杀虫剂、除莠剂等物质的分析。

高效液相色谱法只要求试样能制成溶液，而不需要气化，因此不受试样挥发性的限制。对于高沸点、热稳定性差、分子量大（大于 400 以上）的有机物（这些物质几乎占有机物总数的 75%～80%），原则上都可应用高效液相色谱法来进行分离、分析。据统计，在已知化合物中，能用气相色谱分析的约占 20%，而能用液相色谱分析的占 70%～80%。

高效液相色谱分析的主要优点是：

① 分辨率高于其他色谱法；

② 速度快，十几分钟到几十分钟可完成；

③ 重复性高；

④ 高效液相色谱柱可反复使用；

⑤ 自动化操作，分析精确度高。

高效液相色谱在生物领域中广泛用于下列产物的分离和鉴定：

① 氨基酸及其衍生物；

② 有机酸；

③ 甾体化合物；

④ 生物碱；

⑤ 抗生素；

⑥ 糖类；

⑦ 卟啉；

⑧ 核酸及其降解产物；

⑨ 蛋白质、酶和肽；

⑩ 脂类等。

这些物质都是各种香料、香精和加香产品分析时经常遇到的难挥发物质，所以检测有香物质时除了常用的气相色谱法以外，液相色谱通常作为补充方法，但也有一些实验室干脆不用气相色谱，而全部采用液相色谱检测，在有关数据足够时，也能得到令人满意的结果。同一个物质（混合物），用气相色谱在一定的条件下可以得到一张"指纹图"，用液相色谱在一定的条件下也可以得到一张不同的"指纹图"，它们都可以用来辨别这个物质。

高效液相色谱（HPLC）法适用于香精中的非挥发性成分的分析。通过 HPLC 法分离精油，避免了气相进样时分子重排和热分解现象的发生。

十二、液质联用检测

液相色谱-质谱联用仪（liquid chromatograph mass spectrometer），简称 LC-MS，是液相色谱与质谱联用的仪器（图 2-36）。它结合了液相色谱仪有效分离热不稳定性及高沸点化合物的分离能力，还有质谱仪很强的组分鉴定能力。是一种分离、分析复杂有机混合物的有效手段。

图 2-36　液相色谱-质谱联用仪

联机的关键是适用接口的开发，必须在试样组分进入离子源前去除溶剂。目前，多采用履带式加热传送带。不足之处在于：

① 沸点与溶剂相近或低的组分不能测；

② 某种意义上失去了 HPLC 分离热不稳定性物质的优点；

③ 溶剂很难挥发尽，本底效应高，不利于分辨。

因此，LC-MS 正处于发展阶段，应用还不够普遍。

液相色谱（LC）能够有效地将有机物待测样品中的有机物成分分离开，而质谱（MS）能够对分开的有机物逐个分析，得到有机物分子量、结构（在某些情况下）和浓度（定量分析）的信息。强大的电喷雾电离技术使 LC-MS 质谱图十分简洁，后期数据处理简单。LC-MS 是有机物分析实验室、药物或食品检验室、生产过程控制或质检等部门必不可少的分析工具。

液相色谱和质谱连接，可以增加额外的分析能力，能够准确鉴定和定量，像细胞和组织裂解液、血液、血浆、尿液和口腔液等复杂样品基质中的微量化合物。高效液相色谱质谱系统（HPLC-MS）提供了一些独特的优势，包括以下三点。

① 快速分析和流转所需的最少样品准备；

② 高灵敏度并结合可分析多个化合物能力，甚至可以跨越化合物的种类；

③ 高精确度、高分辨率鉴定和量化目标分析物。

HPLC-MS 仪器所用的质量分析器有四极杆（如 ABI 公司的 API3000、2000，Agilent 公司的 HP1100LC-MS，Finnigan 公司的 TSQ7000、LCQ DUO 和 Micromass 公司的 Quattro LC 及 II 等具有二组四极杆的能做 MS/MS）、离子阱（如 Finnigan 公司的 LCQ DECAXP；BRUKER

公司的 esquire3000 等能做多次串联 MS 分析）。四极与飞行共存：MS1 采用四极分离器，MS2 采用 OA-Tof（如 Micromass 的 Q-Tof 能做 MS-MS）等。

HPLC 系统可添置 PDA（二极管阵列检测器），可做到在获得定量数据的同时，采集光谱信息，从而有助于一些特定的定性分析。

由于 HPLC-MS 仪采用的是软电离技术，只给出样品的准分子离子峰，且流动相的组成和接口温度又不可能做到完全一致，因此 HPLC-MS（多级）目前无标准谱图库可供检索。

将液相的分析方法用于 HPLC-MS（多级）联用时需要考虑以下几方面：

① 分析目标化合物的离子化能力；

② 流动相的混溶性；

③ 流速与柱子的匹配性等。

对于可以接受质子的碱性样品（如含 NH_2、N、NH、CO、COOR），采用正离子化模式；反之对于易丢失质子的，有较多强负电性基团（如样品含—COOH、—SH、—NO_2、—Cl、—Br、多个羟基）时可尝试使用负离子化模式。有些酸碱性并不明确的化合物则要进行预试方可确定。此时也可优先考虑用 APCl（＋）进行测定，对于热不稳定的化合物则优先考虑用 ESI。

对样品的一般要求是：力求干净，不含显著量的杂质；不含高浓度的难挥发性酸（如硫酸、磷酸等）及其盐。因为这些酸及其盐的侵入会引起很强的噪声，严重时还会造成仪器喷口处放电。样品黏度不能过大，以防堵塞柱子、喷口及毛细管入口，因此样品的制备或前处理在 HPLC-MS（多级）分析中同样是必要的。

HPLC-MS（多级）商品仪器设计时所达到的重现性和线性范围指标均能满足一般的定量分析精度要求。但由于其分析的样品来源广泛、本底复杂，因此 HPLC-MS（多级）定量中要解决的主要问题是化学基质和生物学基质的干扰。

HPLC-MS（多级）应用范围：热不稳定大分子化合物的分析（如生物药品、重组产物、医药学方面的药物及体内药物分析、药物降解、药物动力学、临床医学、中药分析）；生物化学领域的肽、蛋白质、寡核苷酸、糖等；环境化学分析方面（如有机污染物，土壤与水质分析）；农药兽药残留量分析（如检测蔬菜、水果及肉类食品中的农残和药残）；法医学方面的滥用药物、爆炸物和兴奋剂检测；合成化学方面的有机金属化合物、有机合成物、表面活性剂、天然产物、复杂混合物分析等。总之，只有无法离子化的样品，质谱才不能检测。与 GC-MS 相比，LC-MS 灵敏度更高。

质谱仪从其最基本的功能上而言，主要是一种定性分析的工具。采用 LC 与 MS 联机的操作方式，可充分发挥液相色谱的分离功能和质谱仪的高灵敏度及高选择性（如单离子检测、中性丢失等），来获取一些混合物中单一组分的结构信息。用混合编程扫描技术，进行多级质谱方式（MS-MS 或 MSn）可同时检测分子离子和若干碎片离子，进一步获取相关化合物的结构信息。

十三、薄层色谱法分析

薄层色谱，或称薄层层析（thin-layer chromatography），是以涂布于支持板上的支持物作为固定相，以合适的溶剂作为流动相，对混合样品进行分离、鉴定和定量的一种层析分离技术。这是一种快速分离诸如脂肪酸、类固醇、氨基酸、核苷酸、生物碱及其他多种物质的，特别有效的层析方法。从 20 世纪 50 年代发展起来至今，仍被广泛采用。

薄层色谱法是一种吸附薄层色谱分离法，它利用各成分对同一吸附剂吸附能力的不同，使在移动相（溶剂）流过固定相（吸附剂）的过程中，连续产生吸附、解吸附、再吸附、再解吸附,从而达到各成分互相分离的目的。

薄层层析可根据作为固定相支持物的不同,分为薄层吸附层析(吸附剂)、薄层分配层析(纤维素)、薄层离子交换层析(离子交换剂)、薄层凝胶层析(分子筛凝胶)等。一般实验中应用较多的是以吸附剂为固定相的薄层吸附层析。

吸附是表面的一个重要性质。任何两个相都可以形成表面,吸附就是其中一个相的物质或溶解于其中的溶质在此表面上的密集现象。在固体与气体之间、固体与液体之间、吸附液体与气体之间的表面上,都可能发生吸附现象。

物质分子之所以能在固体表面停留,是因为固体表面的分子(或离子、原子)和固体内部分子所受的吸引力不相等。在固体内部,分子之间相互作用的力是对称的,其力场互相抵消。而处于固体表面的分子所受的力是不对称的,向内的一面受到固体内部分子的作用力大,而表面层所受的作用力小,因而气体或溶质分子在运动中遇到固体表面时,受到这种剩余力的影响,就会被吸引而停留下来。

吸附过程是可逆的,被吸附物在一定条件下可以解吸出来。在单位时间内,被吸附于吸附剂的某一表面积上的分子和同一单位时间内离开此表面的分子之间可以建立动态平衡,称为吸附平衡。吸附层析过程就是不断地产生平衡与不平衡、吸附与解吸的动态平衡过程。

例如用硅胶和氧化铝作支持剂,其主要原理是吸附力与分配系数的不同,使混合物得以分离。当溶剂沿着吸附剂移动时,带着样品中的各组分一起移动,同时发生连续吸附与解吸作用以及反复分配作用。由于各组分在溶剂中的溶解度不同以及吸附剂对它们的吸附能力的差异,最终将混合物分离成一系列斑点。如作为标准的化合物在层析薄板上一起展开,则可以根据这些已知化合物的 R_f 值对各斑点的组分进行鉴定,同时也可以进一步采用某些方法加以定量。

R_f=溶质移动的距离/溶液移动的距离。表示物质移动的相对距离。

各种物质的 R_f 随要分离化合物的结构,滤纸或薄层板的种类、溶剂、温度等不同而不同,但在条件固定的情况下,R_f 对每一种化合物来说是一个特定数值。

(一)薄层色谱法所用的仪器与材料

1. 载板变色硅胶

用以涂布薄层用的载板有玻璃板、铝箔及塑料板,对薄层板的要求是:需要有一定的机械强度及化学惰性,且厚度均匀、表面平整,因此玻璃板是最常用的。载板可以有不同规格,但最大不得超过 20cm×20cm;玻璃板在使用前必须洗净、干燥。玻璃板除另有规定外,用5cm×20cm,10cm×20cm 或 20cm×20cm 的规格,要求光滑、平整,洗净后不附水珠,晾干。

2. 固定相(吸附剂)或载体

薄层层析的硅胶薄层层析最常用的硅胶有硅胶 G、硅胶 GF、硅胶 H、硅胶 HF,其次有硅藻土、硅藻土 G、氧化铝、氧化铝 G、微晶纤维素、微晶纤维素 F 等。其颗粒大小,一般要求直径为 $10\sim40\mu m$。薄层涂布,一般可分为无黏合剂和含黏合剂两种。前者是将固定相直接涂布于玻璃板上,后者是在固定相中加入一定量的黏合剂,一般常用 $10\%\sim15\%$ 煅石膏($CaSO_4\cdot2H_2O$)在 140℃烘 4h,混匀后加水适量使用,或用羧甲基纤维素钠水溶液($0.5\%\sim0.7\%$)适量调成糊状,均匀涂布于玻璃板上。也有含一定固定相或缓冲液的薄层。

3. 涂布器薄层层析硅胶

应能使固定相或载体在玻璃板上涂成一层符合厚度要求的均匀薄层。

4. 点样器

定性：内径为 0.5mm、管口平整的普通毛细管。

定量：微量注射剂。

点样直径不超过 5mm，点样距离一般为 1～1.5cm 即可。

5. 展开室

应使用适合载板大小的玻璃制薄层色谱展开缸，并有严密的盖子，除另有规定外，底部应平整光滑，以便于观察。

除另有规定外，将 1 份固定相和 3 份水在研钵中向一个方向研磨混合，去除表面的气泡后，倒入涂布器中，在玻璃板上平稳地移动涂布器进行涂布（厚度为 0.2～0.3mm），取下涂好薄层的玻璃板，置水平台上于室温下晾干，后在 110℃ 烘 30min，再置于有干燥剂的干燥箱中备用。使用前检查其均匀度（可通过透射光和反射光检视）。

手工制板一般分不含黏合剂的软板和含黏合剂的硬板两种。

常用吸附剂的基本情况：颗粒的大小有一定的要求，太大洗脱剂流速快分离效果不好，太细溶液流速太慢。一般说来吸附性强的颗粒稍大，吸附性弱的颗粒稍小。氧化铝一般在 100～150 目。碱性氧化铝适用于碳氢化合物、生物碱及碱性化合物的分离，一般适用于 pH 值为 9～10 的环境。中性氧化铝适用于醛、酮、醌、酯等 pH 值约为 7.5 的中性物质的分离。酸性氧化铝适用于 pH 值为 4～4.5 的酸性有机酸类的分离。氧化铝、硅胶根据活性分为五个级，一级活性最高，五级最低。

黏合剂及添加剂：为了使固定相（吸附剂）牢固附着在载板上，以增加薄层的机械强度、有利于操作，需要时在吸附剂中加入合适的黏合剂；有时为了特殊的分离或检出需要，要在固定相中加入某些添加剂。

薄层板的活化：硅胶板于 105～110℃ 烘 30min，氧化铝板于 150～160℃ 烘 4h，可得到活性的薄层板。

（二）点样与展开

除另有规定外，用点样器点样于薄层板上，一般为圆点，点样基线距底边 2.0cm，样点直径及点间距离同纸色谱法，点间距离可视斑点扩散情况以不影响检出为宜。点样时必须注意勿损伤薄层表面。

点样直径不超过 5mm，点样距离一般为 1～1.5cm 即可。

样品在溶剂中的溶解度很大，原点将呈空心环——环形色谱效应。因此配制样品溶液时应选择对组分溶解度相对较小的溶剂。

点样方式有点状点样和带状点样。

展开剂也称溶剂系统流动剂或洗脱剂，是在平面色谱中用作流动相的液体。展开剂的主要任务是溶解被分离的物质，在吸附剂薄层上转移被分离物质，使各组分的 R_f 值在 0.2～0.8，并对被分离物质要有适当的选择性。作为展开剂的溶剂应满足以下要求：适当的纯度、适当的稳定性、低黏度、线性分配等温线、很低或很高的蒸气压以及尽可能低的毒性。

对于展开方式总的来讲，平面色谱的展开有线性、环形及向心 3 种几何形式。

（1）单次展开　用同一种展开剂一个方向展开一次，这种方式在平面色谱中应用最为广泛（垂直上行展开，垂直下行展开，一向水平展开，对向水平展开）。

（2）多次展开 单向对此展开，用相同的展开剂沿同一方向进行相同距离的重复展开，直至分离满意，广泛应用于薄层色谱法。

（3）双向展开 用于成分较多、性质比较接近的难分离组分的分离。

薄层展开室需预先用展开剂饱和，可在室中加入足够量的展开剂，并在壁上贴两条与室一样高、宽的滤纸条，一端浸入展开剂中，密封室顶的盖，使系统平衡或按规定操作。将点好样品的薄层板放入展开室的展开剂中，浸入展开剂的深度为距薄层板底边 0.5～1.0cm（切勿将样点浸入展开剂中），密封室盖，待展开至规定距离（一般为 10～15cm）时，取出薄层板，晾干，按各品种项的规定检测。

影响展开的因素如下：
① 相对湿度的影响；
② 溶剂蒸气的影响（展开室的饱和、预吸附）；
③ 温度的影响；
④ 展距的影响（分离度正比于展距的平方根）。

（三）显色

1. 光学检出法
a. 自然光（400～800nm）。
b. 紫外光（254nm 或 365nm）。
c. 荧光：一些化合物吸收了较短波长的光，在瞬间发射出比照射光波长更长的光，而在纸或薄层上显示出不同颜色的荧光斑点（灵敏度高、专属性高）。

2. 蒸气显色法显色
多数有机化合物吸附碘蒸气后显示出不同程度的黄褐色斑点，这种反应有可逆及不可逆两种情况。前者在离开碘蒸气后，黄褐色斑点逐渐消退，并且不会改变化合物的性质，且灵敏度也很高，故是定位时常用的方法；后者是由于化合物被碘蒸气氧化、脱氢增强了共轭体系，因此在紫外光下可以发出强烈而稳定的荧光，对定性及定量都非常有利，但是制备薄层时要注意被分离的化合物是否改变了原来的性质。

3. 物理显色法
用紫外照射分离后的纸或薄层，使化合物产生光加成、光分解、光氧化还原及光异构等光化学反应，会导致物质结构发生某些变化，如形成荧光发射功能团；发生荧光增强或淬灭及荧光物质的激发或发射波长发生移动等现象，提高了分析的灵敏度和选择性。

4. 试剂显色法
该方法为广泛应用的定位方法。用于纸色谱的显色剂一般都适用于薄层色谱，防腐剂的显色剂不适合用于纸色谱及含有有机黏合剂薄层的显色。

（1）显色方法
a. 喷雾显色 显色剂溶液以气溶胶的形式均匀喷洒在纸和薄层上。
b. 浸渍显色 将展开剂的薄层板垂直插入盛有展开剂的浸渍槽中，设定浸板的抽出速度和在显色剂中浸渍的时间。

（2）显色试剂
a. 通用显色剂为硫酸溶液（硫酸：水＝1:1，硫酸：乙醇＝1:1）、0.5%碘的氯仿溶液、中性0.05%高锰酸钾溶液、碱性高锰酸钾溶液（还原性化合物在淡红色背景上显黄色斑点）。
b. 专属显色剂。

5. 测定比移值

在一定的色谱条件下，特定化合物的 R_f 值是一个常数，因此有可能根据化合物的 R_f 值鉴定化合物。

6. 薄层扫描

薄层扫描法，指用一定波长的光照射在经薄层层析后的层析板上，对具有吸收或能产生荧光的层析斑点进行扫描，用反射法或透射法测定吸收的强度，以检测层析谱。对于中成药复方制剂，亦可用相应的原药材按需要组合来作阴、阳对照，然后比较其薄层扫描图谱加以鉴别。使用仪器为薄层扫描仪。

如需用薄层扫描仪对色谱斑点作扫描检出，或直接在薄层上对色谱斑点作扫描定量时，则可用薄层扫描法。薄层扫描的方法，除另有规定外，可根据各种薄层扫描仪的结构特点及使用说明，结合具体情况，选择吸收法或荧光法，用双波长或单波长扫描。由于影响薄层扫描结果的因素很多，故应在保证供试品的斑点在一定浓度范围内呈线性的情况下，将供试品与对照品在同一块薄层上展开后扫描，进行比较并计算定量，以减少误差。各种供试品，只有得到分离度和重现性好的薄层色谱，才能获得满意的结果。

第三章 感官分析

感官分析是在各种理化分析的基础上，集心理学、生理学、统计学、模糊数学的知识发展起来的一门科学。

IFT（1975）采用美国食品工艺学家学会关于感官评定的定义为：

"一种科学的评定、测量、分析和解释人们对食物和材料的那些特性，这些特性是当这些物质被人们的视、尝、闻、触和听这些感觉器官所接受时的反应。"

国际标准化组织从1977~2003年共发布了20多个标准，对感官分析的具体方法、评价员的选择培训、资格认证以及感官实验室的软硬件条件等进行了规范。

我国也在参照或等同采用ISO标准的基础上，从1988~2002年共发布了约20个关于感官分析的标准，内容涉及感官分析的具体方法、评价员的选择培训及资格认证、感官实验室的建立等。

这些标准比较全面的从实验室、人员、方法、样品、数据分析等方面规范了感官分析，使感官分析方法更完善、更标准、更具科学性。

感官评定培训的国家标准：

GB/T 15549—1995 感官分析 方法学检测和识别气味方面评价员的入门和培训

这个标准等同于"ISO 5496和ISO 8586"。对评价员的选择、培训与考核认证作出了详细的规定。

感官评定人员管理的国家标准：

GB/T 23479.1—2009 感官分析 感官分析实验室人员一般导则　第1部分：实验室人员职责

GB/T 23479.1—2009 感官分析 感官分析实验室人员一般导则　第2部分：评价小组组长的聘用与培训

感官评定术语的国家标准：

GB/T 10221—2012 感官分析术语

这个标准对感官分析一般性以及与感觉有关、与感官特性有关、与分析方法有关的术语进行了规定。

感官评定样品制作的国家标准：

GB/T 10220—2012 感官分析方法　总论

GB 12314—1990 感官分析方法 不能直接感官分析的样品制备准则

这两个标准对感官分析样品的制备原则和方法进行了规定。

感官评定检验方法的国家标准：

GB/T 10220—2012 感官分析方法　总论

GB/T 12311—2012 感官分析 三点检验

GB/T 17321—2012 感官分析 二、三点实验

GB/T 12310—2012 感官分析 成对比较检验

GB/T 12316—1990 感官分析"A"和"非 A"检验

此外，我国香料香精行业里有一套"40 分"评分检验法：对一个香料或者香精进行香气评定时，"满分"为 40 分，"纯正"为 39.1～40.0 分，"较纯正"为 36.0～39.0 分，"可以"为 32.0～35.9 分，"尚可"为 28.0～31.9 分，"及格"为 24.0～27.9 分，"不及格"为 24.0 分以下。对评香组成员的要求很高，由公认的"好鼻子"、德高望重的调香师和评香师担任。重大的检验和有关香气的仲裁由"全国评香小组"执行。企业可以参考这种评分检验法自己组织调香师和评香师对香料、香精与加香产品进行评价，但实际意义并不大。

第一节　人的嗅觉和味觉

感官分析一般可分为两大类型：分析型感官分析和偏爱型感官分析。

大多数香料的分析采用分析型感官分析，比较"客观"一些，有时候也采用偏爱型感官分析。加香产品的评香属于偏爱型感官分析，这种分析依赖人们心理和生理上的综合感觉，分析的结果受到生活环境、生活习惯、审美观点等多方面因素的影响，其结果往往因人、因时、因地而异。

偏爱型感官分析因人、因时、因地而异，这是因为人的嗅觉有差别，爱好也不一样，即使同一个人在不同时间嗅闻一个样品，也不一定得出同样的结论。这些因素都直接影响到评香结果。因此，本节简要地叙述人的嗅觉理论，以便读者对评香结果和"结论"有更清楚的认识。

嗅觉和味觉在评香组织的工作中占主要地位，嗅觉和味觉的误差对于评香分析结果将造成极大的影响。因此，我们必须了解会造成嗅觉和味觉误差的生理特点及基本规律，以便在评香员的选择、实验环境的布置、实验方案的设定、结果的处理等方面尽量将嗅觉的误差减少到最低程度。

嗅觉是辨别各种气味的感觉。嗅觉的感受器位于鼻腔最上端的嗅上皮细胞内，其中嗅细胞是嗅觉刺激的感受器，可接收有气味的分子。嗅觉的适宜刺激物必须具有挥发性和可溶性的特点，否则不易刺激鼻黏膜，无法引起嗅觉。引起刺激的香气分子必须具备下列基本条件才能引起嗅神经冲动：有挥发性、水溶性和脂溶性；有发香原子或发香基团；有一定的分子轮廓，分子量 17～340；红外吸收光谱为 7500～1400nm；拉曼吸收光谱为 1400～3500nm；折射率为 1.5 左右。

"入芝兰之室，久而不闻其香"，这是典型的嗅觉适应。嗅细胞容易产生疲劳，而且当嗅球等中枢系统由于气味的刺激陷入负反馈状态时，感觉受到抑制，气味感消失，这便是对气味产生了适应性。因此，在进行评香工作时，数量和时间应尽可能缩短。

嗅觉的个体差异很大，有嗅觉敏锐者和嗅觉迟钝者。嗅觉敏锐者并非对所有气味都敏锐，因不同气味而异。人的身体状况对嗅觉器官会有直接的影响。如人在感冒、身体疲倦或营养不良时，都会引起嗅觉功能降低。女性在月经期、妊娠期及更年期都会发生嗅觉缺失或过敏的现象。

人的嗅脑（大脑嗅中枢）是比较小的，通常只有小指尖那么小的一点点，鼻腔顶部的嗅区面积也很小，大约为 $5cm^2$（猫为 $21cm^2$，狗为 $169cm^2$），加上人类一级嗅神经比其他任何哺乳动物都少（来自嗅感器的信号经嗅球中转后，一级神经远不能满足后续信号传递的需求），因此，人的嗅觉远不如其他哺乳动物那么灵敏。人类的嗅感能力，一般可以分辨出 1000～4000 种不同的气味，经过特殊训练的鼻子可以分辨高达 10000 种不同的气味。

嗅细胞容易产生疲劳，这是因为嗅觉冲动信号是一峰接着一峰进行的，由第一峰到达第二峰时，神经需要 1ms 或更长的恢复时间，如第二个刺激的间隔时间大于神经所需的恢复时间，则表现为兴奋效应；如间隔时间过短，神经还处于疲劳状态，这样反而促使绝对不应期的延长，任何强度的刺激都不引起反应，就表现为抑制性效应。这就是"入芝兰之室，久而不闻其香；入鲍鱼之室，久而不闻其臭"的道理。因此，一般人嗅闻有气味的物品时，闻过3个样品之后就要休息一下再闻，否则会得出不正常的结果，影响评判。

通过训练可以提高人的嗅觉功能。"好鼻子"应该是嗅觉灵敏度高，同时对各种气味的"分辨力"也要高。嗅觉灵敏度是先天性的，有的人天生就对各种气味灵敏，同时每一个人随着年龄的增长嗅觉灵敏度也会下降。但人对各种气味的"分辨力"却可以通过训练得到极大提高，大部分调香师和评香师的嗅觉灵敏度只能算一般，但对各种气味的"分辨力"则是一般人望尘莫及的，这都是长期训练的结果。

味觉是指食物在人的口腔内对味觉器官化学感受系统的刺激并产生的一种感觉。

人的几种基本味觉来自我们的舌头上的味蕾，舌头前部即舌尖有大量感觉到甜的味蕾，舌头两侧前半部负责咸味，后半部负责酸味，近舌根部分负责苦味。实际上我们舌头上的味蕾可以感觉到各种味道，只是有不同的敏感度。味觉经面神经、舌神经和迷走神经的轴突进入脑干孤束核后，更换神经元，再经丘脑到达岛盖部的味觉区。

从味觉的生理角度分类，传统上只有四种基本味觉：酸、甜、苦、咸。后来发现了"鲜"味。直到最近，第六种味道——"肥"才被发现并提出。因此可以认为，目前被广泛接受的基本味道有六种，即：酸、甜、苦、咸、鲜、肥（最近有人提出第七种味"淀粉味"，还没有被广泛接受），它们是食物直接刺激味蕾产生的。

在六种基本味觉中，人对咸味的感觉最快，对苦味的感觉最慢，但就人对味觉的敏感性来讲，苦味比其他味觉都敏感，更容易被觉察。

生活在不同地域的人对味觉的分类是不一样的：

日本：酸、甜、苦、辣、咸。

欧美：酸、甜、苦、辣、咸、金属味、钙味（未确定）。

印度：酸、甜、苦、辣、咸、涩味、淡味、不正常味。

中国：酸、甜、苦、辣、咸、鲜、涩。

从味觉的生理角度分类，只有六种基本味觉：酸、甜、苦、咸、鲜、肥。它们是食物直接刺激味蕾产生的。其中酸和咸是由感受器的离子通道接收的，而甜、苦、鲜、肥则属于一种G蛋白偶联受体。

辣味：食物成分刺激口腔黏膜、鼻腔黏膜、皮肤和三叉神经而引起的一种痛觉。这是人体的自我保护机能，在婴幼儿时期，辣的食品会被当成一种有害的物质被排斥，这也是成人吃辣过度后，上吐下泻的原因。准确来说，辣味并不是一种味道，而是一种刺激，属于痛觉，它能直接刺激我们的舌头或皮肤的神经，就像你把切好的辣椒放在眼睛旁边会感觉到刺激，切洋葱的时候，感到眼睛很辣，就是因为辣是一种刺激。

涩味：食物成分刺激口腔，使蛋白质凝固而产生的一种收敛感觉。涩味不是食品的基本味觉，而是刺激触觉神经末梢造成的结果。

味觉产生的过程：呈味物质刺激口腔内的味觉感受体，然后通过一个收集和传递信息的神经感觉系统传导到大脑的味觉中枢，最后通过大脑的综合神经中枢系统的分析，从而产生味觉。不同的味觉产生于不同的味觉感受体，味觉感受体与不同呈味物质之间的作用力也不相同。

味觉传导：舌前2/3味觉感受器所接受的刺激，经面神经之鼓索传递；舌后1/3的味觉由舌咽神经传递；舌后1/3的中部和软腭、咽、会厌味觉感受器所接受的刺激由迷走神经传递。味觉经面神经、舌神经和迷走神经的轴突进入脑干孤束核后，更换神经元，再经丘脑到达岛盖部的味觉区。

味蕾：口腔内感受味觉的主要是味蕾，其次是自由神经末梢，婴儿有 10000 个味蕾，成人几千个，味蕾数量随年龄的增大而减少，对呈味物质的敏感性也降低。味蕾大部分分布在舌头表面的乳状突起中，尤其是舌黏膜皱褶处的乳状突起中比较密集。味蕾一般有 40～150 个味觉细胞构成，10～14 天更换一次，味觉细胞表面有许多味觉感受分子，不同物质能与不同的味觉感受分子结合而呈现不同的味道。一般人的舌尖和边缘对咸味比较敏感，舌的前部对甜味比较敏感，舌靠腮的两侧对酸味比较敏感，而舌根对苦、辣味比较敏感。人的味觉从呈味物质刺激到感受到滋味仅需 1.5～4.0ms，比视觉 13～45ms、听觉 1.27～21.5ms、触觉 2.4～8.9ms 都快。

阈值：感受到成为某种物质的味觉所需要的该物质的最低浓度。

根据阈值的测定方法的不同，又可将阈值分为：

绝对阈值：人感觉某物质的味觉从无到有的刺激量。

差别阈值：人感觉某种物质的味觉有显著差别的刺激量的差值。

最终阈值：人感觉某种物质的刺激不随刺激量的增加而增加的刺激量。

物质（结构）与味觉的关系：糖类-甜味，酸类-酸味，盐类-咸味，生物碱-苦味。

作为物质必须有一定的水溶性才可能有一定的味感，完全不溶于水的物质是无味的，溶解度小于阈值的物质也是无味的。水溶性越高，味觉产生得越快，消失得也越快，一般呈现酸味、甜味、咸味的物质有较大的水溶性，而呈现苦味的物质的水溶性一般。

温度：一般随温度的升高，味觉加强，最适宜的味觉产生的温度是 10～40℃，尤其是 30℃ 最敏感，大于或小于此温度都将变得迟钝。

温度对物质的阈值也有明显的影响：

25℃：蔗糖 0.1%，食盐 0.05%，柠檬酸 0.0025%，硫酸奎宁 0.0001%。

0℃：蔗糖 0.4%，食盐 0.25%，柠檬酸 0.003%，硫酸奎宁 0.0003%。

两种相同或不同的呈味物质进入口腔时，会产生二者的呈味味觉都有所改变的现象，称为味觉的相互作用。

味的对比现象：两种或两种以上的呈味物质适当调配，可使某种呈味物质的味觉更加突出的现象。如在 10% 的蔗糖水溶液中添加 0.15% 氯化钠，会使蔗糖的甜味更加突出，在乙酸水溶液中添加一定量的氯化钠可以使酸味更加突出，在味精水溶液中添加氯化钠会使鲜味更加突出。

味的相乘作用：两种具有相同味感的物质进入口腔时，其味觉强度超过两者单独使用的味觉强度之和，称为味的协同效应。例如甘草铵本身的甜度是蔗糖的 50 倍，但与蔗糖共同使用时末期甜度可达到蔗糖的 100 倍。

味的消杀作用：一种呈味物质能够减弱另外一种呈味物质味觉强度的现象，称为味的拮抗作用。如蔗糖与硫酸奎宁之间的相互作用。

味的变调作用：两种呈味物质相互影响而导致其味感发生改变的现象。如刚吃过苦味的东西，喝一口水就觉得水是甜的；刷过牙后吃酸的东西就有苦味产生。

味的疲劳作用：长期受到某种呈味物质的刺激后，会感觉刺激量或刺激强度减小的现象。

味觉是人和动物的一种基本生理感觉，用来识别食物的性质、调节食欲、控制摄食量。味觉不仅仅存在于口腔中，同样存在于胃肠道中。研究表明，动物肠道的黏膜上存在着表达味觉受体和味觉相关因子的细胞，调控着肠道激素如 GLP-1 和 GIP 的分泌以及糖转运体 SGLT-1 和 GLUT-2 的表达。甜味剂的刺激影响这些激素的分泌及载体的表达，从而影响机体对葡萄糖的吸收和利用。肠道味觉的研究有助于揭示肠道消化吸收功能的调控机理，同时为糖尿病、肥胖、代谢失调及其他饮食相关疾病的治疗提供新的切入点。

像舌头一样，肠道能够"品尝"我们摄取的食物，感知其苦味、甜味、脂肪味及鲜味，而且其信号转导机制也类似。食物进入肠道后，人体会分泌相应的荷尔蒙来控制饥饱感和血糖水平。而在过量摄入食物时，胃部的感受器或者受体也会产生相应的信号。这些受体的失效可能在肥胖、糖尿病和相关代谢问题的发生过程中起着重要的作用。通过选择性地将肠道细胞上的味觉受体作为靶点，来促使人体分泌产生饱腹感的荷尔蒙，可以模拟进餐后的生理效果，从而让人体产生已经吃过了的错觉。越来越多的证据表明，肥胖和相关的代谢问题或许能通过这种方法来预防和治疗。其作用机制虽然并未被完全理解，但可能也和肠道荷尔蒙分泌的改变有关。将这些味觉受体作为靶点，不需要通过手术就可影响荷尔蒙的分泌并控制食物的摄入。目前还需要做的工作是确定哪些肠道味觉受体可以作为有效的药物靶点。

第二节　电子鼻和电子舌

前节讲到人鼻子和舌头的许多缺点会影响评香结果，近年来随着化学传感器和电子技术的快速发展，有人开始提出能否用"电子鼻"和"电子舌"代替人的鼻子和舌头评香，期望鉴香结果能更"公正""客观"一些，也更"轻松"一些。本节简单介绍一下这方面近期的进展。

电子鼻又称气味扫描仪（图 3-1），是 20 世纪 90 年代发展起来的一种快速检测食品的新颖仪器。它以特定的传感器和模式识别系统快速提供被测样品的整体信息，指示样品的隐含特征。电子舌是一种使用类似于生物系统的材料作传感器的敏感膜，当类脂薄膜的一侧与味觉物质接触时，膜电势发生变化，从而产生响应，检测出各类物质之间的相互关系。这种味觉传感器具有高灵敏度、可靠性、重复性。它可以对样品进行量化，同时可以对一些成分含量进行测量。基于电子舌与电子鼻各自的特点与检测中的优越性，它们都已有了各种应用与潜在发展领域。国内外在食品工业、环境检测、医疗卫生、药品工业、安全保障、公安与军事等方面都报道了不少研究成果。

电子鼻与电子舌的构成：电子鼻由气敏传感器、信号处理系统和模式识别系统等功能器件组成。由于食品的气味是多种成分的综合反映，所以电子鼻的气味感知部分往往采用多个具有不同选择性的气敏传感器组成阵列，利用其对多种气体的交叉敏感性，将不同的气味分子在其表面的作用转化为方便计算的与时间相关的可测物理信号组，实现混合气体的分析。

在电子鼻系统中，气体传感器阵列是关键部分，目前电子鼻传感器的主要类型有导电型传感器、压电式传感器、场效应传感器、光纤传感器等，最常用的气敏传感器的材料为金属氧化物、高分子聚合物材料、压电材料等。在信号处理系统中的模式识别部分主要采用人工神经网络和统计模式识别等方法。人工神经网络对处理非线性问题有很强的处理能力，并能在一定程度上模拟生物的神经联系，因此在人工嗅觉系统中得到了广泛的应用。

由于在同一个仪器里安装多类不同的传感器阵列后，使检测更能模拟人类嗅觉神经细胞，根据气味标识和利用化学计量统计学软件对不同气味进行快速鉴别。在建立数据库的基础上，对每一样品进行数据计算和识别，可得到样品的"气味指纹图"和"气味标记"。电子鼻采用了人工智能技术，实现了由仪器"嗅觉"对产品进行客观分析。由于这种智能传感器矩阵系统中配有不同类型传感器，使它能更充分模拟复杂的鼻子，也可通过它得到某产品实实在在的身份证明（指纹图），从而辅助专家快速地进行系统化、科学化的气味监测、鉴别、判断和分析。

目前比较著名的电子鼻系统有英国的 Neotronicssystem 和 Aroma Scan system、Bloodhound 和法国 Alpha MOS 系统，还有日本的 Frgaro 和我国台湾的 Smell 和 Keen Ween 等。

电子舌（图 3-2）是用类脂膜作为味觉物质换能器的味觉传感器，它能够以类似人的味觉感受方式检测出味觉物质。目前，从机理看，味觉传感器大致有以下几种：多通道类脂膜传感器、基于表面等离子体共振、表面光伏电压技术等。模式识别主要有最初的神经网络模式识别，最新发展的是混沌识别。混沌是一种遵循一定非线性规律的随机运动，对初始条件敏感。混沌识别具有很高的灵敏度，因此也越来越得到应用。目前较典型的电子舌系统有法国的 Alpha MOS 系统和日本的 Kiyoshi Toko 电子舌。

图 3-1 电子鼻

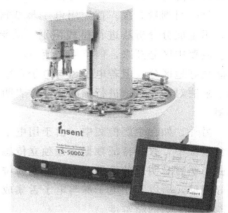

图 3-2 电子舌

在近几年中，应用传感器阵列和根据模式识别的数字信号处理方法，出现了电子鼻与电子舌的集成化。在俄罗斯，研究出电子舌与电子鼻复合成新型分析仪器，其测量探头的顶端是由多种味觉电极组成的电子舌，而在底端则是由多种气味传感器组成的电子鼻，其电子舌中的传感器阵列是根据预先的方法来选择的，每个传感器单元具有交叉灵敏度。这种将电子鼻与电子舌相结合并把它们的数据进行融合处理来评价食品品质的技术，将具有广阔的发展前景。

电子鼻和电子舌是 20 世纪 90 年代发展起来的新的分析、识别和检测复杂香气成分的方法。与常规分析仪器相比，电子鼻得到的不是待测样品中某种或某几种成分的定性或定量分析结果，而是快速地提供样品中挥发成分的整体信息，并指出样品的隐含特征。

在食品新鲜程度检测中的应用：人类主要通过嗅觉与味觉系统来辨别食品的好坏与新鲜程度，因此，电子鼻与电子舌在食品检测中有其自身的应用价值。在原材料方面，已采用电子鼻来检测橄榄油及其他食用油是否变质及鱼、肉、蔬菜、水果等的新鲜度。在电子舌的发展上，味觉传感器也已经能够很容易区分几种饮料，比如咖啡、离子饮料等。

在酒类识别中的应用：电子鼻与电子舌在酒类方面的应用，尤其在品牌的鉴定、异味检测、新产品的研发、原料检验、蒸馏酒品质鉴定、制酒过程管理的监控等方面大有用武之地。

在粮食储存与加工中的应用：为了减少由微生物引起的谷物品质的改变，在欧洲对谷物的处理和品质控制是按照一定标准执行的。谷物品质是由专家进行评价，他们用谷物的香气分级体系来决定所评价的谷物是适合于人食用，还是只适于动物食用，或者是应该被拒绝食用。

蒋健等利用电子鼻对 9 种不同的香精样品进行了测试，采用主成分分析以及判别因子分析、多元统计方法对所获得的数据进行了分析，结果表明，电子鼻可以分辨不同香型及有一定相似性的香精香料。

顾永波等利用电子舌检测了 6 个烤烟型和 3 个混合型卷烟样品主流烟气水处理液的味觉特征。结果表明，电子舌能区分不同香型卷烟的味觉特征，有望成为一种辅助的卷烟感官质量评价设备。

Rudnitskaya 等使用电子舌检测啤酒的味觉属性，并报道了电子舌多传感器系统作为一种分析工具快速评估风味啤酒的特点。

电子鼻与电子舌的集成化应用：电子鼻与电子舌是从不同角度分析同一种物质。电子鼻是由一组气体传感器组成，具有不同选择模式、信号处理、模式识别等功能；电子舌是基于膜电势的变化对液体进行分析。尽管电子鼻与电子舌可以分别区分物质，但它们结合起来则可大大提高识别能力。F. Winquist 对橘子、苹果、菠萝这三种水果进行了检测，每一种水果又分成 4 组，每一组测量 3 次。首先用电子鼻获得数据信号，再用电子舌进行检测。完成所有的测量后，用主成分分析法进行模式识别，结果表明，若仅用电子鼻来分析，橘子可以明显地从苹果、菠萝中区分开来，但苹果与菠萝不能很好地区分。若用电子舌来检测分析，则橘子与菠萝不能很好地区分，但若电子鼻与电子舌结合一起来分析检测，则可以大大提高其检测率。用最小二乘法对这一结论进行预测验证，表明将电子鼻与电子舌相结合后将大大提高水果检测的准确率。

另外，如在牛奶检测中，由于用电子鼻检测与电子舌检测是两个不同的系统，所以在数据融合过程中，有些特征数据会在独立传感器系统中丢失。实验表明，用电子舌在辨别超高温与灭菌牛奶时有明显的区别，而在辨别新鲜牛奶与变质牛奶时却不很明显，若利用电子鼻检测却刚好相反，所以利用电子鼻与电子舌集成化检测，不仅能很好地区分超高温牛奶与灭菌牛奶，也能判别牛奶的新鲜度。

通过特定的传感器阵列、信号处理和模式识别系统组成的电子鼻和电子舌，能快速提供被测样品的整体信息。各种各样的电子鼻和电子舌，除在食品工业中应用外，还有许多潜在的应用领域，如环境检测、医疗卫生、药品工业、安全保障、公安与军事等。

然而电子鼻和电子舌也存在许多问题和需研究的课题。首先，由于传感器具有选择性和限制性，电子鼻和电子舌往往有一定的适应性，不可能适应所有检测对象，即没有通用的电子鼻和电子舌。大力研究、制作有针对性专用的，如烟草专用电子鼻、肉用电子鼻、鱼用电子鼻和酒用电子舌、饮料用电子舌等，能提高检测精度和使用寿命，这也意味着需要加强研制并发展合适的传感器结构和传感器材料。其次，在模式识别系统上亦应多样化。采用某一种模式识别方式可能不能识别或不很理想，或许用另外一种模式识别方式或改进模式识别方法后，则可能获得理想的结果。

至今电子鼻和电子舌的实际应用还不多，还有诸多问题需要解决。随着现代科学技术和科学理念的不断发展，电子鼻和电子舌技术作为一个新兴技术，必将给众多领域带来一次技术革命，也将逐步走向实用。

从以上介绍的国内外情况看来，电子鼻和电子舌作为评香工具已具雏形。当然，不管是电子鼻或电子舌用来作为评香的工具，都只能是机械模仿一个或一群人的工作，永远不可能全部代替人的鼻子，"电脑调香"和"电脑评香"都是如此。

电子鼻与电子舌技术再发展下去将成为"仪器分析"的组成部分，但在目前只是作为感官分析的辅助手段，所以把它们放在本章里讨论。

第三节　感官分析方法

常用的感官分析方法可分为三类：

① 差别检验　有两点检验法，二、三点检验法，三点检验法，"A"-"非 A"检验法，五中取二检验法，选择检验法，配偶检验法等。

② 使用标度和类别的检验　有排序检验法、分类检验法、评分检验法、成对比较检验法、

评估检验法等。

③分析或描述性检验　有简单描述检验法、定量描述和感官剖面检验法等。

1. 差别检验

评定两个或两个以上样品是否存在感官差异；当想要确定两个样品之间是否有可察觉的差别时采用。

2. 成对比较检验法（GB/T 12310—2012）

适用于定向差别检验、偏爱检验、培训评价员。

做法：以确定的或随机的顺序同时出示两个样品给评价员，要求评价员对其进行比较，判定整个样品或者某些特征强度的顺序。

该方法有两种形式：差别成对比较法（双边检验）；定向成对比较法（单边检验）。

呈送顺序：AB、BA，随机呈送，出现的次数应均等。

所需要的评价员数目：专家为 7 个以上；优选评价员为 20 个以上；初级评价员为 30 个以上。对于综合性研究，例如消费者偏爱检验，则需要视检验内容、要求而配备更多的评价员。

优点：一次评定直接的差别，简单且不易产生感官疲劳。

缺点：50％可能性是由于随意选择所致，没有给出差别的程度，当比较的样品增多时，要求比较的数目立刻就会变得极大以至无法一一比较。

3. 二、三点检验法（GB/T 17321—2012）

用于确定被检样品与对照样品之间是否存在感官差别。尤其适用于评价员很熟悉对照样品的情形。如果被测样品有后味，这种检验方法就不如成对比较检验适宜。

评价员数目：一般推荐 20 位评价员，最少需 7 位。

做法：首先向评价员提供已被识别的对照样品，接着提供两个已编码的样品，其中之一与对照样品相同。要求评价员识别出这一样品。

4. 三点检验法

适用于确定两种样品之间细微的差别及当能参加检验的评价员数量不多时或选择和培训评价员。

做法：向评价员提供一组三个已经编码的样品，其中两个样品是相同的，要求评价员挑出其中单个的样品。三个不同排列次序的样品组中，两种样品出现的次数应相等，它们是：ABB、BAA、BAB、ABA、BBA、AAB。

所需要的评价员数目：6 个以上的专家，或 15 个以上的优选评价员，或 25 个以上的初级评价员。

优点：熟悉的方法，33％的可能性是随机选择的结果。

缺点：用这种方法评价大量样品是不经济的。

用这种方法评价风味强烈的样品比成对比较检验更容易受到感官疲劳的影响，所以不适合用于辣或辛辣等味觉滞后效应强的样品。

5. 五中取二检验法

适合于只有少量的（例如 10 个）优选评价员时使用。

做法：向评价员提供一组五个已编码的样品，其中两个是一种类型的，另外三个是一种类型，要求评价员将这些样品按类型分成两组。当评价员数目不足 20 时，样品出现的次序应随机从以下 20 种不同的排序中挑选：AAABB、BBBAA、AABAB、BBABA、ABAAB、BABBA、BAAAB、ABBBA、AABBA、BBAAB、ABABA、BABAB、BAABA、ABBAB、ABBAA、

BAABB、BABAA、ABABB、BBAAA、AABBB。

评价员数目：需要 10 个以上的优选评价员。

优点：猜中的概率小（10%），人数要求不多；确定差别比用其他检验方法更节省（这种方法在统计学上功效高）。

缺点：更容易受到感官疲劳和记忆效果的影响，一般适用于视、听、触方面的测试。

6. "A"-"非 A"检验法（GB 12316—1990）

主要用于评价那些具有不同外观或留有持久后味的样品，特别适用于无法取得完全类似样品的差别检验。也适用于敏感性检验，用于确定评价员对一种特殊刺激的敏感性。

做法：首先将对照样品"A"反复提供给评价员，直到评价员可以识别它为止，然后每次随机给出一个可能是"A"或"非 A"的样品，要求评价员辨别。提供样品应有适当的时间间隔，并且一次评价的样品不宜过多，以免产生感官疲劳。

评价员数目：需要 7 个以上的专家，或 20 个以上的优选评价员，或 30 个以上的初级评价员。

优点：检测样品的数量可随情况而定。

缺点：品评人员一定要对样品"A"与"非 A"非常熟悉。

7. 标度和类别检验

概述：要求鉴评员对两个以上的样品进行评价，并要求判定出哪个样品好、哪个样品差以及它们之间的差异大小和差异方向等，通过检验可得出样品间差异的顺序和大小，或者样品应归属的类别或等级。

主要方法：排序法，评分法。

（1）排序法

概述：是指比较数个样品，按指定的特性由强度或嗜好程度排出一系列样品顺序的方法。适用于筛选样品以便安排更精确的评价、选择产品、消费者接受检查及确定偏爱的顺序、选择与培训评价员，当评价 6 个以下样品的质地、风味等复杂特性或评价 20 个以上样品的外观时是迅速有效的。

做法：每个评价员以事先确定的顺序检验编码的样品，并安排一个初步的顺序作为结果，然后可以通过重新检验样品来检查和调整这个顺序（检验之前，要使评价员对被评价的指标和准则有一致的理解）。

所需评价员的数目：2 个以上的专家，或 5 个以上的优选评价员，或 10 个以上的初级评价员。对于消费者检验需要 100 个以上的评价员。

排序检验法的结果判定：使用 Friedman 和 Page 检验对被检样品之间是否有显著差异作出判定。

例：首先把准备评香的样品（要求事先做成外观尽量一致，用同样的容器盛装）贴上代号标签，代号可用英文字母、天干地支或随便一个没有任何暗示性的"中性"文字，唯不能用数字；评价主持人要对每一个参加评香的人员说明如何排序，是按照自己的喜好排序呢还是按照某一种香气（比如天然茉莉花香或者一个外来样品的香气）的"相似度"排序，从左到右还是从右到左排序，由主持人或电脑记录下每一个评香者的排序结果。

表 3-1 是 A、B、C、D、E 五个样品请七个人评香的结果，主持人要求每个评香员把五个样品按自己认为香气最好的排在最左边，次者排在第二……自己认为香气最不好的排在最右边，如表 3-1 中的 1 号评香员认为 B 的香气最好，A 次之，C、D 更次，认为 E 的香气最不好。

表 3-1　七个人评香的结果（样品为 A、B、C、D、E）

项目	1	2	3	4	5
1 号评香员	B	A	C	D	E
2 号评香员	B	E	C	A	D
3 号评香员	B	A	D	C	E
4 号评香员	A	C	B	D	E
5 号评香员	C	A	B	E	D
6 号评香员	B	A	D	C	E
7 号评香员	A	C	B	E	D

如果我们把排在第一位算 1 分，第二位算 2 分……第五位算 5 分（分数越低香气越好）的话，五个样品的得分如下：

A：2＋4＋2＋1＋2＋2＋1＝14

B：1＋1＋1＋3＋3＋1＋3＝13

C：3＋3＋4＋2＋1＋4＋2＝19

D：4＋5＋3＋4＋5＋3＋5＝29

E：5＋2＋5＋5＋4＋5＋4＝30

7 个评香员评香总结按香气好到不好的排列次序是 B、A、C、D、E。

再多几个人来参与评香的话，这个次序可能会改变，也许 A 排在 B 前面或者 E 排在 D 前面，一般认为参与评香的人数越多，其"可信度"会越高。10 个人评香比 7 个人评香"可信度"提高多少呢？这就要用到统计学和模糊数学知识，这里不再详述。

（2）评分法

概述：要求鉴评员把样品的品质特性以数字标度形式来鉴评的一种检验方法。对于一个良好的评分法，建立评分原则是关键，人员的定期评估是保证结果重现性的基础。

做法：首先清楚定义所使用的标度类型。标度可以是等距的也可以是比率的。检验时先由评价员分别评价样品指标，然后由检验的组织者按事先确定的规则在评价员评价的基础上给样品指标打分。

所需要的评价员数目：1 个以上的专家，或 5 个以上的优选评价员，或 20 个以上的初级评价员。

评分法的结果统计：对一种样品所得到的结果可用中位数或平均值（算术平均值）以及用某些度量分散程度的值（例如极差或标准偏差）来汇总。

如果仅涉及两种样品，可用 t 检验比较两种样品的平均值。

对两个以上的样品，可作方差分析。

8. 消费者测试方法

概述：通过感官检验的测试，确定消费者对产品特性的感受，使消费者获得认可并在激烈的市场竞争中得以保持市场份额的策略。

主要方法：集中地测试、家庭使用测试、小组讨论会。

9. 描述检验法

概述：描述检验法是经由良好培训的感官小组对感官的各方面进行甄别和描述，同时定性和定量。定义产品包括外观、香气、风味、质地和声音等方面。

主要方法：简单描述检验、定量描述和感官剖面检验。

（1）简单描述检验　用于识别和描述某一特殊样品或许多样品的特殊指标；将感觉到的特性指标建立一个序列。

评价员数目：对特性指标的识别和描述需要 5 个以上的专家；对所感觉到的特性指标确定一个序列需要 5 个以上的优选评价员。

（2）定量描述和感官剖面检验　可用于新产品的研制；确定产品之间差别的性质；质量控制；提供与仪器检验数据相对比的感官数据。

评价员：由 5 个以上的优选评价员或专家组成评价小组。这些评价员都要经过该种方法的特殊培训。

10. 描述性实验

采用高度训练过的评价员，这些评价员具有如下条件：能描述他们所尝、闻或触及的样品的特性；分辨一个产品的数个特征；给他们所尝、闻或触及的样品的特性的强度评分。

影响感官测试的因素：刺激偏差、主观影响、期望偏差、对照影响、评价员的精神状态。

第四节　辨香与评香

用感官方法来辨香与评香是调香师、评香师和加香实验师在识辨、评比、鉴定香料、香精及加香制品香气的过程中必不可少的手段和方法。

辨香是识辨香气，评香是对比香气或鉴定香气。通过辨香和评香，要做到以下几点：

① 识辨出被辨评样品的香气特征，如香韵、香型、强弱、扩散程度和留香能力等。

② 要辨别出不同品种和品类，包括要了解其真伪、优劣、有无掺杂等以及尽可能了解到样品的来源、产地、价格、加工方式和使用的原料等情况。

③ 在香料、香精或加香产品生产厂中，评香人员要对进厂的香料或香精香气做出鉴定，并对本厂的每批产品的香气质量进行评定，作出是否合格的结论。

④ 在研配香精的过程中（包括加入介质后），嗅辨和比较香韵、头香、体香、基香、协调程度、留香程度、相像程度、香气的稳定程度和色泽的变化等，便能通过修改达到要求。

要进行辨香与评香，必须注意或具备下列各点。

① 要有适合的场所，注意工作场所的环境，全神贯注，仔细地评辨，根据样品香气的强弱和评辨者嗅觉能力来掌握评辨的时间间隔。总的来讲，评辨香气时间不能过长，要有间歇，有休息，使鼻子嗅觉在饱和疲劳和迟钝下能恢复其敏感性，效果更佳。一般开始时的间隔是每次几分钟，最初嗅的三四次最为重要，易挥发者要在几分钟内间歇地嗅辨；香气复杂的，有不同挥发阶段的，除开始外，可间歇 5~10min，再延长至 0.5h 乃至 1d，或持续 2~3d。要重复多次；要观察不同时间中的变化，包括香气和挥发程度（头、中、晚香）。

② 要有好的采样，不同品种、不同地区、不同原料、不同工艺、不同等级，要有不同的标样，应详细标明。装标样的容器，一般用玻璃小瓶（最好是深色的）。要选择新鲜的标样满装于瓶中盖紧（用后亦然），在 15℃、无阳光直射下保存，一般存放在冰箱的冷藏室中。一般在 6~12 个月内更换标样。

③ 辨香时要用评香条，通常是用厚度适宜的滤纸条，宽度为 0.5~1.0cm，长度为 18cm，适用于液体样品。对固体样品用长 8cm、宽 10cm 的滤纸片。存放时要注意防止沾染或吸入任何香气。

④ 辨嗅时要注意香料香精的浓度，因为过浓易引起嗅觉饱和麻痹或疲劳，有必要时把香料香精用纯净无嗅的溶剂如 95% 乙醇、重蒸馏水或纯净邻苯二甲酸二乙酯稀释 10~100 倍，

甚至更淡些来辨别。香气强度高或固态树脂状的品种更应当这样做。

⑤ 辨香的准备和要求：首先在评香条上标明被辨评对象的名称号码、日期和时间。然后将评香条一头浸入拟辨的香精或香料（或其稀释溶液）中，蘸上 1～2cm，对比时要蘸相等。嗅辨时，样品不要触及鼻子、要有一定的距离（刚可嗅到）。对于固体样品可将其少量置于滤纸片中心嗅辨。

⑥ 对加香制品的辨香或评香：市售的各种化妆品、香皂等日化产品及食品在辨香或评香时，一般即以此成品用嗅辨的方法来评辨。如要进一步评比（为了仿制或其他需要），则可从产品中萃取出其中的香成分，再进行如上的评辨。

如想了解某一香料或自己配的香精在加香制品中的香气变化、挥发和持久程度、变色情况等，则必须将该香料或香精加入加香制品，然后进行观察评比；视加香制品的性质和工艺条件，考察一段时间，并尽可能同时作对比实验。

⑦ 建立记录卡：对初学者来说，这一步骤是非常重要的。随着学习的进行，对接触过和嗅过的各种香料香精要随时记录下来自己的心得和它们的性能、数据，以利于今后的学习和工作。可将香料香精分门别类地记载，记录的内容应包括如下项目，并作为自己的技术档案妥善保存。

a. 品名、来源、来样日期、编号等；

b. 化学名称、学名、商品名、主要成分、价格等；

c. 外观（色泽、状态及各种物理数据等）；

d. 香气或香味特征（香韵、强度、扩散程度、头香、中韵、尾香等）；

e. 溶解性能（包括不同的溶剂和不同的浓度）；

f. 在各种介质中的稳定程度和变色程度；

g. 对人体的安全性文献；

h. 评价、建议应用范围和用量。

当自己把握不准时，应召集同行或专家共同评辨，发挥集体的力量来解决问题。应虚心向前辈学习，切忌墨守成规、闭门造车。

附录：感官分析 建立感官分析实验室的一般导则

（GB/T 13868—2009）

一般要求：

设计感官分析实验室时一般要考虑的条件有：噪音、震动、室温、湿度、色彩、气味、气压等，针对检查的对象和种类，还需做适合各自对象的特殊要求。

基本实验条件是进行感官评定所需的；

测试环境可随机应变（如会议室、教室等处都可）。

感官评定的环境要求：

功能要求——

感官分析实验室至少应具备：

——供个人或小组进行感官评价工作的检验区；

——样品准备区；

若条件允许，可设置一些附属部分，典型的实验室设施一般包括：供个人或小组进行感官评价工作的检验区、样品准备区、办公室、更衣室和盥洗室、供给品储藏室、样品储藏室、评价员休息室。

环境要求：

实验室微气候——温度 20～24℃、湿度 40％～60％、通风条件等。

光线和照明——检验区应具备均匀、无影、可调控的照明设备。

颜色——检验区墙壁和内部设施应为中性色，宜使用乳白色或浅灰色。

噪声——检验期间应控制噪声。

（除非特殊情况，一般测试室不能看到制备室的活动）

第五节　感官评定专业人员的要求

感官评定专业人员的知识结构：心理学、生理学、化学、统计学、人类行为学、相关产品加工知识。

要成为一名合格的感官评定专业人员，必须掌握感官评定的基本知识和方法，熟悉有关的法规，了解产品开发过程和特性，熟悉所评定的物料的基本性质，学习、加强统计分析的知识，时刻关注本专业的新发展，不断提高组织能力。

感官评价员的基本条件和要求：

基本条件：身体健康，不能有任何感觉方面的缺陷，各评价员之间及评价员本人要有一致的、正常的敏感性，具有从事感官分析的兴趣，个人卫生条件较好，无明显个人气味，具有所检验产品的专业知识并对所检验的产品无偏见。

要求：评价员在感官分析期间具有正常的生理状态；评价员不能饥饿或过饱，在检验前 1 h 内不抽烟、不吃东西，但可以喝水；评价员不能使用有气味的化妆品；身体不适时不能参加检验。

感官评价员的筛选方法：

一、感觉缺陷检查

感觉缺陷检查——基本味的识别方法：

用一系列随机编号、浓度远高于阈值的口味样品（如酸、甜、苦、咸、鲜）和气味样品（如氨基酸味、酒精味等），使候选评价员分别熟悉这些口味和气味，然后再用同样的但改变了编号的样品，让其将前后的样品一一对应起来，并描述各自的感觉，正确率必须大于 80％。

需视觉和听觉正常的人员（非色盲或色弱）。

二、感觉敏感性测定

1. 感觉基本辨别能力的检查方法

① 配制酸、甜、苦、咸、鲜 5 种口味，浓度在阈值以上的样品。

② 给每个候选评价员两个相同、一个不同、外加一份水共 4 个样品，应该有 100％的辨别正确率。

③ 若多次重复不能辨别差别，表明感觉的基本识别能力很差。

2. 差别辨别能力的检查方法

采用排序法检验：将 5 个不同浓度的样品以随机的顺序提供给候选评价员，要求其按强度递增的顺序排列样品。候选评价员将顺序排错一个以上，就可以认为不宜作该类分析。

三、感官评价员的培训

对筛选后的感官评价人员进行培训，是为了提高他们的觉察、识别和描述感官刺激的能力，以产生可靠的评价结果。

评价员培训的内容：感官评价的基础知识、常用的感官检测方法、风味鉴别能力的培训。

感官评价员的考核：通过考核将感官分析评价员分为初级评价员，优选评价员，专家三级。

第六节　外观检测

外观检测系统主要用于快速识别样品的外观缺陷，如凹坑、裂纹、翘曲、缝隙、污渍、沙粒、毛刺、气泡、颜色不均匀、透明度、浊度、黏度等，被检测样品可以是透明体也可以是不透明体。

传统与现代检测方式：以往的产品外观检测一般是采用肉眼识别的方式，有可能因人为因素导致衡量标准不统一，长时间检测由于视觉疲劳出现误判的情况发生。随着计算机技术以及光、机、电等技术的深度配合，有些仪器已经具备了快速、准确的检测特点，可以部分代替人眼识别。

香料、香精及加香产品有固体的，也有液体的。固体物的外观检测主要是色泽、透明度、晶体性状、杂质比例、花纹等。有的固体香料外观多种多样，需要经验丰富的人才能识别，例如龙涎香的外观有黑有白、有棕有褐，一般人难以分辨。沉香也是外观、色泽、花纹不一，加上现在造假技术高超，单从外观识别是否"天然"极不容易。

液体物的外观检测主要是用肉眼观察其颜色、透明度（清晰度）、黏度、浊度等，黏度较低的液体还可以用振荡的办法观察样品是否会产生泡沫、泡沫的大小、稳定性及其保留时间，以进一步辨别之。

大多数精油呈透明无色（薄荷）、淡黄色（薰衣草）、淡绿色（佛手柑）、琥珀色（广藿香）、浅淡的黄棕色或深咖啡色（岩兰草），久储后的精油颜色会深一些。少数精油具有其他颜色，如含奠精油多显蓝色、佛手油显绿色、桂皮油显暗棕色、麝香草油显红色、满山红油显淡黄绿色。春黄菊全草精油含洋苷奠，所以春黄菊精油为深蓝色液体，而万寿菊精油如同蓝色墨水一般。

许多精油的黏稠度就像水或是酒精，例如薰衣草、薄荷、迷迭香的精油。其他像没药油及岩兰草（香根）油有浓厚而黏稠的质地；奥图玫瑰（萃取法玫瑰油）在较低的室温下呈半固体状，气温升高则又变成液状。冷却条件下有些精油的主要成分常可析出结晶，称"析脑"，这种析出物称为"脑"，如薄荷脑、樟脑、龙脑、柏木脑等。滤去析出物的油称为"脱脑油"，如薄荷油的脱脑油习称"薄荷素油"，但仍含有约50%的薄荷脑。

第七节　气味检测

其实香料、香精及加香产品的辨别最主要的还是气味检测，因为气味是它们最主要的特征，经验丰富的人员只靠嗅觉就能判别某些香料的真伪、质量高低，必要时再辅以仪器分析。

气味检测必须在特定的环境下进行，否则会有较大的误差。

气味浓度的测量方法如下。

1. 仪器测定法

利用气相色谱或者分光光度计等仪器来对挥发性物质的浓度进行测定的一种方法，比如VOC测试技术。

优点：数据客观，影响因素小，能分别测量出每一种物质的浓度，数据具有可比性。

缺点：成本高，无法确定所测定的有机物是否有气味，不能确定是什么性质的气味。

2. 嗅觉测定法

根据人的嗅觉来对气味的浓度和气味性质进行主观评价的一种方法。

优点：成本低，可评价混合物气味的整体浓度和性质，更加直观。

缺点：数据比较主观，影响因素大。

3. 气味实验室

(1) 气味实验室的要求

① 实验室的选择应避免周围环境的干扰（不能有气味、粉尘、烟、振动和噪声等）；

② 实验室应具备能够确保空气更新的装置；

③ 场地须由易打扫的材料构成，避免气味的相互吸收；

④ 房间干净，清扫时不产生特殊的气味（注意清洁产品残留的气味）；

⑤ 实验室温度控制在23℃（或其他指定的温度）±2℃；

⑥ 必须具备独立的气味实验评价和准备间；

⑦ 气味实验评价间配备独立的评价台，避免评价员在实验时相互影响。

(2) 气味实验团队的要求

① 至少有一名组织者　气味实验的牵头人，负责组织气味实验、招聘和考核、内部培训评价人员并汇报气味结果。

② 对组织者要求

a. 必须通过气味强度和气味性质的考核；

b. 不能是评价组成员；

c. 理解并熟知气味实验的方法；

d. 有较强的组织能力。

③ 至少5名合格的气味评价员　最好来自不同部门，年龄在20～55岁，嗅觉感知能力较好，无抽烟嗜好，非过敏体质且非慢性鼻炎患者。

④ 定期训练和考核　组织者定期对气味评价员进行训练，考核以及日常跟踪。考核频次一般情况下至少每3个月一次，对于考核不合格者要重新进行培训，再进行考核。

4. 气味实验方法及评价方法

调整好鼻子与样品的位置，正常吸气，记录气味强度，然后第二次正常吸气，再记录气味性质。

评价过程中的注意事项：正常呼吸，每2个样件间隔至少30s，评价过程中可以喝点水，测试期间不允许说话。

评价者在实验之前必须遵循的规章：实验当天不能喷洒香水；在实验之前的0.5h之内，不要进食、抽烟、喝咖啡或食用其他食品；实验之前洗净双手；不要在感冒或生病时进行实验。

5. 实验数据的处理

将各位评价员的重复测试结果汇总后，气味强度的评价结果用测试结果的标准偏差和未圆整平均值（未四舍五入的数值）来表示。当标准偏差≤0.7时，实验则是合格的。

气味描述，在10个测试结果中，5个评价员评价6种标准气味性质存在的次数，测试结果为$x/10$。当测试结果≥6/10时，表示存在该气味性质。

未圆整的平均值：

$$x=(x_1+x_2+\cdots+x_{10})/10$$

计算值小数点后保留两位，最终结果保留一位。

标准偏差的计算公式：

$$S=\mathrm{Sqr}\sum(x_n-x)_2/(n-1)$$

第八节　滋　味　检　测

在中文里，滋味指的是美味、味道、苦乐感受等。本书中滋味指的是"味道"和"口感"，即酸、甜、苦、咸、鲜、肥、辛、辣、涩、滑、爽、软、硬、冷、凉、热、烫等舌头和口腔整体的感觉，其中包括味觉感觉、三叉神经感觉和部分肤觉感觉，相当于英文的"flavor"一词所包含的内容。食品的滋味是该食品进入口中时的官能特性。

香料、香精及加香产品的滋味检测主要是靠经验，需要有经验的人员组成的评价小组做感官分析报告，其做法类似于气味（嗅觉）检测。同样需要建立滋味实验团队、检测和评价。

滋味实验团队的要求如下。

1. 至少一名组织者

滋味实验的牵头人负责组织滋味实验、招聘和考核、内部培训评价人员并汇报滋味实验结果。

2. 对组织者要求

(1) 必须通过气味强度和滋味性质的考核；

(2) 不能是评价组成员；

(3) 理解并熟知气味实验的方法；

(4) 有较强的组织能力。

3. 至少5名合格的滋味评价员

最好来自不同部门，年龄在20～55岁，味觉感知能力较好，无抽烟嗜好，非过敏体质且无口腔疾患者。

4. 定期训练和考核

组织者定期对滋味评价员进行训练、考核以及日常跟踪。考核频次一般情况下至少每3个月一次，对于考核不合格者要重新进行培训，再进行考核。

5. 滋味实验方法及评价方法

需要评价的香料或香精样品按实验要求制作成食品、饮料后，进行入口评价，记录滋味强度，然后第二次入口评价，再记录滋味性质。

6. 评价过程中的注意事项

正常呼吸，每 2 个样件间隔时间至少 30s，评价过程中可以喝点水，测试期间不允许说话。

评价者在实验之前必须遵循的规章：实验前 4h 不能喷洒香水，也不能吃有刺激性的食物，在实验之前的 0.5h 之内，不要进食、抽烟、喝咖啡或食用其他食品；实验之前洗净双手；不要在感冒或生病时进行实验。

实验数据的处理：

将各位评价员重复测试的结果汇总后，滋味强度的评价结果用测试结果的标准偏差和未圆整平均值（未四舍五入的数值）来表示。当标准偏差≤0.7 时，实验则是合格的。

滋味描述，在 10 个测试结果中，5 个评价员评价 6 种标准滋味性质存在的次数，测试结果为 $x/10$。当测试结果≥6/10 时，表示存在该气味性质。

未圆整的平均值：

$$x=(x_1+x_2+\cdots+x_{10})/10$$

计算值小数点后保留两位，最终结果保留一位。

标准偏差的计算公式：

$$S=\mathrm{Sqr}\sum(x_n-x)_2/(n-1)$$

目前的电子舌只能对酸、甜、苦、咸、鲜五种味觉感觉做出一些带有数据的报告，对其他"口感"的检测无能为力，所以，滋味检测主要还是靠人的感官分析。

第九节　质　构　检　测

对天然香料、香制品等的质构检测，除了肉眼、手感检测、比较分析以外，还可以应用"质构仪"进行分析。

质构仪具有功能强大、检测精度高、性能稳定等特点，是高校、科研院所、食品企业、质检机构实验室等部门研究食品物性学有力的分析工具。可应用于固体香料、肉制品、粮油食品、面食、谷物、糖果、果蔬、凝胶、果酱等食品的物性学分析。

质构仪（图 3-3）可以准确检测食品样品随时间变化的位置和质量从而给出样品的物性特征。仪器使用的软件直观简单，可以对结果进行大量的分析。质构仪可以用于很多不同产品和材料的分析，确保了物性评价方式的简单有效。使用质构仪可快速简单地评估产品物理特性，软件简单易懂，使用简单，仪器安装后可以直接操作使用，数据直接储存到数据库文件里，便于以后的使用，数据可转移到电子数据表里，进行比较和分析。使用质构仪可以检测不同食品的硬度、脆性、弹性、回弹力、黏合性、黏结力、黏稠度、弯曲能力、破裂/断裂力、酥脆性、脆度、

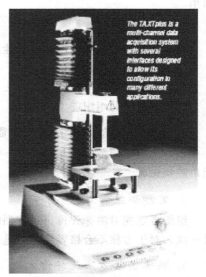

图 3-3　质构仪

咀嚼性、胶黏性、拉伸强度、延展性等。

质构仪的探头有以下几种。

柱形探头：提供一系列不同材质、大小的柱形探头，广泛应用于粮油制品、肉制品、乳制品、胶体等，通过穿刺或挤压，进行硬度、弹性、胶黏性、回复性的测试。

锥形探头：通用 45°锥形探头，通过穿刺，应用于软滑质地的流体、半流体，例如果酱、冰淇淋、奶酪、黄油、肉糜等的稠度（consistence）与延展性（extension）测试。

针形探头：尖端针形探头，以穿刺方式深入内部测试样品的质地。例如，测水果表皮硬度（skin strength）、屈服点（yield point）或穿透度（penetration），从而判断水果的成熟度。

球形探头：不同材质、大小的球形及半球形探头，广泛应用于肉制品、乳制品、膨化食品、水果等，用于软固体如肉糜的强度（firmness）、弹性（springiness），固体食品如膨化食品的脆性（fracture），水果、奶酪的表面硬度（firmness）及胶黏性（stickiness）测试。

TA/LKB-切刀探头：用于切割较软质地样品，如面条、通心面，测试弹性（springiness）、柔软度（tenderness）、咀嚼性（chewiness），以 AACC16-50 标准测试面条、通心面。

TA/BS-剪切探头：刃口装置包括 Warner Bratzler 切刀和斜口、直角切刀。测试样品受剪切、切断（cutting or shearing）时的应力变化，适用于测试面团的剪切强度（cutting strength）、韧性（toughness）等。

TA/100-压盘探头：可用于火腿肠等肉制品的硬度（hardness）、回复性（resilience）、弹性（springiness）的测试。

TA/BE-液体挤压探头：适用测试不同黏稠度的流体，适用于胶体溶液、油脂、奶油、黄油、酱料的黏度（stickiness）、稠度（consistency）、黏聚性（cohesiveness）等的测试。

TA/DSC 面团黏性测试探头：主要用于测定面团的黏性（stickiness），可测试添加氧化剂、盐、乳化剂、酶等对样品的影响，也可用于米糕等具有黏弹性样品的胶黏性（stickiness）测试。

Volodkevich 咬合探头：模拟人的牙齿咬穿食物的测试，测试样品的韧性（toughness）和嫩度（tenderness），并可对生熟蔬菜的纤维度进行测试。

目前质构分析仪主要应用在下列领域：

食品类：凝胶、饼干、奶油、乳酪、糖果、面包、水果、蔬菜、黄油、肉类食品、薯条、麦片等。

工业材料类：包装材料、胶黏剂、沥青、橡胶、发泡剂、油脂、胶浆、涂料、石蜡等。

个人护理品类：乳液、唇膏、睫毛膏、粉饼、眼影笔、面霜、肥皂等。

药品类：胶囊、药品硬度、药膏、增稠辅料等。

利用质构仪检测产品品质、优化产品研发工艺，是质构仪在各种产品品质测定方面的发展趋势。采用质构仪，可以克服感官鉴定方法中存在的不足，其测定的结果具有较高的灵敏度和客观性。但应注意的是：质构仪毕竟只是仪器，其测定结果与口感品尝会有一定的差距，所以在进行食品等物质的品质测定时，应采用质构仪测定与感官评定相结合的方法。

第十节 现代评香组织

至今在香气的评定检测中，仍没有任何仪器分析和理化分析能够完全替代感官分析。如何科学地提高感官分析结果的代表性和准确性，这便是评香组织的工作目的。

较早期的评香组织是由一些具有敏锐嗅觉和长年经验积累的专家组成的。一般情况下，他们的评香结果具有绝对的权威性。当几位专家的意见不统一时，往往采用少数服从多数的简单方法决定最终的评香结果。这是原始的评香分析，这样的做法存在很多弊端：

① 评香组织由专家组成，人数太少，而且不易召集；

② 不同的人对不同香气的敏感性和评价标准不同，几位专家对同一香气的评价各有不同，结果分歧较大；

③ 人体自身的状态和外部环境对评香工作的影响很大；

④ 人具有的感情倾向和利益冲突，会使评香结果出现片面性，甚至做假；

⑤ 专家对物品的评价标准与消费者的感觉有差异，不能代表消费者的看法。

由于认识到原始评香的种种不足，在嗅觉分析实验中逐渐地融入了生理学、心理学和统计学方面的研究成果，从而发展成为现代评香组织。现代评香组织对于评香组织的各项工作要求，将不再依靠权威和经验，而是依靠科学。

一、评香员的选择和培训

建立一支完善的评香组织，首要任务就是组成评香队伍，评香员的选择和培训是不可或缺的。如前所述，评香分析按其评香目的不同而分为分析型评香和偏爱型评香。因此，评香队伍也应分两组，即分析型评香组和偏爱型评香组。分析型评香组的成员有无嗅觉分析的经验，或接受培训的程度，会对分析结果产生很大影响。偏爱型评香组织仅是个人的喜好表现，属于感情的领域，是人的主观评价。这种评香人员不需要专门培训。分析型评香组成员根据其评香能力可分为一般评香员和优选评香员。

由于评香目的、性质的不同，偏爱型评香所需的评香员稳定性不要求太严，但人员覆盖面应广泛些。如不同祖籍、文化程度、年龄、性别、职业等，有时要根据评香目的而选择。而分析型评香组人员要求相对稳定些，这里要介绍的评香员的选择和培训，大部分是针对此类型评香员而言的。当然，两种类型评香组成员并非分类非常清楚，评香员也可同时是偏爱型评香员和分析型评香员。

1. 候选评香员的条件

一般的用香企业和香料香精企业均是从公司内部职员或相关单位召集志愿者作为候选评香员。候选者应具备以下条件：

① 兴趣是选择评香员的前提条件。

② 候选者必须能保证至少 80% 的出席率。

③ 候选者必须有良好的健康状况，不允许有疾病、过敏症。无明显个人气味，如狐臭等。

④ 身体不适时不能参加评香工作，如感冒、怀孕等。

⑤ 有一定的表达能力。

2. 评香组人员的选定

并非所有候选评香者都可入选为评香组成员，还可从嗅觉灵敏度和嗅觉分辨率来考核测试，从中淘汰部分不适合的候选员，并从中分出分析型评香组的一般评香员和优选评香员。

二、基础测试

挑选 3、4 个不同香型的香精（如柠檬、苹果、茉莉、玫瑰），用无色的溶剂配制成 1% 浓度的样品。让每个候选评香员得到 4 个样品，其中有两个相同、一个不同，外加一个稀释用的溶剂，评香员最好有 100% 的选择正确率。如经过几次重复还不能觉察出差别，此候选员直接淘汰。

三、等级测试

挑选 10 个不同香型的香精（其中有 2、3 个较接近而易混淆的香型），分别用棉花蘸取同样多的香精，然后分别放入棕色玻璃瓶中，同时准备两份样品，一份写明香精名称，一份不写名称而写编号，让评香候选员对 20 瓶样品进行分辨评香，将写编号的样品与其对应香气的写了名称的样品"对号入座"。本测试中签对一个香型得 10 分，总分为 100 分，候选员分数在 30 分以下的直接淘汰，30～70 分者为一般评香员，70～100 分者为优选评香员。

四、评香组成人员的培训

评香组成人员的培训，主要是让每个成员熟悉实验程序，提高他们觉察和描述香气刺激的能力，提高他们的嗅觉灵敏度和记忆力；使他们能够提供准确、一致、可重现的香气评定值。

1. 评香员工作规则

评香员应了解所评价带香物质的基本知识（如评价香精时了解此香精的主要特性、用途等；而评价加香产品时，应了解未加香载体的基本知识）。

评香员应了解实验的重要性，以负责、认真的态度对待实验。

进行分析型评香时，评香员应客观地评价，不应掺杂个人情绪。

评香过程应专心、独立，避免不必要的讨论。

在实验前 30min，评香员应避免受到强味刺激，如吸烟、嚼口香糖、喝咖啡、吃食物等。

评香员在实验前应避免使用有气味的化妆品和洗涤剂，避免浓妆。实验前不能用有气味的肥皂或洗涤剂洗手。

2. 理论知识培训

首先应该让评香员适当地了解嗅觉器官的功能原理、基本规律等，让他们知道可能造成嗅觉误差的因素，使其在进行评香实验时尽量配合以避免不必要的误差。

香气的评价大体上也就是香料、香精的直接评价或加香物品的香气评价。因此，评香员还应在不断学习中，了解香料、香精的基本知识和所有加香物品的生产过程及加香过程。

3. 嗅觉的培训

在筛选评香员时，已对嗅觉进行了测试，选定合格的评香员就无需再进一步训练。应该让评香员在实际的评香工作中，不断锻炼和积累，以提高其评香能力。

4. 设计和使用描述性语言的培训

设计并统一香气描述性的文字，如香型、香韵、香气强度、香气像真度、香型的分类、香韵的分类等。反复让评香员体验不同类型香气并要求详细描述，这样可以进一步提高评香结果的统一性和准确性。

另外，可用数字来表示香气强度或两种香气的相近度等，例如，香气强度表示：0＝不存在，1＝刚好可嗅到，2＝弱，3＝中等，4＝强，5＝很强。

五、评香实验环境

评香实验环境要求的原则是尽量远离一切有杂味的物品。因此，评香实验的场所最好远离香精生产车间、香料生产车间、加香车间、加香实验室、调香室、香料香精仓库及洗手间等。评香组织的场所应包括办公室、制样室、分配室、单独评香室和集体评香室及其他附属部门。

1. 办公室

办公室为评香表的设计、分类，评香结果的收集、处理以及整理成报告文件的场所，常用设备有办公椅、文件柜、电脑、书架、电话等。

2. 制样分配室

这里的制样分配室并非加香实验室，而是从加香实验室取来加香样品或预备进行评香的物品进行制样，如香精统一用棉花蘸取一样的量分别置于瓶子中，盖上瓶盖，标上记号，再分配给每个评香员进行评香实验。

制样分配室与评香室相邻，要求之间的隔墙尽量密闭。制样分配室在制样过程会产生香气散发的问题，要求分配室必须有换气设备，有些香气太浓烈的物品应在通风橱内操作；香气太强烈的物品需在分配室内放置较长时间时，应放置在有通风设备的样品柜中。

3. 评香室

评香室分为单独评香室和集体评香室。单独评香室分为几个单独评香间，每个评香间用隔板分开，各自具备提供样品间、问答表等的窗口。群体评香室可供数个评香员边交换意见，边评价香气品质，也可用于评香员与组织者一起讨论问题、评香员培训以及评香实验前的讲解。

评香室的装修应尽量营造一个舒适、轻松的环境，让评香员在没有压力的情况下进行评香实验，从噪声、恒温恒湿、采光照明等方面考虑。这里要特别提出的是换气。评香室的环境必须无气味，一般用气体交换器和活性炭过滤器排除异味。如经常会有香精香料的直接评香时，为了驱逐室内的香味物质，必须有相当功率的换气设备。以具有 1min 内可换室内容积 2 倍量空气的换气功率为最好。评香室的建筑材料必须无气味、易打扫，内部各种设施都应无气味，如外界空气污染较严重时，必须设置外界空气的净化装置。

4. 附属部分

如有条件的话，应另设更衣室、洗涤室等附属部分。有些特殊的加香物质评香实验，可根据需要附加其他部分。如卫生香、蚊香等加香产品需要点燃后才进行香气评定实验，可准备几间与一般房间空间大小相当的空房；评香实验时，在每个空房中分别同时点燃几分钟后，让评香员进入空房进行评香。

六、评香分析常用方法

评香分析的常用方法一般有以下三大类：差别评香、使用标准和类别的评香、分析或描述性评香。

1. 差别评香

差别评香常用方法有：两点评香法、二-三点评香法、三点评香法、"A"-"非 A"评香法、五中取二评香法、选择评香法、配偶评香法等。

① 两点评香法　以随机的顺序同时出示两个样品给评香员，要求评香员对这两个样品进行比较，判定整个样品或某些特征顺序的评香方法。如两个样品让评香员选择哪个更有甜味或更有玫瑰花香？两个样品中哪个闻了最舒适？

② 二-三点评香法　先提供给评香员一个对照样品，接着提供两个样品，其中一个与对照样品相同。要求评香员挑选出与对照样品相同的样品。

③ 三点评香法　同时提供三个编号样品，其中有两个是相同的，要求评香员挑选出其中的单个样品。

④"A"-"非 A"评香法　先让评香员对样品"A"进行嗅闻记忆以后，再将一系列样品提供给评香员。样品中有"A"和"非 A"，要求评香员指出哪些是"A"，哪些是"非 A"。

⑤ 五中取二评香法　同时提供给评香员五个以随机顺序排列的样品，其中两个是一种类型，另外三个是一种类型。要求评香员将这些样品按类型分成两组。

⑥ 选择评香法　从 3 个以上的样品中，选择出一个最喜欢或最不喜欢的样品。

⑦ 配偶评香法　把数个样品分成两群，逐个取出各群的样品，进行两两归类的方法。如评香员选择中嗅觉的等级测试。

2. 使用标度和类别的评香

① 排序评香法　比较数个样品，按指定特性的强度或程度排定一系列样品的方法，如几个香精中，请评香员按香气强度强弱顺序排序。

② 分类评香法　评香员对样品进行评香后，按组织者预先定义的类别划分出样品，如预先定义某个样品香气中若含有 20％的果香为 1 级，含 10％的果香为 2 级，含 5％果香为 3 级，不含果香为 4 级。请评香员将 4 个样品分级。

③ 评分评香法　要求评香员把样品的品质特性以数字标度形式来评香的方法。

④ 成对比较评香法　把数个样品中的任何 2 个分别组成一组，要求评香员对其中任意一组的 2 个样品进行评香，最后把所有组的结果综合分析，从而得出数个样品的相对评香结果。

⑤ 评估评香法　由评香员在一个或多个指标基础上，对一个或多个样品进行分类、排序的方法。

3. 分析或描述性评香

① 简单的描述评香法　要求评香员对构成样品的各个特征指标进行定性描述，尽量完整地描述出样品品质的方法。

② 定量描述评香法　要求评香员尽量完整地对形成样品感官特征的各个指标强度进行评价的方法。

③ 电子鼻和电子舌参与评香　利用电子鼻和电子舌评香，目前还在摸索阶段，不成熟。

以上数种评香方法，可根据评香实验目的和要求的不同而选择。可能在评定一个物品时会使用数种评香方法，那样可以更全面地了解此物品的香气品质和特征。本书在此仅列出简单的方法介绍，详细介绍和评香结果的统计在此就不赘述。

第四章　各种精油的鉴定

在香料工业里，"精油"包括天然精油、重整精油、复配精油、配制精油、全天然配制精油等。天然精油是指采用水蒸气蒸馏、压榨、有机溶剂萃取、超临界二氧化碳萃取、吸收洗脱等方法从植物的某些部位得到的全部可挥发混合物。重整精油又名重组精油，是指采用一定的方法去除精油中的某些成分，补入一些其他成分，使其香气及其他质量要求与某种精油相近似。复配精油是两种或两种以上的天然精油互溶于一体的混合物。配制精油即全部或部分用合成单体香料配制而成的精油。全天然配制精油是用天然精油或其中某些馏分（也可以不用）和单离香料配制而成的精油。目前市面上还有所谓"单方精油"和"复方精油"的说法，前者指单一天然精油，后者指天然精油和基础油（一般为植物油脂）的混合物，这个说法容易引起混淆，不宜采用。本章主要讲述天然精油的鉴别。

我们应以科学的眼光看待芳香疗法和芳香养生。精油的"疗效"在于其中含有的"有效物质"或者叫做"活性物""香料单体"，各种精油的主要成分可以在《香料香精辞典》（林翔云著，化学工业出版社 2007 年出版）和其他有关香料、香精、精油的书籍里找到，通过精油的主要成分就可初步了解精油可能具有的疗效。精油的医疗、养生功效全在于其有效成分的多寡，有什么成分就有什么疗效。当然，各种各样的成分放在一起，有可能增加甚至极大地增加某种功效，也有可能降低甚至极大地降低某种功效直至无效或反效。

事实上，用各种单体香料配制的"人造精油"（配制精油）用于芳香疗法和芳香养生也是有效的，由于其配方稳定，不含有害杂质成分，供应可靠。高明的调香师可以配制出比天然精油香气更好的产品，理应成为芳香疗法和芳香养生的首选，只是目前人们倾向于"全天然"，怀疑一切有可能"作弊"的商业行为，加上当今的社会现状和大量的事实，人们对配制精油的做法相当抵制，所以大家不愿意讨论，行业专家怕惹火烧身也噤若寒蝉。待以后科技发达了，商业诚信也成为社会主流后，人们将会逐渐改变认识，逐步接受并欢迎"人造精油"时代的到来。

当然，消费者有权知道自己购买的商品的真相，不管出于什么原因，正如"转基因商品"一样，有人支持，有人反对，见仁见智，由消费者自己选择就是。

但有一个很有代表性的例子现在就可以拿出来与消费者讨论，不讨论还真不行——香柠檬油，这是早期芳香疗法和芳香养生使用非常普遍的一种精油，一百多年来数百种公认的世界名牌香水中有一半以上都含有它，而且用量很大。后来由于发现香柠檬油含有"光敏毒性"的香柠檬烯和呋喃香豆素，人们都不敢使用天然香柠檬油，而改用人工配制的"合成香柠檬油"。现在市面上几乎所有的"佛手柑油""香橼油"，不管是国产品还是舶来品，其实都是香柠檬油一类，如果是"全天然"的精油，不经过"重整"的话，其香柠檬烯和呋喃香豆素的含量一定超标，不能使用，而用不含香柠檬烯和呋喃香豆素的"配制香柠檬油"或者去掉香柠檬烯和呋喃香豆素的"重整香柠檬油"就安全了。比香柠檬油和"佛手柑油"用得更加普遍的柠檬油等其他柑橘油也是如此，只是它们所含的香柠檬烯和呋喃香豆素少一些，人们不太注意而已。

市面上有许多关于精油、芳香疗法养生的书籍，其内容不是指导读者从科学的角度理解精油、正确使用精油，却大谈精油是什么"日月精华""天地灵气""植物精华""能量场"等。

这些废话对读者和消费者来说一点价值都没有——世上万物不管好的坏的、香的臭的、有毒无毒、有害无害、宝物废物都可以说有"日月精华""天地灵气",植物的所有组成部分也都是"植物精华",不能说只有精油才是"精华"。至于什么"能量"和"能量场",甚至还分什么"正能量""负能量"更是一派胡言,没有任何科学依据,无需理会。

全部用天然精油、单离香料配制的精油也属于全天然精油,完全可以代替各种精油用于配制各种全天然食品、日用品,也可以直接用于芳香疗法和芳香养生。香料工作者不认识这一点,就永远进不了哲学上的"自由王国"。

精油的鉴定:

上网查一下,你会发现许多销售精油的厂商有大量关于怎样鉴别精油的真假、好坏、有没有掺假等的文章,剔除那些废话和广告词语,余下的内容极少,几乎没有什么参考价值。

下面是目前网上教人"鉴别精油"的几种"方法":

① 劣质精油弥漫化学香薰气味。天然精油,闻起来应该有浓郁的自然花果香,而非人工香味。因为精油的芳香成分十分容易溶解在酒精里,所以一般纯度不高的精油都是混合了酒精、化工成分制成的。

② 纯度越高的精油,渗透力越强。滴一点精油在手腕内侧,再用手指按摩两三下即可测试,高纯度精油会瞬间被吸收,并且不会留下亮亮的油脂印。

③ 滴入冷水中的精油或沉在容器底部、或漂浮在水上,但一定不会扩散开,而且芳香遍布。滴入热水中时,纯精油会迅速扩散成微粒状,不纯的精油只会成浮油状。

往盛水的杯中滴几滴油样,劣质精油迅速散开,就像汤里的香油一样浮在水面上。有的油样入水后只有少量散开后浮在水面,其余便形成小油珠沉到了碗底,好像透明的珠子一样,也属于劣质精油。

把精油滴入热水中,如果是纯正精油会散成一颗颗的小油珠,并渐渐溶进水里,而劣质精油则成片漂浮水面,像油入水一般。

④ 劣质精油呈白色或透明色状,而纯正精油的颜色是黄色或淡黄色的。而且精油通常都容易挥发,所以应该是装在深色瓶子中保存,如果商贩推荐你买透明瓶装且液体非常稀的精油,那一定是勾兑的劣质精油。

⑤ 将少许精油滴入干净的空杯子内,纯正精油滴入后会挂着杯壁,而劣质精油将流到杯底。

⑥ 廉价精油多为合成品,因为精油号称液体黄金,在国外被认为是奢侈品。精油的昂贵主要是在于产地和萃取的方式。每种不同的精油都有自己独特的产地。

⑦ 滴一滴精油在纸巾上,气味清香,干后不会留有油渍,但香味还在;不纯的精油是掺和了其他油,所以会有油渍。

……

上面这些"鉴别精油"的"方法"和"经验"都是没有任何实用价值的,最好不信。精油不一定都非常昂贵,例如目前桉叶油(商人们喜欢叫它"尤加利油")每千克不到一百元(人民币),贵吗?其实用于芳香疗法和芳香养生领域里真正昂贵的只有玫瑰花油、茉莉花油、桂花油、白兰花油、玳花油、沉香油、檀香油等寥寥几种而已,其余的精油每千克价格都是几百元到一千多元(人民币)。天然精油的气味不一定都令人愉悦,有的气味令人作呕、唯恐避之不及,而用合成香料配制的香精有的香气反而相当美好;有的精油挥发很快,有的挥发却极慢;稀释精油极少用酒精,用得最多的是各种植物油脂和各种挥发较慢、香气极淡的有机溶剂;有的精油皮肤吸收较快,有的较慢;各种精油的密度不一样,有的比水轻,有的比水重,有的像水一样清晰透明无色,有的带有各种颜色,有的还容易变色(变深或变浅),有的黏稠不易化开……

说实话，精油的鉴别也确实不易，尤其是"行家"作假的话就更难以辨别。下面介绍几种方法供参考。

1. 望

（1）精油的包装　精油会挥发，所以一定要储藏在密闭的容器里，大容量的包装有铁桶、铝桶、塑料桶等，有的精油里面的成分会与铁、铝、塑料添加剂起化学变化造成变质，必要时在铁桶或铝桶内衬不溶性树脂。小容量（1～100mL）通常会保存在深色密闭的玻璃瓶里，有特殊的耐酸碱、耐溶剂的瓶盖，防止日光及氧气渗入，这样精油才不易挥发、变质。标签上应标明品名（在中国销售的一定要有中文名）、产地、生产单位、容量、生产日期、保质期及安全保存注意事项等。

（2）精油的密度　把精油滴在水里看浮沉，精油有的比水轻，有的比水重，查一下精油的密度就知道了。

（3）精油的颜色　大多数精油外观透明，带浅淡的黄棕色，久置后的精油颜色会深一些。比较特殊的是用压榨法或手工法制得的柑橘类精油）如甜橙油、柠檬油、香柠檬油、佛手油、白柠檬油、柑油、橘子油、柚油、圆柚油等，它们都含有一定量的类胡萝卜素等色素，新鲜时呈淡黄、黄、黄橙色，久置后由于类胡萝卜素的降解失色，颜色会越来越浅。

也有一些精油颜色较深，有的有特殊的、容易辨认的颜色，例如蓝甘菊（德国洋甘菊）油，因为含有"薁"（俗称"蓝油烃"），它的颜色是深蓝色的。

"薁"有蓝、深蓝、紫蓝、紫红、紫灰、绿色、橙黄等各种颜色甚至黑色，含"薁"的精油如吐鲁香脂、香附子油、众香子油、依兰依兰油、格蓬油、广木香油、柏木油、血柏木油、崖柏油、广藿香油、香根油、黄春菊油、蓝甘菊油、古芸香油等就带有不同的色泽，容易辨认。我国含"薁"的精油有200多种。

（4）精油的质地　品质愈精纯的精油，渗透力愈强。将测试的精油轻擦在手背或手腕内侧，再用指尖稍微按摩几下，品质好的精油会在短时间内被吸收，不会在皮肤上留下亮亮的、滑润的油脂成分——此法只能用于辨别易挥发油。

也可以仔细观察精油中是否含有杂质，比如以传统的冷冻压榨法从果皮中压出的精油，其中会留下少许残渣，说明没有滤清，这会使产品品质不佳。

这个方法主要用来辨别"纯精油"或是加了油脂的"精油"，因为大多数按摩用的"精油"都添加了大量的"基础油"，也就是油脂（植物油脂）。

（5）精油的融合程度　品质纯正的精油亲油性很强，与"基础油"完全相溶，不会浑浊、沉淀。

"望"也包括直接到生产地、种植基地去实地考察，这叫"眼见为实"，当然这是大批量购买者才有可能也有必要做的事，但是真正成交仅仅靠这一"望"显然还是不够的。

2. 闻

这个步骤其实是挺关键的，就是要通过我们的鼻子去嗅闻。植物精油散发出固有的"天然"香味，其中的大多数目前完全用合成香料还难以配制出一模一样的气味。嗅闻其前味、中味、后味会有不同的感受，有经验的人员单靠鼻子就可以辨别出许多样品，但对于用"无香溶剂"稀释的精油，再灵敏的鼻子也无能为力。

3. 问

这一步比较麻烦一点，也许要通过走访多家精油卖家才能对比出来，并且还需要通过网络查阅精油相关资料。因为精油是用植物的某一部分提取出来的，植物会因生长地区、土地的质量、温度、气候、湿度、种植的水准、收成的时间以及处理、制取的方式方法等不一样而直接导致精油的品质不一样。所以我们需要通过各种相关知识来了解精油的产地、加工方法、储存等信息。

对于较大批量的精油采购，多问几个"什么"或"是什么"是有好处的，有时候会让作假者回答问题时露出破绽。

4. 测

如果样品量较多的话，测定样品的密度、折射率、旋光度、沸点、蒸气压、溶解性等可以鉴别精油纯度。

每种精油的密度都有一定稳定性，比如花梨木油的相对密度一般为 0.85，如果你购入的花梨木精油相对密度高达 0.90，意味着这瓶精油的物质可能添加了其他东西。

从精油折射率的测定中也可以知道精油的纯度。

测旋光度看精油真伪：绝大多数合成香料没有旋光性，或者是外消旋的，而天然香料成分有的有左旋或者右旋的特性，一些精油的旋光度见表 4-1。

表 4-1　一些精油的旋光度　　　　　　　　单位：（°）

精油	最小旋光度	最大旋光度	精油	最小旋光度	最大旋光度
树兰花油	−11.0	−4.0	柠檬草油	−3.0	+1.0
脂檀油	+10.0	+60.0	白柠檬油	+35.0	+53.0
当归根油	0	+46.0	蒸馏白柠檬油	+34.0	+47.0
当归子油	+4.0	+16.0	伽罗木油	−13.0	−5.0
香柠檬油	+8.0	+30.0	中国山苍子油	+2.0	+12.0
巴西玫瑰木油	−4.0	+5.0	圆叶当归油	−1.0	+5.0
秘鲁玫瑰木油	−2.0	+6.0	肉豆蔻衣油	+2.0	+45.0
白樟油	+16.0	+28.0	意大利柑油	+63.0	+78.0
黄樟油	+1.0	+5.0	西班牙牛至油	−2.0	+3.0
依兰依兰油	−25.0	−67.0	西班牙甘牛至油	−5.0	+10.0
卡南加油	−30.0	−15.0	甘牛至油	+14.0	+24.0
小豆蔻油	+22.0	+44.0	亚洲薄荷素油	−35.0	−16.0
胡萝卜子油	−30.0	−4.0	椒样薄荷油	−32.0	−18.0
香苦木油	−1.0	+8.0	白兰花油	−13.0	−9.0
柏叶油	−14.0	−10.0	白兰叶油	−16.0	−11.0
大西洋雪松木油	+55.0	+77.0	没药油	−83.0	−60.0
贵州柏木油	−35.0	−25.0	红没药油	−32.0	−9.0
德克萨斯柏木油	−50.0	−32.0	乳香油	−15.0	+35.0
芹菜子油	+48.0	+78.0	苦橙油	+88.0	+98.0
爪哇香茅油	−6.0	0	蒸馏甜橙油	+94.0	+99.0
香紫苏油	−20.0	−6.0	欧芹草油	−9.0	+1.0
广木香根油	+10.0	+36.0	欧芹子油	−11.0	−4.0
毕澄茄油	−43.0	−12.0	广藿香油	−66.0	−40.0
枯茗（孜然）油	+3.0	+8.0	胡薄荷油	+15.0	+25.0
欧洲莳萝子油	+70.0	+82.0	黑胡椒油	−23.0	+4.0
印度莳萝子油	+40.0	+58.0	巴拉圭橙叶油	−4.0	+1.0
美国莳萝子油	+84.0	+95.0	众香子油	−5.0	0
龙蒿油	+1.3	+6.5	迷迭香油	−5.0	+10.0
加拿大冷杉油	−24.0	−19.0	西班牙鼠尾草油	−12.0	+24.0
西伯利亚冷杉油	−45.0	−33.0	东印度檀香油	−21.0	−15.0
格蓬油	+1.0	+13.3	澳大利亚檀香油	−20.0	−3.0
香叶油	−14.0	−7.0	加拿大细辛油	−12.0	0
姜油	−47.0	−28.0	留兰香油	−60.0	−45.0

精油	最小旋光度	最大旋光度	精油	最小旋光度	最大旋光度
圆柚油	+91.0	+96.0	云杉油	−25.0	−10.0
愈创木油	−12.0	−3.0	苏合香油	0	+4.0
刺柏子油	−15.0	0	压榨红橘油	+88.0	+96.0
赖百当油	+0.15	+7.0	艾菊油	+28.0	+40.0
月桂叶油	−19.0	−10.0	茶树油	+6.0	+10.0
薰衣草油	−12.0	−6.0	百里香油	−3.0	0
杂薰衣草油	−6.0	−2.0	缬草油	−28.0	−2.0
穗薰衣草油	−7.0	+5.0	美国土荆芥油	−4.0	−3.0
冷榨柠檬油	+67.0	+78.0	芳樟叶油	−18.0	−11.0
蒸馏柠檬油	+55.0	+75.0			

表 4-1 是目前市面上用于芳香疗法和芳香养生的精油旋光度的数据，有些数据与本书后面附录的"常用香料理化数据表"不一样，这是因为后者是香精厂用于调配香精时使用的精油数据，工业用的香料有的不适合用于芳香疗法和芳香养生。

测定样品的沸点、蒸气压、溶解性等也可以判定其质量和纯度。

当样品量不多时可以用气相色谱检测，把测定结果的谱图与标准品的"指纹图"对照看看有没有差别、差别在哪里。天然精油因来源植物的气候、种植方法、采集方法、提取技术等原因造成香料成分、含量有些差异，但只要品种是一致的，其香料成分和含量一般也都相近。每一种精油的气相色谱图都有自己的"特色"，就像人的指纹图一样，容易辨认。现在可以方便地从有关的资料或者上网找到各种精油的"指纹图谱"对照，识别它们。

目前最权威、最令人信服的是用气相色谱-质谱（气质联机）测试、鉴别精油的成分。

质谱技术能够把色谱图上的每一个"峰"解读出来，如果能够确定其中一个或几个成分是自然界不存在、只能是化学制造的，例如二氢月桂烯醇、甲位戊基桂醛、甲位己基桂醛、铃兰醛、二苯醚、甲基二苯醚、萘甲醚、萘乙醚、乙酸对叔丁基环己酯、乙酸邻叔丁基环己酯、联苯、甲基柏木酮、龙涎酮、二氢茉莉酮酸甲酯、乙基香兰素、缩醛缩酮类、三环癸酯类、含卤化合物、腈类、各种合成檀香、合成麝香等或者多量的邻苯二甲酸二乙酯（天然精油有的含有少量的邻苯二甲酸酯类）、丙二醇、二缩丙二醇、柠檬酸三乙酯等，就可以断定样品有问题，至少是掺假。

反过来，每一种精油都含有一些固有的成分，例如芳樟油、薰衣草油、白兰叶油、玫瑰木油、伽罗木油、芫荽子油、茉莉花油、橙花油里的芳樟醇，玫瑰花油和香叶油里的玫瑰醚，薰衣草油里的薰衣草醇和薰衣草酯，椒样薄荷油里的薄荷呋喃，茶树油里的松油烯-4-醇，黄花蒿油里的蒿酮等，在这些精油里面如果测不出这些特定成分或者特定成分的含量低于某个数值，也可以判定该精油有问题、不合格。

"道高一尺，魔高一丈"，制假者与辨假者都在与时俱进，所有高新技术手段都有可能被制假者利用，使人防不胜防。只有全社会的商业诚信建立起来，才能根本杜绝假冒伪劣，防止弄虚作假。

第一节　薰衣草油

薰衣草（图 4-1）为唇形科薰衣草属，多年生常绿或半常绿的亚灌木芳香植物，丛生，多分枝，常见的为直立生长，株高依品种有 30～40cm、45～90cm，在海拔相当高的山区，单株能长到 1m。叶互生，椭圆形披尖叶或叶面较大的针形，叶缘反卷。穗状花序顶生，长 15～25cm；花冠下部筒状，上部唇形，上唇 2 裂，下唇 3 裂。花长约 1.2cm，有蓝、深紫、粉红、白等色，常见的为紫蓝色，花期 6～8 月。全株略带木头甜味的清淡香气，因花、叶和茎上的绒毛均藏有油腺，轻轻碰触油腺即破裂而释出香味。

图 4-1　薰衣草

薰衣草主产于法国、保加利亚、澳大利亚、前南斯拉夫、意大利、西班牙、俄罗斯、南非，我国新疆伊犁地区等也有种植。

薰衣草油由薰衣草的花序经水蒸气蒸馏得到，正薰衣草（lavandula，又称真薰衣草）的新鲜花序经水蒸气蒸馏而得的精油俗称正薰衣草油，得油率 0.78％～1.10％。

英文名称：lavander oil。

CAS 号：8000-28-0。

EINECS 号：289-995-2。

外观：无色或淡黄色的澄清液体。

香气：具清香带甜的花香，香气持久。

相对密度：0.875～0.888。

折射率：1.459～1.470。

旋光度：—12°～—3°（25℃）。

含酯量（以乙酸芳樟酯计）：≥35.0％。

溶解性：1 体积油溶于 3 体积 70％乙醇中，澄清。

主成分为乙酸芳樟酯、芳樟醇、薰衣草醇、乙酸薰衣草酯、对-1-蓋烯-4-醇、松油醇、香叶醇、橙花醇、樟脑、龙脑、乙酸松油酯、壬醛、蒎烯、月桂烯、罗勒烯、石竹烯与别罗勒烯等。

感官特征：具有清甜花香。

薰衣草也可以用浸提法制成薰衣草浸膏。

薰衣草油是用途广泛的香料之一，香气清新甜美，易与其他精油相调和，很早就被用于香水及化妆品中。还可用于食用和烟用香精中，在最终加香产品中浓度为 0.01～20mg/kg；具有清热解毒，祛风止痒的功效。

薰衣草精油是水蒸气蒸馏提取芳香植物精油中用途最广的油之一。它性质温和，气味芳香，有怡神、清心、止痛、助睡眠、舒缓压力、促进细胞再生、平衡皮肤分泌等功效，可调节人的神经系统、促进血液循环、增强免疫力和机体活力，还可理疗烫伤及治疗蚊虫叮咬。

薰衣草油芳香气味淡而不薄、散而不走，缓缓释放且久留于空间，被人体吸收后，通过呼吸作用影响全身。其香气挥发物能够强有力地刺激人的呼吸中枢，促进人体吸进氧气，排出二氧化碳，从而使人精力旺盛、心旷神怡，促进血液循环、增强免疫力和机能活力，也有松弛消化道痉挛、清凉爽快、消除肠胃胀气、助消化、预防恶心晕眩、缓和焦虑及治疗神经性偏头痛、预防感冒等众多益处。

精油的使用方式主要有熏蒸、按摩、沐浴、浴足、脸部桑拿美容等。其可以使人的身心放松、消除疲劳、润泽肌肤，有改善橘皮纹、收缩毛孔等功效。

薰衣草可做茶，有花草中"女王"之称。将10～20粒干燥的薰衣草花穗用沸水冲泡，5min左右即可享用。有镇静、清凉爽快、预防感冒等众多益处，对沙哑失声时饮用也有助于恢复，所以有"上班族最佳伙伴"美名，饮用时可加蜂蜜、砂糖或柠檬等。

薰衣草也可应用到我们喜爱的食物中，如：果酱、香草醋、软雪糕、炖煮料理、蛋糕饼干等，会使食物变得更美味诱人。

薰衣草油是我们日用品中不可缺少的伙伴，如：洗手液、护发水、护肤油、芳香皂、按摩油、熏香、香熏枕等，给我们不仅带来芬芳，更带来愉悦和自信。薰衣草油标准参数对照见表4-2，薰衣草精油部分组分的理化参数见表4-3。

表4-2 薰衣草油标准参数对照

指标	GB 12653—90	GB/T 12653—2008	ISO 3515—2002 法国 Maillette(无性繁殖)		备注
外观	澄清，流动液体	浅黄色流动液体	澄清流动液体		
色泽	微黄色至浅黄色		浅黄色		
香气	纯正，具有中国产薰衣草花朵的特征花香	特征性的新鲜花香，类似植物开花部分的香气	特征性的新鲜花香，类似植物开花部分的香气		
相对密度(20℃/20℃)	0.876～0.895	0.876～0.895	0.880～0.890		
折射率(20℃)	1.4570～1.4640	1.4570～1.4640	1.455～1.460		
旋光度(20℃)	−11.0°～−7.5°	−12.0°～−6.0°	−12.5°～−9.5°		
溶混度(20℃)	1体积试样在不超过3体积70%(体积分数)的乙醇中，呈澄清溶液	1体积试样混溶于不超过3体积70%(体积分数)乙醇中，呈澄清溶液	1体积试样混溶于不超过3体积70%(体积分数)乙醇中，呈澄清溶液		
闪点			+71℃		
酸值	≤1.0	≤1.2	≤1.0		
酯值	≥108(相当于含酯量为38%，以乙酸芳樟酯计)		最低	最高	
			130	160	
			45.5	56	以乙酸芳樟酯计
樟脑/%	≤0.5	≤1.5	—	1.2	
芳樟醇/%		20～43	30	45	
乙酸芳樟酯/%		25～47	33	46	
乙酸薰衣草酯/%		0～8.0	—	1.3	

表4-3 薰衣草精油部分组分的理化参数

中文名	乙酸芳樟酯	芳樟醇	乙酸薰衣草酯	樟脑	薰衣草醇
英文名	linalyl acetate	linalool	lavandulyl acetate	camphor	lavandulo
分子式	$C_{12}H_{20}O_2$	$C_{10}H_{18}O$	$C_{12}H_{20}O_2$	$C_{10}H_{16}O$	$C_{10}H_{18}O$
分子量	196.28	154.25	196.29	152.23	154.25
CAS号	115-95-7	78-70-6	25905-14-0	76-22-2	498-16-8
外观	无色透明液体	无色或淡黄色透明液体	无色透明液体	无色至白色半透明块状液体或粉末	无色至淡黄色液体
沸点	220℃	198℃	228～229℃	204℃	94～95℃ (2.4kPa)

续表

中文名	乙酸芳樟酯	芳樟醇	乙酸薰衣草酯	樟脑	薰衣草醇
熔点				180℃	
相对密度	0.9000~0.9140	0.858~0.875 (25℃/25℃)	0.909~0.915 (25℃/25℃)	0.99	0.8785(17/4℃)
折射率	1.4510~1.4580	1.4600~1.4640	1.4530~1.4590		1.4683(17/4℃)
闪点	>85℃	78℃	70.56 ℃	65.6 ℃	
溶解性	不溶于甘油,微溶于水,溶于乙醇、丙二醇和香料	不溶于水,以1:4溶于60%乙醇;与乙醇和乙醚混溶		微溶于水,溶于乙醇、醚、氯仿、二硫化碳、油类等多数有机溶剂	溶于乙醇等有机溶剂
香气	有令人愉快的花香和果香,香气似香柠檬和薰衣草,透发而不持久	浓青带甜的木青气息,似玫瑰木。既有紫丁香、铃兰与玫瑰的花香,又有木香、果香气息。香气柔和,轻扬透发,不甚持久。植物的绿萼青蒂常含有此类清香。天然芳樟醇清香透发,但往往不是单一香气;合成芳樟醇香气一般较为纯和		有樟木气味	具有薰衣草花香香气,带有青的辛香气息

薰衣草油的检测主要是参照其理化指标——香气、色泽、密度、折射率、旋光度等,必要时用气相色谱或气质联机测定,再与标准品的色谱图和数据对照即可鉴别真伪。

附:2015 年市场销售薰衣草精油抽样检测报告

1. 检测目的:芳香疗法协会成立之际,为掌握我国芳疗市场目前使用精油的品质状况进行的第一次摸底抽样调查,首先选择使用频率较高的薰衣草精油进行检测。

2. 样品来源:由芳香疗法协会指定第三方机构于 2015 年 5~6 月在市场随机购买或取样取得送交检测方(样品来源匿名,检测方不知晓样品来源)。

3. 检测单位:上海交通大学芳香植物研发中心。

4. 检测方法

仪器名称:气质联用仪器(GC-MS)。

GC 配置:Agilent 7890B。

MS 配置:5977A。

毛细管柱采用 HP-5MS 5% phenyl methylsilox(30m×250μm×0.25 μm)。

初始柱温 50℃ 保持 3min;以 4℃/min 升温至 220℃,保持 2min;以 20℃/min 升温至 300℃,保持 1min;结束,进入后运行阶段。进样口温度为 260℃,载气为 He,柱压 0.05MPa,分流比为 20:1

5. 评价依据:采用国家标准和国际上对真薰衣草和杂薰衣草的不同要求。

5.1 基本测评指标:即凡是符合下述要求的就认为是合格的。

国标中对薰衣草精油特征性组分要求:

① 芳樟醇:20%~43%;

② 乙酸芳樟酯:25%~47%;

③ 乙酸薰衣草酯:0%~8.0%;

④ 樟脑≤1.5。

5.2 具体成分要求:由于国际上公认的用于人体康复治疗的薰衣草油必须是真薰衣草油,

本报告参考国外真薰衣草和杂薰衣草的数据。

① 真薰衣草油乙酸芳樟酯相对含油率通常比芳樟醇高出 $2\%\sim7\%$。

② 微量含有 1,8-桉叶油素，薰衣草醇、金合欢烯、罗勒烯、石竹烯、龙脑、4-松油烯醇。

③ 真薰衣草和杂薰衣草的区别见表4-4。

表4-4　真薰衣草和杂薰衣草的区别

成分	真薰衣草/%	杂薰衣草/%
芳樟醇	35～40	30～48
乙酸芳樟酯	39.4～47.0	21～37
乙酸薰衣草酯	1.0～4.0	0.2～2.0
1,8-桉叶油素	0.1～3.0	3.0～7.0
樟脑	0.1～0.4	6.0～8.0

6. 检测结果：

6.1　以下18个编号的薰衣草精油符合5.1和5.2的评价依据，属于合格产品：

一号、二号、三号、五号、七号、九号、十号、十四号（罗勒烯略高）、十六号、十七号、十八号、十九号、二十二号、二十四号、二十八号、三十号、三十一号、三十二号（金合欢烯未检出）三十三号、三十四号。

6.2　四号、十一号、十二号乙酸芳樟酯含有率略低于芳樟醇，区别于真薰衣草的主要特征，但其他成分含量均为正常。

6.3　六号属于杂薰衣草，且樟脑含量高。

6.4　八号乙酸芳樟酯偏低，樟脑含量高。

6.5　十三号完全不具备薰衣草的成分特征，不是薰衣草油。

6.6　十五号除樟脑含油率略高出标准外，其他成分在正常范围内。

6.7　二十号除乙酸薰衣草酯未检出外，其他成分均在正常范围内。

6.8　二十一号除薰衣草醇和金合欢烯未检出外，其他成分均为正常。

6.9　二十三号，二十六号，二十七号樟脑超出正常值。

6.10　二十五号乙酸薰衣草酯和薰衣草醇未检出，樟脑超标。

6.11　二十九号芳樟醇低于规定数值。

6.12　三十五号乙酸芳樟酯偏低，乙酸薰衣草酯高于规定值。

7. 总体结论：本次送检的35个薰衣草精油样品中，20个为合格，合格率57.1%。

8. 说明：

8.1　以上测试结果基于如上的测试方法进行，详细数据可参考附件。

8.2　测试时间2015年5月至7月之间，地点在上海交通大学七宝校区交大芳香中心

8.3　本中心不具备国家认定资质，上述结论有科学依据，但不具有法律依据。

上海交通大学芳香植物中心负责人：姚雷

第二节　芳樟叶油

芳樟（图4-2）是樟的一个变种，为常绿大乔木，高可达30m，直径可达3m，树冠广卵形；枝、叶及树干均有芳樟醇的气味；树皮黄褐色，有不规则的纵裂。顶芽广卵形或圆球形，鳞片宽卵形或近圆形，外面略被绢状毛。枝条圆柱形，淡褐色，无毛。叶互生，卵状椭圆形，

长 6～12cm，宽 2.5～5.0cm，先端急尖，基部宽楔形至近圆形，边缘全缘，软骨质，有时呈微波状，上面绿色或黄绿色，有光泽，下面黄绿色或灰绿色，晦暗，两面无毛或下面幼时略被微柔毛，具离基三出脉，有时过渡到基部具不显的 5 脉，中脉两面明显，上部每边有侧脉 1 条-3 条-5（7）条。基生侧脉向叶缘一侧有少数支脉，侧脉及支脉脉腋上面明显隆起下面有明显腺窝，窝内常被柔毛；叶柄纤细，长 2～3cm，腹凹背凸，无毛。圆锥花序腋生，长 3.5～7cm，具梗，总梗长 2.5～4.5cm，与各级序轴均无毛或被灰白至黄褐色微柔毛，被毛时往往在节上尤为明显。花绿白或带黄色，长约 3mm；花梗长 1～2mm，无毛。花被外面无毛或被微柔毛，内面密被短柔毛，花被筒倒锥形，长约 1mm，花被裂片椭圆形，长约 2mm。能育雄蕊 9，长约 2mm，花丝被短柔毛。退化雄蕊 3，位于最内轮，箭头形，长约 1mm，被短柔毛。子房球形，长约 1mm，无毛，花柱长约 1mm。果卵球形或近球形，直径 6～8mm，紫黑色；果托杯状，长约 5mm，顶端截平，宽达 4mm，基部宽约 1mm，具纵向沟纹。花期 3～5 月，果期 10～11 月。

图 4-2 芳樟

芳樟产于中国南方各省区，福建最多，越南、柬埔寨、老挝、缅甸、泰国、日本也有分布，其他各国常有引种栽培。

芳樟叶油的主要成分为芳樟醇，目前主要从芳樟树树叶中提取，由于提取的精油中除了芳樟醇外还含有一些高沸点的成分，所以留香时间比合成芳樟醇长一些，香气比高纯度左旋芳樟醇要好。芳樟叶油外观为无色至淡黄色透明澄清液体，相对密度为 0.856～0.720（20℃），折射率为 1.455～1.465（20℃），旋光度为 -13°～-18°，其溶解性为 1g 样品全溶于 100g 95% 乙醇中。

在全世界最常用和用量最大的香料中，芳樟醇几乎年年排在首位，可以说没有一瓶香水里面不含芳樟醇，没有一块香皂不用芳樟醇的。这并不奇怪，因为几乎所有的天然植物香料里面都有芳樟醇的"影子"，从 99% 到痕迹量都存在。含量较大的有芳樟叶油、芳樟油、伽罗木油、玫瑰木油、芫荽子油、白兰叶油、薰衣草油、玳玳叶油、香柠檬油、香紫苏油及众多的花（茉莉花、玫瑰花、玳玳花、橙花、依兰依兰花等）油。在绿茶的香成分里，芳樟醇也排在第一位。当今人们崇尚大自然，芳樟醇的香气大行其道。诚然，在香精里面检测出芳樟醇，并不代表调香师在里面加入了单体芳樟醇，经常是由于香精里面有天然香料，芳樟醇本来就是这些天然香料的一个成分。

芳樟醇本身的香气颇佳，沸点又比较低，在过去的香料分类法里，芳樟醇属于"头香香料"，当调香师试配一个香精的过程中觉得它"沉闷""不透发"时，第一个想到的是"加点芳樟醇"，所以每一个调香师的香料架子上，芳樟醇都是排在显要位置上的。

芳樟醇为无色或淡黄色透明液体，沸点为198℃，闪点为78℃，相对密度（25℃/25℃）为0.858～0.875，折射率为1.4600～1.4640，溶解性为不溶于水，以1：4溶于60%乙醇，与乙醇和乙醚混溶。

芳樟醇香气为浓青带甜的木青气息，似玫瑰木。既有紫丁香、铃兰与玫瑰的花香，又有木香、果香气息。香气柔和，轻扬透发，不甚持久。左旋偏甜，右旋偏清，主要用其清香。不同来源的芳樟醇香气有较大差异，天然芳樟醇清香透发，但往往不是单一香气；合成芳樟醇香气一般较为纯净，但较为"生硬"。

芳樟醇除在香料香精行业扮演着重要的角色外，在医药行业也是合成许多药品及医药中间体的原料。

天然的芳樟醇气味纯正、圆和、甜润、幽雅，是合成芳樟醇难以相比的。由于天然芳樟醇有旋光性的特点，特别是左旋体在医药上的"生物效价"要比合成芳樟醇（消旋光性）优异。而有些药物只能用左旋芳樟醇为起始原料，所以"天然芳樟醇"里左旋体要比右旋体更加受到关注。

中国的芳樟油是芳樟醇的重要资源之一。但天然芳樟树在种植过程被杂化，所得芳樟醇含量不高，且杂质（主要是樟脑和桉叶油素）不低，需经过复杂的精馏过程分离才能获得合格的产品，能耗、工耗、物耗都增加了成本。因此，天然芳樟醇资源在生产数量上不能满足市场日益增长的需要。

从芳樟木油、芳樟叶油提取的芳樟醇是目前"天然芳樟醇"的主要来源之一，我国的台湾和福建两省从20世纪的20年代就已开始利用樟树的一个变种——芳樟的树干、树叶蒸馏制造芳樟木油和芳樟叶油并大量出口创汇，国外把这两种天然香料叫做"Ho（wood）oil""Shiu（wood）oil"和"Ho leaf oil""Shiu leaf oil"，"Ho"和"Shiu"是闽南话与日语"芳"和"樟"的近似发音。

天然的芳樟树毕竟有限，经过将近一个世纪的滥采滥伐至今已所剩无几，因此人工大面积种植芳樟早已排上日程。福建的闽西、闽北地区采用人工识别（鼻子嗅闻）的方法从杂樟树苗中筛选出含芳樟醇较高的"芳樟"栽种进而提炼"芳樟叶油"也有四十几年的历史了。用这种办法可以得到芳樟醇含量60%以上的精油，个别厂家可以成批供应含芳樟醇70%的"芳樟叶油"，再用这种"芳樟叶油"精馏得到主成分含量95%以上的"天然芳樟醇"（左旋体一般占85%～90%）。

由于樟叶油的成分里面除了芳樟醇以外，主要杂质是桉叶油素和樟脑，而这两种物质的沸点与芳樟醇非常接近，即使经过很精密的精馏也不容易把这两种杂质除干净，所以用这种方法得到的"天然芳樟醇"香气虽然比"合成芳樟醇"稍好一些，但不太明显，香气特征不突出。

纯种芳樟叶油：

樟树和芳樟的一个特点是用种子繁殖时易发生化学变异——只有20%～30%能保持母本的特性。因此，即使你找到一株叶油含芳樟醇98%的"纯种芳樟"，用它的种子播种育苗，也只有极少部分算是"芳樟"，其余仍是杂樟。看来只能用"无性繁殖"才能解决这个难题。

厦门牡丹香化实业有限公司的科研人员10年前在闽西和闽南山区找到几株叶油含芳樟醇高达98%以上、桉叶油素和樟脑含量均低于0.2%的优良品种，其中"牡丹1号芳樟"叶油中的芳樟醇左旋体含量超过99%。该公司经过多年的努力、攻关，克服了种种困难，采用组织培养和嫩枝扦插相结合的方法大量育苗成功，没有任何变异，几年来在福建、浙江等地种植了5000多公顷，2005年开始采叶提油，目前已能供应"纯种芳樟叶油"用于调香了。

　　纯种芳樟叶油有着非常清新而强烈的花香香气，似刚开放的铃兰花，更像是白兰树叶揉碎后飘散出的清香，也像刚刚采摘的茶叶香味，有一点点令人动情的甜味，让嗅闻到的人们联想到柑橘、甜橙的果香，闻之令人愉悦欣快，不忍离弃；带一点使人神清气爽的凉气，似薄荷，更似留兰香，而没有丝毫的樟脑、桉叶油素等药草和各种萜烯生硬的木头气息。

　　全世界的调香师都认为自己已经"非常熟悉"芳樟醇的香气了，其实他们熟悉的是"外消旋芳樟醇"（即合成芳樟醇）或"混合芳樟醇"（各种来源的芳樟醇混合在一起）的气味，99%左旋芳樟醇大多数调香师从来不曾有机会嗅闻过。由于调香师手头上各种"混合芳樟醇"的气味都带有或多或少樟脑、桉叶油素的药味或多种萜烯的生硬的木头气息，年轻的调香师甚至怀疑早先出版的香料书籍中对芳樟醇香气的描述（清新的铃兰花香）是否有误。其实99%左旋芳樟醇不但同合成芳樟醇的气味大相径庭，同目前市面上的"芳樟木油""芳樟叶油"和"天然芳樟醇"的香气也有天壤之别，其差别相当于完全不同的香料！

　　举一个例子：常用化妆品中的"染烫用品"（染头发和烫头发的化学品），如何"加香"是一个"老大难"问题，已经困扰了几代的化妆品配方师了——因为这两种化学品都有特殊的、难以掩盖的臭味，带碱性、氧化或还原性，大部分香料都会同它们中的某些成分起化学变化，只有少数几种"醇类香料"在这两种化学品中比较稳定，人们自然而然想到了芳樟醇。实践证明，合成芳樟醇和玫瑰木油、伽罗木油、芫荽子油、白兰叶油以及目前市面上的"芳樟叶油""芳樟木油""天然芳樟醇"都不能掩盖这两种化学品的"异臭"，唯独纯种芳樟叶油"独占花魁"，不但能够很好地掩盖住冷烫液和染发膏的"化学气息"，还飘散出一股非常自然舒适的花草芳香。

　　合成芳樟醇的香气强度不大，调香师们共同给出的香比强值是100，目前市面上的芳樟叶油、芳樟木油香比强值是120，纯种芳樟叶油的香气强度原来被低估了，现在才发现它的香气强度甚至超过二氢月桂烯醇——这就是纯种芳樟叶油为什么能够掩盖"染烫用品"异臭的主要原因。

　　还有一个事例可以证明纯种芳樟叶油香气强度之大：用水蒸气蒸馏法制取纯种芳樟叶油时副产的"纯种芳樟香露"（油水分离后下流出的蒸馏水），虽然其中香料的含量极低（还不到0.01%），但香味却很浓，可以直接当作水溶性香精使用。现在已有不少厂家购买这种"纯种芳樟香露"去给各种护肤品、护发品、纸制品和其他日用品加香，取得了异乎寻常的效果。

　　在所有的日用香精、食品香精、饲料香精和烟用香精配方里，调香师只要有用到合成芳樟醇、"天然芳樟醇"的地方，全部改用这种"纯种芳樟叶油"后配出的香精香气强度要大多了，香气质量也会大幅度提高。

　　在当今芳香疗法和芳香养生广泛使用的各种精油中，芳樟叶油被公认有抗抑郁、镇静、止痛、抗菌、消炎、解毒、灭菌、防腐、杀病毒、除臭、清洁、产生欣快感、松弛肌肉等功效，同其他类似的精油（如薰衣草油、香柠檬油、白兰叶油、茶树油等）相比，效果一般般，不太出色，而纯种芳樟叶油的"抗抑郁"和"产生欣快感"效果却不同寻常，非其他精油可比。抑郁和抑郁症是现代人最常患的一种"亚健康"状态，芳香疗法对比是有效的，但使用的精油香气的优劣直接影响到疗效。纯种芳樟叶油的香气"纯洁""清爽"，特别容易使人产生欣快感，所以它的"抗抑郁"效果也是一流的。

　　鉴于自然界里几乎所有花、草、木、果、籽等的香气成分都或多或少含有一些芳樟醇，而这些芳樟醇又以左旋体为主，所以在仿配各种天然精油需要用到芳樟醇时，使用纯种芳樟叶油后香气的"像真度"会提高许多。如果考虑到购买者还可能有各种测试手段以防"作假"，纯种芳樟叶油99%左旋体的优越性就更能体现出来了。

　　纯种芳樟叶油主要成分为左旋芳樟醇，自福建产的纯种芳樟树叶提取而得，广泛应用于配制香精、各种日用品、芳香疗法精油、食品和制药等领域。

纯种芳樟叶油技术标准：

香气：花香香气，无樟脑、桉叶油素等药草气息；

外观：无色至淡黄色透明澄清液体；

相对密度：0.856～0.872（20℃）；

折射率：1.455～1.465（20℃）；

旋光度：-12°～-16°（20℃）；

含量（GC）：左旋芳樟醇含量≥90%；

海关 HS 编码：33012910。

同薰衣草油一样，纯种芳樟叶油的检测主要也是参照其理化指标——香气、色泽、密度、折射率、旋光度等，必要时用气相色谱或气质联机测定，与标准品的色谱图和数据对照即可鉴别真伪。厦门牡丹香化实业有限公司纯种芳樟叶油检验报告见表4-5。

表4-5 厦门牡丹香化实业有限公司纯种芳樟叶油检验报告

项目	规格	实测数据	判定
色状	无色至淡黄色透明澄清液体	符合	合格
香气	花香香气，无樟脑、桉叶油气味	符合	合格
左旋芳樟醇（GC）	≥90%	90%	合格
旋光度（20℃）	-12°～-16°	-15.3°	合格
溶混度（95%乙醇）	1g/100mL 澄清	符合	合格
结论	合格		

第三节 甜 橙 油

甜橙（图4-3）为芸香科柑橘属，常绿小乔木。主产于巴西、美国、以色列、意大利、西班牙、摩洛哥、几内亚、澳大利亚、印度尼西亚、俄罗斯和中国的华南、华东地区。用冷磨新鲜整果（得油率为0.35%～0.37%）或冷榨新鲜果皮（得油率为0.3%～0.5%）可得冷压甜橙油；也可采用冷榨后的残渣或收集的碎果皮进行水蒸气蒸馏，得蒸馏甜橙油，得油率为0.4%～0.7%。

图4-3 甜橙

中文名称：甜橙（皮）油。

英文名称：sweet orange oil；orange oil。

英文别名：*Citrus sinensis* oil；*Citrus sinensis* peel extract。

外观：深橘黄色或棕红色液体。

香气：接近天然果香香气。

醛含量（以癸醛计）：1.0%～2.5%

相对密度（20℃）：0.842～0.853，0.8423～0.8490（巴西）。

折射率（20℃）：1.470～1.476，1.4723～1.4746（巴西）。

旋光度（20℃）：+94°～+99°（巴西）。

性状：黄色、橙色或黄棕色液体，遇冷会浑浊。具有轻快、新鲜、甜清的甜橙果皮气味。

溶解情况：可与无水乙醇、二硫化碳混溶，溶于冰醋酸（1:1）和乙醇（1:2），难溶于水。

用途：用于配制饮料、食品、牙膏、肥皂、化妆品等的香精以及医药等。

主要成分：*d*-苧烯（90%以上）、癸醛、己醛、辛醇、*d*-芳樟醇、橙花醇、松油醇、香叶醇、柠檬醛、十一醛、甜橙醛、月桂烯、邻氨基苯甲酸甲酯、乙酸辛酯、乙酸癸酯等百余种组分。含酯量1.08%～1.53%，羰基化合物含量为0.75%～1.12%，二者的比值为1.09～1.81。

应用情况：主要用于调配甜橙、可乐、柠檬、混合水果等的食用香精。

建议用量：在最终加香食品中浓度约为50～400mg/kg。

安全管理情况：冷磨油FEMA编号为2825，FDA182.20，CoE143；蒸馏油FEMA编号为2821，FDA182.20，CoE143；中国GB 2760—2011批准甜橙油为允许使用的食品香料。

制法：由芸香科植物甜橙新鲜果实冷磨或由鲜果皮冷榨而得，得率3.5%～3.7%，冷榨果皮得率0.8%～1.0%，蒸馏油得率0.4%～0.7%。

毒理学依据：LD_{50}大鼠口服大于5.0g/kg。

有人说，在自然界的各种香气中，欧美人最喜欢的是柠檬油的香气，中国人最喜欢的却是甜橙油的香气。甜橙油有温润甜美的香气息，可以驱离紧张情绪和压力、改善焦虑所引起的失眠，由于甜橙中含有大量的维生素C，能预防感冒、平衡皮肤的酸碱值、帮助胶原蛋白形成。

很多心理咨询师在治疗抑郁症时，都会点燃香薰炉，滴上甜橙精油。因为甜橙可令人迅速开朗心情，体会到生命中的阳光温暖。甚至甜橙还会有小小的"副作用"——刺激食欲，让你胃口大开。都市中办公室的白领、即将参加考试的学生、被琐事缠身的主妇们，当压力满身、心情沮丧、郁闷时，不妨拿起甜橙精油闻几分钟，坏心情将不翼而飞。

主要功效如下。

美容方面：对皮肤有保湿效果，能平衡皮肤的酸碱值，帮助胶原形成，保湿、补水美白、淡化细纹。使用后请勿阳光照射。

身体方面：能预防感冒，对于身体组织的生长与修复有良好的功效，能促进发汗，可帮助阻塞的皮肤排出毒素，对油性、暗疮或干燥皮肤者皆有帮助。可刺激胆汁分泌、帮助消化脂肪、舒缓肌肉疼痛。

心理方面：甜橙是少数被证明的有镇静作用的精油之一，甜橙香味可以平缓神经，减压，保持身心愉悦，增进活力；可以驱离紧张情绪和压力，改善焦虑所引起的失眠。

其他方面：可去除异味；使用甜橙精油擦拭家具，可保持家具光亮又干净。

适合与甜橙油搭配使用的精油有肉桂油、芫荽油、丁香油、丝柏油、乳香油、天竺葵油、茉莉油、杜松油、薰衣草油、肉豆蔻油、苦橙油、玫瑰油、花梨木油等。

甜橙油加工（除去大量柠檬烯）后可制成无萜甜橙油或X倍甜橙油，仍具有强烈的甜橙香气，气味较强，留香时间也较持久。

甜橙油的鉴定主要是参照其理化指标——香气、色泽、密度、折射率、旋光度等，必要时用气相色谱或气质联机测定，与标准品的色谱图和数据对照即可鉴别真伪。

第四节 柠 檬 油

柠檬（图 4-4）为芸香科常绿小乔木，原产马来西亚，也有人说柠檬原产中国西南和缅甸西南部，或喜马拉雅山南麓东部地区，尚无定论。柠檬在地中海沿岸、东南亚和美洲等地都有分布，中国的台湾、福建、广东、广西、四川等地也有栽培。现在主产国为意大利、希腊、西班牙和美国，法国则是世界上食用柠檬最多的国家。

图 4-4 柠檬

柠檬树枝较开张，小枝针刺多，嫩梢常呈紫红色。叶柄短，翼叶不明显。花白色带紫，略有香味，单生或 3～6 朵成总状花序。果黄色有光泽，椭圆形或倒卵形，顶部有乳头状突起，油胞大而明显凹入，皮不易剥离，味酸，瓤瓣 8～12，不易分离。种子卵呈圆形，多为单胚。栽培品种有数十个，主要有尤力加、里斯本、尤力克等。

柠檬油英文名：lemon oil。

相对密度：0.857～0.862。

折射率：1.472～1.475（20℃）。

比旋光度：+57°～+65°。

制法：由柠檬的新鲜果皮经压榨而得。

柠檬油为黄色液体，有浓郁的柠檬香气；主香成分为右旋苧烯（即柠檬烯，含量 80%～90%）、柠檬醛、癸醛等。美国加州油含醛量（以柠檬醛计）2.2%～3.8%，意大利油 3.0%～5.5%。主产于意大利、美国、阿根廷、象牙海岸和巴西等地。主要用于软材料，还用于糖果、焙烤食品等，也常用于日用香精。

用水蒸气蒸馏法从柠檬皮或果汁得到的蒸馏柠檬油，相对密度 0.842～0.856，折射率 1.470～1.475，旋光度 +55°～+75°（25℃）。含醛量（以柠檬醛计）1.0%～3.5%，也用于食品香精。

柠檬油通常呈淡黄或淡绿色，有新鲜柠檬切片的香气。柠檬油是以纯精油，或与橄榄油、椰子油、柠檬香脂油或矿物油混合形式销售，通常可以根据实际用途来选择需要的类型。此外，很多个人护理用品、清洁产品和家具光亮剂也包含柠檬油。作为芳香剂，可清除轿车、高档衣物、房间居室异味；作按摩油，可提神醒脑；可以美容、熏身洗面、融蚀色斑。

由于柠檬油还具有防腐和收敛剂的作用，使之成为天然个人护理产品和化妆品的常见添加剂。作为一种收敛剂，它通过收缩毛孔和清除死亡细胞达到光洁皮肤的效果。柠檬油对治疗油性皮肤特别有好处，有良好的抗菌和抵御痤疮作用。但由于柠檬油会造成光敏感，在使用后的数小时内应该避免阳光。稀释的柠檬油还可以清洁轻微割伤和烧伤，包含柠檬油的漱口水有助于治疗口腔溃疡或口臭。

许多家庭清洁用品成分含有柠檬油，因为一些人特别喜欢柠檬油的香气。包含柠檬精油的天然产品能够有效清除令人不愉快的气味。纯精油能够杀死很多类型的细菌，因此经常用于清洁家具、地板、地毯和工作台面。柠檬油清洁产品通常都是用纯精油用水稀释而成的。由于它不会留下残渣，因此不需要额外清洗。天然柠檬油对儿童和宠物没有毒性，也不会给环境造成污染。

柠檬油是一种广谱性的杀虫剂，可杀死蚊子、苍蝇、蟑螂和臭虫等传染疾病的害虫以及危害粮食、蔬菜的常见害虫（包括幼虫、蛹等），是一种绿色杀虫剂。

柠檬油加工（除去大量柠檬烯）后可制成无萜柠檬油，香气较强，留香时间也较为持久。

同甜橙油一样，柠檬油的鉴定主要也是参照其理化指标——香气、色泽、密度、折射率、旋光度等，必要时用气相色谱或气质联机测定，与标准品的色谱图和数据对照即可鉴别真伪。

用压榨法获得的柠檬油（ISO 85522003）

1. 目的

本标准规定了用压榨法获得的柠檬油［*Citrus limon*（L.）Burm. f.］的某些特性，以便对其质量进行评估。

2. 规范性引用文件

下列规范性文件所包含的条款，通过在本标准中的引用而成为本标准的条款。凡是注日期的引用文件，其随后所有的修改单（不包括勘误的内容）或修订版均不适用于本标准，然而鼓励根据本标准达成协议的各方研究是否可使用这些标准的最新版本。凡是不注日期的引用文件，其最新版本适用于本标准。ISO 和 IEC 成员应维护其版本的现行有效性。

ISO/TR210，精油——包装和储存通用要求

ISO/TR 211，精油——容器的标签和标记通用要求

ISO 212，精油——取样方法

ISO 279，精油——20℃时相对密度的测定参比法

ISO 280，精油——折射率的测定

ISO 592，精油——旋光度的测定

ISO 875，精油——乙醇中溶混度的评估

ISO 1242，精油——酸值的测定

ISO 1271，精油——羰值的测定游离羟胺法

ISO 4715，精油——蒸发后残留物的定量评估

ISO 4735，柑橘油类——CD 值的测定紫外光谱分析

ISO 11024 21，精油——色谱图像通用要求第 1 部分：标准中色谱图像的建立

ISO 11024 22，精油——色谱图像通用要求第 2 部分：精油色谱图像的利用

3. 术语和定义

本标准使用下列术语和定义。

用压榨法在不加热条件下从芸香科（Rutaceae）的 *Citrus limon*（L.）Burm. f. 的新鲜果实中

得到精油，加工时可事先将果肉和果皮分开，也可不分开。该果实主要生长在阿根廷、巴西、塞浦路斯、意大利、象牙海岸、西班牙、南非和美国。两个柠檬油样品的色谱图像见图 4-5。

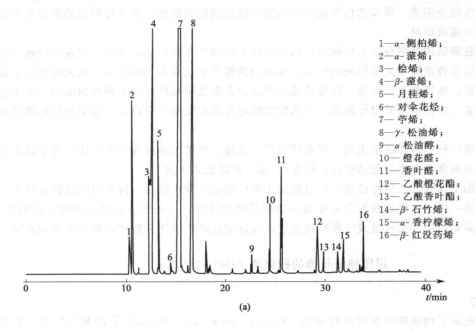

1—α-侧柏烯；
2—α-蒎烯；
3—桧烯；
4—β-蒎烯；
5—月桂烯；
6—对伞花烃；
7—苧烯；
8—γ-松油烯；
9—α松油醇；
10—橙花醛；
11—香叶醛；
12—乙酸橙花酯；
13—乙酸香叶酯；
14—β-石竹烯；
15—α-香柠檬烯；
16—β-红没药烯

(a)

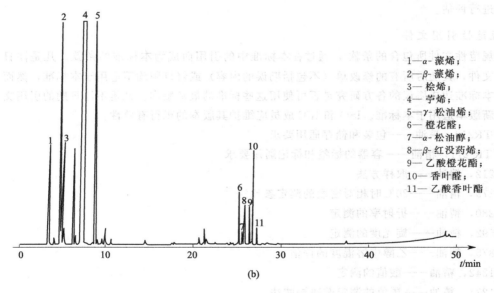

1—α-蒎烯；
2—β-蒎烯；
3—桧烯；
4—苧烯；
5—γ-松油烯；
6—橙花醛；
7—α-松油醇；
8—β-红没药烯；
9—乙酸橙花酯；
10—香叶醛；
11—乙酸香叶酯

(b)

图 4-5　两个柠檬油样品的色谱图像

4．要求

见表 4-6～见表 4-15。

表 4-6　外观

美洲		地中海		赤道
沿海型	沙漠型	西班牙	意大利	象牙海岸、巴西
流动、澄清液体,低温时可能会出现雾状				

表4-7 色泽

| 美洲 | | 地中海 | | 赤道 |
沿海型	沙漠型	西班牙	意大利	象牙海岸、巴西
苍黄色至深绿色				

表4-8 香气

| 美洲 | | 地中海 | | 赤道 |
沿海型	沙漠型	西班牙	意大利	象牙海岸、巴西
新鲜柠檬皮的特征香气				

表4-9 相对密度（20℃/20℃）

| 美洲 | | | | 地中海 | | | | 赤道 | |
| 沿海型 | | 沙漠型 | | 西班牙 | | 意大利 | | 象牙海岸、巴西 | |
最低	最高	最低	最高	最低	最高	最低	最高	最低	最高
0.851	0.857	0.849	0.854	0.849	0.858	0.850	0.858	0.845	0.854

表4-10 折射率（20℃）

| 美洲 | | | | 地中海 | | | | 赤道 | |
| 沿海型 | | 沙漠型 | | 西班牙 | | 意大利 | | 象牙海岸、巴西 | |
最低	最高	最低	最高	最低	最高	最低	最高	最低	最高
1.4730	1.4760	1.4730	1.4760	1.4730	1.4760	1.4730	1.4760	1.4730	1.4790

表4-11 旋光度（20℃）

| 美洲 | | 地中海 | | 赤道 |
沿海型	沙漠型	西班牙	意大利	象牙海岸、巴西
+57°～+66°	+67°～+78°	+57°～+66°	+57°～+66°	+57°～+70°

表4-12 蒸发后残留物　　　　　　　　单位：%

| 美洲 | | | | 地中海 | | | | 赤道 | |
| 沿海型 | | 沙漠型 | | 西班牙 | | 意大利 | | 象牙海岸、巴西 | |
最低	最高	最低	最高	最低	最高	最低	最高	最低	最高
1.75%	3.90%	—	—	1.50%	3.90%	1.50%	3.90%	1.50%	4.00%

表4-13 酸值

| 美洲 | | 地中海 | | 赤道 |
沿海型	沙漠型	西班牙	意大利	象牙海岸、巴西
≤2	≤2	≤2	≤2	≤2

表4-14 羰值

| 美洲 | | | | 地中海 | | | | 赤道 | |
| 沿海型 | | 沙漠型 | | 西班牙 | | 意大利 | | 象牙海岸、巴西 | |
最低	最高	最低	最高	最低	最高	最低	最高	最低	最高
8.0	14.0	6.25	12.0	11.0	17.0	11.0	17.0	6.0	17.0

表4-15 CD值

| 美洲 | | | | 地中海 | | | | 赤道 | |
| 沿海型 | | 沙漠型 | | 西班牙 | | 意大利 | | 象牙海岸、巴西 | |
最低	最高	最低	最高	最低	最高	最低	最高	最低	最高
0.20	—	0.20	—	0.40	0.90	0.45	0.90	0.20	0.96

色谱组分：精油的分析应使用气相色谱法。在所获得的色谱图中将被鉴定出有代表性的和

特征性的组分列见表 4-16，表中给出了用积分仪得到的这些组分的比例。

表 4-16　用积分仪得到的组分比例

成分	美洲				地中海				赤道	
	沿海型		沙漠型		西班牙		意大利		象牙海岸、巴西	
	最低	最高	最低	最高	最低	最高	最低	最高	最低	最高
α-侧柏烯	0.2	0.5	0.2	0.5	0.2	0.5	0.2	0.5	0.2	0.5
α-蒎烯	1.5	2.5	1.4	2.5	1.5	3.0	1.5	3.0	1.4	3.0
桧烯	1.5	2.5	1.3	2.5	1.5	3.0	1.5	3.0	1.4	3.0
β-蒎烯	9.0	14.0	10.0	13.0	10.0	16.5	10.0	16.5	7.0	16.0
对伞花烃	0.05	0.35	0.01	0.35	痕量	0.40	0.05	0.35	0.05	0.35
苧烯	63.0	70.0	70.0	80.0	60.0	70.0	60.0	68.0	59.0	75.0
γ-松油烯	8.3	9.5	6.5	8.0	8.0	12.0	8.0	12.0	6.0	12.0
α-松油醇	0.10	0.25	0.06	0.15	0.09	0.35	0.10	0.30	0.00	0.40
橙花醛	0.6	0.9	0.3	0.6	0.4	1.0	0.6	1.2	0.2	1.2
香叶醛	1.0	2.0	0.5	0.9	0.6	2.0	0.8	2.0	0.5	2.0
β-红没药烯	0.45	0.9	0.40	0.7	0.45	0.9	0.45	0.9	0.20	0.9
乙酸橙花酯	0.35	0.60	0.30	0.50	0.30	0.60	0.20	0.50	0.10	0.50
乙酸香叶酯	0.20	0.50	0.10	0.30	0.20	0.65	0.30	0.65	痕量	0.30

闪点：见标准附录 B。

5. 取样方法

见 ISO 212。试样的最小量为 25mL。

6. 实验方法

20℃时的相对密度：见 ISO 279。

第五节　桉　叶　油

　　桉树的叶子都含有油腺细胞，能分泌出芳香油，而使桉树叶带有一种特殊的芳香气味。桉树的芳香油，通常称为桉叶油，在工业上有很重要的用途，用桉叶蒸油在国外是一种古老的工业方法，但在我国由于桉树造林发展较晚，直至 20 世纪 60 年代才真正发展成工业化生产，大量生产的品种有柠檬桉叶油、蓝桉叶油和窿缘桉叶油。所生产的桉叶油，主要供外贸出口，国内大都供给药用油厂或香料厂配制香皂、香水、化妆品、十滴水、清凉油、防蚊油、香料等，但用量比较少。

　　目前在华南及西南各省（区）最为普遍栽种的桉树为巨尾桉、窿缘桉、尾叶桉、赤桉、大叶桉、细叶桉、柠檬桉和蓝桉等，其中具有较高芳香价值的要算柠檬桉和蓝桉。

　　桉树叶的产油率：用水蒸气蒸馏方法，可从桉树叶中提取桉叶油，一般产油率为 0.8%～5.0%。桉树种类不同，其桉叶的产油率有很大差异。下面是联合国粮农组织近年来在专著中发表的一些不同品种桉树叶的产油率情况：辐射桉产油率为 3%～5%，柠檬桉产油率为 0.8%～1.0%，荨麻叶桉产油率为 2.0%，丰桉产油率为 3.0%～4.5%，灌木桉产油率为 1.5%～2.0%，蓝桉产油率为 1.0%，棱萼桉产油率 2.0%～2.5%，白木桉产油率为 2.0%～2.5%，毛皮桉产油率为 2.0%，多苞桉产油率为 2.0%。

　　广东省雷州林业局不同桉树叶的产油情况为：窿缘桉产油率为 0.62%，雷林一号桉产油率为 0.41%，柠檬桉产油率为 1.72%，细叶桉产油率为 0.83%，进口野桉产油率为 0.81%，桃叶桉产油率为 0.60%，广叶桉产油率为 0.41%，单宁桉产油率为 0.41%，草律桉产油率为 0.28%，大叶桉产油率为 0.74%。

应该指出的是，同一种桉树叶，在一年四季中，由于光合代谢的不同，其产油率相差很大，如印度恒河平原地区柠檬桉叶，在 5 月 17 日采集 40kg 叶子蒸油，可得油 736.5mL，产油率为 1.84% 左右。而 10 月 16 日同样采集 40kg 叶子蒸油，得油只为 436mL，产油率只为 1.01% 左右。因此在生产桉叶油时，必须考虑采收桉树叶的最适时期，以提高产油率，增加经济效益。

柠檬桉叶油：柠檬桉叶子和嫩枝的精油含量占 0.50%～0.75%，个别的含油量可达 1.0%～1.5%，最高单株的产油率可达 2.0%。柠檬桉叶油的化学成分主要是香茅醛，一般占 65%～85%，但香茅醛含量变化幅度很大，高者可达 80%～85%，低者仅有 40%，因此，栽培品种或类型对于油的品质及含量有密切的关系。生产上，采收的叶子最好在 24h 以内加工完毕，否则会显著降低桉叶油含醛量。柠檬桉生长非常迅速，萌蘖力很强，大树砍伐后，会萌生很多枝条，可作蒸油原料。也可采用乔林、矮林和苗圃密植育苗作业法，建立柠檬桉叶专用林，以适应香料工业的需要。

蓝桉叶油：蓝桉叶子和幼枝均可用来蒸油，含油量为鲜叶质量的 0.75%～1.5%。采叶蒸油时间以 4～9 月为宜，平均出油率在 1.0%～1.7%，油中桉叶油素含量为 63%～73%。冬季出油率低，所含桉叶油素仅占 60%～65%。树冠顶部枝叶含油量高于下部枝叶。

我国桉叶油生产的主要产地是云南、广东、广西、福建、四川等省（区），产量估计在 2000～3000t。我国是世界上主要的桉叶油输出国之一。

桉叶油生产常采用水蒸气蒸馏法。根据当地资源及生产规模可采用直接火或直接蒸气的生产方式。现将林区中常用的小型直接水蒸气蒸馏法介绍如下。

1. 桉叶原料的处理
采摘桉树叶的方式有两种：一是直接砍取枝叶；二是从矮林作业的桉树上把枝条砍下，选取直径小于 2cm 带树叶的嫩枝为原料，打捆后运往蒸油厂原料场地。为防止桉叶油挥发，原料应避免阳光直接曝晒。桉叶到场后，最好及时加工。堆积时不宜过于密实，时间不宜过长，否则引起霉变，影响桉叶油的品质。

2. 蒸馏场地的选择
场地应选择在靠近原料生产基地，水源充足，交通方便，电力供应有保证以及有足够供堆放原料的空地的地方。

3. 蒸馏设备
蒸馏设备在林区中常采用下列规格：
蒸馏锅：锅身直径 86cm，高 100～110cm，可装桉叶原料 130～140kg。
冷凝器：可用列管冷凝器或蛇管冷凝器进行配套生产，冷凝面积 1.5～2.0m²。
油水分离器：分离器的直径为 20cm，高为 20cm。

4. 蒸油操作
在桉叶原料装锅之前，要先检查蒸馏锅和冷凝器等生产设备是否正常，若发现有泄漏现象应及时修补。确保设备不漏气后，即可装桉叶。桉叶装锅时要松紧适度，锅边周围稍微压紧，装料不宜太满，一般可装至锅容量的 70%～80%。桉叶装入锅后，盖好锅盖，并连接好有关管道，即可点火进行蒸馏，开始时火要大，待锅中水已沸腾，产生的水蒸气从下而上通过原料层，并赶走锅中的空气时，火力应稍为放慢，以免空气带走部分桉叶油。当空气排完后，此时火力可加大，并保持均匀进行蒸馏。锅中蒸出的油水混合气体，通过连接管进入冷凝器进行冷却，冷凝后的馏出液进入油水分离器中进行油水分离，分离后的馏出水回流入锅中再蒸馏，桉叶油进一步除去残水后进行包装。约经1h后观察馏出液，若含油量不多时，应加大火力，尽可能地将桉叶油中的高沸点成分蒸出来。蒸完油后，停止烧火，打开锅盖，进行出渣。叶渣出完后，加入一定量清水，又可装料进行下一锅的蒸馏，叶渣可作燃料用。

桉叶油的质量标准：我国目前生产桉叶油以柠檬桉和蓝桉为主，因其所含成分和用途不同，质量标准也不一样，兹将标准分列如下。

1. 柠檬桉油标准

相对密度（15℃）：0.8640～0.8770。

香茅醛含量：65%～85%。

旋光度（20℃）：+3°～-3°。

酯值：12～60。

折射率（20℃）：1.4511～1.4570。

溶解度：溶于1.3～1.4倍体积的70%乙醇中。

2. 蓝桉油标准

蓝桉油有70%蓝桉油、80%蓝桉油和99%蓝桉油等几种。现以80%蓝桉油为例，其标准如下。

色状：无色至微黄色液体。

香气：具有蓝桉油特征香气。

旋光度（20℃）：+2°～+9°。

溶解度（20℃）：全溶于5倍体积70%乙醇中。

相对密度（20℃）：0.909～0.919。

桉叶油素：≥80%。

折射率（20℃）：1.4590～1.4650。

3. 桉叶油的药典标准

本品为桃金娘科植物蓝桉或同属其他植物的鲜叶中通过蒸汽蒸馏所得的挥发油。含桉叶油素（$C_{10}H_{18}O$）不得少于70%（mL/mL）。

性状：本品为无色或淡黄色的液体，有特异香气，微似樟脑，味辛、凉。在乙醇中（70%）易溶解；相对密度为0.905～0.925，折射率为1.458～1.470。

桉叶油的用途：桉叶油按用途可分为医药用油、香料用油和工业用油三种。

在医药上应用较多的是蓝桉油，蓝桉油具有抗多种细菌的作用，特别是对上呼吸道感染、慢性支气管炎，有祛痰作用。临床上通过抑菌实验，发现蓝桉叶油有抑菌能力，通过吸入和气管滴入两法应用时，对治疗肺结核病人有令人满意的效果。在消除常见症状，尤其是空洞闭合上比其他抗结核药物效果好。蓝桉油也可用于某些皮肤病，并作为创伤面、溃疡、瘘管的冲洗剂、除臭剂及神经病患者的镇痛药。此外蓝桉油也常用于十滴水、万金油、清凉油、风油精、白花油、红花油、驱蚊油、止咳药等。

柠檬桉油常在香料和日化产品中使用，柠檬桉油含有大量香茅醛，可用于合成羟基香茅醛、薄荷脑等，也用于配制各种香精。除了香茅醛外，还可以从柠檬桉油中分离出香茅醇、萜烯等，用于配制香水、香皂、香精油、痱子粉等。

工业用桉叶油可用于浮选矿砂、洗涤剂中的添加剂、表面活性剂和杀菌剂。桉叶油是一种天然洗涤剂，通常衣服、地毯之类织物如果有口香糖是很难洗掉的，人们发现，用桉叶油作洗涤剂非常容易洗净此类污垢痕迹。深入研究又发现，桉叶油具有较高的表面活性和杀菌能力，而且来源丰富，无公害产生，是一种十分理想的天然乳化剂和杀菌剂。因此，澳大利亚已开始生产为去污垢或杀菌消毒用的桉叶油商品，其主要产品是桉叶油空气洁净剂或消毒剂及高效多泡沫肥皂、药皂等系列产品。

一、蓝桉叶油

别称：尤加利油。

英文名称：oil of eucalyptus；eucalyputs oil。

制备：用水蒸气蒸馏法从蓝桉等桉树叶、枝中提取精油，再精制加工制得。得率2%～3%。

蓝桉系大乔木，高达十余米。树皮常片状剥落而呈淡蓝灰色；枝呈四棱形，有腺点，棱上具窄翼。叶二型，老树着生正常叶，叶片镰状披针形，先端长渐尖，基部宽楔形且略偏斜；幼株及新枝着生异常叶，单叶对生，叶片椭圆状卵形，无柄抱茎，先端短尖，基部浅心形；两种叶下面均密披白粉而呈绿灰色，两面有明显腺点。花通常单生叶腋或2～3朵聚生，无梗或有极短而扁平的梗；萼筒有棱及小瘤体，具蓝白色蜡被；花瓣与萼片合生成一帽状体，淡黄白色，雄蕊多数，数列分离；花柱较粗大。蒴果杯状，有4棱及不明显瘤体或沟纹。

蓝桉（图4-6）主要产于澳大利亚、西班牙、葡萄牙、刚果和南美等地，我国云南、广东、广西也有大量种植。

图4-6　蓝桉

蓝桉功效与作用：疏风解热、祛湿解毒，属辛凉解表药，叶水煎剂在体外对金黄色葡萄球菌、肺炎球菌、绿脓杆菌、大肠杆菌、痢疾杆菌等均有较强抑菌作用，其抗菌作用与所含的没食子酸等有关。蓝桉醛对致癌性启动基因Eb病毒活化具有较强抑制能力。蓝桉中所分得的Ea～Ej等10种成分具有抗炎活性，叶水煎剂浸泡兔耳Ⅱ度烫伤面，可使烫伤邻伤组织炎症减轻，局部坏死减轻。桉叶油10%～20%混悬液具有局部麻醉作用。此外，还具有抗氧化作用。

临床应用：用量9～15g，外用适量。用于治疗感冒、流感、肠炎、腹泻、皮肤瘙痒、神经痛、烧伤，并可除蚊虫。

桉树的不挥发物里有芦丁、槲皮素、槲皮苷、桉树素、鞣质、树脂及苦味质等。

采收加工：秋季采叶，用水蒸气蒸馏，所得挥发油用乙醚萃取，用无水硫酸钠脱水后回收乙醚，即得。

主要成分：1,8-桉叶素（80%以上）、莰烯、水芹烯、香橙烯、松油醇、β-蒎烯、乙酸松油酯、乙酸香叶酯、异戊醛、香茅醛、枯茗醛和胡椒酮等。

蓝桉叶油性质：无色或微黄色液体。呈特有清凉尖刺桉叶香气并带几分樟脑气味，带些药气，有辣口清凉感，香气强烈而不持久。有一定防霉及杀菌防腐作用。几乎不溶于水，溶于95％乙醇、无水乙醇、油和脂肪中。闪点为50℃。

① GB 2760—2014 规定：可按生产需要用于食品香精。

② FEMA 规定：食品中最高参考量为软饮料 1.7mg/kg；冷饮 0.5～50mg/kg；糖果 130mg/kg；酒类 1.0mg/kg；焙烤食品 76mg/kg。

③ 使用参考：桉叶油具有杀菌作用，大量用于医药制品，也可作止咳糖浆、胶姆糖、含漱剂、牙膏、空气清净剂等的赋香剂。

④ 也可用于分离提取 1,8-桉叶油素。

⑤ 桉叶油的馏段常被不法商人掺杂一些天然油如紫苏叶油、迷迭香油、茶树油、薰衣草油等，以降低成本。

药材性状：无色或微黄色澄清液体；有特异芳香气，微似樟脑，味辛、凉；储存日久，色稍变深。本品在 70％乙醇中易溶。

使用禁忌：桉叶油对消化道黏膜有刺激性，消化道炎症、溃疡患者慎用。

表 4-17 是三种粗提桉叶油的化学成分表。

表 4-17 三种粗提桉叶油的化学成分表

化合物 / 树种	直杆桉	蓝桉	窿缘桉	化合物 / 树种	直杆桉	蓝桉	窿缘桉
3-甲基丁醛	0.93	0.34	1.17	牛牞儿醛	0.11		
三环烯	0.04	痕量	0.03	乙酸-α-松油酯		1.53	
α-蒎烯	8.44	14.28	18.56	乙酸牞儿酯		0.64	
莰烯	痕量	痕量	1.18	乙酸冰片酯			0.35
β-蒎烯	0.40	0.51	3.07	愈疮木烯	痕量		
香叶烯	0.62	0.58	0.09	玷玴烯	0.13	0.22	
α-水芹烯	0.18	0.3	0.37	α-古芸烯	0.29	1.09	0.32
对伞花烃	1.63	0.35	7.35	反竹石烯	0.1		3.57
1,8桉油素	68.02	67.54	34.33	芳萜烯	0.04		
β-水芹烯	痕量	痕量		α-榄香烯	0.06	0.25	
γ-萜品烯	4.45	0.34	1.37	别香树烯	1.05	4.09	2.32
α-萜品烯	0.34		0.06	β-芹子烯	0.06		0.51
β-萜品醇	0.32			香树烯	0.28	0.9	0.69
萜品醇	痕量		0.14	α-愈疮木烯	痕量		0.38
封醇			1.5	α-愈疮木烯	0.11		
蒎莰醇	0.09	0.11	2.45	β-愈疮木烯	0.28	0.68	0.91
水合莰烯			2.11	γ-荜澄茄烯	0.04		0.04
龙脑			1.92	δ-荜澄茄烯	0.1		0.13
萜品-4-醇	1.17	0.32	1.27	γ-古芸烯	0.08	0.45	0.15
α-萜品醇	4.87	0.67	3.2	刺柏脑	0.39	2.12	1.01
香苇醇	痕量		0.44	愈疮木醇	痕量		
桃金娘烯醇	痕量		0.13	榄香醇	痕量		
反马鞭烯醇	痕量		0.1	α-石竹烯	1.09		0.1
3,7二甲基-2,6辛烯醛	0.09			α-榄香醇	0.1		
牛牞儿醇	0.61	0.44		β-桉叶油醇	1.74	0.13	0.11

粗提的桉叶油必须经过精馏提纯才能达到一定的质量标准，见表 4-18。

表 4-18　桉叶油质量标准

项目	蓝桉油	其他桉叶油	FCC(Ⅳ)	澳大利亚桉叶油
色状	无色至微黄色液体	无色至微黄色液体	无色至苍黄色液体	无色至苍黄色流动液体
香气	似桉叶素的特征香气	具有 1,8-桉叶素的特征香气	特征芳香、具樟脑气息和刺激辛香、凉味	1,8-桉叶素的特征香气
折射率(20℃)	1.4580～1.4650	1.4580～1.4700	1.458～1.470	1.4580～1.4650
比旋光度(20℃)	0°～+5°	−10°～+10°	—	−2°～+2°
溶解度(20℃)	全溶于 5 倍体积 70%乙醇中	全溶于 5 倍体积 70%乙醇中	1mL 本品溶于 5mL 70%乙醇中	全溶于 3 倍体积 70%乙醇中
桉叶素/%	80.0～85.0	80.0～85.0	≥70.0	80.0～85.0
黄樟素/% ≤	—	0.002	—	—
砷(以 As 计)/%≤	0.0003	0.0003	—	—
重金属(以 Pb 计)/% ≤	0.001	0.001	—	—

近年来由一种俗称油樟的枝叶用水蒸气蒸馏得到的油也被称为桉叶油，油中含有的 1,8-桉叶素也很高，但其他香料成分不同，所以香气也不完全一样，可以鉴别出来。

二、桉樟叶油

1974 年，四川省林业科学研究院赵良能经过长期研究，按国际植物命名法将宜宾地区叶产油率最高的一种樟树命名为"油樟"，它是樟科樟属樟组的珍贵树种，其学名为 *Cinnamomum longepaniculatum* (Gamble) N. Chan，中国独有，分布于宜宾。

油樟是常绿乔木，高达 50m，胸径 3m，花期 4～5 月，果期 10～11 月，具有生长迅速、萌蘖强、载叶多、病虫少、树形美观、木质柔韧、纹理致密的特点，是成片造林和四旁绿化的首选树种。

目前宜宾县建成油樟基地 20 多万亩（1 亩=666.67m²，下同），55 个 100 亩以上的中型油樟场，年产桉樟叶油 2000 多吨。

桉樟叶油的理化性质：

折射率：1.4625～1.4681。

相对密度：0.8669～0.8826。

经中国科学院成都生物研究所化验桉樟叶油后，得到 26 种组分，其中主要成分为 1,8-桉叶油素（占 58.55%），松油醇（占 25.43%），香烩烯（占 14.16%），其他还有樟脑、芳樟醇、香叶醇、橙花醇等。这些组分为国防、轻工、香料、医药、高级电镀工业的稀有原料。特别是从桉樟叶油中精馏生产的桉叶油素，在国际贸易中被称为"中国桉叶油"，出口世界各国都属免检商品。其中的芳樟醇、松油醇、香叶醇等广谱抑菌活性因子，可用于治疗大量的细菌性感染疾病，由此可见，油樟油具有开发成抗真菌和细菌的抗菌剂农药的潜力。

宜宾油农常以枝叶同采混蒸提取樟油。蒸馏器多用铁制产品，包括炉膛、底锅、甑盖及冷凝器等部件，通称水封式蒸馏。枝叶出油率为 1.5%～1.8%。

除了油樟以外，其他叶油含桉叶油素较高的樟树品种也被用来制取桉樟叶油，其香气、质量和理化指标都与油樟叶油相似。

桉叶油和桉樟叶油的鉴定主要也是参照其理化指标——香气、色泽、密度、折射率、旋光度等，必要时用气相色谱或气质联机测定，与标准品的色谱图和数据对照即可鉴别真伪。从"杂质"成分可以分辨出是桉叶油还是桉樟叶油，毕竟二者的香气、功效和用途还是略有差别的。

第六节 茶 树 油

1770 年，英国的库克船长在登陆澳洲探险时发现当地的毛利人采一种气味浓烈的叶子来煮茶喝，因此将这种植物叫"茶树"（互叶白千层，学名 *Melaleuca ahemifolia*），同时毛利人在野外工作意外割伤便立刻随手摘下野生的茶树叶捣糊，将捣糊的茶树叶敷在患处便会很快痊愈，他们还会熏烧茶树叶来缓解充血现象。库克船长对此产生了很大的好奇，便在当地采集很多茶树叶带回英国交给化学家分析研究，这是人类正式以科学方式与态度来研究茶树精油的开始。

互叶白千层为木本植物，多乔木，有些灌木，可生长 2～30m 高，都是属于长绿树，树皮一层层剥落，所以叫"千层树"。树叶为 1～25cm 长，0.5～7cm 宽，边缘光滑，颜色从深绿到灰绿，花沿着树干生长，颜色有白色、粉红色、红色、黄色和绿色。蒴果，每个内含几个种子。其树叶的水蒸气提取物俗称"茶树精油"（tea tree oil）。茶树如图 4-7 所示。

图 4-7　茶树

茶树油具有特征的香气及抑菌、抗炎、驱虫、杀螨等功效。可治疗粉刺、痤疮。其独特香郁的气味有助于提神醒脑。目前中国、印度也在生产茶树油，国内主产区在广西。

第二次世界大战期间，澳大利亚政府将茶树油发给前方的战士用于皮肤伤害的治疗。因为所有的研究均表明茶树油具有消毒剂性质，能有效地抑制许多普遍存在的致病细菌和霉菌，对于治疗许多疾病、创伤有很大帮助，如切伤、擦伤、昆虫咬伤、粉刺、烧伤、阴道感染、癣等。它也被用于控制空调系统中的细菌和霉菌，并被广泛用于化妆品、盥洗用品和兽医用品。

对于浓度为 100％的茶树油，被试验者中出现皮肤刺激过敏的比例在 3.4％以下，对于浓度低于 25％的茶树油几乎无人过敏。引起过敏的成分主要是对异丙基甲苯和 1,4-过氧对蓋烯（ascaridole）。茶树油储存过久和储存不当会引起油的氧化，质量下降。目前澳大利亚的有关部门正在积极做工作，希望美国 FDA 和其他欧洲国家的有关权威部门接受茶树油为一种安全的消毒剂。

茶树油的主要成分是对蓋-1-醇-4（即 4-松油醇）和 1,8-桉叶素等，具有温暖的辛香香气，带某些焦香、辛香，有新鲜感和淡淡的樟脑味，稍苦。带芳香萜类气息，类似肉豆蔻、小豆蔻和甘牛至的香气，但它的香气中萜烯和松油醇的香气更突出。

由于互叶白千层油具有上述香和味，在日用调香业中，它可用于男用辛香古龙水、须后水等。它与薰衣草油、乙酸异龙脑酯、丁香油、迷迭香油、橡苔制品、卡南加油、水杨酸戊酯、香豆素、香叶醇和橙花醇等混合良好，因而在调香上使用较为方便，也被用于肉豆蔻油和甘牛至油的掺假。

互叶白千层原生于澳大利亚，主产于澳大利亚东南沿海（沿新南威尔士州的北部沿海），因此互叶白千层油又称"澳洲茶树油"。澳大利亚年产大约 500t 茶树油，几乎全都来自人工栽培的互叶白千层。澳洲茶树油并不是一个新产品，该精油被大众熟知已有相当长的历史，但是该精油的大力发展却是近一二十年的事情，特别是当大众广泛了解它的强力杀菌保健作用之后，在回归自然、崇尚自然的潮流推动下，该精油的开发才得以突飞猛进。

尽管在工业生产上常采用水蒸气蒸馏法，但其他提取方法也有其使用价值。一般来说不管采用水蒸气蒸馏还是溶剂萃取法，对于新鲜或干燥的互叶白千层枝叶原料，精油的得率无明显的差异。溶剂萃取法（以乙醇为溶剂）的得油率往往高于水蒸气蒸馏法（高 10%～20%）。单萜化合物的得率可提高 4%～6%，倍半萜化合物的得率提高更为明显。由于溶剂萃取法不使精油组分发生较大变化，更符合枝叶中精油的组成状况，因而溶剂萃取法常用于植物品种的比较和筛选（如用于品种选育）。

表 4-19 是广东省各地茶树油基本化学成分表。

表 4-19 广东省各地茶树油基本化学成分表

序号	组分名称	分子量	质量分数/%	序号	组分名称	分子量	质量分数/%
1	4-松油烯醇	154.24	35.78	16	桧烯	136.24	0.77
2	γ-松油烯	136.24	21.10	17	二环吉玛烯	204.24	0.53
3	α-松油烯	136.24	10.48	18	去氢白菖烯	204.24	0.50
4	1,8-桉叶油素	154.24	3.84	19	β-蒎烯	136.24	0.49
5	对伞花烃	134.21	3.48	20	α-水芹烯	136.24	0.39
6	α-松油醇	154.24	2.72	21	对伞花8醇	154.24	0.38
7	α-侧柏烯	136.24	2.59	22	α-依兰油烯	204.24	0.37
8	莘烯	136.24	2.47	23	顺式胡椒醇	154.24	0.35
9	β-水芹烯	136.24	1.80	24	橙花醇	154.24	0.27
10	蓝桉醇	222.24	1.68	25	反式孟二烯一醇	154.24	0.22
11	δ-杜松烯	204.24	1.55	26	香树烯	136.24	0.20
12	绿花白千层醇	222.24	1.47	27	异松油烯	136.24	0.18
13	α-蒎烯	136.24	1.01	28	荜澄茄醇	222.24	0.12
14	喇叭茶醇	222.24	1.00	总计			96.67
15	月桂烯	136.24	0.95				

为了促进油质量的提高和防止掺假，ISO/TC54 在 1996 年制定了茶树油的国际标准。气相色谱分析时常采用 OV-101 作为固定相，石英毛细管柱长 50mm，内径 0.2mm，柱温从 70℃上升至 220℃，升温速率为 2℃/min。

茶树油标准的名称为：oil of *Melaleuca* terpinen-4-ol type。

标准号：ISO 4730—1996。

折射率：1.4750～1.4820。

相对密度：0.885～0.906。

旋光度：（20℃）+5°～+15°。

闪点：约 56℃。

1 体积精油全溶于≤2 体积 85%（体积比）的乙醇中，得澄清溶液。

标准规定 1,8-桉叶油素的含量不大于 15%（毛细管气相色谱法），对盖烯-1-醇的含量必须≥30%（毛细管气相色谱法）。标准还规定了该精油几种代表性的特征性成分的（气相色谱分析）上下限。

这些成分是：

异松油烯（1.5%、5%，前者是最低含量，后者是最高含量，下同）；

1, 8-桉叶素（—、15%）；

α-松油烯（5%、13%）；

γ-松油烯（10%、28%）；

对异丙基甲苯（0.5%、12%）；

对蓋烯-1-醇-4（30%、—）；

α-松油醇（1.5%、8%）；

苎烯（0.5%、4%）；

桧烯（痕量、3.5%）；

香橙烯（痕量、70%）；

δ-荜澄茄烯（痕量、8%）；

蓝桉烯（痕量、3%）；

绿花白千层醇（痕量、1.5%）；

α-蒎烯（1%、6%）。

茶树油应用于个人护理品（头发护理、身体护理、洗脚液、肥皂、抗菌型洗手液、口气清新剂及口腔护理用品）和健康用品（急救乳液、杀菌剂、烧伤护理、抗真菌、霉菌），可起到消炎、抑菌、止屑、止痒等作用。

茶树油已经被使用和有潜在使用价值的产品有：农用杀真菌剂，卫生消毒剂，防腐剂，空气清新剂，空调杀菌剂，防痤疮（粉刺）清洁膏，霜，水，浴用清洁剂，汽车清洁剂，地毯除臭剂，餐具清洁剂以及脸用（还有体用、足用）清洁剂，保湿剂，除臭剂，香波，宠物用卫生用品等。

食品领域：茶树油作为食品香料被使用早已获得美国的批准，FEMA 号为 3902。它在焙烤食品、软饮料、含乙醇饮料、谷类早餐、奶酪、口香糖、糖果、蛋制品、鱼制品、油脂、冷冻乳制品、水果制品、速溶咖啡、茶、肉制品、乳制品、坚果制品、粮食制品等中的平均使用浓度为 10×10^{-6}，平均最高浓度为 $30 \times 10^{-6} \sim 50 \times 10^{-6}$。

美容行业：能清除多余油脂分泌，调节水油平衡，有助于祛除粉刺、预防痘痘及加速痊愈。为肌肤提供水分的同时加强细腻修复能力，促进皮肤光滑，令毛孔更健康细致。

同甜橙油一样，茶树油的鉴定主要也是参照其理化指标——香气、色泽、密度、折射率、旋光度等，必要时用气相色谱或气质联机测定，与标准品的色谱图和数据对照即可鉴别真伪。茶树油经常被加入桉叶油、松油醇等掺假，用肉眼和嗅闻香气不太容易分辨，此时用气质联机检测的数据才是最令人信服的。

表 4-20 是澳大利亚产茶树油与我国产茶树油主要成分对比表。

表 4-20　澳大利亚产茶树油与我国产茶树油主要成分对比

化合物 名称	产 地				
	澳大利亚/%	广东省/%	湖北省/%	福建省/%	云南省/%
4-松油烯醇	35.57	34.36	34.14	33.87	32.82
γ-松油烯	22.14	22.13	18.96	20.98	21.41
α-松油烯	10.53	10.98	9.20	10.70	7.57
1,8-桉叶油素	2.49	2.87	2.97	2.63	2.19
对伞花烃	5.14	3.83	3.37	3.42	5.16
α-松油醇	3.64	2.42	3.17	2.51	3.35

注：国内各地数据为 2000～2001 年 5 次测定的平均值。

第七节 茉 莉 花 油

茉莉为木樨科素馨属（*Jasminum*）常绿灌木或藤本植物的统称，原产于印度、巴基斯坦，中国早已引种，并广泛种植。茉莉喜温暖湿润和阳光充足环境，其叶色翠绿，花色洁白，香气浓郁，是最常见的芳香性盆栽花木。在素馨属中，最著名的一种是双瓣茉莉（*Jasminum sambac*），也就是人们平常俗称的茉莉花。

茉莉是一种常绿、多年生的灌木，有的是攀援灌木，可以长到10m高。叶片深绿，花小、星状、白色，在夜间采摘花朵时香味最浓。茉莉花材必须在黄昏、花朵初绽时采摘，为了避免夕阳折射，采摘人必须穿黑衣。大约800万朵茉莉花才能萃取出1kg精油，一滴就是五百朵！

茉莉的种植起源于印度北部，它是被摩尔人带到西班牙的。法国、意大利、摩洛哥、埃及、中国、日本和土耳其生产的茉莉精油最好。

茉莉的英文名字为"jasmine"，是从波斯人语"yasmin"演变来的。中国人、阿拉伯人和印度人在医学上用它，也用做壮阳剂，也经常在一些仪式上使用。

在土耳其，茉莉茎被用于制作绳索；在中国，人们喜欢用它制成茉莉花茶（一般用于制茉莉花茶的品种是 *Jasminum sambac*-Arabian jasmine）；在印度尼西亚，它是人们喜爱的一种装饰品。

茉莉有着良好的保健和美容功效，可以用来饮食。它象征着爱情和友谊。

茉莉植物性寒，李时珍说："本品可蒸油取液作面脂、头油，以生发、润肤。"

提取方法：茉莉精油是采用溶剂提取方法，以"固态形式"（浸膏）参与贸易的，使用时用酒精把茉莉精油从固态中提取出来，获得一种"完全"的精油（即净油）。

化学成分：可以在茉莉花精油中分析出大约100种成分，主要的化学成分为乙酸苄酯、芳樟醇、苯甲酸甲酯、吲哚、苯甲酸苄酯、茉莉酮、香叶醇、甲基（邻）氨基苯甲酸甲酯、微量的甲酚、法呢醇、乙烯基苯甲酸酯、丁香酚、橙花醇、苯甲酸、苯甲醛、松油醇、橙花油、植醇等。

香料用的茉莉有小花茉莉（图4-8）和大花茉莉（图4-9）两个品种，二者的香气有所差别，而且容易辨别出来。一般认为大花茉莉香气较"浊"，小花茉莉的香气较为"清灵"。欧美人士较喜欢大花茉莉的香味，而东亚人却喜欢小花茉莉的香味。

图 4-8 小花茉莉

图 4-9　大花茉莉

茉莉精油被称为"精油之王"，因其产量极少因而十分昂贵，具有高雅气味，可舒缓郁闷情绪、振奋精神、提升自信心，同时可护理和改善肌肤干燥、缺水、过油及敏感的状况，淡化妊娠纹与疤痕，增加皮肤弹性，让肌肤倍感柔嫩。

茉莉花精油的治疗功效：

① 是一种治疗严重精神压抑的有效药物，可以抚慰神经，建立一种自信，产生乐观和精神欢快的感觉，还可以提神和恢复精力。

② 可以促进分娩顺利，它能通过加强子宫的收缩来促进婴儿的分娩，同时还有缓解疼痛的作用，对产后抑郁症也有缓解的功效，还可以促进乳汁的分泌。

③ 在泡脚的热水中滴入几滴茉莉精油，可以达到活血和疏通经络的目的，还能达到去除脚气、脚臭的效果。

④ 对治疗呼吸系统的疾病也有很好的疗效，可以减弱咳嗽，对声音嘶哑和喉炎也有疗效。

⑤ 可以用它缓解肌肉疼痛、扭伤和四肢僵硬的症状。

⑥ 茉莉精油适合护理干燥、油性、刺激性和敏感性的皮肤，增强皮肤的弹性，还经常被用于治疗妊娠纹和伤疤。

适宜与茉莉花精油搭配的精油：鼠尾草油、檀香油、柑橘油、乳香油、薰衣草油、天竺葵油、杜松子油、甜橙油、橙花油、洋甘菊油等。

鼠尾草油：能加强茉莉精油的振欲效果。

檀香油：能产生独特而有趣的香味。

柑橘属精油：使其气味更加清新。

鉴别茉莉精油的方法可以用精油色谱图来进行检测。

在分析过程中，气相色谱仪器先是对样品进行分离，测定样品的含量；再通过质谱测定被分离的离子质量和强度，来定性该成分。色谱分析得到的结果，如同精油的"DNA 数据"。通过这些数据，可以清晰的得到各精油成分的含量，科学且有效地判断精油的品质。

下面是某次测定三种茉莉花油时得到的数据（表 4-21）和谱图（图 4-10），供参考。

表 4-21　三种茉莉花油数据

序号	化合物	各成分含量/%		
		单瓣茉莉	双瓣茉莉	多瓣茉莉
1	蒎烯	0.09	0.08	0.16
2	Z-3-戊烯酸己烯酯	2.68	6.14	14.69
3	Z-罗勒烯	0.14	0.16	0.23

序号	化合物	各成分含量/%		
		单瓣茉莉	双瓣茉莉	多瓣茉莉
4	2-氧化芳樟醇	0.04	0.14	0.18
5	对盖-3-烯-1-醇	16.87	37.63	32.67
6	Z-4，8-二甲基-1，3，7-壬三烯	0.39	0.24	0.48
7	乙酸苄酯	1.58	3.03	2.34
8	1-十二烷醇	0.08	0.19	0.22
9	苯甲酸乙酯	2.84	4.06	5.26
10	4-丁酸己烯酯	1.08	1.27	4.73
11	2-羟基-苯甲酸甲酯	0.63	1.00	0.69
12	4-丙酸己烯酯	0.50	0.61	1.07
13	2-羟基苯甲酸乙酯	1.66	2.75	1.85
14	吲哚	3.72	8.56	6.02
15	Z-戊烯酸叶酯	0.22	0.33	0.65
16	榄香烯	1.07	0.90	0.54
17	荜澄茄烯	0.16	0.11	0.07
18	2-脱氢香橙烯	0.13	0.07	0.03
19	Z-甲酸叶酯	0.49	0.47	1.87
20	榄香烯	1.34	0.98	0.70
21	3，7-愈创木二烯	0.19	0.10	0.06
22	反式石竹烯	1.91	1.25	1.02
23	d-大根香叶烯	0.67	0.54	0.38
24	古巴烯	0.15	0.13	0.08
25	6-愈创木二烯	0.24	—	0.06
26	没药烯	2.60	1.74	1.46
27	1-瓦伦烯	0.34	0.22	0.14
28	杜松烯	0.16	0.14	0.09
29	异喇叭烯	16.62	9.51	7.52
30	Z-香柠檬烯	0.13	0.09	0.09
31	2-瓦伦烯	2.88	1.88	1.57
32	长叶蒎烯	28.07	4.98	2.88
33	杜松烯	0.75	0.77	0.51
34	杜松烯	0.80	0.89	0.61
35	右旋橙花叔醇	0.15	0.16	0.14
36	法呢醇	0.80	0.56	3.60
37	苯甲酸叶酯	2.91	2.77	3.46
38	古芸烯	4.83	5.48	1.87
39	大根香叶烯	0.09	0.07	—

　　茉莉花浸膏、净油和精油的香气与新鲜茉莉花的香气有着天壤之别，但它也是配制高级茉莉花香精和其他花香香精、香水香精的重要原料，这是因为在提取茉莉花浸膏、精油的过程中，丢失了许多"头香"成分，但茉莉花浸膏、净油和精油保留了许多高价值的"基香"成分，这些成分目前用人工合成的办法还是难以做到，或者制作成本太高。这些"基香"成分也是辨别茉莉花精油是否"全天然"的主要依据。

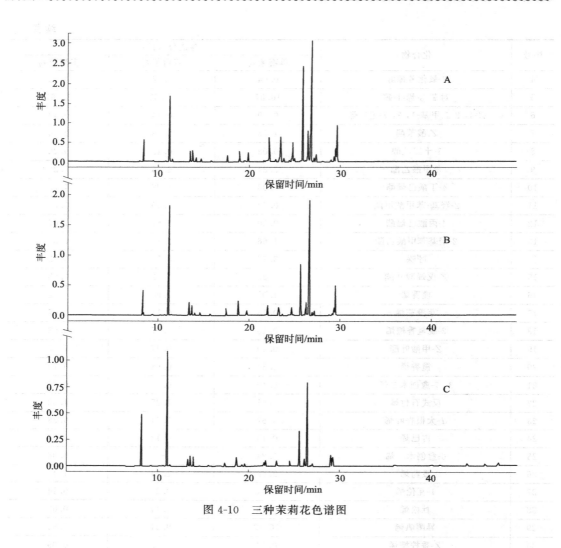

图 4-10　三种茉莉花色谱图

第八节　玫瑰花油

　　玫瑰（学名：*Rosa rugosa*）是蔷薇科蔷薇属植物，在日常生活中是蔷薇属一系列花大艳丽的栽培品种的统称。直立灌木。茎丛生，有茎刺。单数羽状复叶互生，小叶 5～9 片，连叶柄 5～13cm，椭圆形或椭圆形状倒卵形，长 1.5～4.5cm，宽 1～2.5cm，先端急尖或圆钝。基部圆形或宽楔形，边缘有尖锐锯齿，上面无毛，深绿色，叶脉下陷，多皱，下面有柔毛和腺体，叶柄和叶轴有茸毛，疏生小茎刺和刺毛；托叶大部附着于叶柄，边缘有腺点；叶柄基部的刺常成对着生。花单生于叶腋或数朵聚生，苞片卵形，边缘有腺毛，花梗长 5～25mm 密被茸毛和腺毛，花直径 4～5.5cm，上有稀疏柔毛，下密被腺毛和柔毛；花冠鲜艳，紫红色，芳香；花梗有茸毛和腺体。蔷薇果扁球形，熟时红色，内有多数小瘦果，萼片宿存。玫瑰因枝杆多刺，故有"刺玫花"之称。

　　玫瑰精油是世界上最昂贵的精油之一，被称为"精油之后"。其昂贵的原因是香气美好，用花提油的得率极低。玫瑰鲜花在清晨摘下后 24h 内即须提取出玫瑰精油，大约 5t 重的花朵只能提炼出 2lb（0.9～1.0kg）的玫瑰油——它是制造高级名贵香水的重要原料，不但用来制造美容、护肤、护发等化妆品，还广泛用于医药和食品——它能调整女性内分泌、滋养子宫、缓解痛经、改善性冷淡和更年期不适。尤其是具有很好的美容护肤作用，能淡化斑点、促进黑色素分解、改善皮肤干燥、恢复皮肤弹性，让女性拥有白皙、充满弹性的健康肌肤，是适宜女性保健的芳香精油。古代医生用玫瑰水治疗神经衰弱，用玫瑰熏香治疗肺病，用玫瑰花汁治疗心脏病和肾病。它能刺激和协调人的免疫和神经系统，同时有助于改善内分泌腺的分泌，去除器官硬化，修复细胞。玫瑰油富含维生素 C、胡萝卜素、维生素 B 和维生素 K，玫瑰油有助于增进消化道功能。

玫瑰花具有香美之气和奇特的药效，自古以来为中国历代中医药学家高度重视，《食物本草》《药性考》《纲目拾遗》《本草再新》《伪药条瓣》等中医药书籍中均有研究和记载。入药能够防治心脑血管、妇科、肠胃、肝气郁结及神经系统等多种疾病；经常饮（食）用玫瑰制品有养颜美容、防病疗疾的保健功效。

玫瑰花（图 4-11）鲜艳、美丽，并有花大、瓣厚、色紫、泽鲜、不露蕊、香气浓等特质，这也是玫瑰在历史上总是受到赞美的原因。4000 年前，花匠培育出了第一朵绚丽的玫瑰花。

图 4-11　玫瑰花

玫瑰油是玫瑰最重要的药用成分，玫瑰花花油的主要化学成分：β-香茅醇、香叶醇、芳樟醇、甲酸芳樟酯、甲酸香茅酯、乙酸香茅酯、甲酸香叶酯、乙酸香叶酯、苯乙醇、橙花醇以及3-甲基-1-丁醇、反式-β-罗勒烯、十五烷、2-十三烷酮、1-戊醇、乙酸叶酯、苯甲醇、丁香酚、甲基丁香酚等。

花粉的挥发成分：6-甲基-5-庚烯-2-酮、乙酸香叶酯、橙花醛、香叶醛、香叶醇、乙酸香茅酯、乙酸橙花酯、香叶基丙酮、十五烷、2-十一烷酮、2-十三烷酮、2-十五烷酮、十四烷醛、β-苯乙醇、丁香酚、甲基丁香酚、乙酸苯乙酯等。

对香气起重要作用的微量成分：β-突厥酮、玫瑰醚、α-白苏烯等。花还含槲皮素、矢车菊双甙、各种有机酸、脂肪油等。

玫瑰油主要功效：自然的芳香气味经由嗅觉神经进入脑部后，能刺激大脑前叶分泌出内啡汰及脑啡汰两种荷尔蒙，使精神呈现最舒适的状态；能消炎杀菌、可防治传染病、防发炎，防痉挛、有促进细胞新陈代谢及细胞再生功能；能调节内分泌器官，促进荷尔蒙分泌，催情、补身；适用于各种皮肤，发挥紧实、舒缓的特性，滋养皮肤，延缓衰老。

玫瑰精油具有抗菌、抗痉挛、杀菌、催情、净化、镇静、补身等功效。适用所有肤质、尤其是成熟干燥或敏感红肿和发炎的皮肤。玫瑰油有强壮和收缩微血管的效果，对老化皮肤有极佳的回春作用。其香气能抚平情绪，比如抚平沮丧、哀伤、妒忌和憎恶的情绪；可提振心情、舒缓神经紧张和压力，能使女人对自我产生积极正面的感受。

玫瑰精油广泛用于配制高级食品、日用化学品、烟草等香精。

使用方法：

① 薰香　利用薰香灯或薰香器，将玫瑰精油数滴加入水中，利用薰香器具加热，使精油散发于空气中。

② 沐浴　将玫瑰精油数滴或 50～100mL 玫瑰原液（花水）加入浴池中，水温控制在 39℃左右，无需太热，由于玫瑰精油不易溶解于水中，可先将精油加入基础油、牛奶、蜂蜜、浴盐中，以便与水混合。

③ 泡脚　在盆子中加入热水（水温约为 40℃）约至脚踝高度，滴入精油 1 滴，或将 50～100mL 玫瑰原液（香水）加入水中。

④ 皮肤按摩　把玫瑰精油 2 滴、檀香精油 2 滴滴在 5mL 按摩底油中，每周 1～2 次做脸部皮肤按摩，可使皮肤滋润柔软，年轻有活力。如作全身按摩，可制造浪漫激情，令全身肌肤滋润水嫩，轻松柔软。其香气具有催情作用；也可延缓衰老。

⑤ 月经痛　用玫瑰花油、天竺葵油各 4 滴滴于一盆热水中，浸湿毛巾热敷下腹部 0.5h，可治疗经痛；或用玫瑰花油 2 滴、天竺葵油 2 滴于 5mL 按摩底油中，以顺时针方向轻柔地按摩下腹部，也可解除经痛。

埃及艳后利用玫瑰花作为催情香味。玫瑰曾被作为治疗肺病和气喘的良药，对安抚情绪效果也被证明。

玫瑰精油生产设备：玫瑰精油的蒸馏设备主要包括：蒸馏釜、复蒸柱、鹅颈、冷凝器、油水分离器。最好都用不锈钢质材制作，油水分离器也可用铝材料制作。供热设备一般用锅炉。

工艺流程：玫瑰花与水按 1：4 投入蒸锅内，先用间接水蒸气加热，温度上升到 70～80℃时，通入直接水蒸气加热到沸腾，用 30～40min，继续蒸馏 2.5～3.0h，控制流出液量为花重的 1～2 倍，蒸馏速度为蒸锅容积的 8%～10%，控制冷却水量，使流出液头 0.5h 内温度控制在 28～35℃，0.5h 后至最后温度控制在 40～45℃，一般不超过 50℃。流出液经油水分离器将玫瑰油与玫瑰油饱和蒸馏水分开，取出玫瑰油，饱和蒸馏水由油水分离器在高度差作用下流入复馏柱，在蒸锅上升的蒸汽的作用下进行加热复馏，再经冷凝器回到油水分离器，这样反复蒸馏、复馏。

技术要点：

① 采摘　玫瑰花采摘时间与玫瑰精油的含量有很大关系，一般清晨 5～7 时含油量最高，最适宜的气温为 15～23℃，相对湿度 55%～70%。花开放程度不同使得含油量也不同，在花开至呈半杯状、花蕊黄色时，含油量最高。

② 运输　采摘完后运输过程中要注意使用通风好的盛器，以花篮、麻袋为好，要自然装满，不要挤压，免得生热损失油分。

③ 加工前预处理

a. 玫瑰花采摘后，一般应立即加工，存放时间不超过 2h，来不及加工的玫瑰花可临时储存，将玫瑰花摊成薄层于水泥地面上或铺席的湿地面上，并经常翻动。

b. 食盐水淹渍保鲜，用 20% 食盐水将鲜花淹没在干净防渗的池子里，盐水要将花全部淹没，密封存放。

④ 装锅　装花量应为蒸锅体积的 2/3。

⑤ 通汽加热　蒸馏开始时，不宜使用直接蒸汽，因锅内温度较低，使用直接蒸汽无疑会增加锅内水量。同时直接蒸汽使锅内鲜花翻动激烈，蒸出的气流中夹带花渣、飞沫的现象严重。这时，加热升温缓慢一些，使花朵充分被水湿润，待花瓣受热变软沉于水中时，再适当加

快升温过程。

⑥ 冷凝器出口处应装有温度计，以观测馏出液的温度。

⑦ 油水分离　玫瑰油为水不溶性油，密度小于水，静止时，油在上层，用分离器将其与水分离，取出玫瑰油。

⑧ 储存　玫瑰精油为多醇、多烃、多烯类有机物的混合物，见光及暴露在空气中易发生氧化，影响香气质量。所以，最好用棕色玻璃瓶装，密封，存放在阴暗处。

世界上有各种各样的玫瑰精油产品，其中最著名的是大马士革系列玫瑰精油。如果将全世界玫瑰精油的品质大致上做一个排序，大马士革系列玫瑰精油占据着绝对第一的位置，数百年来从没有动摇过。其绝对领先地位估计今后百年之内仍不会被撼动。百叶玫瑰和法国的格拉斯玫瑰系列排名第二位；我国的平阴玫瑰、苦水玫瑰等精油则排名第三。

表 4-22 是兰州大学对保加利亚大马士革 No.01 玫瑰精油的成分所做的分析报告。

表 4-22　保加利亚大马士革 No.01 玫瑰精油成分分析报告单

保留时间/min	峰面积/%	峰面积	峰高	化合物名称
13.523	2.917	123748	32727	α-蒎烯
21.549	3.39	143823	30971	芳樟醇
22.042	0.816	36700	9740	顺式玫瑰醚
22.432	2.787	118227	24072	反式玫瑰醚
23.082	0.093	3765	8967	苯乙醇
26.485	1.056	44789	8646	α-萜品醇
28.308	34.06	1444961	146429	β-香茅醇
28.39	1.293	182107	44607	橙花醇
29.587	16.39	695103	89869	香叶醇
30.5	4.112	175603	42301	甲酸香茅醇酯
31.233	0.074	1820	6145	甲酸香叶醇酯
33.726	0.671	2917	6107	乙酸香茅醇酯
34.676	2.024	85845	16571	丁香酚
35.67	0.621	2789	5971	乙酸香叶醇酯
36.665	1.943	82425	15149	甲基异丁香酚
38.126	1.337	56712	9909	石竹烯
40.678	1.135	48130	3675	葎草烯
40.859	1.084	45999	7326	β-芹子烯
47.903	1.166	49455	5802	顺式法尼醇
49.233	1.213	51449	8852	反式法尼醇
50.345	1.145	48572	7915	7-异丙基-4,8 二甲基萘酮
54.147	1.398	59292	6486	3-羟基-2,1-戊二酮苯甲酯
56.003	2.476	105052	13857	9-十八碳醛
56.884	7.069	299870	47763	1-二十碳烯
59.069	1.852	78566	21.38	十六碳酸乙酯
59.84	1.175	49824	5207	二十碳烷
60.545	1.881	79794	6008	1-二十碳烯
64.972	2.86	121338	13617	二十一烷烯
66.687	1.105	46881	2889	二十三碳烷
合计	100	4241698	564940	

分析结果：

颜色：淡绿色；

香味：玫瑰香；

相对密度（25℃）：0.9178；

折射率（25℃）：1.4650；

旋光度（100mm）：－4°；

凝固点：15.8℃；

酸值：5.50；

皂化值：16.45；

酯值：10.13；

碘值：46.45；

游离醇（以香叶醇计）：63.4%；

总醇值（以香叶醇计）：69.91%；

挥发物（110℃）：8.21%。

既然大马士革系列玫瑰精油是世界上香气最好的玫瑰精油，那么大马士革系列玫瑰是不是真正的玫瑰呢？说出来你可能不相信——答案是否定的！

按照1985《中国植物志》第37卷371页的分类，大马士革系列玫瑰又名突厥蔷薇。属于蔷薇科蔷薇属蔷薇亚属蔷薇组，该组包括以下4个种：白蔷薇、百叶蔷薇、突厥蔷薇和法国蔷薇。由此可见：世界上香气最好的玫瑰精油应该是蔷薇产的。

而我国的平阴玫瑰、苦水玫瑰等才是分类学上真正的玫瑰。按照1985年《中国植物志》第37卷371页的分类，我国的平阴玫瑰、苦水玫瑰则属于蔷薇科蔷薇属蔷薇亚属桂味组宿萼大叶系玫瑰平阴玫瑰、苦水玫瑰。

通过以上介绍，可以很清楚地知道，我们日常说的玫瑰精油并不完全是玫瑰产的。特别是品质最好的大马士革系列玫瑰、百叶玫瑰、法国格拉斯玫瑰都属于蔷薇。因此，严格说来，大马士革系列玫瑰精油、百叶玫瑰精油、法国格拉斯玫瑰精油都应该叫作"蔷薇精油"才对。

自古以来我国就把玫瑰、蔷薇、月季区分开来，而西方则把玫瑰、蔷薇、月季统称为玫瑰。事实上西方把提取玫瑰精油用的玫瑰归类到传统玫瑰之列。人们常把玫瑰作为爱情的信物。随着中西方文化的交流，国人、特别是年轻人也逐渐接受了西方将玫瑰、蔷薇和月季统称为玫瑰的习惯。其实，叫什么名称并不重要，只要适合潮流及时代的发展，应该都没有错误。当然，在科学研究领域，玫瑰、蔷薇、月季还是要有严格区别的。

月季又称为中国玫瑰，是目前玫瑰市场的真正花材。月季，英文名Chinese rose，别名长春花、月月红，是重要切花材料，有四季蔷薇、斗雪红、瘦客等许多知名品种，属蔷薇科。月季花为我国原产品种，已有千年的栽培历史，在世界上被誉为花中皇后，经过200多年创造了20000多个园艺品种。这些品种归纳起来分为中国月季、微型月季、十姊妹月季、多花月季、特大型月季、单花大型月季和藤本月季等。月季花的根叶、花可供药用，有活血、解毒、消肿之效；有香气的品种还可提取精油，并可食用。

月季为常绿或半常绿灌木，具钩状皮刺。羽状小叶3～5枚，花常数朵簇生，微香，单瓣，粉红或近白色。

月季的应用非常广泛，可种于花坛、花境、草坪角隅等处，也可布置成月季园。藤本月季用于花架、花墙、花篱、花门等。一般来说在大型公园或植物园中多辟有月季园，通常称蔷薇园。

月季一名斗雪红，一名胜春，俗名月月红。藤本丛生，枝干多刺而不甚长。四季开红花，有深、浅、白之异，与蔷薇相类，而香凡过之。须植不见日处，见日则白者变而红矣。分栽、扦插俱可，但多虫蓐，须以鱼腥水浇，人多以盆植为清玩。

月季是蔷薇科直立灌木，原产我国，变种有紫月季花（有刺或近于无刺，小叶稍薄，带紫色，花通常生于细长花梗上，深红色或深桃红色）、小月季花（矮灌木，花小为玫瑰红色，单瓣或重瓣）、绿月季花（花大而为绿色，花瓣有时变为小叶状）。另有香水月季等。

月季、蔷薇、玫瑰三种花，许多人分辨不清，或许看见了分得清，却又说不清以什么为界。

蔷薇科蔷薇属，木香类有木香花、重瓣白木香、重瓣黄木香、黄木香、白木香、拟木香等。品种有美蔷薇、复伞房蔷薇（倒钩牛刺）、红花洋蔷薇、白花洋蔷薇、伞房蔷薇、突厥蔷薇、法国蔷薇、黄蔷薇、野蔷薇、荷花蔷薇、粉团蔷薇、七姊妹蔷薇、白玉棠蔷薇、峨眉蔷薇等。

月季类有月季、小花月季、月月红月季、变色月季、绿月季、现代月季（杂种月季）、藤蔓型月季、花旗藤（大花七姊妹）、藤和平月季、丰花月季型、红帽子月季、杏花村月季、太阳火焰月季、大花月季型、伊丽莎白女皇月季、亚丽桑纳月季、杂种茶香月季型、美国明珠月季、墨红月季、红双喜月季、香云月季、和平月季、明星月季、小花月季型（微型月季）、爱莎普生月季、多来先月季、香水月季、红花香水月季、大花香水月季、淡黄香水月季、橙黄香水月季等。

玫瑰类有玫瑰、白玫瑰、重瓣白玫瑰、重瓣玫瑰、红玫瑰、紫玫瑰等。其他还有山刺玫、黄刺玫、报春刺玫、缫丝花（刺梨）、重瓣缫丝花（送春归）、荼蘼花、金樱子等。

月季与玫瑰的主要区别如下：

① 月季叶少，月季的小叶一般为 3～5 片，而玫瑰小叶为 5～9 片。

② 月季刺少，玫瑰刺多。月季的茎刺较大且一般有钩，每节大致有 3～4 个；新枝是紫红色；玫瑰的茎密布着绒毛和如针状的细硬刺且茎呈黑色。

③ 月季叶泛亮光、平展光滑；玫瑰叶无亮光，叶片下面发皱，叶背发白有小刺，整个叶片也较厚且叶脉凹陷。

④ 月季一般为单花顶生，也有数朵簇生的，一般为 1～3 朵，花径约 5cm 以上较大，花柄长且月月季季开花不败，故称月月红、月季花、长春花。玫瑰花单生或 1～3 朵簇生，花柄短，花径约 3cm，也只在夏季开一次花，但玫瑰花的香气一般要比月季浓郁很多。

⑤ 月季茎干低矮、玫瑰茎干粗壮。另外，月季的果实为圆球体，玫瑰是扁圆形的果实。

玫瑰与月季的最大区别是，玫瑰有原生种，月季非原种，是蔷薇的栽培品种。玫瑰花香刺多叶皱，可以提炼玫瑰精油，能耐零下 30℃ 左右的极端低温。孔子就曾写过蔷薇，汉朝宫廷也盛栽蔷薇。王象晋《群芳谱》列出了有 20 个类型品种的蔷薇和月季，在 300 余年之前，中国的月季品种远超世界其他国家。

欧洲在 18 世纪前的漫长中世纪里，蔷薇主要的栽培品种只有法国蔷薇、百叶蔷薇和突厥蔷薇。品种也只有 100 来个，虽然已经有了重瓣品种，但花色单调，每年只开一季，哪里比得上中国的月季月月开花。直到 1768 年后，中国的两种月季四个品种月月红、月月粉、彩晕香水月季和淡黄香水月季先后传入欧洲，与欧洲的蔷薇种反复杂交，1837 年首次在法国育成了杂种长春月季品种群。但只是一年开一两次花，再经反复杂交和培育，在 1867 年育成了真正四季开花的新品种法兰西月季，成为杂种香水月季中新品种群的起点。这是月季进化史上进入新纪元的标志，1867 年即定为"现代月季"和"古代月季"的分界线。

经过长期的培育选育，除杂种香水月季品种群发展至 20000 个品种外，又有了丰花（聚花）月季、壮花月季、藤本月季、微型月季等。

墨红花浸膏：橙红色膏状物，具有纯正的墨红鲜花香甜气。

用途：GB 2760—2014 规定为允许使用的食用香料。主要用于配制杏、桃、苹果、桑葚、草莓、梅等型香精，可用于饮料、糖果、烟草等中。

生产方法：用沸点为 68～71℃ 的香花浸提用石油醚在室温下浸提墨红月季鲜花而得。我国浙江等地生产。

具体操作如下：以原产于德国，种植于我国浙江、江苏、河北等地的蔷薇科植物墨红鲜花为原料，在室温下每千克花用 3L 的石油醚于泳浸式浸提器中（1.5r/min）逆流连续浸提1.5～2h。浸出液先常压蒸馏回收石油醚，浓缩至 5％后在 35～40℃、80～84kPa 条件下进行减压蒸馏，进一步回收石油醚，得到粗墨红花浸膏。向粗浸膏中加入浸膏量 5％的无水乙醇，搅拌加热溶解，并在 50～54℃、91～99kPa 下减压蒸馏，尽量除去乙醇-石油醚共沸物，即得墨红花净油，得率 1.0％～1.6％。残花渣经水蒸气蒸馏可回收残余石油醚和少量精油。

同甜橙油一样，玫瑰精油和墨红净油的鉴定主要也是参照其理化指标——香气、色泽、密度、折射率、旋光度等，必要时用气相色谱或气质联机测定，与标准品的色谱图和数据对照即可鉴别真伪。

重整玫瑰精油：用国产的玫瑰精油和墨红净油经过重整，可以得到香气、质量都与保加利亚大马士革玫瑰油相似的油品。重整方法是对照精油的气相色谱图，找出含量不同的成分，加入某些单体香料，要求这些单体香料均来自天然品（即从天然香料提出得到），反复嗅闻、配制、检测可以制得理想的样品。用墨红净油重整时，可以先用碱水洗去部分酚类香料，让香气更加接近被仿品，然后加入适当的天然单体香料。

想要去掉精油中某些成分是比较难的，必要时可以通过细致的精馏或者分子精馏把该精油分成许多馏分，舍去某些组分，再重新组合配制仿香。

必须指出，用这种重整的方法制作的玫瑰精油照样是"纯天然"产品，没有"违规"。事实上保加利亚大马士革玫瑰油也是经过"重整"处理的，否则难以保证每一批产品香气和质量的一致性，这同酒的"勾兑"处理是一样的。

第九节　洋甘菊油

洋甘菊（图 4-12）是菊科植物，原产欧洲。洋甘菊又叫罗马洋甘菊、德国洋甘菊。它们都有许多共同的特征：约 30cm 高，中心为黄色，花瓣为白色，叶片略感毛茸茸。为一年生或多年生草本植物，株高 30～50cm，全株无毛，有香气。茎直立，上部多分枝。叶二至三回羽状全裂，裂片细条形，顶端具尖头。花期 4～5 月，头状花序顶生或腋生，直径 1.5～2cm。外层花冠舌状，白色，内层花冠筒状，黄色。瘦果极小，长圆形或倒卵形。种子细小，1g 种子有 10000 多粒。母菊是栽培较多的品种，一个为纯正西洋甘菊，为一年生。另一个为罗马甘菊，为多年生。

图 4-12　洋甘菊

中文别名：白花春黄菊油。

植物学名：*Matricaria chamomilla*。

萃取部位：花朵。

气味：具有鲜花所特有的强烈香气。

性状：淡蓝至蓝绿色挥发性精油（德国洋甘菊也叫蓝甘菊，最初提取出来的精油是蓝色的，遇到空气后马上就会转变成绿色的）。

相对密度：0.910～0.950。

产地：德国。

挥发速度：快速。

制法：由菊科草本植物母菊的花和梗经水蒸气蒸馏而成。

主要成分：薁、春黄菊薁（约60%）、春黄菊醇、倍半萜类、倍半萜醇、当归酸戊酯、当归酸丁酯和丁酸等。

功能：增强皮肤抵抗力，缓解身体疲劳，强效抗菌消炎，能有效对抗皮肤炎症，对干性及敏感肌肤极有疗效。有助于镇定神经，舒缓肌肉酸痛，适用于有失眠症的人。

皮肤效用：适合任何肤质。可以治疗多种皮肤问题，特别适用于皮肤敏感、发红或干燥、脱皮、发炎的皮肤。在香草水、化妆水和乳霜中加入洋甘菊精油，可以直接涂抹在患处。

身体效用：洋甘菊精油具有抚慰、镇静和抗发炎的疗效。洋甘菊精油含大量的天蓝烃，抗发炎的效果最好，适合用来治疗体内和体外的发炎症状及热敷脓疮发炎的伤口消炎，也可消除牙龈化脓症状。喝洋甘菊茶及用洋甘菊精油按摩或贴敷发炎部位，可以治疗内部的炎症，特别是消化系统病症，如结肠炎，胃黏膜炎和腹泻等，尤其是慢性腹泻。肌肉疼痛、关节发炎也可利用按摩洋甘菊精油来治疗；对于扭伤、肌腱发炎、关节肿痛等问题，使用洋甘菊精油的效果非常好。

精神效用：具有安抚、镇定以及抗忧郁的效果，可以平静兴奋的心绪、充分发挥调整情绪的功能。

使用方法：

① 熏香 滴3～4滴于薰香灯或薰香炉内，能够减轻焦虑、安定情绪、改善失眠状态，更可以温暖全身，对儿童及老年人尤为有效。

② 沐浴 倒入5滴精油于一缸约八分满的水中，搅动后使得精油均匀分散于水中，能消除身体各部位的疲倦与疼痛及任何水肿的症状。

③ 按摩 在10mL的基础油中滴入5滴精油，轻柔按摩不适处可以改善疲倦感、减轻疼痛，另外对于许多妇科病有相当奇效。

搭配精油：佛手柑、鼠尾草、茉莉、玫瑰、天竺葵、薰衣草、柠檬、橙花。

调配按摩油：

① 甜杏仁油10mL加洋甘菊3～5滴，按摩面部或身体，能增强皮肤抵抗力，缓解身体疲劳。按摩后用纸巾将多余的油脂擦去，上乳液或面霜。

② 将洋甘菊调配在水、乳液中使用，10mL水或乳液加3～5滴洋甘菊。

③ 泡澡时滴5滴，缓解疲劳。

发洗脸时滴1～2滴，改善皮肤。

洋甘菊油的鉴定主要也是参照其理化指标——香气、色泽、密度、折射率、旋光度等，必要时用气相色谱或气质联机测定，与标准品的色谱图和数据对照即可鉴别真伪。

采用HPLC-DAD-MS法鉴定罗马洋甘菊中的黄酮，从罗马洋甘菊中鉴定出22种化合物。其中咖啡酸类7种、黄酮类15种。3-甲氧基乙二酰-1,5-二咖啡酰奎尼酸、芹黄素、芹黄素-7-O-芸香糖苷、1,4-二咖啡酰奎尼酸含量最高。

由于洋甘菊油含有大量蓝色的春黄菊薁，所以洋甘菊油也呈现出少见的蓝色或绿色，肉眼很容易辨认出来，但也有不法商人在浅色的精油里加蓝色染料配制，以假乱真，需要用色谱或其他方法测定其薁的含量才能确认。

新疆常见的两种洋甘菊为母菊（*Matricaria chamomilla* L.）、罗马洋甘菊（*Anthemis nobile* L.），两者外形极为相似，且药材标准较低。新疆医科大学的韩松林参照国外药典方法，根据两种洋甘菊国内外公认的活性成分，从显微、TLC、UPLC、GC、抗氧化角度研究了两种洋甘菊的特征化学成分，从而对新疆两种洋甘菊进行了质量评价。

方法：

① 采用显微鉴别比较两种洋甘菊的显微特征。

② 采用替代对照品法比较两种洋甘菊挥发油成分，建立洋甘菊的微乳薄层色谱鉴别法。

③ 结合一测多评技术建立了两种洋甘菊的 UPLC 含量测定方法。

④ 运用 GC 法比较两种洋甘菊的挥发油成分。

⑤ 采用 UV-vis 法测定两种洋甘菊的总抗氧化活性，并结合薄层生物自显影技术比较两种洋甘菊的抗氧化活性成分。

结果：

① 两种洋甘菊花的显微鉴定结果表明，可从花粉粒的萌发孔及有无非腺毛来区分。罗马洋甘菊花粉粒有 3 个萌发孔以及具有非腺毛，而母菊中花粉粒具有 4 个萌发孔。

② 两种洋甘菊挥发油薄层鉴别结果表明，烯炔-双环醚是母菊中的特征化合物，而罗马洋甘菊中不含该物质；两种洋甘菊甲醇提取液在硅胶薄层色谱鉴别条件下无特征斑点，而在微乳薄层色谱条件下，采用 NP 显色剂从母菊中分离得到 10 个斑点，从罗马洋甘菊中分离得到 8 个斑点。

③ 建立了两种洋甘菊的 UPLC 色谱分析条件，并测定出各特征化学成分的含量。两种洋甘菊中均含有芹苷元-7-葡萄糖苷、芹菜素两种化学成分，母菊中 7-甲氧基豆素平均含量为 0.1mg/mL 以上，而罗马洋甘菊中 7-甲氧基香豆素平均含量 0.01mg/mL 以下；一测多评技术中以芹菜素为内标，同时测定出两种洋甘菊中其他 4 种化学成分木犀草苷、芹苷元-7-葡萄糖苷、7-甲氧基香豆素、木犀草素的含量，测定结果与 UPLC 法测得结果一致，从而实现了采用一种对照品同时测定五种化合物成分。

④ 两种洋甘菊挥发油 GC 法的结果显示，红没药醇存在于母菊挥发油中，而在罗马洋甘菊挥发油中未检出红没药醇，仅检出少量红没药醇类氧化物；罗马洋甘菊 GC 图谱显示，在保留时间 5～15min 时出现明显的特征色谱峰。

⑤ 清除自由基实验结果显示，清除 50%DPPH 的母菊浓度、罗马洋甘菊浓度（EC50%）分别为 0.66mg/mL、0.33mg/mL。薄层生物自显影结果显示，母菊挥发油显现出 4 个抗氧化成分，其中一个是烯炔双环醚，罗马洋甘菊挥发油显现出 1 个抗氧化成分，R_f 值为 0.42；母菊黄酮提取物显现出芹菜素、芹苷元-7-葡萄糖苷等 7 个抗氧化成分，而罗马洋甘菊黄酮提取物显现出芹菜素、芹苷元-7-葡萄糖苷等 8 个抗氧化成分。

对两种洋甘菊质量评价的方法，可用于新疆洋甘菊母菊、罗马洋甘菊两种药材质量标准的建立以及为两种洋甘菊进一步的人工种植和规模化培育提供一定的参考。

第十节 迷 迭 香 油

迷迭香（图 4-13）是灌木，高达 2m。茎及老枝圆柱形，皮层暗灰色，不规则的纵裂，块状剥落，幼枝四棱形，密被白色星状细绒毛。叶常常在枝上丛生，具极短的柄或无柄，叶片线形，长 1～2.5cm，宽 1～2mm，先端钝，基部渐狭，全缘，向背面卷曲，革质，上面稍具光泽，近无毛，下面密被白色的星状绒毛。花近无梗，对生，少数聚集在短枝的顶端组成总状花序；苞片小，具柄。花萼卵状钟形，长约 4mm，外面密被白色星状绒毛及腺体，内面无毛，11 脉，二唇形，上唇近圆形，全缘或具很短的 3 齿，下唇 2 齿，齿卵圆状三角形。花冠蓝紫色，长不及 1cm，外被疏短柔毛，内面无毛，冠筒

图 4-13　迷迭香

稍外伸，冠檐二唇形，上唇直伸，2 浅裂，裂片卵圆形，下唇宽大，3 裂，中裂片最大，内凹，下倾，边缘为齿状，基部缢缩成柄，侧裂片长圆形。雄蕊 2 枚发育，着生于花冠下唇的下方，花丝中部有 1 向下的小齿，药室平行，仅 1 室能育。花柱细长，远超过雄蕊，先端不相等 2 浅裂，裂片钻形，后裂片短。花盘平顶，具相等的裂片。子房裂片与花盘裂片互生。花期 11 月。

精油含量 0.3%～2.0%，以蒸馏法获取，主要成分为 2-莰醇（$C_{10}H_{18}O$）。英文名称为 rosemary essential oil。

迷迭香原产于地中海沿岸，属于常绿的灌木，夏天会开出蓝色的小花，看起来好像小水滴般，所以 rosmarinus 在拉丁文中的意思是"海中之露"的意思。而迷迭香也有象征忠诚的意思，因此在欧洲的婚礼中也常见新娘子以迷失香作为配饰，向世人昭告她对爱情的忠贞。

迷迭香精油是一种无色至淡黄色的挥发性液体，它对呼吸系统很有益处，感冒、支气管炎等呼吸系统疾病，都能使用迷迭香。迷迭香最著名的功效，就是能增进记忆力，使人头脑清醒、条理分明，最适合考生或是用脑过度的人使用。它也利肝胆，有帮助排毒、净化的功效；心脏衰弱的人也可使用迷迭香，1%～2% 的低剂量使用可以降血压，3% 以上的高剂量则会使血压升高。此外，对于经血过少也有帮助，还能利尿、止痛，舒缓风湿痛、痛风、头痛等的困扰。

迷迭香精油可以强效收敛、紧实减肥、防皱，有调节皮质的作用，主要用于减肥、塑身、丰胸、美体精油中，可改善语言、视觉、听力方面的障碍，增强注意力，治疗风湿痛，强化肝脏功能，降低血糖，有助于动脉硬化的治疗，使麻痹的四肢恢复活力。具有较强的收敛作用，调理油腻不洁的肌肤，促进血液循环，刺激毛发再生。也可让减肥后松弛的皮肤更结实。

历史使用记录：迷迭香是最早用于医药的植物之一，也是厨房和宗教仪式中常出现的植物。古希腊的乡下人没有足够的钱购买熏香，于是就燃烧迷迭香，并称它为"熏香灌木"。在埃及及希腊、罗马时代，人们认为它代表一种生的希望及死的安详，对于恶魔有驱逐作用，因此献给爱人可代表为爱的关怀。欧洲在爆发流行性感冒时，常在医院焚烧以杀菌。仕女也常用玫瑰、香蜂草加上迷迭香及佛手柑调制回春洗脸用品，因为迷迭香也具有很好的防腐效果。

迷迭香是一种多用途的经济作物，从中可提取天然活性成分迷迭香抗氧化剂、迷迭香精油和医药中间体。迷迭香提取物具有高效、无毒的抗氧化效果，可广泛应用于普通食品、功能食品、香料、调味品以及日用化工等行业，被国际公认为第三代绿色食品添加剂。迷迭香既有怡人的香味，又具有能抑制食品变味、变质的能力，日益受到人们的青睐。

迷迭香油的鉴定主要也是参照其理化指标——香气、色泽、密度、折射率、旋光度等，必要时用气相色谱或气质联机测定，与标准品的色谱图和数据对照即可鉴别真伪。掺假者主要是

加入廉价的桉叶油，此时用气质联机测定可以甄别出来——桉叶油会带入迷迭香油不含的某些杂质成分。下面是两种方法提取迷迭香油的气相色谱图见图 4-14，其化学成分表见表 4-23。

表 4-23　SFE 和 SD 法提取迷迭香油化学成分分析结果及色谱图

序号	保留时间/min	化合物名称	分子量	分子式	相对含量/%	
					SFE	SD
1	6.491	1,7,7-三甲基三环庚烷	136	$C_{10}H_{16}$	—	0.047
2	6.853	α-蒎烯	136	$C_{10}H_{16}$	8.678	29.253
3	7.187	莰烯	136	$C_{10}H_{16}$	2.52	8.090
4	7.856	β-蒎烯	136	$C_{10}H_{16}$	2.456	1.117
5	8.925	2-蒈烯	136	$C_{10}H_{16}$	—	0.172
6	8.93	α-水芹烯	136	$C_{10}H_{16}$	0.729	1.960
7	9.481	4-蒈烯	136	$C_{10}H_{16}$	0.634	0.942
8	9.993	1,8-桉叶素	154	$C_{10}H_{18}O$	20.387	29.497
9	10.22	γ-松油烯	136	$C_{10}H_{16}$	0.172	0.933
10	10.732	顺式-β-松油醇	154	$C_{10}H_{18}O$	0.677	—
11	11.121	异松油烯	136	$C_{10}H_{16}$	1.083	—
12	11.569	芳樟醇	154	$C_{10}H_{18}O$	0.072	0.708
13	11.644	外小茴香醇	154	$C_{10}H_{18}O$	0.089	0.081
14	11.785	异松油醇	154	$C_{10}H_{18}O$	—	0.083
15	12.356	1,6-二甲基-1,3,5-庚三烯	122	C_9H_{14}	11.395	—
16	12.529	薄荷醇	154	$C_{10}H_{18}O$	—	0.076
17	12.621	松莰酮	152	$C_{10}H_{16}O$	—	0.025
18	12.988	樟脑	152	$C_{10}H_{16}O$	7.102	9.510
19	13.106	龙脑	154	$C_{10}H_{18}O$	1.499	4.203
20	13.139	4-松油醇	154	$C_{10}H_{18}O$		1.248
21	13.651	萜烯醇	154	$C_{10}H_{18}O$	5.322	—
22	13.738	桃金娘烯醇	152	$C_{10}H_{16}O$	—	4.006
23	14.105	α-松油醇	154	$C_{10}H_{18}O$	11.152	2.636
24	14.223	马鞭草烯酮	150	$C_{10}H_{14}O$	0.29	0.115
25	14.536	香茅醇	156	$C_{10}H_{20}O$	0.204	—
26	14.623	胡薄荷酮	152	$C_{10}H_{16}O$	0.037	0.086
27	14.693	松油酮	152	$C_{10}H_{16}O$	—	0.007
28	14.822	7-(1-亚异丙基)二环庚烷	136	$C_{10}H_{16}$	0.203	—
29	14.855	香叶基丙酮	152	$C_{10}H_{16}O$	—	0.078
30	14.871	香叶醇	154	$C_{10}H_{18}O$	0.19	0.057
31	15.168	柠檬醛	152	$C_{10}H_{16}O$	—	0.008
32	15.259	薄荷酮	152	$C_{10}H_{16}O$	0.082	—
33	15.578	异薄荷二烯酮	150	$C_{10}H_{14}O$	1.734	0.032
34	15.642	对伞花烃-2-醇	150	$C_{10}H_{14}O$	—	0.022
35	15.669	乙酸龙脑酯	196	$C_{12}H_{20}O_2$	0.106	0.938
36	15.766	百里酚	150	$C_{10}H_{14}O$	0.572	0.052
37	16.365	优香芹酮	150	$C_{10}H_{14}O$	0.497	0.030
38	16.802	菊花烯酮	150	$C_{10}H_{14}O$	—	0.067
39	16.948	二氢月桂烯	138	$C_{10}H_{18}$	—	0.006
40	17.142	丁子香酚	164	$C_{10}H_{12}O_2$	0.245	0.043
41	17.962	藏红花醛	150	$C_{10}H_{14}O$	0.141	—
42	18.14	甲基丁香酚	178	$C_{11}H_{14}O_2$	0.063	0.014
43	18.248	三甲基-8-亚甲基二环十一碳-4-烯	204	$C_{15}H_{24}$	0.093	—
44	18.631	石竹烯	204	$C_{15}H_{24}$	4.602	1.257
45	19.155	二甲氧基-6-甲基邻苯二酚	184	$C_9H_{12}O_4$	0.202	—
46	19.36	四甲基环十一碳三烯	204	$C_{15}H_{24}$	4.358	1.170

续表

序号	保留时间/min	化合物名称	分子量	分子式	相对含量/%	
					SFE	SD
47	19.694	3,5-二甲基苯甲酸	150	$C_9H_{10}O_2$	0.126	—
48	19.765	α-姜黄烯	202	$C_{15}H_{22}$	0.094	—
49	19.926	11-二烯桉烷	204	$C_{15}H_{24}$	0.048	—
50	20.013	α-姜烯	204	$C_{15}H_{24}$	0.034	—
51	20.099	α-芹子烯	204	$C_{15}H_{24}$	0.036	—
52	20.541	香草酸甲酯	182	$C_9H_{10}O_4$	0.066	—
53	20.644	β-倍半水芹烯	204	$C_{15}H_{24}$	0.103	—
54	21.264	覆盆子酮	164	$C_{10}H_{12}O_2$	0.073	—
55	21.631	石竹烯醇	222	$C_{15}H_{26}O$	0.069	—
56	21.89	氧化石竹烯	220	$C_{15}H_{24}O$	0.133	—
57	21.95	藜芦酸甲酯	196	$C_{10}H_{12}O_4$	0.186	—
58	22.403	氧化葎草烯	220	$C_{15}H_{24}O$	0.433	—
59	22.91	二甲基四环十三烷-9-醇	220	$C_{15}H_{24}O$	0.114	—
60	23.099	姜油酮	194	$C_{11}H_{14}O_3$	0.558	—
61	23.703	绿化白千层烯	204	$C_{15}H_{24}$	0.138	—
62	29.228	α-红没药醇	222	$C_{15}H_{26}O$	0.626	—
63	30.647	7-乙烯基十二氢四甲基菲	272	$C_{20}H_{32}$	0.852	—
64	31.171	棕榈酸	256	$C_{16}H_{22}O_2$	0.297	—

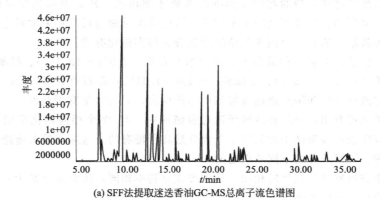

(a) SFF法提取迷迭香油GC-MS总离子流色谱图

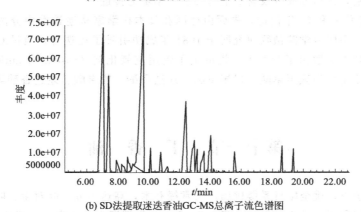

(b) SD法提取迷迭香油GC-MS总离子流色谱图

图 4-14 两种方法提取迷迭香油的含相色谱图

　　广西产迷迭香挥发油中鉴定出的 31 种化合物，几乎全是萜类化合物（95.6%）。含量较高的有 1,8-桉叶素（30.67%）、α-蒎烯（28.78%）、樟脑（5.76%）、莰烯（5.67%）、松油醇

（3.76％）、乙酸龙脑酯（2.77％）、龙脑（2.62％）及 β-蒎烯（2.55％）等，这些占挥发油含量的 82％以上，这几种成分的混合香气组成了迷迭香挥发油的特征香气。其中 1,8-桉叶素、α-蒎烯、樟脑、龙脑、乙酸龙脑酯及 α-蒎烯等具有消炎镇痛、解热、抗菌的功效，是某些中药的主要有效成分。

许鹏翔等人鉴定出了我国新疆和贵州以及西班牙迷迭香精油中的 36 个化学成分。根据 ISO 国际标准，迷迭香精油有两种类型，即西班牙型和突尼斯、摩洛哥型，二者成分相同，但各组分含量有所差异。西班牙型：α-蒎烯 18％～26％、1,8-桉叶素 38％～55％、莰烯 2.5％～6.0％、樟脑 5％～15％、β-蒎烯 4％～9％、龙脑 1％～5％、乙酸龙脑酯 0.1％～1.6％。突尼斯、摩洛哥型：α-蒎烯 9％～14％、1,8-桉叶素 17％～25％、莰烯 8％～13％、樟脑 6.5％～22％、β-蒎烯 25％～55％、龙脑 2.0％～4.5％、乙酸龙脑酯 0.4％～2.5％。

此外，这两种类型还含有苎烯、对伞花烃、松油醇和马鞭草烯酮等。

从上述数据可看出，国产迷迭香精油与国外相比，其主要组成成分相同，都为 α-蒎烯、1,8-桉叶素、莰烯、樟脑、龙脑和 β-蒎烯。其中，我国新疆和贵州精油中这 6 种成分的比例分别占 72.69％和 68.69％，西班牙精油则为 82.67％。可见，我国新疆和贵州迷迭香精油中这 6 种成分所占的比例要比西班牙的低，并且精油化学成分的相对含量差别较大。

根据分析结果，若单从 α-蒎烯或 1,8-桉叶素的含量来讲，国产迷迭香精油应与西班牙型和突尼斯、摩洛哥型相近；但若从全部组成成分及其含量上来讲，国产迷迭香精油应与西班牙型更为接近。西班牙迷迭香精油与国际标准的西班牙型相比，其 α-蒎烯的含量已经降低了好几个百分点，与突尼斯、摩洛哥型的水平相近。这些情况可能与近几年来世界迷迭香植物的跨国、跨地区引种栽培，造成了西班牙种植的迷迭香品种多样化有关。

欧洲迷迭香精油除上述 6 种成分外，还含有水芹烯（1.9％～19.1％）、松油烯（0.5％～1.2％）、松油烯（0.2％～1.8％）、芳樟醇（0.4％～1.41％）和石竹烯（0.9％～2.9％）等成分。这些成分在西班牙型和国产迷迭香精油中亦被检出，只是含量有所差别。

从实验结果也可看出，国产和西班牙迷迭香精油中，有 32 个相同的化学成分。但国产迷迭香精油和西班牙迷迭香精油中均另有 4 个成分是其所特有的。这应该是由迷迭香的品种以及生长地区的地理、气候条件的不同所引起的。

广西产迷迭香挥发油与国外的相比，其主要成分基本相同，优势成分都为 α-蒎烯、1,8-桉叶素、莰烯、樟脑，在组成成分及含量上与西班牙型更为接近。

20 世纪 60 年代末和 70 年代初，先后由德国和日本科学家从迷迭香中分离出具有高效抗氧化能力的成分。中国科学院植物研究所于 1981 年成功引种了迷迭香，通过 CO_2 超临界萃取法从迷迭香的茎叶中萃取出了芳香油，提取出了食用抗氧化剂（rosemary antioxidant）。迷迭香中的抗氧化成分主要为鼠尾草酸、鼠尾草酚、迷迭香酚、熊果酸、迷迭香酸等成分。

第十一节 丁 香 油

丁香亦称丁子香，桃金娘科番樱桃属，为常绿乔木，高达 10m。叶对生；叶柄明显；叶片长方卵形或长方倒卵形，长 5～10cm，宽 2.5～5cm，先端渐尖或急尖，基部狭窄常下展成柄，全缘。花芳香，成顶生聚伞圆锥花序，花径约 6mm；花萼肥厚，绿色后转紫色，长管状，先端 4 裂，裂片三角形；花冠白色，稍带淡紫，短管状，4 裂；雄蕊多数，花药纵裂；子房下位，与萼管合生，花柱粗厚，柱头不明显。浆果红棕色，长方椭圆形，长 1～1.5cm，直径

5～8mm，先端宿存萼片。种子长方形。

丁香主产于马达加斯加、印度尼西亚、坦桑尼亚、马来西亚、印度、越南及中国的海南、云南。

丁香树（图 4-15）可利用部分为干花蕾、茎、叶。用水蒸气蒸馏法蒸馏花蕾，可得丁香花蕾油，得油率为 15%～18%；丁香花蕾油为黄色至澄清的棕色流动性液体，有时稍带黏滞性；具有药香、木香、辛香和丁香酚的特征性香气，相对密度 1.044～1.057，折射率 1.528～1.538。用水蒸气蒸

图 4-15　丁香树

馏法蒸馏丁香茎，可得丁香茎油，得油率为 4%～6%；丁香茎油为黄色至浅棕色液体，接触铁后变暗紫棕色；具有辛香和丁香酚特征性香气，但不及花蕾油，相对密度 1.041～1.059，折射率 1.531～1.536。用水蒸气蒸馏法蒸馏叶片，可得丁香叶油，得油率为 2%左右；丁香叶油为黄色至浅棕色液体，接触铁后变暗；具有辛香和丁香酚特征性香气，相对密度 1.039～1.051，折射率 1.531～1.535。在香料工业中，一般说的丁香油大都为丁香叶油。

丁香花蕾油 FEMA 编号为 2323，FDA184.1257，CoE188，中国 GB 2760—2014 批准为允许使用的食品香料；丁香茎油 FEMA 编号为 2328，FDA184.1257，CoE188；丁香叶油 FEMA 编号为 2325，FDA184.1257，CoE188，中国 GB 2760—2014 批准为允许使用的食品香料。

丁香油不溶于水，易溶于醇、醚或冰醋酸中。味甘辛，性大热。

注意：本节介绍的丁香不是我国长江以北普遍种植的观赏小乔木、木犀科丁香属植物丁香（别名叫紫丁香、愁客、百结花、华北丁香，学名 *Syringa oblata* Lindl）。

丁香油按作用可以分为：

① 食用丁香油　用于烹调调香，可直接少量加入食品中使用。高浓度丁香油不可大量食用，过量可致命，请勿尝试！

② 药用丁香油　可内服外擦，用法请遵医嘱。

③ 香料用丁香精油　广泛用于调配日用、食用、酒用、烟用香精；也用于单离丁香酚和合成其他香料。目前广泛用于香薰疗法。

主要成分：丁香酚、石竹烯、乙酸丁香酚酯、甲基戊基酮等。

感官特征：具有辛香和丁香酚特征性香气。

建议用量：在最终加香食品中浓度为 0.100～0.830mg/kg。

实验室提取方法：

1. 水蒸气蒸馏法提取丁香油

将处理好的丁香用小型谷物粉碎机粉碎。准确称取一定量的干燥丁香粉置于蒸馏烧瓶中，按比例加入一定量的水，接好冷凝管，开始蒸馏。蒸馏结束后，将所得到的油水混合物转移至分液漏斗中，静置，待其分层后，分离得到粗制丁香油。

向粗制丁香油中加入一定量的无水乙醚，用分液漏斗分离出其中的水，然后用无水硫酸钠处理，在减压条件下除去丁香油中的乙醚，得到精制丁香油。

2. 丁香油树脂提取的工艺流程

将丁香粉碎，准确称量，用干燥过的滤纸包好，放入三角瓶中，按比例加入一定量的有机溶剂，密封，放入恒温水浴箱中。在一定的温度下静置不同时间，然后取出滤纸包，回收有机

溶剂，得到丁香油树脂。丁香油树脂较为黏稠，气味不如丁香挥发油浓郁。

3. 超临界 CO_2 提取丁香油

将丁香粉碎成粗粉，置于 CO_2 超临界提取设备中，工艺条件的压力为10MPa、温度为40℃，以 CO_2 流量为22L/h的条件进行萃取4h，以压力为7.0MPa、温度45℃进行解析，获得丁香油。

工业化提取丁香油的方法与实验室方法大同小异，可以参照。

采用超声波辅助法从丁香中提取挥发油：将丁香花蕾烘干并用中草药粉碎机粉碎，过30目筛。取100g加入到适量的一定浓度的乙醇溶液中，于恒温水浴锅中浸泡12h。超声频率设定为40kHz，设定超声时间进行提取，过滤除去滤渣，滤液置于旋转蒸发仪中浓缩至无乙醇析出，再将浓缩液用正己烷萃取，然后将萃取液旋转浓缩，直至正己烷完全蒸发，剩余的为丁香挥发油。

药用丁香油：

来源：桃金娘科植物丁香（*Syzygium aromaticum*，异名 *Eugenia aromaticum* 或 *Eugenia caryophyllata*）的干燥花蕾（公丁香）经蒸馏所得的挥发油（古代则多为母丁香所榨出之油），植物形态丁香树是一种常绿乔木，高达 $10 \sim 20$m，叶椭圆形，单叶大，对生，革质；花为红色，聚伞花序，花蕾初起白色，后转为绿色，当长到 $1.5 \sim 2$cm 长时转为红色，这时就可以收获，花蕾入药称公丁香。萼托长，花萼和花瓣4；果实为长椭圆形，名为母丁香。

产地：丁香原产自印度尼西亚，目前出产丁香的地区主要有印度尼西亚、桑给巴尔和马达加斯加岛，印度、巴基斯坦和斯里兰卡也出产丁香。2005年，印度尼西亚生产的丁香约占世界总产量的80％。我国的海南、广东、广西、云南南部也有少量种植。

药材：淡黄或无色澄清油状物，有丁香的特殊芳香气。露置空气中或储存日久，则渐浓厚而色变棕黄。不溶于水，易溶于醇、醚或冰醋酸中。相对密度为 $1.038 \sim 1.060$。

性味：味甘辛，性大热。

功用主治暖胃，温肾。治胃寒痛胀、呃逆、吐泻、痹痛、疝痛、口臭、牙痛。

① 《药性考》：壮阳暖肾，治疝痛阴寒。

② 王殿翔《生药学》：用于肠胃多气、绞痛、消化不良、恶心与呕吐；风湿痛、神经痛、牙痛。

用法与用量：内服以少许滴入汤剂中或和酒饮。外用：涂擦患处。

选方：

① 治胃寒呃逆呕吐甚者：丁香油，擦透中脘。

② 治受寒胃痛：丁香油与酒和服。

③ 暖丹田，除水泻：丁香油涂暖脐膏贴。

④ 散臃疮：丁香油涂脐。

⑤ 治痹痛：丁香油擦痛处。

⑥ 治口臭：丁香油揩牙。

⑦ 解蟹毒：丁香油一滴，同姜汤服。（以上各方出自《纲目拾遗》）

⑧ 治虫蛀牙痛（非炎症性牙痛）：丁香油少许，蘸以小棉球，嵌入蛀孔内。

丁香油的鉴定主要也是参照其理化指标——香气、色泽、密度、折射率、旋光度等，必要时用气相色谱或气质联机测定，与标准品的色谱图和数据对照即可鉴别真伪。久置的丁香油往往色泽很深，只能用于对颜色不太讲究的产品加香上。

丁香的中英药典对比

【来源】

中国药典：本品为桃金娘科植物丁香 *Eugenia caryophyllata* Thunb. 的干燥花蕾。当花蕾由绿色转红时采摘，晒干。

英国药典：*Syzygium aromaticum*（L.）Merill et L. M. Perry［*Eugenia caryophyllus*（C. Spreng.）Bull. et Harr.］干燥红褐色的整个花蕾。最低 150mL/kg 的挥发油。含有特性、芳香的气味。

评述：中英药典的植物来源相同，但英国药典规定并描述了丁香中挥发油的含量和气味。

【性状】

中国药典：本品略呈研棒状，长 1～2cm。花冠圆球形，直径 0.3～0.5cm，花瓣 4，覆瓦状抱合，棕褐色或褐黄色，花瓣内为雄蕊和花柱，搓碎后可见众多黄色细粒状花药。萼筒圆柱状，略扁，有的稍弯曲，长 0.7～1.4cm，直径 0.3～0.6cm，红棕色或褐棕色，上部有 4 枚三角状的萼片，十字状分开。质坚实，富油性。气芳香浓烈，味辛辣、有麻舌感。

英国药典：花蕾红褐色，由一个四棱形的柄状部分，隐头花序，长 10～12mm，直径 2～3mm，上覆盖四片裂片的萼片，围绕直径 4～6mm 的柱头。含多枚胚珠的双室子房位于隐头花序的上部，柱头球状或圆顶状，由 4 片覆瓦状花瓣组成，花瓣围绕数枚弯曲的雄蕊和一个底部带有蜜腺盘的短小、直立的中柱。用指甲挤压花序，渗出挥发油。粉末深棕色，具有特殊气味。

评述：中英药典对丁香的性状描述大致相同，重点强调其花冠、萼片和芳香气味。但中国药典中对丁香的味道也有描述，英国药典则详细描述雌蕊的结构。

【鉴别】

1. 显微鉴别法

中国药典：本品萼筒中部横切面：表皮细胞 1 列，有较厚角质层。皮层外侧散有 2～3 列径向延长的椭圆形油室，长 150～200μm；其下有 20～50 个小型双韧维管束，断续排列成环，维管束外围有少数中柱鞘纤维，壁厚，木化。内侧为数列薄壁细胞组成的通气组织，有大型腔隙。中心轴柱薄壁组织间散有多数细小维管束，薄壁细胞含众多细小草酸钙簇晶。

粉末暗红棕色。纤维梭形，顶端钝圆，壁较厚。花粉粒众多，极面观三角形，赤道表面观双凸镜形，具 3 副合沟。草酸钙簇晶众多，直径 4～26μm，存在于较小的薄壁细胞中。油室多破碎，分泌细胞界限不清，含黄色油状物。

英国药典：隐头花序中显示含有油腺的表皮细胞和薄壁组织具有厚的木质化的细胞壁和孔道的短纤维少见或少数成组。大量的薄壁组织中含有草酸钙簇晶。大量的三角形花粉粒，直径 15μm，有三个孔位于角上。

评述：中国药典中描述很详细，分别介绍了丁香萼筒的组织特征和粉末特征，而英国药典较为简略，只简要描述了粉末特征。两者都介绍的有花粉粒众多，含有大量草酸钙簇晶，并含有油室（或油腺）。

2. TLC 法

中国药典：取本品粉末 0.5g，加乙醚 5mL，振摇数分钟，过滤，滤液作为供试品溶液。另取丁香酚对照品，加乙醚制成 1mL 含 16μL 的溶液，作为对照品溶液。照薄层色谱法（附录ⅥB）试验，吸取上述两种溶液各 5μL，分别点于同一硅胶 G 薄层板上，以石油醚（60～90℃）-乙酸乙酯（9：1）为展开剂，展开，取出，晾干，喷以 5％香草硫酸溶液，在 105℃加热至斑点显色清晰。在与对照品色谱相应的位置上，显相同颜色的斑点。

英国药典：对照品丁香酚溶于 2mL 甲苯。

供试剂：粉末 0.1g 加 2mL 二氯甲烷提取 15min。过滤，水浴蒸干滤液，用 2mL 甲苯溶解残渣。硅胶 G254 板，展开剂甲苯，展开 2 次。254nm 检视。

结果：供试品色谱中间部位，与对照品色谱相应的位置上，显相同淬灭斑点，供试液色谱中，在丁香酚下面可能有一条弱的淬灭斑点（乙酰丁香酚）。

评述：虽然都是薄层检验，但中英两国所用方法并不相同。中国药典中丁香粉末用乙醚提取，石油醚-乙酸乙酯为展开剂，5％香草硫酸为显色剂；英国药典则用二氯甲烷提取，蒸干滤液后甲苯溶解，展开剂也为甲苯，254nm 检视。

3. 显色

英国药典：用茴香醛 10mL 在 200mm² 板上喷雾，100～105℃加热 10min。日光下 5～10min，检视，供试液色谱和对照液色谱中的丁香酚色带显示紫褐色，供试液中乙酰丁香酚色带为弱蓝紫色，在供试液色谱的底部有一条浅红色色带，上部有一条紫红色色带。

评述：英国药典详细描述了显色的方法，而中国药典无此项检测。

【检查】

中国药典：

杂质：不得超过 4％。

水分：不得超过 12.0％。

英国药典：

杂质：最高 6％的花梗，小叶柄和果实，最高 2％的坏死丁香和最大 0.5％的其他杂质。

总灰分：最高 7.0％。

评述：中英药典中杂质均为检测项目，中国药典中规定的杂质含量较少，但英国药典详细列出了各种杂质具体的含量标准。除此之外，中国药典要求检测水分的含量，以便保存，同时也保证有效成分的含量。英国药典则要求检测总灰分的含量。

【含量测定】

中国药典：照气相色谱法（附录ⅥE）测定。

色谱条件与系统适用性实验：以聚乙二醇 20000（PEG-20M）为固定剂，涂布浓度为 10％，柱温 190℃。理论板数按丁香酚峰计算应不低于 1500。

对照品溶液的制备：取丁香酚对照品适量，精密称定，加正己烷制成 1mL 含 2mg 的溶液，即得。

供试品溶液的制备：取本品粉末（过二号筛）约 0.3g，精密称定，精密加入正己烷 20mL，称定重量，超声处理 15min，放置至室温，再称定重量，用正己烷补足减失的重量，摇匀，滤过，取续滤液，即得。

测定法：分别精密吸取对照品溶液与供试品溶液各 1μL，注入气相色谱仪，测定，即得。

本品含丁香酚（$C_{10}H_{12}O_2$）不得少于 11.0％。

英国药典：用一个 250mL 烧瓶，以 100mL 的水作为蒸馏液，在刻度管中加入 0.50mL 的二甲苯。将 5.0g 的药材和 5.0g 的硅藻土研磨，形成精细、均匀的粉末，立即用 4.0g 的混合物进行测定。每 2h 蒸出 2.5～3.5mL。

评述：含量测定一项，中英两国药典采取了不同的方法。中国药典采用气相色谱检测，仪器更精密，所需样品量较少，灵敏性较好。而英国药典中方法较烦琐，所需样品量较大。

【饮片】

炮制：除去杂质，筛去灰屑。用时捣碎。

鉴别：检查——含量测定同药材。

性味与归经：辛，温。归脾、胃、肺、肾经。

功能与主治：温中降逆，归肾助阳。用于脾胃虚寒、呃逆呕吐、食少吐泻、心腹冷痛、肾虚阳痿。

用法与用量：1～3g，内服或研末外敷。

注意：不宜与郁金同用。

储藏：置阴凉干燥处。

评述：丁香作为中国传统中药，在中医中应用广泛，因而中国药典中依然保留其加工炮制及功效等中药相关内容，而在英国药典中则没有此类介绍。

【丁香油】

来源：丁香干燥花蕾水蒸气蒸馏得到。

性质：纯净、黄色液体，暴露于空气中变成棕色，易溶于二氯甲烷、醚、甲苯和脂肪油。

鉴别：首要鉴别 B 检查色谱图实验中获得的指纹色谱。得到的色谱检测溶液显示三个主要峰与标准溶液有相似的保留时间。次要鉴别 A（同丁香的 TLC 检测）。

检查：

相对密度：1.030～1.063。

折射率：1.528～1.537。

旋光度：0°～2°

脂肪油和树脂处理的精油：符合脂肪油和树脂处理的精油的检测。

乙醇中溶解度：1.0mL 丁香油可以溶解在 2.0mL 甚至更多乙醇中。

指纹图谱：气相色谱法检测。

溶液检测：在 10g 正己烷中溶解 0.2g 丁香油。

评述：在英国药典中，丁香的有效成分为丁香油，因此在丁香的鉴别和含量测定中侧重于其挥发油的检测，并专门介绍丁香油的相关内容。中国药典中侧重丁香酚的检测，对丁香油未作过多描述。

第十二节 姜 油

姜属于姜科姜属，为多年生草本植物，主产区为中国、印度、斯里兰卡、美国和欧洲。株高 0.5～1m；根茎肥厚，多分枝，有芳香及辛辣味。叶片披针形或线状披针形，长 15～30cm，宽 2.0～2.5cm，无毛，无柄；叶舌膜质，长 2～4mm。总花梗长达 25cm；穗状花序球果状，长 4～5cm；苞片卵形，长约 2.5cm，淡绿色或边缘淡黄色，顶端有小尖头；花萼管长约 1cm；花冠黄绿色，管长 2.0～2.5cm，裂片披针形，长不及 2cm；唇瓣中央裂片长圆状倒卵形，短于花冠裂片，有紫色条纹及淡黄色斑点，侧裂片卵形，长约 6mm；雄蕊暗紫色，花药长约 9mm；药隔附属体钻状，长约 7mm。

采用地下肉质茎粉碎，用水蒸气蒸馏的方法可得姜油。

① 将生姜（图 4-16）根茎洗干净，除去根须，然后用刀切成 4～5mm 厚的鲜姜片，置帘上晒干，约晒 5～6d 即可，一般以 200kg 鲜姜晒成 25kg 姜片为度。姜片晒干后，通过粉碎机粉碎成米粒状的姜粉。但要注意：姜粉不能太粗，粗了影响出油率；也不能过细，细了不易透过水蒸气。然后将姜粉装入密封的木桶里，注意不能装得太满，上层应保留一定的空间，不要

图 4-16　生姜

将桶内姜粉压实，要疏松透气。

②蒸馏　先将装入姜粉的木桶置于锅内盛水的锅台上，用旺火将锅内的水烧沸，让水蒸气通过蒸桶内的姜粉，促进姜油气化，随着水蒸气从蒸馏管中溢出。但要注意：冷却器应安装在适当的位置上，使冷凝液自由流入油水分离器；炉灶中的火要保持旺盛，使锅内水常处于沸腾状态，以保证产生足够而均匀的蒸汽通过姜粉。

③油水分离　姜料中的姜油被汽化后与水蒸气形成混合物由导管引出，通过冷却成为油水液体，流入油水分离器，即可得纯正、优质的生姜油。一般 100kg 干姜片，可提取 3～4kg 姜油成品。产品为淡黄色液体，有姜的辛辣气味，但口感辣味不大，具生姜特征香气。相对密度 0.877～0.888，折射率 1.488～1.494（20℃），旋光度 -28°～-45°，皂化值≤20。不溶于水、甘油和乙二醇，溶于乙醇、乙醚、氯仿、矿物油和大多数动植物油等，有一定抗氧化作用。主成分为姜烯酮、姜烯酚、姜烯、水芹烯、金合欢烯、桉叶油素、龙脑、乙酸龙脑酯、香叶醇、芳樟醇、壬醛、癸醛、生姜酚、姜醇、姜酮、柠檬醛、水芹烯等。

也可用冷榨法提油，得油率为 0.33% 左右。油的色泽随着时间的推移，由淡黄逐渐变深至黄棕色，久存会变稠。

生姜精油是指从姜根茎中用水蒸气蒸馏的方法提取出来的挥发性油分，几乎不含高沸点成分，具有浓郁的芳香气味，主要用于食品及饮料的加香调味，也是国内外市场都需要的且价格不菲的香精原料和药用原料。

生姜精油是透明、浅黄到橘黄可流动的液体，是一种复杂的混合物，其折射率为 1.4880～1.4940，旋光性为 -28°～-45°，相对密度为 0.871～0.882。不同储存期的姜用水蒸气蒸馏获得的姜精油物理参数大体相同。但姜精油组分中有些化合物具有化学不稳定性，如姜烯在水蒸气蒸馏时易聚合，倍半水芹烯会转变成芳基-姜黄。因此姜油在储存过程中，某些成分会发生变化，如香叶醇、香叶醇乙酸乙酯将减少，橙花醇、β-香叶醛会增加，倍半水芹烯会转变成芳基-姜黄。姜醇受热后会脱水变成姜烯。因此，姜精油长时间暴露在光与空气下会增加黏度，形成非挥发性聚合的残留物，降低了旋光性。当温度超过 90℃ 时，姜精油的成分、气味、风味就会发生有害变化。

对姜精油组成成分的首例研究报道是在 19 世纪末期，由于当时分离单体成分很困难，研究进展并不大。在 20 世纪 50 年代以前，尽管又发现了不少半萜烯组成，但在鉴定姜精油中其他的倍半萜烯组分方面并无实质性的进展。之后随着先进的分析技术的采用和分析手段的不断革新，鉴定姜组成方面又取得了一系列进展，其中包括低沸点成分的鉴定。

在对姜精油的研究历程中，分析手段的革新至关重要，它从早先的薄层层析（TCL）、气谱（GC）、液谱（HPLC）发展到现在的气-质联机（GC-MS）、液-质联机（LC-MS）等。由于姜的挥发性油分组成复杂，使用 GC 和 GC-MS 技术现已成为鉴定其含量、组分的强有力手段。为了更有效地分辨，分析前多采用 LC 将挥发油分为碳氢化合物和含氧化合物，甚至将含氧化合物进一步分成若干段分。利用这些手段，已分析了不同地区、不同生长时期、不同储存时期的姜油组分，使得姜精油的组分分析越来越明晰。

1998 年，科研工作者利用 GC-MS 结合 Kovats 指数法鉴定了姜油中出现的 5 种倍半萜烯碳水化合物，并利用 GC 和 GC-MS 及限制[1]H-NMR 技术检测了姜蒸馏油的化学组成。

1989 年，通过比较水蒸气蒸馏油和 CO_2 液体提取姜油的化学组成，验证了在操作过程中，α-姜烯可转化为芳基-姜黄。

1990 年，利用酶解反应结合，GC-MS 分析检测了鲜姜中游离态与键合态的挥发性组分，认为通过酶解或化学裂解作用于键合挥发物质前体，可以释放潜在的香气成分。

1991 年，科学家对姜精油及姜提取物的化学成分做了比较，重新鉴定了姜油中倍半萜烯类碳水化合物组分，用制备型反相 HPLC 能从姜油中分离出倍半萜烯类碳水化合物部分，用 GC-MS、UV、^{1}H-NMR 和 ^{13}C-NMR 分析，断定 5 种主要的倍半萜烯类物质为姜烯、红没药烯、(E,E)-α-金合欢烯、倍半水芹烯和芳基-姜黄。

1994 年，科研工作者检测了姜油中 2 种倍半萜烯类碳水化合物对映体的贡献率，通过手性 GC 分析，发现 (＋)-芳基姜黄和 (－)-β-红没药烯是其主要形式；利用毛细血管 GC 技术结合 GC-MS 技术分析了超临界流体技术萃取澳洲生姜提取物的化学组成。1995 年，人们用计算机辅助 ^{13}C-NMR 技术结合 GC 技术，鉴定出姜精油中主要的化合物有：莰烯（7.9％）、β-红没药烯（5.9％）、(E,E)-α-金合欢烯（5.4％）、姜烯（27.2％）；对鲜姜的己烷提取物做了硅胶柱色谱分析，得到己烷洗脱液和亚甲基氯化物洗脱液，分别用 GC 分析，鉴定之后发现氧化部分的呈香物质非常丰富。该部分通过多维 GC-MS 分析鉴定，同时结合芳香提取物稀释分析程序，列出了风味稀释因子（FD）大于 10 的化合物及其 FD 因子，认为桉叶油素、芳樟醇、乙酸香茅酯、龙脑、香叶醛和香叶醇是鲜姜香气的最主要的呈香组分。

此外，利用多维 GC-MS，还发现了鲜姜提取物中其他一些组分；同年中国学者对北京市售干姜挥发性成分进行研究，分离出 60 余种成分，鉴定了其中的 43 种。

1996 年，中国学者对莱芜姜精油的组成进行了研究，认为莱芜精油约有 70 多种成分，其主要成分为香叶基乙酸酯、β-倍半水芹烯、芳基姜黄烯和金合欢烯，它们的含量约占总量的 60％；其他主要成分还有莰烯、β-水芹烯、桉树脑、橙花醛、姜烯、姜黄酚和蒎烯等，它们的含量也都在 1％以上。从成分含量上相比，金合欢烯在莱芜姜油中比例特别高。金合欢烯、橙花醛、倍半水芹烯及芳基姜黄烯等成分，赋予姜油的特征香味，对姜的香气贡献最大。莱芜姜油中这些成分含量很高，可以说莱芜姜精油具有较高的呈味品质。

2002 年，中国学者用超临界萃取生姜精油后用 GC-MS 分析鉴定出了生姜精油中的 45 种化学成分和各组分相对含量，在已鉴定的组分中，α-姜烯（29.87％）、β-红没药烯（9.45％）、α-法呢烯（1.96％）、β-水芹烯（2.92％）、芳樟醇（1.77％）、榄香烯（1.24％）、3,4-二甲基茴香醚（1.07％）、芳基姜黄（9.73％）、姜酚（0.55％）、β-香叶烯（0.56％）等是生姜精油主要的致香成分，还有一些微量成分，它们赋予生姜精油浓郁的香气，略有柠檬味，同时具有鲜花的香气特征。

不同产地的生姜油成分分析见表 4-24。

表 4-24　不同产地生姜油成分分析

序号	化合物中文名	化合物英文名	保留时间/min					不同地域姜油气相百分含量/%					定性
			RI^a	RI$^{a'}$	RI^b	RI$^{b'}$	RI^c	山东	云南	江苏	安徽	新疆	
1	甲苯	toluene	756	786	1055	—	847	—	—	0.1	—	—	MS,RI
2	己醛	hexanal	776	770	1100	1098	889	0.5	0.5	0.1	0.6	0.2	MS,RI
3	2-庚酮	2-heptanone	869	—	1163	1151	979	0.1	0.1	0.0	0.1	—	MS,RI
4	2-庚醇	2-heptanol	884	—	1313	1331	965	0.0	0.1	0.0	—	—	MS,RI
5	三环烯	tricyclene	905	908	1004	1014	959	0.1	0.2	0.1	0.1	0.1	MS,RI
6	α-蒎烯	α-pinene	916	926	1026	1026	973	1.8	2.4	1.8	2.1	1.9	MS,RI
7	莰烯	camphene	931	937	1070	1076	1000	5.2	6.7	5.2	5.7	5.9	MS,RI
8	甲基庚烯酮	6-methyl-5-hepten-2-one	945	—	1342	1346	1088	0.4	0.5	0.5	0.4	0.4	MS,RI

续表

序号	化合物中文名	化合物英文名	保留时间/min					不同地域姜油气相百分含量/%					定性
			RIa	RIa'	RIb	RIb'	RIc	山东	云南	江苏	安徽	新疆	
9	桧烯	sabinene	951	953	1134	1132	1029	0.1	0.1	0.1	0.1	0.0	MS,RI
10	β-蒎烯	β-pinene	976	975	1117	1115	1035	0.2	0.3	0.2	0.2	0.2	MS,RI
11	辛醛	octanal	982	999	1290	1263	1094	0.2	0.2	0.1	0.2	0.0	MS,RI
12	β-月桂烯	β-myrcene	964	963	1148	1148	1039	0.6	0.9	0.6	0.7	0.6	MS,RI
13	α-水芹烯	α-phellandrene	979	987	1155	1160	1066	0.3	0.4	0.3	0.3	0.3	MS,RI
14	对伞花烃	p-cymene	1015	1010	1272	1275	—	0.1	0.1	0.1	0.1	—	MS,RI
	β-水芹烯	β-phellandrene	1026	1016	1222	1210	1099	6.5	8.6	6.6	7.4	7.4	MS,RI
15	1,8-桉叶素	1,8-cineole	—	1033	—	1224	1108						
	苧烯	limonene	—	1030	1189	1210	1090						
16	2-壬酮	2-nonanone	1072	1090	1396	1394	—	—	0.1	—	—	—	MS,RI
17	芳樟醇	linalool	1086	1074	1550	1555	1178	0.2	0.3	0.2	0.2	0.2	MS,RI
18	樟脑	camphor	1124	1126	1527	1473	1285	0.1	0.1	0.1	0.0	—	MS,RI
19	香茅醛	citronellal	1134	1151	1487	—	1253	0.1	0.1	0.0	0.1	—	MS,RI
20	水合莰烯	camphene hydrate	1137	1147	—	—	—	—	0.1	—	—	—	MS,RI
21	龙脑	borneol	1154	1142	1704	1719	1282	1.0	1.4	1.1	1.0	1.0	MS,RI
22	4-松油醇	4-terpineol	1166	1152	—	—	1287	0.1	0.1	0.1	0.1	—	MS,RI
23	α-松油醇	α-terpineol	1175	1163	1700	1706	1309	0.4	0.6	0.4	0.4	0.4	MS,RI
24	癸醛	decanal	1186	1192	1506	1510	1296	0.3	0.3	0.1	0.4	0.1	MS,RI
25	β-玫瑰醇	β-citronellol	1209	—	1780	1772	1318	0.1	0.1	0.1	0.1	0.1	MS,RI
26	Z-柠檬醛	Z-citral	1216	—	1686	1693	1372	0.1	0.2	0.1	0.1	0.1	MS,RI
27	香叶醇	geraniol	1235	1236	1857	1857	1359	0.2	0.5	0.3	0.3	0.3	MS,RI
28	E-柠檬醛	E-citral	1245	—	—	—	1404	0.2	0.3	0.1	0.2	0.2	MS
29	乙酸龙脑酯	bornyl acetate	1273	1288	1588	1597	1391	0.1	0.2	0.1	0.1	0.1	MS,RI
30	2-十一酮	2-undecanone	1275	1273	1606	1384		0.2	0.2	0.2	0.2	0.2	MS,RI
31	橙花醇	nerol	1333			—	—	0.0	0.1	0.1	0.1	0.0	MS
32	δ-榄香烯	δ-elemene	1337	1341	1481	1479	1393	0.1	0.1	0.0	0.1	0.1	MS,RI
33	乙酸香叶酯	geranyl acetate	1359	1335	1772	1765	1489	0.2	0.8	0.5	0.6	0.7	MS,RI
34	环苜蓿烯	cyclosativene	1372	—	—	—	1433	0.4	0.4	0.4	0.4	0.3	MS
35	玷𤧥烯	α-copaene	1379	1360	1755	—	1443	0.6	0.7	0.6	0.6	0.5	MS,RI
36	β-榄香烯	β-elemene	1390	1390	1601	1578	1466	1.0	1.1	1.1	1.0	0.8	MS,RI
37	石竹烯	caryophyllene	1421	1411	—	—	1505	0.1	0.2	0.1	0.1	—	MS,RI
38	γ-榄香烯	γ-elemene	1429	1423	1646	1651	1511	0.3	0.4	0.9	0.3	0.3	MS,RI
39	α-香柠檬烯	α-bergamotene	1434	1434	1596	1594	1495	0.1	0.2	0.2	0.1	0.1	MS,RI
40	(反)-β-金合欢烯	trans-β-farnesene	1447	1443	1667	1662	1518	0.6	0.5	0.5	0.5	0.4	MS,RI
41	β-金合欢烯	β-farnesene	1450	—	1674		1516	0.3	0.4	0.5	0.3	0.3	MS
42	别香橙烯	alloaromadendrene	1460	—	1653	1648	—	0.3	0.3	0.4			MS,RI
43	α-姜黄烯	α-curcumene	1474	1479	1791	—	1587	10.2	9.5	10.3	8.8	9.7	MS,RI
44	γ-姜黄烯	γ-curcumene	1475	1450	—	—	1556			0.5			MS,RI
45	大根香叶烯 D	germacrene D	1479	1476	1714	1709		1.7	1.4	1.1	1.4	1.2	MS,RI
46	γ-依兰油烯	γ-muurolene	1482	1472				0.1	0.2	0.2	0.2		MS,RI
47	β-芹子烯	β-selinene	1484	1459			1564	0.3	0.3	0.4	0.3	0.5	MS,RI
48	α-姜烯	zingiberene	1496	1469	1739	1719	1584	29.5	27.5	29.8	30.4	31.2	MS,RI
49	α-芹子烯	α-selinene	1495	1497	1772	1765	1630	—	0.1	0.1	0.1	0.2	MS,RI
50	γ-杜松烯	γ-cadinene	1499	1509	—	—	1627	7.4	6.5	7.1	7.2	7.0	MS,RI
51	α-金合欢烯	α-farnesene		1509	1768	1758	—						MS,RI
52	β-红没药烯	β-bisabolene	1506	1499	1743	1724	1592	7.1	6.5	7.3	6.7	7.0	MS,RI
53	表双环倍半水芹烯	epi-bicyclosesquiphellandrene	1510	—	1755		1623	0.5	0.5	0.5	0.6	0.5	MS
54	菖蒲烯	calamenene	1514	1505	1835	1800	1651	0.1	0.1	0.3	0.1	—	MS,RI

续表

序号	化合物中文名	化合物英文名	保留时间/min					不同地域姜油气相百分含量/%					定性
			RI^a	RI^a'	RI^b	RI^b'	RI^c	山东	云南	江苏	安徽	新疆	
55	β-倍半水芹烯	β-sesquiphellandrene	1520	1524	1790	—	1617	13.1	11.5	11.0	12.5	13.3	MS,RI
56	γ-红没药烯	γ-bisabolene	1525	1532	—	—	—	0.4	0.4	0.4	0.4	0.4	MS,RI
57	榄香醇	eletnol	1536	1530	2081	2087	1675	0.6	0.4	0.6	0.4	0.5	MS,RI
58	橙花叔醇	nerolidol	1547	1550	2046	2050	1657	0.4	0.4	0.4	0.4	0.5	MS,RI
59	大根香叶烯 B	germacrene B	1553	1518	1827	1811	1679	0.4	0.3	—	0.3	0.3	MS,RI
60	δ-芹子烯	δ-selinene	1608	—	—	—	—	0.2	0.1	0.2	0.2	0.3	MS
61	β-桉叶油醇	β-eudesmol	1633	1628	2227	2222	1814	0.3	0.2	0.3	0.2	0.2	MS,RI
62	t-依兰油醇	t-muurolol	1636	1633	2230	2236	—	0.2	0.1	0.1	0.1	—	MS,RI
63	α-桉叶油醇	α-eudesmol	1638	1642	2218	—	1814	—	—	0.1	0.1	—	MS,RI
64	金合欢醇	farnesol	1673	1667	—	—	1657	0.3	0.3	—	0.3	0.6	MS,RI
合计								96.6	97.0	95.4	96.3	97.1	

可以看出，云南姜油的姜烯含量少；山东姜油的萜类物质含量较高；江苏姜油倍半萜烯类物质含量较高；安徽姜油中醛类含量较高；新疆姜油醛类含量低，而姜黄烯、姜烯、蒎烯等成分含量高。

至此，已发现姜油中的 100 多种组分，主要成分为：倍半萜烯类碳水化合物 50%～66%，氧化倍半萜烯 17%，其余主要是单萜烯类碳水化合物和氧化单萜烯类。倍半萜烯类碳水化合物中，α-姜烯（15%～30%）、β-红没药烯（6%～12%）、芳基姜黄（5%～19%）、β-法呢烯（3%～10%）和 β-倍半水芹烯（7%～10%）。除了橙花醛，低沸点的单萜烯含量通常较低，约为 2%。其中单萜烯组分被认为对姜的呈香贡献最大。氧化倍半萜烯含量较少，但对姜的风味特征贡献较大。

姜油主要用于配制食用香精、各种含酒精饮料、软饮料和糖果，还在热炒、冷拌和各种食品中作为调料；用于保健，有开胃、御寒、杀菌等作用，也用于医药。还可作为酒类、化妆品等的加香剂。

在芳香疗法与芳香养生方面，姜油用于：

呼吸系统：去湿气或体液过多，如流行性感冒、多痰和流鼻水，可增进发汗。减轻喉咙痛和扁桃腺炎。

感冒喉咙痛/蒸气吸入：姜油 1 滴＋松油 2 滴＋桉叶油 2 滴。

晕眩/手帕吸入：姜油 1 滴＋薰衣草油 2 滴＋薄荷油 1 滴。

消化系统：调节和安定消化道，促进胃液分泌；对食欲缺乏、消化不良、胀气、腹泻、反胃以及坏血症都有效。

按摩：酪梨油 10mL＋杏桃仁油 10mL＋姜油 5 滴＋豆蔻油 3 滴＋茴香油 2 滴。

生殖系统：调节因受寒而规律不整的月经；作催情剂，对治疗性无能有功效；有助于产后护理，以消除积存的血块。

消除血快/按摩：甜杏仁油 10mL＋杏桃仁油 10mL＋姜油 5 滴＋天竺葵油 3 滴＋杜松子油 3 滴。

肌肉：治疗关节炎、肌肉痛、扭伤、肌肉痉挛，尤其是下背部的疼痛。

骨骼：在止痛上，可舒解关节炎、风湿痛与抽筋、扭伤。

扭伤/按摩：甜杏仁油 16mL＋小麦胚芽油 4mL＋姜油 5 滴＋德国洋甘菊油 3 滴＋杜松子油 3 滴。

情绪：在人消沉时能温暖情绪；使感觉敏锐并增强记忆；使人心情愉快；适用于疲倦状态。

薰香：姜油 3 滴＋橘子油 2 滴＋甜橙油 3 滴。

与姜油比较相配的精油：豆蔻油、肉桂油、丁香油、芫荽油、桉叶油、乳香油、天竺葵油、柠檬油、迷迭香油、玫瑰油、欧薄荷油、马鞭草油等。

姜油的鉴定主要也是参照其理化指标——香气、色泽、密度、折射率、旋光度等，必要时用气相色谱或气质联机测定，与标准品的色谱图和数据对照即可鉴别真伪。烯酮、姜烯酚、姜烯、生姜酚、姜醇、姜酮等是姜油的特征成分，从它们含量的多寡可以判定姜油样品的质量、品味。

第十三节　薄　荷　油

薄荷属（学名：*Mentha*），为唇形科的一属，包含 25 个种，其中胡椒薄荷（*Peppermint*）及绿薄荷（*Spearmint*）为最常用的品种，而植物的不同来源使薄荷有六百多种品名。最早于欧洲地中海地区及西亚洲一带盛产。现在主要产地为美国、西班牙、意大利、法国、英国、巴尔干半岛等，亚洲也有一些地方种植，中国大部分地方如江苏、浙江、安徽、江西等都有出产。

薄荷（图 4-17）是多年生草本植物，一年生者稀有。直立或上升，不分枝或多分枝。叶具柄或无柄，上部茎叶靠近花序者大都无柄或近无柄，叶片边缘具牙齿、锯齿或圆齿，先端通常锐尖或为钝形，基部楔形、圆形或心形；苞叶与叶相似，变小。轮伞花序稀 2～6 花，通常为多花密集，具梗或无梗；苞片披针形或线状钻形及线形，通常不显著；花梗明显。花两性或单

图 4-17　薄荷

性，雄性花有退化子房，雌性花有退化的短雄蕊，同株或异株，同株时常常不同性别的花序在不同的枝条上或同一花序上有不同性别的花。花萼钟形，漏斗形或管状钟形，10～13 脉，萼齿 5，相等或近 3/2 式二唇形，内面喉部无毛或具毛。花冠漏斗形，大都近于整齐或稍不整齐，冠筒通常不超出花萼，喉部稍膨大或前方呈囊状膨大，具毛或否，冠檐具 4 裂片，上裂片大都稍宽，全缘或先端微凹或 2 浅裂，其余 3 裂片等大，全缘。雄蕊 4，近等大，叉开，直伸，大都明显从花冠伸出，也有不超出花冠筒，后对着生稍高于前对，花丝无毛，

花药 2 室，室平行。花柱伸出，先端相等 2 浅裂。花盘平顶。小坚果卵形，干燥，无毛或稍具瘤，顶端钝，稀于顶端被毛。

亚洲薄荷是我国主产的栽培种，巴西、日本、朝鲜、阿根廷、印度、澳大利亚等国也有栽培。我国栽培的亚洲薄荷，精油中游离薄荷脑含量较高，一般在 80% 以上，现在主产地已转移到印度。主要品种如下。

① 小黄叶种　茎紫色，较细短。叶较小，先端较圆，黄绿色，主脉两侧常有紫色斑迹。花较小，深紫色，雄蕊不伸出花冠。

② 738 薄荷　近年来选育的一个油分多、脑分高的品种。茎方形，粗壮，基部褐色，中上部淡

绿色，植株较高，分枝较多。营养生长期叶片卵圆形，生殖生长期叶片逐渐收缩提尖。花期较晚，花朵粉红色，雄蕊不露，能结果。具有抗旱、抗涝、抗风、抗病能力，适应性强，产油量高。

另外，还有紫茎紫脉薄荷、青茎圆叶薄荷、409薄荷、687薄荷、119薄荷等品种。

薄荷原油一般指的是亚洲薄荷新鲜茎和叶经水蒸气蒸馏得到的油，一般得油率为0.3%～0.6%。薄荷油经再冷冻，部分脱脑取出45%～55%薄荷脑后，加工得到的挥发油为薄荷素油。薄荷油通常在分馏过程中去除头油和后油馏分，不同的操作方式形成薄荷油的不同风格。馏分去除较多薄荷油有时称为脱萜烯油。

薄荷原油为淡草绿色液体或淡黄色的澄清液体，稍遇冷即凝固成固体；呈强烈薄荷香气和清凉的微苦味，有强烈的穿透性；在温度较低时有大量的无色晶体析出，存放日久则色渐变深，质渐变黏。易溶于水，与醇、醚、氯仿等均能任意混合。

薄荷油外文名：*Mentha arvensis* oil；mint oil；cornmint oil。

来源：薄荷的新鲜茎和叶。

相对密度（25℃）：0.900～0.909。

CAS编号：68917-18-0。

FEMA编号：4219。

沸点：210℃。

折射率：1.4590。

旋光度：取本品置1dm的管中，依法测定为−17°～−24°。

折射率：1.456～1.466。

颜色：取本品与同体积的黄色6号标准比色液比较，不得比6号标准比色液深。

鉴别：取本品1滴，加硫酸3～5滴及香兰素结晶少量，应显橙红色，再加水1滴，即变紫色。

性味：辛、凉、无毒。

功能主治：芳香药、调味药及祛风药。可用于皮肤或黏膜产生清凉感以减轻不适宜，主治疼痛。

用法用量：口服，一次0.02～0.20mL，一日0.06～0.60mL。

薄荷鲜叶含油1.00%～1.46%，油中主成分为左旋薄荷醇（menthol），含量62.3%～87.2%，还含左旋薄荷酮、异薄荷酮、胡薄荷酮、乙酸癸酯、乙酸薄荷酯、苯甲酸甲酯、α-及β-蒎烯、β-侧柏烯、3-戊醇、2-己醇、3-辛醇、右旋月桂烯、柠檬烯及桉叶素，α-松油醇等。又含黄酮类成分：异瑞福灵、木犀草素-7-葡萄糖苷、薄荷异黄酮苷。有机酸成分：迷迭香酸、咖啡酸。氨基酸成分：天冬氨酸、谷氨酸、丝氨酸、天冬酰胺、缬氨酸、亮氨酸和异亮氨酸、苯丙氨酸、蛋氨酸、赖氨酸。

药理药效：

① 用于风热感冒，温病初起。本品辛以发散、凉以清热、清轻凉散，为疏散风热常用之品，故可用治风热感冒或温病初起，邪在卫分，头痛、发热、微恶风寒者，常配银花、连翘、牛蒡子、荆芥等同用，如银翘散。

② 用于头痛目赤、咽喉肿痛。本品轻扬升浮、芳香通窍，功善疏散上焦风热，清头目、利咽喉。用治风热上攻，头痛目赤，多配合桑叶、菊花、蔓荆子等同用；用治风热壅盛，咽喉肿痛，常配桔梗、生甘草、僵蚕、荆芥、防风等同用。

③ 用于麻疹不透，风疹瘙痒。本品质轻宣散，有疏散风热，宣毒透疹之功，用治风热束表，麻疹不透，常配蝉蜕、荆芥、牛蒡子、紫草等，如透疹汤；治疗风疹瘙痒，可与苦参、白鲜皮、防风等同用，取其祛风透疹止痒之效。

④ 用于肝郁气滞，胸闷胁痛。本品兼入肝经，能疏肝解郁，常配合柴胡、白芍、当归等疏肝理气调经之品，治疗肝郁气滞，胸胁胀痛，月经不调，如逍遥散。

⑤ 此外，本品芳香辟秽，还可用治夏令感受暑湿秽浊之气，所致痧胀腹痛吐泻等症，常配藿香、佩兰、白扁豆等同用。

各家论述：

①《重庆堂随笔》：患风热头疼龈痛，搽患处。

②《中国医学大辞典》清热散风。治头风，目赤，咽痛。牙疼，皮肤风热。

③《国药的药理学》头痛、晕船、反胃、胃肠气胀等，涂布或内服。

④《中药形性经验鉴别法》治疝痛，下痢。

巴西、中国和印度薄荷油成分见表 4-25，供参考。

表 4-25　巴西、中国、印度薄荷油成分表　　　　　　单位：%

项目	巴西薄荷油		中国薄荷油		印度薄荷油	
	平均值	范围	平均值	范围	平均值	范围
单萜烯、碳氢化合物	6.84	55.9～8.74	5.50	4.10～7.34	6.00	4.31～7.62
薄荷酮	14.80	12.33～17.99	11.13	6.42～16.75	6.05	4.03～10.81
异薄荷酮	4.14	3.53～5.22	3.97	3.11～5.17	2.71	1.65～3.50
醋酸蓋酯	2.35	1.15～3.99	0.77	0.43～1.42	1.96	0.22～3.38
新薄荷醇	2.60	2.15～3.90	2.61	0.78～3.51	2.82	2.31～3.35
薄荷醇	65.08	61.62～67.85	72.10	63.47～76.03	75.52	72.20～78.62
异薄荷醇	0.40	0.14～0.71	0.77	0.44～1.02	0.75	0.36～0.97
胡椒酮	1.89	1.41～2.98	0.90	0.40～1.80	1.10	0.34～1.80
胡薄荷酮	1.19	1.06～1.35	0.90	0.65～1.15	0.50	0.35～0.71

椒样薄荷又称胡椒薄荷，多年生宿根草本，具有芳香、清凉味。原产于中国、日本及朝鲜，具匍匐根状茎，其上有节，每节有两个对生芽和芽鳞片。茎四棱形，直立，上部被茸毛，下部仅沿棱上有少量茸毛。叶对生，长圆状披针形至椭圆形，长 8～10cm，宽 3～5cm，顶端锐尖，叶面较平展，叶色鲜绿至暗绿，网状脉下陷，叶边锯齿深而锐，叶柄长 1～2cm，被茸毛。轮伞花序腋生，花萼筒状钟形。

图 4-18　椒样薄荷

椒样薄荷（图 4-18）的叶子可作为蔬菜，凉拌、炒吃都可，在欧洲普遍用来泡茶。也可以在酱汁、饮料、凉菜、刀豆、土豆的料理或鱼肉料理中使用，做点心时也使用。工业中也可用来作香皂之香精，椒样薄荷精油是糖果、制药、牙膏中的重要的添加剂，也可作除臭祛风药。口香糖生产中也使用得很多。在热带作为药用时，叶汁和元葱一起使用，可抑制呕吐。

椒样薄荷油色状：无色或苍黄色液体。

香气：有新鲜、强烈而微带青草气息的薄荷香气，底韵有膏香甜香，凉气能贯穿始终。

相对密度：0.896～0.908。

折射率：1.4590～1.4650。

旋光度：－18°～－32°。

含酯量：不小于5.0%。

总醇量：不小于50%。

左旋薄荷脑：不小于40%。

薄荷呋喃：2.5%～6.5%。

亚洲薄荷油和椒样薄荷油的鉴定主要也是参照其理化指标——香气、色泽、密度、折射率、旋光度等，必要时用气相色谱或气质联机测定，与标准品的色谱图和数据对照即可鉴别真伪。

椒样薄荷精油中约有230个化合物，绝大多数化合物的含量甚微，其中15个化合物组分是检测精油质量的常规指标，它们是α-蒎烯、β-蒎烯、月桂烯、α-松油烯、柠檬烯、1,8-桉叶素、水合桧烯、薄荷酮、薄荷呋喃、异薄荷酮、乙酸薄荷酯、新薄荷醇、长叶薄荷酮、金合欢烯和吉玛烯-D。这些组分在美国、日本出口的椒样薄荷精油中均存在，同样在中国新疆椒样薄荷精油和印度产精油中也均被检测到。

对于椒样薄荷精油，若其中α-蒎烯、β-蒎烯和柠檬烯等萜烯类物质含量越少，则精油的色变和品质变化就越小。中国新疆产的椒样薄荷精油中这3种烯的含量（0.945%、1.009%、1.522%）均非常接近美国、日本出口的优质精油相应的含量（0.74%、0.97%、1.41%），而印度产精油3者的含量（1.213%、0.961%、1.848%）总体上与美国、日本出口的优质精油差别较大，含量偏高。

美国、日本出口的椒样薄荷精油主要成分的标准为：薄荷醇40%～45%，薄荷呋喃1.1%～3.5%，乙酸薄荷酯4%～10%。椒样薄荷精油中长叶薄荷酮、薄荷酮和异薄荷酮等高沸点羰基化合物自身具有异臭味，还是产生苦味的原因，这些物质含量越少品质越好。

中国新疆出产的某椒样薄荷油成分见表4-26，供参考。

表 4-26　中国新疆出产的某椒样薄荷油成分表

成分	分子式	分子量 M_w	含量/%		
			印度	美国	中国新疆
α-蒎烯	$C_{10}H_{16}$	136	1.213	0.74	0.945
莰烯	$C_{10}H_{16}$	136	0.028	—	0.026
香桧烯	$C_{10}H_{16}$	136	0.328	0.48	0.626
β-蒎烯	$C_{10}H_{16}$	136	0.961	0.97	1.009
3-辛醇	$C_8H_{18}O$	130	0.023	0.21	0.243
月桂烯	$C_{10}H_{16}$	136	0.185	0.16	0.103
α-水芹烯	$C_{10}H_{16}$	136	0.305	0.24	0.088
α-松油烯	$C_{10}H_{16}$	136	0.108	0.08	0.048
对伞花烃	$C_{10}H_{14}$	134	0.162	0.26	0.402
柠烯	$C_{10}H_{16}$	136	1.848	1.41	1.522

成分	分子式	分子量 M_w	含量/%		
			印度	美国	中国新疆
1,8-桉叶素	$C_{10}H_{18}O$	154	5.625	4.37	6.648
反罗勒烯	$C_{10}H_{16}$	136	0.168	0.21	0.151
γ-松油烯	$C_{10}H_{16}$	136	0.018	0.46	—
水合桧烯	$C_{10}H_{18}O$	154	0.134	1.18	2.361
异松油烯	$C_{10}H_{16}$	136	0.060	0.12	0.024
芳樟醇	$C_{10}H_{18}O$	154	0.118	0.12	0.231
异长叶薄荷醇	$C_{10}H_{18}O$	154	0.125	—	0.193
薄荷酮	$C_{10}H_{18}O$	154	28.169	19.82	17.211
薄荷呋喃	$C_{10}H_{14}O_2$	166	1.412	2.00	3.069
异薄荷酮	$C_{10}H_{18}O$	154	5.705	2.95	2.635
新薄荷醇	$C_{10}H_{20}O$	156	4.205	3.63	2.285
薄荷醇	$C_{10}H_{20}O$	156	34.209	43.86	45.517
异薄荷醇	$C_{10}H_{20}O$	156	1.710	0.75	0.645
新异薄荷醇	$C_{10}H_{20}O$	156	—	0.83	0.413
4-松油醇	$C_{10}H_{18}O$	154	—	0.93	0.302
α-松油醇	$C_{10}H_{18}O$	154	0.202	0.19	—
长叶薄荷醇	$C_{10}H_{16}O$	152	1.433	1.47	1.721
辣薄荷酮	$C_{10}H_{16}O$	152	0.496	0.45	0.427
辣薄荷醇	$C_{10}H_{18}O$	154	0.112	0.66	0.410
γ-乙酸薄荷酯	$C_{12}H_{22}O_2$	198	0.186	0.11	0.196
乙酸薄荷酯	$C_{12}H_{22}O_2$	198	5.507	4.77	4.405
乙酸新薄荷酯	$C_{12}H_{22}O_2$	198	0.151	0.28	0.166
薄荷呋喃酮	$C_{10}H_{14}O_2$	166	0.043	—	1.282
β-波旁烯	$C_{15}H_{24}$	204	0.207	0.51	0.499
石竹烯	$C_{15}H_{24}$	204	2.747	2.28	2.726
反石竹烯	$C_{15}H_{24}$	204	0.061	—	0.018
葎草烯	$C_{15}H_{24}$	204	0.340	—	0.190
D-吉玛烯	$C_{15}H_{24}$	204	0.198	2.20	0.017
金合欢烯	$C_{15}H_{24}$	204	0.057	0.10	0.051
总含量			98.559	98.29	98.805

第十四节　胡萝卜籽油

胡萝卜籽油，是从野胡萝卜中蒸馏而得，但一般食用的胡萝卜也有蒸馏出精油的可能性，这两个品种的茎与叶颇为类似，只是野胡萝卜的组织较粗，而且根部不可食用。它的茎上开有紫心白花，整棵植物可蒸馏出精油，这种精油主要产自欧洲，有些产自埃及与印度。

野胡萝卜（图 4-19）为二年生草本，高 20～120cm，茎直立，表面有白色粗硬毛。根生叶有长柄，基部销状；叶片 2～3 回羽状分裂，最终裂片线形或披针形；茎生叶的叶柄较短。复伞形花序顶生或侧生，有粗硬毛、伞梗 15～30 枚或更多；总苞片 5～8，叶状，羽状分裂，裂片线形，边缘膜质，有细柔毛；小总苞片数枚，不裂或羽状分裂；小伞形花序有花 15～25 朵，花小、白色、黄色或淡紫红色，每一总伞花序中心的花通常有一朵为深紫红色；花萼 5，窄三角形；花瓣 5，大小不等，先端凹陷，成一狭窄内折的小舌片；子房下位，密生细柔毛，结果时花序外缘的伞辐向内弯折。双悬果卵圆形，分果的主棱不显著，次棱 4 条，发展成窄翅，翅上密生钩刺。花期 5～7 月，果期 7～8 月。

胡萝卜籽经低温粉碎后，采用超临界二氧化碳萃取-分离-精制可得胡萝卜籽油。

性状：棕红透明澄清液体，具有令人愉快的甜香，低温下有结晶析出，温度升高时结晶溶解。该结晶为类胡萝卜素，在油中含量高，过饱和结晶析出，该成分极具营养和保健功能。

溶解性：可溶于非挥发性油脂类及酒精等有机溶剂中，可微溶于水；不溶于甘油和丙二醇。

胡萝卜籽油的用途：GB 2760—2014 允许使用的食品用香料，主要用于调味、酒类和汤类等。

图 4-19　野胡萝卜

胡萝卜籽油的制法：由伞形科草本植物胡萝卜（*Daucus carota*）的种子，先压榨除油，再经水蒸气蒸馏而得，得油率 0.4%～0.5%。

质量指标：FCC，1996。

酸值：(OT-4) ≤5.0。

旋光度：$-4°～-30°$

重金属（GT-16-5）实验：阴性。

折射率 (n_D^{20})：1.483～1.493。

皂化值（OT-40，试样量 5g）：9～58。

醇中溶解度（OT-43）：1mL 样品可溶于 0.5mL95% 乙醇中，如继续稀释至 10mL，可出现乳白色。

相对密度 $(d25/25)$：0.900～0.943。

使用限量，FEMA（mg/kg）：软饮料 3.1；冷饮 5.5；糖果 5.1；焙烤食品 4.4；布丁类 0.02；调味品 15，汤类 1.0。

胡萝卜籽油的鉴定主要也是参照其理化指标——香气、色泽、密度、折射率、旋光度等，必要时用气相色谱或气质联机测定，与标准品的色谱图和数据对照即可鉴别真伪。胡萝卜籽油的主成分为胡萝卜醇、蒎烯、柠檬烯、丁酸、异丁酸和细辛脑等。

某新疆胡萝卜籽挥发油气相色谱图见图 4-20，化学成分表见表 4-27，供参考。

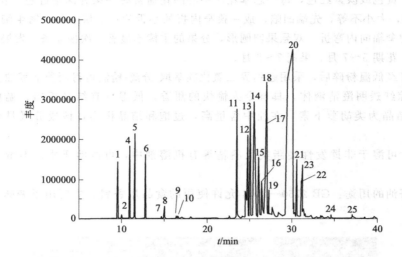

图 4-27 某新疆胡萝卜籽挥发油气相色谱图

表 4-27 某新疆胡萝卜籽挥发油气化学成分表

序号	化合物	保留时间/min	质量分数/%	相似性
1	α-蒎烯	9.57	1.48	98
3	莰烯	10.03	0.07	96
3	β-水芹烯	10.88	0.16	94
4	β-蒎烯	10.99	2.05	96
5	β-月桂烯	11.48	2.64	96
6	柠檬烯	12.70	1.69	96
7	α-异松油烯	14.62	0.05	96
8	β-里那醇	15.01	0.3	97
9	松香芹醇	16.32	0.02	93
10	马鞭草烯醇	16.51	0.06	93
11	γ-荜澄茄烯	23.55	5.12	91
12	石竹烯	24.70	3.61	97
13	α-佛手柑烯	25.05	5.29	96
14	β-金合欢烯	25.53	4.85	92
15	β-荜澄茄烯	26.09	2.43	89
16	β-桉叶烯	26.48	0.83	96
17	8-异丙烯基-1,5-二甲基-1,5-环癸二烯	26.82	1.81	82
18	β-甜没药烯	27.05	9.58	95
19	β-倍半水芹烯	27.31	0.64	94
20	胡萝卜醇	30.06	50.27	93
21	胡萝卜脑	30.51	1.57	92
22	β-桉叶油醇	31.11	0.81	84
23	细辛醚	31.19	1.44	95
24	六氢金合欢基丙酮	34.56	0.06	94
25	棕榈酸	37.09	0.14	92

胡萝卜籽精油功效：祛胀气、促进细胞再生、清血、利尿、通经、养肝、激励、补强、驱虫。

1. 身体疗效

胡萝卜籽精油是极佳的身体净化油，因为它对肝脏有解毒的功效。亦有益于改善黄疸及其他的肝脏问题，可辅助消灭肾结石，具有改善肝炎的功效。也能清肠，控制胀气，抑止腹泻，可缓和胃溃疡的疼痛。可释出滞留的水分，减轻膀胱炎，另外似乎也能安抚痛风的病情。

胡萝卜种子油能增强器官的机能与活力，比如可增加红细胞的数目。可能也有助于缓解贫血及伴随贫血而来的疲弱感。其似乎对流行性感冒、支气管炎之类的呼吸道问题也颇有作用。因为它能强化鼻、喉、肺的黏膜组织，据说也能改善咳嗽和冻疮。有调理荷尔蒙的功能，因此在生殖系统方面的效用绝佳；可规律经期，帮助受孕，改善不孕症。

2. 皮肤疗效

胡萝卜籽精油能强化红细胞，所以可以改善肤色，使皮肤更紧实有弹性，使用后的皮肤变得年轻有活力；还可淡化老人斑，是早衰皮肤的救星。预防皱纹的生成——也许这是由于胡萝卜籽精油可促成表皮细胞再生。同样地，这个功能也能促进伤口结疤。据说还能改善其他的皮肤问题，如流脓的伤口及溃疡、白斑、搔痒、痴子、湿疹、干癣等。可治疗发炎的伤口以及粗硬干燥的皮肤和鸡眼。

适合与之调配的精油：佛手柑油、杜松油、薰衣草油、柠檬油、莱姆油、蜜蜂花油、迷迭香油、马鞭草油等。

第十五节　香叶油

香叶油又名天竺葵油，主要产地为西南印度洋靠近马达加斯加岛的留尼旺岛；法国、摩洛哥生产的品质不错，西班牙也有生产，精油为黄绿色。我国有少量种植生产。

天竺葵株（图 4-21）高 30～60cm，全株被细毛和腺毛，具异味。茎肉质。叶互生，圆形至肾形，通常叶缘内有马蹄纹。伞形花序顶生，总梗长，有直立和悬垂两种，花色有红色、桃红色、橙红色、玫瑰色、白色或混合色。有单瓣重瓣之分，还有叶面具白、黄、紫色斑纹的彩叶品种。花期 5～6 月，除盛夏休眠，如环境适宜可不断开花。喜冷凉，但也不耐寒。忌高温，喜阳光充足，喜排水良好的肥沃壤土；不耐水湿，湿度过大易徒长，稍耐干旱。生长适温为白天 15℃左右，夜间不低于 5℃。夏季休眠或半休眠，应置半阴处，并控制水分。

香叶油由蒸馏天竺葵的花叶而来，气味略似玫瑰，因此常被假冒成玫瑰花油，不过细闻之下，天竺葵带有强烈的综合甜味、柠檬味和薄荷的复合味，可借此分辨。

外观：绿黄色至琥珀色澄清液体。

香气：具玫瑰和香叶醇样香气。蜜甜，微清，香气稳定持久，新蒸得的香叶油有时带杂味，为少量硫化物的香气，稍储存短期后能消失。

密度：0.887g/cm³。

沸点：197℃。

相对密度：0.886～0.898。

折射率：1.462～1.472。

旋光度：-14°～-7°（25℃）。

酸值：1.5～9.5。

乙酰化后酯值：190～230。

溶解性：对强酸不稳定，在碱性中香叶醇酯和香茅醇酯会部分皂化。溶于乙醇、苯甲酸苄酯和大多数植物油，在矿物油和丙二醇中常呈乳白色，不溶于甘油。

图 4-21　天竺葵株

香叶油能止痛、收敛抗菌、伸进织疤、增强细胞防御功能，能深层洁肤、平衡皮脂分泌、促进皮肤细胞新生，能修复疤痕、妊娠纹。特别适用于油性肌肤和痘痘性肌肤，对痘痘和痘印都有很好的缓解和消除效果。

主要功效：止痛、抗菌、伸进织疤、增强细胞防御功能、除臭、止血、补身。适用所有皮肤，有深层净化和收敛效果，平衡皮脂分泌；促进皮肤细胞新生，修复疤痕、妊娠纹。

皮肤疗效：适合各种皮肤，能平衡皮脂分泌，使皮肤饱满；对松垮、毛孔阻塞及油性皮肤也很好，堪称一种全面性的洁肤油；香叶油能促进血液循环，使苍白的皮肤变得较为红润、有活力；可能对湿疹、灼伤、带状疱疹、疱疹、癣及冻疮有益；可祛黑头，是天然的祛污剂；在泡脚的热水中滴入几滴香叶油，可以达到活血经络的目的，还能达到去除脚气、脚臭的效果。

心理疗效：平抚焦虑、沮丧，还能提振情绪；影响肾上腺皮质，让心理恢复平衡，舒解压力。

生理疗效：改善经前症候群、更年期问题（沮丧、阴道干涩、经血过多）。香叶油具有利尿的特性，可帮助肝、肾排毒。强化循环系统，使循环更加顺畅。

香叶油能让冻疮很快消退，用作护肤时，皮肤看起来会很有光泽。最重要的是，它能治疗子宫内膜异位、月经问题、糖尿病、血液问题和喉咙发炎。天竺葵对癌症的帮助也非常大，可以协助病人放松心情，减轻病痛，是很好的镇静剂。

搭配精油：罗勒、佛手柑、雪松、鼠尾草、葡萄柚、茉莉、薰衣草、橙花、甜橙、苦橙叶、玫瑰、迷迭香、檀香、甘菊（加强其治疗的效果）、杜松（能强化其甜美的味道）。

香叶油的鉴定主要也是参照其理化指标——香气、色泽、密度、折射率、旋光度等，必要时用气相色谱或气质联机测定，与标准品的色谱图和数据对照即可鉴别真伪。香叶油的主要成分是：香叶醇、香茅醇、芳樟醇、异薄荷酮、薄荷酮、甲酸香叶酯、甲酸香茅酯、橙花醛、香叶醛、丁香酚、异戊醇等。

采用同时水蒸气蒸馏-溶剂萃取法制取香叶油，因其加热时间长，提取温度高，易使对热不稳定的挥发性成分发生分解，收率仅为 0.8%。某香叶油的气相色谱图见图 4-22，化学成分表见表 4-28，供参考。

表 4-28 某香叶油的化学成分表

化合物类型	名称	保留时间/min	相似度/%	峰面积百分含量/%	保留指数	
					计算值	引用值
醇类	香茅醇	30.78	99	19.481	1243	1231
	香叶醇	31.48	99	12.049	1257	1258
	β-桉叶油醇	47.69	96	6.368	1646	1647
	芳樟醇	23.84	93	5.388	1105	1101
	δ-杜松醇	48.45	92	0.717	1671	1673
	α-松油醇	28.72	90	0.633	1200	1191
	α-桉叶油醇	48.51	99	0.553	1673	1653
	茅苍术醇	47.92	99	0.464	1654	1638
	(Z)-氧化芳樟醇 5 (呋喃型)	22.18	95	0.460	1074	1077
	绿花白千层醇	46.61	98	0.316	1610	1596
	八氢四甲基萘甲醇	47.00	98	0.237	1623	1612
	(E)-氧化芳樟醇 5 (呋喃型)	23.01	99	0.233	1090	1092
	异胡薄荷醇	26.40	95	0.204	1155	1155
	喇叭花醇	45.64	91	0.090	1583	1623
醛类	橙花醛	30.93	99	0.450	1246	1246
酮类	薄荷酮	27.33	95	4.074	1173	1170
	异薄荷酮	26.79	91	2.980	1162	1165
	6-甲基-3,5-庚二烯-2-酮	23.94	99	0.092	1107	1105
	6,10,14-三甲基-2-十五酮	52.23	98	0.066	1841	1872
	6-甲基-5-庚烯-2-酮	17.38	97	0.054	985	986
酯类	甲酸香茅酯	32.60	91	5.255	1280	1279
	甲酸香叶酯	33.68	99	3.222	1303	1304
	锡各酸香叶酯	49.25	98	1.789	1698	1700
	丁酸香叶酯	44.58	97	1.591	1557	1558
	丙酸香叶酯	41.01	95	0.908	1469	1477
	丁酸香茅酯	43.40	99	0.899	1527	1529
	丙酸香茅酯	39.76	99	0.711	1440	1444
	乙酸香叶酯	37.09	96	0.695	1378	1384
	锡各酸香茅酯	48.31	93	0.481	1667	1667
	乙酸香茅酯	35.81	92	0.425	1350	1357
	2-甲基丁酸香叶酯	48.00	90	0.331	1656	1586
	异戊酸香叶酯	46.23	99	0.315	1598	1613
烷烯烃类	β-波旁烯	37.81	98	1.668	1394	1391
	β-石竹烯	39.40	98	1.467	1431	1427
	去氧白菖蒲烯	43.56	99	0.874	1531	1531
	β-荜澄茄烯	37.38	95	0.752	1385	1390
	α-依兰油烯	42.57	91	0.687	1506	1501
	α-蒎烯	14.89	99	0.561	938	940
	α-榄香烯	40.56	98	0.556	1458	1492
	β-愈创木烯	40.18	97	0.537	1450	1490
	δ-杜松烯	43.22	95	0.415	1523	1524
	α-蛇麻烯	40.90	99	0.371	1467	1461
	β-杜松烯	41.48	99	0.330	1480	1501
	α-芹子烯	42.06	96	0.290	1494	1493
	别香橙烯	41.10	93	0.280	1471	1471
	α-荜澄茄烯	36.00	92	0.273	1354	1355
	(E)-β-罗勒烯	20.75	90	0.261	1048	1049
	柠檬烯	19.96	99	0.204	1033	1033
	γ-依兰油烯	40.37	99	0.201	1454	1478

续表

化合物类型	名称	保留时间/min	相似度/%	峰面积百分含量/%	保留指数 计算值	保留指数 引用值
烷烯烃类	γ-杜松烯	42.77	95	0.091	1511	1515
	月桂烯	17.69	98	0.084	991	991
	α-古芸香烯	38.79	98	0.082	1417	1412
	α-松油烯	18.13	99	0.061	999	1019
	α-杜松烯	44.15	95	0.055	1546	1537
	α-水芹烯	18.70	91	0.041	1010	1006
	γ-芹子烯	39.90	99	0.034	1443	1465
其他	玫瑰醚	24.29	99	1.777	1114	1115
	大根香叶烯 D	41.96	99	0.712	1492	1485
	石竹烯氧化物	46.13	96	0.339	1595	1594
	对伞花烃	19.68	93	0.145	1028	1025
	2,2,6-三甲基-6-乙烯基四氢吡喃	16.75	92	0.123	973	964

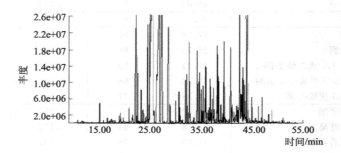

图 4-22　某香叶油的气相色谱图

超临界 CO_2 萃取具有操作温度近于室温、溶解能力强、无毒、无残留污染、产品物性好、纯度高等优点，收率为可达 2.6%，适合于天然产物的分离精制。由于超临界 CO_2 萃取具有很多其他提取方法不具备的优点，所以更适合于挥发油中热敏性成分的提取。

下面是用超临界 CO_2 萃取得到的某香叶油的化学成分表见表 4-29，气相色谱图见图 4-23。

表 4-29　某香叶油的化学成分表

序号	保留时间 t_R/min	化合物名称	分子式	相对含量/%	相似度/%
1	4.02	2-甲基-5-(1-甲基乙基)双环[3.1.0]己-2-烯	$C_{10}H_{16}$	0.67	91
2	4.17	α-蒎烯	$C_{10}H_{16}$	5.40	95
3	4.42	莰烯	$C_{10}H_{16}$	0.79	97
4	4.88	β-水芹烯	$C_{10}H_{16}$	6.63	90
5	4.96	6,6-二甲基-2-亚甲基双环[3.1.1]庚烯	$C_{10}H_{16}O$	4.37	
6	5.47	α-水芹烯	$C_{10}H_{16}$	0.27	91
7	5.73	(+)-4-蒈烯	$C_{10}H_{16}$	0.53	97
8	6.19	桉树脑	$C_{10}H_{18}O$	34.45	98
9	7.60	1-甲基-4-(1-甲基乙基)-1,4-环己二烯	$C_{10}H_{16}$	0.44	95
10	6.86	松油醇	$C_{10}H_{18}O$	0.94	97
11	7.34	(+)-4-蒈烯	$C_{10}H_{18}$	0.40	96
12	7.60	3,7-二甲基-1,6-辛二烯-3-醇	$C_{10}H_{16}O$	2.01	80
13	8.14	反-1-甲基-4-1-(甲基乙基)2-环己烯-1-醇	$C_{10}H_{16}O$	0.90	88
14	8.49	顺-p-甲基-2,8-二醇	$C_{10}H_{16}O$	0.26	80
15	8.61	6,6-二甲基-2-亚甲基双环[3.1.1]庚-3-醇	$C_{10}H_{16}O$	1.02	82

序号	保留时间 t_R/min	化合物名称	分子式	相对含量/%	相似度/%
16	9.06	5-(1-甲基乙基)双环[3.1.0]己烷-2-酮	$C_{10}H_{18}$	0.49	94
17	9.32	(+)-α-松油醇(p-甲基-1-烯-8-醇)	$C_{10}H_{18}O$	1.07	86
18	9.61	4-甲基-1-(1-甲基乙基)-3-环己烯-1-醇	$C_{10}H_{18}O$	3.68	97
19	9.74	α-崖柏醛	$C_{10}H_{14}O$	0.14	94
20	9.86	1,2,3,5-四甲基苯	$C_{10}H_{16}O$	0.66	91
21	9.96	对甲基-1-烯-8-醇	$C_{10}H_{18}O$	3.02	90
22	10.08	6,6-二甲基双环[3.1.1]庚-2-烯-2-甲醇	$C_{10}H_{16}O$	1.06	95
23	10.65	反-2-甲基-5-(1-甲基乙基)-2-环己烯-1-醇	$C_{10}H_{16}O$	0.38	91
24	10.88	顺-2-甲基-5-(1-甲基乙基)-2-环己烯-1-醇	$C_{10}H_{16}O$	0.86	83
25	12.06	乙酸-4-崖柏烯-2α-基酯	$C_{12}H_{18}O_2$	0.40	96
26	12.35	乙酸冰片酯	$C_{12}H_{20}O_2$	0.83	98
27	12.53	4-(1-甲基乙基)苯甲醇	$C_{10}H_{14}O$	0.38	97
28	13.14	1-亚甲基-4-(1-甲基乙基)环己烷	$C_{10}H_{16}$	1.23	82
29	13.79	乙酸-1,3,3-三甲基-2-含氧双环[2.2.2]辛-6-醇酯	$C_{12}H_{20}O_3$	0.79	83

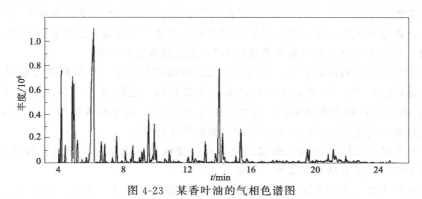

图 4-23　某香叶油的气相色谱图

第十六节　依兰依兰油

依兰依兰分布区域：爪哇、马达加斯加、菲律宾、留尼旺岛、西塞尔，主要产地为马来西亚、印度尼西亚、菲律宾、缅甸及澳大利亚。

依兰依兰树，常绿大乔木，高达 20 多米，胸径可达 60cm；树干通直，树皮灰色；小枝无毛，有小皮孔。叶大，膜质至薄纸质，卵状长圆形或长椭圆形，长 10～23cm，宽 4～14cm，顶端渐尖至急尖，基部圆形，叶面无毛，叶背仅在脉上被疏短柔毛；侧脉每边 9～12 条，上面扁平，下面凸起；叶柄长 1～1.5cm。花序单生于叶腋内或叶腋外，有花 2～5 朵；花大，长约 8cm，黄绿色，芳香，倒垂；总花梗长 2～5mm，被短柔毛；花梗长 1～4cm，被短柔毛，有鳞片状苞片；萼片卵圆形，外反，绿色，两面被短柔毛；花瓣内外轮近等大，线形或线状披针形，长 5～8cm，宽 8～16mm，初时两面被短柔毛，老渐几无毛；雄蕊线状倒披针形，基部窄，上部宽，药隔顶端急尖，被短柔毛；心皮长圆形，被疏微毛，老渐无毛，柱头近头状羽裂。成熟心皮 10～12，有长柄，无毛，成熟的果近圆球状或卵状，长约 1.5cm，直径约 1cm，黑色。花期 4～8 月，果期 12 月至翌年 3 月。

依兰依兰精油，简称依兰油，来自于依兰花
（图4-24）的萃取物，油无色或黄色，流质状、
清澈而有奇香且厚重。

依兰树花片为狭长形，花朵颜色有黄色、粉红、
紫蓝，精油为蒸馏花朵而得，以黄色花朵萃取的淡黄
色精油最佳。这些花朵第一次蒸馏所得的精油品质最
好，其后所得精油疗效相似，但香味比较逊色，通常
称这些较差的油为"卡南加油"。这种半野生的树种
木质坚脆，常见于塞舌尔、毛里求斯、塔西提及菲律
宾，马达加斯加所产的依兰精油是最好的依兰精油。

图4-24　依兰花

印度尼西亚人有个很可爱的传统，他们总会
在新婚夫妻的床上遍撒依兰花瓣，这么做的目
的，可想而知是借助依兰出名的催情效果。1900年以前，菲律宾独占依兰的世界贸易市场。
虽然依兰有时又被称作"穷人的茉莉"，但事实上，它总是出现于高级香水中。

依兰鲜花出油率达2%～3%，具有独特浓郁的芳香气味，是珍贵的香料工业原材料，广
泛用于香水、香皂和化妆品等。用它提炼的依兰依兰油是当今世界上最名贵的天然高级香料和
高级定香剂，所以人们称之为"世界香花冠军""天然的香水树"等。

从依兰不同花期的精油成分看，以盛开时花的精油质量最佳。花蕾期酯含量只有6.74%，
而倍半萜含量高达89.87%；盛花期，即花瓣转为黄色时，总酯含量为19.66%，倍半萜含量
为70.38%；花瓣由黄转橙黄的油样，其总酯量达20.93%，倍半萜含量为72.12%，香气相对
较好。由此看来，盛花期后采收的花所得依兰油的质量较好。

目前，在市场上以依兰油加工而成的化妆品、洗涤品层出不穷，而且十分畅销、供不应
求。它也用于配制世界上最名贵香水——香奈儿五号。

依兰依兰油的鉴定主要也是参照其理化指标——香气、色泽、密度、折射率、旋光度等，
必要时用气相色谱或气质联机测定，与标准品的色谱图和数据对照即可鉴别真伪。

某依兰鲜花头香成分图谱见图4-25，化学成分表见表4-30。

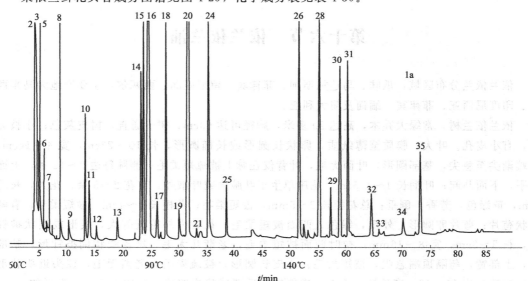

图4-25　某依兰鲜花头香成分图谱

表 4-30　某依兰鲜花头香化学成分表

峰号 OV-101	峰号 PEG-20M	化合物分子式	化合物名称	峰面积/%	$I_{TP}^{未知}$	$I_{TP}^{标样}$
3	7	C_2H_8O	乙醇	3.00	504 922	507 927
5	6	$C_4H_8O_2$	乙酸乙酯	57.93	602 882	598 883
6	23	$C_4H_8O_2$	3-羟基-2-丁酮	0.14	690 1301	
7	28	$C_5H_{10}O_2$	乙酸丙酯	0.10	698 972	699 975
8	12	C_7H_8	甲苯	2.92	762 1043	770 1045
9	13	$C_6H_{12}O_2$	乙酸丁酯	0.11	796 1068	799 1072
10	14	C_8H_{10}	1,2-二甲苯	0.29	860 1134	861 1139
11	16	C_8H_{10}	1,4-二甲苯	0.48	885 1183	884 1189
12	15	$C_7H_{14}O_2$	乙酸戊酯	0.12	893 1170	896 1174
13	17	$C_{10}H_{18}$	α-蒎烯	0.11	938 1038	940 1037
14	18	$C_{10}H_{18}$	香叶烯	0.69	987 1160	936 1156
15	24	$C_8H_{14}O_2$	乙酸叶醇酯	1.49	992 1310	987 1308
	26	$C_8H_{14}O_2$	2-己烯-1-醇乙酸酯	0.21	1317	997 1315
	26	$C_8H_{12}O$	叶醇	0.10	1368	856 1366
16	27	$C_8H_{10}O$	对甲基茴香醚	13.04	1001 1436	994 1432
	28	C_7H_8O	苯甲醛	0.07	1516	945 1518
17	20	$C_{10}H_{10}$	β-柠檬烯	0.17	1028 1200	1031 1206
18	21	$C_{19}H_{16}$	罗勒烯	0.85	1044 1248	1038* 1250*
19	32	$C_8H_8O_2$	苯甲酸甲酯	0.21	1083 1613	1082 1612
20	29	$C_{19}H_{18}O$	芳樟醇	10.96	1093 1530	1092 1531
24	36	$C_8H_{10}O_2$	乙酸苯甲酯	2.83	1142 1718	1145 1710
25	34	$C_{10}H_{12}O$	对丙基茴香醚	0.23	1181 1607	
26	38	$C_{12}H_{20}O_2$	乙酸香叶酯	1.48	1365 1748	1369 1749
27	31	$C_{15}H_{24}$	异石竹烯	0.92	1426 1598	1429 1600
29	33	$C_{15}H_{24}$	葎草烯	0.28	1469 1662	1468 1667

续表

峰 号		化合物	化合物名称	峰面积/%	$I_{TP}^{未知}$	$I_{TP}^{标样}$
OV-101	PEG-20M	分子式				
30	35	$C_{15}H_{24}$	β-古芸烯	0.09	1483 1709	
31	37	$C_{15}H_{24}$	γ-榄香烯	0.54	1504	
35		$C_{14}H_{12}O_2$	苯甲酸(2-甲基)苯酯	0.17	1810	

该依兰花净油的气相图谱见图 4-26，其化学成分表见表 4-31。

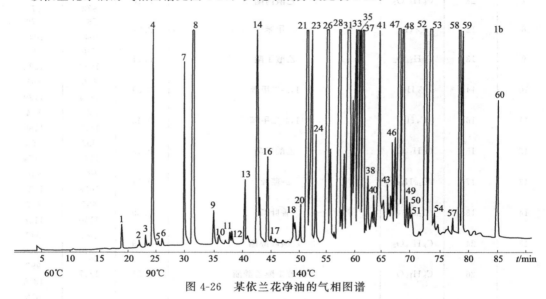

图 4-26　某依兰花净油的气相图谱

表 4-31　某依兰花净油的化学成分表

峰 号		化合物	化合物名称	峰面积/%	$I_{TP}^{未知}$	$I_{TP}^{标样}$
OV-101	PEG-20M	分子式				
1	2	$C_{10}H_{16}$	α-蒎烯	0.08	940 1039	940 1037
2	7	$C_8H_{14}O$	6-甲基 5-庚烯-2-酮	0.03	976 1357	974 1359
3	4	$C_{10}H_{16}$	香叶烯	0.05	986 1157	989 1159
4	8	$C_8H_{10}O$	对甲基茴香醚	2.89	994 1433	994 1432
6	6	$C_{10}H_{16}$	β-柠檬烯	0.03	1028 1207	1031 1206
7	17	$C_8H_8O_2$	苯甲酸甲酯	0.70	1084 1609	1084 1612
8	14	$C_{10}H_{18}O$	芳樟醇	5.20	1092 1537	1092 1531
6	24	$C_8H_{10}O_2$	乙酸苯甲酯	0.17	1144 1716	1145 1714
10		$C_{10}H_{10}O_2$	苯甲酸乙酯	0.06	1159	1158 1667
12		$C_{10}H_{12}O$	对丙基茴香醚	0.04	1180	

续表

峰号 OV-101	峰号 PEG-20M	化合物分子式	化合物名称	峰面积/%	$I_{TP}^{未知}$	$I_{TP}^{标样}$
13	31	$C_8H_{12}O_2$	2,3′-二甲苯-5-甲氧基苯酚	0.23	1201 1780	
14	23	$C_{10}H_{18}O$	香叶醇	1.59	1243 1804	1247 1809
15	25	$C_{10}H_{16}O$	香叶醛	0.22	1249 1735	1250 1734
18		$C_{10}H_{12}O_2$	丁子香酚	0.11	1348	1353 2117
19	9	$C_{13}H_{24}$	α-荜澄茄烯	0.11	1354 1451	1447
21	28	$C_{12}H_{20}O_2$	乙酸香叶酯	11.65	1367 1752	1366 1749
23	56	$C_{11}H_{14}O_2$	1,2-二甲氧基-4-异丙烯基苯	0.83	1382 2161	
24	15	$C_{15}H_{24}$	β-荜澄茄烯	0.48	1395 1563	
26	16	$C_{15}H_{24}$	β-石竹烯	16.94	1426 1597	1429 1600
27		$C_{15}H_{24}$	β-法尼烯	0.28	1456	
28	18	$C_{15}H_{24}$	葎草烯	4.88	1466 1661	1468 1667
30	19	$C_{15}H_{24}$	别香树烯	0.25	1472 1677	1478 1662
31	20	$C_{15}H_{24}$	γ-木罗烯	13.73	1487 1695	1475
33	22	$C_{15}H_{24}$	β-红没药烯	1.13	1510 1710	
34	26	$C_{15}H_{24}$	δ-杜松烯	3.66	1516 1747	1524 1761
32	21	$C_{15}H_{24}$	α-木罗烯	0.56	1505 1707	1500 1730
35	32	$C_{15}H_{22}$	白菖烯	0.74	1521 1809	
43	45	$C_{15}H_{26}O$	蓝桉醇	0.12	1601 2040	2040

看得出，依兰依兰油的主要成分为芳樟醇、香叶醇、橙花醇、松油醇、苯甲醇、苯乙醇、叶醇、丁香酚、对甲酚、对甲酚甲醚、黄樟油素、异黄樟油素、甲基庚烯酮、戊酸、苯甲酸甲酯、水杨酸、乙酸香叶酯、水杨酸甲酯、蒎烯、金合欢烯、石竹烯等。

市场上销售的依兰油依在蒸馏的过程中分段被取精油而分为五级，仅特级、高级和一级适用于芳香疗法。特级依兰是刚开始蒸馏后最先被取出的精油，品质最好，气味最浓。大部分的酯类都在特级依兰中。较晚馏出的精油即末端蒸馏液通常也被称为"卡南加油"。但无论是依兰油还是卡南加油，疗效是一样的，只是卡南加油气味比较粗糙而已。

依兰油具有抗忧郁、抗菌、催情、降低血压、镇静等功效，它在平衡荷尔蒙方面的声誉卓著，用以调理生殖系统的问题极有价值。

精油功效：放松神经系统，使人感到欢愉；可舒解愤怒、焦虑、恐慌的情绪；具有催情效果，可改善性冷淡与性无能。

心灵疗效：适合在容易兴奋的情况下使用，可调节肾上腺素的分泌，放松神经系统，使人感到欢愉。可舒解愤怒、焦虑、震惊、恐慌以及恐惧的情绪。可缓解、忧郁、沮丧、失眠、神经紧张、嫉妒、愤怒、挫折等情绪。非常适用于治疗忧郁、愤怒或由于惊吓和重创所造成的精神创伤。

身体疗效：它具有抗沮丧和催情的特性，用来帮助改善性冷淡和性无能是十分有效的。对呼吸急促和心跳急促也特别有效。其镇定的特性也能改善高血压。整体而言，对神经系统有放松的效果，但使用时间过长反而会引起反效果。其抗菌的特质似乎对肠道感染也颇为有益。

依兰依兰精油对以下几个方面都具有很好的调节作用：

皮肤改善：平衡油脂分泌、保湿，改善油性及干燥老化皮肤。

生理改善：平衡荷尔蒙分泌、保养胸部、降血压。

心灵效果：松弛神经、缓解压力、抗沮丧，舒缓愤怒、恐慌、焦虑、紧张，有催眠效果。

其他功能：将依兰精油添加到洗发水中，可柔顺亮泽头发。

依兰精油的使用方法：

平衡皮脂分泌：依兰1滴＋佛手柑1滴＋乳液/面霜10mL，按摩面部。

预防衰老：依兰2滴＋檀香2滴＋玫瑰果油10mL，按摩肌肤。

保养发丝：依兰1滴＋迷迭香1滴＋橄榄油10mL，按摩发丝。

缓解压力：依兰2滴＋薰衣草1滴＋檀香1滴＋甜杏仁油10mL，按摩太阳穴、颈部、胸口。

改善忧郁：依兰1滴＋佛手柑1滴，熏香。

抗沮丧、催情：依兰2滴＋甜橙3滴＋薰衣草2滴，泡浴。

改善失眠：依兰1滴＋薰衣草3滴，熏香。

适合与之调和的精油：佛手柑油、葡萄柚油、茉莉油、薰衣草油、柠檬油、香蜂草油、橙花油、橙油、广藿香油、玫瑰油、花梨木油、檀香油等。

第十七节　白兰花油和白兰叶油

白兰（*Michelia alba*），别名为白缅花、白兰花、缅桂花、天女木兰、黄葛兰、黄果兰等。属于木兰科、含笑属的乔木，由黄玉兰（*Michelia champaca*）和山含笑自然杂交得到，生长在华南、西南及东南亚地区，是常绿原生植物，其花形似黄葛树芽包，一般可长至10～13m的高度。常绿，高达17m，枝广展，呈阔伞形树冠；胸径30cm；树皮灰色；揉枝叶有芳香；嫩枝及芽密被淡黄白色微柔毛，老时毛渐脱落。叶薄革质，长椭圆形或披针状椭圆形，上面无毛，下面疏生微柔毛，干时两面网脉均很明显。花白色，极香；花被片10片，披针形；雌蕊心皮多数，成熟时随着花托的延伸，形成蓇葖疏生的聚合果；蓇葖熟时鲜红色。花期4～9月，夏季盛开，通常不结实。白兰花（图4-27）一般可开花两次，第一次在夏季，第二次在秋季，夏季花比较多，花色一般为乳白色。叶浅绿色，互生，长椭圆形而先端较尖，革质，表皮无毛，长约10～20cm。

花洁白清香、夏秋间开放，花期长，叶色浓绿，为著名的庭园观赏树种，多栽为行道树。花可提取香精或薰茶，也可提制浸膏供药用，有行气化浊、治咳嗽等功效。白兰的花性温，味苦辛，具止咳、化浊之功。用于治疗慢性支气管炎、前列腺炎、妇女白带等。白兰叶含生物碱、挥发油、酚类等化学成分，其挥发油成分（叶蒸馏水溶液）对慢性支气管炎有较好的疗效。白兰花浸膏可调配各种花香香精、化妆香精、香水等。少见结实，多用嫁接繁殖，用黄兰、含笑、火力楠等为砧木；也可用空中压条或靠接繁殖。

原产印度尼西亚爪哇，现广植于东南亚。中国福建、广东、广西、云南等省区栽培较多，长江流域各省区多盆栽，在温室越冬。我国南方多见，其易生长，易碎，路人多采之。被佛教寺院定为"五树六花"中的"六花"之一。华南地区在适温条件下长年开放不绝。树姿优美，叶片青翠碧绿，花朵洁白，香如幽兰。

在药典上白玉兰原生植物（生药）被证明对疾病有效的作用，如疟疾、流产（安胎）、败血症、发热（降温）、镇静、赋香等。

图 4-27 白兰花

花蕾入药可治头痛、鼻窦炎等，并有降压的功效。

注：广玉兰，别名为洋玉兰。拉丁学名为 *Magnolia grandiflora* Linn。为木兰科、木兰属植物。原产美洲、北美洲以及中国的长江流域及其以南地区。供观赏，花含芳香油。由于开花很大，形似荷花，故又称"荷花玉兰"，可入药，也可做道路绿化。树姿雄伟壮丽，叶阔荫浓，花似荷花芳香馥郁，为美化树种，耐烟抗风，对二氧化硫等有毒气体有较强吸附性，可用于净化空气，保护环境。许多地方也叫做"白玉兰"，此不是白兰，请勿错认。

白兰的花和叶子都有一种非常独特而可人的香气，所以一般都作为观赏植物来种植，为庭园带来香气。用水蒸气蒸馏法从鲜花和叶子中提油，鲜花精油得油率为 0.2%～0.5%，鲜叶精油得油率为 0.2%～0.7%。

白兰花油是很好的花香香料，可应用于多种香型的高档日用香精配方，使用时应注意导致其变色的因素。白兰花油是香料工业的一种重要的精油花香香料，可以应用于各种高档的香精配方中，可以达到添清增韵的效果，备受调香师的喜爱。

元素：火元素，火生土（即补肺养脾）。

性味归经：苦辛、温、无毒。入归肺、胃、脾三经。

中医主治：有辛散温通、祛风发散，芳香走窜，上行头面，善通鼻窍，温肺止咳。

皮肤效用：平衡皮脂分泌，预防治疗青春痘，对油及干燥皮肤大有帮助。

身体效用：降血压，调整心律，缓和呼吸急促症状。有助于排除性障碍、强化性能力。

精神效用：镇定及松弛神经，消除紧张不安和心悸。

使用方法：

① 熏香　滴 3～4 滴于熏香灯或熏香炉内，其香味可以镇定神经，减轻紧张或焦虑情绪。

② 沐浴　倒入 8 滴精油于一缸约八分满的水中，搅动使得精油均匀地分散于水中，有助于排除性障碍、强化性能力。舒缓停经、月经不适之症。

③ 按摩　在 10mL 的基础油中滴入 5 滴精油，可降血压、促进头发生长、强壮子宫、预防乳房下垂。

搭配精油：佛手柑油、洋甘菊油、豆蔻油、雪松油、肉桂油、乳香油、天竺葵油、薰衣草油、柠檬油、香蜂草油、橙花油、甜橙油、广藿香油、檀香油。

理化指标：

外观：浅黄色的液体。

相对密度：0.8700～0.8950。

折射率：1.4600～1.4900。

旋光度：－13°～－9°。

酸值：＜7。

酯值：＞20。

溶解性：溶解于乙醇后呈澄清溶液，微溶于水。

主要成分：芳樟醇、乙酸芳樟酯、二氢芳樟醇、苯乙醇、桉叶素、氧化芳樟醇、松油醇、石竹烯等。

香气：具有清新、鲜幽花香，清香带甜，较芳樟醇多韵而优雅，香气透发而不甚留长。

稳定性：因白兰花油有少量吲哚，久置会变深红色。

白兰叶油主要是以芳樟醇为特征香气而兼有白兰花气息的一种香料，为浅黄至橄榄黄或绿黄色液体，呈芳樟醇和白兰花似清香、带甜。可用于调配各种日化香精，是香料工业中的一种重要原料。

气味：具有白兰叶的清香和花香。

外观：和昂贵的橙花与便宜的橙叶一样，白兰花与白兰叶也是同一植物萃取部位不同而得到的。

皮肤疗效：适合用于疤痕和瘀血性皮肤，白兰叶的清香和花香可平衡皮脂分泌，预防治疗青春痘，对油性及干燥皮肤大有帮助。

身体疗效：降血压、调整心律、缓和呼吸急促症状，有助于排除性障碍、强化性能力；舒缓停经、月经不适之症。

心灵疗效：镇定及松弛神经，消除紧张不安和心悸。

相配精油：佛手柑油、洋甘菊油、豆蔻油、雪松油、肉桂油、乳香油、天竺葵油、薰衣草油、柠檬油、香蜂草油、橙花油、甜橙油、广藿香油、檀香油。

白兰花油和白兰叶油的鉴定主要也是参照其理化指标——香气、色泽、密度、折射率、旋光度等，必要时用气相色谱或气质联机测定，与标准品的色谱图和数据对照即可鉴别真伪。

昆明产白兰叶油和白兰花油的气相色谱图见图4-28，其化学成分表见表4-32。

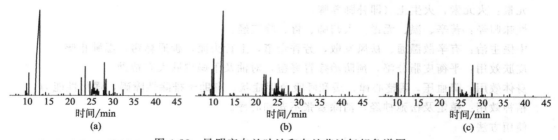

图 4-28　昆明产白兰叶油和白兰花油气相色谱图
（a）春季产白兰叶（LM-1）；（b）夏季产白兰叶（LM-2）；（c）夏季产白兰花（FM）

表 4-32　昆明产白兰叶油和白兰花油化学成分表

序号	化合物	分子式	GC 含量/%			相似度/%		
			LM-1	FM	LM-2	LM-1	FM	LM-2
1	α-蒎烯	$C_{19}H_{16}$	0.03	0.15	0.04	96	97	96
2	莰烯	$C_{19}H_{16}$	0.08	0.09	0.12	97	97	97
3	（＋）-桧烯	$C_{19}H_{16}$	0.07	0.16	0.08	87	95	94
4	α-蒎烯	$C_{19}H_{16}$	0.07	0.37	0.06	97	97	96
5	α-月桂烯	$C_{19}H_{16}$	0.04	0.09	0.05	93	95	96
6	1,3-二羟基异苯并呋喃	C_8H_8O	—	0.19	0.05	—	88	92
7	桉叶油素	$C_{10}H_{18}O$	0.39	0.82	0.41	96	96	97

续表

序号	化合物	分子式	GC 含量/%			相似度/%		
			LM-1	FM	LM-2	LM-1	FM	LM-2
8	反式罗勒烯	$C_{10}H_{16}$	1.05	3.21	1.15	96	92	96
9	α-小茴香烯	$C_{10}H_{16}$	2.32	5.16	2.44	90	91	90
10	γ-松油烯	$C_{10}H_{16}$	—	0.13	—	—	97	—
11	顺式氧化芳樟醇(呋喃型)	$C_{10}H_{18}O_2$	—	—	0.20	—	—	95
12	反式氧化芳樟醇(呋喃型)	$C_{10}H_{18}O$	0.15	—	0.02	94	—	93
13	芳樟醇	$C_{10}H_{18}O$	70.07	62.95	78.11	97	96	95
14	1,5,5-三甲基-6-亚甲基-1-环己烯	$C_{10}H_{16}$	—	0.05	—	—	91	—
15	2,3,3-三甲基-2-降冰片烷醇	$C_{19}H_{18}O$	—	0.02	0.06	—	87	90
16	辛醛	$C_8H_{10}O$	0.03	—	0.02	81	—	91
17	顺-β-松油醇	$C_{10}H_{18}O$	0.05	0.19	0.05	90	88	89
18	龙脑	$C_{10}H_{18}O$	0.24	0.22	0.21	96	91	96
19	环氧化里那醇	$C_{10}H_{18}O_2$	0.05	0.11	0.02	92	92	92
20	4-松油醇	$C_{10}H_{18}O$	—	0.13	0.01	—	96	94
21	2-羟基-苯甲酸甲酯	$C_8H_8O_3$	0.04	—	0.07	94	—	91
22	对薄荷-1-烯-8-醇	$C_{19}H_{18}O$	0.06	—	—	95	—	—
23	龙蒿脑	$C_{19}H_{12}O$	0.12	0.17	0.15	97	98	98
24	顺式香叶醇	$C_{19}H_{12}O$	0.03	0.04	0.02	90	92	93
25	乙酸-2-苯基乙酯	$C_{19}H_{12}O_2$	—	0.02	—	—	87	—
26	苯丙酸甲酯	$C_{15}H_{12}O_2$	—	0.04	—	—	90	—
27	2-辛烯-1-醇	$C_8H_{16}O$	0.02	—	0.03	83	—	89
28	反式香叶醇	$C_{10}H_{18}O$	0.09	0.21	0.07	95	97	95
29	吲哚	C_8H_7N	—	0.18	0.01	—	95	89
30	乙酸-(Z)-3-辛烯-1-酯	$C_{10}H_{18}O_2$	0.20	0.19	0.22	84	85	85
31	对-丙烯基茴香醚	$C_{10}H_{12}O$	0.04	—	0.05	96	—	97
32	5-(2-丙烯基)-1,3-苯并间二氧杂环戊烯	$C_{10}H_{10}O_2$	0.01	0.05	0.01	95	95	96
33	氧化柠檬烯	$C_{10}H_{16}O$	0.29	0.26	0.23	86	83	81
34	2-十一酮	$C_{11}H_{22}O$	0.04	0.05	0.04	96	96	95
35	2-甲氧基-4-乙烯基苯酚	$C_9H_{10}O_2$	—	0.04	—	—	88	—
36	丙酸-2-苯基乙酯	$C_{11}H_{14}O_2$	—	0.02	—	—	93	—
37	γ-榄香烯	$C_{15}H_{24}$	—	0.03	—	—	93	—
38	α-荜澄茄素	$C_{15}H_{24}$	0.08	0.07	0.05	94	95	90
39	古巴烯	$C_{15}H_{24}$	0.05	—	0.01	96	—	95
40	乙酸香叶醇酯	$C_{12}H_{20}O_2$	0.07	—	0.02	94	—	92
41	丁香油酚甲醚	$C_{11}H_{14}O_2$	0.54	3.84	0.38	95	93	94
42	8-异丙烯基-1,5-二甲苯环癸-1,5-二烯	$C_{15}H_{24}$	0.09	0.11	0.06	91	94	93
43	2,4-二异丙烯基-1-甲基-1-乙烯基环己烷	$C_{15}H_{24}$	2.22	3.06	1.08	96	92	95
44	石竹烯	$C_{15}H_{24}$	3.94	2.41	2.09	96	95	96
45	α-金合欢烯	$C_{15}H_{24}$	—	0.08	0.02	—	93	92
46	α-葎草烯	$C_{15}H_{24}$	1.57	0.93	0.90	94	96	96
47	丁香油酚甲醚	$C_{15}H_{24}O_2$	0.47	1.73	0.29	94	94	95
48	大根叶烯 D	$C_{15}H_{24}$	1.56	2.11	0.60	92	93	91
49	桉叶油-4(14),11-二烯	$C_{15}H_{24}$	0.45	0.26	0.25	95	—	96
50	十氢-1,1,7-三甲基-4-亚甲基-1H-环丙薁	$C_{15}H_{24}$	—	0.03	—	—	83	—
51	库贝醇	$C_{15}H_{26}O$	0.11	0.13	0.13	81	82	80
52	α-花柏烯	$C_{15}H_{24}$	0.21	0.19	0.12	91	92	91
53	香树烯	$C_{15}H_{24}$	0.09	—	—	84	—	—
54	α-芹子烯	$C_{15}H_{24}$	0.33	0.78	0.36	92	92	91
55	异喇叭茶烯	$C_{15}H_{24}$	0.61	0.26	0.43	85	84	84
56	(2α3β5β)-1,1,2-三甲基-3,5-双(1-甲基乙烯基)环己烷	$C_{15}H_{26}$	—	0.09	—	—	81	—

序号	化合物	分子式	GC 含量/%			相似度/%		
			LM-1	FM	LM-2	LM-1	FM	LM-2
57	(＋)-α-杜松烯	$C_{15}H_{24}$	0.39	0.71	0.19	94	94	94
58	异香树烯-(V)	$C_{15}H_{24}$	—	0.18	—	—	85	—
59	匙叶桉油烯醇	$C_{15}H_{24}O$	0.04	0.14	—	92	94	—
60	石竹烯氧化物	$C_{15}H_{24}O$	0.07	0.40	0.06	93	94	92
61	橙花叔醇	$C_{15}H_{26}O$	5.54	1.27	4.49	92	94	90
62	异香树烯环氧化物	$C_{15}H_{24}O$	1.71	0.15	1.78	85	83	85
63	喇叭荼醇	$C_{15}H_{26}O$	0.35	—	0.31	84	—	81
64	表蓝桉醇	$C_{15}H_{26}O$	0.08	0.09	0.08	86	84	86
65	(＋)-苜蓿烯	$C_{15}H_{24}$	0.11	0.27	—	82	82	83
66	诺卜醇	$C_{15}H_{30}O_2$	—	—	0.08	—	—	85
67	α-胡椒烯-11-醇	$C_{15}H_{24}O$	0.04	0.08	0.02	87	87	86
68	1α-杜松-4-烯-10-醇	$C_{15}H_{26}O$	1.51	—	0.87	88	—	88
69	芹子-6-烯-4-醇	$C_{15}H_{26}O$	—	1.35	0.10	—	90	86
70	桉叶油-7(11)-烯-4 醇	$C_{15}H_{26}O$	0.18	0.45	—	90	89	90
71	(5E,9E)-12-甲基-1,5,9,11-十三碳四烯	$C_{14}H_{22}$	0.03	0.06	—	91	90	85
72	绿化白千层醇	$C_{15}H_{26}O$	0.12	0.92	0.11	84	81	85
73	雅槛蓝-1(10),11-二烯	$C_{15}H_{24}$	0.04	—	0.02	82	—	80
74	1,2,3,5,6,7-六氯茚-4-酮	$C_9H_{12}O$	0.12	—	—	83	—	—
75	异香树烯环氧化物	$C_{15}H_{24}O$	0.04	0.06	0.03	87	88	89
76	(2Z,6E)-金合欢醇	$C_{14}H_{24}O$	0.62	0.55	0.35	95	94	94
77	(2E,6E)-金合欢醇	$C_{14}H_{24}O$	0.04	—	0.03	93	—	93
78	长叶松香芹酮	$C_{15}H_{22}O$	0.03	0.31	0.02	82	85	82
79	(＋、－)-香榧醇	$C_{15}H_{22}O$	—	0.17	—	—	82	—
80	2-(乙酰基甲基)-(＋)-3-蒈烯	$C_{13}H_{20}O$	—	0.13	—	—	81	—
81	正十五烷	$C_{13}H_{32}$	—	0.09	0.01	—	92	90
82	棕榈酸甲酯	$C_{17}H_{34}O_2$	—	0.07	—	—	85	—
83	(9E,12E,15E)-9,12,15-十八碳三烯-1-醇	$C_{17}H_{32}O$	0.55	0.14	0.24	90	97	96
84	E-金合欢醇环氧化物	$C_{15}H_{24}O$	0.02	—	0.04	91	—	90
85	正十六碳酸	$C_{16}H_{32}O_2$	0.05	—	—	94	—	—
86	9,12-十八碳二烯-1-醇	$C_{18}H_{34}O$	0.06	0.09	0.01	92	90	91
87	9,12-十八碳二烯酸甲酯	$C_{18}H_{30}O_2$	—	0.26	0.01	—	92	95
88	亚麻酸甲酯	$C_{19}H_{32}O_2$	—	0.24	0.01	—	97	92
89	11,14,17-二十碳三烯酸甲酯	$C_{21}H_{36}O_2$	0.05	—	0.01	86	—	87
90	植醇	$C_{21}H_{40}O$	0.07	—	0.04	95	—	92
91	正二十七烷	$C_{27}H_{56}$	0.01	0.07	0.02	84	95	91
92	正二十八烷	$C_{27}H_{58}$	—	0.19	0.01	—	95	93

苏州某白兰叶油样品的化学成分分析结果见表 4-33。

表 4-33　苏州某白兰叶油样品的化学成分分析结果

序号	化合物	分子式	分子量	质量分数/%
1	2,3,3-三甲基丁烯	C_7H_{14}	98	0.07
2	反-2-甲基环戊醇	$C_6H_{12}O$	100	0.15
3	橙花醇	$C_{10}H_{18}O$	154	0.12
4	(＋)-桧烯	$C_{10}H_{16}$	136	0.10
5	β-蒎烯	$C_{10}H_{16}$	136	0.12
6	1-异胡薄荷醇	$C_{10}H_{18}O$	154	0.93
7	香叶烯(月桂烯)	$C_{10}H_{16}$	136	0.82
8	顺式氧化芳樟醇(呋喃型)	$C_{10}H_{18}O_2$	170	0.24

续表

序号	化合物	分子式	分子量	质量分数/%
9	反式氧化芳樟醇(呋喃型)	$C_{10}H_{18}O_2$	170	0.16
10	芳樟醇	$C_{10}H_{18}O$	154	77.1
11	α-松油醇	$C_{10}H_{18}O$	154	0.19
12	β-荜澄茄烯	$C_{15}H_{24}$	204	0.09
13	1,3-二甲基-8-(1-甲基乙基)-三环[4.4.0.0²·⁷]-癸-3-烯	$C_{15}H_{24}$	204	0.40
14	β-榄香烯	$C_{15}H_{24}$	204	1.42
15	反式石竹烯(丁香烯)	$C_{15}H_{24}$	204	5.29
16	α-菌草烯	$C_{15}H_{24}$	204	1.76
17	雪松醇	$C_{15}H_{26}O$	222	0.53
18	香木兰烯(香树烯)	$C_{15}H_{24}$	204	0.96
19	β-瑟林烯(芹子烯)	$C_{15}H_{24}$	204	0.80
20	金合欢花醇	$C_{15}H_{26}O$	222	0.19
21	β-杜松烯	$C_{15}H_{24}$	204	0.32
22	橙花叔醇	$C_{15}H_{26}O$	222	0.03
23	邻苯二甲酸二乙酯	$C_{12}H_{14}O_4$	222	3.40
24	1,1,2-三甲基-3,5-双(1-甲基乙烯基)环己烷	$C_{15}H_{26}$	206	1.08
25	乙酸香茅酯	$C_{12}H_{22}O_2$	198	0.11
26	2-甲基丙酸-β-苯乙酯	$C_{12}H_{16}O_2$	192	0.11
27	香树醇(香木兰醇)	$C_{15}H_{26}O$	222	0.09

第十八节 其他精油

一般来说，香料是具有特殊香气的天然或合成有机化合物，来自植物的天然香料往往被称为"精油"。香精则是由人工调配出来的含有两种以上乃至几十种香料（有时也含有适宜的溶剂或载体）的混合物。由于英文里的"essence"被汉译为"精华"，既有"精油"的意思，又有"香精"的意思，容易造成混淆。

精油是从植物的花、叶、茎、根或果实中，通过水蒸气蒸馏法、挤压法、冷浸法或溶剂提取法提炼萃取的挥发性芳香物质。精油的挥发性很强，一旦接触空气就会很快挥发，也基于这个原因，精油必须用可以密封的瓶子储存，一旦开瓶使用，也要尽快盖回盖子。

并不是所有的植物都能产出精油，只有含有香脂腺的植物才可能产出精油。不同植物的香脂腺分布有区别，有的是在花瓣、叶子、根茎或树干上。将香囊提炼萃取后，即成为我们所称的"植物精油"。精油里包含很多不同的成分，有的精油可由数百种不同的分子结合而成。组成精油的分子都比较小，这些高挥发物质，可由鼻腔黏膜组织吸收进入身体，将刺激直接送到脑部，通过大脑的边缘系统，调节情绪和身体的生理功能。

精油具有亲脂性，很容易溶在油脂中，因为精油的分子链通常比较短，这使得它们极易渗透进皮肤，且借着皮下脂肪下丰富的毛细血管而进入体内。所以在芳香疗法中，精油可强化生理和心理的机能。每一种植物精油都是由它们含有的单体香料数量多寡来决定它的香味、色彩、流动性和它与系统运作的方式，也使得每一种植物精油各有一套特殊的功能特质。

精油（essential oil）由一系列萜烯类、醇类、酮类、醛类、酸类、酯类等化学分子组成。因为高流动性，且一般不易溶解于水，所以称为"油"，但是和我们日常见到的植物油有本质的差别。植物油的主要成分是三脂肪酸甘油酯和脂肪酸。

关于精油的首批记载来自古代的印度、波斯和埃及。古代希腊和罗马与东方各国进行了大量的芳香油和油膏贸易，很可能这些产品是将花朵、根和叶浸入脂油中而制出的萃取物。在大部分古代文化中，直接使用芳香植物或其树脂状产物。直到阿拉伯文化的黄金时代，才开发了蒸馏精油的技术。阿拉伯人首先从发酵的糖中蒸馏出乙醇，从而提供了一种萃取精油的新溶剂，以代替已使用数千年的脂油。

精油可由数十到数百种不同的分子结合而成。在大自然的安排下，这些分子以完美的比例共同存在着，使得每种植物都有其特殊性，也因此对人体产生一些特殊作用。

许多精油可预防传染病，对抗细菌、病毒、霉菌，可防发炎、防痉挛，促进细胞新陈代谢及细胞再生，让生命更美好。而某些精油能调节内分泌器官，促进荷尔蒙分泌，让人体的生理及心理活动，获得良好的发展。

精油较为人所熟知的功效，不外乎舒缓与振奋精神这种比较偏向心理上的功效，但是精油的功效不仅于此。不同种类的精油还有不同的功效，对于一些疾病，也有舒缓和减轻症状的功能。精油对许多的疾病都很有帮助，配合药物的治疗，可以让疾病恢复的更快。在日常生活中使用时，可以起到净化空气、消毒、杀菌的功效，同时可以预防一些传染性疾病。

精油对于内分泌、新陈代谢、泌尿系统疾病、性病、免疫系统疾病、妇科疾病、肌肉及骨骼疾病、皮肤疾病、身体的症状与疾病、神经系统与精神疾病及眼、耳、鼻、口腔、牙齿疾病，呼吸系统方面的疾病，血液循环系统方面的疾病，消化系统方面的疾病等都有很不错的疗效。

天然的植物精油都有以下主要功能：

呼吸系统：植物精油分子通过鼻腔黏膜系统吸收后刺激嗅觉神经，嗅觉神经将刺激传至大脑中枢，大脑产生兴奋。一方面，支配神经，起到调节神经活动的功能；另一方面，通过呼吸系统进入肺泡，再通过血液循环进入血液直接输送到全身各部位。

神经系统：通过亲和作用直接进入皮下，植物精油分子一方面刺激神经，最终调节神经活动及内循环；另一方面直接作用于内环境，使体液活动加快，从而改善内环境，进一步达到调节整个身心的作用。精油还可刺激交感神经及副交感神经，有镇静及催眠、兴奋提神、调整精神状况、抗忧郁、缓解心理压力、修复神经系统的作用。

代谢系统：通过亲和作用，植物精油分子迅速改善局部组织、细胞的生存环境，使其新陈代谢加快，全面解决因局部代谢障碍引起的一些问题。

促进交换：通过亲和作用，植物精油分子进入皮下组织，又经体液交换进入血液和淋巴，促进了血液和淋巴循环，加快人体的新陈代谢。

嗅觉神经：自然气味的芳香进入脑部后，可刺激大脑前叶分泌出内啡肽及脑啡肽两种荷尔蒙，使精神呈现最舒适的状态，这是守护心灵的最佳良方。而且不同的精油可互相组合，调配出自己喜欢的香味，不会破坏精油的特质，反而使精油的功能更强大。

循环系统：加速血液、淋巴循环，升高或降低血压。

皮肤系统：杀菌作用、抗炎作用、愈合作用、除臭作用、镇静作用、驱虫作用、柔润细腻皮肤作用。

呼吸系统：加强呼吸道的免疫功能、抗过滤性病毒作用、发汗或解热作用、化痰作用。

消化器官：止痉挛作用、开胃作用、祛风健胃作用、促进消化作用、促进胆汁分泌、保肝作用。

免疫系统：抗细菌及抗生素作用、抗病毒作用、细胞防御作用、排毒作用、抗霉菌作用、驱虫作用。

肌肉与骨骼：抗炎性及抗风湿性作用、净化作用、舒缓肌肉组织及排毒作用。

内分泌系统：刺激肾上腺及甲状腺、抗糖尿病、降低血压、平衡各分泌系统之间作用。

女性生殖系统：抗痉挛作用、调经作用、催乳作用、调整乳汁分泌、影响荷尔蒙分泌、强化子宫作用、催情作用。

直接作用：植物精油分子直接杀灭病菌及微生物，进入人体精油分子能增强人体的免疫力。

常见的植物精油有：薰衣草油、纯种芳樟叶油、玫瑰油、茉莉油、洋甘菊油、依兰依兰油、卡兰加油、天竺葵油、橙花油、快乐鼠尾草油、洋蓍草油、桂花油、牡丹油、万寿菊油、月桂叶油、木姜子（山苍子）油、金银花油、紫罗兰叶油、紫罗兰花油、茶树油、桉叶油、樟油、樟脑油、白樟油、薄荷油、椒样薄荷油、广藿香油、香根（岩兰草）油、杜松油、柏木油、柏叶油、松针油、桧木油、丝柏油、松针油、留兰香油、罗勒油、人参油、姜油、欧白芷油、大蒜油、当归油、蕲艾油、迷迭香油、马鞭草油、香茅油、香蜂草油、甘松油、茅草油、龙蒿油、藏茴香油、芥菜籽油、莳萝油、缬草油、鱼腥草油、小鹿蹄草油、龙艾油、月见草油、檀香油、柏木油、花梨木油、沉香油、桦木油、桦焦油、冬青油、白千层油、雪松油、檫木油、乳香油、没药油、安息香油、枞树油、阿米香树油、榄香脂油、中国肉桂油、锡兰肉桂油、佛手柑油、玳玳花油、玳玳叶油、橙花油、橙叶油、葡萄柚油、柠檬油、甜橙油、莱姆油、酸橙油、红柑油、丁香油、丁香罗勒油、杏仁油、豆蔻油、胡萝卜籽油、石榴油、花椒油、辣椒油、茴香油等。

这些精油的鉴定方法都与本章上面几节介绍的各种精油差不多，主要也是参照其理化指标——香气、色泽、密度、折射率、旋光度等，必要时用气相色谱或气质联机测定，与标准品的色谱图和数据对照即可鉴别真伪。许多精油含有丰量、多量、微量或痕迹量的"特殊组分"，可以利用这些"特殊组分"的有无、含量多寡来确定被检测的样品是否为"真品"，或者区分等级。

第五章　龙涎香的鉴定

第一节　龙涎香的简介

龙涎香，在西方又称灰琥珀，是一种灰色或黑色的固态蜡状可燃物质，由鲸消化系统的肠梗阻所产生，有独特的甘甜土质香味（类似异丙醇的气味），历史上主要用作香水的定香剂，虽然现代它已经大部分为化学合成物所取代，但价值仍很高。

众人看龙涎香

有人认为，在中国汉代发现龙涎香是最早的记录。传说汉代有渔民在海里捞到一些灰白色馨香四溢的蜡状漂流物，这就是经过多年自然变性的成品龙涎香。从几公斤（1公斤＝1kg，下同）到几十公斤不等，有一股强烈的腥臭味，但干燥后却能发出持久的香气，点燃时更是香味四溢，比麝香还香。当地的一些官员，收购后当作宝物贡献给皇上，在宫廷里用作香料，或作为药物。当时，谁也不知道这是什么宝物，请教宫中的"化学家"炼丹术士，他们认为这是海里的"龙"睡觉时流出的口水，滴到海水中凝固起来，天长日久成了"龙涎香"。但事实上这一说法并无明确的文字佐证。

也有人说，在殷商和周代，人们已将龙涎、麝香与植物香料混合后做成香囊，挂在床头或身上。

龙涎香应是南亚海域居民偶然发现后，逐渐成为王室、上流社会的奢侈品，并在唐代通过阿拉伯一带商人传入中国。

早期的中国商人对于阿拉伯人和波斯人所说的产自西方的龙涎香有着不同的看法。有人认为当龙在石头上休息时，唾液就会漂浮到水上，然后聚集在一起变干凝固，渔民们把它们收集起来就是这种非常昂贵的东西了。还有人断定，当一群巨龙睡觉的时候，会有乌云聚在它们头顶上空，在巨龙熟睡的几周或几个月里一动不动。乌云散去的时候就表明巨龙已经离开，这时渔民们就可以上前采集龙涎香了。由于采集龙涎香非常危险，所以中国人宁愿花高价从波斯商人和后来的葡萄牙商人手中购买。作为一种稀罕的奢侈品，偶尔会有远方的国度进贡，其价值和同等重量的黄金相等。王室朝臣常把它当成装饰戴在身上，而富人们还会在煮茶时往水中喷洒龙涎香粉。它也作为一种熏香，在节日庆典上使用。龙涎香的燥热程度属于二级。正因为这样，中国人认为它对心脏、大脑、胃有好处，还说"能增强（男人的）性功能"。

龙涎香在唐代称为阿末香，即来自阿拉伯语 anbar。段成式《酉阳杂俎》"拨拔力国，在西南海中，不食五谷，食肉而已。常针牛畜脉，取血和乳生食。无衣服，唯腰下用羊皮掩之。其妇人洁白端正，国人自掠卖与外国商人，其价数倍。土地唯有象牙及阿末香"。

宋代称为龙涎——《岭外代答》龙涎条："大食西海多龙，枕石一睡，涎沫浮水，积而能坚。鲛人探之以为至宝。新者色白，稍久则紫，甚久则黑。因至番禺尝见之，不熏不莸，似浮石而轻也。人云龙涎有异香，或云龙涎气腥能发众香，皆非也。龙涎于香本无损益，但能聚烟耳。和香而用真龙涎，焚之一铢，翠烟浮空，结而不散，座客可用一剪分烟缕。此其所以然者，蜃气楼台之余烈也"。

　　龙涎香在宋代仍是高价奢侈品，在当时志怪小说夷坚志里，就有仿制龙涎香以牟取暴利的记载，夷坚丁志卷九："许道寿者，本建康道士。后还为民，居临安太庙前，以鬻香为业。仿广州造龙涎诸香，虽沉麝笺檀，亦大半作伪。其母寡居久，忽如妊娠，一产二物，身成小儿形而头一为猫、一为鸦，恶而杀之。数日间母子皆死，时隆兴元年。"此一故事，提到了商人在南宋国都临安（今杭州市）贩卖号称广州造的伪制龙涎香的情形，广州在宋元时期即为中西海上贸易的主要大港之一（其他如泉州、明州等）。

　　明朝三宝太监郑和下西洋时曾访问苏门答腊北的龙涎屿，此岛以出产龙涎而得名，随行通译费信在《星槎胜览》中有专章记述龙涎的采集和售价——"龙涎屿：此屿南立海中，浮艳海面，波击云腾。每至春间，群龙所集于上，交戏而遗涎沫，番人乃架独木舟登此屿，采取而归。设遇风波，则人俱下海，一手附舟傍，一手揖水而至岸也。其龙涎初若脂胶，黑黄色，颇有鱼腥之气，久则成就大泥。或大鱼腹中剖出，若斗大圆珠，亦觉鱼腥，间焚之，其发清香可爱。货于苏门之市，价亦非轻，官秤一两，用彼国金钱十二个，一斤该金钱一百九十二个，准中国铜钱四万九十文，尤其贵也。"

　　在阿拉伯中世纪文学名著《天方夜谭》里，第五百六十夜辛巴达第六次的航海历险中，描述了在一座不知名岛上有座龙涎泉，蜡般的龙涎馨香四溢地流向大海，为鲸鱼取食，随即喷出，而在海面上凝结成龙涎香。显见作者虽然了解龙涎香和鲸鱼的关系，但可能不明白其构成机制，又或者单纯为故事增添神话色彩。

　　在国外，公元前18世纪，巴比伦、亚述和波斯的宗教仪式中所用的香料，除植物香料如肉桂、檀香、安息香等外，就有龙涎香。古希伯莱妇女还把龙涎香、肉桂和安息香浸在油脂中做成一种香油脂，涂在身上使用。

现代分析

　　在早期，有人分析了一种龙涎香样品，其化学成分中约含25%龙涎香醇，灰分中主要含氧化钙6.21%、氧化镁9.88%、五氧化二磷4.65%、二氧化硅6.02%等。

　　现代化学实验表明，龙涎香是一些聚萜烯衍生物的集合体，它们大多有诱人的香味，具有环状的分子结构。龙涎香中的各种成分均能人工合成，但却不能完全代替大海赠予人类的龙涎香，因为人类的技术还达不到大自然的奇妙与和谐，特别是天然龙涎香中的龙涎香醇，加入香水中后会在皮肤上生成一层薄膜，能使香味经久不散。

　　随着时代的进步，一个个自然之谜被揭开，大家认为龙涎香是龙的口水的说法不科学，于是就产生了各种各样的猜想：有人认为它是海底火山喷发形成的；有人说是海岛上的鸟粪飘入水中，经过长时间的风化而成的；有人说这是蜂蜡，在海水中经过漫长的漂浮生成的；还有的说这是一种特殊的真菌。龙涎香也激起了海洋生物学家兴趣，经过不断研究，大家认为这是一种巨大的海洋动物肠道分泌物，至于是什么动物分泌的，一直没有弄清楚。

　　真正发现龙涎香秘密的是沙特阿拉伯科特拉岛的渔民，这个岛屿上的渔民主要以捕抹香鲸为生，他们发现龙涎香其实是抹香鲸的排泄物，抹香鲸隶属齿鲸亚目抹香鲸科，是齿鲸亚目中体型最大的一种，雄性最大体长达23m，雌性达17m，体呈圆锥形，头部约占体长的1/3，呈圆桶形，上颌齐钝，远远超过下颌。由于其头部特别巨大，故又有"巨头鲸"之称，它的头部之大，任何生物都没法比！有一次，一位老渔民在剖开一条抹香鲸的肠道时，发现了一块龙涎香。当时，渔民们认为这是它从海面吞食的，并没有当回事儿。但这消息不胫而走，引起了海洋生物学家的高度重视，他们立即进行深入的研究，终于解开了龙涎香之谜。

　　原来，大乌贼和章鱼口中有坚韧的角质颚和舌齿，很不容易消化，当抹香鲸吞食大型软体动物（如章鱼）后，软体动物的颚和舌齿在胃肠内积聚，刺激了抹香鲸的肠道，肠道就分泌出一种特殊的蜡状物，将食物的残骸包起来，慢慢就形成了龙涎香。科学家曾在一头18m长的抹香鲸的肠道中，发现了肠液与异物的凝结块，认为这是龙涎香的开端。科学家们认为，有的抹香鲸会将凝结物呕吐出来，有的会从肠道排出体外，仅有少部分抹香鲸将龙涎香留在体内。

排入海中的龙涎香起初为浅黑色，在海水的作用下，渐渐变为灰色、浅灰色，最后成为白色。白色的龙涎香品质最好，它要经过百年以上海水的浸泡，将杂质全漂出来，才能成为龙涎香中的上品。从被打死的抹香鲸的肠道中取出的龙涎香是没有任何价值的，它必须在海水中漂浮浸泡几十年（龙涎香比水轻，不会下沉）才会获得高昂的价值，有的龙涎香块在海水中浸泡长达百年以上。价值最高的是白色的龙涎香，价值最低的是褐色的，它在海水中只浸泡了十几年。

龙涎香呈蜡状，生成于抹香鲸的肠道中。众所周知，抹香鲸的基本食物是章鱼类。在消化的过程中章鱼尖硬的喙会扎伤它们的肠道，而肠道中分泌的龙涎香正是医治其伤口的良药。龙涎香从鲸的肠道中慢慢穿过，排入海里或者是在鲸死后，其尸体腐烂而掉落水中。但有些侏儒抹香鲸 *Kogia breviceps* 的肠道中也会有龙涎香。还有记载，曾在北瓶鼻鲸（*Hyperoodon ampullatus*）和一些种类的须鲸体内也发现过类似龙涎香的物质，是粪石的干燥品，呈白色。

自古以来，龙涎香就作为高级的香料使用，香料公司将收购来的龙涎香分级后，磨成极细的粉末，溶解在酒精中，再配成5%的龙涎香溶液，用于配制香水，或作为定香剂使用。所以，龙涎香的价格昂贵，差不多与黄金等价。

1912年12月3日，一家挪威捕鲸公司在澳大利亚水域里捕到一头抹香鲸，从它的肠子里获得一块455kg重的龙涎香，并以23000英镑的巨价出售。1955年，一位新西兰人在海滩上捡到一块重7kg的灰色龙涎香，卖了2.6万美元，如果捡到白色的龙涎香，更是无价之宝。但是，要识别龙涎香，必须具备相关的生物学、生态学知识和化学知识，还要有长期与海洋接触的经验，不是一般人能做到的。

当前，天然龙涎香的国际市场，完全由香水大国法国控制。据商业资料显示，世界龙涎香交易最盛时每年有600kg，随着人类对抹香鲸的大量捕杀，龙涎香的资源逐年减少，每年的年贸易量已经减少到100kg以下，这对喜爱香水的女性和男性来说可不是一个好消息。

欧洲人传统上把龙涎香叫做"琥珀香"。中世纪时，可能是阿拉伯人开始用琥珀来指代波罗的海沿岸产的一种古代松脂的凝固物。这种东西罗马人叫做"撒克"，法国人叫做"黄色的香料"，英国人干脆就叫做"琥珀"。这就是为什么英国人要借用法语"灰色琥珀"来指鲸鱼身上产的"龙涎香"了。尽管起源不同，而且"龙涎香"和"琥珀"香味浓度也不一样，但二者都有共同之处：都出自沿海，都可磨成粉用作食品香料；又因为都是透明物，所以可以当作珠宝。

西方人都认为龙涎香是鲸鱼的粪便或者精液。阿拉伯人和波斯人的看法多种多样：他们认为龙涎香是一种凝固的海浪花，或者是从深海泉水中喷出来的，甚至认为它是一种海洋沉淀物，或是生长在海床上的一种菌类，就像生长在树根部的蘑菇、块菌一样。

药用龙涎香别名龙泄、龙涎、龙腹香、鲸涎香，以抹香鲸的肠凝结物入药。

功能主治开窍化痰，活血利气，神昏气闷，心腹诸痛，消散症结，咳喘气逆。

用法用量1～3分。

生境分布全球，栖于远洋暖流。

中药材基原：鲸亚目海洋动物抹香鲸的肠道分泌物干燥品。

本品为抹香鲸的肠内分泌物，捕杀抹香鲸后及时收集该分泌物（龙涎香），经干燥即成不规则块状，新鲜者气味较差，须于密闭容器储存1～2年后则色变为琥珀色、气香浓郁而幽雅者为佳品。储于阴凉处，密闭保存于瓶内。

维药名：安白尔。

别名：安伯儿、奄八而《回回药方三十六卷》，艾力安白尔艾西艾比《拜地依药书》。

考证：《拜地依药书》载："是一种海洋动物的肠道分泌物，捕杀后收集该品及时干燥，呈不透明的蜡状胶块。灰白色、绿色、黄色、黑色。灰白色为上品，黑色为次品。"根据上述维吾尔医本草所述原动物分泌物和实物对照，与现代维吾尔医所用龙涎香一致。

从动物体内取出的龙涎香有难闻的臭气，相对密度小于水，0.7～0.9，干燥后现琥珀色，带甜酸味，熔点60℃，燃烧发蓝焰，可溶解于纯酸中，并且有黄绿色荧光现象，本身并无多大香味，燃烧时香气四溢，酷似麝香而更幽雅，熏过之物保有持久芬芳。

龙涎香是抹香鲸科动物抹香鲸的肠内分泌物干燥品，有的抹香鲸会将凝结物呕吐出来，有的会从肠道排出体外，仅有少部分抹香鲸将龙涎香留在体内。龙涎香是呈不透明的蜡状胶块，色黑褐如琥珀，有时有五彩斑纹。质脆而轻，嚼之如蜡，能黏齿。气微腥，味带甘酸。以黑褐色、体松质韧，焚之有幽香者为佳。这种抹香鲸主要活动于亚热带、热带的温暖海洋中，营一雄多雌的群居生活，分布遍及各大洋。中国东海、南海均有。所以说龙涎香就是鲸鱼的呕吐物这句话不全对。

龙涎香是一种动物性香料，它和麝香、灵猫香、海狸香并称为四大动物香料。由于其具有复杂但又彼此平衡的香味和持久的定香能力，同时具有滋补养身、壮阳、抗炎、镇痛等医疗效用，自古以来一直受到人们的器重。古代中国人曾视龙涎香为珍贵的壮阳药，十七世纪西方药典记载：龙涎香对心脏、大脑疾病有治疗效果，同时还可预防瘟疫。龙涎香作为医用主要可以行气活血，散结止痛，利水通淋。用于咳喘气逆，气结症积，心腹疼痛，淋病。

人类对于龙涎香的科学研究从未停止，研究发现：龙涎香主要由三萜醇龙涎香醇和一系列胆甾烷醇类物质组成，此外，还含有少量对甲苯酚、邻苯二甲酸二乙酯等成分。同时，还从龙涎香酊剂中分离得到纯的降龙涎醚。这些化合物散发出不同的气味，分别有：腐烂的动物粪臭味，弱的烟草味，典型的海水味，臭海水味，细腻、持久的麝香性动物香韵，其左旋体则具有明显的木香香韵。

现已证明龙涎香醇经氧化或光降解可产生上述五种具有龙涎香香气的物质。不过，由于天然龙涎香产量十分少，因此现在大都使用化学方法来合成龙涎香醇。目前常用香紫苏醇经过一系列化学转化过程后，再与（＋）-γ-二氢紫罗兰酮反应来合成。

由于抹香鲸濒于灭绝，而龙涎香是抹香鲸病变后肠内形成的一种结石，1970年美国国会通过了禁止在美国本土生产、销售和使用以抹香鲸为原料的任何商品。此后，国际鲸委员会于1985年签订了禁止商业捕鲸的备忘录以保护这一物种。

第二节　龙涎香的鉴定方法

由于龙涎香非常宝贵，价值连城，所以自古以来人们就想出各种各样的鉴定方法以求保证购到的龙涎香是"真品"，例如有人家中藏有一块"祖传十几代"的龙涎香，声称他们祖上留下一种鉴别龙涎香真品的方法是：点火熏烧龙涎香，"真正"的龙涎香烟气可以用剪刀剪成数段。这个方法现在看起来不靠谱，因为有许多树脂类也有这种效果。

龙涎香是一种外貌阴灰或黑色的固态蜡状可燃物质，是由抹香鲸消化系统的肠梗阻所产生，从几百克到几十公斤不等，有一股强烈的腥臭味，但干燥后却能发出持久的香气，点燃时更是香气四溢。

药材鉴别：

干燥的龙涎香呈不透明的蜡状胶块，色棕褐如琥珀，有时有五彩斑纹。质脆而轻，嚼之如蜡，黏牙；气腥，味带甘酸。以棕褐色、体轻质韧、焚之幽香浓郁者为佳。较新鲜的龙涎香呈类灰色或类棕色的不规则团块。

显微鉴别：粉末以稀甘油装片，可见众多不规则棕色团块，多数呈淡黄色油滴状物；在偏振镜下几无发光现象，只有个别点块显橙红色或蓝白色。

理化鉴别：

（1）本品醇浸液呈棕黄色，具蓝紫色荧光。

（2）本品醇浸出液，遇水起乳状沉淀，加三氯化铁，微呈灰蓝色。

化学成分——本品含龙涎香醇约 25%，为甾醇类化合物，熔点 82~83℃，醚中不溶物 10%~16%，表粪甾醇 30%~40%，粪甾醇 1%~5%，粪甾酮 6%~8%，挥发性成分有二氢-γ-紫罗兰酮、龙涎香醛、龙涎香酯、龙涎香烷和无机盐等。

药理作用——与麝香类似，小剂量对动物中枢神经系统有兴奋作用，大量则出现抑制；对离体蛙心有强心作用；会引起整体动物血压下降。

龙涎香的主要成分龙涎香醇本身没有香气，在空气中发生变化后产生香气，可以作为高级香料使用。香料香精公司将收购来的龙涎香分级后，把它磨成极细的粉末，溶解在酒精中，再配成 5% 的龙涎香溶液，用于配置香水，或作为定香剂使用。

龙涎香长久浸泡在海水中，同时结合了空气的氧化作用和阳光辐射，形成其独特的气味。这是一种可以从多方面表达其复杂且微妙特征的香味，一种融合了熏香、热带森林、泥土、樟脑、烟草、麝香和海洋的气息。在绝大多数情况下龙涎香的味道能够立刻吸引那些从未领略其魅力的鼻子，其香气别具一格，很难用语言来描述，一般的描述是：温暖的、动物香的、令人兴奋的和充满神秘感的等模糊性语言。

龙涎香最早以香料的形式被使用要追溯到公元前 9 世纪。阿拉伯人发现它对其他天然油类有定香的作用。而在公元 14 世纪，龙涎香成为与灵猫香和麝香齐名的最具有价值的香料之一。它被配制成一种酊剂使用，要使其完全散发香气则需要几个月的成熟期，有时甚至要几年。世界上最具有价值的酊剂就是由龙涎香中灰色，且最具有价值的部分组成。白色部分没有任何香味，黑色部分没有太高的价值，只有中间的灰棕色部分被用于一些香料产品上。

人类对于龙涎香的科学研究从未停止，研究发现：龙涎香主要由三萜醇——龙涎香醇（ambrein）和一系列胆甾烷醇类物质组成（表 5-1），如粪甾醇、表粪甾醇及其酯类、胆甾醇、二氢胆甾醇等，还有 3-粪甾酮、对甲苯酚、花生酸、γ-二氢紫罗兰酮、β-紫罗兰酮、环高香叶醇、γ-狗牙花醛、降龙涎醚等。这些化合物散发出不同的气味，有腐烂的动物粪臭味，弱的烟草味，"海水味"，"臭海水味"，细腻、持久的麝香性动物香韵，还有木香香韵。现已证明龙涎香醇经氧化或光降解可产生上述部分具有龙涎香香味的物质。

表 5-1　龙涎香的组成　　　　　　　　　　　　　　　　　单位：%

醚不溶物	10~16	胆甾醇	0.1
烃类化合物	2~4	粪甾烷-3-酮	6~8
龙涎香醇	25~45	酸类（游离）	5
粪甾烷-3α-醇	30~40	酸类（酯）	5~8
粪甾烷-3β-醇	1~5	降龙涎醚	0.01~0.95

现今由于龙涎香极其稀少、价值连城，所以不管是国内还是国外，只要有人声称捡到一块"真正"的龙涎香，都会成为轰动世界的特大新闻，例如：

1934 年 3 月 2 日下午，一名无线电操作员在美国旧金山以北 30 千米的波利纳斯海边散步时，在沙滩上发现了一大块物体，斑驳的外表呈灰色，闻上去就像林堡干酪。尽管这块物体重达 60 磅，摸起来还有点软，这名无线电操作员还是将它带回了家。物块被送去分析，第二天结果就出来了，几乎让所有人为之兴奋：这竟然是一块含量高达 70％的龙涎香！

按照龙涎香在当时市场上的售价——每盎司 28 美金，无线电操作员拾到的这枚"奶酪块"价值近两万七千美金，而当年福特公司推出的一款汽车的售价为 500 美金，一块龙涎香几乎抵得上五十多辆汽车。1934 年的龙涎香淘金热就此拉开序幕。

2006 年 3 月，北威尔士近克里基尔斯一个偏远的海滩，两名遛狗者发现两块神秘的物体，共计 110 磅。当地报纸在标题中写道"两人希望龙涎香让他们赚上一大笔钱"。两天后，另一篇文章的标题写着：浪花说那不是真的龙涎香。在化学家进行检验后，遛狗者发现的龙涎香被认为是人工合成的。

2012 年 8 月 31 日中新网转外媒报道：近日，英国一名男孩在海边捡到一块鲸鱼呕吐物"龙涎香"，虽然听上去可能让人不舒服，但是这块鲸鱼排出的废物却价值不菲，价值 6.3 万美元（约合人民币 40 万）。据报道，当天，8 岁的查理在海边散步时发现沙滩上有一块米黄色的大石头，石头表面好像涂了一层蜡。查理觉得这块石头很有意思，便将它捡起。不过查理的父母却认出这并不是一块普通的石头，而是一块"龙涎香"，即抹香鲸的呕吐物或排泄物。

2013 年 5 月 26 日台湾 TVBS 网站报道，高雄一名男子在海边捡到琥珀色的怪石头，由于原本是臭的，带回家半年后散发淡淡奇香，他怀疑是价值连城的龙涎香，不过，送去检测，专家证实这并非龙涎香。民众说闻起来有点淡淡香气的石头，是 45 岁的许先生 4 年前在旗津海滩发现的，只因为它带着琥珀色，许先生觉得奇特，即使有着浓浓的臭味，他还是捡回家收藏。拾获者许先生说："有死鱼的味道，很臭啊，它大概半年之后就由臭转香。"许先生上网查资料，以为自己捡到了上千万元的龙涎香，但专家以核磁共振光谱仪检测，让他失望了。高雄大学助理教授郑竣亦说："龙涎香里面有龙涎香氛，它没有那个成分。"学者无法判定这由臭转香的怪石，究竟是什么东西，许先生还是希望有人愿意出价购买。

2014 年 6 月 6 日海西晨报报道：今年"六一"儿童节，厦门的陈先生一家人到海边散步，拾得一块拳头大小、味道腥臭的物体。经专业检测机构鉴定，陈先生拾得的这块物体是经过上百年漂流的龙涎香。

福建、浙江、广东沿海许多民众看了报道以后，很受鼓舞，纷纷到海边寻找，希望自己也有福气捡到宝贝。有一句话开始流行起来："常在海边跑，总会拾到宝"。笔者有一段时间每天接到几十个电话，都说是捡到龙涎香了，希望检测一下，当送来检测后，笔者告诉他们只是一些"蜡状物"而已，他们又觉得太遗憾了。有的人由于期望值过高，当听说自己捡到的东西不是龙涎香、大失所望的同时，竟然骂人了！

找遍国内外有关资料，没有龙涎香的检测标准，于是有人自己设定一些莫名其妙的方法，声称"有办法测定龙涎香"，让"捡到龙涎香"的人交一笔不菲的"检测费"，随便给些不痛不痒的数据，骗骗这些急着要证明自己手头拥有"宝贝"以便"出手"发财的人们，例如笔者多次看到如下及类似的"实验报告"（图 5-1）：

这样的检测报告能说明什么呢？

只要稍微有点化学知识的人看了这个报告里的数据，都会哑然失笑：这样品含有大量的盐巴、沙土、贝壳碎片，跟龙涎香一点关系都没有！随便在海边捡些土块、垃圾，检测的数据差不多都是这样的！

但是，该报告单上还是写上了"检测结论：对样品进行测试所得数据分析，该样品与龙涎香成分相近。"

于是，捡到的"龙涎香"拍卖开始了，标价是 n 百万元！

国博检测报告（授权单位）
Guobo test report (Authorized unit)
编号: cx20150508002
NO.: cx20150508002

样品名称: 龙涎香
Sample Name: Ambergris

原地: 龙涎香
Texture: Ambergris

样品特征 Sample characteristics	正常 Normal
实验室环境温度 Laboratory ambient temperature	22℃
实验环境湿度 Experimental ambient humidity	47%
检测项目 Test items	见下表 The table below
检测类别 Detection category	委托检测 Commissioned detection

规格: 重量: 1 g
Specifications: Weight: 1 g

图谱（Atlas）: EDX-8000L 能量色散 X 荧光位检测报告

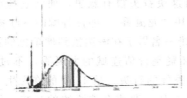

检测点（Detection point）:

全部结果（All of the results）:

Na (%)	Mg (%)	Al (%)	Si (%)	P(%)	S (%)	K (%)	Ca (%)	Ti (%)	Cr (%)	Mn (%)	Fe (%)
16.3086	0	2.8617	21.0027	0	3.754	0	38.6394	0	0.0028	0.382	17.7177
Co (%)	Ni (%)	Cu (%)	Zn (%)	As (%)	Rb (%)	Sr (%)				Pb(%)	
0	0.0203	0	0.1898	0	0.0147	0				0	

检测结论: 对样品进行测试所得数据分析，该样品与龙涎香成分相近。
Conclusion: The samples were analyzed test data obtained, the sample composition similar to ambergris.

检测: 孙亿
Detect:Sunyi

本结论仅对送检样品负责
This conclusion is only responsible for the sample
日期: 2015 年 5 月 8 日
Date: May 8, 2015
本报告仅反映当前检测水平
This report only reflect current identification level

图 5-1　龙涎香检测"实验报告"

那么，龙涎香应该怎么检测鉴定呢？

李时珍在《本草纲目》的"龙涎"一节中提到龙涎"焚之则翠烟腾空"；民间则流传"焚烧龙涎香的烟用剪刀可以剪成数段"，这些当然都不足以用来检测龙涎香。

《中华本草》"龙涎香"一节中"性状鉴别"：本品呈不规则块状，大小不一。表面灰褐色、棕褐色或黑棕色，常附着白色点状或片状斑。体轻，不透明，似蜡，手触之有油腻感，易破碎。断面有颜色深浅相间的不规则的弧形层纹和白色点状或片状斑。少数呈灰褐色的可见黑鱼嘴样角物质嵌于其中，遇热软化，加温熔融成黑色黏性油膏状，微具特别的香气，微腥，味带甘酸。

显微鉴别，粉末特征：粉末水合氯醛装片观察，部分样品溶解为类圆形黄色体，直径 $0.3\sim0.9\mu m$。余为不规则红色块状物。粉末水装片观察，具黑色的不规则块状物，并可见不规则多角形透明体，粒径 0.7～16μm。

而"理化鉴别"方法是：

(1) 本品颗粒投入水中不溶解而浮于水面（相对密度 0.7～0.9）。焚之清香，燃烧时有浅蓝色火焰产生。银簪烧极热，钻入其中乘热抽出，其涎引丝不断。

(2) 升华试验：取本品粉末少许经微量升华，升华物镜下观察，呈类圆形白色半透明体。直径 0.9～9μm。

(3) 取龙涎香石油醚提取液浓缩至 1mL，加磷钼酸数滴，试液显绿色。

早在 1792 年，卡斯帕·诺伊曼就写过，检验龙涎香真伪的一般方法是，将热针刺进去，真龙涎香应该像融化的树脂一般附着在针上；另外的办法是将龙涎香置于火上，或放在蜡烛上方的汤匙里，真正的龙涎香会融化成黏稠的油性黑巧克力色液体，散发出一股复杂的气味，这种味道是常年在海上漂泊形成的。

化学分析也会应用到识别龙涎香当中，如果不能通过初步测试，就可以证明它不是龙涎香。化学家诺依曼曾提醒过，仅靠观察融化状态是无法判定龙涎香的真伪的，人工合成的龙涎香仍然有这样的特性，因此，还需要熟悉龙涎香的气味以及其他状态下的反应。

科学家们公认的是：真正的龙涎香里面一定含有龙涎香醇，且含量不低于 25%，通过对各种各样龙涎香的检测，龙涎香醇被统计出占龙涎香总量的 25%～45%，是不可挥发的成分，而且本身是无气味的，但它被认为是龙涎香的必要和主要成分。而那些易挥发的成分则来源于化学降解过程，其中还包括龙涎香香气中的关键性成分——历史上流传有龙涎香与日月共存的佳话，说明龙涎香的留香性和持久性是任何香料无与伦比的，其根源在于"龙涎香醇"，因为龙涎香醇的沸点接近 500℃，而常温下的蒸气压又低到接近于零，长期储存重量不会减少，但是它可以在空气中缓慢自动氧化，形成降龙涎醚等具香物质——这就给我们提供了一个最有价值的检验方法：检测其龙涎香醇含量就可以了。

先来熟悉一下龙涎香醇的理化数据：

龙涎香醇

分子式：$C_{30}H_{52}O$

分子量：428.73

EINECS：207-460-3

折射率：1.511

密度：0.94g/cm³

熔点：82～83℃。

闪点：222℃

沸点：495.3℃（101.08kPa）

蒸气压：9.1Pa（25℃）

旋光度 $[\alpha]_D$ +14.1°（c=1，苯）

化学结构式：

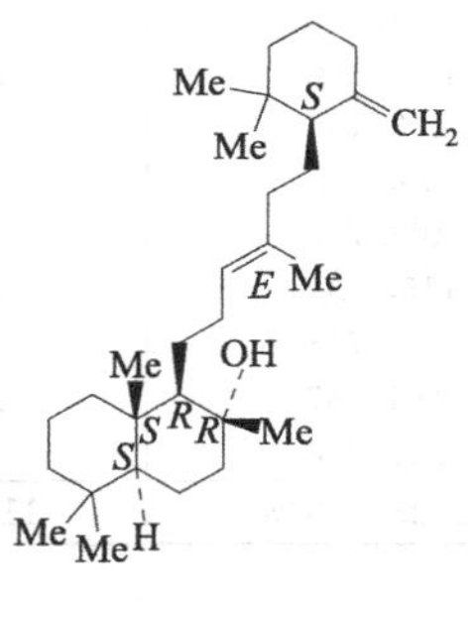

　　用化学分析难度实在是太大了！一般实验室做不到。利用气相色谱、液相色谱、质谱、红外光谱、核磁共振仪等仪器分析都可以测定龙涎香醇，但最简便的方法是旋光分析法——在实验室里，只要拥有一台旋光分析仪，把样品溶解于苯，滤去不溶物，测一下旋光度，通过简单的计算就知道龙涎香醇的含量了。

　　假设样品不含其他旋光物质的话，这个方法是非常准确的。

　　用这个方法测定样品的龙涎香醇含量，如果含量极低——旋光度很低或者不旋光，可以断定该样品不是龙涎香，没有必要再做其他测定。如果龙涎香醇含量超过10％，可以再做如下实验：

　　一般龙涎香都会含有少量降龙涎醚，所以最好再把龙涎香的苯溶液或用乙醇溶解、滤清的溶液进气质联机（GC-MS）测定，例如厦门"陈先生"捡到的龙涎香样品用旋光法测定含龙涎香醇26.23％，再用气质联机测定结果如下（图5-2，表5-2）：

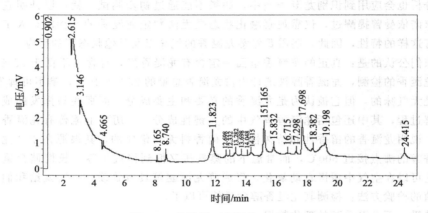

图 5-2　色谱图（龙涎香＋乙醇）

表 5-2　分析结果表

峰号	保留时间/min	峰高	峰面积	含量/%
1	0.615	49.684	446.300	0.0039
2	0.982	1215540.250	11462021.000	99.0242
3	2.615	992.818	32294.801	0.2790
4	3.148	423.801	1007.403	0.0087
5	4.665	122.036	3211.200	0.0277
6	8.165	8.778	41.700	0.0004
7	8.740	274.222	1880.900	0.0162
8	11.823	921.580	12001.550	0.1037
9	12.698	104.860	913.249	0.0079
10	12.932	82.264	802.008	0.0069
11	13.282	164.868	2713.946	0.0234
12	13.698	65.302	1226.335	0.0106
13	14.048	41.907	235.147	0.0020
14	14.315	124.225	2003.337	0.0173
15	15.165	1113.930	10038.700	0.0867
16	15.832	233.154	2458.300	0.0212
17	16.715	46.311	741.153	0.0064
18	17.298	109.703	929.167	0.0080
19	17.698	1155.201	17272.998	0.1492
20	18.382	250.718	3148.030	0.0272
21	19.198	485.067	15494.751	0.1339
22	24.415	221.238	4092.300	0.0354
总计		1222531.918	11574974.273	100.0000

表 5-2"分析结果表"中保留时间 24.415min 的峰经质谱分析确认为降龙涎醚，其化学结构式如下：

由此可以初步判断"陈先生"送来的样品是龙涎香，虽然它"品位不高"。

几年来，笔者检测了世界各地送来的数百个"龙涎香"样品，只有极少数样品的龙涎香醇含量大于 10％，其中有的检测出降龙涎醚，有的没有。含龙涎香醇 25％以上又可以测出一定量降龙涎醚的样品可以确定为龙涎香，虽然这些样品外观各异，气味也完全不同。

总结：龙涎香的检测方法是——先用旋光法测定龙涎香醇含量，再用气质联机测定降龙涎醚和其他香气成分。

第六章　麝香和麝鼠香的鉴定

第一节　麝香

麝香又名当门子、脐香、麝脐香、四味臭、臭子、腊子、香脐子、香麝、獐子、山驴子、遗香、心结香、生香、元寸香等。

麝香的来源为脊索动物门哺乳纲麝科动物，如林麝（*Moschus berezovskii* Flerov）、马麝（*Moschus sifanicus* Przewalski）或原麝（*Moschus moschiferus* Linnaeus）等成熟雄体位于肚脐和生殖器之间的腺体中的干燥分泌物，呈颗粒状或块状，主要产自东北、华北及西北、西南等地。

麝香是中国特产的一种名贵药材。主产于西藏自治区的喜马拉雅山、大雪山脉、沙鲁里山脉、宁静山脉、雀儿山脉等地，此外四川甘孜藏族自治州、阿坝藏族自治州理县、松潘、茂汶羌族自治县，贵州、云南、广西之横断山脉、大瑶山、大苗山，甘肃、陕西之祁连山脉、岷山、秦岭山脉、贺兰山脉，安徽、湖北之大别山脉、潜山、霍山，内蒙古之阴山山脉，东北之大小兴安岭及长白山脉，河南伏牛山等山林地区都有生产。以康藏高原及四川阿坝草原为中国麝香之主要产地，销全国，并出口。现在四川已开始饲养麝，并且从兽香囊中割取麝香，给麝香的生产开辟了新的途径。

麝体形较小，体重 8～13 公斤，身长 65～95cm。被毛粗硬，曲折如波浪状，易折断。雌雄均无角。耳直立，上部圆形，眼圆大，吻端裸露，无眶下腺及蹠腺。雄性的上犬齿特别发达，长而尖，露出唇外，向下微曲。雌性的犬齿很细小，不露出唇外。四肢细长，后肢比前肢长，主蹄狭长，侧蹄显著。尾甚短。雄兽鼠膝部有麝香腺，呈囊状，外部略隆起，香囊外毛短而细，稀疏，皮肤外露。麝毛色均匀，为深棕色，体背及体侧毛色较深，腹面毛色较浅。背部有不明显的肉桂色斑点，排列成四五纵行，腰部和臀部两侧斑点比较明显。嘴、两颊、耳背、肩膀、体侧至尾及四肢外侧毛色为棕灰杂以肉桂黄色的麻斑。额部毛色稍深，耳尖及耳背纯棕灰色，耳廓内侧白色，耳基部有土黄色斑点，下颌白色，颈部两侧毛色发白延至右肩膀呈两条白带纹，脸部毛色较浅，鼠膝部呈浅棕灰色。毛色及斑点差异较大。有些个体斑纹少，隐约可见，有的则较明显，连成片断的黄色斑块。

麝栖于多岩石或面积较大的针叶林和针阔混交林中。很少在平坦的树林、平原、池沼或没有森林的山地栖息。无固定的栖息地，多在荫蔽、干燥而温暖处休息。在早晨及黄昏活动，白天休息。平时雌雄独居，而雌兽常与幼兽在一起。能轻快敏捷地在险峻的悬崖峭壁和深雪地上走动，具攀登斜树的习惯，善于跳跃。视觉、听觉灵敏，性懦怯。以松树、冷杉和雪松的嫩枝、叶子、地衣、苔藓、杂草及树枝嫩芽、野果等为食。

（1）林麝，体长约 75cm，体重约 10kg。毛角较深，深褐色或灰褐色，成体身上一般无显著肉桂黄或土黄点状斑纹。耳背色多为褐色或黑褐色；耳缘、耳端多为黑褐色或棕褐色，耳内白色，眼的下部有两条白色或黄白色毛带延伸至颈和胸部。四肢前面似体肢为足迹和性。

成年雄麝有 1 对上犬齿外露，称为獠牙，腹下有 1 个能分泌麝香的腺体囊，开口于与生殖孔相近的前面。雌麝无腺囊和獠牙。尾短小，掩藏于臀毛中。

（2）马麝，体形较大，体长 85～90cm，体重 15kg 左右。全身沙黄褐色或灰褐色，后部棕褐色较强。面、颊、额青灰色，眼上淡黄，眼下黄棕色。耳背端部及周缘黄棕色、耳内周缘、耳基沙黄色或黄棕色。颈背有栗色块斑，上有土黄色或肉桂黄色毛丛形成 4～6 个斑点排成两行。颈下白色带纹不显，因有棕褐色和白毛混杂而形成黄白区。腹面为土黄色或棕黄色。

（3）原麝，体长 85cm 左右，体重 12kg 左右。耳长直立，上部圆形，鼻端裸出无毛。雄性上犬齿发达，露出唇外，向后弯曲成獠牙。雌性上犬齿小，不露出唇外。四肢细长，后肢比前肢长，所以臀部比背部高。主蹄狭长，侧蹄长能及地面。尾短隐于臀毛内。雄性脐部与阴囊之间有麝腺，呈囊状，即香囊，外部略隆起，香囊外及中骨有两小口，前为麝香囊口，后为尿道口。通体为棕黄褐色、黑褐色等，嘴、面颊灰褐色，两颊有白毛形成的两个白道直连颌下。耳背、耳尖棕褐色或黑褐色，耳内白色。从颈下两侧各有白毛延至腑下成两条白色宽带纹，颈背、体背有土黄色或肉桂黄色斑点，排成 4～6 纵行。腹面毛色较淡，多为黄白色或黄棕色。四肢内侧呈浅棕灰色，外侧深棕或棕褐色。尾浅棕色。

林麝一般分布在中国的四川、甘肃、陕西一带，海拔为 3000m 的针叶林区；马麝分布在青藏高原地区，而原麝则主要分布在东北大兴安岭、小兴安岭以及长白山一带地区。

西藏主要产马麝，体形较林麝大，吻较长，全身呈棕色，通常仅颈部有少量模糊黄点，颌颈下和腹部呈黄白色。雄麝上颌犬齿发达，露出唇外，向下微曲，俗称"獠牙"；脐部有香腺囊，囊内包含麝香。雌麝上颌犬齿小不外露，也无香腺囊。

麝的视觉发达、听觉灵敏、行动轻捷，但性胆怯，常于晨昏单独活动。栖居在海拔较高的灌木林或针、阔叶混交林地方的麝一般毛色较深；生活在青山有小块草地环境中的毛色较浅，但毛的下部均呈灰白色，向上颜色逐渐转深并有光泽。麝毛微呈波浪状，十分轻软，可制高级藏式垫子或枕芯。

一般在十月到翌年 3 月为狩猎期，但以 11 月间猎得者质量较佳，此时它的分泌物浓厚。狩猎时通常用枪击、箭射、设陷阱、绳套等方法。捕获后，将雄麝的脐部腺囊连皮割下，捡净皮毛等杂质，阴干，然后将毛剪短，即为整香，挖取内中香仁称散香。现四川马尔康饲养场试行了三种活麝取香的方法，有"捅槽取香""手术取香"及"等压法"等，取香后生长正常并能继续再生麝香，而且生长速度也较快。

麝在 3 岁以后产香最多，每年 8～9 月为泌香盛期，10 月至翌年 2 月泌香较少。取香分猎麝取香和活麝取香两种。

麝香的采制一般是人工取香，在冬春两个季节内捕猎，之后割去麝的香囊，阴干，此为"毛壳麝香"；而取出香囊中的分泌物，则为"香囊仁"。

猎麝取香是捕到野生成年雄麝后，将腺囊连皮割下，将毛剪短，阴干，习称"毛壳麝香""毛香"；剖开香囊，除去囊壳，习称"麝香仁"。

活麝取香是在人工饲养条件下进行的。目前，普遍采用快速取香法，即将麝直接固定在抓麝者的腿上，略剪去覆盖着香囊口的毛，酒精消毒，用挖勺伸入囊内徐徐转动，再向外抽出，挖出麝香。取香后，除去杂质，放在干燥器内，干后，置棕色密闭的小玻璃器里保存，防止受潮发霉。

麝香的主要有效成分为麝香酮——曾报道一个有代表性的麝香样品，经测定含有水分 22.56%，灰分 3.62%（其中含钾、钠、钙、镁、铁、氯、硫酸根、磷酸根离子等），含氧化合物（其中含碳酸铵 1.15%，铵盐中的氮 1.89%，尿素 0.40%，氨基酸氮 1.07%，总氮量 9.15%），胆甾醇 2.19%，粗纤维 0.59%，脂肪酸 5.15%，麝香酮 1.2%。

麝香是一种高级香料，有特殊的香气，有苦味，不仅芳香宜人，而且香味持久，是配制高级香精的重要原料。如果在室内放一丁点麝香，便会满屋清香，气味迥异。

在中国，使用麝香已有悠久历史。唐代诗人杜甫在《丁香》诗中写道："晚坠兰麝中"。古代文人、诗人、画家都在上等墨料中加少许麝香，制成"麝墨"写字、作画，芳香清幽，若将字画封妥，可长期保存，防腐防蛀。

麝香可以入药，为中药材开窍药的一种，该药出自《神农本草经》，有开窍醒神的功效，是中枢神经兴奋剂，外用能镇痛、消肿。"神农本草经"列为上品，曾用在牛黄丸、苏合香丸、西黄丸、麝香保心丸、片仔癀、云南白药、六神丸等产品中。

麝香性辛、温、无毒、味苦。入心、脾、肝经，有开窍、辟秽、通络、散淤之功能。主治中风、痰厥、惊痫、中恶烦闷、心腹暴痛、跌打损伤、痈疽肿毒。

许多临床材料表明，冠心病患者心绞痛发作时，或处于昏厥休克时，服用以麝香为主要成分的苏合丸，病情可以得到缓解。古书《医学入门》中谈"麝香，通关透窍，上达肌肉。内入骨髓……"。《本草纲目》云："……盖麝香走窜，能通诸窍之不利，开经络之壅遏"。其意是说麝香可很快进入肌肉及骨髓，能充分发挥药性。治疗疮毒时，药中适量加点麝香，药效特别明显。西药用麝香作强心剂、兴奋剂等急救药。

麝香酊为偶蹄目鹿科动物麝（香）鹿（Moschus moschiferus L.）雄性的香腺分泌物（为微红褐色的颗粒状或胶状物）经乙醇溶解制得。浅棕或深琥珀色液体。浓度为 $2\% \sim 10\%$，通常为 3%。主要成分为麝香酮（3-甲基环十五酮）。具清爽柔和的动物香气，甜而不浑，腥臭气少。主要用于医药，起开窍通络、活血化瘀和透肌骨作用，也用于高级日用香精。

下面是一个具有代表性的现代香水香精配方例子：

檀香油	1.2
龙蒿油	0.5
香兰素	1.8
当归油	0.1
佳乐麝香	7.0
香紫苏油	0.6
香根油	1.2
格蓬浸膏	1.0
降龙涎香醚	0.5
纯种芳樟叶油	6.6
广藿香油	0.4
薰衣草油	5.4
格蓬酯	0.6
异丁香酚	0.7
二氢茉莉酮酸甲酯	10.0
香豆素	0.3
甲基紫罗兰酮	1.0
洋茉莉醛	0.7
合成橡苔	1.2
龙涎酮	9.0
苯乙醇	6.0
依兰依兰油	11.4

香柠檬油	14.5
乙酸桂酯	0.5
茉莉净油	1.4
安息香油	5.0
玫瑰油	1.4
5％麝香酊	10.0
总量	100.0

这个配方如果少了麝香酊，或者用其他合成麝香香料代替麝香酊的话，整体香气就明显少了令人愉悦的"灵气"，"档次"就显得低了。

第二节　麝　鼠　香

由于天然麝香等动物药资源不足，国内外都在寻找新的资源。麝鼠香资源分布广，数量较大，易饲养，好管理，并含有类似麝香的特性和成分，已引起学术界的广泛关注。

麝香鼠又名青根貂，动物分类学上属脊椎动物亚门、哺乳纲、啮齿目、仓鼠科，田鼠亚科，是一种小型珍贵毛皮动物，水陆两栖的食草性经济动物，是生活在我国东北地区的一种水耗子，虽有前景，但养殖有一定难度。

麝香鼠的经济价值：成年麝香鼠的毛皮皮板厚，绒毛多，针毛具有光泽，冬毛尤为美观保暖，品质优良。麝香鼠的毛皮沥水性和不湿性位于首位，毛绒密度居所有动物的第三位，是国家指定收购的裘皮。

麝香鼠肉占活体重的47％～50％，蛋白质含量20.1％，脂肪含量仅3.9％矿物质丰富，肉质细嫩，是一种很有前途的肉类食品。

麝香鼠全身是宝，原产于北美洲，是水陆两栖珍贵草食性皮、肉、药兼用高效经济动物。其抗病能力、适应性都很强。饲料来源广、饲养简单、全国各处能养。其毛皮沥水性位于裘皮之首，具有很强的装饰和保暖性，属高档裘皮，有"软黄金"之称，麝香鼠肉是高蛋白、低脂肪、味道鲜美的一种最佳野味食品，另外，每只雄鼠取香期年可活体取香10～15g。

我国"麝鼠香化学成分和药理作用研究课题组"的专家们四年的研究结果表明：麝鼠香减慢心率的作用比林麝所产麝香明显，其抗炎、耐缺氧、降低血压，减慢心率及负性肌力作用等生物活性及血流动学的抑制性效应均相同，具有很强的抗衰老、抗疲劳、抗过敏、促生长作用，且对痔疮、冠心病有特效，国家已明令林麝所产麝香不准入药，故开发麝鼠香前景十分广阔。麝鼠香药理功能与天然麝香完全一致，还多了治疗冠心病的特效。同时麝鼠香又是一种定香剂，在各种化妆品中，加上一点麝鼠香，其香味经久不消。目前在国内外市场缺口较大，几十年内很难满足，市场前景非常广阔。

养殖麝香鼠的效益分析：养殖麝香鼠具有项目投资小、饲养成本较低、经济效益好的特点。项目投资小：养殖麝香鼠因地制宜，可大可小，可利用废弃的池塘、河面散养，可利用果园、树林圈养，也可利用庭院、阳台或平顶屋面进行笼养。

饲养成本较低：麝香鼠是食草性两栖动物，饲料来源广，它能吃大白菜、红萝卜、水花生、芦苇等一百多种草、菜和粮食，饲养成本低，饲养方法简单，只要注意定时给食、清洁卫生和防病治病，就个个都能养活。

经济效益好：饲养一对麝香鼠，每年繁殖在北方2～3胎，在南方4～5胎，在长江中下游

3～4胎，最多的有6胎，每胎一般在8～12只，最多的有24只，雄性麝香鼠在发情期（3～10月）内，可活体提取麝香6～7g，每克售价目前在140元左右，每对麝香鼠每年繁殖下来的鼠，可以剥皮不少于20张，每张毛皮目前售价在50元左右。

养殖麝香鼠的市场分析：我国研究麝香鼠虽有二十多年的时间，但在民间饲养还属初级阶段，特别是对麝鼠香的产品开发，才刚刚起步，除中国麝香鼠养殖基地外，还没有大型养殖场。

发展前景：麝香鼠是高效特种经济动物，全身是宝，用途很广，很珍贵，不论在国内市场还是在国际市场，都有广阔的发展前景，主要表现在以下几个方面：

（1）麝香鼠是一种名贵的动物香料，国内、国际高级化妆品和有关药物所需的动物香料都是靠麝香鼠分泌的麝香和灵猫分泌的灵猫香。现在麝已成濒临灭绝的动物，其麝香原料及产品已被禁用。灵猫不仅繁殖难，灵猫香极少，且杂质又较多，在应用范围上受到很多限制。而麝香鼠则自然而然地成了濒于枯竭的动物香料的重要补充。以它研制出的药品，对治疗高低血压、冠心病、心脏负担过重、心脏肥大、动脉粥样硬化等疾病具有很好的疗效，用它研制出的保健化妆品，具有明显的抗炎抑菌，增加皮肤活性和降低过氧化脂质，脂褐质含量活性的效率，在当今世界上的化妆品中具有很强的竞争力。

（2）麝香鼠的毛皮是制作高档裘皮服装的极好原料，其绒毛丰厚细软，弹性强，手感丰富光泽好，保暖性、沥水性仅次于水獭皮，西方经济发达国家的人把穿麝香鼠皮视作身价的象征，货源紧缺，国内、国外都很紧缺。

（3）麝香鼠肉是一种高蛋白、低脂肪，营养极为丰富的野味肉类食品，其肉质细嫩，鲜美，可以加工成罐头、香肠、烧炒等，是一种肉类最佳食品，特别广东及港、澳、台地区的人都爱吃。价格很高。

（4）麝香鼠的粪便有驱蚊蝇作用，是制作蚊香的好材料。

（5）麝香鼠因其无味、无臭、干净、卫生，水上水下蹦蹦跳跳令人喜爱，具有很高的观赏价值。

麝香鼠分泌的麝香也叫麝鼠香，麝鼠香中含有与天然麝香相同的麝香酮、降麝香酮、十五烷酮等主要成分，其减慢心率的作用更明显，具有耐缺氧、降血压、消炎、抗应敏、雄性激素等作用。

麝鼠香的主要化学成分及香味分子：从苯提取物中检测到33个成分，其烷、醇类化合物3种，脂肪酸和胆甾醇各1种，其余29种均为环酮类化合物，并存在着偶数脂肪酸产生奇数大环酮化合物的规律。麝鼠香十五和十七（烷、烯、炔）环酮为香味分子。

麝鼠香的香气：具有典型的动物氛氲香气，香气清灵，柔和，留香持久，头香稍带酯类的果香且有酸气。

麝鼠香和天然麝香的化学成分比较：麝鼠香中环酮、醇类化合物比天然麝香的种类多，其香味分子为十五和十七环酮的共同作用结果。而天然麝香的香味成分为麝香酮。麝鼠香的分泌是顶浆分泌及香腺细胞合成、聚集、转移和泌香的动态过程和周期性的分泌规律。麝鼠香腺的发育受血浆中类固醇激素的调控，诱导麝鼠香腺的形态发育和持续泌香，麝鼠香腺的发育存在香腺发育期、泌香盛期、泌香持续期和萎缩期的周期性变化规律。不同时期各种化合物的含量也不同，最佳采香期为2～9月份。

麝鼠香经过分子修饰形成的巨环麝香酮显示出更强的动物香料香气。

标准麝香酮、麝鼠香环十六烷酮和天然麝香酮具有相同的238分子离子峰。

通过对成年麝鼠香膏进行理化性能的检验，采用等离子体发射光谱仪进行测定；其他指标均采用化学分析方法，结果是：酸价（3.70）、酯价（1.82）、皂化价（$2.3\mu g/g$）、粗脂肪

$(1.6\mu g/g)$、水溶物（$<1.0\mu g/g$）、醇溶物（$<0.1\mu g/g$）、醚溶物（$<1.0\mu g/g$）。

化学成分——用气质联用技术，对成年麝鼠香膏提取物的各组分进行了鉴定，采用面积归一化法，对各组分进行了定量分析，其定性、定量结果如下（单位:%）：月桂酸（0.39）、9-十八烯-1-醇（0.47）、环十五烷酮（5.53）、麝香酮（2.21）、十六酸甲酯（9.15）、9-十六烯酸（3.54）、十六酸（7.20）、环十七烷酮（12.87）、灵猫酮（3.45）、环十二醇（0.79）、9-十八烯酸甲酯（5.15）、8-十八烯酸（0.47）、顺-9-十八烯酸（9.90）、反-9-十八烯酸（0.95）、环十二酮（0.42）、9，12-十八烯酸，2-羟基-1（羟甲基）己酯（0.42）。

金顺丹等人通过对麝鼠香囊的苯提取物中的不皂化成分进行薄层分离，得到了与标准麝香酮 R_f 值相同的组分，经气相色谱、质谱分析证明麝鼠香囊中含有麝香酮，从而为开辟天然麝香资源及麝鼠的综合利用提供了科学依据。

药理作用：

抗炎、抗凝血作用——高景泰等通过"小鼠甲苯耳肿胀法""小鼠腹腔渗出实验法"证实麝鼠香（120mg/kg、60mg/kg）具有抗炎作用（$P<0.01$），作用强度与麝香（120mg/kg）接近（$P<0.01$）。玻片法试验证明其有延长血液凝血时间的作用（$P<0.01$），效果优于麝香（$P<0.05$）。

对麻醉犬的心血管效应——陈玉山等通过麝鼠香对麻醉犬的心血管效应研究，结果表明，给麻醉犬静脉注射麝鼠香和天然麝香 24mg/kg 均能降低动脉血压，但麝鼠香减慢心率的作用比麝香明显，并有降低心肌耗氧量的作用。

对血瘀大鼠血液流变学的影响——研究证明，麝鼠香对血瘀模型大鼠血液流变性较正常对照组明显增高，麝香组和麝鼠香各剂量组，能使急性血瘀大鼠全血黏度、血浆黏度、红细胞压积有不同程度的降低，与血瘀模型组比较 $P<0.05$ 或 $P<0.01$。说明麝鼠香可改善血瘀模型大鼠的血液流变学异常。

抗衰老活性的研究——研究发现：麝鼠香具有促进未成龄小白鼠体重增长、增加小白鼠前列腺-贮精囊的重量的作用；对抗小白鼠红细胞在高渗和低渗液中溶血稳定红细胞膜作用明显，增强小白鼠肝脏中超氧化物歧化酶（SoD）的活性，抗衰老作用显著。

抗炎的药理实验——李艳冰等用天然麝香作对照，大白鼠、小白鼠做实验动物，对麝鼠香由鲜蛋清、二甲苯和冰醋酸引起的急性炎症的抗炎药理进行了实验研究。结果表明，麝鼠香对 3 种实验急性炎症有抑制作用，与麝香比较，具有类似的抗炎效果。

麝鼠香是一种新发展起来的天然香料，因其特殊的化学结构与非凡的香浓气息，在不久的将来必然会成为一种可贵的资源，来弥补麝香资源的不足，而且应用的领域会更广泛，相信麝鼠香的综合利用将引起世人的瞩目。

下面是一个有代表性的现代香水香精配方例子：

铃兰醛	5
兔耳草醛	1
乙酸对叔丁基环己酯	3
异丁香酚	2
二氢茉莉酮酸甲酯	5
香豆素	2
紫罗兰酮	3
洋茉莉醛	2
合成橡苔	2
龙涎酮	9

降龙涎香醚	1
乙酸桂酯	5
苯乙醇	6
香兰素	2
佳乐麝香	10
香柠檬油	5
檀香油	2
香根油	2
纯种芳樟叶油	5
广藿香油	1
薰衣草油	5
依兰依兰油	4
柠檬油	3
茉莉净油	2
安息香油	3
玫瑰油	2
5％麝鼠香酊	8
总量	100.0

此配方也由于使用了麝鼠香酊，香气档次提高了许多。

第三节　麝香、麝香油和麝鼠香油的鉴定

整麝香（毛香）：呈球形、扁圆形或柿子形，直径3～7cm。开口面略扁平，密生灰白色或棕褐色而细短的毛，呈旋涡状排列，中央的小孔（囊口）直径2～3mm；去毛后显棕褐色的革质皮，内膜极薄。背面（包藏在麝腹内的半部）为一层微皱缩而柔软的内皮，棕褐色略带紫色。囊内即为麝香仁。质柔软，微有弹性。有香气。以身干、色黄、香浓者为佳。

麝香仁：该品为麝香囊内所藏的散麝香。鲜时呈稠厚的黑褐色软膏状，干后为棕黄色粉末，并有大小不同的黑色块状颗粒，其中颗粒状者习称"当门子"，并夹杂有细毛及内膜皮等。香气浓烈，久闻则有骚臭气，味稍苦而微辣。以仁黑、粉末棕黄（俗称黑子黄香）香气浓烈、富油性者为佳。

真麝香的粉粒呈棕褐色或黄棕色，团块中偶有方形柱八面体或不规则晶体，无锐角，并可见圆形油滴，有时也可见毛及皮层内膜组织。

真麝香有一种特异的香气，经久不散。如果没有浓香袭人，或者有腥气、臭气，则为假货。

取少许麝香口尝，真麝香有一种刺舌的感觉，并有一股清凉之味直达舌根，味道纯正，没有腥臭异味。

真麝香微软，有弹性。用手捏后再取少许麝香加适量水调匀，若不脱色、不染手、不黏手、不结块者为真品，反之则为假货；也可将少许麝香置于掌心，如果加水湿润后能搓成团状，用手指轻揉即散开、不黏手、不结块，则为真品。

　　取少许麝香，置锡纸上隔火烧热，可见轻微如磷的火焰，然后有蓝色烟柱直线上升，麝香会发生跳动、蠕动、迸裂或有爆鸣声，则为真品。如果火一烧就起油泡，且无香气者为假货。

　　将少许麝香放入沸水，如急速旋转后渐渐沸翻溶解者为真品。如果漂浮在水面或沉底不动、不溶解则为假货。

　　(1) 麝香为贵重药材，易掺假，中药界对于其真伪鉴别具有丰富经验，今选数种方法介绍如下：

　　① 手试弹性：整麝香虽凝结坚固，但富于弹性，手捏微软，放手仍复原。检查有无异物及干燥程度时：可取麝香仁少许，置于手掌中用指摩擦，不脱色，搓即成团，揉捏即散，不黏手，并发出浓烈香气者为佳。

　　② 铁钎插探：以特制之铁钎插入囊内，体察有无异物抵触，若不挡针、涩针、子眼模糊、香气浓烈、并无先浓后淡情况，则为真品。

　　③ 槽针抽验：以制有沟槽的钉子，由香囊的开口处插入，四方搅抽，取槽观察，有细绒白毛，粉末子痕清楚、无锐角、自然疏松、呈蝇蛆状叠附生成者为真香；颗粒不规则，有锐角，无绒毛，枯燥无光泽者为伪品。

　　④ 火烧试验：取麝香粉少许，置于金属器皿上猛火加热，真者迸裂，香气浓烈四溢，燃烧后油点似珠，灰烬呈灰白色。若有植物性掺杂，加火即燃烧化烟而无香气油点，灰烬呈黑褐色；若系矿物性掺杂则无油点，灰烬呈赭红色；若有动物性掺杂，则加火起油泡如血块迸裂，无香气，而有焦臭气，灰烬呈紫红色或黑色。

　　⑤ 水中试验：取麝香少许，放入盛有开水的碗中，不立即溶解，而水仍微黄、澄清，去水后仍清香不臭者为真。

　　(2) 过去曾经发现有下列物质掺入麝香中：锁阳粉末、肝脏粉末、干燥血液、羊粪、淀粉、儿茶、铁末、砂土等。可用下列方法鉴识：

　　① 取粉末少许，在显微镜下观察，不得显植物纤维及其他植物组织；否则为有锁阳或其他植物性物质或羊粪等掺杂之证。

　　② 取粉末少许加水煮片刻，过滤，滤液分为两份，分别加碘溶液及 5% 三氯化铁溶液，不得呈蓝色、蓝黑色或蓝绿色，否则为有淀粉、儿茶等掺杂之证。

　　③ 取粉末少许入坩埚中烧之，真品的灰烬呈类白色；如显红色则为有干燥血液或肝脏粉末掺杂之证。

　　④ 按药典方法进行灰分测定，真品的灰分不得超过 8%，否则为有铁末、砂土等无机质掺杂之证。

　　理化鉴别：

　　(1) 取粉末少量，置于手掌中，加水湿润，用手搓之能成团，再用手指轻搓即散，不应黏手、染手、顶指或结块。

　　(2) 取毛麝香，用特制槽针从囊孔插入，撮取麝香仁，立即检机，槽内的麝香仁应有逐渐膨胀高出槽面的现象，习称"冒槽"。

　　(3) 取麝香仁少量撒于炽热的坩埚中灼烧，初则迸裂，随即熔化膨胀，起泡似珠，香气浓烈四溢，应无毛、肉焦臭，无火焰或火星出现。灰化后，残渣呈白色或灰白色。

　　(4) 取细粉，加五氯化锑共研，香气消失，再加氨水少许共研，香气恢复。

　　(5) 取狭长滤纸条，悬入木口乙醇提取液中。1h 后取出，干燥，在紫外光灯（365μm）下观察，上部呈亮黄色，中部显青紫色；有时上部及中部均呈亮黄色带绿黄色。加 1% 氢氧化钠液变为黄色。

（6）取该品粉末 2g，加硅藻土 10g，混研均匀，置索氏提取器中，用乙醚 200mL 回流提取 8h 滤过，回收溶剂，加苯 3mL 溶解，以试品，另取麝香和胆固醇制成对照品溶液。分别吸取上述两种溶液点于同一块硅胶 GFZ254＋366 板上，以苯为展开剂，展开后、用磷酸香荚兰醛乙醇液喷雾，于 105℃ 烘 5min，试品应与对照品在相应位置上显相同颜色的斑点。

品质标志：（中华人民共和国药典）1995 年版规定：该品不得检出动、植物组织、矿物和其他掺伪物。不得有霉变。干燥失重：取该品 1g，置五氧化二磷于干燥器中，减压干燥至恒重，减失重量不得过 35.0%。总灰分：取该品 0.2g 测定总灰分，按干燥品计算，不得过 6.5%。该品以麝香酮作对照品，用气相色谱法测定，按干燥品计算，含麝香酮（$C_{16}H_{30}O$）不得少于 2.0%。

含麝香酮、降麝香酮、麝香醇、麝香吡喃、麝香吡啶、羟基麝香吡啶 A、羟基麝香吡啶 B、3-甲基环十三酮、环十四烷酮等。亦含胆甾-4-烯-3-酮、胆甾醇及其酯类、睾丸酮、雌乙醇、5α-雄烷-3，17-二酮等 11 种雄烷衍生物。尚含蛋白质与氨基酸，麝香中含蛋白质约 25%。麝香中发现一种分子量为 1000 左右的肽类活性物质，并分离出一种分子量 5000~6000 的多肽，其醇溶物中含 4 种游离氨基酸，即精氨酸、脯氨酸、甘氨酸和丙氨酸。将醇溶物用丙酮、甲醇和水提取，水解后的氨基酸分析表明：甲醇提取物中氨基酸含量最高，其中以天门冬氨酸、丝氨酸、胱氨酸等含量最高；丙酮提取物中谷氨酸、缬氨酸、组氨酸和甘氨酸较高。

此外，麝香中还含钾、钠、钙、镁、铝、铅、氯、硫酸盐、磷酸盐和碳酸铵以及尿囊素、尿素、纤维素等。

麝香酮为重要的有效成分，其含量占天然麝香肉中的 1.58%~1.84%，占天然麝香毛壳中的 0.90%~3.08%。由于麝香酮现在已经能够人工合成，所以仅靠检测麝香酮含量是不足以证实是否为麝香真品的。

麝香酮的结构式：

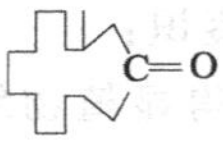

各种麝香的成分如下：

1. 林麝麝香

含麝香酮、麝香吡啶、雄性激素、胆甾醇及胆甾醇酯等。

2. 马麝麝香

含胆甾醇和胆甾醇酯。

3. 原麝麝香

主要含有麝香酮、麝香吡啶、羟基麝香吡啶 A、羟基麝香吡啶 B 等大分子环酮。另含 5α-雄甾烷-3，17-二酮，5β-雄甾烷-3，17-二酮，3α-羟基-5α-雄甾烷-17-酮，3β-羟基-雄甾-5-烯-17-酮，3α-羟基-5α-雄甾烷-17-酮，雄甾-4-烯-3，17-二酮，雄甾-4，6-二烯-3，17-二酮，5β-雄甾烷-3α-17β-二醇，3α-羟基-雄甾-4-烯-17β-酮等 10 余种雄甾烷衍生物；麝香中的脂肪酸同胆甾醇、甘油和其他脂肪醇结合成酯和蜡，已确认的有：甘油二棕榈酸油酸酯、甘油棕榈二油酸酯、甘油三油酸酯、棕榈酸甲酯、油酸甲酯等；形成蜡的几乎都是支链结构，有 $C_{20}~C_{34}$ 的醇。

此外，麝香还含有一种 β-肾上腺素衍生物，目前已确定结构的有麝香酯 A_1。

4. 喜马拉雅麝麝香

含有麝香酮、降麝香酮等多种大分子环酮，还含有雄甾烷的衍生物：5α-雄甾烷-3，17-二酮，5β-雄甾烷-3，17-二酮，3α-羟基-5α-雄甾烷-17-酮，3α-羟基-5β-雄甾烷-17-酮，3β-羟基雄甾-5-烯-17-酮，雄甾-3，4，17-三酮，5α-雄甾烷-3β，17α-二醇，5β-雄甾醚-3α，17β-二醇，雄甾-4，6-二烯-3，17-二酮等。此外，还含有胆甾醇、胆甾烷醇、胆甾-4-烯-3-酮、蛋白质、氨基酸、卵磷脂、脂肪、尿素等。

麝香根据不同取香方式分为毛壳麝香或毛香和麝香仁两种。

（1）毛壳麝香为扁圆形或类椭圆形的囊状体，直径 3～7cm，厚 2～4cm。开品面微突起，皮革质，棕褐色，密生灰或灰棕色短毛，从两侧围绕中心排列，中间有一小囊孔，直径 1～3mm。另一面为棕褐色略带紫色的皮膜，微皱缩小，质松有弹性，剖开后可见棕褐色中层皮膜，半透明，内层皮膜呈棕色，内含颗粒或粉末状的麝香和少量细毛及脱落的内层皮膜（习称"根皮"）。

（2）麝香仁，野生的质柔、油润、疏松，呈不规则圆球形或颗粒状，表面多为紫褐色，油润光亮，微有麻纹，断面深棕色或黄棕色；粉末状者多呈棕褐色或黄棕色，并有少量脱落的内层皮膜和细毛。人工养殖得到的呈颗粒状、短条状或不规则团块，表面不平，紫黑色或深棕色，显油性，微有光泽，并有少量毛和脱落的内层皮膜，香气浓烈而特异，味微苦带咸。

炮制：取原药材，除去囊壳，取出麝香仁，除去杂质，研细。炮制后贮于干燥容器内，密闭，置于阴凉干燥处，防潮，防蛀。

现在，麝香酊、麝香油和麝鼠香油的鉴定主要也是参照其理化指标——香气、色泽、密度、折射率、旋光度等，必要时用气相色谱或气质联机测定，与标准品的色谱图和数据对照即可鉴别真伪。

由于天然麝香市场价格高昂，且药材来源极其有限，因此目前各种市售麝香中既有人工合成麝香，也有各种掺假伪劣"麝香"。通常鉴定麝香的方法主要有物理性状的判断（如显微鉴定等）和测定主要活性成分麝香酮的含量的方法。这些方法都存在一定的片面性，如显微鉴定方式不能有效判断麝香的具体成分；而麝香酮可人工合成后添加。有人通过对几种不同麝香样品的乙醇-超声波萃取，利用气相色谱-质谱法鉴定不同麝香样品中的多种组分，并据此对不同麝香的品质进行初步鉴定。下面是检测过程：

仪器及工作条件：GC/MS 300 气相色谱仪/质谱仪（北京东西分析仪器有限公司）；GDYQ-721S超声波辅助快速提取仪（长春吉大•小天鹅仪器有限公司）。

GC/MS 仪器条件：气相色谱部分——进样口温度 250℃；柱箱温度：初始温度 60℃，保持 10min，以 5℃/min 速率升温至 160℃，保持 5min，以 10℃/min 速率升温至 290℃，保持 10min；气相色谱柱不分流进样，进样量 1μL，1min 后开分流阀；色谱柱为 DB-5MS（30 m×0.25mm×0.25μm）；载气为高纯氦气。

质谱部分：电子轰击离子源（EI），能量 70eV；接口温度 250℃；离子源温度 150℃；四极杆质量分析器；溶剂延迟 2min，数据采集时间 58min；扫描质量范围 30～500amu。

实验方法：准确称取 50mg 麝香样品（精确至 0.0001g），置于具塞刻度试管中。试管中加入 4.0mL 无水乙醇和 1g 无水硫酸钠，加盖浸泡过夜后用超声波萃取 30min（萃取温度 25℃，功率 400W）。待萃取液静置澄清，吸取上层清液经 0.45 μm 有机微孔滤膜过滤后，在上述仪器条件下用 GC/MS 进行测定。

结果与讨论：

麝香酮的判定——麝香中主要的活性物质为麝香酮，麝香酮目前可由人工合成，这也是解决天然麝香来源匮乏的主要途径之一。如果只通过麝香酮的含量判断麝香的品质，虽然简单但显然是不全面的。因为天然麝香是麝的分泌物，不仅仅含有麝香酮，还含有复杂的生物组分。本实验的结果也说明了这一点，实验的三类样品中，天然麝香和人工麝香中都含有麝香酮，麝香酮的标准质谱图如图 6-1 所示。

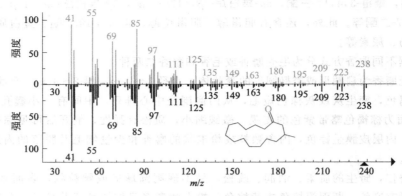

图 6-1　样品中麝香酮与数据库标准质谱图的比较

天然麝香样品中多组分的判定——实验获得天然麝香样品乙醇提取物的总离子流图，并利用 NIST 数据库对每种组分的质谱图进行结构检索、匹配。

实验结果表明，天然麝香中除了主要成分麝香酮（保留时间为 36.61min）含量较为显著外，还含有多种甾类化合物等其他物质，这与文献报道相一致。将实验获得的质谱图与 NIST 数据库进行匹配，大致可以确定十多种甾类化合物，如去氧异雄甾酮-3-乙酸酯、3-羟基雄甾-17-酮、表雄（甾）酮、雄甾-3，17-二醇、胆固醇等；还有其他物质，如环十五烷酮等。下面五图比较部分目标物质谱图与 NIST 数据库中的标准谱图（图 6-2～图 6-6）。

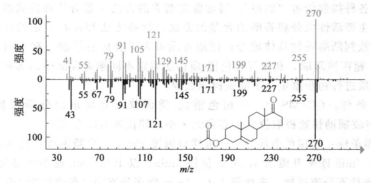

图 6-2　样品中去氧异雄甾酮-3-乙酸酯与数据库标准质谱图的比较

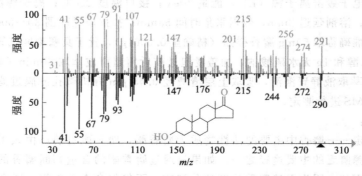

图 6-3　样品中 3-羟基雄甾-17-酮与数据库标准质谱图的比较

市售麝香样品中组分的判定：实验对 3 种市售麝香样品中多种组分进行了测定，结果表

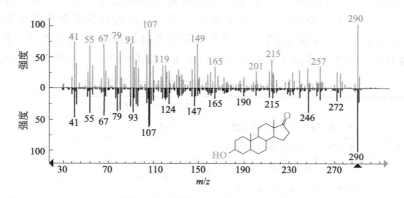

图 6-4 样品中表雄（甾）酮与数据库标准质谱图的比较

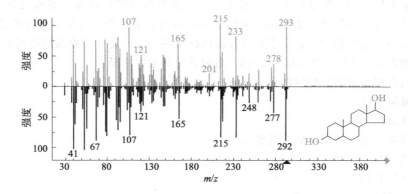

图 6-5 样品中雄甾-3,17-二醇与数据库标准质谱图的比较

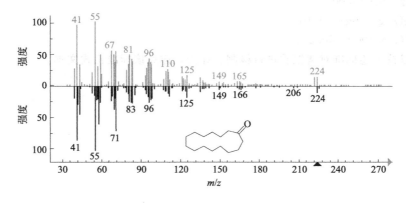

图 6-6 样品中环十五烷酮与数据库中质谱图的比较

明，市售麝香有些仅仅含有麝香酮；而有些不含麝香酮。实验的 2 种市售麝香样品中几乎不含甾类化合物，经获得的质谱图与 NIST 数据库匹配确定样品中含饱和/不饱和高级脂肪酸（酯）类物质比较显著，如硬脂酸、亚油酸、亚油酸甲酯、棕榈酸乙酯、油酸乙酯和亚油酸乙酯等。

市售麝香样品的测定结果——通过对天然麝香样品和三种市售麝香样品乙醇提取物的气

相色谱/质谱分析，结果如表 6-1 所示，表明不同市售麝香品质存在很大差异，有些样品仅含有效（活性）成分麝香酮；有些样品虽含麝香酮，但是无天然麝香所含的甾类物质，仅仅含高级脂肪酸/酯类化合物；而有些市售"麝香"仅仅含有高级脂肪酸/酯类物质。从表 6-1 中也可以看出，麝香酮不能作为鉴定天然麝香的唯一标准，甾类物质是一个重要的判断依据。

表 6-1　不同麝香样品乙醇提取物中的主要成分

样品	乙醇提取物中主要物质
天然麝香样品	麝香酮、甾类化合物(胆固醇)、环十五烷酮等
市售麝香 1#	麝香酮、甾类化合物(胆固醇)
市售麝香 2#	棕榈酸乙酯、亚油酸乙酯、油酸乙酯等
市售麝香 3#	麝香酮、亚油酸甲酯、硬脂酸、亚油酸等

通过超声波辅助萃取-气相色谱/质谱法定性分析不同麝香样品的乙醇提取物中的多种组分，对不同麝香样品的品质进行了初步鉴定。结果表明该方法可快速、有效的鉴定不同品质的麝香。天然麝香组分复杂，麝香酮的含量已不能作为鉴定的唯一依据，而气相色谱/质谱法具有较强的分离、定性能力，适合于麝香样品的品质鉴定，也适合于麝鼠香样品的品质鉴定。

吉林省地方标准 DB22/T 1015—2013 "麝鼠香"质量要求是：

气味：具有麝鼠香特有的气味，无异味。

形态：澄清液体。

色泽：浅黄色至棕黄色。

乙醇中溶解（混）度的评估：乳浊液。

相对密度（20℃/20℃）：0.9040～0.9050。

折射率（20℃）：1.4800～1.5000。

酸值（KOH）/（mg/g）≤4.00。

环十五酮/%≥4.00。

环十七醇/%≥19.00。

过氧化氢/(g/100g)≤0.10。

丙二醛/(mg/100g)≤0.25。

目前可以按上述标准对麝鼠香进行检测、评价，详见该标准正式文本。

第七章　灵猫香的鉴定

　　灵猫香为四大动物香之一，它取自灵猫的香腺，为哺乳动物具有的一种特殊皮脂腺，是灵猫科动物大灵猫和小灵猫香腺囊中的分泌物。灵猫香是香料工业中高级香精和加工香产品中不可缺少的原料之一，具有可贵、细腻的动物型香气和定香保香作用，故灵猫香历来为世界上著名调香师视为化妆香精调香中不可或缺的珍品。

　　灵猫属灵猫科动物，主要有大灵猫与小灵猫两个品种。大灵猫主要分布在非洲埃塞俄比亚，我国云南地区、华东地区及秦岭南部也有发现。目前杭州动物园已在进行驯养和取香研究，全世界香料工业所需之灵猫香历来依靠埃塞俄比亚供应，年产 1.5～2.0t。近年来，非洲埃塞俄比亚等地区旱情严重，估计将导致灵猫香产量大幅度下降。

第一节　大灵猫

　　大灵猫，又名：文狸（《楚辞》）、灵狸（杨孚《异物志》）、灵猫（《本草拾遗》）、香狸（《酉阳杂俎》）、香猫（《丹铅杂录》）、山狸（《坤舆图说》）、九节狸、麝香猫、九江狸等。

　　体形细长，身长约 83cm，尾长约 43cm，体重 8kg 左右。吻部略尖，口旁列生刚毛。四肢较短，足具 5 趾，爪弯曲而略具伸缩性。雌雄体的会阴部均具香腺囊，能分泌奇异的香味。全身灰棕色或浅黄色，头、额、唇均灰白色，颈侧至前肩有 3 条黑色横纹，其间夹有 2 条白色横纹；背中央一直到尾基有 1 条黑色纵纹，其两侧白背中部起各有 1 条白色狭纹；腹部毛色浅灰；四肢黑褐色；尾毛浓密而较软，为白色狭环与黑色宽环扣间，末端呈黑色。

　　栖于灌木丛中。昼伏夜出，营独居生活，行动敏捷，听觉灵敏。杂食性，以小兽、小鸟、鱼、蛙、蟹为食，也食昆虫、野果及家禽。我国北自陕西秦岭，南至广东、海南岛；东达江苏、浙江，西至四川、云南等地均有分布。

　　《本草拾遗》：灵猫生南海山谷，如狸，自为牝牡，其阴如麝，功亦相似。按《异物志》云，剟其水道连囊，以酒洒阴乾，其气如麝，若杂真香，罕有别者，用之亦如麝焉。

　　《坤舆图说》：山狸似麝，脐后一肉囊，有满辄病，向石上剔出始安。其香如苏合油而黑。

　　采集和贮藏：灵猫经常在笼舍四壁摩擦，分泌出具有香味的油质膏，春季发情时泌香量最大。且泌香量多少与动物体形大小、香囊大小、身体健康状况和饲料中蛋白质的含量有关。初泌的香膏为黄白色，经氧化而色泽变深，最后变成褐色。初香带有腥臊味，日渐淡化。取香有三种方式：

　　一为刮香——即将灵猫隔离，然后用竹刀将抹在木质上的香膏刮下，每隔 2～3 天取 1 次。

　　二为挤香——将灵猫渡入取香笼中，人工予以保定，拉起尾巴，紧握后肢，擦洗外阴部，扳开香囊开口，用手捏住囊后部，轻轻挤压，油质状香膏即可自然泌出，及时收集。取香后要在外阴部涂抹甘油，遇有充血现象可抹抗生素或破胶软膏，防止发炎。

三为割囊取香——人工养殖的灵猫有的冬季取皮或意外伤亡，即可割下香囊，而后将香囊阴干或烘干，或将香囊中的香膏挖出，这种香一般称为死香。

养殖技术：在人工养殖条件下，2岁以上即有繁殖能力。雌兽春、秋季均可发情，发情期3～5天。发情时雌兽叫声频繁，这时，选择健壮的雄性灵猫，放到雌兽笼中，使之求偶、交配。

交配时间很短，多在夜间进行。妊娠期为78～116天，大多在90天左右。已确定妊娠的母兽应立即与雄兽分开单笼饲养。保持环境安静，多供给动物性饲料。临产前1周即停止打扫笼舍，切勿惊扰雌兽。产仔时严禁外人参观。初生仔猫体长20～30cm，体重75～120g。每胎1～5仔，多为3仔。初生仔猫闭眼嗜睡。1周后睁眼，35天后即可爬行到舍外活动，3月时可断奶分窝。幼猫每日饲喂2次。

饲养管理：灵猫为杂食动物。人工饲养时可投给蚕蛹、虾壳、杂鱼、畜禽内脏等动物性饲料；玉米饼、糠豉、大麦芽及瓜菜类植物性饲料；并配合以骨粉、微量元素及维生素添加剂等。煮拌成粥状，每日下午4～5时饲喂1次。一般在前半夜都吃完，后半夜在穴室内静卧。对灵猫的笼舍应每日清洗，保持清洁卫生，防寒保暖。尤其是在冬季或梅雨季节，勿使雪、雨侵袭湿透灵猫皮毛而影响健康。

取香：将灵猫缚住，用角制小匙插入会阴部的香腺囊中，刮出浓厚的液状分泌物，即灵猫香。每隔2～3日采取一次，每次可得一钱许（3～6g）。

新鲜品为蜂蜜样的稠厚液，呈白色或黄白色；经久则色泽渐变，由黄色而终成褐色，呈软膏状。不溶于水，遇酒精仅能溶一部分，点火则燃烧而发明焰。气香，近嗅带尿臭，远嗅则类麝香；味苦。以气浓、白色或淡黄色、匀布纸上无粒块者为佳。

化学成分：大灵猫分泌物——雄体每只年产灵猫香55.6g，雌体每只年产19.6g。灵猫香熔点35～36℃，含灰分0.30%～2.00%，乙醚提取物12.6%～19.9%，酸价118.2～147.3；皂化价55.4～182.8；醇提取物45.8%～58%，皂化价75.9～96.6，酸价118.2～147.3；氯仿提取物0.3%～6.4%，酸价5.9～20.0，皂化价98.0～160，水分13.5%～21.0%。灵猫香中含多种大分子环酮，如灵猫香酮，即9-顺环十七碳烯-1-酮，含量2%～3%。另含多种环酮，其中5-顺十十顺环十七碳二烯酮含量高达80%；环十七碳酮10%；9-顺环十九碳烯酮6%；6-顺环十七碳烯酮3%；环十六碳酮1%等以及相应的醇和酯。尚含吲哚、粪臭素、丙胺及几种未详的游离酸类。

过去人们为获得灵猫香，不分灵猫大小，公母从野生捕杀，采取最原始的方式"杀鸡取卵"，捕杀一只灵猫只能获得2g左右的灵猫香膏，每获得1kg的灵猫香就要捕杀500只左右的灵猫，再加上近年来人们缺少对灵猫价值的认识，又把灵猫当作上等野味送上餐桌，因此资源浪费，十分可惜，也是造成目前灵猫濒临灭绝的主要原因之一。

第二节　小灵猫

小灵猫在亚洲地区除印度、缅甸、孟加拉有分布外，我国秦岭、淮河以南地区均有分布，其中以江南各省山区尤为丰富。浙江、江苏、福建、台湾、湖北、湖南、海南、云南、贵州、广东、广西、西藏等地，小灵猫栖息于多树的山地、灌丛、草丛等地。昼伏夜出，杂食，喜独居，夜行性，喜攀树，能游泳，行动灵敏，胆小怕惊。爱干燥和清洁，一般不在洞中排便。主要活动在丘陵地带，栖居于各种洞穴之中。食性广而杂，以小型兽类，鸟、蛇、蜘蛛、蛙、鱼及其卵类、昆虫和野菜、根茎等为食。

小灵猫又名斑灵猫，其香腺囊中的分泌物亦同等入药。体型小于大灵猫，个体几乎与家猫相近，体长 40～60cm，体重 2～4kg。耳短宽，双耳前缘甚为靠近；前额较窄；尾长约为头及体长的 1/3；背部无黑色鬣毛带纹。香囊不如大灵猫发达，但仍能分泌灵猫香。体毛为深灰棕色。背中与两侧的 5 条棕黑色带纹较为明显，其体两侧带纹下方具有大小不等的黑纵列斑点；尾有 6～8 个黑色环，其间隔有灰白色环；尾尖为灰白色。

我国过去对小灵猫仅捕杀取皮，从未进行人工取香研究。为保护小灵猫野生资源，合理开发利用，改变毁灭性的取香方式，20 世纪 60 年代初杭州动物园在轻工业部香料研究所的配合下，试养野生小灵猫，并开发、生产了灵猫香膏。通过 30 多年的摸索试验和研究，终于掌握了小灵猫的人工饲养和香腺组织结构、泌香机理和规律，找到了一种操作既简便、安全又科学的取香方法。30 多年来，取香数万次，没发生一只小灵猫因取香而死亡的，全年均可取香，每只灵猫能取香 10 年以上，雌雄平均每只年产香量达 30～35g。

小灵猫香膏已应用于高级化妆香精之中，尤其是在高级香水之中已采用国产灵猫香膏，例如国产高级"露美"香水，"美加净"香水，明星花露水中等，都添加一定量的小灵猫香膏配剂，不但使香气更加优美细腻动人，而且使香精留香保香力明显增加。

此外，我国医药工业在 20 世纪 80 年代初已通过药理、临床等大量试验工作，肯定了小灵猫香膏的药用价值。在某些著名中成药如六神丸、散剂之中代替珍贵药物麝香，取得了良好的疗效。

小灵猫分泌物：每只小灵猫年产灵猫香 30g 左右。刮香的丙酮溶解物含量 80.9%，乙醇溶解物含量 37.2%～60.6%，无机物烧灼残渣 0.10%～0.75%，60℃真空干燥失重 3.5%～5.7%。小灵猫分泌物含多个大分子环酮，以灵猫香酮、环十五酮为主，其成分含量因小灵猫的性别、年龄、取香方法不同而相异：沁香灵猫香酮的含量分别为 36%（雄兽）和 78%（雌兽），环十五酮的含量分别为 63%（雄兽）和 20%（雌兽）；刮香灵猫香酮的含量分别为 34%（雄兽）和 75%（雌兽），环十五酮的含量分别为 64%（雄兽）和 24%（雌兽）；挤香灵猫香酮的含量分别为 22%（雄兽）和 75%（雌兽），环十五酮的含量分别为 77%（雄兽）和 24%（雌兽）。

小灵猫是我国二级保护动物，又是珍贵的药用动物，它的一种特殊分泌物——小灵猫香，是世界四大动物香料——麝香、灵猫香、龙涎香、海狸香之一，具有香气浓郁，留香持久，耐洗涤等特点，是香料工业中的一种强定香剂和保香剂。又是一种和天然麝香有相似功效的名贵药材，可以代替麝香入药，具有芳香开窍、行气安神、抗炎止痛、化瘀消肿、解毒、催生等作用，能兴奋呼吸中枢和血管运动中枢，有回苏急救的功效，因此具有很高的经济价值和实用价值。

由于小灵猫是一种野生动物，灵猫香是这种动物特有的自然分泌物，在野生状态下，将香膏涂擦在活动途中的石块、树干等突出物上，用作领域标记，性诱惑等，是小灵猫生存不可缺少的一种物质，它每天要泌香数次，地点极不稳定，当气温高于 25℃时，香膏就会变成液体流失、挥发。所以人们很难得到灵猫香。

现将小灵猫的香腺类型、泌香行为、生物学意义以及泌香规律和人工活体取香的方法总结如下：

一、香腺类型

小灵猫的香腺体是由表皮陷入形成的一种特殊皮脂腺，具有一个能闭合的囊状香腺，香囊生长在灵猫的肛门下会阴部，成肾形，香囊的大小跟灵猫的体质大小密切相关，约在 25×20～45×40mm 之间，雄性大于雌性。

（1）外形：香腺埋藏于皮与肉之间的组织深处。外囊毛密，从远处或腹部不易看见，若提起尾部即可看到在雄性的睾丸与阴茎之间，在雌性的肛门与阴户之间，各有一对貌似肾形的囊状香腺，即贮香囊。

（2）内面：掰开贮香囊的两瓣，形如一只半切开的苹果，内部有白色绒毛，具有两条浅沟和乳状突起，其上有许多肉眼看不到的小孔，靠近上部左右各有一个较大的孔，香膏即从这些孔排出。

二、泌香行为

小灵猫的泌香机理是一个复杂的过程，涉及多学科，也与行为学有关，目前研究刚刚开始，据多年观察，小灵猫昼夜泌香，且一日泌香多次，傍晚至前半夜，灵猫活动最频繁，也是灵猫泌香的高峰期，香腺为全浆性分泌，腺细胞成熟破灭即形成香膏，香囊内有许多腺细胞陆续成熟，香膏不断产生，无一定间隔，当灵猫出巢活动、觅食、求偶时，就会不时自动分开贮香囊，将成熟的香膏涂擦在某一突出物上，在泌香的同时，有的灵猫还排出小便。

三、小灵猫的生物学意义

自然界的动物没有是一种能永久生活下去的，在它们的一生中或一年中的某个时期，总要与同种或其他动物接触，特别是属夜行性独居生活的小灵猫，如何回到同类群体中去，谋求延续生活是非常重要的。动物无语言，彼此之间如何相互传递信息，是一个有趣的问题，而化学通信则是哺乳动物交换信息的常用方式，灵猫香对人类具有较高的经济价值，对灵猫本身能在自然界中生存起着至关重要的作用。

（1）领域标记，灵猫生活在复杂的自然环境下，如何识别，全靠感觉系统，对于夜行性动物，光靠视觉联系有限，要靠嗅觉来联系，小灵猫在活动过程中，间断地将具有特殊气息的香膏涂擦在某一物体上，作为标记，灵猫香系一种具有复杂结构的大分子化合物，其主要成分为大环酮类化合物，这类化合物气息浓、挥发性强，留香久，即使在数量极少的情况下，也具有传递信息的作用，小灵猫利用这一特点，能在距离较远的情况下或在几天时间内，通过气息的传播，准确无误地回到洞穴，起到理想的标记作用。

（2）性诱惑作用。动物的繁殖是受多种因素控制的，对于属群居生活的动物，它们通过视觉、听觉以及嗅觉各种方式能较为容易地找到配偶。小灵猫是各自独栖息的夜行动物，它们寻找配偶，要靠信号的引导，灵猫香就是一个非常有效的性激素，不仅在气息上起到信号作用，而且在泌香的数量上也以春季较多，正好和它们的发情期相吻合，在发情期间两性间的挑逗行为，表现活跃，相互追赶，趋近肛门处嗅闻，举尾擦香，各种行为充分显示出香膏具有性诱惑作用。

四、人工取香

小灵猫的人工取香采取收集灵猫自然擦香和人工活体取香两种方式。

（1）收集自然擦香，小灵猫在人工饲养下，仍有擦香的习惯，将香膏涂擦在笼舍的四壁。为了让小灵猫到处擦香，减少香膏的流失和污染，在笼舍内灵猫经常出入的地方设置一个擦香棒，长50cm，可用竹棍等无污染的物体，要求光滑，训练小灵猫定点擦香，每天早晨用取香勺及时收取。擦香高度根据小灵猫的大小和身高而不同，一般在10～25cm。

（2）人工活体取香

① 取香前的准备工作。首先将灵猫驱赶到窝箱内关好，便于取香时捕捉，准备好取香工具，如：保定笼，取香勺，装香瓶，毛巾，木棒子等。

取香所用的保定笼用木板制成，规格为55mm×25mm×20mm，一端用木板作活门，另一端用 6# 钢筋制成钢筋间隔 20mm 的活门。

取香勺可用塑料勺、牛角勺等，要求光滑；毛巾用来清理香囊外部的污物，木棒用来驱赶灵猫。

② 取香方法。取香需 2 人同时操作，将小灵猫驱入保定笼后边，右手握住尾巴，左手将笼舍拿出倒立，使灵猫头朝下，让其两后肢刚好露在活动门外，并紧贴活门边，用右脚踩住下活门，固定好取香笼，膝盖顶住上活门固定好灵猫，即可开始取香。取香时右手握香勺，左手大拇指和食指掰开香囊，中指顶住香囊的底部，先将香囊内香用取香勺由外向内、由下向上轻轻刮取，然后再用手轻轻挤压收缩，油脂状的香膏便会不断流出，再用香勺刮取。每只取香时间 1～2min，取香结束将猫放回窝箱关好，让其休息。

③ 取香量：每只成年小灵猫，饲养管理好，满足其营养需要，体质健康，自然擦香和人工取香平均在 30～50g 之间。

五、取香时的注意事项

(1) 捕捉灵猫时，动作要求快而敏捷，防止人被灵猫咬伤，当拉出两后肢时，不能硬掰，防止用力过猛折断其后肢。

(2) 小灵猫肛门两旁均有肛门腺——臭腺，埋在组织深处，当小灵猫受到刺激或遇到危险时即会射出黄白色液体臭腺，臭气难当，应防止臭腺喷到人的脸部和污染香膏，也有少数灵猫在取香时排出大小便，如遇到臭腺、小便喷到人脸时，应及时用清水冲洗。

(3) 取香动作既要快，又要轻轻而柔地不断挤压香囊，当灵猫抽动时暂停取香，防止用力过重，挤坏香囊组织，引起香囊发炎。

(4) 对怀孕期和哺乳期灵猫应停止取香，防止因取香造成流产和吃子现象。

(5) 取香后应对保定笼等取香工具进行清洗、消毒。

六、影响小灵猫产香的几种因素

1. 不同取香间隔时间的影响

通过对灵猫每日、每周、每月进行不同时间的取香试验研究表明：每日、每周对灵猫进行取香，因捕捉次数过于频繁，影响灵猫的正常生长发育和泌香，一个月取香一次虽对灵猫惊吓较小，但产香量明显小于每 2 周一次，因此以每月取香 2 次最为合适。

2. 不同季节与产香量的关系

不同季节灵猫的产香量有显著性差异。春秋两季，温度、日照适宜灵猫的生长发育，特别是春天，又是小灵猫发情、交配时期，灵猫机体各器官新陈代谢旺盛，食欲增加，促使泌香量增加；夏季当温度高于 30℃时，灵猫的产香量就会下降，这是因为过高的温度影响其新陈代谢，导致食欲下降，体能消耗较大，再加上自然擦香在超过 25℃就会变成液体流失，很难收集，所以产香量降低；冬季寒冷，灵猫是一种怕寒冷的动物，其食欲下降，除吃食，排大小便外很少出窝活动，根据灵猫的泌香规律，有活动才有泌香，因此冬季是灵猫产香量最低的季节。所以四个季节小灵猫的产香性能，以春季最高，冬季最低，依次为春秋夏冬。

3. 性别与产香量的关系

小灵猫与麝不同，雌雄都可以产香，雌性年产香量在 25～30g，雄性平均年产香量在 28～35g，因此，雄性高于雌性，但自然擦香雌雄无明显差异。

4. 年龄与产香量的关系

小灵猫出生后 3 个月开始有泌香行为，但不是香脂，6 个月开始产香，2～8 岁是灵猫的产香旺期，8 岁后只要饲养得好，营养充足，产香量仍不减少，产香年限与生命同存。

5. 香囊大小与产香的关系

小灵猫的香囊大小与产香量成正比，即香囊越大产香越多，相反，香囊越小产香越小。

6. 营养标准与产香量的关系

小灵猫是一种以动物性饲料为主的杂食兽，饲料要求多样化，动物饲料配比符合小灵猫的营养需要，饲料中蛋白质含量对泌香多少有直接影响，因香膏的主要成分是蛋白质。

七、小灵猫香膏的化学成分分析

近年来，从小灵猫香的精油中共检测出 66 种化学成分，其中 $14\sim19$ 巨环酮类 14 个，巨环类脂 1 个，$C_6\sim C_{20}$ 脂肪酸 48 个，吲哚 3 个，以及一些无机盐类等成分。在药用灵猫香质标研究中，灵猫香总大环酮含量比麝香高得多，据测定结果，雄性灵猫香总大环酮含量 5.83%，雄性香 12.06%，药用雄性香 7.89%；雌性香 25.15%（麝香总大环酮含量 0.79%～2.14%）。

八、小灵猫香膏的物理状态

（1）由于凝固点的关系，各种香膏，具有不同性状。迷香、刮香呈油脂状，挤香初呈油状，遇空气则凝成脂状。

（2）公猫的香膏在春、秋两季呈脂状，高温时呈油状，冬季则凝成膏状。而母猫的香膏，除冬季外，呈油状。

（3）从色度上看，刮香因沾污染物，均呈土黄色或褐色。挤香，公猫的初香呈乳白色或淡黄色，母猫的多呈奶油色，遇空气氧化后，色度都要转深，日久变成褐色。

九、灵猫香的保存方法

小灵猫香由于凝固点的关系，各种香膏各具不同形状，自然擦香呈脂状，因自然擦香在笼舍四壁受了一定污染，因此，擦香与人工活体取香分开装，将取出的香膏装在有色玻璃瓶中，加盖密封，放在零度下冰箱保存。

第三节　灵猫香的用途与鉴定

灵猫香膏的药用：

《本草拾遗》：“辛，温，无毒。”

功用主治：辟秽；行气；止痛。主心腹卒痛；疝气痛；心绞痛；腹痛；疫气，治心腹卒痛，疝痛。

《本草拾遗》：“主中恶，心腹卒痛，疟，疫气，镇心安神。”

《坤舆图说》：“疗耳病。”

用法与用量：内服；入丸、散，1～2 分；外用，研末调敷。

外科膏散中可作麝香的代用品。

抗炎作用——灵猫香醇提取物对巴豆油所致小鼠耳水肿及乙酸所致小鼠腹膜炎有明显抑制作用，但对琼脂及鲜醇母所致大鼠足底肿与棉球所致大鼠肉芽肿的炎症，需要很大剂量才显示抗炎作用。灵猫香醇提取物可协同蟾蜍或牛黄的消炎作用。

镇痛作用——灵猫香醇提取物 $0.5 \sim 20 g/kg$ 及总大环酮 $0.16 g/kg$ 口服经小鼠和大鼠扭体法实验证明有镇痛作用，且有剂量依赖关系。总大环酮小鼠乙酸法的 ED_{50}（$P = 0.95$）为 $0.21 g/kg$，醇提取物小鼠乙酸法、小鼠乙酸胆碱法与大鼠乙酸法的 ED_{50} 分别为 $1.68 g/kg$、$1.14 g/kg$、$0.51 g/kg$。小鼠热扳法总大环酮口服的 ED_{50} 为 $0.18 g/kg$，醇提取物腹腔给药的 ED_{50} 为 $0.36 g/kg$，醇提取物的作用于给药后 $30 min$ 出现，$1 \sim 2 h$ 达高峰，$4 h$ 后恢复。

总大环酮的作用出现稍迟，但到 $4 h$ 仍显示作用。醇提取物腹腔给药时，小鼠电刺激法的 ED_{50} 为 $34 g/kg$，其作用持续至 $2 h$ 后已趋恢复。

对中枢的作用——灵猫香对大白鼠的戊巴比妥钠的催眠实验表明，灵猫香可缩短其睡眠时间，而且可拮抗戊巴比妥钠的毒性。受试动物血中及全脑中的戊巴比妥钠含量均显著低于对照组。合成灵猫香也可缩短大鼠戊巴比妥钠的睡眠时间，研究认为这与诱导肝药酶有关。灵猫香对小白鼠抗惊厥实验表明其较苯妥英钠抗电惊厥作用强。而对雄性小白鼠的硝酸士的宁实验表明有协同作用，对照组抽痉发生率为 60%，灵猫香组为 90%，说明灵猫香对低级中枢有兴奋作用。

对子宫的作用——灵猫香对多数未孕大白鼠子宫有兴奋作用。对早孕家兔子宫均呈兴奋作用，但有时出现痉挛现象。对离体子宫具有兴奋作用，不论雄性、雌性灵猫香，均与麝香具有相同的兴奋作用。

毒性：灵猫香对小鼠口服的半数致死量（LD_{50}）为 $33.5 mL/kg$，毒性较低。灵猫香与蟾蜍合用可显著增强蟾蜍的毒性，可致受试小鼠发生剧烈抽痉、死亡。

理化鉴别：薄层色谱——取灵猫香用氯仿提取，制成 2% 溶液作供试液，在硅胶 G 薄层板上点样约 $200 \mu g$，以石油醚（$60 \sim 90 ℃$）-乙醚（$9 : 1$）展开，展距 $15 cm$，晾干，分别喷洒显色剂，并观察结果：

① $0.4\% 2,4$-二硝基苯肼 $2 mol/L$ 盐酸乙醇溶液。

② 10% 磷钴酸乙醇溶液 $1 mL$ 加茴香-乙酸-硫酸-乙醇（$1 : 10 : 20 : 200$）$49 mL$ 混合液。

在 R_f 0.54 附近显色：①显黄色斑；②在 $110 ℃$ 加热 $5 \sim 10 min$ 后显紫色（大环烷酮）带黄绿色（大环烯酮）斑，显示有大环酮存在。

现在灵猫香膏的鉴定主要是参照其理化指标——香气、色泽、密度、折射率、旋光度等，必要时用气相色谱或气质联机测定，与标准品的色谱图和数据对照即可鉴别真伪。

关于大灵猫香的成分，国外已有一些报道。荷兰的 D. A. VanDorp 等应用薄层层析法、气相色谱法和质谱法对埃塞俄比亚大灵猫香作了比较详细的分析，发现灵猫酮的含量占全部大环酮的 80% 之多，另外还发现 $14 \sim 20$ 碳的饱和与不饱和脂肪酸 8 种。

德国有一篇关于利用气相色谱和质谱分析非洲成年雌性灵猫分泌物中成分的报告，鉴定出在这种灵猫分泌物的成分中主要含有胆固醇酯、单酯、二酯、三甘油酯、醇类、脂肪酸类。

对于小灵猫香的化学成分研究，国内外报道甚少。我国轻工业部香料工业科学研究所曾在 20 世纪 60 年代对小灵猫香做了初步分析，用气相色谱法检出了灵猫酮和环十五酮。上海医药工业研究院为配合灵猫香药用系统研究亦对杭州动物园饲养的小灵猫香成分做了分析，他们采用薄层层析、气相色谱和质谱在小灵猫混合香膏中，共检出 11 种巨环酮，但并未发现麝香酮。

丁德生等应用微量水蒸气蒸馏、萃取、毛细管气相色谱、质谱、电子计算机联用、毛细管气相色谱-傅里叶红外和标准样品的核对等方法分别从不同性别、年龄的小灵猫香中提取了挥发成分，并检出了总共 64 种化合物。其中有 $C_{14} \sim C_{19}$ 巨环酮 14 个，巨环内酯 1 个，$C_6 \sim C_{20}$

脂肪酸 48 个，吲哚类 3 个，同时还对这些化合物进行了相对含量测定。

检出的小灵猫香中含有的巨环酮类化合物中，含量最多的是环十五烷酮和灵猫酮（即环十七烯-9 酮）。结合香气的评估，可以认为灵猫香质量之优劣与这两种珍贵成分的多少有很大的关系。

令人感兴趣的是，在小灵猫香内含有的巨环酮类中，从 $C_{14}\sim C_{19}$ 其烷酮与烯酮竟然成对出现。另一惊奇的现象是，在被测定的大、小灵猫中，不论其年龄如何，也不论是挤香还是泌香，仅在雌性灵猫中就发现了十多种巨环酮，还有少量的（0.09%～2.19%）麝香酮（天然康香酮过去报道只存在于雄性麝香之中）。这种现象是否可以说明不同性别的灵猫香作为一种性信息素应该在香气成分中有所区别，而仅在雌性灵猫香中含有麝香正是对这种性引诱物差异的证明。

从对中国灵猫香膏香气成分分析结果发现，其中含有大量珍贵的巨环酮类化合物、脂肪酸和少量吲哚类化合物，结合香气评估，说明我国小灵猫香膏在香精中的使用价值可与国外常用的大灵猫香膏媲美。但是，对于我国小灵猫香膏的质量标准和质量控制方法还有待进一步制订和健全。

表 7-1 是实验结果：

表 7-1　中国灵猫香膏香气成分检测结果

项　　目	挥发油得率/%	大环酮（占精油）/%	脂肪酸（占精油）/%	麝香酮（占精油）/%	灵猫酮（占精油）/%	环十七烷酮（占精油）/%	烷十五烷酮（占精油）/%	含N化合物（占精油）/%	大环烷酮（占精油）/%	大环烯酮（占精油）/%	评香意见（张承曾，1985-3-23）
大灵猫（母）取香	19.31	59.1	37.62	0.09	16.84	22.65	0.85	0.02	33.26	25.84	香气可,稍带高碳醇醛样以及似喹啉样的气息
大灵猫（母）取香,分离中、碱性样品	3.08		—								
大灵猫母分离酸性样品	16.02		—								
大灵猫公（泌）（编号 83-10）	13.03	65.21	26.65	—	14.02	29.64	5.06	1,3-二甲基吲哚 0.60	48.41	16.8	香气较好
小灵猫母、泌幼年 83-13	56.4	59.66	27.15	1.52	25.22	0.91	18.49		31.61	28.05	头香均带焦的动物脂肪气,后段香气均可
小灵猫母泌成年 78-3	31.95	66.47	29.69	2.19	24.27	1.23	28.21	indole 0.01	37.58	28.89	香气可,蜡气重
小灵猫 78-3 母分离(中、碱)性	17.24										香气较好
小灵猫 78-3 分离酸性	14.71										
小灵猫公、泌幼 81-31	37.5	31.68	50.84	—	7.80	5.25	12.02		20.42	11.26	香气可,稍带脂肪而无骚气
小灵猫公,泌成 79-67	53.5	50.62	39.19	—	8.65	4.21	26.37		31.13	19.49	头香均带焦的动物脂肪气,后段香气均可
小灵猫公、泌老 76-17	15.84	47.78	38.81		2.27	9.97	18.94		39.94	7.84	香气较好而柔和,稍带蜡气而无骚气

续表

项　　目	挥发油得率/%	大环酮(占精油)/%	脂肪酸(占精油)/%	麝香酮(占精油)/%	灵猫酮(占精油)/%	环十七烷酮(占精油)/%	烷十五烷酮(占精油)/%	含N化合物(占精油)/%	大环烷酮(占精油)/%	大环烯酮(占精油)/%	评香意见(张承曾,1985-3-23)
小灵猫母、泌老 70-80	25.7	65.5	18.72	2.15	22.43	0.95	29.59		40.32	25.18	头香均带焦的动物脂肪气,后段香气均可
小灵猫母、泌老 S/F	11.67							0.01			
小灵猫母取成	50	60.48	31.70	0.27	9.82	8.42	31.62	—	41.68	19.80	有酮类香气,油脂气稍多
小灵猫母取成 78-3	35	84.74	6.09	1.81	43.17	4.77	21.51	—	37.02	47.72	香气强,甲基吲哚及喹啉类,香气稍强

第八章　海狸香的鉴定

海狸香是四大动物香——龙涎香、麝香、灵猫香和海狸香中价格最低的天然香料，用途没有麝香和灵猫香之大，但也带有强烈腥臭的动物香味，仅逊于灵猫香。调香师在调配花香、檀香、东方香、素心兰、馥奇、皮革香型香精时还是乐于使用它，因为海狸香可以增加香精的"鲜"香气，也带入些"动情感"。

"海狸"这个名称是不确切的，因为这种动物并不生长在大海中，而是生长在河流里，所以现在海狸的学名已改为河狸了，但香料界里还是习惯称"海狸香"而不称"河狸香"。

海狸是属于河狸科的哺乳动物，体型肥胖，长约80cm。它的鳍部有两个腺囊（生殖器官附近一对梨状腺囊的分泌物），雌雄都有，从香囊中取出分泌物就是"海狸香"，"海狸香"有不好的原始气味。由于过去取香都用火烘干整个香囊，因此商品海狸香带有桦焦油样的焦熏气味，这成为海狸香气的特征之一。新鲜时呈奶油状，经日晒或熏干后变成红棕色的树脂状物质。稀释后有愉快的香气。

海狸产于加拿大、俄罗斯，我国与俄罗斯接壤的新疆、内蒙古和东北地区也有，但还未组织生产。现在我国香料工业用的海狸香靠进口。

海狸香是从海狸的液囊里面用酒精提取的一种红棕色的奶油状分泌物。从公元9世纪起就有人用，最早的使用者是阿拉伯人。

来源——啮齿目海狸鼠科海狸鼠 *Myocastor coypus* Molina（图8-1），以下腹部分泌囊之分泌物入药。

图 8-1　海狸鼠

生境分布——原产南美，黑龙江、贵州引种喂养。

化学成分——含海狸香脂（castorin）（图8-2）挥发油，主要成分有海狸香素、苯甲酸、苄醇、苯乙酮、龙脑、对甲氧基苯乙酮、乙基苯酚、喹啉、胆甾醇、酚、碳酸钙等。

图 8-2　海狸香脂

海狸香酊——海狸香 1 份溶解于 95％酒精 10 份而成。酊剂可用于调配香水、香皂、香精，也可用于烟草食品和酒用香精。

功能主治——镇痉。

主治神经病，能减轻疼痛性及痉挛性症状。海狸香一次量 0.1～0.5g。

治脏器躁症——海狸香酊一次量 1～3g。

维药名：昆都孜，开合日。

别名：肺的别答西答儿、别的西答儿、米阳黑、别的阿思答儿、哈即米羊、黑儿米阳、黑子米阳、肺的别答四塔儿、黑西米阳、黑则米阳《回回药方三十六卷》，准地比代斯台尔、海孜米洋《明净词典》。

考证——《注医典》载："海狸香，是一种河里动物河狸的睾丸，与牛胆相似，挂在一根条成对连接的扁梨状物质，外皮很薄，稍有冲击，容易破裂。"根据上述维吾尔医本首所述药物特征和实物对照，与现代维吾尔医所用海狸香一致。

中药材基原：河狸科动物欧亚河狸的香囊分泌物。

新疆河狸属欧亚河狸的一个变种。体毛呈浅棕褐色。分布于新疆的乌伦古河、布尔根河、察干果勒河、大小青格尔河等水域地带。

欧亚河狸为啮齿类动物体型最大者，体长可达 100cm，重达 30kg。头短钝，眼小。耳壳短，微露皮毛之外。前肢短小，趾间无蹼，爪尖利，适于挖洞；后肢粗大，跳间有蹼，蹼达趾端，适于潜泳；后足第 4 趾十分特别，生有双爪甲：一为爪形，一为趾形。尾扁阔，覆以大鳞片，其鳞片间隙伴生少许短毛。于肛腺前方，雌雄均有 1 对香囊，俗称"海狸香"；除做药用外，还是高级香料。被毛有两种，一为长而粗的针毛，二为柔软而致密的绒毛。毛色为栗色或棕褐色。头骨坚实，吻部短钝，脑狭长。颧骨宽大，其前部接近泪骨，中部有一发达的突起伸向背方。颧弓后部向两侧扩张。无眶上突起和眶后突起。下眶孔甚狭小，外听道为一长骨管。顶骨前部左右 2 条骨脊于后半部合生，呈矢状。枕脊十分发达，角突及关节突均较钝短。自齿式：前白齿 1/1，白齿 3/3。白齿多无齿根（老年者可能具有不发达齿根），各齿之咀嚼面均由 4 条窄而低的釉质横脊组成。上下颌之白齿自后向前依次增大，前白齿为第 1 白齿的 1.5～2 倍。左右齿列越向前越靠近，呈"八"字形。

我国主产于新疆，国外主产于俄罗斯、德国、法国、英国等地。

采收加工：捕捉后取出香囊，用乙醇消毒后，阴至近干或晾至近干。

药材鉴别：本品呈扁梨状或略呈圆的棒形，成对连接，稍压扁，不皱缩或稍具纵皱纹，长 6～12cm，宽 3～7cm，其外部皮膜极易剥落，内含分泌物，新鲜时为乳黄色糊状，放置时间越长，则颜色越深，多呈土棕黄色至土棕褐色，并渐变硬，剖开后可见麦粒状结块，外被以白色薄膜，一般重 30～200g。气特异芳香，味辛辣。

显微鉴别：粉末特征，呈浅黄色至浅棕色，类树脂样团块众多，大小不等，不规则；柱晶长 4～50μm，宽达 15μm，有偏光现象；脱落的上皮组织呈无色或浅黄色。

理化鉴别：取本品粉末 0.1g，加甲醇 5mL，充分搅研至溶，过滤，滤液供下述试验：取滤液 0.5mL，加 5％亚硝酸钠、5％硝酸铝各 1 滴，混匀后再加 5％氢氧化钠 2～3 滴，溶液立即显红色；取少量滤液，加甲醇稀释，进行紫外光谱扫描，在波长 279nm 处有明显吸收。

化学成分：海狸香含海狸香素（castorin）即海狸香胺（castoramine）、苯甲醇、苯甲酸、2-羟基苯甲醛等 18 种化合物。

药理作用：海狸香水溶部分降低小鼠脾细胞分泌抗体的功能和血清溶血素水平，抑制小鼠腹腔巨噬细胞吞噬功能等，显示出较强的免疫抑制作用。

性味：三级干热，味辛。

功效：干热，补脑补神。祛寒平喘，祛风解痉，祛寒湿，止疼痛，安神催眠，通经，利尿。

主治：湿寒性或黏液质性脑病，癔症，癫痫，哮喘，手足颤抖，瘫痪，风湿疼痛，寒性头痛、失眠、闭经、闭尿。

用法用量：内服：0.5g。外用：适量。本品可入小丸、蜜膏、滴剂、油剂、软膏、敷剂等。

注意事项：本品对热性气质者有害，矫正药为谢日比提比乃非谢糖浆。

附方：

（1）治记忆减退——取适量海狸香，与适量葡萄醋冲服。

（2）治湿盛嗜睡——取适量海狸香，与适量玫瑰花油、蜂蜜、胡椒粉调服。

（3）治寒性肠梗阻、寒性心慌心悸——取适量海狸香，灌肠或外敷或内服。

制剂：海狸香、阿魏、鸟胆、罗勒汁各等量。药物研成细粉，过箩即可。功能燥湿醒苏，芳香复苏等。主治湿盛嗜睡，寒性昏厥等。外用，取适量吹于鼻孔。

海狸香成分比较复杂，含有醇类、酚类、酮类等，是名贵的定香剂。用于配制高级化妆品、香精等。天然海狸香的成分取决于它所摄取食物的种类。

其主要香成分为含量 4％～5％的结构式不明的结晶性海狸香素。1977 年瑞士化学家在海狸香中分析鉴定出海狸香胺等含氮香成分，其化学结构式为：

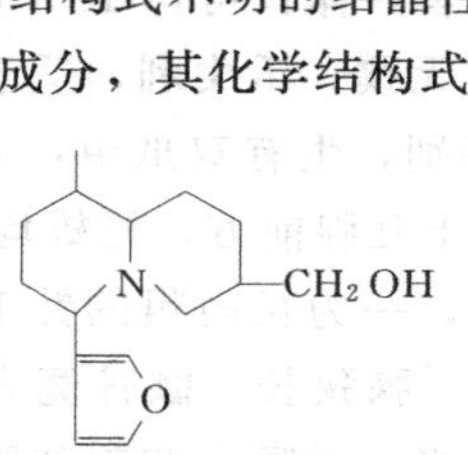

海狸香的鉴定主要也是参照其理化指标——香气、色泽、密度、折射率、旋光度等，必要时用气相色谱或气质联机测定，与标准品的色谱图和数据对照即可鉴别真伪。我国新疆河狸香囊中的可溶性成分经用色谱-质谱联用仪分析，新疆河狸香可溶性成分中含有酚类（苯酚、甲基苯酚、乙基苯酚、丙基苯酚、邻苯二酚）、醇类（苯甲醇）、酮类（苯乙酮、戊二烯甲基酮）、酸类（羟基苯甲酸、苯甲酸、环己烷羧酸）、醚类（苄基甲基醚、苯甲醚）等。与欧洲河狸香成分略有差别，但香气纯正、浓郁，属优质动物香。

第九章　沉香的鉴定

中国古代的香文化主要指熏香文化，自从西汉"丝绸之路"开通以来，熏香文化一直围绕着"沉檀樟柏"四大木香做文章。沉（香）为道家及上流社会所推崇，流传到日本发扬光大成了"香道"；檀（香）则与同时传入的佛教文化紧密相连，至今拜佛烧香还是离不开檀香；樟（香）为中国南方各民族之最爱，木雕菩萨、工艺品大多数飘着樟香，熏衣防虫除秽避疫少不了它；柏（香）早就与藏传佛教结缘，从古至今所谓"藏香"仍是以柏木香为主，其他"高贵"药香都只是点缀而已。

一、天然沉香与人造沉香

白木香树，又名沉香树（图9-1），常绿乔木，高30m。幼枝被绢状毛。叶互生，稍带革质，具短柄，长约3mm；叶片呈椭圆状披针形、披针形或倒披针形，长5.5～9.0cm，先端渐尖，全缘，下面叶脉有时被绢状毛。伞形花序，无梗，或有短的总花梗，被绢状毛；花白色，与小花梗等长或较短；花被钟形，5裂，裂片卵形，长0.7～1.0cm，喉部密被白色绒毛的鳞片10枚，外被绢状毛，内密被长柔毛；花冠管与花被裂片略等长；雄蕊10，着生于花被管上，其中有5枚较长；子房上位，长卵形，密被柔毛，2室，花柱极短，柱头扁球形。蒴果倒卵形，木质，扁压状，长4.6～5.2cm，密被灰白色绒毛，基部有略为木质的宿存花被。种子通常1颗，卵圆形，基部具有角状附属物，长约为种子的2倍。花期3～4月份，果期5～6月份。

野生或栽培于热带地区。分布于福建、广东、海南、广西、云南等省、区，国外分布于印度、印度尼西亚、马来西亚、越南、老挝、柬埔寨等国。

白木香树干和根在受到自然界的伤害（如雷击、风折、虫蛀等）或人为破坏以后，在自我修复过程中分泌出的油脂受到真菌的感染，所凝结成的分泌物就是沉香。其名称因结香的地域性不同，结香种类不同，因而名称不同。

二、古人心目中的沉香

时珍曰：木之心节置水则沉，故名沉水，亦曰水沉。半沉者为栈香，不沉者为黄熟香。

《南越志》言：交州人称为蜜香，谓其气如蜜脾也。梵书名阿迦香。

"集解"恭曰：沉香、青桂、鸡骨、马蹄、煎香，同是一树，出天竺诸国。木似榉柳，树皮青色。叶似橘叶，经冬不凋。夏生花，白而圆。秋结实似槟榔，大如桑椹，紫而味辛。

图9-1　白木香树

藏器曰：沉香，枝、叶并似椿。云似橘者，恐未是也。其枝节不朽，沉水者为沉香；其肌理有黑脉，浮者为煎香。鸡骨、马蹄皆是煎香，并无别功，只可熏衣去臭。

颂曰：沉香、青桂等香，出海南诸国及交、广、崖州。沈怀远《南越志》云：交趾蜜香树，彼人取之，先断其积年老木根，经年其外皮干俱朽烂，木心与枝节不坏，坚黑沉水者，即沉香（图9-2）也。半浮半沉与水面平者，为鸡骨香。细枝紧实未烂者，为青桂香。其干为栈香。其根为黄熟香。其根节轻而大者，为马蹄香。此六物同出一树，有精粗之异尔，并采无时。

刘恂《岭表录异》云：广管罗州多栈香树，身似柜柳，其花白而繁，其叶如橘。其皮堪作纸，名香皮纸，灰白色，有纹如鱼子，沾水即烂，不及楮纸，亦无香气。沉香、鸡骨、黄熟、栈香虽是一树，而根、干、枝、节，各有区别也。

丁谓《天香传》云：此香奇品最多。四香凡四名十二状，出于一本。木体如白杨，叶如冬青而小。海北窦、化、高、雷皆出香之地，比海南者优劣不侔。既所禀不同，复售者多而取者速，其香不待稍成，乃趋利戕贼之深也。非同琼管黎人，非时不妄剪伐，故木无夭札之患，得必异香焉。宗曰：岭南诸郡悉有，傍海处尤多。交干连枝，冈岭相接，千里不绝。叶如冬青，大者数抱，木性虚柔。山民以构茅庐，或为桥梁，为饭甑，为狗槽，有香者百无一、二。盖木得水方结，多在折枝枯干中，或为沉，或为煎，或为黄

图9-2 沉香

熟。自枯死者，谓之水盘香。南恩、高、窦等州，惟产生结香。盖山民入山，以刀研曲干斜枝成坎，经年得雨水浸渍，遂结成香。乃锯取之，刮去白木，其香结为斑点，名鹧鸪斑，燔之极清烈。香之良者，惟在琼、崖等州，俗谓之角沉、黄沉，乃枯木得者，宜入药用。依木皮而结者，谓之青桂，气尤清。在土中岁久，不待剔而成薄片者，谓之龙鳞。削之自卷，咀之柔韧者，谓之黄蜡沉，尤难得也。

承曰：诸品之外，又有龙鳞、麻叶、竹叶之类，不止一二十品。要之入药唯取中实沉水者。或沉水而有中心空者，则是鸡骨。谓中有朽路，如鸡骨中血眼也。

时珍曰：沉香品类，诸说颇详。今考杨亿《谈苑》、蔡绦《丛谈》、范成大《桂海志》、张师正《倦游录》、洪驹父《香谱》、叶廷《香录》诸书，撮其未尽者补之云。香之等凡三：曰沉，曰栈，曰黄熟是也。沉香入水即沉，其品凡四：曰熟结，乃膏脉凝结自朽出者；曰生结，乃刀斧伐仆，膏脉结聚者；曰脱落，乃因水朽而结者；曰虫漏，乃因蠹隙而结者。生结为上，熟脱次之。坚黑为上，黄色次之。角沉黑润，黄沉黄润，蜡沉柔韧，革沉纹横，皆上品也。海岛所出，有如石杵，如肘如拳，如凤雀龟蛇，云气人物。及海南马蹄、牛头、燕口、茧栗、竹叶、芝菌、梭子、附子等香，皆因形命名尔。其栈香入水半浮半沉，即沉香之半结连木者，或作煎香，番名婆木香，亦曰弄水香。其类有刺香、鸡骨香、叶子香，皆因形而名。有大如笠者，为蓬莱香。有如山石枯槎者，为光香。入药皆次于沉香。其黄熟香，即香之轻虚者，俗讹为速香是矣。有生速，斫伐而取者。有熟速，腐朽而取者。其大而可雕刻者，谓之水盘头。并不堪入药，但可焚。

叶廷云：出渤泥、占城、真腊者，谓之番沉，亦曰舶沉，曰药沉，医家多用之，以真腊为上。蔡绦云：占城不若真腊，真腊不若海南黎峒。黎峒又以万安黎母山东峒者，冠绝天下，

谓之海南沉，一片万钱。海北高、化诸州者，皆栈香尔。

范成大云：黎峒出者名土沉香，或曰崖香。虽薄如纸者，入水亦沉。万安在岛东，钟朝阳之气，故香尤酝藉，土人亦自难得。舶沉香多腥烈，尾烟必焦。交趾海北之香，聚于钦州，谓之钦香，气尤酷烈。南人不甚重之，唯以入药。

"正误"——时珍曰：按：李《海药本草》谓沉者为沉香，浮者为檀香。梁元帝《金楼子》谓一木五香：根为檀，节为沉，花为鸡舌，胶为熏陆，叶为藿并误也。五香各是一种。所谓五香一木者，即前苏恭所言，沉、栈、青桂、马蹄、鸡骨者是矣。

"气味"辛，微温，无毒。时珍曰：苦，温；咀嚼香甜者性平，辛辣者性热。大明曰：辛，热。元素曰：阳也。有升有降。

主治：风水毒肿，去恶气（《别录》）。主心腹痛，霍乱中恶，邪鬼疰气，清人神，并宜酒煮服之。诸疮肿，宜入膏中（李）。调中，补五脏，益精壮阳，暖腰膝，止转筋、吐泻冷气，破症癖，冷风麻痹，骨节不任，风湿皮肤瘙痒，气痢（大明）。补右肾命门（元素）。补脾胃，及痰涎、血出于脾（李杲）。益气和神（刘完素）。

在我国，白木香是珠三角栽培的优良树种，东莞以莞香之名驰名，中山以原来盛产沉香而名香山，澳门处于中山、东莞之间，地处沿海低丘地带，是适宜栽种沉香的好地方。

各色沉香如下。

通常，活的沉香树（即白木香），树皮是灰色至深灰色的，树叶是草绿色至绿色的，木材是淡黄色的，果皮是淡绿色至黄褐色的。而成品沉香，却具有灰、深灰到黑、赭、黄褐、铁棕、棕、淡绿、茶叶色等多种色泽，又因其具木纹，纹理之间色泽不同，形成的线条状相间，所以同一件沉香成品常有两至三种颜色并不奇怪。

大体而言，薄块状的沉香为灰色至深灰色，而厚块状的沉香，则色彩较为丰富。以海南黑奇楠为例，黑色和棕色为主，间以黄褐色条纹；海南黄奇楠，以铁棕和黄褐色纹相间；海南绿奇楠，则绝不能以通常的眼光去寻找它的"绿"色，因为其主色是在黄褐色的主调上，映现着一些泛浅绿色的光泽，局部还呈现黑色或棕色的条块，可谓色彩最多。

此外，黑奇楠以黑色间棕色为多，越南产的更为显著，其他南洋各地的以棕色、铁棕色和赭色为多。至于一些神佛雕像，却多是沉香原木与结成沉香的混合体，从黑色、黄褐色到淡黄色的都有，不一而足。严格地说，它只能算沉香木材制品，而非沉香制品，传说中价值数亿元的"龙床"，即为此类产物。

进口沉香：又名全沉香、水沉香、燕口香、蓬莱香、蜜香、芝兰香、青桂香等，主产于印度尼西亚、马来西亚、新加坡、越南、柬埔寨、伊朗、泰国等地。

越南产的沉香属于惠安系，质量最好，燃之香味清幽，并能持久。

印度尼西亚、马来西亚、新加坡所产的沉香属于星洲系，质量稍次，燃之香味甚善，带有甜味，但不能持久。

进口沉香多呈圆柱形或不规则棒状，表面为黄棕色或灰黑色；质坚硬而重，能沉于水或半沉于水；气味较浓，燃之发浓烟，香气强烈。

进口沉香性微温，味苦辛。具有行气止痛、温中止呕、纳气平喘的功效，药效比白木香佳。

国产沉香：又名海南沉、海南沉香、白木香、莞香、女儿香、土沉香，主产于海南岛。

伽南香：又名棋楠香、琪南、奇楠、伽南沉。为沉香真菌感染变异品种。

绿棋：油脂呈绿褐色的伽南香。

紫油伽南香：为外表呈紫褐色的伽南香。

盔沉香：又名盔沉。进口沉香药材多呈盔帽形，故名。

以上商品均以质坚体重、含树脂多、香气浓者为佳。

三、"人造"沉香

沉香生长在亚热带地区，受地理条件的制约及本身的特点，生产周期要比一般药材要长，产香周期长而且产量低。一株沉香树形成沉香最少要经过 20 年以上的时间，结香后导致树木死亡，其资源锐减，产量也相应减少。由于生产周期长，采香繁育困难等诸多因素，大面积种植难以推广，更严重的是为了寻找出含有树脂的木材，要砍倒树干才能找出含有沉香的树脂个体，这种做法导致大量沉香树遭人砍伐，严重残酷地摧毁了沉香族群的生存。同时，沉香的连年高价刺激，大大鼓动着农民对沉香产地狂采滥伐。

国产沉香的采集：选择树干直径 30cm 以上的大树，在距地面 1.5～2m 处的树干上，用刀顺砍数刀，深约 3～4cm，待其分泌树脂，经数年后，即可割取沉香。割取时造成的新伤口，仍可继续生成沉香。

结香的方法有：

（1）断干法：离树干基部一定高度横锯树干深 1/2 或 1/3，让其结香。

（2）洞法：在树干上，凿一至多个宽 2cm、长 5～10cm、深 5～10cm 的长方形或圆形洞，用泥土封闭，让其结香，取香数年后再取。

（3）砍伤法（俗称"开香门"）：用刀在树干上横砍至木质部 3～5cm，一至数个伤口，让其结香，数年后能产生 3～4 级沉香，把香取下后，以后又可以继续结香。

（4）人工接种结香：在大树上用锯和凿在树干的同一边，从上到下每隔 40～50cm 开一香门，香门的长度和深度均为树干粗的一半，宽为 1cm。开好香门后，将菌种塞满香门，用塑料薄膜包扎封口。当上下伤口都结香而相连时，整株砍下采香。将采下的香，用刀剔除无脂及腐烂部分，阴干。

沉香不仅用于治疗腹胀、胃寒，对肾虚、气喘有明显的疗效，而且用于治疗气逆胸满、心绞痛、积脾胃寒，呕吐霍乱、男子精冷、恶气毒疮。二十多种中成药都有沉香的身影，例如：八味沉香丸、沉香化滞丸、沉香化气丸、沉香养寒丸等药品。饮片配方逐年扩大，还用于医疗保健行业，随着人类生活水平日益提高，人们对沉香的认识越来越深。医疗保健品的开发越来越多，如：沉香菜、沉香牙膏、沉香香皂及洗发剂、沉香清新剂、沉香防咽霜、沉香平安燃香等。在香港、澳门、台湾等地还用沉香增加酒的香气，由此推断，沉香的用量是非常可观的。

随着我国老龄化人口的加快，沉香的用量也与日俱增。连年的狂采滥伐，导致沉香产量急剧下降。无论是在广东、广西还是在海南岛，能够提供大货的收购点屈指可数。目前国内沉香严重不足销，年年需要靠边贸口岸进货，来满足市场所需。每年 80% 的沉香要从外国进口，花掉相当多的外汇。

沉香树高 30～40m，当沉香树干的表面或内部形成伤口时，为了保护受伤的部位，树脂会聚集于伤口周围。当累积的树脂浓度达到一定程度时，将此部分取下，便为可使用的沉香。然而，伤口并不是树脂凝聚的唯一原因，沉香树脂亦会自然形成于树的内部及已腐朽的部位上。

采取后的沉香通常需要加工以祛除木质部分，加工后的沉香多呈不规则块状、片状或盔状。一般长 7～30cm，宽 1.5～10cm，但也有大于 1m 的珍品。沉香木质表面多凹凸不平，以黑褐色含树脂与黄白色不含树脂部分相间的斑纹组成，可见加工的刀痕。沉香的折断面呈刺状，孔洞及凹窝部分多呈朽木状，判断沉香以身重结实，棕黑油润，无枯废白木，燃之有油渗出，香气浓郁者为佳。

沉香树脂的特征为质地坚硬、沉重，其味辛、苦。树脂极为易燃，燃烧时可见到油在沸腾。在燃烧前树脂本身几乎没有香味。颜色依等级而分，依次为绿色、深绿色、微黄色、黄色、黑色。随树脂颜色的不同，燃烧时所释放出来的香味有所不同。

决定沉香等级的最重要的标准为其树脂的含量。沉香树脂极为沉重，虽然原木的相对密度只为 0.4，当树脂的含量超出 25％时，任何形态的沉香（片、块、粉末）均会沉于水中。沉香的名称正是来自于其沉于水的特质。

沉香形成通常需数十年的时间，树脂含量高者更需要数百年的时间，故自古以来沉香的供给远远赶不上需求。近年来，由于人们对珍贵沉香趋之若鹜，使得沉香供给几近枯竭。印度及不少东南亚国家业者尝试人工培植沉香树脂，但因上等沉香生产周期过长，人工培育 10～20 年只能生产出树脂含量极低的沉香。由于上等沉香取得极为困难，且价格日益昂贵，故不少业者以假沉香或品质低劣者鱼目混珠，消费者需细心辨识。

（1）沉重：当树脂含量超出 25％时，任何形式的沉香（片、块、粉）均会沉于水中。

（2）坚硬：树脂呈晶体状，故极为坚硬。

（3）易燃：含挥发油，故极为易燃。燃烧时有浓烟产生，并可以见到油脂在沸腾。

（4）无香味：燃烧前几乎无任何香味（沉香原木也没有香味）。

（5）颜色和香味：颜色五种，绿色、深绿色、金色（微黄色）、黄色、黑色；香味，不同颜色的沉香在燃烧时产生不同的香味。

沉香既不是直接取自一种树木，也不是直接取自一种树脂，而是某些香树在特殊环境下经过千百年“结”出来的，混合了树脂、树胶、挥发油、木质等多种成分。沉香是熏焚香的上等用香之一。盛唐时公认的熏焚香上品为迦南，次为沉香，再为檀香。

按古人的定义，马来以北地区产沉香，琼、真腊、占国、两广都是产地。那时候资讯、交通都不发达，而且好东西还多，盖房子都用海黄、越黄，当时的价值一定不会超过其运输成本，所以要求应该比现代要严格。亚洲的沉香只有两个大类别，惠安沉与星洲沉。非洲、南美出不出沉香？看纬度，也许会有，如果有，量会很大。

所谓“惠安水沉”，首先历史上惠安有可能是产沉香的，但量相当少，可能早在几百年前就绝迹了，惠安在沉香历史上一个更重要的地位是出口集散地，古代越南的皇宫在顺化，从惠安过去不需要很长时间。在越南历史上，惠安是个国际化海港大都市，中国人、日本人都大量驻扎甚至繁衍生息。

药用沉香及其鉴定

生药材鉴定：全年均可采收，以种植 10 年、胸径 15cm 以上者取香质量较好。割取含树脂的木材，除去不含树脂的部分，阴干。以质坚沉重、香浓油足、色紫黑者为佳。锉末或磨粉用。

进口沉香：多呈圆柱状或不规则棒状、片状、盔帽状，刀劈加工而成，外形极不规则，长 7～20cm，直径 1.5～6cm。表面褐色，常有黑色与黄色交错的纹理，平滑光润。质坚实，沉重，难折断，用刀劈开，破开面呈灰褐色。能沉于水或半沉半浮。具有特殊香气，味苦。燃烧时有油渗出，香气浓烈。主产印度、马来西亚等地。

国产沉香：又名海南沉香。为植物白木香的含有树脂的木材，多呈不规则块状或片状，长 3～15cm，直径 3～6cm。表面凹凸不平，有加工的刀痕。可见于黑褐色的含树脂部分与黄色的木部柏间，形成斑纹，其孔洞及凹窝的表面呈朽木状。质较轻，折断面刺状，棕色。大多数不能沉水。具有特殊香气，味苦，燃烧时有油渗出，发浓烟，香气浓烈。主产广东、海南岛，广西亦产。沉香中油性足、体质重而性糯者，经精选加工后即为伽南香。均以色黑质重，油足，香气浓者为佳。

显微特征：

① 白木香：横切面木射线宽 1～2 列细胞，细胞呈径向延长，壁非木化至微木化，有的具壁孔，棕色树脂状物质。木纤维呈多角形，壁不甚厚，木化。导管呈圆多角形至类方形，往往 2 个相集成群，偶有单个散在；有的导管中充满树脂状物质。木薄壁细胞壁薄，非木化。大多数 10 个成群，也有少围在导管四周；内含棕色树脂物质。切向切面；木射线宽 1～2 列细胞，高 4～15 个细胞。导管节长短不一，具缘纹孔。木薄壁细胞呈长方形。木纤维细长，直径 20～30nm；有壁孔；径向切面除木射线呈横向联合带外，余与切向切面类同。

② 白木香粉末：粉末黑棕色；纤维管胞多成束，呈长棱形，壁较薄，径向壁上缘纹孔，切向壁上少见。韧型纤维较少见，多离散，直径 25～45nm；切向壁上单斜纹孔。具缘纹孔管多见，直径约至于 28nm，具缘纹排列紧密，互列，导管内含黄棕色树脂团块，常破碎脱出。木射线宽 1～2 列细胞，高约至 20 个细胞。壁非木化，可见菌丝腐蚀形成纵横交错的纹理，草酸钙柱晶少见。为四面柱体，长至 68nm；直径 9～15nm。

③ 沉香粉末：深棕色，与白木香粉末的区别是韧型纤维较细，直径 6～40nm，具缘纹孔导管直径 150nm，木射线大多宽 1 列细胞，高以 5 个细胞为多见。柱晶极小，长至 80nm。

显微鉴定：

国产沉香（白木香）粉末：黑末，黑棕色；纤维管胞多成束，长棱形，直径 22～29μm，壁稍厚，木化，径向壁有具缘纹孔，切向壁少见；韧型纤维较少见，多散离，直径 25～45μm，径向壁有单斜纹孔；具缘纹孔导管直径约至 128μm，具缘纹孔排列紧密，互列，导管内含黄棕色树脂团块，常破碎脱出；射线宽 1～2 列细胞，高约至 20 个细胞，单纹孔较密；间韧皮薄壁细胞含黄棕色物质，壁非木化，可见菌丝及纵横交错的纹理。草酸钙柱晶少见，为四面柱体，长至 68μm，直径 9～18μm。此外，可见树脂团块。

进口沉香：粉末，深棕色；韧型纤维较细，直径 16～40μm；具缘纹孔导管直径至 150μm；木射线大多宽 1～2 列细胞，高以 5 个细胞为多见。柱晶极少，长至 80μm；饮片：国产沉香纵刨或斜刨的非薄片，纵刨片表面可见淡棕色组织中密布棕黑色纵条纹；斜刨或横刨片表面，可见棕黑色斑纹。

炮制方法：取原药材，除去枯朽白木，刷净，劈成小块，镑或刨成薄片，或研成细粉。炮制后贮干燥容器内，密闭，置阴凉干燥处。

沉香和白木香的化学成分

沉香的丙酮提取物经皂化蒸馏，得挥发油约 13%。其中含苄基丙酮、对甲氧基苄基丙酮等，残渣中有氢化桂酸、对甲氧基氢化桂酸等。经霉菌感染的沉香含沉香螺醇、沉香醇、沉香呋喃、二氢沉香呋喃、4-羟基二氢沉香呋喃、3,4-二羟基二氢沉香呋喃、去甲沉香呋喃酮；未经霉菌感染的沉香含硫、芹子烷、沉香醇等。

白木香含挥发油，其中倍半萜成分：沉香螺醇、白木香酸、白木香醛、白木香醇、去氢白木香醇、白木香呋喃醛、白木香呋喃醇、β-沉香呋喃、二氢卡拉酮、异白木香醇。还含其他挥发成分：苄基丙酮、对甲氧基苄基丙酮、茴香酸（anisic acid）等。又含 2-(2-苯乙基) 色酮类成分：6-羟基-2-(2-苯乙基) 色酮，6-甲氧基-2-(2-苯乙基) 色酮，6,7-二甲氧基-2-(2- 苯乙基) 色酮，6-甲氧基-2-[2-(3′-甲氧基苯) 乙基] 色酮，1，2-(2-苯乙基) 色酮，6-羟基-2-[2-(4′-甲氧基苯) 乙基] 色酮，5，8-二羟基-2-(2-对甲氧基苯乙基) 色酮，6，7-二甲氧基-2-(2-对甲氧基苯乙基) 色酮，5，8-二羟基-2-(2-苯乙基) 色酮等。

图 9-3　沉香油

　　国产沉香含挥发油（图 9-3），其中倍半萜成分有：沉香螺醇（agarospirol），沉香醇（agarol），石梓呋喃（gmelo-furan），α、β-沉香呋喃（agarofuran），二氢沉香呋喃（dihydroa-garofuran），去甲沉香呋喃酮（nor-ketoagarofuran），4-羟基二氧沉香呋喃（4-hydroxydihydroagarofuran），3，4-二羟基二氧沉香呋喃（3，4-dihydroxydihydroagarofuran），α-愈创木烯（α-guaiene），α-布蔾烯（α-bulnesene），枯树醇（kusunol），卡拉酮（karanone），二氢卡拉酮（dihydrokaranone），沉香螺醇醛（oxoagarospirol），1（10），11-愈创木二烯-15-醛，3,11-芹子二烯-9-酮，3,11-芹子二烯-9-醇，沉香雅榄蓝醇（jinkoheremol）等。还含其他挥发成分：苄基丙酮，对甲氧基苄基丙酮，氢化桂酸等；又含沉香木质素（aquillochin），鹅掌楸碱（liriodenine）。另含 2-（2-苯乙基）色酮类及其二聚体、三聚体，沉香四醇，异沉香四醇等。

　　下面是某沉香挥发油的化学成分表（表 9-1），供参考：

表 9-1　某沉香挥发油的化学成分表

峰号	分子量	化合物名称	相对含量/%
1	136	α-蒎烯	0.003
2	154	桉油醇	2.010
3	170	顺式芳樟醇氧化物	0.135
4	154	3,7-二甲基-1,6-辛二烯-3-醇	0.400
5	132	1-甲基-4-(1-甲基乙烯基)-苯	0.241
6	154	外小茴香醇	0.072
7	152	金钟柏酮	0.048
8	156	顺式-α,α,4-三甲基环己烷甲醇	0.210
9	154	龙脑	0.586
10	154	[R]-4-甲基-1-(1-甲基)-3-环己烯-1-醇	0.711
11	134	1-乙烯-4-甲氧基苯	0.021
12	154	[+]-α-松油醇	0.346
13	150	6,6-二甲基双环[3.3.1]七-2-乙烯-2-乙醛	0.096
14	134	1-(4-甲基苯基)乙酮	0.167
15	150	4,4,6-三甲基-双环[3.3.1]七-3-烯-2-酮	0.082
16	148	3-异丙基苯甲醛	0.168
17	148	2-甲基-3-苯基丙醛	0.354
18	204	2,6,6,9-四甲基三环[5.4.0.2.8]十一-9-烯	0.317
19	148	3-苯基-2-丁酮	0.846
20	204	环异亚麻烯	3.736
21	204	长叶松萜烯	0.688
22	204	1,4-methanozulene,decahydio-4,8,8-trimethy1-9-megthylene-[1S-(1.alpha,3a.beta,4.alpha,8a.beta)]	40.302
23	204	石竹烯	0.223
24	204	humulen-[V1]	0.115
25	204	α-石竹烯	0.147
26	204	1,2,3,4,4a,5,6,8a-八氢-7-甲基-4-亚甲基-1-(1-甲基乙基)-[1,α,4a,β,α]萘	0.091
27	220	α-柏木烯氧化物	0.352
28	204	大根香叶烯 D	0.220
29	204	(1S-顺式)-1,2,3,4-四氢-1,6-二甲基-4-(1-甲基乙基)萘	0.675
30	220	石竹烯氧化物	9.951
31	206	[+]-longicamphenylong	6.222
32	222	沉香螺旋醇	2.674
33	220	2,2,5,5-四乙基双环[6.3.0]十一-1[8]-烯-3-酮	0.980
34	220	10,10-二甲基-2,6-二亚甲基双环[7.2.0]十一醛-5β-醇	1.170
35	204	2-异丙基-5-甲基-9-亚甲基双环[4.4.0]十-1-烯	1.186

峰号	分子量	化合物名称	相对含量/%
36	204	异桉叶烯氧化物	1.861
37	220	顺式-Z-α-没药烯氧化物	2.617
38	218	longiverbenone	0.745
39	220	longifolenaldehyde	1.434

理化鉴别：取该品醇溶性浸出物蒸干，进行微量升华，得黄褐色油状物，于油状物上加盐酸 1 滴与香兰素颗粒少量，再滴加乙醇 1～2 滴，渐显樱红色或紫堇色。

目前，沉香有两种——"天然沉香"和"人造沉香"，"天然沉香"即野生沉香，现在几乎没有资源了——据说每年整个东南亚地区可能只有几千克是"真货"——本书著者早在二十几年前就看到《南洋商报》一篇文章，题目是《找到一株沉香木欲穷几难》，可想而知那个时候"天然沉香"已经告罄，这十几年来沉香又炒热，哪里还有多少野生资源呢？所以市面上不管商人们如何信誓旦旦保证他的沉香"绝对是"野生的你都不要轻易相信。

谈到"人造沉香"，有人一听说"人造"，马上想起"化学合成"，可这"人造沉香"竟然已经有了上千年历史了！那时候还没有"化学"和"化工"呢。原来我国早在宋代，广东的东莞地区已普遍"种植土沉香"，成为当地的地方特产，故沉香又被称为"莞香"。古时香港属于东莞管辖，那时的香港也曾大量种植土沉香，然后制成琥珀状、半透明的香块，农民将其从陆地运到尖沙头，用舢板运往石排湾，再转运至内地及东南亚，甚至远及阿拉伯等地。因运香贩香而闻名，石排湾这个港口便被国人称为"香港"，即"香的港口"，"香港"的名称也就是这样来的。

所谓"种植土沉香"指的是白木沉香，即人工种植瑞香科白木香树，由于依靠自然的结香速度过于缓慢，所以人们研究加快结香的方法，就有了人为的砍伤、虫蛀、真菌感染或药物处理等方法，刺激它体内分泌树脂，经过不断催化，演变成为沉香。

明代香料市场上已经有"穷人沉香"和"富人沉香"之分，因为穷人巴不得早一点"出香"赚钱，种植白木香五六年就开始挖洞处理，所以结出的沉香质量差，价格便宜；而富人可以等到树木长到直径七八寸（二十厘米以上）才准备让它"结香"，质量当然好得多，价格也要高出好几倍。

这种"人造沉香"或者用它提取的"人造沉香油"来制作高级燃香质量还是相当不错的，目前还没有人能够全部用合成香料配制出真正有沉香香气的香精，因为带有明显、强烈沉香香气的合成香料还在实验室里，合成的成本太高，所以还没有进入市场。加少量"人造沉香油"配制的"沉香香精"可以骗骗外行人，对制香的专家们是没有吸引力的。

天然沉香或人造沉香采用水蒸气蒸馏、有机溶剂萃取、超临界二氧化碳萃取等方法制得的沉香油成分接近，香气不完全一样，内行人可以用嗅觉鉴别。实验室鉴定主要也是参照其理化指标——香气、色泽、密度、折射率、旋光度等，必要时用气相色谱或气质联机测定，与标准品的色谱图和数据对照即可鉴别"真伪"。

第十章　降真香的鉴定

药用降真香

降真香植物的拉丁文名：*Acronychia pedunculata* (Linn.) Miq.。

英文名：rosewood heart wood。

降真香植物属：芸香科常绿乔木，高约 10m，可达 20m。树皮平滑，小枝绿色。单叶对生，纸质，矩圆形至长椭圆形，长 6～15cm，宽 2.5～6cm，两端狭尖，全缘，上面表绿色，光亮，网脉两面浮凸；叶柄顶端有 1 结节。聚伞花序腋生，常生于枝的近顶部，表白色；萼片 4；花瓣 4，条形或狭矩圆形，两侧边缘内卷；雄蕊 8，花丝中部以下两侧边缘被毛；子房密被毛，花柱细长。核果黄色，平滑，半透明，直径 8～10mm，味甘。叶与枝含芳香油，作化妆品原料。果可食。

分布于海南、广东、广西、云南、中南半岛。生常绿阔叶林中。树皮可制取栲胶；根、叶、果及木材入药，能行气活血、健脾止咳。

别名：紫藤香、降真、降香、降真香（图 10-1）、紫藤香、降香檀、花梨母。

图 10-1　降真香

功效分类：化瘀止血药。

药材基源：为双子叶植物药豆科植物降香檀的根部心材。

药源分布：分布于广东、海南岛。药材产于广东、海南岛。

采收储藏：全年皆产，将根部挖出后，削去外皮，锯成长约 50cm 的段，晒干。

性：味辛，温，无毒。

归经：肝，脾，肺，心经。

功效：理气，止血，行瘀，定痛。

主治：吐血，咯血，金疮出血，跌打损伤，痈疽疮肿，风湿腰腿痛，心胃气痛。

用法用量：内服，煎汤，0.8～1.5钱；或入丸、散。外用，研末敷。

主治：

（1）刀伤出血。用降真香、五倍子、铜花，等分为末，敷伤处。

（2）痈疽恶毒。用降真香末、枫乳香等分，团成丸子，熏患处。

一般认为，香料用降真香产于豆科檀属藤香，是一种多年生的木质藤本植物受伤后分泌油脂修复伤口所结的香料，其藤宋代叫吉钩藤，亦名乌理藤、美龙藤，海南黎语呼之为藤宗关，苗族称其总管藤。海南产的降真香一般要五十年以上才能结香，降真香的油树脂主要集中在受伤的地方，一般在藤的丫杈部位、受伤感染部分、创伤口部位都易于结集油树脂，而且油树脂丰富，香气清烈。水浸后，蒸至适度，镑片或刨片，晒干。

主要化学成分为蓓半萜、黄酮化合物。降真香的主要成分与白木沉香相似。

降真香自唐宋以来，在宗教、香文化中占有重要位置，甚至是人们不可或缺的日常用品，从唐诗的记载来看，唐代的道观及达官贵人常用降真香。醮星辰用降真香，说明降真香在道教祭祀仪式中起着重要作用。《仙传》："拌和诸香，烧烟直上，感引鹤降。醮星辰，烧此香为第一，度功力极验。降真之名以此。"《本草品汇精要》："烧之能引鹤降，功力极验，故名降真，宅舍怪异烧之，辟邪。"

海南降真香含有丰富的黄酮类化合物，具有多种生物活性，能镇痛、止血、抗菌、消炎。

释名：紫藤香（《纲目》）、鸡骨香。

时珍曰：俗呼舶上来者为番降，亦名鸡骨，与沉香同名。生南海山中及大秦国。其香似苏方木，烧之初不甚香，得诸香和之则特美。今广东、广西、云南、汉中、施州、永顺、保靖及占城、安南、暹罗、渤泥、琉球诸地皆有之。

朱辅《溪蛮丛笑》云：鸡骨香即降香，本出海南。今溪峒僻处所出者，似是而非，劲瘦不甚香。

周达观《真腊记》云：降香生丛林中，番人颇费砍斫之功，乃树心也。其外白皮，浓八、九寸，或五、六寸。焚之气劲而远。

又嵇含《草木状》云：紫藤香，长茎细叶，根极坚实，重重有皮，花白子黑。其茎截置烟炱中，经久成紫香，可降神。按：嵇氏所说，与前说稍异，岂即朱氏所谓似是而非者乎？抑中国者与番降不同乎？

气味：辛，温，无毒。

主治：烧之，辟天行时气，宅舍怪异。小儿带之，辟邪恶气（李）。疗折伤金疮，止血定痛，消肿生肌（时珍）。

发明：时珍曰——降香，唐、宋本草失收。唐慎微始增入之，而不着其功用。今折伤金疮家多用其节，云可代没药、血竭。

豆科亚种，蝶形花科檀属，藤皮表面浅灰青黄色，略粗糙；小枝表皮光滑有白色绒毛，藤节相连处状突起，老枝中间层紫红色，最内层黄白色；有近球形侧芽。奇数羽状复叶，近纸质，卵形或椭圆形，长 3.5～10cm，宽 2～4.5cm，先端急尖，钝头，基部圆形或宽楔形。藤枝中心点呈圆形胶质状，该处是藤的营养输送管道，长大后极易中空，因而小料不易，大料难求。

降真香的生长环境很特别，降真香喜潮湿环境，喜欢生长在大石头边或扎根在石头底下盘着生长。

降真香香材，膏液内足，油满香浓。其极品胜似奇楠，削之卷嚼之黏，入口麻，继而甘苦生津，辛辣凉甜俱现满口生香。降真香的香味非常丰富，有蜜香、花香、果香、麝香、兰花香、椰奶香、薄荷香、乳香、药香等香气，有的一木五香，如兰似麝，一般认为，带动物香尤其是带龙涎香和麝香香气者为贵。生闻或热熏时，奇香四溢，浓郁香气沁人心脾，精神即刻愉悦，心旷神怡的感觉油然而生。

常品降真香可安神去浊，净化心灵，修身养性，顿悟人生。降真香是药与香的完美结合体，古人发现降真香拌合诸香，至真至美，誉为众香之首。焚之可辟秽去疾，安神去浊，辟天行时气，被称为天香或神香。古代各种著名香谱包括《香乘》中记载了大量降真香的香方，宋代郑刚中描述道：熏透紫玉髓，矫揉迷自然，但怪汲黯醇。换骨如有神。铜炉即消歇，花气亦逡巡，馀馨独鼻观，到底贞性存。

降真香的香味

降真香被誉为诸香之首，古人对它的崇拜超过沉香。

降真香的香味不一，有花香、蜜香、麝香、兰花香、降香、果香、乳香、药香等，气味多变，有一薰五香之说。一般认为在熏香时带龙涎香气者为极品。

降真香为道家第一用香，也是中国帝王祭天与皇室熏香用香，其价值远高于沉香，其中的极品与沉香奇楠不相上下，而产量却远远少于沉香奇楠。降真香之所以称为香，其重要属性应该是在香料范畴上，而不只是停留在文玩把件的范畴。人们也喜欢拿沉香来做成手串、把件、摆件，因为其独特的香味在常温下可浓郁地表现出来，所以沉香作为文玩的同时依然保留了作为香料的特性，但是降真香做成珠子之后并不"浓郁发香"。

既然降真香被古人称为排名第一的香料，那绝对不会在文玩范畴的定义。作为顶级的香料，降真香的品级判断一定是基于其气韵及香味的。然而，人们所见的降真香基本在自然环境下是不发香的，极少数能够自然发出微弱的清香，这样就给降真香的评级与运用提出了一个难题。纵观中国人使用的香料无论是道家还是皇家，都不是那么容易得来的。中国古代品香极少像现在大多数认可的方式单品沉香，目前比较流行的沉香为基础的香道皆为日本通过台湾传入我国的熏烧方式，并非真正的中国香道。

中国人能称之为道的，必集阴阳和五行，香也一样。而被中国香道列为众香之首的降真香就有非御香师不可与之和的说法。而作为御用香料，对其采集也有严格的要求与品级要求。

据考证中国古代皇室用降真香由专门的香农所采集供应，古人采香有严格的品级管理，作为香农，在采集香料过程中会做一次筛选，仅仅取其为香部分，其余部分留下，任其继续生长、陈化。作为天然结香的香料，必须经过长期的、并且具有一定偶然性的结香过程，这个过程受山场环境、不确定的自然事件等因素影响，结香完成后，如果是熟结，还可能受倒架时间、陈化环境影响、出香味道和品质会完全不同。

目前对海南降真香产量的考证，该种降真香所有存世量可能不足1000t，而其中作为香料直接使用的不足两成，这个两成中的十分之一可以达到奇楠级（可能更少），而降真奇楠香中的极品探明储量不足100kg。不难看到，降真香无论什么级别其稀有程度是远远超过白木香的。并且降真作为藤本结香植物，加上喜水、攀爬等生长习性以及虫漏结香这样的结香方式，该种香料几乎无法进行人工种植结香，自明朝中期海南降真香资源消耗殆尽，至今大约600年的漫长岁月才得来很少的材料。

现在采集香料的速变，从重新发现降真香到难觅踪迹不足一年，凡是藤本结油植物，无论是不是达到香料标准，全部开采殆尽。正因为对香料知识的缺失，香农无从判断香料的好坏，大多数买家也是如此，在经济利益的驱使下，所有的材料无论有无用处都无一幸免，人们都抱着一夜暴富的愿望参与到这场掠夺中。

在收集降真香、研究样品中确实发现不少好料子，只是因为采集方式的错误或是土埋陈化时间的问题而没有发挥出香品的极致，为之可惜。大家也许都有同感，此种香料并没有传说中的那么神奇，也没有那么浓郁美妙的香气，毫无百香之首的嗅觉感官。

降真香本性喜水，直接焚烧会散发出类似于腐木烧焦的腥臭味。降真作为香料使用，可做成线香，也可和香丸，古人少用香料单品，但降真品种中也有可以作为单品的材料。无论以何种方式使用此种香料，都必然经过制香，而制降真香必由御香师为之，单品闻香须养之，制作香丸须和之，制成线香须炮之，具体手法为各香学传承世家绝密，不予探究。

无论制作线香还是制作香丸必定遵照其五行特性来做，目前市场所售的降真香线香只是简单地将降真材料磨粉成形，这样燃烧出来的气味闻过的人都会发现，除了降真香散发出来的一点点清香外，更多的是烟火焦臭味和木腥臭，其主要原因为和香之法不当所致。如果制法得当，降真作为百香之首，完全可以实现空间熏香以及香道品香的气味标准，而不只是"含香"。

有三种植物曾经被称为降真香：豆科植物紫藤；芸香科植物山油柑；豆科植物降香檀。

对紫藤香——《本草纲目》中有这样的描述："紫藤香，长茎细叶，根极坚实，重重有皮，花白子黑。其茎截置烟良中，经久成紫香，可降神。"以后历代本草均在降香条下出现紫藤香，并曰：紫藤香即降真香之最佳者。经考查，紫藤的出处是晋代嵇含所著的《南方草木状户》"紫藤叶细长，茎如竹，根极坚实，花白子黑，重重有皮。置酒中有历二、三十年亦不腐败。其茎截置烟良中，经时代紫香，可以降神。"并附有紫藤原植物图，为豆科紫藤无疑。

其实紫藤在唐代陈藏器的《本草拾遗》中有记录，《本草纲目》中也有记载："藏器曰：藤皮着树，从心重重有皮"，"其子作角，角中仁，熬香着酒中，令酒不败"。

由此来看，豆科植物紫檀很可能是真正的"降真香"。

芸香科植物山油柑——云南志云："降真香元江如出，按香木色灰白气亦淡，价极贱。"可惜《图考》无降香附图。据考证，云南、两广（除海南岛外）、两湖均不产豆科降香。《纲目》中所载"似是而非者"与《图考》中所载"按香木色灰白气亦淡"者应当是一直被误称为降真香的芸香科山油柑，它的生长区域正像《纲目》中记载的那样分布较广，北纬25°以南地区均有分布，包括我国南方诸省以及一些热带国家和地区。据查阅木材学书籍和实地考查，山油柑木材浅黄褐色或黄白色，心边材无区别，质轻，气干密度约0.59g/cm。与降香药材性状大相径庭。芸香科植物山油柑并非真正的降真香也不是降香。

豆科植物降香——宋代赵汝适的《诸蕃志庐》载："降香出三佛齐、婆、蓬丰，广东西诸郡亦有之，气劲而远，能辟邪气。"明代刘广泰的《本草品汇精要沪》载："生南海山及大秦国，仅按此有两种，枝叶未详，出于番中者紫色坚实而香为上，出于广南者淡紫不坚而少香为次。"

以上本草中提及"木出海""生南海山""出于'广南者'"均指出产于今海南岛。这一种国产降香应当就是《中国药典》收载的豆科降香檀，是我国海南岛特有树种。降香在海南岛一直被称作花梨。明代《格古》载："花梨木，出南番、广东。紫红色，与降真香相似，亦有香。"以后在《广东新语》、《崖州志》中均提到花梨，并称与降真香相似。这里的降真香指的是进口"番降"，为明、清两代南洋诸国的贡物。可见，海南产的降香檀自古就以花梨之名记载。直到20世纪50年代大力开发海南资源以后，降香才逐渐减少以至不再进口，而统一使用我国海南产的豆科降香檀。

由此来看，豆科降香檀为海南黄花梨，可以称为降香，也是海南人说的花梨母。其有类似于"降真香"的香气。

从海口东湖市场出售的"降真香"的香味和形状来看，是豆科紫藤，也是本草中说的紫藤香"降真香中最佳者"。

紫藤香的药理作用：

抗氧化作用——紫藤花中的酚类物质、黄酮类化合物不仅能清除氧化反应链反应引发阶段的自由基，而且可以直接捕捉自由基反应链中的自由基，阻断自由基链反应，从而起到预防和断链的双重作用。

凝集作用——紫藤中提取的凝集素类物质，不仅具有植物凝集素所共有的影响糖运输、储存物质的积累以及细胞分裂的调控等作用外，而且具有以下特性：

① 不具有专一性，可凝集人的各种血型和数种动物血；

② 受抑制作用较小，仅 N-乙酰氨基半乳糖胺对其活力有强烈抑制作用，故在临床免疫及细胞遗传研究中有一定的应用前景。

抑菌作用——紫藤叶片丙酮溶剂提取物对香瓜枯萎病、白菜软腐病等细菌性病害的病菌具有显著的抑制作用，作为植物源抑菌剂越来越受关注，也可作为绿化保健型树种。

抗肿瘤作用——Heo 等报道：多花紫藤的胆汁提取物可通过抑制癌细胞的 mRNA 表达和抑制 GTP-RhoA 蛋白质的活性来限制小鼠黑色素瘤 B16F1 细胞的转移。

Takao 等发现，紫藤皂苷 D、紫藤皂苷 G 和脱氢大豆皂苷能抑制由癌促进剂 12-O-十四烷酰佛波醇-13-乙酸乙酯所诱发的 Epstein-Barr 病毒早期抗原的活化。Konoshima 等还用 Hela 细胞系进行试验发现，紫藤黄酮可抑制疱疹病毒活性，有希望作为皮肤肿瘤抑制剂。

蛋白酶抑制剂研究显示，从多花紫藤种子中分离的半胱氨酸蛋白酶抑制剂，能通过抑制鞘翅目和半翅目昆虫消化道内的巯基蛋白水解酶达到杀虫的目的。Hirashiki 等亦从紫藤种子中发现了几种半胱氨酸蛋白酶抑制剂。

临床应用：紫藤花性微温味甘，具有利水消肿、散风止痛的功效，主治腹水浮肿、小便不利、关节肿痛及痛风等；根性温味甘，入药活络筋骨，治风湿骨痛；茎、皮入药，止痛杀虫；果实性微温味甘，有小毒，入药治筋骨疼痛。

入药方法，于金平等曾提出过三种紫藤入药方法。

① 腹水肿胀：紫藤花适量，加水煎浓汁，去渣加糖熬成膏，每次 1 匙，开水冲服，日 2 次；

② 蛲虫性腹痛：紫藤花或种子 1～2g，水煎服，小儿减量；

③ 关节炎：紫藤根、枸骨根、菝葜根各 1 两（均为鲜品），水煎米酒兑服。

注意事项，紫藤根（30～50 g）和种子（25 粒）能引起中毒（表现出恶心、呕吐、腹痛、腹泻、面部潮红、流涎、腹胀、头晕、四肢乏力、语言障碍、口鼻出血、手脚发凉甚至休克等症状），入药时应注意用量或给予特殊炮制以去毒。Rondeau 报道：一位 50 岁女性由于好奇，认为紫藤的种子是食用豆类，摄入 10 个，随后产生头痛、肠胃炎、呕血、头晕、精神错乱、出汗及晕厥等不良反应，治疗 5～7 天后仍感觉疲倦、头晕。

先人们的薰香文化至今令人叹为观止。古人认为，焚香并不是全部以沉香、奇楠为香料才是唯一最高境界的用香。若以沉香粉作篆香，必加少量降真香，才可以提出至真至纯的香气。而黄花梨的药用价值，与作为焚香提香作用的降真香绝不可相提并论。

在没有更加认可的检测报告之前，就用以前的方法。即上炉（炉温在 230℃）熏香，如果香味非常好，说明这种降真香好，如果香味很冲鼻子，闻着很难受，说明这个降真香不好。比如海南沉香为什么立于不败之地，因为海南沉香在各种炉温下发出来的香味非常完美。

降真香被誉为诸香之首，古人对它的崇拜已超越了沉香。

对降真香的文字记载，据考最早出现在西晋植物学家、文学家嵇含所著的《南方草木》中："紫藤叶细长，茎如竹根，极坚实，重重有皮，花白子黑，置酒中，历二三十年不腐败，其茎截置烟焰中，经时成紫香，可以降神。"稽含所指降神，一指可以提出纯正的香气，另意为引降天上的神仙。

明代医学家李时珍，在《本草纲目》中对降真香也有记述："拌和诸香，烧烟直上，感引鹤降。醮星辰，烧此香为第一，度箓功力极验，降真之名以此。"

在李时珍的描述中，降真香燃烧后的烟直直往上，不像沉香燃出的烟左右飘移，这也不失为鉴定降真香的一种方法。

降真香还有止血定痛、消肿生肌、辟恶气怪异的医学功效。吴仪洛在《本草丛新》中就记述"周崇被海寇刀伤，血出不止。军士李高，用紫金藤散敷之，血止痛定，明日结痂无斑，会救万人，紫真藤，即降真香之最佳者也"。

清代帝王对降真香的疗效也备加推崇。据中华书局出版的《慈禧光绪医方选仪》记载，降真香的清热解毒功效，在宫中被记入秘籍。光绪十二年五月，慈禧患有面部神经疾病，太医以奇楠香、牛黄、降真香、乳香、苏合油等22种中草药组药，短时间即见奇效。光绪帝曾患有严重的心胃痛，御医首选大剂量降真香，配以没药、麝香、琥珀、安息香等入药，治愈光绪顽疾。

从描述中不难看出，无论在药理上，还是在香学上，古人对降真香的崇拜已超越了沉香。

明朝，中国进入大航海时期。海南岛作为海上丝绸之路的重要驿站，也造就了海南丰富的水下文物遗存，使之成为后世珍宝。

由于宫廷的大量使用，和达官贵人的奢侈消耗，致使降真香消耗殆尽，不得不从南洋诸国大量引进。明代黄省曾所著《西洋朝贡典录校注》中，详细记载了各国向大明皇帝进贡降真香的史料。其记述的共计23个南洋诸国，贡品中几乎全部涉及降真香。如占城国（即越南南部），在明正统年间，"其国袭封，遣使行礼。其贡物：象牙、犀牛角……奇楠香、土降香"。由此也可知，当时各国降真香并未灭绝。

此后，清朝闭关锁国，降真香资源几近枯竭。后人万般无奈，找到一种替代物作为焚香提香之用，这就是黄花梨。黄花梨的香气因有降香味，又在植物学里属于豆科黄檀属，因此命名为降香黄檀。当然，黄花梨的药用价值与作为焚香提香作用的降真香绝不可相提并论。

根据《本草纲目》中对降真香的产地的描述，历史上降真香产于两广、海南、南洋诸国。然而到了清代，很多著述中早已不见对降真香的描述。泉州沉船博物馆出水和珍藏的都是产自印度尼西亚的印度黄檀（俗名越南降真香）。

由于存在以上争论，所以目前没有"权威"的降真香检测方法和标准；至于"降真香精油"到底哪一种才是"正宗"，也未有定论。有待今后若确认"真正的"降真香并从中提取出公认的"降真香精油"后，才可以以这种精油为"标准物"，用待测样品与"标准物"的谱图比较，才能确认是否为"真品"。

降真香的检测和鉴定

有人认为降真香是豆科植物降香檀（*Dalbergiae odoriferae* T. Chen）树干和根的干燥心材，主要含有挥发油和黄酮类成分。对海南产降香檀乙醇提取物进行分离和鉴定，并筛选出其抗菌活性成分的研究，结论如下：

（1）黄酮类化合物的提取、分离和鉴定：运用多种色谱技术对降香檀乙醇提取物乙酸乙酯部位进行分离、纯化，得到13种单体化合物，并通过现代波谱技术（1DNMR）对这13种化合物进行了结构鉴定，分别为：紫苜蓿酮，（3R）-维斯体素，（3R）-vestitone，异甘草素（4），（3R）-4'-甲氧基-2'，3,7-三羟基-二氢异黄酮，红花素，甘草素，毛异黄酮，（3R）-2'，3'，7-三羟基-4'-甲氧基-二氢异黄酮，3'-hydroxymelanettin，紫铆花素，硫黄菊素，黄颜木素。

挥发油的化学成分与抑菌活性研究：用水蒸气蒸馏法提取降香挥发油，经 GC-MS 分析，共鉴定出16种化合物，占挥发油总量的98.04％，其主要成分有氧化石竹烯54.22％，7，11-二甲基-10-十二碳烯-1-醇14.11％，6，11-二甲基-2，6，10-十二碳三烯-1-醇10.24％和橙花叔醇10.22％等。同时，测定了挥发油的体外抗菌活性，结果表明，降香挥发油对金黄色葡萄球菌（S. aureus）和耐甲氧西林金黄色葡萄球菌（MRSA）均具有一定抑制作用。

（2）有人对降香CO_2超临界萃取物的化学成分进行研究，采用CO_2超临界萃取法和GC-MS联用分析技术对萃取物进行分析，并用峰面积归一化法测定各化合物的相对含量。结果分离出52种化学成分，其中相对百分含量大于15％的组分有3种，分别鉴定为橙花叔醇、2，4-二甲基-2，4-庚二烯醛、2，4-二甲基-2，6-庚二烯醛。3种挥发性成分占超临界萃取物气化产物的82.544％。

有人用降真香（A. pendenculata L. Miq）树叶经水蒸气蒸馏得降真香油，出油率0.18％～0.40％，其成分以萜烯为主（表10-1），约占原油的90％，其中蒎烯68％，其他单萜烯7％，倍半萜烯15％。已分离并鉴定的化合物有α-蒎烯、柠檬烯、罗勒烯、芳樟醇、α-檀香烯及β-丁吾烯，另外还分得一个羰基化合物，熔点60～61℃，结构尚待测定。

由海南景和农业开发有限公司、中国热带农业科学院农产品加工研究所联合提出并起草的降真香（精）油（以海南产降真香为原料，经超临界流体萃取法提取分离得到）企业标准主要内容如下：

降真香精油——用超临界流体萃取法从两粤黄檀（Dalbergia benthamii Prain）或斜叶黄檀［Dalbergia pinnata（Lour.）Prain］的结香部位中提取、分离得到的精油。

色状：深红棕色澄清、流动液体。

香气：具有椰奶香、花香、甜香、药香和麝香等特征香气。

相对密度（20℃）：1.095～1.115。

折射率（20℃）：1.5360～1.5430。

旋光度（20℃）：－17～－14。

溶混度（20℃）：1体积试样混溶于0.5体积的95％（体积分数）乙醇中，呈澄清溶液。

特征组分含量（GC）：见表10-1。

表10-1　降真香精油特征组分含量

特征组分	指标/％
榄香素	≥60.0
甲基丁香酚	≤6.0

与沉香不同的是，大多数降真香不仅熏燃时香味宜人，而且其精油直接嗅闻也令调香师和评香师们赞赏有加，用高级降真香精油为主香调配的降真香香水香气清幽雅致，细闻之有如行走在热带雨林和海岛红树林里，从四面八方飘来的各种木香、花香、果香、草香、苔香、膏香、奶香、椰子香……混合为一个有机整体，而又自始至终带明显的高级龙涎、麝香、海狸香等动物香韵，留香持久，属于东西方香水爱好者公认的现代"东方香"香型，深受各阶层人士的喜爱和推崇。

第十一章　檀香的鉴定

檀香树（图 11-1）是一种常绿寄生小灌木，生长极其缓慢，通常要数十年才能成材。它是生长得最慢的树种之一，成熟的檀香树高达十米以上。树皮褐色，粗糙或纵裂。叶对生，椭圆形或卵状披针形，基部楔形，全缘，无毛；叶柄短；聚伞状圆锥花序腋生和顶生；花小，多数被为淡黄色，后变为深紫色；花被管钟形，先端 4 裂，裂片卵圆形，有 4 个蜜腺生于花被管中部；雄蕊 4，与蜜腺互生。核果球形，成熟时黑色。种子圆形，光滑，有光泽。檀香木质细腻，甜而带异国情调，余香袅绕，用于制香历来被奉为珍品。

分布区域：印度，澳大利亚，印度尼西亚，中国海南、广东、云南、台湾等地。

檀香为名贵、珍稀植物，属于檀香科（Santalaceae）檀香属（*Santalum*）。主要分布于印度、印度尼西亚、澳大利亚以及太平洋的一些群岛。檀香树不仅非常娇贵，而且必须寄生在凤凰树、红豆树、相思树等植物上才能成活。檀香通常以薄片型的方式出售，并且至少要三十年以上的树龄，才能达到采集、贩卖的标准。因而，檀香的产量非常有限。可人们对它的需求又很大，所以从古至今，它都是难得的、价格昂贵的珍材。

目前，檀香作为一种自然资源已经非常稀缺。在中国，天然的檀香资源现已消失。而印度、印度尼西亚以及太平洋群岛上的檀香资源，也在 19 世纪末和 20 世纪初遭受了毁灭性的开发和采伐。所谓的"海上丝绸之路"，实际上也就是通常西方国家所称的"香料之路"，

图 11-1　檀香树

檀香在当时的香料贸易中扮演了重要角色。由于长期、过度的采伐利用和生态环境的破坏，使得自然的檀香资源量锐减。如今，檀香已被评定为世界濒危树种，进出口都受到严格的限制。印度政府已经严格禁止檀香木的采伐和交易，偶尔仅有的一点产量，也都是通过政府拍卖以高昂的价格被世界顶级香水公司和中东富豪购得，市场上根本无法觅其芳踪。

檀香树全身是宝，素有"黄金树"之称。首先，檀香是世界公认的高级香料植物，提取的檀香油是高级香水与香料产业中独树一帜的原料。其次，利用檀香还能生产出许多高附加值的产品，如人们喜爱的檀香香皂、檀香扇、檀香木工艺品等，用檀香木制成的各种佛教用品更是佛教活动中的上乘佳品，市场供不应求。而檀香的食用和药用价值，更是早在李时珍的《本草纲目》中就有记载。

历史上，檀香木在很大程度上是权力和地位的象征。如在印度，檀香木被称为"圣树"。中国历史上，皇宫里的家具，许多都指定要用檀香木来做，皇帝的书房以及卧室也不断烧檀香，据说吸入檀香以及坐在檀香木上会人灵气旺。后来这些说法传到民间，做生意的老板也

都在店里烧檀香，期望人气兴旺。用檀香木雕刻出来的神佛像更是珍贵无比。

　　中国进口檀香木已有 1000 多年的历史，当时檀香木是作为敬献佛祖的贵重香料伴随着佛教传入我国。随着印度檀香资源的过度开发，西澳州檀香木逐渐在中国檀香市场中扮演重要角色。但是西澳州为保护自身的檀香资源，制定了严格的法律条文，限量开采檀香木，即使在全球需求旺盛的情况下，人们也不能增加开采量。

　　檀香用于制香历来被奉为珍品，不过，檀香单独熏烧，气味不佳；若能与其他香料巧妙搭配起来，则可"引芳香之物上至极高之分。"

　　檀香还是一味重要的中药材，历来为医家所重视，谓之"辛，温；归脾、胃、心、肺经；行心温中，开胃止痛"。外敷可以消炎去肿，滋润肌肤；熏烧可杀菌消毒，驱瘟辟疫。

　　"释名"：旃檀（《纲目》）、真檀。

　　时珍曰：檀，善木也，故字从亶，善也。释氏呼为旃檀，以为汤沐，犹言离垢也。

　　番人讹为真檀。云南人呼紫檀为胜沉香，即赤檀也。

　　"集解"：藏器曰，白檀出海南，树如檀。

　　恭曰：紫真檀出昆仑盘国，虽不生中华，人间遍有之。不香尔。

　　时珍曰：按《大明一统志》云：檀香出广东、云南及占城、真腊、爪哇、渤泥、暹罗、三佛齐、回回等国，今岭南诸地亦皆有之。树、叶皆似荔枝，皮青色而滑泽。叶廷《香谱》云：皮实而色黄者为黄檀，皮洁而色白者为白檀，皮腐而色紫者为其木并坚重清香，而白檀尤良。宜以纸封收，则不泄气。王佐《格古论》云：紫檀诸溪峒出之，性坚，新者色红，旧者色紫，有蟹爪文。新者以水浸之，可染物。真者揩壁上色紫，故有紫檀名。黄檀最香。俱可作带、扇骨等物。

　　白旃檀——

　　"气味"：辛，温，无毒。

　　大明曰：热。

　　元素曰：阳中微阴。入手太阴、足少阴，通行阳明经。

　　"主治"：消风热肿毒（弘景）。治中恶鬼气，杀虫（藏器）。煎服，止心腹痛，霍乱肾气痛。

　　水磨，涂外肾并腰肾痛处（大明）。散冷气，引胃气上升，进饮食（元素）。噎膈吐食。又面生黑子，每夜以浆水洗拭令赤，磨汁涂之，甚良（时珍）。

　　"发明"：杲曰：白檀调气，引芳香之物，上至极高之分。最宜橙、橘之属，佐以姜、枣，辅以葛根、缩砂、益智、豆蔻，通行阳明之经，在胸膈之上，处咽嗌之间，为理气要药。

　　时珍曰：《楞严经》云：白旃檀涂身，能除一切热恼。今西南诸番酋，皆用诸香涂身，取此义也。杜宝《大业录》云：隋有寿禅师妙医术，作五香饮济人。沉香饮、檀香饮、丁香饮、泽兰饮、甘松饮，皆以香为主，更加别药，有味而止渴，兼补益人也。道书檀香谓之浴香，不可烧供上真。

　　紫檀——

　　"气味"：咸，微寒，无毒。

　　"主治"：摩涂恶毒风毒（《别录》）。

　　刮末敷金疮，止血止痛。疗淋（弘景）。醋磨，敷一切猝肿（千金）。

　　"发明"：时珍曰：白檀辛温，气分之药也。故能理卫气而调脾肺，利胸膈。紫檀咸寒，血分之药也。故能和营气而消肿毒，治金疮。

　　檀香，香木名。木材极香，可制器物，亦可入药。寺庙中用以燃烧祀佛。南朝梁沉约《瑞石像铭》："莫若图纱像於檀香，写遗影於祇树。"

　　檀香木还可制成扇骨、箱匣、家具、念珠等物品，也是一种珍贵的雕刻材料。

檀香自古以来便深受欢迎，从印度到埃及、希腊、罗马的贸易路线上，常见蓬车载满着檀香。许多古代的庙宇或家具，都是由檀香木所做，可能是檀香具有防蚁的功能。

檀香的焚香需求量不少于檀香木，檀香独特的香味具有安神作用，对于冥想很有帮助，因而广泛被用在宗教仪式中，特别是印度和中国，对檀香的需求量至今丝毫不曾减少。檀香也是香水中常用的原料。

据玄奘《大唐西域记》记载，因为蟒蛇喜欢盘踞在檀香树上，所以人们常以此来寻找檀木。采檀的人看到蟒蛇之后，就从远处开弓，朝蟒蛇所据的大树射箭以作标记，等到蟒蛇离开之后再去采伐。

檀香木雕刻出来的工艺品更可谓珍贵无比。家中摆放芳馨经久。檀香木置于橱柜之中有熏衣作用，使衣物带有淡淡天然高贵的香味。

品质纯正的檀香是一味中药材，分为檀香片和檀香粉，放在专用的檀香炉中燃烧，它独特的安抚作用可以使人清心、凝神、排除杂念，是修身养性的辅助工具。

从檀香木中提取的檀香油在医药上也有广泛的用途，具有清凉、收敛、强心、滋补、润滑皮肤等多重功效，可用来治疗胆汁病、膀胱炎、淋病以及腹痛、发热、呕吐等病症，对龟裂、富贵手、黑斑、蚊虫咬伤等症特别有效，古来就是治疗皮肤病的重要药品。公认最好的檀香精油，产自印度的迈索尔（Mysore）。

心灵疗效：放松效果绝佳，可安抚神经紧张及焦虑，镇静的效果多于振奋。并且用以改善执迷的状态，极获好评，可以带给使用者更为祥和、平静的感觉。

身体疗效：对生殖泌尿系统极有帮助，可改善膀胱炎，具有清血抗炎的功效。它独特催情的特性，可驱散焦虑的情绪，有助于增加浪漫情调。檀香对身体也有抗痉挛和补强的功用，能带来放松和幸福的感觉。

檀香对胸腔感染，以及伴随着支气管炎、肺部感染的喉咙痛、干咳也有效果。当黏膜发炎时，檀香可舒缓病情，更可以刺激免疫系统，预防细菌再度感染。

它还可以用来治疗胃灼热，并且其收敛的特性，对腹泻亦有帮助。

皮肤疗效：

基本上，檀香是一种平衡精油，对干性湿疹及老化缺水的皮肤特别有益。使皮肤柔软，改善皮肤发痒或发炎的现象，其抗菌功效更有助于改善面疱，疖合感染的伤口。

（1）增强胃肠蠕动，促进消化液的分泌。檀香油之抗菌作用不强，对伤寒杆菌之酚系数在0.1以下。能减轻无效的咳嗽；过量可引起胃、肾、皮肤刺激。用于小便困难，可改善症状。对大鼠饲喂 $0.5\sim2g/kg$，数日后，可使尿路中金黄色葡萄球菌的生长减少 60%。檀香油的抑菌浓度为（1：64000）～（1：128000），对痢疾杆菌亦有效；1：32000 浓度对鸟型结核杆菌有抑制作用，对大肠杆菌无作用。檀香油尚有利尿作用，麻痹离体兔小肠，对兔耳皮肤有刺激作用。

（2）檀香液给离体蛙心灌流，呈负性肌力作用，对四逆汤、五加皮中毒所致心律不齐有拮抗作用；檀香油有利尿作用；对痢疾杆菌、结核杆菌有抑制作用。

美容功效：外敷能消炎去肿，滋润肌肤。

香气功效：熏烧可杀菌消毒，驱瘟辟疫。

第一节　东印度檀香

我们常说的檀香指的是东印度檀香（*Santalum aibum*）（图 11-2）。另外现在常见的还有澳洲檀香（*Santalum spicatum*）、太平洋檀香（*Santalum austrocaladonicum*）。价格方面：东印度檀香＞太平洋檀香＞澳洲檀香。檀香醇含量：东印度檀香＞太平洋檀香＞澳洲檀香。

檀香是寄生树，以七年时间吸取其他树木的养分而生长，长成后被它吸收养分的树木就会枯萎死亡。在东印度雨量充足的地方生长的檀香木，品质最佳。能够萃取精油的檀香木必须要有 30 年以上的树龄，达到 60 年树龄所萃取的精油，更是极品；在芳香疗法中，常见产于印度的东印度檀香和产于澳洲的西洋檀香，前者品质远远优于后者，价格也相差甚远。

图 11-2　东印度檀香

檀香精油有多种治疗用途，也是香水中的重要原料。可惜的是，檀香木越来越少，价格越来越昂贵。α-檀香醇和 β-檀香醇是檀香中的重要成分，树龄越高的檀香树的树芯中含有的 β-檀香醇越多，我们所闻到的檀香味也是 β-檀香醇带来的，α-檀香醇含量多则会比较香甜，所以新檀会较甜。

檀香醇具有非常好的针对血管消炎的作用，对于肾脏也有很好的帮助，同样具有良好的舒缓压力的作用，也有不错的保湿能力，也可以被用于催情配方。

在古印度，它被人们视为一种万能药，并由此发现了它对生殖泌尿系统有特别的作用。李时珍在《本草纲目》中也详细记录了檀香可用于肠胃道疾病、胃痉挛、呕吐及霍乱的治疗。19世纪开始，欧洲医疗界也开始研究檀香，对它治疗脓肿、发炎的功效赞不绝口。法国医生发现檀香在泌尿系统及呼吸系统的治疗案例中也功效卓著。

檀香因为具有良好的理疗特性、宜人的香气和特殊的成分而成为非常有效的定香剂和防腐剂，被广泛用于护肤品和高级香水中。

深山里野生的老之将死的檀香木简称为老山檀香木，印度老山檀香木的特征和判别方法综述：

（1）一般条形较大，多直、纹理通直或微呈波形甚至有纹理交错现象，纵切面有布格纹（木材学上称波痕，也即像瓦屋上瓦片层层堆积状结构，又称叠生结构）。

（2）心材呈圆柱形或稍扁，生长年轮不大明显至不明显，树龄越老，年轮越不明显；纵向木纹不大明显至不明显，树龄越老，纹理越不明显。

（3）表面淡黄棕色，放置日久则颜色较深，转为黄褐色、深褐色以至红褐色（西藏人以其作乐器，认为颜色深红者为最佳材质）。树龄越老，心材色泽越深。

（4）外表光滑细致，或可见细长的纵裂隙。纵劈后，断面纹理整齐，纵直而具细沟；质致密而坚实，极难折断，折断后呈刺状。

（5）木材具油性，含白檀油通常为 2.5%～6.0%，根部心材产油率可达 10%。

（6）本品粉末燃烧时，有浓郁的檀香气，具异香，燃烧时更为浓烈，性温、味微苦、微辛辣。黄檀香色深，味较浓；白檀香质坚，色稍淡。制造器具后剩余的碎材，称为檀香块，大小形状，极不规则，表面光滑或稍粗糙，色较深，有时可见年轮，呈波纹状。以之为药材，以色黄、质坚而致密、油性大、香味浓厚者为佳。粉末淡黄棕色。

（7）包浆不如紫檀、黄花梨明显。

（8）质地：坚硬、细腻、光滑、手感好，气干相对密度为 0.87～0.97。按照色泽有人把老山檀香木分为：黄肉、红肉、黑肉。老龄檀香木密度大，油性足，颜色为深褐色，沉水，也有木材头沉尾浮的半沉半浮现象。

（9）酒精浸泡测试，浸出色清淡，久之为红褐色，含檀香色素、去氧檀香色素，浸液不能作染色原料。

（10）干材有划痕现象，可以持续在白纸或墙壁上像蜡笔那样划痕。

（11）香气持久、气味醇厚，与香樟、香楠刺鼻的浓香相比，略显清淡、自然，且有香甜味。放置时间过久，香味不甚明显，但用刀刮表面或以锯子锯开，香气依旧。

（12）用利刃在木材横截面上切削，切片卷曲。用刨子刨，刨花弯曲。

（13）老山檀香木在密封下有絮状或粒状白色结晶体析出，但是这个情况不是判别檀香木的捷径。有人认为密封下有晶莹剔透的絮状结晶体析出可以作为鉴别绿檀的最直接有效的方法，但是红木等也有白色结晶体析出现象，这种说法可能不大可靠。

（14）显微鉴定

① 含晶厚壁细胞类方形或长方形，直径约至 $45\mu m$，壁厚，于角隅处特厚，木化，层纹隐约可见，胞腔内含草酸钙方晶；含晶细胞位于纤维旁，形成晶纤维。

② 草酸钙方晶较多，呈多面形、板状、鱼尾形双晶及膝状双晶等，直径 $22\sim42\mu m$。

③ 韧型纤维成束，淡黄色，直径 $14\sim20\mu m$，壁厚约 $6\mu m$，有单纹孔。

④ 纤维管胞少数，切向壁上有具缘纹孔，纹孔口斜裂缝状，少数相交成"十"字形。

⑤ 具缘纹孔导管直径约至 $64\mu m$，常含红棕色或黄棕色分泌物。

⑥ 木射线宽 $1\sim3$ 列细胞，壁稍厚，具单纹孔。

⑦ 管状分泌细胞有时可见，细狭，直径在 $16\mu m$ 以下，内储红棕色分泌物。

⑧ 黄棕色分泌物散在，类圆形、方形或不规则块状。此外，挥发油滴随处可见。

严格意义上的顶级老山檀香木，是指至少六十年以上的老树，而且砍伐后至少安放二三十年（有说安放四十年后气味始臻化境），使木性真正达到醇和的状态，其味是纯正、极柔和、温暖而香甜的木香，又微带玫瑰香、膏香与动物香，香气前后一致而十分持久。而即使六十年以上的老山檀香木砍伐后未经陈化，还在浓烈气味的阶段也不是最好的檀香，有藏友说："檀香气霸，吃饭不下，"也有商家炫耀他的檀香珠，说气味是如何浓烈，放在裤袋里也撩人等，这正说明新料檀香味道太霸而未达到醇厚而甘甜的境界。

顶级老山檀香木气味醇厚、悠长且为深褐色以至红褐色，可以直沉水底。关于檀香木的颜色、沉水与品质的问题，通常按照色泽把印度老山檀香，分为黄肉、红肉、黑肉三种。黑肉是最为少见的。印度檀香木随年龄的增长，由黄褐色变为深褐色，以至红褐色。檀香木最高的境界是达到深、红褐色，这就是所谓的黑肉檀香。从木材学上来说，檀香木越老，油性越大，随年龄的增长，从不沉水走向沉水，头沉尾浮则是一种中间的状态。因此，有理由相信，沉水的必然比不沉水的油性大，从这一点说，非人为地沉水（人为地加 502 或灌铅之类不算）也应该作为一个品质的指标。

关于檀香木开裂的问题：砍伐后的老山檀香木，安放二三十年之后，木性已经非常稳定，该开裂的也已经开裂（檀香木大材空心或暗裂多，所谓十檀九空，用来说老山檀香，也很形象）。没有开裂的已很稳定。选择顶级老山檀香木没有开裂的去心部分做成的珠子，品质非常稳定。用新料的话则不稳定，容易出现开裂情况。所以最好不要购买新料檀香珠。

油质滋润、密度大，可沉水的老山檀香木，浸水之后，用布拭擦，光泽恢复容易。究其原因，就是因为其非常滋润的油质和硬重的材质使得气孔不容易打开，足以起到防止水对其表面光泽损伤的作用。而新料檀香木如果没有带出点包浆来的话，浸水以后光泽难以恢复。

边材浅黄色，味道微弱，心材新鲜时浅黄褐色，见光后颜色日益变深，为带浑浊的黄褐色至暗褐色，在紫光灯下有微弱荧光，木材相对密度为 $0.89\sim1.00$。管孔（棕眼）椭圆形小，最大直径为 $90\mu m$（和头发丝的直径接近）。木材在放大镜下可见闪烁结晶体。

檀香主产于印度东部、泰国、印度尼西亚、马来西亚、东南亚、澳大利亚、斐济等湿热地区。其中又以产自印度的老山檀为上乘之品。印度檀香木的特点是其色白偏黄，油质大，散发的香味恒久。而澳大利亚、印度尼西亚等地所产檀香，其质地、色泽、香度均有逊色，称为"柔佛巴鲁檀"。多数新砍伐的檀木，近闻，常带有刺鼻的香味和特殊的腥气，所以制香时往往要先搁置一段时间，待气息沉稳、醇和之后再使用，有存放几十年甚至上百年的檀香，这时檀香木的香味已经非常温润、醇和，可谓檀香极品之极品。又有称其名为"老山檀"，而砍伐之后随即使用的称为"柔佛巴鲁檀"。

我国利用檀香的历史应有 1500 年左右。檀香木一般用于佛像雕刻及其他工艺品的制作、药用或提取檀香油。在收藏或欣赏檀香木及檀香木雕刻艺术品时应把握以下的基本特征：

第一，檀香木一般呈黄褐色或深褐色，时间长了则颜色稍深，光泽好，包浆不如紫檀或黄花梨明显。质地坚硬、细腻、光滑、手感好，气干密度为 $0.87\sim0.97\mathrm{g/cm^3}$，纹理通直或微呈波形，生长轮明显或不甚明显。

第二，香气醇厚，经久不散，久则不甚明显，但用刀片刮削，仍香气浓郁，与香樟、香楠刺鼻的浓香相比略显清淡、自然。有些人用人工香精浸泡或喷洒木材用以冒充檀香木，香味一般带有明显的药水味且不持久。

第三，冒充檀香木的木材。檀香属的一些木材的质量是无法与产于印度及印度尼西亚的檀香相比的。质量最好的檀香木产自于印度，其次为印度尼西亚。一般国际市场上用檀香属其他木材或不同科属，但外表近似檀香木，也有用香味的木材来冒充檀香木。我国的一些厂家多以白色椴木、柏木、黄芸香、桦木、陆均松经过除色、染色，然后用人工香精浸泡、喷洒来冒充檀香木，而大量制成扇、佛像、佛珠及其他雕刻品。

檀香按历史传统一般分为以下四类：

（1）老山香，也称白皮老山香或印度香，产于印度，一般条形大、直，材表光滑、致密，香气醇正，是檀香木中之极品。

（2）新山香，一般产于澳大利亚，条形较细，香气较弱。

（3）地门香，产于印度尼西亚及现在的东帝汶。地门香，多弯曲且有分枝、节疤。

（4）雪梨香，产自于澳大利亚或周围南太平洋岛国的檀香，其中斐济檀香为最佳。雪梨香一般由香港转运至内地。

檀香木的历史久远，在古梵文经典与中国的典籍中皆提到此树。檀香精油用于宗教仪式由来已久，许多神像与寺庙都用檀香木刻成。古埃及人进口檀香木，供药用、防腐或于宗教仪式中焚烧敬神，也用于雕刻艺术作品。古印度的全方位医学阿输吠陀指出，檀香木有补身、收敛、退烧属性。一种调成糊的药粉可用于治疗皮肤发炎、脓肿与肿瘤。治皮肤溃疡的这种用法，在 1636 年纪伯的"良药"论文中也曾提及。印度的药典视檀香为发汗剂，据说与牛奶混合后能治脓漏——脓性黏液的分泌。

真正的檀香木原产于南亚，是一种半寄生树，在南印度 $600\sim2400\mathrm{m}$ 的高地上尤其茂盛。这一属的其他品种也生长在太平洋各岛与澳大利亚。这种树的高度中等，树龄 40 至 50 年时可达成熟期，$12\sim15\mathrm{m}$ 高，此时心材的周长达到最长，含油量最高。具香气与含油的部分是在心材与根，树皮与边材则无气味。

檀香木从外形像由小黑樱桃的种子长出的，果实的种子萌芽需 20 天，之后幼木的根攀附在附近乔木、灌木与草上。接下来七年的时间，小树的养分要靠其他植物供给，会致使宿主死亡，之后才能自行生长。此后需要排水良好的沃土，以及至少 75cm 的年降雨量。

印度政府控制了世界 75% 的檀香木总输出量。当檀香木的树龄为 40 至 50 岁，而树干的干围有 $60\sim62\mathrm{cm}$ 长时，深褐色的树干有强烈的气味，靠近地面的部分与根部尤其浓郁。成熟的树可以生产 200kg 的精油，数量庞大。根部产生的精油从 6%～7% 不等，心材则为 2%～5%。

檀香精油蒸馏出，经过 6 个月保存才能达到适当的成熟度与香度，颜色从淡黄色转至黄棕色，黏稠而有浓郁、香甜、自然的水果味。

药用檀香和檀香油

檀香是一味重要的中药材，历来为医家所重视，谓之"辛、温；归脾、胃、心、肺经；行心温中，开胃止痛"。外敷可以消炎去肿，滋润肌肤；熏烧可杀菌消毒，驱瘟辟疫。

1868 年一位欧洲格拉斯威京（Glaswegian）的医师汉德森医师（Handerson）在引述檀香治脓的成功案例时，引起医界对此良药的瞩目。之后法国的医师帕拿（Panas）、拉伯（Laber）与波迪尔（Bordier）证实了这些研究。当时在法国，给病人吃 40g 檀香胶囊，一天 5 次；吞下 40min 后，病人的反液便发出强烈的檀香味。

20 世纪初，檀香的治疗用途如：慢性支气管炎的黏液分泌、所有的泌反毛病（膀胱炎、膀胱感染与发炎）。檀香也用于治疗腹泻。

亚洲人与阿拉伯人常用檀香精油来治疗多种疾病。欧洲多用于香水与肥皂制作，它过去一度在芳香疗法中扮演重要的角色。用于治疗时，常与秘鲁香脂或塔鲁香脂、白千层或洋甘菊混合，外涂治疗过敏、湿疹、脓肿与皮肤干裂引起的皮肤炎。同时檀香的香气也有安神、帮助睡眠的作用。沉静中透露着神圣，虽然檀香的用途极广，但是传统檀香与粉质檀香，易引起呼吸不舒服，更会造成室内空气混浊及肺部伤害。

檀香制成精油，在健康清新的空气之中，还散发着神圣的气息，让您更能集中精神，心灵沉静，在人生道路上更具智慧，发挥潜能，创造财富。

檀香精油的适用症状：放松精神、心灵合一、辟邪正气、清炎抗菌、肠胃病、排毒、镇咳、腹泻、生殖泌尿系统。

檀香的药用：

本品为檀香科植物檀香 *Santalum album* L. 树干的干燥心材。

性状：本品为长短不一的圆柱形木段，有的略弯曲，一般长约 1m，直径 10～30cm。外表面灰黄色或黄褐色，光滑细腻，有的具疤节或纵裂，横截面呈棕黄色，显油迹；棕色年轮明显或不明显，纵向劈开纹理顺直。质坚实，不易折断。气清香，燃烧时香气更浓；味淡，嚼之微有辛辣感。

檀香的鉴别：

（1）本品横切面：导管单个散在，偶有 2～3 个联合。木射线由 1～2 列径向延长的细胞组成。木薄壁细胞单个散在或数个连接，有的含草酸钙方晶。导管、射线细胞、木薄壁细胞内均可见油滴。

（2）取本品加乙醚制成 1mL 含 10μL 的溶液，作为供试品溶液。另取檀香醇对照品，加乙醚制成 1mL 含 5μL 的溶液（或用印度檀香的挥发油加乙醚制成 1mL 含 10μL 的溶液）作为对照品溶液。照薄层色谱法试验，吸取上述两种溶液各 10μL，分别点于同一硅胶 G 薄层板上，以石油醚（60～90℃）-乙酸乙酯（17∶3）为展开剂，展开，取出，晾干，喷以二甲氨基苯甲醛溶液（取对二甲氨基苯甲醛 0.25g，溶于冰醋酸 50g 中，加 85% 磷酸溶液 5g 与水 20mL，混匀），在 -90～80℃加热至斑点显色清晰。供试品色谱中，在与对照品色谱相应的位置上，显相同的紫蓝色斑点。

检查：水分——不得过 12.0%。

含量测定：取本品刨花（厚 1mm）30g，照挥发油测定法测定，本品含挥发油不得少于 3.0%（mL/g）。

炮制：除去杂质，锯成小段，劈成小碎块。

性味与归经：辛，温。归脾、胃、心、肺经。

功能与主治：行气温中，开胃止痛。用于寒凝气滞，胸膈不舒，胸痹心痛，脘腹疼痛，呕吐食少。

用法与用量：2～5g。

储藏：置阴凉干燥处。

檀香木油国家标准

檀香木油——用水蒸气蒸馏法从 Santalaceae 的 *Santalum album* L. 芯材中获得的精油。

外观：澄清、稍黏稠液体。

色泽：几乎无色至绿黄色。

香气：特征性的甜的木香，香气持久。

相对密度（20℃/20℃）：0.968～0.983。

折射率（20℃）：1.5030～1.5090。

旋光度（20℃）：—21°～—12°。

70%（体积分数）乙醇中溶混度的评估（20℃）：1体积试样全溶于不大于5体积的70%（体积分数）乙醇中，呈澄清溶液。

酯值：≤10。

游离伯醇含量（以檀香醇表示，%）≥90。

闪点：+138℃。

色谱图像——用气相色谱法对精油进行分析。在所获得的色谱图中，必须标注表11-1所给出的代表性的和特征性组分。用积分仪计算出的这些组分的比例见表11-1。这就构成了精油的色谱图像。

表 11-1　组分比例

成分	最低/%	最高/%
Z-α-檀香醇	41	55
Z-β-檀香醇	16	24

气相色谱图见图11-3、图11-4。

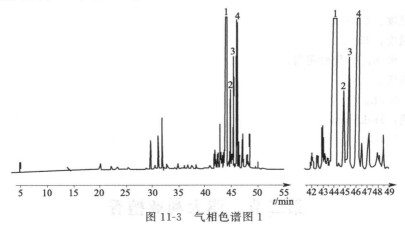

图 11-3　气相色谱图 1

1—Z-α-檀香醇；2—反式-α-香柠檬醇；3—表-β-檀香醇；4—Z-β-檀香醇

操作条件（非极性柱）：

柱：熔融硅毛细管柱，长30m，内径0.25mm。

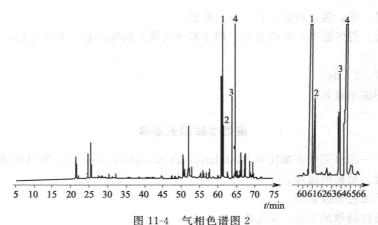

图 11-4　气相色谱图 2

1—Z-α-檀香醇；2—反式-α-香柠檬醇；3—表-β-檀香醇；4—Z-β-檀香醇

固定相：聚二甲基硅氧烷。

色谱炉温度：70℃恒温 10min，然后线性程序升温从 70℃至 220℃，速率 2℃/min，220℃恒温 20min。

进样口温度：250℃。

检测器温度：250℃。

检测器：火焰离子化检测器。

载气：氢气。

进样量：0.3L。

载气流速：1mL/min。

分流比：1/100。

操作条件（极性柱）：

柱：熔融硅毛细管柱，长 30m，内径 0.25mm。

固定相：聚乙二醇。

色谱炉温度：70℃恒温 10min，然后线性程序升温从 70℃至 220℃，速率 2℃/min，220℃恒温 20min。

进样口温度：250℃。

检测器温度：250℃。

检测器：火焰离子化检测器。

载气：氢气。

进样量：0.3L。

载气流速：1mL/min。

分流比：1/100。

第二节　澳大利亚檀香

　　澳洲檀香精油是产自檀香的近亲植物，一般人认为它的品质略为逊色，不如印度檀香精油，其实不然。澳洲檀香精油的香气比较外显，厚但不沉；如果用于镇静或冥想，其功效不如印度檀香精油，但是在杀菌方面的功效则比印度檀香精油强，而且价格也比印度檀香精油便宜得多。

澳洲檀香（图 11-5）主要分为五个品种，四大产地：北澳、西澳、南澳及昆士兰。以西澳洲的檀香最为优良。在没有能力区别其他品种、产地的情况下，澳洲檀香最为适宜西澳洲檀香的产量、香味、油性、密度、花纹都适合新手，同时也是作为自制线香、香道闻香的上等原料，当然最关键的还是其适当的价格可以惠泽大众。

图 11-5 澳洲檀香

悉尼（Sydney），译名"雪梨"。澳大利亚新南威尔士州首府，濒临南太平洋，澳大利亚和大洋洲第一大城市和港口，市的历史始于 1788 年，以菲利普船长率领的首批英国殖民者在悉尼登陆为开端。1851 年开始成为亚太地区最重要的金融中心和航运中心，有"南半球纽约"之称。是英国在澳大利亚最早建立的殖民地点，使得大量外来移民涌入澳洲，在四处采金的同时人们发现了具有经济价值的檀香树，然后通过悉尼港运送到世界各地。悉尼又作为当时通航最多、最大的港口，将来自斐济、汤加及南太平洋各岛国的檀香集中转运，为方便称呼，将所有运出的檀香统称为南洋檀香，又叫"雪梨香"。

色泽与气味：精油呈黄色至深棕色，油质较黏稠。带有香甜的木味，十分雅致，充满了异国风情。香气持久，不易散发。

化学成分：倍半萜醇约 80%，倍半萜烯约 20%

药学属性：抗菌、抗痉挛、消炎、催情、收敛、镇咳、祛痰、祛肠胃气胀、利尿、柔软皮肤、镇静、解除淋巴与静脉的阻塞现象、强心、安抚神经。

心灵效用：安抚焦虑及紧张的情绪，使心里恢复平静。

身体效用：能够治疗膀胱炎及各种尿道感染，改善经由性行为传染的疾病，净化性器官，其清血抗炎的功效，对生殖泌尿系统极有帮助。具有刺激免疫系统的功效，能预防细菌感染，对于胸腔及肺部的感染也有帮助。其出色的镇定效果可以抚顺喉咙痛，治疗持续性和刺激过敏性的干咳，舒缓胃灼热、腹泻及黏膜发炎等不适，让患者放松。能激励生殖器官达到预期功效，改善冷感和性无能等性方面的困扰。

皮肤效用：适合各种类型的肌肤，特别是对干性湿疹及老化缺水的皮肤有极大的助益。能够柔软及滋养皮肤，改善皮肤发痒、发炎及其他皮肤病症或问题。具有平衡功效，能够调整油性皮肤，其轻微的收敛与强力的杀菌作用，有助于痤疮皮肤及受感染的伤口愈合。

澳洲檀香含有没药醇，对于皮肤过敏等方面应该有不错的疗效。当然对于问题皮肤东印度檀香的疗效是非常卓越的。澳洲檀香用于干燥皮肤护理，敏感皮肤处理，能帮助处理干咳、支气管炎、扁桃体炎、鼻窦炎以及喉咙疼痛等问题。

相配的精油：玫瑰油、橙花油、茉莉油、洋甘菊油、薰衣草油、永久花油、依兰依兰油、丝柏油、乳香油、没药油、安息香油、雪松油、松油、罗勒油、黑胡椒油、天竺葵油、佛手柑油、柠檬油、玫瑰草油、岩兰草油、杜松果油等。

第三节　非洲檀香

非洲檀香（图11-6），学名螺穗木，别称"檀香花梨"。分布于东非、非洲西南部及南非、安哥拉等潮湿地带。材质密度强度大，花纹美观，很适合作为高档家具材质或刨切成薄木作为室内装饰及雕刻用材。心材呈深褐色，有黑色条纹，年轮比较明显，气干密度约为

图11-6　非洲檀香

0.95g/cm³。材质结构均匀，纹理直。强度适中，顺纹抗压强度约为70MPa，具有油质感。心边材区别明显，光泽强，边材乳白色，日久成奶黄色；心材巧克力褐色，具深色条纹，条纹略呈黑色。生长轮略明显。管孔小而不明显，大部分心材管孔具黑褐色树胶；木射线细，放大镜下难见，不具波痕，薄壁组织不可见。

生长轮略明显；导管圆形或卵圆形，单管孔及2～7个径列复管孔，少数管孔团，复管孔多；22～32个/mm²，导管弦径45～105μm，平均为80μm；单穿孔；管间纹孔多、略大，互列，纹孔口裂隙状，常呈合生状态；管孔内含大量深红色树胶；导管与射线间纹同管间纹孔。木纤维细长，厚壁，径面壁具缘纹孔略明显。薄壁组织量多，呈不规则、断续的切线状或星散聚合；链状结晶可达近10个。木射线每毫米16～22条，宽1～2列、单列射线多；射线高7～25个细胞，同形、少数异Ⅲ型，射线由大小两类细胞组成，大细胞中常具结晶。心材各种细胞中均具有深褐色树胶。

在中国江苏一带，人们把非洲檀香木称为"檀香花梨"。称为"檀香"，是因为非洲檀香木有一种特殊的香味，只要站在附近，就能隐隐闻到一阵阵沁人心脾的香味。而被称为"花梨"则是因为非洲檀香木有一个很有趣的特点，就是材料越小，"鬼脸"越多，而且这"鬼脸"跟海南黄花梨的很相似，但大料里就几乎看不到"鬼脸"了。此外，非洲檀香木上的绸缎纹、虎皮纹也是随处可见的。

非洲檀香木密度强度大，花纹美观，很适合作为高档家具材质或刨切成薄木作为室内装饰及雕刻用材。虽然不属于五属八类，但其色泽、纹理、木性、密度、含油率等综合指标均超过了国标中的许多红木品种。

鉴别：木屑燃烧法——取一点非洲檀香木的木屑点燃之后，会散发出特殊的香味，此外木材燃烧后灰烬呈白色。

第四节　其 他 檀 香

黄　檀

黄檀（图11-7）属豆科树种，树皮薄、浅褐色、条状剥裂。檀香奇数羽状复叶，小叶9～11枚、互生，矩圆形或宽椭圆形，长3.0～5.5cm。圆锥花序顶生或生于近枝端的叶腋，花冠

蝶形、黄白色，花期 5～6 月。果实扁平、长圆形，长 3～7cm，有种子 1～3 粒，9～10 月成熟。材质优良，木材横断面生长轮不明显，心、边材区别也不明显，木材黄白色或黄淡褐色，结构细密、质硬重，切面光滑、耐冲击、易磨损、富于弹性、材色美观悦目，油漆胶黏性好，是运动器械、玩具、雕刻及其他细木工的优良用材。

图 11-7 黄檀

黄檀产于浙江、江苏、安徽、山东、江西、湖北、湖南、广东、广西、四川、贵州等省区，平原及山区均可生长。通常零星或小块状生长在阔叶林或马尾松林内。喜光、耐干旱瘠薄，在酸性、中性或石灰性土壤上均能生长。深根性，具根瘤，能固氮，是荒山荒地的先锋造林树种，天然林生长较慢，人工林生长快速。

紫 檀

紫檀（图 11-8）又名：榈木、花榈木、蔷薇木、羽叶檀、青龙木、黄柏木。

图 11-8 紫檀

乔木，高 15～25m，直径达 40cm。单数羽状复叶；小叶 7～9，矩圆形，长 6.5～11cm，宽 4～5cm，先端渐尖，基部圆形，无毛；托叶早落。圆锥花序腋生或顶生，花梗及序轴有黄色短柔毛；小苞片早落；萼钟状，微弯，萼齿 5，宽三角形，有黄色疏柔毛；花冠黄色，花瓣边缘檀香皱折，具长爪；雄蕊单体；子房具短柄，密生黄色柔毛。荚果圆形，偏斜，扁平，具宽翅，翅宽可达 2cm。种子 1～2。生坡地疏林中或栽培。分布广东、云南等地。紫檀是一种稀有木材，亦称"青龙木"。豆科。常绿大乔木。奇数羽状复叶。蝶形花冠，黄色，圆锥花序。荚果扁圆形，周围有广翅。一般分为大叶檀、小叶檀两种。小叶檀为紫檀中的精品，通常也简常"紫檀"（以下所述"紫檀"为小叶檀）。紫檀密度较大，棕眼较小，多产于热带、亚热带原始森林，以印度紫檀最优。常言十檀九空，最大的紫檀木直径仅为 20cm 左右，其珍贵程度可想而知。

化学成分：紫檀含紫檀素、高紫檀素、安哥拉紫檀素。

同属植物 *Pterocarpus santalinus* L. f. 心材含紫檀红、去氧紫檀红、山托耳、紫檀芪、紫檀素、高紫檀素、紫檀醇。

药理作用：同属植物 *Pterocarpus santalinus* L. f. 的水提取液对小鼠艾氏腹水癌有抑制作用，可使腹水生成减少，生存时间延长，死亡率有所降低。

性味归经：辛，温，入脾、胃经。

功用主治：消肿，止血，定痛。治肿毒，金疮出血。

用法与用量：外用：研末敷或磨汁涂。内服：煎汤。

宜忌：《本草从新》："痈肿溃后，诸疮脓多及阴虚火盛，俱不宜用。"

选方：

（1）治金疮，止痛止血生肌：紫檀末敷。（《肘后方》）

（2）治卒毒肿起，急痛：紫檀，以醋磨敷上。（《肘后方》）

名家论述：

（1）《纲目》："白檀辛温，气分之药也，故能理卫气而调脾肺，利胸膈。紫檀咸寒，血分之药也，故能和营气而消肿毒，治金疮。"

（2）《本草经疏》："紫真檀，主恶毒风毒。凡毒必因热而发，热甚则生风，而营血受伤，毒乃生焉。此药咸能入血，寒能除热，则毒自消矣。弘景以之敷金疮、止血止痛者，亦取此意耳。宜与番降真香同为极细末，敷金疮良。"

白　檀

白檀（图11-9）别名：山葫芦、灰木、砒霜子、蛤蟆涎、白花茶、牛筋叶、檀花青。

科属名：山矾科 Symplocaceae 山矾属。

形态特征：落叶灌木或小乔木，高达5m，干皮灰褐色，条裂或小片状剥落。冬芽叠生。小枝灰绿色，幼时密被绒毛，间叶互生，叶纸质，卵状椭圆形或倒卵状圆形，长3～9cm，宽2～4cm，边缘有细锯齿，中脉在表面凹下。花白色，芳香，圆锥花序生于新枝顶端或叶腋，花萼外无苞片，雄蕊约30枚，长短不一，花丝基部合生，呈五体雄蕊；子房无毛。核果成熟时蓝黑色，斜卵状球形，萼宿存。花期5月，果熟期10月。

产地分布：为中国原产树种，分布范围广，北自辽宁、南至四川、云南、福建、台湾。华北地区山地多见野生。

生态习性：喜温暖湿润的气候和深厚肥沃的砂质土壤，喜光也稍耐荫。深根性树种，适应性强，耐寒，抗干旱耐瘠

图11-9　白檀

薄，以河溪两岸、村边地头生长最为良好。

园林用途：树形优美，枝叶秀丽，春日白花，秋结蓝果，是良好的园林绿化点缀树种，茎皮纤维洁白柔软，土名懒汉筋。木材细密，可提供优质木材作为家具用材。种子可榨油，供制油漆、肥皂等用；根皮与叶可作农药。

性味：味辛，性温，无毒。

功效主治：主治消风热肿毒。治中恶鬼气，杀虫。煎服，止心腹痛，霍乱肾气痛。散冷气，引胃上升，噎膈吐食。另外，如面生黑子，可每夜用浆水洗拭令赤，再磨汁涂，很好。

第五节　檀香木和檀香油的鉴定方法

作为一种半寄生性的小乔木，檀香隶檀香科檀香属，其树高可达8～15m，胸径大者20～30cm，小者仅3～5cm。檀香主产于印度东部、泰国、印度尼西亚、马来西亚、澳大利亚、斐济等湿热地区。其中又以产自印度的"老山檀"（即东印度檀香）为上乘之品。印度檀香木的特点是色白中偏黄，油质大，散发的香味恒久。而澳大利亚、印度尼西亚等地所产檀香的质地、色泽、香度均略有逊色，被称为"柔佛巴鲁檀"。

檀香树不仅生长得极其缓慢，通常要数十年才能成材，而且非常娇贵，在幼苗期往往还必须寄生于凤凰树、红豆树、相思树等植物上才能成活。由于其产量有限，加之人们对它的需求

又大，所以从古至今，檀香树一直都是珍稀而又昂贵的木材，被誉为"木中的皇族"。

我国利用檀香的历史极其悠久，应当在 1500 年左右。檀香木一般用于佛像雕刻及其他工艺品的制作、药用或提取檀香油。在收藏或欣赏檀香木及檀香木雕刻艺术品时应把握其以下特征：

其一，檀香木质地坚硬、细腻、光滑、手感好，气干密度为 $0.87\sim0.97\mathrm{g/cm^3}$，纹理通直或微呈波形，生长轮明显或不甚明显。其色泽一般呈黄褐色或深褐色，时间长了，则颜色稍深，光泽好，但其包浆略逊于紫檀或黄花梨。

其二，檀香木香气醇厚，经久不散。时间长久的檀香木，其香气虽不甚明显，但用刀片刮削，仍香气浓郁。檀香木是指檀香的芯材部分，并不包括檀香的边材（没有香气，多呈白色）。多数新砍伐的檀香木，近闻之，常带有刺鼻香味和特殊腥气，所以制香时往往要先搁置一段时间，待气息沉稳醇和之后再使用。比如，存放几十年甚至上百年的檀香，这时檀香木的香味已经非常温润、醇和，可谓极品檀香中的极品。

其三，对市场上冒充檀香木的木材要格外警惕。目前国际市场上多有用檀香属其他木材或不同科属但外表近似檀香木、或用有香味的木材来冒充檀香木的。有些厂家以白色椴木、柏木、黄芸香、桦木、陆均松等经过除色、染色，然后用檀香香精浸泡、喷洒来冒充檀香木而大量制成扇、佛像、佛珠及其他雕刻品。然而，檀香属的其他木材的质量是无法与产于印度及印度尼西亚的檀香相比的，香气也容易辨别出来。

其四，檀香是中药材。作为中药材，檀香历来为医家所重视，谓之"辛，温；归脾、胃、心、肺经；行心温中，开胃止痛"。外敷可以消炎去肿，滋润肌肤；熏烧可杀菌消毒，驱瘟辟疫。能治疗喉咙痛、粉刺、抗感染、抗气喘。具有调理敏感肤质，防止肌肤老化的功效。去邪、去燥、杀菌、防霉、防虫、防蛀。具有安抚神经、辅助冥思、提神静心之功效。

从檀香木中提取的檀香油在医药上也有广泛的用途，具有清凉、收敛、强心、滋补、润滑皮肤等多重功效，可用来治疗胆汁病、膀胱炎、淋病以及腹痛、发热、呕吐等病症，对龟裂、富贵手、黑斑、蚊虫咬伤等症特别有效，古来就是治疗皮肤病的重要药品。

檀香木的分类方法有两种：即按地域分和按属性分。作为前者，是历史上檀香木贸易商的惯用分类法。而后一种方法则更为科学。

按前一种方法，檀香木有老山香（印度产）、新山香（澳大利亚产）、地门香（印度尼西亚及东帝汶产）和雪梨香（澳大利亚或南太平洋岛国产）之别。而按后一种方法，檀香属植物的种及变种约 70 个。主要有檀香、斐济檀香、新喀里多尼亚檀香、大花澳洲檀香、小笠原檀香、巴布亚檀香、伞花澳洲檀香、塔希提檀香、钩叶澳洲檀香、密花澳洲檀香、智利檀香、大果澳洲檀香、榄绿夏威夷檀香、亮叶夏威夷檀香、垂枝威夷檀香、滨海威夷檀香等。实际上进入檀香木贸易领域的仅有檀香、斐济檀香及产于澳大利亚的一两种檀香。

目前进入中国市场的檀香木特别是产于印度的檀香木已很少见，见诸于市场的多是印度尼西亚或非洲产檀香木。而且这几种檀香的价格差异较大。比如，印度产老山檀香往往是非洲产檀香木市场价的八到十倍。

印度老山檀香树普通条形多直、纹理通直或微呈波形甚至有纹理交叉现象，纵切面有布格纹（木料学上叫波痕，即像瓦屋上瓦片层层堆积状结构，又叫叠生结构）。心材呈圆柱形或稍扁，成长木年轮明显至隐晦，树龄越老，纹理越隐晦。

印度老山檀香树外表为淡黄棕色，安放日久则颜色较深，转为黄褐色、深褐色以至红褐色。树龄越老，心材颜色光泽越深。表面光溜、精细周密，或可见纤纤的纵裂缝。纵劈后，断面纹理清楚，纵直而具细沟；质细致精密而坚实，极难攀折，折断后呈刺状。包浆不如紫檀、黄花梨明显。

檀香油有东印度檀香油、澳洲檀香油、非洲檀香油等，香气不一样，品质也完全不同。

东印度檀香油：

中文别名：白檀油。

英文名称：sandalwood oil。

英文别名：east Indian sandalwood oil；oils，sandalwood。

功效介绍：

檀香油（《纲目拾遗》）来源：为檀香科植物檀香的心材经蒸馏所得的挥发油。

制法：将檀香的心材切细，置大型蒸馏器内，经蒸馏后，可得 3%～5% 的檀香油。

此油宜密储于瓶中，避免日光照射及泄气。

药材：纯檀香油为无色至淡黄色略有黏性的油液，有檀香固有的香气。

溶解性：在 20℃ 能溶于 6 倍量之 70% 的乙醇中。

密度：$0.973～0.985g/cm^3$（25℃）。

旋光度：$-20～-15°$。

药理作用：檀香油之抗菌作用不强，对伤寒杆菌之酚系数在 0.1 以下。

能减轻无效的咳嗽；过量可引起胃、肾、皮肤刺激。

用于小便困难，可改善症状。

对大鼠饲喂 0.5～2g/kg，数日后，可使尿路中金黄色葡萄球菌的生长减少 60%。

檀香油的抑菌浓度为（1：64000）～（1：128000），对痢疾杆菌亦有效；1：32000 浓度对鸟型结核杆菌有抑制作用。

对大肠杆菌无作用。

檀香油尚有利尿作用，麻痹离体兔小肠，对兔耳皮肤有刺激作用。

功用主治：

檀香油的功效——治胃脘疼痛，呕吐，淋浊。

①《纲目拾遗》：除恶，开胃，止吐逆。

②《中国医学大辞典》：治心腹疼，腰肾痛，消热肿，并涂擦之。

③《新本草备要》：治白浊。

用法与用量：

内服：装入胶囊，每次 0.02～0.2mL（一日量 1mL）。

外用：涂擦。

檀香油的鉴别：

东印度檀香油——由檀香科植物白檀（*Santalum album* L.）的木片或根、枝经水蒸气蒸馏所得。为无色至黄色黏稠液体。具独特、持久的甜香和木香香气。相对密度 0.965～0.980。折射率 1.500～1.510。旋光度 $-20°～-15°$（25℃），含醇量（以檀香醇计）≥90.0%。主要成分为 α- 和 β-檀香醇和檀香烯。主产于印度和印尼。具有定香作用，广泛用于日用香精。

澳洲所产的檀香木有 2 个产区，分别为西澳与北澳两个产区，西澳洲所产即新山檀，它的特点是气味清甜，有树木清新味道，但是醇厚度欠缺。西澳洲檀香的产量非常稳定。

澳洲檀香主要分为五个品种，四大产地，北澳、西澳、南澳及昆士兰。以西澳洲的檀香最为优良。西澳洲檀香的产量、香味、油性、密度、花纹都适合目前市场需求，也是作为自制线香、香道闻香的上等原料。

α-檀香醇和 β-檀香醇是檀香中的重要成分，树龄越高的檀香树的树芯中含有的 β-檀香醇越多，我们所闻到的檀香香味主要也是 β-檀香醇带来的，α-檀香醇含量多则会比较香甜，所以新檀会较甜。檀香醇具有非常好的针对血管消炎的作用，对于肾脏也有很好的帮助，同样具有良好的舒缓压力的作用，具有很好的保湿能力，也可以被用于催情配方……至于心灵层面，檀香千百年来一直作为焚香的圣品，赋予檀香很高的心灵价值。

澳洲檀香含有没药醇，对于皮肤过敏等方面应该有不错的疗效。当然对于问题皮肤的疗效东印度檀香是非常卓越的。澳洲檀香用于干燥皮肤护理，敏感皮肤处理，帮助处理干咳、支气管炎、扁桃体炎、鼻窦炎以及喉咙疼痛等问题都很好。

澳洲檀香台湾人又称新山，现在已经作为檀香线香的主要原料。其价格适中，比较能让大家接受。流通比较广泛。其香味特点比较张扬。味道浓烈。比较呛鼻，芳香感和味道的醇厚度远不及印度产区和印尼产区，比斐济的还要差得多。但是其价格低廉，原料充足，目前市场上基本没有假货。

目前市场主要流通的是西澳州料、北澳昆士兰料及南澳洲料。其味道西澳为佳，北澳次之，南澳更差。南澳料并非味道淡而是气味更加呛鼻。其价格也是西澳贵，南澳便宜点。西澳料颜色偏黄，而南澳发黑。纹理北澳和南澳较深。

西澳料市场价格按照大枝、中枝、小枝也不一样。老料和新料也不一样，不过每克不会超过1块钱，一般几毛钱。北澳的价格更加便宜。西澳木还有一种叫做枯木的，是所有澳洲檀香木中气味最好的，其数量也是最少的，是西澳檀香树生长过程中自然死亡、经过岁月洗礼自然烂去树皮，外表有点钙化，气味比活木和人工砍伐存放的老料要好闻一些，味道相对要醇一点。

檀香的出产地不少，但是普遍为人们所知的基本上就是印度老山檀以及被称为新山檀的澳檀等。但其实还有其他地区出产檀香，只是因为产量不大，没有前两者出名而已。比如产自东加的东加檀香，颜色和印度老山檀非常相似，但是香味更加宜人。

东加全称是东加王国，也有地方称其为汤加，位于太平洋南部群岛，属于热带地区，靠近澳大利亚。虽然东加靠近澳大利亚，但是东加檀香和澳檀不同，颜色方面要更加接近印度老山檀，而香味较凉，闻起来非常舒服。东加因为面积太小，檀香产量很低，被开发得比较迟，所以没有被大多数人所知晓，但是现在市场上，东加檀香却是非常受欢迎的。东加檀香还被业内人称为东加老山檀。

檀香油的鉴定主要也是参照其理化指标——香气、色泽、密度、折射率、旋光度等，必要时用气相色谱或气质联机测定，主要看其檀香醇含量多少，α-檀香醇和 β-檀香醇含量越多品质越好，与标准品的色谱图和数据对照可鉴别真伪。

檀香木油国际标准 （ISO 3518：2002）

檀香木油——用水蒸气蒸馏法从 Santalaceae 的 *Santalum album* L. 芯材中获得的精油。

香气：特征性的甜的木香，香气持久。

相对密度（20℃/20℃）：0.968～0.983。

折射率（20℃）：1.5030～1.5090。

旋光度（20℃）：－12°～－21°。

70%（体积分数）乙醇中溶混度的评估（20℃）：1 体积试样全溶于不大于 5 体积的 70%（体积分数）乙醇中，呈澄清溶液。

酯值：10。

游离伯醇含量（以檀香醇表示，%）：90。

闪点：138℃。

色谱图像：用气相色谱法对精油进行分析。在所获得的色谱图中，必须标注表 11-2 所给出的代表性的和特征性的组分。用积分仪计算出的这些组分的比例见表 11-2。这就构成了精油的色谱图像（图 11-10）。

表 11-2 组分比例

成分	最低/%	最高/%
Z-α-檀香醇	41	55
Z-β-檀香醇	16	24

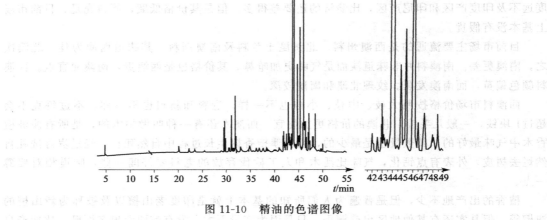

图 11-10 精油的色谱图像

第十二章　樟香的鉴定

第一节　樟　木

　　樟，常绿乔木，树皮黄褐色，有不规则的纵裂纹，主产长江以南及西南各地。冬季伐树劈碎或锯成块状，晒干或风干。木材块状大小不一（图 12-1），表面红棕色至暗棕色，横断面可见年轮。质重而硬。有强烈的樟脑香气，味清凉，有辛辣感。

　　分布区域：中国南方、越南、日本、东亚至澳洲、南太平洋等地。

　　别称：油樟、香樟、香叶子树、黄葛树、雅樟等。

　　形态特征（图 12-2）：常绿大乔木，高可达 30m，直径可达 3m，树冠广卵形；枝、叶及木材均有樟脑气味；树皮黄褐色，有不规则的纵裂。顶芽广卵形或圆球形，鳞片宽卵形或近圆形，外面略被绢状毛。枝条圆柱形，淡褐色，无毛。叶互生，卵状椭圆形，长 6～12cm，宽 2.5～5.5cm，先端急尖，基部宽楔形至近圆形，边缘全缘，软骨质，有时呈微波状，上面绿色或黄绿色，有光泽，下面黄绿色或灰绿色，晦暗，两面无毛或下面幼时略被微柔毛，具离基三出脉，有时过渡到基部具不显的 5 脉，中脉两面明显，上部每边有侧脉 1 条-3 条-5（7）条。基生侧脉向叶缘一侧有少数支脉，侧脉及支脉脉腋上面明显隆起，下面有明显腺窝，窝内常被柔毛；叶柄纤细，长 2～3cm，腹凹背凸，无毛。圆锥花序腋生，长 3.5～7cm，具梗，总梗长 2.5～4.5cm，与各级序轴均无毛或被灰白至黄褐色微柔毛，被毛时往往在节上尤为明显。花绿白或带黄色，长约 3mm；花梗长 1～2mm，无毛。花被外面无毛或被微柔毛，内面密被短柔毛，花被筒倒锥形，长约 1mm，花被裂片椭圆形，长约 2mm。能育雄蕊 9，长约 2mm，花

图 12-1　樟木块

图 12-2　樟树

丝被短柔毛。退化雄蕊 3，位于最内轮，箭头形，长约 1mm，被短柔毛。子房球形，长约 1mm，无毛，花柱长约 1mm。果卵球形或近球形，直径 6～8mm，紫黑色；果托杯状，长约 5mm，顶端截平，宽达 4mm，基部宽约 1mm，具纵向沟纹。花期 4～5 月，果期 8～11 月。

樟属植物分布亚热带至热带，产于亚洲东南部的中国、日本、韩国、越南和印度等国，我国是樟属树种资源和蓄积量最丰富的国家。樟属约有 250 种树木，我国有 46 种，大部分树种多具有樟脑气味，木材是优良的家具、药材和香料原料。根据树木分类，本属分樟和桂两组，其中樟又以小叶樟最为著名，其香最为浓郁。主要分布在中国江西、湖南、湖北、福建、台湾、广东、广西、云南、贵州、浙江、安徽南部等长江以南及西南各地，而台湾、福建等地盛产。

樟木是木材王国中的珍品，为"樟""梓""楠""椆"四大名木之首。

樟木材材质细腻、耐腐、防虫蛀，是雕刻、造纸、家具装饰、建筑和胶合板面板等生产中的珍贵用材。香樟材质柔韧，结构致密，纹理粲然、美观、硬度适中，加工容易，切面光滑，香气浓郁，不翘不裂，保存期长，为船舶、建筑工业和高档家具、工艺美术品的上等材。据木材学家分析，香樟木材含有大量的小分子，分子结构与树轴不平行，形成云斑绚丽的斜纹，这种不规则性的纹理结构，可镶嵌配置成色彩缤纷的自然花纹。

樟属木材在我国按材质和外貌构造的差异分香樟（小叶樟）、黄樟和桂樟三类商品材，前两类各一种，即香樟（*Cinnamomum camphora*）和黄樟（*Cinnamomum porrectum*），其余的归入桂樟类。木材以香樟（小叶樟）最为著名，其次是黄樟。

香樟木材深受老百姓喜爱，又是作为提取香料的重要经济树种，加之近几十年来人口膨胀，对天然林的过度采伐，樟树资源遭受严重破坏。目前我国天然樟树林、大樟、古樟已为数不多，致使天然樟树林于 1999 年被列入《国家重点保护野生植物名录（第一批）》二级保护珍贵树木。近年来，在适于栽培香樟人工林的福建、江西的一些地区，营造了一些樟树矮林基地，为当地的香料厂、樟脑厂提供原料。

黄樟与香樟分布于相同地区，其树木更高大，新鲜木材樟脑气味更强烈，但气味易消失；木材比较轻软、强度较小，耐菌虫危害性也较弱，所以利用价值不及香樟。

樟木的杀虫特性——香樟木材的轴向薄壁组织和射线组织中含丰富的油细胞，或称黏液细胞，在显微镜下可明显看见内含浅黄色樟脑油。樟木中樟脑油的含量达 3%～5%，可通过对香樟的枝、叶、根、木材蒸馏提取，樟脑油中含樟脑 20%～30%，芳樟醇 65%～75%，黄樟油素 10%。提取物包括多种化学成分，有樟脑、桉叶油素、黄樟素、龙脑、α-蒎烯、莰烯、水芹烯、α-柠檬烯、杜松烯、香樟内酯（木脂素）等。其中 α-蒎烯、莰烯是合成杀虫剂的重要组分，樟木脂素具有天然的杀虫灭菌作用。

樟木精油具有良好的驱避效果，天然樟脑、樟木屑或小樟木块对于危害木制产品（包括家具、地板、纸张等）最严重的蠹虫有明显的驱避作用。因此樟脑是我国传统的家用杀虫灭菌剂，尤其在南方春夏季节，因潮湿闷热，许多家庭选购樟脑，在农村甚至直接将樟木屑或小樟木块置于衣柜、书橱、室内的阴暗角落、木地板下驱虫杀菌。樟木屑或小樟木块、天然樟脑在室内除了有香气外，对衣物、被絮、书籍、家具以及其他易受菌虫危害的日用生活品可起到保护作用。目前市场上已有南京、广东、江西等地的生产厂家利用天然的香樟资源，即以废弃的樟树根、枝、叶和木材产品加工剩余物的香樟碎木材等为原料，生产家庭防虫防蛀产品。

樟木材为多孔性材料，可吸附空气中的异味气体，调节室内空气湿度，加之樟木具有浓厚的香气，且气味持久，在木材没有腐烂的情况下，香气可保持数百年经久不衰，这从我国多处出土的香樟木质文物器具的新切面仍散发明显的香气可以证实。

将香樟木块或木屑置于室内，不仅能杀虫、灭蚁、防蛀、灭蟑螂，祛除甲醛等有害物质、吸湿、消除异味、净化室内空气，对人体具有祛风除湿、预防关节炎、神经痛、肌肉酸痛等疾病，对衣物和环境无污染。可以说樟木是营造健康家居生活环境的好伴侣，因此樟木常被用来做成柜、箱、橱等家具存放衣物。

　　福建、江西、湖南、台湾的樟木箱和各地美术工艺厂用樟木制作的工艺品，因为做工精细，花纹配置得体，图案美观，造型大方，可谓色、香、型独特，因此很受人们的欢迎。如江西吉安樟木箱厂每年就生产樟木箱1万多件，远销国内外，素负盛名。

　　用香樟木材制作家庭防虫包——在美国、日本、欧洲等一些发达国家的超市，都有天然樟木块或樟木屑销售，樟木块制作成各种摆设或挂件，置于衣柜、书橱，樟木屑或刨花袋装置于室内阴暗角落、厕所盥洗室、地下室、宠物栖居区域，起到防虫、吸湿、消除异味、净化空气的作用。

　　用樟木制作的各种木拖鞋、凉鞋，具有良好的吸水性和透水性，穿着舒适自如，爽洁、祛湿，能预防和消除脚气、脚臭，达到健足强身的功效。

　　传统中医认为，香樟木材是重要的中药制剂，性温，味辛，入肝、脾、肺经，可行气活血、消肿止痛、治疗食滞腹胀、腹痛胃痛、感冒头痛、祛风除湿，治疗湿疹、湿毒疥癣、皮肤瘙痒等均有效。对于饮食不慎或外感暑热之邪引起的腹泻，有较好的疗效，对于其他原因不明的急性单纯性泄泻，或慢性间断泄泻患者急性发作，多数都能获得肯定的疗效（具体方法是取少量加工樟木过程中的木屑或刨花，用沸水冲泡后当茶饮服，一般一次即有效）。

　　樟木与虎杖根、伸筋草、苏木甘草、木香、丁香等中草药混合，用作香沐浴药，具有透肌肤、调筋骨、通经络、联脏腑、活关节、舒全身、调理气血、消炎解痛的功效。

　　香樟、蚕沙或冬瓜皮、苍耳草混合是治疗皮肤病的沐浴药，用其浸浴，能祛风去湿、杀虫止痒，并对治疗荨麻疹有较好的疗效。

　　对樟木中各种药用成分和有抗氧化作用成分的研究最近又有新的进展：T. J. Hsieh 等从樟树茎中分离得到（＋）-diasesamin、芝麻素（sesamin）和细辛脂素（episesamin），其中（＋）-diasesamin 为一种新化合物；从樟茎中分离出 β-谷甾醇（β-sitosterol）、β-谷甾醇-D-葡萄糖苷（stigmasterol）、豆甾醇（β-sitosterol-D-glucoside）和豆甾醇-D-葡萄糖苷（stigmasterol-D-glucoside）。这些新成分的发现让科学家们对樟木的药用和其他功效有了更新的认识。

　　樟木粉碎、过筛得到各种规格的樟木粉，可以用来制作卫生香、蚊香、木地板防虫剂、防蛀剂、药枕、足浴粉等，用途很广：

　　（1）家庭、办公室装修香化，减少虫害和甲醛毒害；

　　（2）生产卫生香、蚊香的原材料，代替香精和木粉；

　　（3）生产药枕，有安眠、抗抑郁之功效；

　　（4）做拖鞋（包括可降解塑料拖鞋）治脚气；

　　（5）制药：如香港英吉利制药厂有限公司生产的狮马龙活络油的主要成分为松节油18%，桉油15%，樟粉5%，丁香油8%，冬青油30%，桂油2%，麝香草酚2%，用于风湿性筋骨关节酸痛、手足麻木以及跌打烫伤，外用止痛；民间还有许多用樟木粉作药剂的"偏方""秘方"；

　　（6）足浴敷剂，有驱风祛湿止痛补气之功，或与姜粉合用更佳；

　　（7）熬煮制洗脚药水；

　　（8）用樟粉制鞋垫治脚气；

　　（9）制作香球、香丸等；

　　（10）加樟脑、山苍子油、各种精油、香精等压铸成香精丸、香精饼、香精片等，用作空气清新剂、防蛀品、驱虫品等；

（11）从樟木粉中提取多酚、黄酮、木脂素、多糖等作药用、保健成分和多功能食品添加剂。这方面的工作厦门牡丹香化实业有限公司与国内几个科研单位刚刚开始，已取得了一些成效。

至于用樟木粉水解或酶解制饲料用低聚木糖，樟木粉用强酸水解、中和、发酵制工业乙醇、丁醇、丙酮、甘油等，樟木粉水解氧化制草酸，利用樟木粉中的木质素氧化制取香兰素、紫丁香醛等香料，樟木粉热解制取蚊香用炭粉和活性炭、樟焦油、木醋液等，同一般的木粉一样，这里就不详细介绍了。

樟树喜光，稍耐荫；喜温暖湿润气候，耐寒性不强，对土壤要求不严，较耐水湿，但移植时要注意保持土壤湿度，水涝容易导致烂根缺氧而死，不耐干旱、瘠薄和盐碱土。主根发达，深根性，能抗风。萌芽力强，耐修剪。生长速度中等，树形巨大如伞，能遮阴避凉。存活期长，可以生长为成百上千年的参天古木，有很强的吸烟滞尘、涵养水源、固土防沙和美化环境的能力。此外，具有抗海潮风及耐烟尘和抗有毒气体的能力，并能吸收多种有毒气体，较能适应城市环境。

樟树全株含挥发油，油中的主要成分为 d-樟脑、桉叶油素、芳樟醇、黄樟油素、松油醇及 d-蒎烯、莰烯、水芹烯、α-柠檬烯、杜松烯、龙脑等。

主要功能：祛风湿，通经络，止痛，消食。用于风湿痹痛、心腹冷痛、霍乱腹胀、宿食不消、跌打损伤。通关窍；利滞气；辟秽浊；杀虫止痒；消肿止痛。主热病神昏；中恶猝倒，痧胀吐泻腹痛；寒湿脚气；疥疮顽癣；秃疮；冻疮；臁疮；水火烫伤；跌打伤痛；牙痛；风火赤眼等。

因香樟木材深受老百姓喜爱，作为提取香料的重要经济树种。

具体应用：

家具——樟木是一种很好的建筑和家具用材，不变形，耐虫蛀。民间用来制作家具，雕刻品、木制品和家装。成材的樟树树干和根部含有高至 20%～25% 的樟脑和樟脑油。

我国的樟木箱名扬中外，其中有衣箱、躺箱（朝服箱）、顶箱柜等诸品种。唯桌椅几案类北京居多。旧木器行内将樟木依形态分为数种，如红樟、虎皮樟、黄樟、花梨樟、豆瓣樟、白樟、船板樟等。

民间多用樟木雕刻佛像（图 12-3）。

图 12-3　樟木佛像

樟脑为樟树根、干、枝、叶经蒸馏加工制成的颗粒状结晶。性温，味辛；能通窍辟秽、温中止痛、利湿杀虫。是提炼化工原料樟脑、樟脑油、芳樟醇最重要的原料树种。我国是目前世界最大的樟木出产国和樟脑出口国。

医药——樟脑油主要集中在樟树树干和根部，隔水蒸馏，樟脑和樟脑油随水蒸气馏出，冷凝所得白色晶体为粗樟脑，油状液体为樟脑油。天然樟脑的化学成分（分子式 $C_{10}H_{16}O$）与合成樟脑相同，有粉状和块状两种。天然樟脑纯度高、比旋度大，虽然与合成樟脑成分相同，但其在医药等方面的特殊用途还是难以用合成樟脑完全代替。

樟脑油主要由樟脑和其他香精油（如桉叶油素、芳樟醇、松油醇、黄樟素）以及副产品（如白樟油、红樟油、蓝樟油）、多种萜类化合物组成。

樟脑的化学名为 2-莰酮，分子式为 $C_{10}H_{16}O$，无色至白色半透明块状或粉末，有樟木气味。主要用于制造赛璐珞、化学漆、照相软片、炸药、香料、杀虫药、医药等。能防虫、防腐、除臭。具馨香气息，也有能利用其具有防虫、防腐、除臭的药理化学毒性制成生活日用品，如樟脑丸、樟脑球、防蛀香片、网袋芳香球、悬挂式芳香饼等用于衣物、皮毛、书籍、标本、档案的防护品。

天然樟脑以樟木为原料，经水蒸气蒸馏，从所得的樟油中提取制成，以根、枝、叶及废材经蒸馏所得的颗粒状结晶。除春分至立夏期间含油较少外，其余时间均可采叶，用蒸馏法提取樟脑油。根含樟脑油最多，茎次之，叶更次。由于樟木资源缺乏，因此比较难得，价格也较高。因其对人体安全、环保，在家庭除虫剂中最受百姓喜爱。

绿化——为常见的行道树：枝叶浓密、树形美观，可作行道树及防风林。

提取香料——见下一节。

第二节　樟　木　油

樟科植物堪称是自然界里最大的香料宝库，樟树的各个部位（叶、枝条、树干、树皮、根、花、果等）含有大量的香料物质，已经报道过的有左旋芳樟醇、右旋芳樟醇、1，8-桉叶油素、柠檬醛（橙花醛＋香叶醛）、樟脑、龙脑、黄樟油素、香叶醇、橙花叔醇、异橙花叔醇、甲基丁香酚、t-甲基异丁香酚、甲位侧柏烯、月桂烯、甲位水芹烯、甲位蒎烯、香桧烯、乙位蒎烯、莰烯、辛醛、t-乙位罗勒烯、丙位松油烯、香松烯、对聚伞花素、甲位松油醇、松油烯-4-醇、d-龙脑、橙花醇、丁位榄香烯、石竹烯、乙位丁香烯、乙酸龙脑酯、乙酸松油酯、香叶酸甲酯、丁香酚甲醚、异丁香酚甲醚、乙位桉叶醇、甲位橙椒烯、甲位胡椒烯、蛇麻烯、丙位木罗烯、乙位榄香烯、丙位榄香烯、匙叶桉油烯醇、蓝桉醇、c-甲位杜松醇、t-甲位杜松醇、甲位松油烯、金合欢醇、反乙位罗勒烯、Δ^4-蒈烯、1,4-桉叶油素、异松油烯、乙位松油醇、柠檬烯、波旁烯、乙位马榄烯、乙位芹子烯、佛木烯、丁位杜松烯、3-己烯-1-醇、己醇、乙酸香叶酯、别芳萜烯、丙位杜松烯、愈创醇、乙酸香茅酯、乙位甜没药烯、罗勒烯、对聚伞花烃、愈创木醇、4-松油醇、倍半萜类、月桂烯醇、香茅醇、芳萜烯、白千层醇、桃金娘烯醇、香茅醛、甲位金合欢烯、榄香醇、水合香桧烯、别罗勒烯、香桧醇、甲位杜松醇、1-己醇、Δ^3-蒈烯、甲位罗勒烯、、顺氧化芳樟醇、对聚伞花-2-醇、3-甲基-2-（1,3-戊烯）-1-酮、甲位香柠檬烯、甲位愈创烯、丁位愈创烯、甲位桉醇、11-环戊基十一酸甲酯、棕榈酸、乙位石竹烯、乙位罗勒烯（E）、葛缕酮、甲位石竹烯、丙位依兰油烯、乙位月桂烯、倍半萜烯、乙位水芹烯、乙位杜松烯、苏子油烯、c-水合蒎烯、t-水合蒎烯、c-甲位木罗烯、匙叶松油烯醇、小茴香醇、t-甲位木罗烯、库贝醇、癸醛、癸酸、壬醛、辛醇、壬烯、碳酸二辛戊酯、5-甲基四氢糠醇、氧化芳樟醇、壬醇、癸醇、2-十一酮、十一醛、乙酸庚酯、乙酸壬酯、十二醇、2-十二烯醛、$α,W$-十二碳二酸二乙酯、乙酸癸酯、十一酸、2-十五烯醇、水合桧烯、大香叶烯、金合欢醛、苯甲酸苄酯、甲位榄香烯、9-氧化橙花叔醇、乙位侧柏烯、乙酸乙位松油酯、Δ^2-蒈烯、丙位松油醇、侧柏烯、薄荷酮、异薄荷酮、反式乙位金合欢烯、顺式乙位金合欢烯、乙位橙椒烯、乙酸金合欢酯、丁香酚、异丁香烯、甲位芹子烯、丁位杜松醇、c-乙位金合欢烯、丁位芹子烯、丁香烯氧化物等，排在前面的是在樟树里比较"丰量"的香料，它们中有许多已经被人们熟知且已大量从樟树中提取得到，下面分别叙述之。

自然生长的、人工用樟树种子播种繁殖的樟树大多数都只能算是杂樟，虽然外观看起来很接近，根的成分也相似，但叶子的气味却完全不一样，自然界里几乎找不到两棵叶子气味、叶油气相色谱图一模一样的樟树。用这种杂樟的各个部分（包括叶、茎、皮、花和种子）蒸馏得到的精油都是杂樟油。

现在南方各地仍有不少小作坊式的"香料厂"用各种野生或人工种植的杂樟枝干、树叶蒸馏制得杂樟油。

现在已很少看到用樟木头蒸馏制取杂樟油了，提倡用樟叶和细枝条制取。用水蒸气蒸馏法收集樟叶和枝中的挥发油成分，一般樟叶和枝条的挥发油含量分别为 $1.0\%\sim2.0\%$ 和 $0.1\%\sim0.5\%$。

杂樟树利用的一个难题是精油成分复杂且多变，通过精馏可以得到桉叶油素、芳樟醇、樟脑等。

杂樟叶油的化学成分已报道过的有 200 多个，著者曾在福建各地购买了几十种杂樟油，混合以后用气相色谱-质谱联用技术检测，总共测出了 48 种化合物，占总量的 96.91%，还有 3.09% 的成分未知。这 48 种成分及其含量是：芳樟醇 35.153%，樟脑 20.510%，桉叶素 15.049%，丙酮 1.845%，2-戊烯 0.929%，2,4-己二烯 0.138%，1-甲基环戊烯 0.202%，3-甲基-1-戊烯-3-醇 0.110%，4-甲基-2-戊酮 0.662%，5-甲基-1,3-环戊二烯 0.085%，4-甲基-2,3-二氢呋喃 0.114%，4-甲基-3-戊烯-2-酮 0.152%，α-崖柏烯 0.114%，α-蒎烯 1.186%，4,4-二甲基-2-戊醛 0.205%，莰烯 0.560%，3,6-辛二烯-1-醇 0.195%，β-水芹烯 1.759%，桧烯 0.804%，(-)-β-蒎烯 0.881%，1,3,8-对薄荷三烯 0.099%，α-松油烯 0.132%，对伞花烃 0.697%，苧烯 0.741%，5-乙烯基二氢-5-甲基-2（3H）-呋喃酮 0.618%，反式罗勒烯 0.715%，γ-松油烯 0.212%，顺式芳樟醇氧化物 2.015%，α-异松油烯 0.080%，反式芳樟醇氧化物 2.048%，Hotrienol 0.407%，别罗勒烯 0.168%，环氧芳樟醇 0.724，龙脑 0.384%，芳樟醇-Z-吡喃酸 0.658%，4-松油醇 1.333%，丁酸叶酯 0.583%，α-松油醇 2.921%，4-甲基-3-戊烯-2-酮 0.074%，橙花醇 0.184%，反式水合桧烯 0.104%，2,6-二甲基-1,7-辛二烯-3,6-二醇 0.124%，黄樟素 0.093%，反式石竹烯 0.121%，α-蛇麻烯 0.087%，斯巴醇 0.106%，顺式-α-檀香醇 0.191%。

福建樟树精油中的 8 种主要成分是芳樟醇、樟脑、桉叶油素、黄樟油素、莰烯、蒎烯、松油烯、橙花叔醇等，根据实际含量的排序，应用聚类分析法，可将福建樟树分成四种生化类型（表 12-1）：芳樟醇型、脑樟型、桉叶油素型和黄樟油素型。

表 12-1 福建樟树分类

樟树精油	樟树类型	最小值/%	最大值/%	平均值($\bar{x}$)/%
桉叶油素	桉樟	21.21	75.69	53.64
	芳樟	0.01	12.33	3.32
	脑樟	0.25	6.04	2.50
	黄樟	0.06	7.41	0.80
芳樟醇	桉樟	0.20	34.22	3.77
	芳樟	0.02	98.18	66.72
	脑樟	0.19	64.97	9.72
	黄樟	0.07	6.70	2.39
樟脑	桉樟	0.05	18.44	1.30
	芳樟	0.01	19.00	1.26
	脑樟	0.91	84.60	51.31
	黄樟	0.04	3.25	0.93
黄樟油素	桉樟	0.01	0.50	0.07
	芳樟	0.01	23.54	0.58
	脑樟	0.02	1.89	0.67
	黄樟	35.89	70.01	52.43

从樟木加工厂、木雕厂搜集到的杂樟头尾、木屑、刨花、碎木片等下脚料用水蒸气蒸馏得到的杂樟木油也是很有利用价值的天然精油,下面是厦门牡丹香化实业有限公司一批"杂樟木油"的化学成分(表12-2):

表12-2　杂樟木油的化学成分　　　　　　　　　　　　　　单位:%

蒈烯	0.22	4-松油醇	1.55
蒎烯	4.10	α-松油醇	3.15
莰烯	1.03	黄樟油素	4.36
瑟林烯	1.16	榄香烯	0.25
诺蒎烯	1.58	檀香烯	2.98
月桂烯	1.96	杜松烯	4.33
水芹烯	0.43	柏木烯	0.76
异松油烯	0.30	表檀香烯	0.36
对伞花烃	0.52	依兰烯	1.06
1,8-桉叶油素	18.20	雪松醇	0.24
β-松油醇	0.53	雪松烯	0.28
α-松油烯	0.24	柏木脑	1.49
樟脑	47.10	长叶龙脑	0.13
异龙脑	0.32	橙花叔醇	0.06

杂樟油自古以来就是十分重要的天然精油,在世界各地广泛地被用作香料、芳香剂与杀虫剂,或从中提取各种单体香料。

在芳香疗法里,杂樟油(或杂樟叶油)被用于止痛、抗沮丧、抗菌、抗痉挛、利心脏、祛胀气、利尿、退烧、升高血压、杀虫、轻泻剂、使皮肤温暖、激励、催汗、驱虫、治创伤等。虽然它主要的特质是激励作用,但它仍可算是一种平衡的精油,可安抚神经,尤其是因沮丧而麻木的神经质,有助于康复期的心灵状态,明显有益于神经官能症之类的身心病症。激励心脏、呼吸与循环功能,可提升低血压、净化充血的肺脏,使呼吸顺畅,常用作吸入剂。有助于任何身体发寒的状况,从普通的病菌到严重的肺炎都可用杂樟油(或杂樟叶油)。它平衡的作用也能在发炎时派上用场,杂樟油使人体处于均衡状态,依需要而发挥回暖或降温的功能。对于消化道的作用在于镇定安抚,对便秘或腹泻都有很好的效果,也有助于肠胃发炎。能影响泌尿系统,帮助顺利排尿,也能减轻性器官受刺激的不适。有益于僵硬的肌肉,在运动时特别有用。也用以减轻风湿病的疼痛。过去,它被用于治疗较严重的疾病,如霍乱、肺炎和肺结核。一般来说,有益于减轻传染性疾病。在皮肤上产生清凉的作用,因而能减轻发炎的情况。尤其适用于油性皮肤,处理粉刺、灼伤与溃疡。将杂樟油以热敷法用于瘀伤和扭伤,通常都能奏效。

杂樟油(或杂樟叶油)是强劲的精油,非常刺激,剂量过大将导致抽搐与呕吐,孕妇、癫痫及气喘患者不可使用。

杂樟油(或杂樟叶油)也是近代化工、医药、食品工业以及国防工业的重要原料,直接用作农药、选矿、油漆等。有趣的是抗日战争时期,福建和江西山区的军民甚至用杂樟油代替汽油作汽车内燃机燃料,成为现代开辟"生物能源"(生物柴油)的一个"活教材"。

第三节　樟木、樟粉、樟香的鉴定方法

樟木(图12-4)木材的颜色为泛红古铜色,纹理清晰好看,材质坚硬,自古是制作家具的良材。樟木树皮黄褐色，有不规则的纵裂纹，主产长江以南及西南各地。冬季伐树劈碎或锯成块状，晒干或风干。木材块状大小不一，表面红棕色至暗棕色，横断面可见年轮。质重而硬。有强烈的樟脑香气，味清凉，有辛辣感。

樟木在我国江南地区都有，而台湾、福建盛产。树径较大，材幅宽，花纹美，尤其是有着浓烈的香味，可使诸虫远避。我国的樟木箱名扬中外，其中有衣箱、躺箱（朝服箱）、顶箱、柜等诸品种。唯桌、椅、几案类（图12-5）北京居多。旧木器行内将樟木依形态分为数种，如红樟、虎皮樟、黄樟、花梨樟、豆瓣樟、白樟、船板樟等。

图12-4　樟木

图12-5　樟木家具

樟树属于樟科的常绿性乔木，常见于低海拔山地。树干有深色纵裂纹，叶子长约5cm，基部为三出脉，具有樟脑的芳香味道。樟树果实黑色，直径约0.5cm，木材可供提炼樟脑及樟油外，也可制家具及雕刻等，其木质细密，纹理细腻，花纹精美，质地坚韧且轻柔，不易折断，也不易产生裂纹。宋庆龄的故居全套都是樟木家具。

闻气味：打开包装，若樟木香味特浓、刺鼻，则很有可能是假的，那是因为浸泡了香精或樟脑油，导致气味特浓，正宗的樟木是淡淡的气味，假樟木味道不一样，掰开后香味略浓，是里面的木材芬多精的淡淡香味；樟木长期放置于空气中，表面的香味渐渐淡化，但掰开后里面仍有香味。假品由于炮制，难以浸透到木材中间，掰开后里面的味道很淡，尤其是集成板、板材等大件，差别很明显。樟木块因是很小的薄片，香精或樟脑油很容易浸透，所以气味会很浓。

看色：颜色发黑或暗黑的，通常有两种可能：一种是厂家收集樟木废品加工而成，用樟木做的废旧的破船，长年累月经受风吹雨打而变黑，若加点其他香精即可以次充好；另一种是用一些低廉的其他材种，用樟脑油或类似香精浸泡，气味可以做到与正宗的樟木块接近，但颜色由于浸泡而变暗、变黑；优质的樟木是淡黄色、红色的，即黄樟、红樟，发黑要么是次品，要么是假品！

樟木家具置于室内，可以起到杀菌、驱虫、灭蚁、防蛀、驱蟑螂、祛除甲醛等有害物质、吸湿、消除异味、净化室内空气，对人体具有祛风除湿、预防关节炎、神经痛、肌肉酸痛等疾病，对人体健康有益无害，对衣物和环境无污染。可以说樟木是营造健康家居生活环境的好伴侣。

樟木板、樟木雕、樟木粉、樟香（燃香、卫生香、拜佛香等）都应该带有明显的樟木香气，这种香气大多数人都能辨别出来。如果需要进一步确认的话，用"顶空分析法"检测它们散发在空气中的香气成分，这些成分必须是樟木里常有的香料成分，如樟脑、桉叶油素、芳樟醇、松油醇、黄樟油素、蒎烯等——根据测出的化学成分含量比例，也能断定其来源是脑樟、芳樟、黄樟、桉樟还是其他杂樟。

新鲜的樟木材大多含挥发油3%～5%，主要成分为樟脑，尚含桉叶油素、芳樟醇、蒎烯、樟烯、柠檬烯、黄樟油素、松油醇、香荆芥酚、丁香酚、荜澄茄烯、甜没药烯、奠等。

现将厦门牡丹香化实业有限公司出品的樟木粉企业标准 Q/XXLN 02-2012 部分内容摘录如下（表12-3、表12-4），供参考：

本标准适用于衣柜、书柜、香包、鞋底、木制品、水泥板等防虫、除臭用的芳樟木粉。

表 12-3　樟木粉企业标准

项目	要求	项目	要求
外观	灰色至棕褐色粉状或屑状	樟脑含量/%	≥5.0
气味	樟脑气味，无异味	不挥发物/%	≤90.5

表 12-4　系列标准溶液的体积与相应樟脑的浓度

移取的体积/mL	相应樟脑的浓度/(mg/mL)	移取的体积/mL	相应樟脑的浓度/(mg/mL)
1.6	16	1.0	10
1.4	14	0.8	8
1.2	12	0.6	6

试验方法

4.1　外观和气味

用目测和嗅闻的方法进行外观和气味的观察和判断。

4.2　樟脑含量

4.2.1　试剂

4.2.1.1　标准樟脑

标准樟脑含量不低于99.5%。

4.2.1.2　无水乙醇

分析纯，符合GB/T 678的规定。

4.2.1.3　标准樟脑溶液的配制

用分析天平称取10g标准樟脑，准确至1mg，置于100mL容量瓶中，用无水乙醇稀释至刻度，摇匀。此标准溶液100mg/mL。

4.2.1.4　系列樟脑标准溶液的配制

按4.2.1.3所列樟脑标准溶液的体积，分别加到6个10mL的容量瓶中，用无水乙醇稀释至刻度，摇匀。

4.2.2　试液

称取10g芳樟木粉试样，准确至1mg，加入90g无水乙醇，浸泡24h，过滤，得滤液待用。

4.2.3　载气和辅助气体

4.2.3.1　载气，采用氮气（N_2）。

4.2.3.2　氢气（H_2），按所用检测器的要求使用。

4.2.3.3　空气，空气需经过滤，净化和干燥。

以上气体均应经过干燥才能使用，载气、氢气的纯度均应在99.7%以上。

4.2.4　仪器

4.2.4.1　气相色谱仪

用具有氢火焰离子化检测器（FID）的气相色谱仪进行分析。

4.2.4.2　色谱数据记录和处理装置

可使用安装了色谱工作站软件的计算机或者具有色谱数据记录和处理功能的各种色谱数据处理机。

4.2.5 测定条件

4.2.5.1 色谱柱为石英毛细管色谱柱，内涂 SE-30 固定液。毛细管 30mm×0.25mm，柱长 30m。

4.2.5.2 进样器温度为 250℃。

4.2.5.3 柱温 100℃，保持 1min，每分钟升 10℃，升至 230℃，保持 30min。

4.2.5.4 检测器为氢火焰离子化检测器（FID）。

4.2.5.5 检测器温度为 250℃。

4.2.5.6 进样量为 0.1μL。

4.2.6 系列标准溶液峰面积的测定

开启气相色谱仪，对色谱条件进行设定，待基线稳定后，测定峰面积，每一标准溶液进样五次，取其平均值。

4.2.7 标准曲线的绘制

同峰面积 A 为纵坐标，相应浓度 c（mg/mL）为横坐标，即得标准曲线。

4.2.8 试样的分析

用 1μL 微量进样器吸取 0.1μL 试液进行气相色谱分析，得试样色谱峰面积。

4.2.9 结果的表述

直接从标准曲线上读取试样溶液中樟脑的浓度。

试样中樟脑含量 X，计算公式为：

$$X_1 = \frac{C_t V f}{1000m} \times 100$$

式中 X_1——试样樟脑含量，%；

C_t——从标准上读取的试样溶液中樟脑浓度，mg/mL；

V——试样溶液的体积，mL；

m——试样的质量，g；

f——稀释因子。

4.3 不挥发物的测定

称取 2g 试样（准确到 1mg）于直径为 50～60mm 的干燥培养皿中，将培养皿置于 105～110℃ 的烘箱中烘干 3h，取出培养皿置于干燥器中冷却 30min 后准确称量。再将培养皿置于烘箱内 30min，并按上述方法冷却，称量，反复至相邻两次称量之差小于 1mg 为止。平行试验，结果的差值不得大于 0.02%。不挥发物含量按下式计算。

$$X_2 = \frac{m_1}{m} \times 100$$

式中 X_2——不挥发物含量，%；

m_1——试样干燥后的质量，g；

m——试样的质量，g。

检测结果取两平行测定结果的算术平均值。

第十三章　崖柏的鉴定

第一节　崖　柏

崖柏是柏科（Cupressaceae）崖柏属（*Thuja*）6 种常绿针叶树的统称，原产于北美和东亚，可供观赏及生产用材和树脂，与罗汉柏（false arborvitae）近缘。分布在我国大陆的太行山悬崖上，生长于海拔 1500m 以上的地区，目前尚未由人工引种栽培。20 世纪 90 年代曾因数量稀少未被发现宣布为灭绝物种，21 世纪初在重庆大巴山地区发现少量植株，但所有人工培育试验均失败，属于濒危物种，禁止采伐。

崖柏为乔木或灌木，常呈金字塔状，具薄的鳞片状外树皮和纤维状内树皮，水平或上升分枝，形成特有的扁平、浪花状小枝系，每小枝有 4 行细小鳞片状叶。幼叶较长，呈针状，在某些种可与成熟叶并存。雌雄同株异枝，球花着生于枝端，雄球花圆形，淡红或淡黄色；雌球花很小，绿色或带紫色。成熟球果单生，卵形或长圆形，长 8～16mm，有 4～6 对（或 3 对，多至 10 对）薄而易弯的鳞片，顶端成厚脊或突起。

高 5～6（10）m，树皮灰褐或褐色，长条薄片状开裂。枝密集、开展，小枝扁平、多排列成平面。叶除幼苗期针形、刺形外，全为鳞形，长 1.5～3.0mm，交互对生。雌雄同株，花单性，单生小枝顶端。球果椭圆形至卵圆形，长 6.0～6.5mm，当年成熟。种子扁平，两侧具薄翅。本种与朝鲜崖柏的区别在于鳞叶枝的下面无白粉，中央的鳞叶无腺点。

阳性树，稍耐阴，耐瘠薄干燥土壤，忌积水，喜空气湿润和钙质土壤，不耐酸性土和盐土；要求气温适中，超过 32℃生长停滞，在 -10℃低温下持续 10 天即受冻害。

产中国重庆城口，生长于海拔 1400m 左右土层浅薄岩石中。

山西、河北交界的太行山脉，悬崖峭壁中，存在已枯死千百年的崖柏树根、树干，多用于根雕、根艺原料。

濒危种。该种是 1982 年在重庆城口县的一个分布点上采得标本的。由于森林已被砍伐，以后曾多次去原产地调查，都没有再找到，最近又被重新发现，且于重庆城口县悬崖上现存一定量的崖柏及枯死之遒枝。

侧柏（*T. orientalis* 即东方崖柏或中国崖柏）原产亚洲，为受欢迎的观赏树种，具优美对称的树冠，约高 10m。因为它具直立枝条、垂直排列的扇状小枝系和具 6～8 顶端钩状的毬果鳞片而被一些专家划归侧柏属（*Biota*）。

崖柏属的其他亚洲种还有日本鲜崖柏（*T. standishii*，即日本香柏；金字塔状乔木，在原产地高 15m，具淡红棕色树皮和亮绿色叶）、朝鲜崖柏（*T. Koraiensis* 灌木或小乔木，高近 10m，枝条开展，叶上表面深绿色，下表面银色）等。崖柏木材淡黄色或淡红棕色，质地轻软而耐用，芳香且易加工。巨柏（*T. plicata* 即巨崖柏、大侧柏）是最重要的用材树种。

特级崖柏：造型优美，自然大方，石缝里的根和树干一体，枯死百年以上的。

一级崖柏：一定是树头或根部，自然状态下表皮有灰白色无光泽包浆。清洗干净后其木质浅红棕色带油性，用竹丝刷来回擦拭，有光泽性包浆。

纹理呈流水状或樱树团状，质地坚硬，有人物鸟兽形状的全天然艺术品。

通常此类崖柏树枯死的时间在 50 年以上，纤维如牛肉丝；显微镜下可见树龄间浅黄棕色纤维，带深红棕色油点，树龄间油点为 15～25 层，截面形状如蚕。此类崖柏油分最好，如煲水做茶，汤色略黄，清香怡人，回甘甜美；如置于家中，身安神稳，造型优美，鬼斧神工。是收藏家和一些养生人士的最爱，且价格不菲。

二级崖柏：枯死时间略短，有舍利干带白皮，心材浅黄红色，切面由于氧化作用而由黄色转变为深黄红色，且明显带油性。显微镜可见树龄间纤维承乳白色，排列细密；截面类似竹子纤维，带黄色油质孔，氧化后变成深黄色。

通常此类崖柏挥发性油量大，闻起来有一股浓烈松节油味道，长时间与空气接触后，香味因氧化变为清香。

崖柏香气可净化空气，舒缓神经，改善皮肤血液循环，抗肿消炎，延缓衰老。可做熏香、浴足、美容。

三级崖柏：又叫地柏，生长于土地里的崖柏树。由于土里水分营养丰富，生长环境宽松，树木生长快，水分大，油性少。树根生长呈自然状；白皮完整或带少许舍利；心材红棕色，带湿，水分重，易开裂；心边材区别明显，但边界不明显；显微镜下可见树龄间纤维乳白色，排列明显稀疏并夹杂有气孔；截面像漂白过的竹子纤维，略带黄色油质孔；油质孔内有少量黄白色油质。

四级崖柏：崖柏枯死时间在 500 年以上，而且已经离开崖壁石缝，经风吹日晒油分全失。或是其他无油性柏木。此类崖柏无香味或有木香味。显微镜下可见树纤维苍白，纤维孔大而空，密度小可浮于水面。

华北地区太行山脉岩石缝中枯死的崖柏树根、树干，由于在极端恶劣的环境下生长，并经历崖风之强力吹刮，使其形成了奇特的飘逸、弯曲、灵动的造型，木质密度高、油性大，并有着醇厚的柏木香味，而成为根雕、根艺的最佳材料。

崖柏根据其高油特性，制作成佛珠与把件，具有非常高的收藏与把玩价值，可以自然包浆达到其镜面效果，深受广大艺术玩家的喜爱。

有关崖柏的报道

崖柏是我国特有的"国宝"植物，早先专家以为它从地球上消失了，把它从"国家重点保护植物"名录中抹去了。可是有一天，一株正长得绿油油的活崖柏奇迹般地出现在深圳文博会国宝馆展区！

该株活崖柏的"主人"陈奕洪告诉记者，这株崖柏其实是经过植物专家紧急抢救而"死而复生"的。

2001 年，陈奕洪在四川深山里发现有一株被大水冲下来的死崖柏。他把这株崖柏捡回家去，请来植物专家悉心照料，没想到它竟然奇迹般地"复活"了，成为罕见的在人工照料下成活生长的崖柏，非常稀奇。

他现在准备尝试用崖柏的种子繁殖，等技术成熟后，就可以推广人工种植崖柏了。

陈奕洪说，他这次之所以带着这株宝贵的活崖柏到文博会上亮相，就是希望崖柏能得到社会的关注，大家共同来保护这种堪称"国宝"的珍稀植物。

据悉，崖柏生长于海拔 700～2100m 土层浅薄、岩石地带的针阔叶林内，是恐龙时代白垩纪的孑遗植物，是世界上极其罕见的"活化石"物种，被植物学家称为世界上最珍稀的裸子植物。

2012 年 7 月 26 日，重庆大巴山国家级自然保护区管理局工作人员在野外调查工作中，在城口县咸宜乡明月村 7 组杨家岩意外发现一株崖柏树，这株崖柏生长在一处绝壁之上，其根部深深地探入崖壁缝隙之中，将整株树牢牢地固定在悬崖之上，由于地势险峻，无法靠近，调查人员只能通过目测方式对这株崖柏进行测量，测得崖柏地径为 1.2m，树龄 500～600 年，就目前大巴山自然保护区调查到的崖柏而言，发现这样粗大、古老的崖柏单株尚属首次，崖柏堪称崖柏"树王"。

1892 年由法国传教士法吉斯在重庆城口南部首次发现崖柏，1998 年世界自然保护联盟将崖柏列为我国已灭绝的三种植物之一。但 1999 年 10 月，"重庆市国家重点保护野生植物骨干调查队"在城口考察时，历尽艰辛，终于重新发现了已"消失"的崖柏野生居群，在 2000 年第 3 期《植物杂志》上，向世界宣布"崖柏没有绝灭"。由崖柏的结子母株非常稀少，自然更新困难。群现处于极度濒危状态，急待加强保护。

本次调查，发现这株崖柏"树王"，更加肯定崖柏的原产地为大巴山，也更加增强了大巴山自然保护区对崖柏的拯救和繁育的决心。

崖柏起源于恐龙时代。其木材化石始于侏罗纪中期，在白垩纪曾有过鼎盛时期，拥有众多物种。到了第三纪，该属物种大量消失，目前全世界仅存 5 个间断分布的物种。

重庆开县境内日前发现一株高约 30m、围径 2.37m 的崖柏，成为全世界迄今为止发现的最高大、粗壮的崖柏。

重庆开县雪宝山国家级自然保护区管理局局长王建修 2011 年 4 月 25 日告诉记者，这棵"世界崖柏之王"位于开县关坪乡，据中国林科院专家的初步估算，其树龄约为 100 年。

四川花萼山发现"活化石"崖柏种群：曾被世界自然保护联盟列为已灭绝的植物物种，于日前在位于四川省万源市的四川花萼山自然保护区被大面积发现，崖柏与恐龙处于同一时代，在白垩纪繁盛一时，是世界上极其罕见的"活化石"物种，对于研究古地质、古生物具有重要价值，但环境的巨变和近亲繁殖导致这种恐龙时代的孑遗植物面临生存危机。

花萼山自然保护区工作人员首次采集到崖柏标本，经四川省自然资源研究所鉴定确认后，自然保护区管理处广泛深入地展开了调查工作、寻找崖柏分布区域。后来，管理处工作人员在保护区东南角，原标本采集地干带又发现大面积崖柏集中分布区。据初步估算，该地区至少现存崖柏 5000 株以上，集中分布在大约 $1.33 \times 10^6 m^2$ 的区域内。这些崖柏已有数百年的树龄，都生长在距地面数十米、上百米的悬崖峭壁的崖缝中，由于养分稀少，绝大多数崖柏都不到 10cm 粗细，高度也仅在 3m 以内。

生长区域不同，崖柏香味不同——太行山料崖柏的香味醇厚而较甜，而且越好的料香味越甜；川料崖柏有一种药香味儿，因而人们认为其药用价值很强大；湖北料崖柏的气味是甜味带着药香味，也很特殊；秦岭料崖柏的气味很独特，有着一种浓浓的薄荷味，还带着一种药味，大巴山料崖柏介于太行山和秦岭之间，气味也特别令人享受，生料崖柏和老料崖柏的气味不同。

某崖柏油（用超临界二氧化碳萃取得到，在最佳工艺条件下，平均提取率为 7.26%）的化学成分表，见表 13-1。

表 13-1 某崖柏油化学成分表

序号	名称	相对质量分数/%	序号	名称	相对质量分数/%
1	9-亚甲基-3-氧双环[5.3.0]十二-2-酮	0.28	7	松油烯	0.36
2	异长叶烯	0.38	8	荜草烯	0.16
3	长叶蒎烯	0.29	9	α-古芸烯	0.19
4	α-柏木萜	3.00	10	8,9-二氢新异长叶烯	0.63
5	γ-依兰油烯	1.50	11	大牛儿烯	0.04
6	罗汉柏烯	45.50	12	α-姜黄烯	0.12

续表

序号	名称	相对质量分数/%	序号	名称	相对质量分数/%
13	β-花柏烯	0.65	21	α-雪松醇	25.72
14	花侧柏烯	7.11	22	花侧柏醇	2.31
15	α-花柏烯	0.70	23	γ-姜黄烯	0.80
16	β-金合欢烯	0.13	24	白菖油萜环氧化物	0.83
17	β-雪松烯	1.07	25	花侧柏烯醇	0.20
18	崁烯	0.10	26	α-红没药醇	1.62
19	环长叶烯	0.13	27	香橙烯	2.63
20	喇叭烯	2.27	28	环氧白菖烯	1.40

有人为了优化崖柏挥发油的萃取条件，以二甲醚为萃取剂，采用亚临界流体萃取技术萃取崖柏挥发油，并对萃取条件包括萃取温度、萃取时间、萃取次数进行优化，用 GC-MS 对所得的崖柏挥发油进行了成分分析。结果表明，亚临界流体萃取崖柏挥发油的最佳条件为：萃取温度 40℃，萃取次数 3 次，每次萃取时间 30min，在此条件下崖柏挥发油的提取率为 6.3%。GC-MS 分析显示崖柏挥发油的主要成分罗汉柏烯和 α-柏木脑分别占挥发油的 34.74%、20.09%。认为利用亚临界流体萃取技术能高效萃取崖柏挥发油。

崖柏和崖柏油的药用价值：

(1) 安魂、定魂——能明显改善失眠多梦，其香味可提高血液含氧量，使人精神愉悦。在日本，柏木香气被誉为"空气维生素"，有癌症专家让病人在柏木林中进行保健治疗。用崖柏做熏香，让崖柏的香气环绕在病人周围，可以改善病人心情，提高免疫力。

(2) 排毒、养颜——《本草纲目》载："可利水道，兴阳道"。崖柏五行属金，能助肺气，合皮毛；崖柏饮片冲茶泡酒，可润肠祛油，促进新陈代谢，清除体内垃圾，美颜润肤。

(3) 抗炎、解毒——崖柏芳香之气，能净化空气、杀灭细菌和病毒，具有抗炎消肿的功效。崖柏精油对虫蚁叮咬、无名肿痛有奇效。《中国药典》载："蜀东有痔疮者，坐柏木，止痛消肿奇效；其木煮水，泽头发，治疥癣。"

第二节　柏木和柏木油

柏木（*Cupressus funebris* Endl.），是柏木属乔木，高达 35m，胸径 2m；树皮淡褐灰色，裂成窄长条片；小枝细长下垂，生鳞叶的小枝扁，排成一平面，两面同形，绿色，宽约 1mm、较老的小枝呈圆柱形，暗褐紫色，略有光泽。鳞叶二型，长 1～1.5mm，先端尖锐，中央之叶的背部有条状腺点，两侧的叶对折，背部有棱脊。雄球花椭圆形或卵圆形，长 2.5～3.0mm，雄蕊通常 6 对，药隔顶端常具短尖头，中央具纵脊，淡绿色，边缘带褐色；雌球花长 3～6mm，近球形，径约 3.5mm。球果圆球形，径 8～12mm，熟时暗褐色；种鳞 4 对，顶端为不规则五角形或方形，宽 5～7mm，中央有尖头或无，能育种鳞有 5～6 粒种子；种子宽，呈倒卵状菱形或近圆形，扁，熟时淡褐色，有光泽，长约 2.5mm，边缘具窄翅；子叶 2 枚，条形，长 8～13mm，宽 1.3mm，先端钝圆；初生叶扁平刺形，长 5～17mm，宽约 0.5mm，起初对生，后 4 叶轮生。花期 3～5 月，种子第二年 5～6 月成熟。

主要分布在长江流域及以南地区，垂直分布主要在海拔 300～1000m 之间。

中国栽培柏木历史悠久，树姿端庄，适应性强，抗风力强，耐烟尘，木材纹理细，质坚，能耐水，常见于庙宇、殿堂、庭院。木材为有脂材，材质优良，纹直，结构细，耐腐，是建筑、车船、桥梁、家具和器具等用材。茎皮纤维制人造棉和绳索。叶入药。

濒危等级国家Ⅱ级重点保护野生植物（国务院 1999 年 8 月 4 日批准）。

柏木喜温暖湿润的气候条件，在年均气温 13～19℃，年降雨量 1000mm 以上，且雨水分配比较均匀，无明显旱季的地方生长良好。对土壤适应性广，中性、微酸性及钙质土壤上均能生长。耐干旱瘠薄，也稍耐水湿，特别是在上层浅薄的钙质紫色土和石灰土上也能正常生长。需有充分光照方能生长，但能耐侧方庇荫。主根浅细，侧根发达。耐寒性较强，少有冻害发生。

地理分布：柏木为中国特有树种，分布很广，产于浙江、福建、江西、湖南、湖北西部、四川北部及西部大相岭以东、贵州东部及中部、广东北部、广西北部、云南东南部及中部等地方；以四川、湖北西部、贵州栽培最多，生长旺盛；江苏南京等地也有栽培。柏木在华东、华中地区分布于海拔 1100m 以下，在四川分布于海拔 1600m 以下，在云南中部分布于海拔 2000m 以下，均长成大乔木。喜生于温暖湿润的各种土壤地带，尤以在石灰岩山地钙质土上生长良好。在四川北部沿嘉陵江流域、渠江流域及其支流两岸的山地常有生长茂盛的柏木纯林。

柏木是珍贵用材树种，主要用于高档家具、办公和住宅的高档装饰、木制工艺品加工等，与石油一样皆是紧缺的国家战略资源。柏木是一种多功能高效益的树种，不仅是在用材林、生态景观建设中适宜选用的优良树种；而且柏木是全树可以利用的树种。它还可用于提制丰富的化学产品，综合利用经济价值很高。柏木的枝叶、树干、根蔸都可提炼精制柏木油，柏木油可用作多种化工产品，树根提炼柏木油后的碎木，经粉碎成粉后作香料，出口东南亚，经济价值高。

另外，其加工容易，切削面光洁，油漆后光亮性特好；胶黏容易，握钉力强。其坚固耐用，经数百年而无损，可选作制造船舶，称为"柏木船"，经久不坏；在江南保存至今的许多古典建筑中，柏木多用于雕梁、额枋、窗格、屏风等。它还被用作铅笔杆、玩具、农具、机模、乐器等。柏木的确是一种多用途的优质木材。

柏木因含材脂，木材干燥得较慢，耐腐性极强。当人们步入葱郁的柏林，望其九曲多姿的枝干，吸入那泌人心脾的幽香，联想到这些千年古木耐寒长青的品性，极易给人心灵上以净化。由此可知，古人用柏木做家具时的情境。柏木色黄、质细、气馥、耐水，多节疤，故民间多用其做"柏木筲"。上好的棺木也用柏木，取其耐腐。北京大堡台出土的古代王者墓葬内著名的"黄肠题凑"即为上千根柏木方整齐堆叠而成的围障。可取香气而防腐。

柏木的各部位（枝、果、根、杆）都含有油分。但就同一树种，因树龄、立地条件、采伐季节的不同，其油分含量也有所差异。

药用价值：

药用部位——球果，根，枝叶。

药用功能和主治——发热烦躁、小儿高烧、吐血。

根、树干（柏木）——清热利湿，止血生肌。

叶——苦、辛，温。生肌止血。用于外伤出血，吐血，痢疾，痔疮，烫伤。

果实——苦、涩，平。祛风解表，和中止血。用于感冒，头痛，发热烦躁，吐血。

树脂——解风热，燥湿，镇痛。用于风热头痛，带下病。外用于外伤出血。

柏木四季常青，树形美，综合特点是树冠浓密秀丽，材质细密，适应性强，能在微碱性或石灰岩山地上生长，是这类土壤中荒山绿化、疏林改造的先锋树种。比起松木，它具有很少发生病虫害等特点，比起杉木，它又具有工艺用材的优势，柏木寿命长，是群众喜爱的传统栽培树种，自古以来就是重要的风景绿化树种。柏木用于林相改造、景区美化与生态环境建设，将会收到很好的效果。

柏树是常绿乔木，树干高大，木质坚硬，可作桥梁、家具、造船、雕刻之用；其树根、树干含有芳香油，可加工提炼柏木油。生产实践证明，水蒸气蒸馏柏木油切实可行，有其优越之处。近年来，水蒸气蒸馏法已逐年推广，优越性日趋明显，管理得好的柏木油厂，柏木油得率在4%左右，香气纯正。

柏木油经过精制，可作为光学油浸剂和柏木油天然香料。我国是世界上柏木油的主要生产国，年出口量在1000t以上。商业上具重要地位的柏木油主要产自美国的刺柏（*Juniperus mexicana* Schiede 和 *J. virginana* L.）、侧柏（*Thuja occidentalis* L.）和中国的扁柏（*Cupressus funebris* Endl.），均属柏科植物。

中国柏木油为浅黄色至黄色清澈液体。具柏木特征香气。密度：0.941～0.966g/cm³。折射率：1.5030～1.5080。旋光度：－35°～－25°（20℃）。柏木脑含量≥10.0%。由柏科植物扁柏（*Cupressus funetris* Endl.）经水蒸气蒸馏得到。主要成分为柏木脑、α-和β-柏木烯、罗汉柏烯等。

柏木油广泛用于日用香精，也常用于合成甲基柏木酮、甲基柏木醚、乙酸柏木酯等香料。

柏木油（cedarwood oil），又名雪松油。是由柏科植物的根、茎或枝经蒸馏而得的一种精油。它是香料行业中广泛应用的一种定香剂和协调剂，也常用作杀虫剂、消毒剂、室内喷雾剂的原料。目前国内香料行业所使用的柏木油，实际上为柏科、松科中的许多品种的树干、树根中提取得的精油的通称。

有人用GC法对某湘西柏木油样分析，共分离出47个峰，以峰面积归一化法测量了各组分的相对百分含量。鉴定出37种成分。结果表明，分析样柏木油中的主要化学成分为：α-雪松烯，γ-依兰油烯，α-雪松醇，苎烯，罗勒烯，α-萜品醇，姜黄烯，库巴烯，萜品油烯，α-蒎烯，莰烯，荜澄茄烯，β-榄香烯，库巴烯，香树烯，α-长叶松烯，蛇床烯，对伞花烃，β-日耳曼烯等。

下面是该油分析得到的气相色谱图（图13-1）和化学成分表（表13-2）。

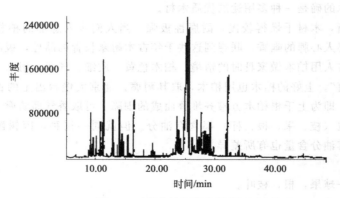

图13-1　柏木油气相色谱图

表13-2　柏木油化学成分表

化合物名称	分子式	分子量	相对含量/%	匹配度	保留时间/min	化合物名称	分子式	分子量	相对含量/%	匹配度	保留时间/min
1,2,4,6-四甲基-1,3-环己二烯	$C_{10}H_{16}$	136	0.26	91	3.88	月桂烯	$C_{10}H_{16}$	136	0.88	96	5.09
α-蒎烯	$C_{10}H_{16}$	136	1.83	96	4.18	δ-3-菭烯	$C_{10}H_{16}$	136	1.49	97	5.69
						对伞花烃	$C_{10}H_{14}$	134	1.51	94	6.03
α-萜烯	$C_{10}H_{16}$	136	0.74	87	4.47	苎烯	$C_{10}H_{16}$	136	6.00	98	6.15

续表

化合物名称	分子式	分子量	相对含量/%	匹配度	保留时间/min	化合物名称	分子式	分子量	相对含量/%	匹配度	保留时间/min
萜品油烯	$C_{10}H_{16}$	136	2.23	96	7.78	γ-依兰油烯	$C_{15}H_{24}$	204	10.50	95	20.40
莳醇	$C_{10}H_{18}O$	154	0.57	96	8.59	宽烯	$C_{15}H_{24}$	204	0.90	93	20.62
别罗勒烯	$C_{10}H_{16}$	136	1.93	98	9.00	β-法晓烯	$C_{15}H_{24}$	204	0.43	86	21.53
δ-罗勒烯	$C_{10}H_{16}$	136	0.92	98	9.41	意塔里烯	$C_{15}H_{24}$	204	0.66	83	21.81
樟脑	$C_{10}H_{16}O$	152	0.79	98	9.68	α-长叶松烯	$C_{11}H_{24}$	204	1.60	93	21.96
龙脑	$C_{10}H_{18}O$	154	1.04	97	10.37	γ-蛇床烯	$C_{15}H_{24}$	204	1.60	98	22.28
α-萜品醇	$C_{10}H_{18}O$	154	2.82	80	11.28	γ-姜黄烯	$C_{15}H_{24}$	204	0.85	95	22.44
3,4-二甲氧基甲苯	$C_9H_{12}O_2$	152	0.37	93	12.97	AR-姜黄烯	$C_{15}H_{24}$	204	1.94	99	22.66
2-甲氧基-4-乙基苯酚	$C_9H_{12}O_2$	152	0.74	93	14.51	β-芹子烯	$C_{15}H_{24}$	204	0.96	99	22.72
2-甲氧基-4-丙基苯酚	$C_{10}H_{14}O_2$	166	0.31	92	18.00	B-日耳曼烯	$C_{15}H_{24}$	204	1.39	98	23.07
α-沾杷烯	$C_{15}H_{24}$	204	2.65	91	18.55	α-依兰油烯	$C_{15}H_{24}$	204	0.96	95	23.25
（＋）-香树烯	$C_{15}H_{24}$	204	1.63	90	18.76	库杷烯	$C_{15}H_{22}$	202	1.65	90	23.48
β-檀香烯	$C_{15}H_{24}$	204	1.70	97	19.03	δ-荜澄加烯	$C_{15}H_{24}$	204	1.77	99	24.13
α-雪松烯	$C_{15}H_{24}$	204	32.28	98	20.12	姜烯	$C_{15}H_{24}$	204	0.33	80	24.43
						α-白昌考烯	$C_{15}H_2O$	200	0.52	95	24.84
						α-雪松醇	$C_{15}H_{20}O$	222	6.27	99	27.17

　　对已鉴定的各种化学成分进行归类分析，结果表明：分析样柏木油中烯类物质含量最高，约占80％；醇类物质次之，约占11％；此外，还有少量醛、酚、烯烃以外的其他烃类物质。在柏木油样中，萜类化合物为主要组分，占总量的76％。其中，单萜占13.7％，倍半萜占62.3％。雪松烯、依兰油烯、雪松醇等的含量大小通常是柏木油作为香精香料的主要检测指标。

　　侧柏富含树脂，是干旱山区的主要造林树种。水蒸馏提取的侧柏心材精油得率高于树皮精油。气相色谱-质谱分析结果表明，侧柏树干上部心材精油与下部和中部树皮精油的最高相对含量成分均为柏木醇，三者共有的组分为4-松油醇、α-柏木烯、罗汉柏烯、雪松烯、γ-依兰油烯、花侧柏烯、榄香醇、柏木醇、α-杜松醇和乙酸柏木酯。下部和中部树皮精油的主要挥发物的组分基本相同，相对含量不同。侧柏树干中、下部位可以合起来采样，以提取树皮精油。

　　下面是某侧柏心材（C）精油的气相色谱图（图13-2）和化学成分表（表13-3）：

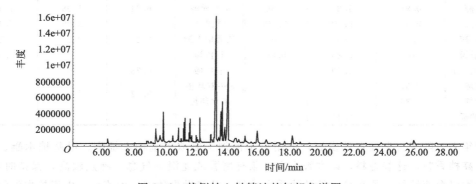

图13-2　某侧柏心材精油的气相色谱图

　　该侧柏树皮（A）精油的气相色谱图（图13-3）和化学成分表（表13-3）：

　　该侧柏树皮（B）精油的气相色谱图（图13-4）和化学成分表（表13-3）：

　　这三种精油的化学成分表（表13-3）：

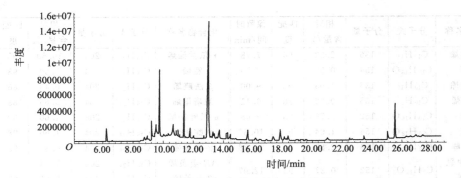

图 13-3　某侧柏树皮精油的气相色谱图

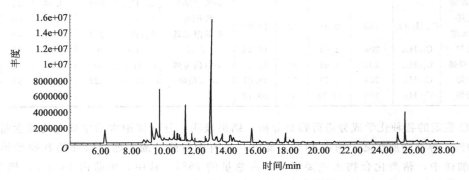

图 13-4　某侧柏树皮精油的气相色谱图

表 13-3　三种精油的化学成分表

化合物名称	心材(C)精油 相对含量/%	树皮(A)精油 相对含量/%	树皮(B)精油 相对含量/%	化合物名称	心材(C)精油 相对含量/%	树皮(A)精油 相对含量/%	树皮(B)精油 相对含量/%
4-松油醇	0.91	1.93	2.10	β-柏木烯	—	1.72	—
α-柏木烯	2.48	3.37	3.81	雪松烯	0.39	0.50	0.81
罗汉柏烯	3.99	10.53	8.04	γ-依兰油烯	2.18	0.77	0.87
α-依兰油烯	1.75	—	—	花侧柏烯	3.30	5.22	5.20
δ-杜松烯	2.58	0.37	—	α-白菖考烯	—	0.42	—
榄香醇	0.91	1.27	1.30	α-杜松醇	6.94	1.08	1.17
柏木醇	36.06	43.79	46.29	β-桉叶醇	—	2.96	2.44
γ-桉叶醇	0.67	—	—	乙酸柏木酯	2.36	2.20	3.12
δ-芹子烯	—	0.86	0.86	石竹烯	—	—	0.90
8,15-海松二烯	—	0.99	—	卡拉烯	0.78	—	—
可巴烯	2.57	—	—	epi-双环倍半水芹烯	5.32	—	—
卡达烯	1.36	—	—				
异松油烯	—	0.41	—				

　　近年来，随着科学技术的发展，可用柏木油加工制取甲基柏木烯酮、甲基柏木醚、柏木烷醚等高档香料。这些香料，以木香为主，兼有麝香或龙涎香气息。沸点较高，保持时间长，与其他香料混溶性好，是来自天然的优质定香剂，已在世界各国广为流行。由于柏木油的用量日趋扩大，价格也在逐年上升。

　　一些因素影响柏木油的得率和质量，例如：原料质量的好坏对得率和质量至关重要。如果原料中柏木油含量很少，无论怎样改进工艺，得率也不可能提高。一般树龄 20 年以下的小柏木，不要收购，不仅可以保证柏木油生产中的得率，还有利于保护资源。刺柏柏木油含量少，质量也差。血柏木油略带松香香气，可直接用以调香，分开加工可提高其经济价值。树龄长，颜色深的侧柏苑是提炼柏木油的最好原料。

藏　香

藏香是藏族民间不可缺少的日用品。一方面人们用它朝圣拜佛，避鬼驱邪，另一方面烧点由药材和香料制成的藏香，可以让空气清洁，心情舒畅。藏香的生产历史已经有一千多年，它无时无刻伴随着藏族人民的生活。

传统的藏香原材料繁多而复杂，一般是柏树树干为主料，再以藏红花、麝香、白檀香、红檀香、紫檀香、沉香、豆蔻、穿山甲、甘菘、冰片、没药等几十种香料按适当比例配合主料搓揉而成。用于制作藏香的主料就是柏木，其香气主要是柏木香气。

藏香制作的第一道工序是先把柏树树干锯成若干小段，去皮。把去皮的柏树段中间打孔，再用一个木橛子紧紧插上，然后把木段挂在水车的摇臂上，在水车的带动下，这些木段昼夜不停地在铺着石板的槽中摩擦，直到全部磨成木泥。在这个过程中，要不时地往槽里加水，不让已经磨成粉末状的柏树随风吹散。而水量的多少也要靠经验来掌握，水分过少，风会把柏树沫吹跑，水分过多，后期要花很多时间去晾晒，而晾晒时间过久，就会散失部分柏树原有的香气，所以这个工序一般由专门人员负责。

制作的第二道工序是把已经磨好的柏树沫和各种香料一起搓揉。香料通常是以各种藏药合制而成的，不同的香料有不同的气味和颜色。

第三道工序是成型流程。把混着各种香料的木泥放入牛角，再挤出来。这是制作藏香的一道很关键的工序，要求成型的藏香成笔直的线条状。

制作藏香的最后一道工序是晾晒，晾晒过程相当重要，不能长时间暴晒，只能在阳光充足但温度不高的地方摆放。这是由于在藏香原料的配制过程中，水的比例较少，这样能够使香料更多，香味更纯正。藏香经过最后两到三天的晾晒工序便可以包装出售了。

第三节　崖柏和崖柏油的鉴定方法

崖柏的鉴定：

看油性——油性越大越好，注意不要买到湿料，看它的油分是否充分并有浸润感，色泽明媚的油分是最好的。

看密度——崖柏的密度和形态越重越好。极品陈化崖柏会沉水，放入水中会一下沉到底，密度与花岗岩相近，硬度也相当大。

看颜色——棕红色为上品，看起来有厚重感。

看包浆——极品的崖柏至少生长了 500 年以上。这种崖柏表面会形成一层厚达 1cm 的包浆层，而新采伐且在人工条件下陈化的崖柏，表面的包浆层就要薄得多。好的崖柏"白皮"面积不会超过表面积的 1/3。

看年轮——年轮的细密程度决定了崖柏的生长年限，大于 1cm 就不可能是陈化崖柏了，通常来讲，越密越好，因为崖柏生长环境恶劣，生长速度缓慢，好崖柏往往年轮细如发丝。

闻香气——极品崖柏的香气清远悠长，韵味十足。

崖柏油的鉴定：目前还没有公认的崖柏油"标准品"，都是参考柏木油的标准进行崖柏油的检测，用气相色谱（包括气质联机）法测定时，与一般柏木油相比，崖柏油的成分会更复杂些，多出几种倍半萜烯和双萜烯及其醇类化合物，具体哪几种物质是崖柏油独有的成分，目前也没有定论。所以现在崖柏油的辨别主要还是依赖专家的嗅觉——一般认为崖柏油的香气要好于常见的柏木油，留香时间也更长一点。

真正的崖柏油有一个很重要的特征——色泽，这是由于崖柏油含有一定量的薁，崖柏油中的薁呈红棕色，有点像血柏木油（血柏木油是血红色的，也是血柏木油里面薁的颜色），但带有暗棕色，也容易辨认——一般的柏木油、桧木油、杉木油等只带很浅的黄色或黄棕色，它们含薁量都比较少。

用气质联机法比较容易检测出崖柏油中薁的含量，从而对崖柏油样品的质量、来源做出较为准确的判断。

第十四章　其他香料、香精、加香产品的鉴定

香气是香料的"灵魂"，香气研究，其目的之一就是鉴定原料或产品香气中起作用的化合物。对香料及用来制造香料的原材料进行分析和评价，不仅可以使人们获得最基本的关于香料原材料和赋香产品的化学信息，并为人们在原材料利用和产品开发中科学利用、合理调配这种香气物质提供科学依据。

化学和越来越进步的仪器方法（例如气相色谱法、质谱法、光谱学）之间的密切联系，使香料香精分析技术不断取得进展。有关香料香精的主要分析范围与目的包括：研究从天然来源（如香精油）或合成来源化合物成分组成、含量以及从生物特性和经济特性上判别香气质量，以发展可能的新香料化学品；天然与合成香料生产过程中的质量控制；香料香精组分稳定性的测定及功能性质的研究；对规章限制的物料进行专门的鉴定，如用于安全性试验等；模拟天然香料组成，配制新型香精，剖析某些受人喜欢的赋香产品香气成分，以借鉴于新型赋香产品开发中；对香气成分研究方法所取得的成果，扩展应用领域，如气味污染、昆虫信息素、烟雾、动物分泌物气味成分等鉴定。

香料香精分析一般包括样品预处理、香气化合物的采集、浓缩、分离、鉴定（含定量）、综合评价等步骤。

香气成分的采集与浓缩：

样品的选择与预处理样品的选择应明确进行研究的目的，通常选择的样品要有代表性，考虑采样季节、贮藏条件、加工方式等。采集样品中香气和香味成分前，需要将样品进行预处理（黏度低的液体除外），预处理包括下列工序：研磨、均化、离心、过滤或挤压。固体样品可以和水进行均化，制成浆状物，在样品进行预处理时，应避免热、光或空气的氧化以及由于细胞结构破坏而发生的酶与前驱体的作用，通常采取的措施是在 CO_2 或 N_2 气流中捣碎样品，在均化前将酶钝化或在均化后立即钝化，如水果的均化，有人曾建议在甲醇存在下进行，预处理的样品宜放入密封的充满 N_2 的瓶中，在 $-20℃$ 下保存直到使用。

自样品相中采集和浓缩自样品相中采集香气和香味成分时，大多利用水蒸气蒸馏和溶剂萃取。水蒸气蒸馏法分为常压蒸馏和减压蒸馏，在蒸馏过程中产生的挥发物质被吸附剂吸附，用加热或溶剂脱附后，即可进行气相色谱、质谱等分析。蒸气蒸馏主要用于将试样中的挥发性有机物与非挥发性物质分开，如果进行蒸馏的是一些含香味成分的产品（食品、日化产品等），为控制起泡常加入防沫剂，为防止暴沸可在蒸馏瓶与冷凝管之间接一缓冲玻璃管。

因为萃取技术较为简单，而且一般不损坏试样成分，所以广泛应用于香料领域，常用的萃取溶剂有乙醚、环己烷、三氯氟甲烷、二氯甲烷、异戊烷、戊烷等。现已有各种类型的仪器，供比水重和比水轻的溶剂作液-液连续萃取用。

近几年发展起来的超临界 CO_2 萃取法优于常规萃取法，超临界流体具有接近气体的低黏度和高扩散系数，并具有接近于液体的高密度和强溶解能力，有利于被提取物质的扩散和传递，因而在香料成分浓缩方面大显身手。1996 年发展起来的"同时蒸馏-萃取法"（SDE），目前国际上应用较多，现在使用的装置经过不少改进，以适应特定的目的，如图 14-1 就是其中

一种，它是把样品的浆液置于一圆底烧瓶中，连接于仪器右侧，以另一烧瓶盛装溶剂，连接于仪器左侧，两瓶分别水浴加热，水蒸气和溶剂蒸气同时在仪器中被冷凝下来，水和溶剂不相混溶，在仪器的"U"形管中被分开，分别流向两侧的烧瓶中，蒸馏和提取同时进行，只需要少量溶剂就可提取大量样品，香气成分得到浓缩。其突出优点是可以把 10^{-9} 级别的挥发性有机物从脂质或水介质中浓缩数千倍。SDE 法对微量成分具有定量高效提取率。萃取后除去溶剂是重要的一步，在这一步中必须避免试样成分的损失，K-D 浓缩法是常用的蒸发溶剂的方法，装置见图 14-2。该装置的样品容器的底部刻有容量标记。操作时把经过脱水的萃取液置于此容器中，外部以冰-盐制冷剂冷却，通入一定流速的高纯 N_2 气，系统用抽气泵减压。为了防止水蒸气或泵油中的污染物返回系统污染样品，以及避免溶剂进入泵内，在泵和样品容器之间联结了一个液氮冷阱，该装置可把萃取液浓缩到数十微升。

自样品上部空气相的采集和浓缩人的嗅觉感觉到的各种挥发性化合物的组成，通常是产品上部空气所含化合物的组成。因此研究样品的香气，分析样品上部的空气即常说的"上部空隙"是十分有用的，上部空隙气体（HSV）捕集（又称顶空气体捕集），对于捕集天然娇嫩鲜花的头香和单离出食品、化妆品挥发香料的成分是理想方法。采用这种方法能够获取天然逼真的香气成分。目前，顶空气体捕集方法主要有静态顶空分析、动态顶空分析或者叫吹扫顶空-固相微萃取。其中采用多孔高聚物对顶空气中的挥发物质进行捕集与分析的动态顶空分析法最常用。它是指用连续惰性气体（一般为高纯氮气）不断通过液态的待测样品，将香料香精组分随气流进入捕集器，捕集器中含有吸附剂（见图 14-3）或者采用低温冷阱的方法进行捕集，最后将抽提物进行脱附分析，这种分析方法不仅适用于复杂基质中挥发性较高的组分，对较难挥发及浓度较低的组分也同样有效。

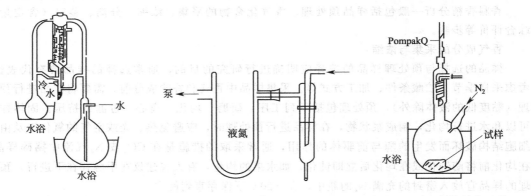

图 14-1　同时蒸馏-萃取装置　　图 14-2　浓缩萃取液的装置　　图 14-3　顶空气体捕集法装置

饱吸了花香和食品、化妆品香气的吸附剂，还需要进行脱附，脱附时以不损害娇嫩的花香或产品香气为原则。如用溶剂解吸，一般常用沸点较低、易挥发的乙醚和戊烷等。另外，可购买专门的热脱附装置，微波加热吹气脱法也有报道。还有人利用超临界 CO_2 作解脱剂，如用疏水性活性炭饱吸了茉莉头香后，用超临界 CO_2 解吸，获得天然逼真的茉莉头香精油。

很多情况下，用"同时蒸馏-萃取""溶剂萃取"或"冷阱捕集头香"等几种方法采集香成分时，分析结果不是重叠的，说明在香料香精分析中，用几种采集方法，很有必要。如果单独使用任何一种采集方法，都难以获得比较完整的成分结果。

香料成分仪器分析：

对于采集所得的香气成分浓缩物的再分离、鉴定，通常用色谱法，它包括 GC（气相色谱）、TLC（薄层色谱）和 HPLC（高压液相色谱），以 GC 最为常用。开始是利用填充柱色谱来分离香味成分，后来改用玻璃毛细管及石英毛细管，大幅度提高了香料分析的技术水平。耐

400℃以上高温的毛细管柱，可用来分析更高沸点的成分，GC 的检测器有热导池检测器（TCD），现大多数采用火焰离子化检测器（FID），焰光光谱检测器（FPD），TCD、FID、FPD 的检出限量分别为 100ng、0.1ng、0.01ng。最近原子发光检测器（AED）开始运用于香气分析，此法最具有应用前景。气相色谱仪除检测通常含 C、H、O 的化合物外，配合不同的检测器，可检测其他元素的化合物，如 FPD（S、P 原子）、HECD（S、N、卤素原子）、TSD（N 原子）、NPD（N、P 原子）、ECD（卤素原子）等，可用于食品中杂环香料成分的检测。

气相色谱和质谱（GC/MS）联用方法的出现，使质谱在香料成分研究领域的应用大大增加。现在有了计算机化的 GC/MS 系统，就可以对所有 GC 流出峰进行 MS 分析，并把所有的质谱信息贮存在计算机内，用这样的设备只需很短时间就可以把一个复杂的混合物分析完毕。对 GC、HPLC 分离法配合傅里叶红外光谱（如 GC/FT-IR），以及使用二维核磁共振谱（^{1}H-^{1}HNMR、^{1}H-^{13}CNMR），也是当今香料成分分析中常用的方法。特别是近几年超临界流体色谱（SFC）的发展，可使样品中挥发性成分和非挥发性成分的分析同时进行。

SFC 的分析速度和分离效率介于 GC 和液相色谱之间，结合了两者的特长，是分析难挥发、易热解香料成分的有效而快速的方法。用上述仪器组合进行分析虽然能按照各种成分含量多少依次测定出来，但从香气再现这一目的来看，用这种方法不一定能得到理想的结果。因为形成香气的成分对于香气的贡献程度不是仅由含量来决定的，阈值低的成分即使含量低对于香气也十分重要，如果没有这些成分便达不到香气再现的目的，因此为了研究这样的成分，采用鼻子闻的方式进行感官评价是必要的。使用仪器测定的成分检索，一般和感官评价同时进行，对于那些在感官评价中认为是重要的香气成分，必须作为重点用 GC/LC 进行成分分析。

目前分析仪器取得了飞速发展，但还不能做到从仪器分析中得到有关香气的全部技术资料，在香气成分分析时还需依靠人的鼻和舌对结果进行综合评价，同时利用数量统计分析的手段，对结果进行最终评价。

第一节　香　辛　料

香辛料又称辛香料，是香料植物的种子、花蕾、叶茎、根块、外皮等或其分泌物与提取物，具有刺激性香味，赋予食物风味，有增进食欲、帮助消化和吸收的作用。香辛料通常含有挥发油（精油）、辣味成分及有机酸、纤维、淀粉、树脂、黏液物质、胶质等成分，其大部分香气来自精油。香辛料广泛应用于烹饪食品和食品工业中，主要起调香、调味、调色等作用。

人类远在没有文字记载的史前就已大量应用辛香料。考古学家从金字塔墙壁上的象形文字和基督教的《圣经》中，都发现人类的祖先在生活中食用辛香料遗迹的重要记载。

公元前一世纪中国的《神农本草经》中将草药分为上、中、下三品。上药应天之命，与神相通，能补养生息，无毒，长期服用无害，有延年益寿、轻身益气之功效，其中主要为桂皮、人参、甘草和麝香；中药能养生防病，滋补体力，充分利用其特点调整毒性，可配合使用主要为生姜、当归、犀角等；下药主治各种疾病，因有毒性忌长期服用，主要的有大黄、桔梗、杏仁等。这说明辛香料在中国的应用有着久远的历史。中国菜名扬天下与其巧妙地发挥辛香料的独特风味和诱食性有很大的关系，这是中国烹饪的一大特色。

食用辛香料是人类最早交易项目之一，也是古代文明进化史的重要组成部分。东西方的文化交流，亦自辛香料交易开始。南宋赵汝南著的《诸蕃志》中，就将丁香、胡椒与珍珠、玛瑙共同列为国际贸易商品。福建泉州为世界闻名的海上丝绸之路，同时也是香料之路的起点，

20世纪70年代在泉州发掘的宋代沉船中发现大量的香料，其中一大部分是辛香料。

辛香料不仅能促进食欲，改善食品风味，而且还有杀菌防腐功能。现在的辛香料不仅有粉末状的制品，而且有精油或油树脂形态的制品。

辛香料主要是被用于为食物增加香味，而不是提供营养。用于香料的植物有的还可用于医药、宗教、化妆、香化环境等。香辛料细分成5类：

① 有热感和辛辣感的香料，如辣椒、姜、胡椒、花椒、番椒等。

② 有辛辣作用的香料，如大蒜、葱、洋葱、韭菜、辣根等。

③ 本和藤本香料，如月桂、肉桂、丁香、众香子、肉豆蔻、香荚兰豆等。

④ 香草类香料，如茴香、葛缕子（姬茴香）、甘草、百里香、枯茗等。

⑤ 带有上色作用的香料，如姜黄、红椒、藏红花等。

辛香料可以单独使用，但大部分以数种、数十种成分调和构成。混合香辛料是将数种香辛料混合起来，使之具有特殊的混合香气。代表性品种有：咖喱粉、辣椒粉、五香粉、十三香、沙茶酱等。

五香粉——常用于中国菜，用茴香、花椒、肉桂、丁香、陈皮等四至六种原料按一定的比例混合制成。

辣椒粉——主要成分是辣椒，另混有茴香、大蒜等，具有特殊的辣香味。

咖喱粉——主要由香味为主的香味料、辣味为主的辣味料和色调为主的色香料三部分组成。一般混合比例是：香味料40%，辣味料20%，色香料30%，其他10%。可以变换混合比例制出各种独具风味的咖喱粉。

十三香——由十几种各具特色香味的草药紫蔻、砂仁、肉蔻、肉桂、丁香、花椒、大料、小茴香、木香、白芷、山柰、良姜、干姜等配制而成，属调味料。

沙茶酱——主料有虾干、鱼干、花生油、花生酱、蒜头、葱头、红辣椒、糖、老姜等十几种食材，经油炸再研磨成细末配制而成。

下面分别介绍常用辛香料的用途和检测方法：

1. 八角

图14-4 八角

又名大茴香、木茴香、八角茴香、大料（图14-4），属木本植物，木兰科八角属植物，是我国南方重要的"药食同源"的经济树种，主要分布在广西、广东、云南等省。八角的干燥成熟果实中含有芳香油5%～8%、脂肪油约22%以及蛋白质、树脂等，为我国的特产香辛料和中药，也是居家必备的调料，广泛应用于食品加工业及香料工业；同时八角具有健胃止咳的功效，医药上用于治疗神经衰弱、消化不良、疥癣等症。我国目前消费的八角大约95%用作香料，5%作为药物使用。

味食香料，味道甘、香，单用或与它药（香药）、合用均美，主要用于烧、卤、炖、煨等动物性原料，有时也用于素菜，如炖萝卜、卤豆干等，是卤水中最主要的香料。

植物形态：

乔木，高10～15m；树冠塔形，椭圆形或圆锥形；树皮深灰色；枝密集。叶不整齐，互生，在顶端3~6片近轮生或松散簇生，厚革质，倒卵状椭圆形、倒披针形或椭圆形，长5~15cm，宽2~5cm，先端骤尖或短渐尖，基部渐狭或楔形；在阳光下可见密布透明油点；中脉在叶上面稍凹下，在下面隆起；叶柄长8~20mm。花粉红至深红色，单生叶腋或近顶生，花梗长15~40mm；花被片7~12片，常10~11，常具不明显的半透明腺点，最大的花被片宽椭圆形到宽卵圆形，长9~12mm，宽8~12mm；雄蕊11~20枚，多为13、14枚，长1.8~3.5mm，花丝长0.5~1.6mm，药隔截形，药室稍为突起，长1~1.5mm；心皮通常8，有时7或9，很少11，在花期长2.5~4.5mm，子房长1.2~2mm，花柱钻形，比子房长。果梗长20~56mm，聚合果，直径3.5~4.0cm，饱满平直，蓇葖骨多为8，呈八角形，长14~20mm，宽7~12mm，厚3~6mm，先端钝或钝尖。种子长7~10mm，宽4~6mm，厚2.5~3mm。正糙果3~5月开花，9~10月果熟，春糙果8~10月开花，翌年3~4月果熟。

属性：性温。功用：治腹痛，平呕吐，理胃宜中，疗疝瘕，祛寒湿，疏肝暖胃。

形态鉴别：

真八角（八角茴香）——常由8枚蓇葖果组成聚合果，呈浅棕色或红棕色。果皮肥厚，单瓣果实前端钝或钝尖。香气浓郁，味辛、甜。

地枫皮——由蓇葖果10~13枚组成聚合果，呈红色或红棕色。果皮薄，单瓣果前端长而渐尖，并向内弯曲成倒钩状。香气微弱而呈松脂味。滋味淡，有麻舌感。

红茴香——由蓇葖果7~8枚组成聚合果。瘦小，呈红棕色或红褐色。单瓣果实前端渐尖而向上弯曲。气味弱而特殊，味道酸而略甜。

大八角——由蓇葖果10~14枚组成聚合果，呈灰棕色或灰褐色。果皮薄，单瓣果实的前端长而渐尖，略弯曲。气味弱而特殊，滋味淡，有麻舌感。

野八角——由10~14个果组成，单一果呈不规则广锥形，长1.6~2cm，宽0.4~0.6cm，先端长渐尖，略弯曲。果皮较薄，果梗长约1.5~2cm，味淡，久尝有麻辣感。

短柱八角——由10~13个果组成，单一果呈小艇形，长1.8~2.3cm，宽1.5~1.8cm，先端急尖，顶端不弯曲，果皮略厚，微臭，味微苦、辣、麻舌。

常见的做伪手法一则是将果掰开，使不易辨认。再则是将八角茴香和伪品掺在一起，真假相混。

化学鉴别：

取待检八角样品粉末5g置蒸馏瓶内，加水150mL，进行水蒸气蒸馏，收集馏液50mL（八角蒸馏液呈乳白色）。向馏液中加入等量乙醚，提取，分取乙醚层。再向乙醚层中加0.1mol/L氢氧化钠溶液30~50mL，振摇，弃去碱性水溶液，如此反复进行三次。

在水浴上将乙醚挥发干净，用2~3mL乙醚溶解残渣。然后将其逐滴加入间苯三酚磷酸溶液（1~2mg间苯三酚溶于3mL磷酸中制成），边滴加边振摇并观察其颜色反应。

经上述操作后，真八角由无色变成黄色，又变成粉红色，溶液呈浑浊状态，假八角由无色变成黄色后，并不能再变为粉红色，溶液呈透明状态。

化学成分：

八角干燥成熟果实含有芳香油、脂肪油、蛋白质、树脂等，提取物为大茴香油，其中种子中含有大茴香油1.7%~2.7%，干果和干叶的茴香油含量分别为12%~13%、1.6%~1.8%。茴香油的主要成分为茴香醚（anisole）、茴香醛（anisaldehyde）和茴香酮（anisylacetone）、黄樟油素（safrole）、水芹烯等。

2. 茴香

即茴香子（图14-5），又名小茴香、草茴香，属香草类草本植物，味食香料。味道甘、

图 14-5　茴香

香，单用或与它药合用均可。茴香的嫩叶可做饺子馅，很少用于调味。茴香子主要用于卤、煮的禽畜菜肴或豆类、花生、豆制品等。

植物形态：

草本，高 0.4～2m。茎直立，光滑，灰绿色或苍白色，多分枝。较下部的茎生叶柄长 5～15cm，中部或上部的叶柄部分或全部成鞘状，叶鞘边缘膜质；叶片轮廓为阔三角形，长 4～30cm，宽 5～40cm，4～5 回羽状全裂，末回裂片线形，长 1～6cm，宽约 1mm。复伞形花序顶生与侧生，花序梗长 2～25cm；伞辐 6～29，不等长，长 1.5～10cm；小伞形花序有花 14～39；花柄纤细，不等长；无萼齿；花瓣黄色，倒卵形或近倒卵圆形，长约 1mm，先端有内折的小舌片，中脉 1 条；花丝略长于花瓣，花药卵圆形，淡黄色；花柱基圆锥形，花柱极短，向外叉开或者贴伏在花柱基上。果实长圆形，长 4～6mm，宽 1.5～2.2mm，主棱 5 条，尖锐；每个棱槽内有油管 1，合生面油管 2；胚乳腹面近平直或微凹。花期 5～6 月，果期 7～9 月。

味道、属性、功用与八角基本相同。

性状鉴别：

干燥的果实，呈小圆柱形，两端稍尖，长 5～8mm，宽约 2mm。基部有时带小果柄，顶端残留黄褐色的花柱基部。外表黄绿色。分果呈长椭圆形，有 5 条隆起的棱线，横切面呈五边形，背面的四边约等长，结合面平坦。分果中有种子 1 粒，横切面微呈肾形。气芳香，味甘、微辛。以颗粒均匀、饱满、黄绿色、香浓味甜者为佳。

莳萝子与本品形极相似，甘肃、广西等部分地区有以莳萝子作茴香使用者。《本草纲目》亦称莳萝子别名小茴香可见以莳萝子作茴香，历史已久，但莳萝子较小而圆，分果呈广椭圆形，扁平，长 3～4mm，直径 2～3mm；横切面背面四边不等长，两侧延展成翅状。气味较弱。

显微鉴别（分果横切面）

外果皮为 1 列切向延长的扁小表皮细胞；外被角质层。中果皮为数列薄壁细胞；油管 6 个，其中接合面 2 个，背面每 2 果棱间 1 个，油管略呈椭圆形或半圆形，切向约至 $250\mu m$，周围有多数红棕色扁小分泌细胞；维管束柱位于果棱部位，由 2 个外韧维管束及纤维束连接而成，木质部为少数细小导管，韧皮部位于束柱两侧，维管束柱内、外侧有多数大型木化网纹细胞。内果皮为 1 列扁平细胞，长短不一。种皮为 1 列扁长细胞，含棕色物，接合面中央为数列细胞，有细小种脊管束。内胚乳细胞多角形，含多数细小糊粉粒并有少量脂肪油，每个糊粉粒中含细小草酸钙簇晶。

粉末：黄棕色。

① 外果皮表皮细胞表面观多角形或类方形，壁稍厚，气孔不定式，副卫细胞 4 个。

② 网纹细胞类长方形或类长圆形，壁稍厚，微木化，有卵圆形或矩圆形网状纹孔。

③ 油管壁碎片黄棕色或深红棕色，完整者宽至 250μm，可见多角形分泌细胞痕。

④ 内果皮镶嵌层细胞表面观狭长，壁菲薄，常数个细胞为一组，以其长轴相互作不规则方向嵌列。此外，有内胚乳细胞、草酸钙簇晶、木薄壁细胞等。本品以籽粒饱满、色黄绿、香气浓者为佳。

化学鉴别：

① 取本品粉末 0.5g，加乙醚适量，冷浸 1h，滤过。滤液浓缩至约 1mL，加 7％盐酸羟胺甲醇液 2～3 滴，20％氢氧化钾己醇液 3 滴，在水浴上微热，冷却后，加稀盐酸调节 pH3～4，再加 1％三氯化铁己醇溶液 2 滴，显紫色。（检查香豆素）

② 取本品粉末 0.5g，加乙醚适量，冷浸 1h，滤过。滤液浓缩至约 1mL，加 0.4％2,4-二硝基苯肼 2mol/L 盐酸溶液 2～3 滴，显橘红色。（检查茴香脑）

③ 薄层色谱：取本品粉末（60 目）2g，加乙醚 6mL，冷浸 4h，滤过，滤液浓缩至干，残渣用氯仿溶解至 1mL 作供试液；另取茴香脑氯仿溶液为对照品。分别点样于同一硅胶 G-1％CMC 薄层板上，以石油醚-乙酸乙酯（8.5：1.5）为展开剂，用 2,4-二硝基苯肼试剂显色，供试品色谱中，在与对照品色谱相应的位置上，显相同色斑。

果实所含挥发油的组成很复杂，主要成分为反式-茴香脑，其次为柠檬烯、小茴香酮（fenchone 12.1％），其他有爱草脑、γ-松油烯、α-蒎烯、月桂烯、β-蒎烯、樟脑（0.2％）、樟烯（0.1％）、甲氧苯基丙酮（0.1％）及痕量的香桧烯、α-水芹烯、对聚伞花素、1,8-桉叶油素、4-松油醇、反式小茴香醇乙酸酯、茴香醛等。

3. 桂皮

即桂树之皮（图 14-6），又称肉桂、官桂或香桂，为樟科樟属植物天竺桂、阴香、细叶香桂、肉桂、川桂等树皮的通称，属香木类木本植物，味食香料。桂皮味道甘、香，一般都是与它药合用，很少单用，主要用于卤、烧、煮、煨的禽畜野兽等菜肴，是卤水中的主要调料。

植物形态：

常绿乔木，又名玉桂、牡桂，高达 10m 以上，树皮灰褐色，树皮厚可达 13mm，具强烈辛辣芳香味。叶互生或近对生；长椭圆形，或椭圆披针形，长 8～20cm，宽 3～5.5cm；顶端急尖，叶基宽楔形；全缘，具离基三出脉。圆锥花序顶生或腋生；花小，直径 5mm，花被裂片椭圆形，长 3mm。果椭圆形，长 10mm，直径 7～8mm，熟时紫黑色。

植物各部，如树皮、枝、叶、果、花梗都可提取芳香油或桂油，用于食品、饮料、香烟及医药，常用作香料、化妆品、日用品的香精。树皮出油率为 2.15％，桂枝出油率为 0.35％，桂叶出油率为 0.39％，桂子（幼果）出油率为 2.04％。

图 14-6　桂皮

属性：性大热，燥火。功用：益肝，通经，行血，祛寒，除湿。

性状鉴别：

① 天竺桂皮为筒状或不整齐的块片，大小不等，一般长 30～60cm，厚 2～4mm。外皮灰褐色，密生不明显的小皮孔或有灰白色花斑；内表面红棕色或灰红色，光滑，有不明显的细纵

纹，指甲刻划显油痕。质硬而脆，易折断，断面不整齐。气清香而凉略似樟脑，味微甜、辛。天竺桂的树皮含挥发油约1%，挥发油中含水芹烯、丁香酚、甲基丁香酚。叶含挥发油约1%，挥发油中含黄樟油素约60%、丁香酚约3%、1,8-桉叶油素等。

② 川桂皮为不规则块片，厚1～3mm。外皮褐色或棕褐色，粗糙，皮孔呈点状或椭圆形突起，或有灰棕色花斑；内表面灰棕色或棕色。质硬，断面浅棕色或棕色。香气弱，微有樟脑气，味辛凉、微辣。以皮薄、呈卷筒状，香气浓郁者为佳。

显微鉴别（树皮切面）：

① 天竺桂皮皮层细胞稍小，排列不整齐，壁普厚，类方形，内含小方晶；中柱鞘部位石细胞2～10成群稀疏散在，不连成环，石细胞长圆形或类圆形，直径28～40μm，壁多数较薄，厚约6～8（12）μm。韧皮部石细胞少，有分泌细胞及含棕色内含物细胞散在；射线细胞含小方晶及砂晶。

② 川桂皮皮层细胞较小，方形或类三角形，排列整齐，壁增厚或内壁增厚，有纹孔，含棕色内含物及草酸钙小方晶；有石细胞群散在，石细胞类圆形者，直径20～40μm；椭圆形者，长24～72μm，宽20～30μm，壁厚6～10（14）μm。中柱鞘部位石细胞少。韧皮部石细胞类圆形。射线细胞含草酸钙方晶，直径4～6μm，长方形结晶，宽4～12μm，长达28μm。

化学鉴别（薄层色谱）：

取本品粉末0.5g，加乙醇10mL，密塞，冷浸20min，时时振摇，滤过，滤液作为供试液。另取桂皮醛加乙醇制成每毫升含1μL的对照品溶液，吸取供试液10～15μL，对照液2μL，分别点于同一硅胶G薄层板上，以石油醚（60～90℃）-乙酸乙酯（85:15）为展开剂，取出晾干，喷0.1% 2,4-二硝基苯肼试液。供试液色谱在与对照液色谱的相应位置上，显相同颜色的斑点。

桂皮含挥发油1.98%～2.06%，其主要成分为桂醛，占52.92%～61.20%，还有乙酸桂酯、桂酸乙酯、苯甲酸苄酯、苯甲醛、香豆素、β-荜澄茄烯、菖蒲烯、β-榄香烯、原儿茶酸、反式桂酸等。

4. 桂枝

即桂树的细枝（图14-7），气味、用途、属性、功用与桂皮相同，不及桂皮味浓。

图14-7　桂枝

显微鉴别（本品横切面）：

① 表皮细胞1列，嫩枝可见单细胞非腺毛。木栓细胞3～5列，最内1列细胞外壁增厚。皮层有油细胞及石细胞散在。中柱鞘石细胞群断续排列成环，并伴有纤维束。韧皮部有分泌细胞及纤维散在。形成层明显。木质部射线宽1～2列细胞，含棕色物；导管单个散列或2至数个相聚；木纤维壁较薄，与木薄壁细胞不易区别。髓部细胞壁略厚、木化。射线细胞含细小草酸钙针晶。

② 化学鉴别：取本品粉末0.5g，加乙醇10mL，密塞，浸泡20min，时时振摇，滤过，滤液作为供试品溶液。另取桂皮醛对照品，加乙醇制成1mL含1μL的溶液，作为对照品溶液。照薄层色谱法（附录ⅥB）试验，吸取供试品溶液10～15μL，对照品溶液2μL，分别点于同一硅胶G薄层板上，以石油醚（60～90℃）-乙酸乙酯（17:3）为展开剂，展开，取出，晾干，喷以2,4-二硝基苯肼乙醇试液。供

试品色谱中，在与对照品色谱相应的位置上，显相同的橙红色斑点。

5. 香叶

月桂叶（图 14-8），樟科常绿树甜月桂（*Laurus nobilis*）的叶。樟属各种植物的叶子也常被称为香叶，并作为香叶使用，大多数味道、用途、属性、功用与桂皮相同，但气味较淡。

月桂植物形态：

常绿小乔木或灌木状，高可达 12m，树皮黑褐色。小枝圆柱形，具纵向细条纹，幼嫩部分略被微柔毛或近无毛。叶互生，长圆形或长圆状披针形，长 5.5～12.0cm，宽 1.8～3.2cm，先端锐尖或渐尖，基部楔形，边缘细波状，革质，上面暗绿色，下面色稍淡，两面无毛，羽状脉，中脉及侧脉两面凸起，侧脉每边 10～12 条，末端近叶缘处弧形连接，细脉网结，两面多少明显；叶柄长 0.7～1.0cm，鲜时紫红色，略被微柔毛或近无毛，腹面具槽。花为雌雄异株。伞形花序腋生，1～3 个成簇状或短总状排列，开花前由 4 枚交互对生的总苞片所包裹，呈球形；总苞片近圆形，外面无毛，内面被绢毛，总梗长达 7mm，略被微柔毛或近无毛。雄花：每一伞形花序有花 5 朵；花小，黄绿色，花梗长约 2mm，被疏柔毛，花被筒短，外面密被疏柔毛，花被裂片 4，宽倒卵圆形或近圆形，两面被贴生柔毛；能育雄蕊通常 12，排成三轮，第一轮花丝无腺体，第二、三轮花丝中部有一对无柄的肾形腺体，花药椭圆形，2 室，室内向；子房不育。雌花：通常有退化雄蕊 4，与花被片互生，花丝顶端有成对无柄的腺体，其间延伸有一披针形舌状

图 14-8 香叶

体；子房 1 室，花柱短，柱头稍增大，钝三棱形。果卵珠形，熟时暗紫色。花期 3～5 月，果期 6～9 月。

显微鉴别：

粉末特征：黄白色。

① 淀粉粒甚多，单粒类球形、长圆形或卵圆形，直径 5～50μm，脐点点状、短棒状、裂缝状或叉状，复粒由 2～3 分粒组成。

② 木纤维淡黄色，直径 30～40μm，壁厚约 7μm，有单纹孔。

③ 韧皮纤维近无色，长梭形，直径 20～30μm，壁极厚，孔沟明显。

④ 具缘纹孔导管，直径约 50μm，具缘纹孔排列较密。

⑤ 木射线细胞壁稍厚。

⑥ 油细胞长圆形，含棕色分泌物。

由月桂树的鲜叶、茎和未木质化的小枝经水蒸气蒸馏而得月桂叶油，得率 1％～3％。主

要产于以色列、黎巴嫩、土耳其、原南斯拉夫等，我国亦有少量生产。黄色或棕黄色挥发性精油，具有刺鼻而舒适的芳香与辛辣味，香气与丁香相似。溶于乙醇与冰醋酸，不溶于水。酒精溶液的石蕊试验呈酸性。有一定防霉特性。我国 GB 2760—2014 规定允许使用的食用香料主要用于月桂型朗姆酒、沙司、肉类、汤类及泡菜等，用途较广。

沸点：245℃ (lit.)。

密度：0.96g/mL，25℃ (lit.)。

折射率：n_D^{20}1.513 (lit.)。

闪点：35℉ $\left[t/℃=\dfrac{5}{9}\ (t/℉-32)，下同\right]$

旋光度：$-21°40'\sim-4°40'$。

月桂叶油的主要成分是芳樟醇、丁香酚、香叶醇及桉叶油素，用于食品及皂用香精；叶片可作调味香料或罐头矫味剂。

6. 沙姜

又名山奈、山辣（图 14-9），属香草类草本植物，本食香料，味道辛、香。生吃、熟食均可，单用或与它药合用均佳，主要用烧、卤、煨、烤等动物性菜肴，常加工成粉末用，在粤菜中使用较多。

图 14-9　沙姜

植物形态：多年生草本，根茎块状，单生或丛生，淡绿色，芳香。叶通常 2 枚，相对而生，几乎无柄，平卧地上，水平开展，质薄，圆形或宽卵形，长 7～15cm，宽 5～12cm，先端急尖或近纯形，基部圆形或心形，下延成鞘，表面绿色，背面淡绿色，有时叶缘及先端染有紫色。8～9 月开花，穗状花序从两叶间生出，花 4～12 朵，花白色，芳香；花管筒细长；每花有枝外形苞片 1 片，长约 2.5cm，绿色。果为蒴果。

属性：性温。功用：入脾胃，开郁结，辟恶气，治牙疼，治胃寒、疼痛等症。

性状鉴别：本品多为圆形或近圆形的横切片，直径 1～2cm，厚 0.3～0.5cm。外皮浅褐色或黄褐色，皱缩，有的有根痕或残存须根；切面类白色，粉性，常鼓凸。质脆，易折断。气香特异，味辛辣。

显微鉴别：

本品粉末类黄白色。淀粉粒众多，主为单粒，圆形、椭圆形或类三角形，多数扁平，直径 5～30μm，脐点、层纹均不明显。油细胞类圆形或椭圆形，直径 40～130μm，壁较薄，胞腔内含浅黄绿色或浅紫红色油滴。螺纹导管直径 18～37μm。色素块呈不规则形，黄色或黄棕色。

化学鉴别：

取本品粉末 0.25g，加甲醇 5mL，超声处理 10min，滤过，滤液作为供试品溶液。另取对甲氧基肉桂酸乙酯对照品，加甲醇制成 1mL 含 5mg 的溶液，作为对照品溶液。照薄层色谱法试验，吸取上述两种溶液各 2μL，分别点于同一硅胶 GF$_{254}$ 薄层板上，以正己烷-乙酸乙酯（18：1）为展开剂，展开，取出，晾干，置紫外线灯（254nm）下检视。供试品色谱中，在与对照品色谱相应的位置上，显相同颜色的斑点。

含量测定：本品含挥发油不得少于 4.5%（mL/g）。

一份广东阳春市沙姜油检测的气相色谱图如下（图 14-10），供参考：

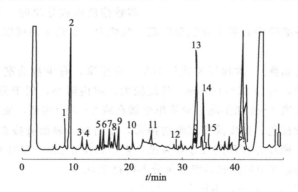

图 14-10 沙姜精油气相色谱图

1—α-蒈烯；2—1,8-桉叶油素；3—二甲基苏合香烯；4—芳香醇；5—龙脑；

6—对伞花烯-8-醇；7—对伞花烯-9-醇；8—α-松油醇；9—桃金娘烯醛；

10—优香芹酮；11—百里香酚；12—香附烯；13—反-桂酸乙酯；14—十五烷；15—β-甜旗烯

GC/MS 分析结果表明，沙姜精油是由 19 种组分组成的混合物，主要化学成分是对甲氧基桂酸乙酯，此外还有桂酸乙酯、1,8-桉叶油素、十七烷、龙脑、蒈烯、对甲氧基苏合香烯等。

7. 当归

属香草类草本植物（见图 14-11），味食香料，味甘、苦、香。主要用于炖、煮家畜或野兽类菜肴，因其味极浓，故用量甚微，否则，反败菜肴。

图 14-11 当归

属性：性温。功用：补血活血，调气解表，治妇女月经不调、白带、痛经、贫血等症，为妇科良药。

多年生草本。高 0.4～1.0m。茎直立，有纵直槽纹，无毛，带紫色。基生叶及茎下部叶卵形，2～3 回三出或羽状全裂，末回裂片卵形或卵状披针形，3 浅裂，叶脉及边缘有白色细毛；叶柄有大叶鞘；茎上部叶羽状分裂。复伞形花序；伞辐 9～13；小总苞片 2～4；小伞形花序有花 12～36 朵，密生细柔毛；花白色。双悬果椭圆形，侧棱有翅。花期 6～7 月，果期 7～9 月。

药材性状：全归长略呈圆柱形，下部有支根 3～5 条或更多，长 15～25cm。外皮细密，表面黄棕色至棕褐色，具纵皱纹及横长皮孔样突起。根头（归头）直径 1.5～4.0cm，具环纹，上端圆钝，有紫色或黄绿色的茎及叶鞘的残基；主根（归身）表面凹凸不平；支根（归尾）直径 0.3～1.0cm，上粗下细，多扭曲，有少数须根痕。质柔韧，断面黄白色或淡黄棕色，皮部厚，有裂隙及多数棕色点状分泌腔，形成层环黄棕色。木质部色较淡；根茎部分断面中心通常有髓和空腔。柴性大、干枯无油或断面呈绿褐色者不可供药用。

显微鉴别（该品横切面）：木栓层为数列细胞。皮层窄，有少数油室。韧皮部宽广，多裂隙，油室及油管类圆形，直径 25～160μm，外侧较大，向内渐小，周围分泌细胞 6～9 个。形成层成环。木质部射线宽 3～5 列细胞；导管单个散在或 2～3 个相聚，成放射状排列；薄壁细胞含淀粉粒。粉末淡黄棕色。韧皮薄壁细胞纺锤形，壁略厚，表面有极微细的斜向交错纹理，有时可见菲薄的横隔。梯纹导管及网纹导管多见，直径约至 80μm。有时可见油室碎片。

检查：总灰分不得过 7.0%。酸不溶性灰分不得过 2.0%。

浸出物：用 70% 乙醇作溶剂，不得少于 45.0%。

化学鉴别：

薄层色谱——

样品液：取生药粉末（过 20 目）100g，用挥发油提取器提取挥发油，吸收一定量，用乙酸乙酯稀释成 10% 的溶液。

对照品液：取丁烯呋内酯制成乙酸乙酯溶液作对照、展开：硅胶 G 薄层板上。以乙酸乙酯-石油醚（15：85）展开，展距 15cm。

显色：于紫外光灯（254nm）下观察荧光或喷异羟肟酸铁试剂显色、供试品色谱中在与对照品色谱相应的位置，显相同的荧光或相同颜色的斑点。

当归根含挥发油和非挥发性成分，挥发油中的中性油成分有：亚丁基苯酞、β-蒎烯、α-蒎烯、莰烯、对聚伞花素、β-水芹烯、月桂烯、别罗勒烯、6-正丁基-1,4-环庚二烯、2-甲基十二烷-5-酮、苯乙酮、β-甜没药烯、异菖蒲烯、菖蒲二烯、花侧柏烯、α-雪松烯、藁本内酯、正丁基四氢化呋内酯、正丁基呋内酯、正丁烯呋内酯、正十二烷醇等。

采用超临界 CO_2 萃取技术生产的当归油理化性质如下：

性状：浅红色油状液体，具有当归独特的香气和苦味。

折射率（20℃）为 1.5100～1.5400。

相对密度（20℃）为 0.9800～1.0300。

酸值≤20mgKOH/g。

砷（以 As 计）≤0.0002%。

重金属（以 Pb 计）≤0.001%。

规格——藁本内酯含量分别为：10%、25%、35%、70%。

8. 荆芥

别名：香荆芥、线芥、假苏、猫薄荷、鼠蓂、鼠实、姜芥、稳齿菜、四棱杆篙等，见图 14-12，属香草类草本植物，本食香料，味道辛、香，有时用于烧、煮肉类，主要作菜用。

植物形态：唇形科多年生植物，茎坚强，基部木质化，多分枝，高 40～150cm，基部近四棱形，上部钝四棱形，具浅槽，被白色短柔毛。叶卵状至三角状心脏形，长 2.5～7cm，宽 2.1～4.7cm，先端钝至锐尖，基部心形至截形，边缘具粗圆齿或牙齿，草质，上面黄绿色，被极短硬毛，下面略发白，被短柔毛但在脉上较密，侧脉 3～4 对，斜上升，在上面微凹陷，下面隆起；叶柄长 0.7～3cm，细弱。花序为聚伞状，下部花序腋生，上部花序组成连续或间断的、较疏松或极密集的顶生分枝圆锥花序，聚伞花序呈二歧状分枝；苞叶叶状，或上部的变小而呈披针状，苞片、小苞片钻形，细小。花萼花时管状，长约 6mm，径 1.2mm，外被白色短柔毛，内面仅萼齿被疏硬毛，齿锥形，长 1.5～2mm，后齿较长，花后花萼增大成瓮状，纵肋十分清晰。花冠白色，下唇有紫

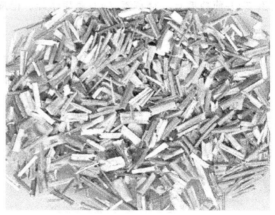

图 14-12 荆芥

点，外被白色柔毛，内面在喉部被短柔毛，长约 7.5mm，冠筒极细，径约 0.3mm，自萼筒内骤然扩展成宽喉，冠檐二唇形，上唇短，长约 2mm，宽约 3mm，先端具浅凹，下唇 3 裂，中裂片近圆形，长约 3mm，宽约 4mm，基部心形，边缘具粗牙齿，侧裂片圆裂片状。雄蕊内藏，花丝扁平，无毛。花柱线形，先端 2 等裂。花盘杯状，裂片明显。子房无毛。小坚果卵形，几三棱状，灰褐色，长约 1.7mm，径约 1mm。花期 7～9 月，果期 9～10 月。

荆芥产于新疆、甘肃、陕西、河南、山西、山东、湖北、贵州、四川及云南等地；多生于宅旁或灌丛中，海拔一般不超过 2500m。

分布：自中南欧经阿富汗，向东一直分布到日本，在美洲及非洲南部逸为野生。

入药用其干燥茎叶和花穗。鲜嫩芽小儿镇静最佳，荆芥叶黄绿色，茎方形微带紫色，横切面黄白色，穗子稍黑紫黄绿色。味平，性温，无毒，清香气浓。荆芥为发汗、解热药，是中华常用草药之一，能镇痰、祛风、凉血，治流行感冒、头疼寒热发汗、呕吐。

属性：性温。功用：入肺肝，疏风邪，清头目。

成品鉴别：

① 本品粉末黄棕色。宿萼表皮细胞垂周壁深波状弯曲。腺鳞头部 8 细胞，直径 96～112μm；柄单细胞，棕黄色。小腺毛头部 1～2 细胞，柄单细胞。非腺毛 1～6 细胞，大多具壁疣。外果皮细胞表面观多角形，壁黏液化，胞腔含棕色物。内果皮石细胞淡棕色，表面观垂周壁深波状弯曲，密具纹孔。纤维直径 14～43μm，壁平直或微波状。

② 取本品粗粉 0.8g，加石油醚（60～90℃）20mL，密塞，时时振摇，放置过夜，滤过，滤液挥散至 1mL，作为供试品溶液。另取荆芥对照药材 0.8g，同法制成对照药材溶液。照薄层色谱法试验，吸取上述两种溶液各 10μL，分别点于同一硅胶 H 薄层板上，以正己烷-乙酸乙酯（17：3）为展开剂，展开，取出，晾干，喷以 5% 香兰素（香草醛）的 5% 硫酸乙醇溶液，在 105℃加热至斑点显色清晰。供试品色谱中，在与对照药材色谱相应的位置上，显相同颜色的斑点。

化学鉴定：取荆芥全草挥发油 2 滴，置小试管中，加乙醇 2mL，溶解后加 1% 香兰素硫酸试剂 2 滴，振摇混匀，溶液显淡红色。（检查胡薄荷酮）

荆芥含挥发油 1.8%，油中主要成分为右旋薄荷酮、消旋薄荷酮，少量右旋柠檬烯。挥发油中尚含有蒎烯、莰烯、3-辛酮、对聚伞花烯、3-辛醇、1-辛烯-3-醇、异薄荷酮、3-甲基环己酮、榄香烯、石竹烯、葎草烯、胡薄荷酮、异胡薄荷酮、胡椒酮、胡椒碱烯酮等。荆芥穗中分离出荆芥苷 A、荆芥苷 B、荆芥苷 C、荆芥苷 E 和荆芥醇、荆芥二醇等单萜类化合物，以及芹黄素-7-O-葡萄糖苷、槲草素-7-O-葡萄糖苷、橙皮苷、香叶木素等黄酮类成分。

9. 紫苏

图 14-13　紫苏

本味两用，味道辛、香，用于炒田螺，味道极妙，有时用于煮牛羊肉等。

紫苏（图 14-13）是一年生直立草本植物。茎高 0.3～2m，绿色或紫色，钝四棱形，具四槽，密被长柔毛。叶阔卵形或圆形，长 7～13cm，宽 4.5～10cm，先端短尖或突尖，基部圆形或阔楔形，边缘在基部以上有粗锯齿，膜质或草质，两面绿色或紫色，或仅下面紫色，上面被疏柔毛，下面被贴生柔毛，侧脉 7～8 对，位于下部者稍靠近，斜上升，与中脉在上面微突起下面明显突起，色稍淡；叶柄长 3～5cm，背腹扁平，密被长柔毛。轮伞花序 2 花，组成长 1.5～15cm、密被长柔毛、偏向一侧的顶生及腋生总状花序；苞片宽卵圆形或近圆形，长、宽约 4mm，先端具短尖，外被红褐色腺点，无毛，边缘膜质；花梗长 1.5mm，密被柔毛。花萼钟形，10 脉，长约 3mm，直伸，下部被长柔毛，夹有黄色腺点，内面喉部有疏柔毛环，结果时增大，长至1.1cm，平伸或下垂，基部一边肿胀，萼檐二唇形，上唇宽大，3齿，中齿较小，下唇比上唇稍长，2齿，齿披针形。花冠白色至紫红色，长3～4mm，外面略被微柔毛，内面在下唇片基部略被微柔毛，冠筒短，长2～2.5mm，喉部斜钟形，冠檐近二唇形，上唇微缺，下唇3裂，中裂片较大，侧裂片与上唇相近似。雄蕊4，几不伸出，前对稍长，离生，插生喉部，花丝扁平，花药2室，室平行，其后略叉开或极叉开；雌蕊1，子房4裂，花柱基底着生，柱头2室；花盘在前边膨大；柱头2裂。果萼长约10mm。花柱先端相等2浅裂。花盘前方呈指状膨大。小坚果近球形，灰褐色，直径约1.5mm，具网纹。花期8～11月，果期8～12月。

紫苏叶能散表寒，发汗力较强，用于风寒表症，见恶寒、发热、无汗等症，常配生姜同用；如表症兼有气滞，又可与香附、陈皮等同用。紫苏叶用于脾胃气滞、胸闷、呕恶，都是取其行气宽中的作用。原产于中国，主要分布于印度、缅甸、日本、朝鲜、韩国、印度尼西亚和俄罗斯等国家。中国华北、华中、华南、西南地区及台湾省均有野生种和栽培种。

属性：性温。功用：解表散寒，理气和中，消痰定喘，行经活络。可治风寒感冒、发热恶寒、咳嗽气喘、恶心呕吐、食鱼蟹中毒等症，梗能顺气安胎。

性状鉴别：叶片多皱缩卷曲，常破碎，完整的叶片呈卵圆形，长4～13cm，宽2.5～9.0cm。顶端急尖，基部阔楔形，边缘有撕裂状锯齿。叶柄长2～7cm，两面紫色至紫蓝色或上面紫绿色，疏被灰白色毛，下面可见多数凹陷的腺点。质脆易碎。气清香，味微辛。以叶片大、色紫、不带枝梗、香气浓郁者为佳。

在紫苏开花期割取全草，采用水蒸气蒸馏法，得油率0.01%～0.21%。若用阴干后的草，得油率为0.33%～0.41%。

紫苏油的理化性质：

性状：淡黄至绿色挥发性精油，具有特殊的枯草香气，味甜，兼有防腐作用。

折射率（n_D^{20}）：1.4998。

相对密度（d20℃）：0.9264。

日本学者根据挥发油化学成分将紫苏属植物分为PA、PK、EK、PL、PP、C六种类型，主要成分分别为紫苏醛、紫苏酮、香薰酮、紫苏烯、类苯丙醇、反柠檬醛。Morinaka Yoichi等对36个紫苏鲜叶样品进行研究，共产生120个峰，平均为45个峰，分离鉴定出29个成分，其主要成分是紫苏醛、莳萝芹菜脑、香薰酮、紫苏酮。据报道，在GC-MS测定的80多种化合物中，化学成分主要有柠檬烯、芳樟醇、薄荷醇、紫苏酮、紫苏醛、丁香酚等醛、醇、烯、酯类有机化合物，其中含量最大的是紫苏醛。

10. 薄荷

薄荷属，为唇形科的一属，包含25个种，其中胡椒薄荷及绿薄荷为最常用的品种，而植物的不同来源使薄荷（图14-14）有600多种品名。薄荷最早期于欧洲地中海地区及西亚洲一带盛产。现时主要产地为美国、西班牙、意大利、法国、英国、巴尔干半岛等，亚洲也有一些地方种植，中国如江苏、浙江、江西等都有出产，种植的主要是亚洲薄荷。薄荷属香草类草本植物。味本两用。味道辛、香。多用于调制饮料和糖水，有时也用于甜肴。

形态特征：多年生草本。茎直立，高30～60cm，下部数节具纤细的须根及水平匍匐根状茎，锐四棱形，具四槽，上部被倒向微柔毛，下部仅沿棱上被柔毛，多分枝。叶片长圆状披针形，长3～5（7）cm，宽0.8～3cm，先端锐尖，侧脉5～6对。轮伞花序腋生，轮廓球形，花冠淡紫色。花期7～9月，果期10月。

产地：产于南北各地，生于水旁潮湿地，海拔可高达3500m。

属性：性温。功用：清头目，宣风寒，利咽喉，润心肺，辟口臭。

化学鉴定：

① 取本品叶粉末少许，经微量升华得油状物，迅速加硫酸 2 滴及香兰素结晶少量，显黄色至橙黄色，再加水 1 滴，即变紫红色。

② 取本品粉末 0.5g，加石油醚（60～90℃）5mL，密闭，振摇数分钟，放置 30min，滤过，滤液供点样，另以薄荷为对照品，配成 1mL 含 2mg 的对照品溶液。分别点样在硅胶 G 薄层板上，以苯-乙酸乙酯（19：1）为展开剂，展开，取出，晾干，喷 2％香兰素硫酸试液，在 98℃加热 2～5min，供试品色谱中，在与对照品色谱相应的位置上，显玫瑰红色斑点。

亚洲薄荷鲜叶含油 1.00％～1.46％，油中主成分为左旋薄荷醇，含量为 62.3％～87.2％，还含有左旋薄荷酮、异薄荷酮、胡薄荷酮、乙酸癸酯、乙酸薄荷酯、苯甲酸甲酯、蒎烯、侧柏烯、3-戊醇、2-己醇、3-辛醇、右旋月桂烯、柠檬烯、桉叶油素、松油醇等。

11. 栀子

又名黄栀子、山栀子（图 14-15），属木本植物，味食香料，也是天然色素，色橙红或橙黄。味道微苦、淡香。用途不大，有时用于禽类或米制品的调味，一般以调色为主。

图 14-14　薄荷　　　　　　　　　　　　　图 14-15　栀子

植物形态：常绿灌木，高 0.5～2m，幼枝有细毛。叶对生或三叶轮生，革质，长圆状披针形或卵状披针形，长 7～14cm，宽 2～5cm，先端渐尖或短渐尖，全缘，两面光滑，基部楔形；有短柄；托叶膜质，基部合成一鞘。花单生于枝端或叶腋，大形，白色，极香；花梗极短，常有棱；萼管卵形或倒卵形，上部膨大，先端 5～6 裂，裂片线形或线状披针形；花冠旋卷，高脚杯状，花冠管狭圆柱形，长约 3mm，裂片 5 或更多，倒卵状长圆形；雄蕊 6，着生花冠喉部，花丝极短或缺，花药线形；子房下位 1 室，花柱厚，柱头棒状。果倒卵形或长椭圆形，有翅状纵棱 5～8 条，长 2.5～4.5cm，黄色，果顶端有宿存花萼。花期 5～7 月。果期 8～11 月。

常生于低山温暖的疏林中或荒坡、沟旁、路边。分布于江苏、浙江、安徽、江西、广东、广西、云南、贵州、四川、湖北、福建、台湾等地。

属性：性寒。功用：清热泻火，可清心肺之热，主治热病心烦、目赤、黄疸、吐血、衄血、热毒、疮疡等症。

性状鉴定——果实倒卵形、椭圆形或长椭圆形，长 1.4～3.5cm，直径 0.8～1.8cm。表面红棕色或红黄色，微有光泽，有翅状纵棱 6～8 条，每二翅棱间有纵脉 1 条，先端有暗黄绿色残存宿萼，先端有 6～8 条长形裂片，裂片长 1～2.5cm，宽 2～3mm，多碎断，果实基部收缩成果柄状，末端有圆形果柄痕。果皮薄而脆，内表面鲜黄色或红黄色。有光泽，具隆起的假隔膜 2～3 条。折断面鲜黄色，种子多数，扁椭圆形或扁矩圆形，聚成球状团块，棕红色，表面有细而密的凹入小点，胚乳角质；胚长形，具心形子叶 2 片。气微，味微酸、苦。以皮薄、饱满、色红黄者为佳。

显微鉴别——果实中部横切面：圆形，纵棱处显著凸起。外果皮为 1 列长方形细胞，外壁增厚并被角质层；中果皮外侧有 2～4 列厚角细胞，向内为薄壁细胞，含黄色色素，少数较韧型维管束稀疏分布，较大的维管束四周具木化的纤维束，并有石细胞夹杂其间；内果皮为 2～3 列石细胞，近方形，长方形或多角形，壁厚，孔沟清晰，有的胞腔内可见草酸钙方晶，偶有含簇晶的薄壁细胞镶嵌其中。种子横切面，扁圆形，一侧略凸，外种皮为 1 列石细胞，近方形，内壁及侧壁显著增厚，胞腔含棕红色或黄色色素，内种皮为颓废薄壁细胞。胚乳细胞多角形，中央为 2 枚扁平的子叶，细胞内均充满糊粉粒。

理化鉴别：

① 取该品粉末 2g，加水 5mL，置水浴中加热 3min，滤过。取滤液 5 滴，置瓷蒸发皿中，烘干后，加硫酸 1 滴，即显蓝绿色，迅速变为黑褐色，继转为紫褐色。（检查藏红花素）

② 该品 1% 热水浸出液，滤过。取滤液 10mL，置有塞量筒中，加乙醚 5mL，振摇，水层呈鲜黄色，醚液无色。（检查藏红花素）

12. 白芷

属香草类草本植物，见图 14-16，味食香料。味道辛、香。一般都是与它药合用，主要用于卤、烧、煨的禽畜野味菜肴。

植物形态：

① 兴安白芷，又名：达乌里当归，走马芹。

多年生草本，高可达 2.5m。根粗大，直生，有时有数条支根。茎粗大，近于圆柱形，基部粗约 5～9cm，中空，通常呈紫红色，基部光滑无毛，近花序处有短柔毛。茎下部的叶大；叶柄长，基部扩大呈鞘状，抱茎；叶为 2～3 回羽状分裂，最终裂片卵形至长卵形，长 2～6cm，宽 1～3cm，先端锐尖，边缘有尖锐的重锯齿，基部下延成小柄；茎上部的叶较小，叶柄全部扩大成卵状的叶鞘，叶片两面均无毛，仅叶脉上有短柔毛。复伞形花序顶生或腋生，总花梗长 10～30cm；总苞缺如或呈 1～2 片膨大的鞘状苞片，小总苞 14～16 片，狭披针形，比花梗长或等长；花萼缺如；花瓣 5，白色，卵状披针形，先端渐尖，向内弯曲；雄蕊 5，花丝细长伸出于花瓣外：子房下位，2 室，花柱 2，短，基部黄白色或白色。双悬果扁平椭圆形或近于圆形，分果具 5 果棱，侧棱成翅状。花期 6～7 月。果期 7～9 月。

图 14-16　白芷

多生于河岸、溪边，以及沿海的丛林砾岩上。分布于黑龙江、吉林、辽宁等地。栽培于四川、河北、河南、湖北、湖南、安徽、山西等地。

本植物野生种的根，在东北地区作独活用，商品称"香大活"。

② 川白芷，又名：异形当归。

多年生草本，高 1～2m。根直生，下面有数条支根。茎直立，圆柱形，中空，表面有细棱。叶互生；茎下部的叶 2～3 回三出式羽状全裂，最终裂片长卵形至披针形；叶柄鞘状，抱茎；茎上部的叶片逐渐简化成广阔膨大的叶鞘；叶边缘有不规则锯齿，上面绿色，下面灰白色至淡绿色，两面均无毛，仅叶脉上有短刚毛，复伞形花序顶生，总花梗长 15～20cm；总值缺，小总苞数枚，狭披针形至线形，较小伞梗为长；花萼不明显；花瓣 5，白色，广卵形至类圆形，先端微凹，中央有一小舌片向内折曲；雄蕊 5，花药椭圆形：子房下位，2 室，花柱 2。双悬果长椭圆形，分果有明显的 5 棱，侧棱有较木质化的翅。花期 5～6 月。果期 6～7 月。生长于山地林缘。分布于黑龙江、吉林、辽宁。栽培于四川、山东等地。

③ 杭白芷，又名：浙白芷、台湾当归。

多年生草本，高 1～2m。根圆锥形，具 4 棱。茎直径 4～7cm，茎和叶鞘均为黄绿色。叶互生；茎下部叶大，叶柄长，基部鞘状抱茎，2～3 回羽状分裂，深裂或全裂，最终裂片阔卵形至卵形或长椭圆形，先端尖，边缘密生尖锐重锯齿，基部下延成柄，无毛或脉上有毛；茎中部叶小；上部的叶几仅存卵形囊状的叶鞘，小总苞片长约 5mm，通常比小伞梗短；复伞形花序密生短柔毛；花萼缺如；花瓣黄绿色；雄蕊 5，花丝比花瓣长 1.5～2 倍；花柱基部绿黄色或黄色。双悬果被疏毛。花期 5～6 月。果期 7～9 月。分布于浙江、台湾等地。浙江、江苏有栽培。

④ 云南牛防风，又名：滇白芷、粗糙独活。

多年生草本，全株被粗糙的刺毛。主根纺锤形。茎下部叶具柄，柄长 2～4cm，基部有宽阔叶鞘，叶片 2 回羽状深裂，长 5～20cm，宽 5～7cm，裂片宽卵形至长椭圆形，长 2.5～5cm，上面深绿色，粗糙细皱，下面浅绿色，边缘具不等齿牙；茎上部叶与茎下部叶相似。复伞形花序顶生和侧生；伞梗 13～20；总苞缺或有 1～3 枚，线状披针形；小总苞片 4～5，线形；花 2 型，边缘花较大，不整齐，中心花近于整齐；萼齿 5，线状三角形；花瓣 5，白色，先端 2 裂；雄蕊 5；子房近于无毛。双悬果倒卵形或卵形，长 7～8mm，分果具 5 条细棱。花期 5～7。果期 8～10 月。分布于云南、四川。云南有栽培。

⑤ 滇白芷：为植物云南牛防风的干燥根。直径 0.2～1.5cm，分枝或不分枝，下部细。外表棕黄色，多深纵纹，时有支根痕，上部有横皱纹。质脆。断面皮部类白色，散有棕色油点及裂隙，形成层不明显，木质部淡黄色，占全径 1/3。商品多已切成厚约 1cm 以下的厚片。气芳香，味辣而苦。主产地云南。

属性：性温。功用：祛寒除湿，消肿排脓，清头目。

显微鉴别（根横切面）：

① 木栓层由 5～10 多列细胞组成。

② 皮层和韧皮部散有分泌腔，薄壁细胞内含有淀粉粒，射线明显。

③ 木质部略呈圆形，导管放射状排列。

粉末：黄白色。

① 淀粉粒众多，单粒呈类球形或多角形，直径 3～16μm；复粒较大，以十余粒复合而成为多见。

② 网纹导管直径 13～18μm，偶见螺纹导管。

③ 分泌腔碎片易见，含黄棕色分泌物。

④ 木栓细胞类多角形，棕黄色。

⑤ 簇状结晶存在于薄壁细胞中，直径约 18μm。

理化鉴别：

① 取该品粉末 0.5g，加乙醚 3mL，振摇 5min 后，静置 20min，取上清液 1mL，加 7%盐酸羟胺甲醇溶液与 20%氢氧化钾甲醇溶液各 2～3 滴，摇匀，置水浴上微热，冷却后，加稀盐酸调节 pH 值至 3～4，再加 1%三氯化铁乙醇溶液 1～2 滴，显紫红色。

② 取该品粉末 0.5g，加水 3mL，振摇，滤过。取滤液 2 滴，点于滤纸上，置紫外线灯（365nm）下观察，显蓝色荧光。

③ 取该品粉末 0.5g，加乙醚 10mL，浸泡 1h，时时振摇，滤过，滤液挥干，残渣加乙酸乙酯 1mL 使溶解，作为供试品溶液。另取欧前胡素、异欧前胡素对照品，加乙酸乙酯制成 1mL 各含 1mg 的混合溶液，作为对照品溶液。吸取上述两种溶液各 4μL，分别点于同一以羧甲基纤维素钠为黏合剂的硅胶 G 薄层板上，以石油醚（30～60℃）-乙醚（3：2）为展开剂，在 25℃以下展开，取出，晾干，置紫外线灯（365nm）下检视。供试品色谱中，在与对照品色谱相应的位置上，显相同颜色的荧光斑点。

用水蒸气蒸馏法可得白芷精油，含 3-亚甲基-6-环己烯、4-十一烯、榄香烯、甲基环癸烷、1-十四烯、十六酸、壬烯醇、十二酸乙酯等。

13. 白豆蔻

属香草类草本植物，见图 14-17，味食香料。味道辛、香。与它药合用，常用于烧、卤、煨等禽畜菜肴。

植物形态：多年生草本。根茎匍匐，粗大有节，近木质。茎直立，圆柱状，高 2～3m。叶 2 列，无叶柄，叶片线状披针形、披针形或倒披针形，长达 23cm，宽 7.5cm，罕达 10cm，先端狭渐尖，基部狭，边缘近波状，两面光滑，叶舌长达 7mm，先端 2 裂，被长硬毛。穗状花序生于根茎上，花茎连花梗长达 8cm；有卵圆形的鳞片，鳞片先端急尖，基部被短密绢毛；苞片卵圆形，先端急尖，被纤毛，灰色，长达 3cm；小苞片管状，3 齿裂，稍被绢毛，长15mm；花萼管状，3 裂，被长柔毛，裂片刷状；花冠透明黄色，管部狭，长 2cm，喉部被小柔毛。裂片钝，长约 1cm，唇瓣倒卵形，长 1.6cm，先端微呈 3 裂状，中间厚，被微柔毛，黄色或带赤色条纹；侧生退化雄蕊钻状，长 3mm；花丝宽而有沟，长 5mm，花药长 3mm，药隔附属物 3 裂，3 裂片等长，长方形反折；蜜腺 2 枚，半圆柱状，长 2mm；子房下位，被绢毛，3 室，胚珠多数。蒴果扁球形，直径约 1.5cm，灰白色，3 片裂。

栽培于热带地区。分布于泰国、越南、柬埔寨、老挝、斯里兰卡、危地马拉以及南美洲等地。我国广东、广西、云南亦有栽培。花（豆蔻花）、果壳（白豆蔻壳）供药用。

属性：性热、燥火。功用：入肺，宣邪破滞，和胃止呕。

外观性状：类球形，直径 0.8～1.2cm；表面黄白色至淡黄棕色，有 3 条较深的纵向槽纹，顶端有突起的柱基，基部有凹下的果柄痕，两端均具有浅棕色绒毛。果皮易纵向裂开，内分 3 室，每室含种子约 10 粒。种子呈不规则多面体，背面略隆起，直径 3～4mm，表面暗棕色，有皱纹。气芳香，味辛凉略似樟脑。

外观性状：干燥果实，商品即称"豆蔻"。略呈圆球形，具不显著的钝三棱，直径约 1.2～1.7cm。外皮黄白色，光滑，具隆起的纵纹 25～32 条，一端有小突起，一端有果柄痕；两端的棱沟中常有黄色绒毛。果皮

图 14-17 白豆蔻

轻脆，易纵向裂开，内含种子 20～30 粒，集结成团，习称"蔻球"。蔻球分为 3 瓣，有白色隔膜，每瓣种子 7～10 粒，习称"白蔻仁"或"蔻米"。为不规则的多面体，直径 3～4mm，表面暗棕色或灰棕色，有微细的波纹，一端有圆形小凹点。质坚硬，断面白色，有油性。气芳香，味辛凉。以个大、饱满、果皮薄而完整、气味浓厚者为佳。

果实含挥发油，其中有 d-龙脑、d-樟脑、葎草烯及其环氧化物、1,8-桉叶素、α-松油烯及β-松油烯、α-蒎烯及 β-蒎烯、石竹烯、月桂烯、桃金娘醛、葛缕酮、松油烯-4-醇、香桧烯等。

另有一种小豆蔻，系姜科植物小豆蔻的干燥果实，呈长卵形，两端尖，具 3 钝棱，长 1～1.5cm，径约 1cm，表面乳白色至淡黄棕色。种子团 3 瓣，每瓣 5～9 粒，每粒种子长卵形或3～4 面形，表面淡橙色至暗红棕色。断面白色。气芳香，味辣、微苦。

产于越南、斯里兰卡、印度等地。这种豆蔻，市场上有作白豆蔻使用者，但品质较差。

14. 草豆蔻

属香草类草本植物，见图 14-18，味食香料。味道辛、香、微甘。与它药合用，主要用于卤、煮、烧、焖、煨禽畜野味等菜肴。

植物形态：多年生草本，高 1～2m。根状茎粗壮，棕红色。叶 2 列，具短柄；叶片狭椭圆形或披针形，长 30～55cm，宽 2～9cm，先端渐尖，基部楔形，全缘，两面被疏毛或光滑；叶鞘膜质，抱茎，叶舌广卵形，长 3～6mm，密被绒毛。总状花序顶生，总花梗长 30cm，密被黄白色长硬毛；花疏生，小苞片宽大，长 2.5～3.5cm，外被粗毛，花后脱落；萼筒状，长约2cm，外被疏柔毛，一边开裂，顶端 3 裂；花冠白色，花冠管长约 1.2cm，上部 3 裂，中间裂

片长圆形，两侧裂片椭圆形，唇瓣阔卵形，先端有 3 个浅圆裂片，边缘具缺刻，白色，内面具淡紫红色斑点；侧生退化雄蕊极短或不存在，发育雄蕊 1，花丝扁圆形，粗大，具槽；子房下位，卵田形，密被淡黄色绢毛，花柱细长，紧贴于花丝槽内，从药隔中穿出，基部具 2 棒状附属物，柱头略膨大，顶端下陷，具缘毛。蒴果圆球形，外被粗毛，萼宿存，熟时黄色。花期 4～6 月。果期 5～8 月。

属性：性热。功用：味性较白豆蔻猛，暖胃温中，疗心腹寒痛，宣胸利膈，治呕吐，燥湿强脾，能解郁痰内毒。

显微鉴别：种子横切面类梯形或类方形，外周微波状。假种皮细胞多列。种皮表皮细胞 1 列，多径向延长，排列整齐，外被角质层。下皮细胞 2 列，不含色素。色素层细胞 3～5 列，内含红棕色或淡黄色色素。油细胞间断排列于色素层，多径向延长，内含油滴。内种皮厚壁细胞 1 列，径向延长，圆柱形，长至 $39\mu m$，直径至 $29\mu m$，外壁薄，内壁厚，非木化，胸腔内含硅质块。外胚乳细胞充满由微小淀粉集结成的淀粉团；有的

图 14-18　草豆蔻

细胞内含细小草酸钙方晶。内胚乳细胞充满糊粉粒。胚细胞含糊粉粒及油滴。

粉末特征：灰棕色。

① 种皮表皮细胞表面观呈长条形，末端渐尖，长至 $400\mu m$，直径 9～$31\mu m$，非木化。

② 下皮细胞长角形或类方形，长至 $150\mu m$，直径 14～$31\mu m$，1～3 列重叠，常与种皮表皮细胞上下层垂直排列，胞腔内不含深色物。

③ 色素层细胞皱缩，含红棕色色素物，易碎成色素块。

④ 油细胞散列于色素层细胞间，内含黄绿色油状物。

⑤ 内种皮厚壁细胞成片，黄棕色或红棕色，表面观多角形，直径 14～$25\mu m$，壁厚，非木化，胞腔内含硅质块，直径 8～$15\mu m$；切面观细胞栅状，胞腔位于一端，内含硅质块。此外有假种皮细胞、外胚乳细胞、内胚乳细胞及草酸钙方晶、簇晶等。

理化鉴别：取该品粉末 1g，加甲醇 5mL，置水浴中加热振摇 5min，滤过，滤液作为供试品溶液。另取山姜素和小豆蔻查耳酮作对照品，加甲醇制成 1mL 各含 2mg 的混合溶液，作为对照品溶液。吸取上述两种溶液各 $5\mu L$，分别点于同一硅胶 G 薄层板上，以甲苯-乙酸乙酯-甲醇（15：4：1）为展开剂，取出晾干，在 100℃烘约 5min，置紫外线灯（365nm）下检视。供试品色谱中，在与山姜素对照品色谱相应的位置上，显相同的浅蓝色荧光斑点；喷以 5％三氯化铁乙醇液，供试品色谱中，在与小豆蔻查耳酮对照品色谱相应的位置上，显相同的棕褐色斑点。

种子的挥发油中含有反桂醛、反，反金合欢醇、桉叶油素、葎草烯、芳樟醇、樟脑、4-松油醇、莳萝艾菊酮、乙酰龙脑酯、乙酸香叶酯、桂酸甲酯、橙花叔醇、樟烯、柠檬烯、蒎烯、龙脑等。

15. 肉豆蔻

属香草类草本植物，见图 14-19，味食香料。味道辛、香、苦。与它药合用，用于卤煮禽畜菜肴。

植物形态：小乔木；幼枝细长。叶近革质，椭圆形或椭圆状披针形，先端短渐尖，基部宽楔形或近圆形，两面无毛；侧脉 8～10 对；叶柄长 7～10mm。雄花序长 1～3cm，无毛，着花 3～20，稀 1～2，小花长 4～5mm；花被裂片 3～4，三角状卵形，外面密被灰褐色绒毛；花药 9～12 枚，线形，长约雄蕊柱的一半；雌花序较雄花序为长；总梗粗壮、着花 1～2 朵；花长 6mm，直径约 4mm；花被裂片 3，外面密被微绒毛；花梗长于雌花；小苞片着生在花被基部，脱落后残存通常为环形的疤痕；子房椭圆形，外面密被锈色绒毛，花柱极短，柱头先端 2 裂。果通常单生，具短柄，有时具残存的花被片；假种皮红色，至基部撕裂；种子卵珠形；子叶短，蜷曲，基部连合。

属性：性温。功用：温中散逆，入胃除邪，下气行痰，厚肠止泻。

性状鉴别：种仁卵圆形或椭圆形，长 2～3.5cm，宽 1.5～2.5cm。表面灰棕色至暗棕色，有网状沟纹，常被有白色石灰粉；宽端有浅色圆形隆起（种脐的部位）。狭端有暗色下陷处（合点的部位），两端间有明显的纵沟（种脊的部位）。质坚硬，难破碎，碎断面可见棕黄或暗棕色外胚乳向内伸入，与类白色的内胚乳交错，形成大理石样纹理。纵切时可见宽端有小型腔隙，内藏小型干缩的胚，子叶卷曲。气强烈芳香，味辛辣、微苦。

以个大、体重、坚实、破开后香气浓者为佳。

显微鉴别（种仁横切面）：外胚乳分内外两层，外层细胞扁平，切向延长，内含黄棕色物质；内层细胞长方形，含红棕色物质，伸入内胚乳形成错入组织，其中常有一个维管束，并有多数油细胞散在，油细胞直径 42～140cm，含挥发油滴。内胚乳细胞多角形，含多量脂肪油、淀粉粒及糊粉粒，糊粉粒中有拟晶体。内胚乳细胞内有含棕色物质的细胞散在。

种仁含挥发油 8%～15%，主含香桧烯、蒎烯、松油-4-烯醇、γ-松油烯、柠檬烯、冰片烯、β-水芹烯、对聚伞花素、α-异松油烯、α-松油醇、δ-荜澄茄烯、肉豆蔻醚、榄香脂素、还含有樟烯、月桂烯、α-水芹烯、3,4-二甲基苏合香烯、芳樟醇、顺式辣薄荷醇、反式辣薄荷醇、龙脑、顺式丁香烯、香茅醇、对聚伞花素-α-醇、黄樟油素，橙花醇、β-澄茄油烯、乙酸香叶酯、丁香酚、甲基丁香酚、异榄香脂素等。

16. 草果

属香草类草本植物，见图 14-20，味食香料。味道辛、香。与它药合用，用于烧、卤、煮、煨荤菜等。

植物形态：多年生草本，高 2.0～2.5m。根系分支撑根（其实为茎）、营养根。所谓的支撑根即为主茎下部肥大似姜、粗壮有节的横走根状茎。营养根是生长在支撑根两侧和顶端较细的粉红色须根。

全株有辛辣气味。茎基部膨大，直径达 6cm，茎分直立茎和根状茎。直立茎由横走根茎上的叶芽生出，丛生状，高达 2.5～4.0m，深绿色，基部带有紫红色，其内浅黄色肉质，圆柱形有节，直立或随坡势生长，一般有叶片 12～16 片。

根状茎在地下匍匐延伸，又称匍匐茎，由直立茎基部膨大处和根状茎节间向两侧对称生出新的匍匐茎，有 8～11 条，入土深度 10～20cm，长 30～80cm，粗 2～3cm，起支撑和储蓄养分的作用。根状茎生长到一定的程度便会向上抽出新芽，次年长成新的植株（直立茎）。根状茎上鳞片内的潜伏芽可萌发出花芽和叶芽，即萌发出花芽可长成花穗，萌发出叶芽则长成直立茎，开花结果后其相近的那根直立茎林便自然枯萎。

图 14-19　肉豆蔻　　　　　　　　　　　图 14-20　草果

　　叶 2 列，具短柄或无柄；叶片长椭圆形或狭长圆形，长约 55cm，宽达 20cm，先端渐尖，基部渐狭，全缘、边缘有膜质，叶两面均光滑无毛；叶鞘开放，包茎，叶舌长 0.8～1.2cm，叶舌带紫色，叶鞘具条纹，花葶从茎基部抽出，长渐尖，基部楔形，全缘，两面无毛。

　　草果为穗状花序，从根茎生出，呈球形，每穗有花 60～120 朵。

　　总花梗长约 18cm，披密集的紫红色苞片，苞片椭圆形，先端逐渐变尖，长 5.5～9.5cm，宽 2.5～3.5cm，顶端渐失，草质；苞片内每一小花披一小苞片，小苞片浅紫红色披针形，长约 3.5～4.0cm，宽 0.8cm，先端渐尖；萼片管状，长约 2.5cm，宽 0.7cm，一侧裂至中部，先端二齿裂；花冠金黄色，花冠管长约 3cm，长椭圆形；唇瓣椭圆形，长约 3.5cm，宽约 0.4cm，先端微齿裂，边缘波状，中脉肉质肥厚，上有两条深红色条纹；花药长 1.8cm，中间裂片扇形，两侧裂片稍狭，具两药室；雌蕊 1 枚，位于雄蕊药室稍上部，柱头呈椭圆状，中间微凹，花柱长 4.0～4.5cm，子房下位，球形，三室，胚珠多数，子房顶端有两枚蜜腺，长约 0.5cm，淡黄色。花期 4～6 月。

　　草果的果实属于不开裂蒴果，富含纤维，干后质地坚硬，果形呈纺锤形、卵圆形或近球形，螺旋式地密生于一个穗轴上。每穗有果 15～60 个，每个果长 2.5～4.0cm，直径 1.4～

2.0cm，其部有短果柄，幼果鲜红色，成熟时为紫红色，烘烤以后呈棕褐色，不开裂，顶端渐狭而成厚缘，带韧性而坚硬，有比较整齐的直纹纤维。

每个草果的果实内有 20～66 粒种子。种子为多角形，长 0.4～0.7cm，宽 0.3～0.5cm，每个种子颗粒被一层白色海绵状薄膜所包住。种仁白色，有浓郁的清香辛辣味。平均千粒重为 120～140g，每千克鲜籽种有 6000～7000 粒。果期 9～12 月。

性状鉴别：干燥果实呈椭圆形，具三钝棱，长 2～4cm，直径 1～2.5cm。顶端有一圆形突起，基部附有节果柄。表面灰棕色至红棕色，有显著纵沟及棱线。果皮有韧性，易纵向撕裂。子房 3 室，每室含种子 8～11 枚，集成长球状。种子四至多面形，长宽均为 5mm，表面红棕色，具灰白色膜质假种皮，有纵直的纹理，在较狭的一端有一凹窝状的种脐，合点在背面中央，成一小凹穴，合点与种脐间有一纵沟状的种脊。质坚硬，破开后，内为灰白色。气微弱，种子破碎时发出特异的臭气，味辛辣。以个大、饱满，表面红棕色者为佳。

属性：性热燥火。功用：破癥疬之气，发脾胃之寒，截疟除痰。

果实含挥发油，油中的主要成分为 α-蒎烯、β-蒎烯、1,8-桉叶油素、对聚伞花烃、芳樟醇、α-松油醇、橙花叔醇、壬醛、癸醛、反-2-十一烯醛、橙花醛、香叶醇等。

17. 姜黄

属香草类草本植物，见图 14-21，味食香料。味道辛、香、苦。它是色味两用的香料，既是香料，又是天然色素。一般以调色为主，与它药合用，用于牛羊类菜肴，有时也用于鸡鸭鱼虾类菜肴。它还是咖喱粉、沙茶酱中的主要用料。

植物形态：

多年生草本，高 1.0～1.5m。根茎发达，成丛，分枝呈椭圆形或圆柱状，橙黄色，极香；根粗壮，末端膨大成块根。叶基生，5～7 片，2 列；叶柄长 20～45cm；叶片长圆形或窄椭圆形，长 20～50cm，宽 5～15cm，先端渐尖，基部楔形，下延至叶柄，上面黄绿色，下面浅绿色，无毛。花葶由叶鞘中抽出，总花梗长 12～20cm；穗状花序圆柱状，长 12～18cm；上部无花的苞片粉红色或淡红紫色，长椭圆形，长 4～6cm，宽 1～1.5cm，中下部有花的苞片嫩绿色或绿白色，卵形至近圆形，长 3～4cm；花萼筒绿白色，具 3 齿；花冠管漏斗形，长约 1.5cm，淡黄色，喉部密生柔毛，裂片 3；能育雄蕊 1，花丝短而扁平，花药长圆形，基部有距；子房下位，外被柔毛，花柱细长，基部有 2 个棒状腺体，柱头稍膨大，略呈唇形。花期 8 月。

属性：性温。功用：破气行瘀，祛风除寒，消肿止痛。

药物鉴别：

① 本品横切面：表皮细胞为 1 列，细胞扁平，壁薄。皮层宽广，有叶迹维管束；外侧近表皮处有 6～8 列木栓细胞，扁平，壁薄，排列较整齐；内皮层细胞凯氏点明显。中柱鞘为 1～2 列薄壁细胞；维管束外韧型，散列，近中柱鞘处较多，向内渐减少。薄壁细胞含油滴、淀粉粒及红棕色色素。

② 取本品粉末少量，置滤纸上，滴加乙醇与乙醚各 1 滴，待干，除去粉末，滤纸染成黄色，加热硼酸饱和溶液 1 滴，则渐变为橙红色，再加氨试液 1 滴，则变成蓝黑色，后渐变为褐色，久置，则又变为橙红色。

③ 本品与郁金为同一植物的不同药用部位。郁金来源为姜科植物姜黄的块根，姜黄来源为姜科植物姜黄的干燥根茎。

含量测定：本品含挥发油不得少于 7.0%（mL/g），主要成分有姜黄酮、芳香姜黄酮、姜黄烯、大牻牛儿酮、芳香姜黄烯、桉叶素、松油烯、莪术醇、莪述呋喃烯酮、莪述二酮、α-蒎烯、β-蒎烯、柠檬烯、芳樟醇、丁香烯、龙脑等。

18. 砂仁

属香草类草本植物，见图 14-22，味食香料。味道辛、香。与它药合用，主要用于烧、卤、煨、煮荤菜或豆制品等。

图 14-21　姜黄　　　　　　　　　　　　　图 14-22　砂仁

植物形态：株高 1.5～3m，茎散生；根茎匍匐地面，节上被褐色膜质鳞片。中部叶片长披针形，长 37cm，宽 7cm，上部叶片线形，长 25cm，宽 3cm，顶端尾尖，基部近圆形，两面光滑无毛，无柄或近无柄；叶舌半圆形，长 3～5mm；叶鞘上有略凹陷的方格状网纹。穗状花序椭圆形，总花梗长 4～8cm，被褐色短绒毛；鳞片膜质，椭圆形，褐色或绿色；苞片披针形，长 1.8mm，宽 0.5mm，膜质；小苞片管状，长 10mm，一侧有一斜口，膜质，无毛；花萼管长 1.7cm，顶端具三浅齿，白色，基部被稀疏柔毛；花冠管长 1.8cm；裂片倒卵状长圆形，长 1.6～2.0cm，宽 0.5～0.7cm，白色；唇瓣圆匙形，长、宽约 1.6～2cm，白色，顶端具二裂、反卷、黄色的小尖头，中脉凸起，黄色而染紫红，基部具两个紫色的痂状斑，具瓣柄；花丝长 5～6mm，花药长约 6mm；药隔附属体三裂，顶端裂片半圆形，高约 3mm，宽约 4mm，两侧耳状，宽约 2mm；腺体 2 枚，圆柱形，长 3.5mm；子房被白色柔毛。蒴果椭圆形，长 1.5～2cm，宽 1.2～2.0cm，成熟时紫红色，干后褐色，表面被不分裂或分裂的柔刺；种子多角形，有浓郁的香气，味苦凉。花期 5～6 月；果期 8～9 月。

属性：性温。功用：逐寒快气，止呕吐，治胃痛，消滞化痰。

外观性状鉴别：

① 阳春砂仁，果实椭圆形、卵圆形或卵形，具不明显的 3 钝棱，长 1.2～2.5cm，直径 0.8～1.8cm，表面红棕色或褐棕色，密被弯曲的刺状突起，纵走棱线状的维管束隐约可见，

先端具突起的花被残基，基部具果柄痕或果柄；果皮较薄，易纵向开裂，内表面淡棕色，可见明显纵行的维管束及菲薄的隔膜，中轴胎座，3室，每室含种子6～20粒，种子集结成团。种子呈不规则多角形，长2～5mm，直径1.5～4mm，表面红棕色至黑褐色，具不规则皱纹，外被淡棕色膜质假种皮，较小一端有凹陷的种脐，合点在较大一端，种脊凹陷成一纵沟。气芳香而浓烈，味辛凉、微苦。

② 绿壳砂仁，果实卵形、卵圆形或椭圆形，隐约呈现3钝棱，长1.2～2.2cm，直径1～1.6cm，表面棕色、黄棕色或褐棕色，密被略扁平的刺状突起；果皮内表面淡黄色或褐黄色；每室含种子8～22粒；种子不规则多角形，长2～4m，直径2～4mm，表面淡棕色或棕色，具较规则的皱纹。气芳香，味辛凉、微苦。

③ 海南砂仁，果实卵圆形、椭圆形、棱状椭圆形或梨形，具有明显的3钝棱，长1～2cm，直径0.7～1.7cm，表面灰褐色或灰棕色，被片状、分枝的短刺；果皮厚而硬，内表面多红棕色；每室含种子4～24粒，种子多角形，长2.5～4mm，直径1.5～2mm，表面红棕色或深棕色，具不规则的皱纹。气味稍淡。以个大、坚实、仁饱满、气香浓者为佳。

理化鉴别：

薄层色谱：取该品挥发油，加乙醇制成1mL含20μL的溶液，作为供试品溶液。另取乙酸龙脑酯对照品，加乙醇制成1mL含10μL的溶液，作为对照品溶液。吸取上述两种溶液各1μL，分别点于同一硅胶G薄层板上，以环己烷-乙酸乙酯（22∶1）为展开剂，展开，取出，晾干，喷以5%香草醛硫酸溶液，热风吹数分钟后检视。供试品色谱中，在与对照品色谱相应的位置上，显相同的紫红色斑点。

品质标准：《中华人民共和国药典》2015年版规定，阳春砂、绿壳砂种子团含挥发油不得少于3.0%（mL/g）；海南砂种子团含挥发油不得少于1.0%（mL/g）。该品含水分不得过15.0%。

阳春砂、叶的挥发油与种子的挥发油相似，含龙脑、乙酸龙脑酯、樟脑、柠檬烯等成分。

19. 高良姜

属香草类草本植物，见图14-23，味食香料。味道辛、香。与它药合用，用于烧、卤、煨菜肴等。

属性：性温。功用：除寒，止心腹之疼，散逆治清涎呕吐。

植物形态：多年生草本。根茎圆柱形，有香气，有节，节处有环形膜质鳞片，节上生根。叶2列，长披针状，无柄，叶鞘开放，抱茎。圆锥形总状花序，顶生，花轴红色，花冠漏斗状，白色或浅红色。蒴果不开裂，球形，成熟时橘红色。种子具有干燥的假种皮。花期4～10月。

喜生于山坡草地或灌木丛中。性喜高温高湿的环境，喜明亮的光照，也耐半阴。生长适温为15～30℃，越冬温度为5℃左右。在疏松、排水良好的肥沃壤土中生长较好。

原产于亚洲热带地区。我国云南、广东、广西及台湾等地区均有栽种。

适宜地区：我国华南及东南地区。

根茎含挥发油0.5%～1.5%，主要成分为1,8-桉叶素、桂皮酸甲酯、丁香油酚、蒎烯、荜澄茄烯及辛辣成分高良姜酚等，尚含黄酮类高良姜素、山奈素、山奈酚、槲皮素、异鼠李素等。

20. 丁香

又名鸡舌香（图14-24），属香木类木本植物，味食香料。味道辛、香、苦。单用或与它药合用均可。常用于扣蒸、烧、煨、煮、卤等菜肴，如丁香鸡、丁香牛肉、丁香豆腐皮等。因其味极其浓郁，故不可多用，不然，则适得其反。

图 14-23　高良姜　　　　　　　　　　　　　图 14-24　丁香

植物形态：落叶灌木或小乔木。小枝近圆柱形或带四棱形，具皮孔。冬芽被芽鳞，顶芽常缺。叶对生，单叶，稀复叶，全缘，稀分裂；具叶柄。花两性，聚伞花序排列成圆锥花序，顶生或侧生，与叶同时抽生或叶后抽生；具花梗或无花梗；花萼小，钟状，具 4 齿或为不规则齿裂，或近截形，宿存；花冠漏斗状、高脚碟状或近幅状，裂片 4 或 5 枚，开展或近直立，花蕾时呈镊合状排列；雄蕊 2 枚，着生于花冠管喉部至花冠管中部，内藏或伸出；子房 2 室，每室具下垂胚珠 2 枚，花柱丝状，短于雄蕊，柱头 2 裂。果为蒴果，微扁，2 室，室间开裂；种子扁平，有翅；子叶卵形，扁平；胚根向上。染色体基数 $x=23$，或 22、24。

属性：性温。功用：宣中暖胃，益肾壮阳，治呕吐。

性状：本品略呈研棒状，长 1～2cm。花冠圆球形，直径 0.3～0.5cm，花瓣 4，复瓦状抱合，棕褐色至褐黄色，花瓣内为雄蕊和花柱，搓碎后可见众多黄色细粒状的花药。萼筒圆柱状，略扁，有的稍弯曲，长 0.7～1.4cm，直径 0.3～0.6cm，红棕色或棕褐色，上部有 4 枚三角状的萼片，十字状分开。质坚实，富油性。气芳香浓烈，味辛辣、有麻舌感。

鉴别：

① 本品萼筒中部横切面　表皮细胞 1 列，有较厚角质层。皮层外侧散有 2～3 列径向延长的椭圆形油室，长 150～200μm；其下有 20～50 个小型双韧维管束，断续排列成环，维管束外围有少数中柱鞘纤维，壁厚，木化。内侧为数列薄壁细胞组成的通气组织，有大型细胞间隙。中心轴柱薄壁组织间散有多数细小维管束，薄壁细胞含众多细小草酸钙簇晶。

粉末暗红棕色。纤维梭形，顶端钝圆，壁较厚，花粉粒众多，极面观三角形，赤道表面观双凸镜形，具 3 副合沟。草酸钙簇晶众多，直径 4～26μm，存在于较小的薄壁细胞中。油室多破碎，分泌细胞界限不清，含黄色油状物。

② 取本品粉末 0.5g，加乙醚 5mL，振摇数分钟，滤过，滤液作为供试品溶液。另取丁香酚对照品，加乙醚制成 1mL 含 16μL 的溶液，作为对照品溶液。吸取上述两种溶液各 5μL，分别点于同一硅胶 G 薄层板上，以石油醚（60～90℃）-乙酸乙酯（9∶1）为展开剂，展开，取出，晾干，喷以 5％香草醛硫酸溶液，于 105℃加热至斑点显色清晰。供试品色谱中，在与对照品色谱相应的位置上，显相同颜色的斑点。

花蕾和叶含挥发油即丁香油。油中主要含有丁香酚、乙酰丁香油酚、石竹烯，以及甲基正戊基酮、水杨酸甲酯、葎草烯、苯甲醛、苄醇、间甲氧基苯甲醛、乙酸苄酯、胡椒酚、依兰烯等。

21. 花椒

花椒系芸香科花椒属植物，见图 14-25，全世界约有 250 种，分布于亚洲、美洲、非洲及大洋洲的热带和亚热带地区。我国约有 45 种，13 个变种，大部分花椒品种仍处于野生状态。在我国大面积人工栽培的品种主要是青椒（又名青川椒、崖椒、野椒、香椒子）和花椒（又名川椒、秦椒、蜀椒、大红袍等）。花椒分布于全国 20 多个省份，以南部各省区最多，尤其是川西南地区。我国华北、西北、华中、华东等地区均有生产。

花椒属木本植物，味食香料，味道辛、麻、香。凡动物原料皆可用之，单用或与它药合用均宜，多用于炸、煮、卤、烧、炒、烤、煎菜肴等，荤素皆宜。在川菜中，对花椒的使用较广较多。

植物形态：花椒是落叶灌木或小乔木，高 3～7m，具香气，茎干通常有增大的皮刺。单数羽状复叶，互生，叶柄两侧常有一对扁平基部特宽的皮刺；小叶 5～11，对生，近于无柄，纸质，卵形或卵状矩圆形，长 1.5～7cm，宽 1～3cm，边缘有细钝锯齿，齿缝处有粗大透明的腺点，下面中脉基部两侧常被一簇锈褐色长柔毛。聚伞状圆锥花序顶生；花单性，花被片 4～8，一轮，子房无柄。蓇葖果球形，红色或紫红色，密生疣状突起的腺点。

除东北和新疆外几乎分布于全国各地，野生或栽培。喜生于阳光充足、温暖、肥沃的地方。

功用：入药有散寒燥湿、杀虫之效；种子可榨油；叶制农药。

花椒的化学成分主要有挥发油、生物碱、酰胺、香豆素等，可用萃取法、萃取回流法、常压水蒸气蒸馏法、萃取回流水蒸气蒸馏法、萃取减压水蒸气蒸馏法以及超临界 CO_2 萃取法等方法进行分离提取。

鉴别：取本品粉末 2g，加乙醚 10mL，充分振摇，浸渍过夜，滤过，滤液挥至约 1mL，作为供试品溶液。另取花椒对照药材 2g，同法制成对照药材溶液。吸取上述两种溶液各 5μL，分别点于同一硅胶 G 薄层板上，以正己烷-乙酸乙酯（4∶1）为展开剂，展开，取出，晾干，置紫外线灯（365nm）下检视。供试品色谱中，在与对照药材色谱相应的位置上，显相同的红色荧光主斑点。

含量测定：本品含挥发油不得少于 1.5％（mL/g）。

花椒果实含挥发油，挥发油中含柠檬烯、枯茗醇，亦含有香叶醇、植物甾醇及不饱和脂肪酸；还含 α-蒎烯、β-蒎烯、香桧烯、β-水芹烯、β-罗勒烯-X、α-萜品醇、樟醇、4-萜品烯醇、α-萜品醇、反石竹烯、乙酸萜品醇、葎草烯、β-荜澄茄油烯、橙花叔醇异构体等。

22. 孜然

味食香料，味辛、香，见图 14-26。通常是单用，主要用于烤、煎、炸羊肉、牛肉、鸡、鱼等菜肴，是西北地区常用而喜欢的一种香料。孜然的味道极其浓烈而且特殊，南方人较难接受此味，故在南方菜中极少有孜然的菜肴。

图 14-25　花椒　　　　　　　　　　图 14-26　孜然

植物形态：一年生或二年生草本，高 20～40cm，全株（除果实外）光滑无毛。叶柄长 1～2cm 或近无柄，有狭披针形的鞘；叶片三出式 2 回羽状全裂，末回裂片狭线形，长 1.5～5cm，宽 0.3～0.5mm。复伞形花序多数，多呈二歧式分枝，伞形花序直径 2～3cm；总苞片 3～6，线形或线状披针形，边缘膜质，白色，顶端有长芒状的刺，有时 3 深裂，不等长，长 1～5cm，反折；伞辐 3～5，不等长；小伞形花序通常有 7 花，小总苞片 3～5，与总苞片相似，顶端针芒状，反折，较小，长 3.5～5.0mm，宽 0.5mm；花瓣粉红或白色，长圆形，顶端微缺，有内折的小舌片；萼齿钻形，长超过花柱；花柱基圆锥状，花柱短，叉开，柱头头状，分生果长圆形，两端狭窄，长 6mm，宽 1.5mm，密被白色刚毛；每棱槽内油管 1，合生面油管 2，胚乳腹面微凹。花期 4 月，果期 5 月。

属性：性热。功用：宣风祛寒，暖胃除湿。

张国彬等采用毛细管 GC-MS 以及气相色谱 Kouvats 保留指数的双重鉴定方法，鉴定出新疆产孜然精油中的 17 种化合物，占总油量的 94％。该精油的主要成分是枯茗醛（37.01％）、桃金娘烯醛（22.92％）、α-萜品烯（12.34％）、β-蒎烯（9.58％）、对伞花烃（5.3％）。

焦勇等利用毛细管气相色谱和 GC-MS 技术，从孜然芹种子挥发油中鉴定出 15 种成分，主要成分为枯茗醛（27.97％）、对伞花烃（16.17％）、β-蒎烯（15.14％）、桃金娘烯醛（12.37％）、γ-萜品烯（10.93％）。

阎建辉等对水蒸气蒸馏法提取的孜然精油进行了 GC-MS 分析，主要成分为枯茗醛（32.26％）和藏花醛（26.49％）。

Li 等利用水蒸气蒸馏法提取了孜然精油，并通过 GC 及 GC-MS 分离鉴定出 37 种组分，其主要组分是枯茗醛（36.31％）、枯茗醇（16.92％）、γ-萜品烯（11.14％）、藏花醛（10.87％）、对伞花烃（9.85％）、β-蒎烯（7.75％）。

孜然种子保存 36 年后，其精油的主要成分是枯茗醛（36％）、β-蒎烯（19.3％）、对伞花烃（18.4％）、γ-萜品烯（15.3％），与新鲜种子提取的孜然精油成分相差不大。

Jalali-Heravi 等利用 GC-MS 结合 OPR、DS-MCR-ALS 等解析方法鉴定出孜然精油中的 49 种成分，其主要成分中含量最高的是 2-甲基-3-苯基醛（32.27％），其次是 γ-萜品烯（15.82％）、桃金娘烯醛（11.64％）、β-蒎烯（6.96％）、对伞花烃（6.03％）、2-蒈烯-10-醛（5.09％）。

李伟等用水蒸气蒸馏法提取孜然精油，并利用 GC-MS 联机对精油进行成分分析，分离鉴定出精油中的 26 个成分，其主要成分是蒈烯-10-醛（17.71％）、3-蒈烯-10-醛（17.54％）、γ-萜品烯（7.01％）及 β-蒎烯（5.24％）。

Hashemi 等采用超声波辅助固相微萃取的方法将孜然种子中的可挥发性成分富集，通过 GC-MS 分析得到了孜然种子中的主要挥发性成分为 1,3-对盖二烯-7-醛（46.64％）、枯茗醛（27.67％）、γ-萜品烯（12.42％）、对伞花烃（4.9％）、β-蒎烯（4.73％）。

这些检测报告都指出枯茗醛是孜然精油的重要组成成分之一，其含量在 26％～40％，可做鉴定孜然时参考。

23. 胡椒

属藤本植物，味食香料，见图 14-27。味道浓辛、香，一切动物原料皆可用之，汤、菜均宜，因其味道极其浓烈，故用量甚微。胡椒常研成粉，在粤菜中用得较广。

植物形态：多年生常绿攀援藤本植物，系浅根性作物，蔓近圆形，木栓后呈褐色，主蔓上有顶芽和腋芽。主蔓上抽生的分枝和由其抽生的各分枝和分枝上抽生的结果枝构成枝序；叶为椭圆形、卵形或心脏形，全缘、单叶互生，叶面深绿色；花穗着生于枝条节上叶片的对侧，栽培品种多为雌雄同花，少数雌雄异花；果为球形、无柄、单核浆果，成熟时为黄绿色、红色；我国的胡椒盛花期一般为 3～5 月、5～7 月、8～11 月，花期与雨水、温度及植株营养状况有关。

属性：性热。功用：散寒，下气，宽中，消风，除痰。

性状鉴别：

① 黑胡椒果实近圆球形，直径 3～6mm。表面暗棕色至灰黑色，具隆起的网状皱纹，顶端有细小的柱头残迹，基部有自果柄脱落的疤痕。质硬，外果皮可剥离，内果

图 14-27　胡椒

皮灰白色或淡黄色，断面黄白色，粉性，中有小空隙。气芳香，味辛辣。以粒大、饱满、色黑、皮皱、气味强烈者为佳。

② 白胡椒果核近圆球形，直径 3～6mm。最外为内果皮，表面灰白色，平滑，先端与基部间有多数浅色线状脉纹。以粒大、个圆、坚实、色白、气味强烈者为佳。

显微鉴别：黑胡椒横切面：外果皮由 1 列表皮及 2～3 列下皮层细胞组成，下皮层中夹有较多黄色石细胞群。中果皮薄壁组织中有大型油细胞分布，并有细小纸管束散在。内果皮为 1 列黄色石细胞，内壁特厚。种皮为 2～3 列压缩状长形细胞，棕色至暗棕色，内为 1 列透明细胞。外胚乳最外 2～3 列细胞含细小糊粉粒，内层细胞中含淀粉粒，并有黄棕色或黄绿色油细胞散在。

化学鉴别：

① 取本品粉末少量，加硫酸 1 滴，显红色，渐变红棕色，后转棕褐色。

② 取本品粉末 0.5g，加无水乙醇 5mL，超声处理 30min，滤过，滤液作为供试品溶液。另取胡椒碱对照品，置棕色量瓶中，加无水乙醇制成 1mL 含 4mg 的溶液，作为对照品溶液。吸取上述两种溶液各 2μL，分别点于同一硅胶 G 薄层板上，以甲苯-乙酸乙酯-丙酮（7∶2∶1）为展开剂，展开，取出，晾干，喷以 10% 硫酸乙醇溶液，加热至斑点显色清晰。供试品色谱中，在与对照品色谱相应的位置上，显相同颜色的斑点。

胡椒用水蒸气蒸馏法可得到精油，内含向日葵素、二氢香茅醇、氧化丁香烯、隐品酮、顺式对-2-烯-1-醇、顺式-2,8-二烯-1-醇、胡椒酮、倍半香桧烯、β-蒎酮、1,1,4-三甲基环庚-2,4-二烯-6-酮、松油-1-烯-5-醇-3,8（9）-二烯-1-醇、N-甲酰哌啶、荜澄茄-5,10（15）-二烯-4-醇、对聚伞花素-8-醇甲醚等。

24. 甘草

又名甜草（图 14-28），属草本植物，味食香料，味甘。主要用于腌腊制品及卤菜。

图 14-28 甘草

植物形态：直立属，叶互生，奇数现状复叶，小叶 7～17 枚，椭圆形卵状，总状花序腋生，淡紫红色，蝶形花。长圆形荚果，有时呈镰刀状或环状弯曲，密被棕色刺毛状腺体。扁圆形种子。花期 6～7 月，果期 7～9 月。

属性：性平。功用：和中，解百毒，补气润肺，止咳，泻火，止一切痛，可治气虚乏力、食少便溏、咳嗽气喘、咽喉肿痛、疮疡中毒、脘腹及四肢痉挛作痛等症。

性状鉴别：

① 本品横切面：木栓层为数列棕色细胞。皮层较窄。韧皮部射线宽广，多弯曲，常现裂隙；纤维多成束，非木化或微木化，周围薄壁细胞常含草酸钙方晶；筛管群常因压缩而变形。束内形成层明显。木质部射线宽 3～5 列细胞；导管较多，直径约至 160μm；木纤维成束，周围薄壁细胞亦含草酸钙方晶。根中心无髓；根茎中心有髓。

粉末淡棕黄色。纤维成束，直径 8～14μm，壁厚，微木化，周围薄壁细胞含草酸钙方晶，形成晶纤维。草酸钙方晶多见。具缘纹孔导管较大，稀有网纹导管。木栓细胞红棕色，多角形，微木化。

② 取本品粉末 1g，加乙醚 40mL，加热回流 1h，滤过，药渣加甲醇 30mL，加热回流 1h，滤过，滤液蒸干，残渣加水 40mL 使溶解，用正丁醇提取 3 次，每次 20mL，合并正丁醇液，用水洗涤 3 次，蒸干，残渣加甲醇 5mL 使溶解，作为供试品溶液。另取甘草对照药材 1g，同法制成对照药材溶液。再取甘草酸铵对照品，加甲醇制成每 1mL 含 2mg 的溶液，作为对照品溶液。吸取上述三种溶液各 1～2μL，分别点于同一用 1% 氢氧化钠溶液制备的硅胶 G 薄层板上，以乙酸乙酯-甲酸-冰醋酸-水（15∶1∶1∶2）为展开剂，展开，取出，晾干，喷以 10% 硫酸乙醇溶液，在 105℃ 加热至斑点显色清晰，置紫外线灯（365nm）下检视。供试品色谱中，在与对照药材色谱相应的位置上，显相同颜色的荧光斑点；在与对照品色谱相应的位置上，显相同的橙黄色荧光斑点。

25. 罗汉果

属藤本植物，味食香料，味道甘，主要用于卤菜，见图 14-29。

图 14-29　罗汉果

植物形态：多年生攀援草本。具肥大的块根，纺锤形或近球形。茎稍粗壮，有棱沟，初被黄褐色柔毛和黑色疣状腺鳞，后毛渐脱落变近无毛。叶柄长 3～10cm，被同枝条一样的毛被和腺鳞；叶片膜质，卵状心形、三角状卵或阔卵状心形，长 12～23cm，宽 5～17cm，先端渐尖或长渐尖，边缘微波状，由于小脉伸出而具小齿，有缘毛，叶面绿色，被稀疏柔毛和黑色疣状腺鳞，老后毛逐渐脱落变近无毛，下面淡绿色，被短毛和混生黑色疣状腺鳞，老后渐脱落。卷须稍粗壮，初时被短柔毛，后渐变无毛，2 歧，在分叉点上下面时旋卷。雌雄异株；雄花序总状，6～10 朵花生于花序轴上部，也具有短柔毛和黑色疣状腺鳞；花梗细，花萼筒钟状，喉部常具有 3 枚长圆形的膜质鳞片，花萼裂片 5，三角形，先端钻状尾尖，具 3 脉，脉稍隆起；花冠黄色，被黑色腺点，裂片 5，长圆形，常具 5 脉；雄蕊 5，插生于筒下近基部；两基部靠合，而 1 枚分离，花丝基部膨大；雌花单生或 2～5 朵集生在 6～8cm 的总花梗顶端，花萼、花梗均比雄花大，退化雄蕊 5，子房长圆形，长 10～12mm，密生黄褐色茸毛，花柱粗短，柱头 3，膨大，镰形，2 裂。果实球形或长圆形，长 6～11cm，径 4～8cm，初密被黄褐色的茸毛，果皮较薄，干后易脆。种子多数，淡黄色，近圆形或阔卵形，扁压状，长 15～18mm，宽 10～12mm，基部钝圆，先端稍稍变狭，两面中内稍凹陷，周围有放射状的沟纹，边缘微波状，幼时深红棕色，成熟时青色。花期 2～5 月，果期 7～9 月。

本植物除罗汉果的果实能药用外，罗汉果叶、罗汉果根亦能药用。

属性：性凉。功用：清热，解毒，益气，润肺，化痰，止咳，解暑，生津，清肝，明目，润肠，舒胃，可治呼吸系统、消化系统、循环系统的多种疾病，尤其对支气管炎、急慢性咽喉炎、哮喘、高血压、糖尿病等症均有显著疗效。

鉴别方法：

① 本品粉末棕褐色。果皮石细胞大多成群，黄色，方形或卵圆形，直径 $7\sim38\mu m$，壁厚，孔沟明显。种皮石细胞类长方形或不规则形，壁薄，具纹孔。纤维长梭形，直径 $16\sim42\mu m$，胞腔较大，壁孔明显。可见梯纹和螺纹导管。薄壁细胞呈不规则形，具纹孔。

② 取本品粉末 2g，加稀乙醇 20mL，加热回流 30min，滤过，滤液蒸至约 5mL，用正丁醇提取 2 次（10mL、5mL），合并正丁醇液，蒸干，残渣加甲醇 0.5mL 使溶解，作为供试品溶液。另取罗汉果对照药材 2g，同法制成对照药材溶液。照薄层色谱法试验，吸取上述两种溶液各 $10\mu L$，分别点于同一以羧甲基纤维素钠为黏合剂的硅胶 G 薄层板上，以氯仿-甲醇-水（60∶10∶1）为展开剂，展开，取出，晾干，喷以 10% 硫酸乙醇溶液，加热至斑点显色清晰。供试品色谱中，在与对照药材色谱相应的位置上，显相同颜色的斑点。

26. 香茅

属香草类草本植物，味食香料，见图 14-30。味道香，微甘。通常研成粉用，主要用于烧烤类菜肴，也用于调制复合酱料。

香茅是禾本科香茅属约 55 种芳香性植物的统称，亦称为香茅草，为常见的香草之一。有的带柠檬香气，被称为柠檬草。治疗风湿效果颇佳，治疗偏头痛，抗感染，改善消化功能，除臭、驱虫。抗感染，收敛肌肤，调理油腻、不洁皮肤。赋予清新感，恢复身心平衡（尤其生病初愈的阶段），是芳香疗法及医疗方法中用途最广的精油，也可用于室内当芳香剂。

植物形态：多年生密丛型具香味草本。秆高达 2m，粗壮，节下被白色蜡粉。叶鞘无毛，不向外反卷，内面浅绿色；叶舌质厚，长约 1mm；叶片长 $30\sim90cm$，宽 $5\sim15mm$，顶端长渐尖，平滑或边缘粗糙。伪圆锥花序具多次复合分枝，长约 50cm，疏散，分枝细长，顶端下垂；佛焰苞长 $1.5\sim2cm$；总状花序不等长，具 $3\sim4$ 或 $5\sim6$ 节，长约 1.5cm；总梗无毛；总状花序轴节间及小穗柄长 $2.5\sim4mm$，边缘疏生柔毛，顶端膨大或具齿裂。无柄小穗线状披针形，长 $5\sim6mm$，宽约 0.7mm；第一颖背部扁平

图 14-30　香茅

或下凹成槽，无脉，上部具窄翼，边缘有短纤毛；第二外稃狭小，长约 3mm，先端具 2 微齿，无芒或具长约 0.2mm 芒尖。有柄小穗长 $4.5\sim5mm$。花果期夏季，少见有开花者。

属性：性寒。功用：降火，利水，清肺。

显微鉴别：

粉末特征：淡棕绿色。

① 非腺毛 $1\sim6$ 细胞，平直，弯曲或顶端弯成钩状，直径 $11\sim34\mu m$，长约至 $512\mu m$，有的基部细胞膨大至 $70\mu m$，壁稍厚，表面有细密疣状突起。

② 腺鳞头部 8 细胞，直径 59～86μm，柄单细胞，极短。

③ 小腺毛头部圆形或长圆形，1～2（～4）细胞，直径 16～33μm；柄 1～2 细胞，甚短。

④ 叶表皮细胞垂周壁稍弯曲，连珠状增厚，表达式面有细条纹；气孔直轴式。

⑤ 叶肉细胞含细小草酸下方晶，直径 1.5～6μm。此外有萼片表皮细胞、花粉粒、茎表皮、柱鞘纤维及导管等。

香茅油又称香草油或雄刈萱油，由香茅的全草经蒸汽蒸馏而得，淡黄色液体，有浓郁的山椒香气，主要成分是香茅醛、香叶醇和香茅醇。用于提取香茅醛，供合成羟基香茅醛、香叶醇和薄荷脑，也可用作杀虫剂、驱蚊药和皂用香料。

27. 陈皮

即干橘子皮（图 14-31），属木本植物，味食香料，味道辛、苦、香，单用或与它药合用均

宜。陈皮主要用于烧、卤、扣蒸、煨荤菜等，也用于调制复合酱料。

植物形态：常绿小乔木，高约 3m。小枝较细弱，常有短刺。叶椭圆状卵形、披针形，先端钝常凹缺，基部楔形，钝锯齿不明显，叶柄的翅很窄近无翅。花白色，芳香，单生或簇生叶腋，花期 5 月。果扁球形，径 5～7cm，橙红色和橙黄色，果皮与果瓣易剥离，果心中空，果熟 10～12 月。喜光，稍耐侧荫，光照不足只长枝叶，不开花，喜通风良好、温暖的气候，不耐寒，不能低于－9℃，比柚子、甜橙耐寒，江苏南部太湖一带可露地过冬，但须小气候好、有防风林。适生于疏松肥沃、腐殖质丰富、排水良好的沙壤土，切忌积水，根系有菌根共生。耐修剪，年可抽生枝。

属性：性温。功用，驱寒除湿，理气散逆，止咳祛痰。

理化鉴别：

① 该品粉末 0.3g 加甲醇 10mL，加热回流 20min，滤过，取滤液 1mL，加镁粉少量与盐酸 1mL，溶液渐成红色。（检查橙皮苷）

图 14-31　陈皮

② 薄层色谱：

样品液：按上项制取滤液 5mL，浓缩至 1mL，作供试溶液。

对照品液：取橙皮苷加甲醇制成饱和溶液，作对照品液。

取出，晾干，再以甲苯-乙酸乙酯-甲酸-水（20：10：1：1）的上层溶液展至约 8cm。

显色：喷以三氯化铝试液，置紫外线灯（365nm）下检视，供试品溶液色谱在与对照品溶液色谱相应位置，显相同颜色的荧光斑点。

28. 乌梅

属木本植物，味食香料，见图 14-32。味道酸、香，其用途不大，只用于调制酸甜汁，或加入醋中泡之，使醋味更美。

植物形态：落叶小乔木，高可达 10m。树皮淡灰色，小枝细长，先端刺状。单叶互生；叶柄长 1.5cm，被短柔毛；托叶早落；叶片椭圆状宽卵形，春季先叶开花，有香气，1～3 朵簇生于二年生侧枝叶腋。花梗短；花萼通常红褐色，但有些品种花萼为绿色或绿紫色；花瓣 5，白色或淡红色，直径约 1.5cm，宽倒卵形；雄蕊多数。果实近球形，直径 2～3cm，黄色或绿白色，被柔毛；核椭圆形，先端有小突尖，腹面和背棱上的沟槽，表面具蜂窝状孔穴。花期春季，果期 5～6 月。

辛、苦温，温中散寒、理气止痛，少用。

性状鉴定：核果类球形或扁球形，直径 2～3cm。表面棕黑色至乌黑色，皱缩，于扩大镜下可见毛茸，基部有圆形果梗痕。果肉柔软或略硬，果核坚硬，椭圆形，棕黄色，表面有凹点，内含卵圆形、淡黄色种子 1 粒。具焦酸气，味极酸而涩。以个大、肉厚、柔润、味极酸者为佳。

图 14-32　乌梅

显微鉴别：粉末特征：红棕色。

① 非腺毛大多为单细胞，少数 2～5 细胞，平直或弯曲作镰刀状，浅黄棕色，长 32～400（～720）μm，直径 16～49μm，壁厚，非木化或微木化，表面有时可见螺纹交错的纹理，基部稍圆或平直，胞腔常含棕色物。

② 中果皮薄壁细胞皱缩，有时含草酸钙簇晶，直径 26～35μm。

③ 纤维单个或数个成束散列于薄壁组织中，长梭形，直径 6～29μm，壁厚 3～9μm，非木化或微木化。

④ 表皮细胞表面观类多角形，胞腔含黑棕色物，有时可见毛茸脱落后的疤痕。

⑤ 石细胞少见，长方形、类圆形或类多角形，直径 20～36μm，胞腔含红棕色物。

化学鉴定：

薄层色谱：取该品粗粉 0.1g，加蒸馏水 5mL，沸水浴中煮 20min，滤过。滤液于水浴上蒸干，以乙醇 1mL 溶解供点样。柠檬酸和苹果酸醇溶液为对照品。分别点样于同一硅胶 G 薄层板上，以乙酸丁酯-甲酸-水（4∶2∶2）上层液展开，用 0.1%溴甲酚绿醇溶液显色。供试品色谱中，在与对照品色谱的相应位置上，显相同的黄色斑点。

有人测过一个乌梅样品，其所含挥发性成分主要有苯甲醛（62.40%）、4-松油烯醇（3.97%）、苯甲醇（3.97%）和十六烷酸（4.55%）等。

29. 木香

植物形态：多年生高大草本（图 14-33），高 1.5～2m。柱根粗壮，圆形，直径可达 5cm，表面黄褐色，有稀疏侧根。茎直立，被有稀疏短柔毛。基生叶大型，具长柄；叶片三角状卵形或长三角形，长 30～100cm，宽 15～20cm，基部心形或阔楔形，下延直达叶柄基部或一规则分裂的翅状，叶缘呈不规则浅裂或波状，疏生短刺，上面深绿色，被短毛，下面淡绿带褐色，

图 14-33　木香

被短毛；茎生叶较小，叶基翼状，下延抱茎。头状花序顶生及腋生，通常 2～3 个丛生于花茎顶端，几无总花梗，腋生者单一，有长的总花梗；总苞片约 10 层，三角状披针形或长披针形，长 9～25mm，外层较短，先端长锐尖如刺，疏被微柔毛；花全部管状，暗紫色，花冠管长 1.5cm，先端 5 裂；雄蕊 5，花药联合，上端稍分离，有 5 尖齿；子房下位，花柱伸出花冠之外，柱头 2 裂。瘦果线形，长端有 2 层黄色直立的羽状冠毛，果熟时多脱落。花期 5～8 月，果期 9～10 月。

性味：性温，味辛、苦。

有广木香、云木香两种，行气止痛，气味浓香，配料时少用。

性状鉴别：根圆柱形、平圆柱形，长 5～15cm，直径 0.5～5.5cm。表面黄棕色、灰褐色或棕褐色，栓皮大多已除去，有明纵沟及侧根痕，有时可见网状纹理。质坚硬，难折断，断面稍平坦，灰黄色、灰褐色或棕褐色，散有深褐色油室小点，形成层环棕色，有放射状纹理，老根中央多枯朽。气芳香浓烈而特异，味先甜后苦，稍刺舌。以条匀、质坚实、没性足、香气浓郁者为佳。

显微鉴别：根横切面木栓层为 2～6 列木栓细胞，有时可见残存的落皮层。韧横切面木栓层为 2～6 列木本细胞，有时可见残存的落皮层。韧皮部宽广，筛管群明显；韧皮纤维成束，稀疏散在或排成 1～3 环列。形成层成环。木质部导管单列径向排列；木纤维存在于近形成层处及中心导管旁；初生木质部四原型。韧皮部、木质部中均有类圆形或椭圆形油室散在。该品薄壁细胞中含菊糖。

粉末特征：黄色或黄棕色。

① 菊糖碎块极多，用冷水合氯醛装置，呈房形、不规则团块状，有的表面现放射状线纹。

② 木纤维多成束，黄色，长梭形，末端倾斜或细尖，直径 16～24μm，壁厚 4～5μm，非木化或微木化，纹孔横裂缝隙状或人字形、十字形。

③ 网纹、具缘纹孔及梯纹导管直径 32～90μm，导管分子一般甚短，有的长仅 64μm。

④ 油室碎片淡黄色，细胞中含挥发油滴。

⑤ 薄壁细胞淡黄棕色，有的含小形草酸钙方晶。此外，有木栓细胞、韧皮纤维及不规则棕色块状。

理化鉴别：取该品粉末 0.5g，加乙醇 10mL 水浴加热约 1min，滤过。取滤液 1mL 置试管中，加浓硫酸 0.5mL，显浓紫色。（检查去氢木香内酯）；经 70% 乙醇浸软后的切片，加 15% α-萘酚溶液与硫酸各 1 滴，即显紫色。（检查糖类）

根油主含去氢木香内酯，木香烯内酯，含量达 50%，还含木香萜醛，4β-甲氧基去氢木香内酯，木香内酯，二氢木香内酯，α-环木香烯内酯，β-环木香烯内酯，土木香内酯，异土木香内酯，异去氢木香内酯，异中美菊素，12-甲氧基二氢去氢木香内酯，二氢木香烯内酯，木香烯，单紫杉烯，(E)-9-异丙基-6-甲基-5,9-癸二烯-2-酮，(E)-6,10-二甲基-9-亚甲基-5-十一碳烯-2-酮，对聚伞花素，月桂烯，β-榄香烯，柏木烯，荜草烯，β-紫罗兰酮，芳樟醇，柏木醇，木香醇，榄香醇，白桦脂醇，β-谷甾醇，豆甾醇，森香酸，棕榈酸和亚油酸等。

30. 甘松

辛、甘，性温，近似香草药理，治食欲缺乏、气郁胸闷，常用作卤盐水鹅。

植物形态：多年生草本（图 14-34），高 20～35cm。全株有强烈松脂样香气。基生叶较少而疏生，通常每丛 6～9 片，叶片窄线状倒披针形或倒长披针形，长 6～20cm，宽 4～10mm，先端钝圆，中以下渐窄略成叶柄状，基部稍扩展成鞘，全缘，上面绿色，下面淡绿色；主脉三出。聚伞花序呈紧密圆头状；总苞 2 片，长卵形；小苞片 2，甚小；花萼 5 裂，齿极小；花粉红色；花冠筒状，先端 5 裂，基部偏突；雄蕊 4，伸出花冠；子房下位，花柱细长，伸出花冠外，柱头漏斗状。瘦果倒卵形，长约 3mm，萼突破存。花期 8 月。

图 14-34　甘松

宽叶甘松与甘松的区别在于：根茎密被叶鞘纤维；丛生叶长是匙形或线状倒披针形，长达 25cm，宽达 2.5cm，基部渐窄而为叶柄。茎生叶下部的椭圆形至倒卵形，下延成叶柄，上部的叶无柄。花后花序主轴和侧轴多数不明显伸长。果实被毛。花期 6～8 月。

地理分布：

① 生态环境：生于海拔 3000～4500m 的高山草原地带或疏林中。

② 资源分布：分布于甘肃、内蒙古、青海、四川、贵州、云南西北部、西藏等地。

性状鉴别：

原药材形状：略呈圆锥形，多弯曲，长 5～18cm。根茎短，上端有残留茎基。外层黑棕色，内层棕色或黄色。表面棕褐色。外被多数基生叶残基，膜质片状或纤维状，根单一或数条交结，分枝或并列，直径 0.3～1cm；表面皱缩，有须根。

质地松脆，易折断。断面粗糙，皮部深棕色，分层，常裂成片状，木部黄白色。

气特异，味苦而辛，有清凉感。

以条长、根粗、香气浓者为佳。

显微鉴别：

粉末特征表皮细胞呈长方形或长多角形，淡棕色，壁呈念珠状增厚，有时可见较细密的波状扭曲纹理；另一种碎片的表皮细胞呈长条形，黄棕色或黄色，壁有时呈念珠状增厚。石细胞多单个散在，亦有 2～3 个成群，呈类圆形或类椭圆形，偶可见长条形者，长达 250μm，壁极厚，无色；胞腔常呈多分枝状，并可见扁圆形的壁孔。

理化鉴别：

（1）化学定性

①取粗粉 0.5g，加石油醚 5mL，振摇，放置过夜，滤过。滤液置蒸发皿中蒸干，残渣加浓硫酸数滴，显红棕色。

②取粉末 50g，提取挥发油。取油 0.1mL，加乙醇 2.4mL 稀释，再加 2,4-二硝基苯肼试剂 0.5mL，振摇后放置，析出橘红色沉淀。

（2）挥发油测定　含挥发油不得少于 2.0%。甘松地上与地下部分挥发油主要成分均含有水菖蒲烯、马里烯、古芸烯、马兜铃烯、广藿香醇、喇叭烯氧化物等。

伪品及易混品：

大花甘松为败酱科植物大花甘松 *Nardostachys grandiflora* DC. 的根及根茎，主产于云南，亦作甘松药用。药材较正品粗大，长约 13cm，直径 1.5cm。基生叶残基多，且多呈纤维状，显灰棕色，香气较弱。

31. 干姜

分南姜和北姜，辛、温、发汗解表，温中止呕，化痰温肾散寒，是家庭伤风感冒、胃不好的必备之品。

图 14-35　干姜

植物形态：多年生草本（图 14-35），高 50～80cm。根茎肥厚，断面黄白色，有浓厚的辛辣气味。叶互生，排成 2 列，无柄，几抱茎；叶舌长 2～4mm；叶片披针形至线状披针形，长 15～30cm，宽 1.5～2.2cm，先端渐尖，基部狭，叶革鞘状抱茎，无毛。花葶自根茎中抽出，长 15～25cm；穗状花序椭圆形，长 4～5cm；苞片卵形，长约 2.5cm，淡绿色，边缘淡黄色，先端有小尖头；花萼管长约 1cm，具 3 短尖齿；花冠黄绿色，管长 2～2.5cm，裂片 3，披针形，长不及 2cm，唇瓣的中间裂片长圆状倒卵形，较花冠裂片短，有紫色条纹和淡黄色斑点，两侧裂片卵形，黄绿色，具紫色边缘；雄蕊 1，暗紫色，花药长约 9cm，药隔附属体包裹住花柱；子房 3 室，无毛，花柱 1，柱头近球形。蒴果。种子多数，黑色。花期 8 月。

性状鉴别：根茎呈不规则块状，略扁，具指状分枝，长 3～7cm，厚 1～2cm。表面灰棕色或浅黄棕色，粗糙，具纵皱纹及明显的环节。分枝处常有鳞叶残存，分枝顶端有茎痕或芽。质坚实，断面黄白色或灰白色，粉性或颗粒性，有一明显圆环（内皮层），筋脉点（维管束）及黄色油点散在。气香，特异，味辛辣。以质坚实、断面色黄白、粉性足、气味浓者为佳。

显微鉴别（根茎横切面）：木柱层为多列扁平木柱细胞。皮层散列多数叶迹维管束；内皮层明显，可见凯氏带。中柱占根茎的大部分，散列多数外韧型维管束，近中往鞘处维管束形小，排列较紧密，木质部内侧或周围有非木化的纤维束。本品薄壁组织中散有油细胞。薄壁细胞含淀粉粒。

理化鉴别：

薄层色谱：分取干姜 1g、生姜 5g 磨碎，各加甲醇适量，振摇后静置 1h，滤过。滤液浓缩至约 1mL，作供试液，以芳樟醇、1,8-桉油素为对照品，分别点样于同一硅胶 G 薄层板上，用石油醚-乙酸乙酯（85：15）展开，喷以 1％香草醛硫酸液。供试液色谱在与对照品色谱的相应位置上，显相同的斑点。

干姜含挥发油 2％～3％，为淡黄色或黄绿色的油状液体，油中主成分为姜酮，其次为 β-没药烯、α-姜黄烯、β-倍半水芹烯及姜醇；另含 d-莰烯、桉叶油素、柠檬醛、龙脑等萜类化合物及姜烯等。

32. 辛夷

辛夷味辛性温、通鼻窍，我国各地都有，别名木笔花、望春花、通春花，见图 14-36，是卤菜烤肉的好材料。

植物形态：灌木，高 3～4m。干皮灰白色、灰色，纵裂；小枝紫褐色，平滑无毛，具纵阔椭圆形皮孔，浅白棕色；顶生冬芽卵形，长 1～1.5cm，被淡灰绿色绢毛，腋芽小，长 2～3mm。叶互生，具短柄，柄长 1.5～2.0cm，无毛，有时稍具短毛；叶片椭圆形或倒卵状椭圆形，长 10～16cm，宽 5～8.5cm，先端渐尖，基部圆形，或呈圆楔形，全缘，两面均光滑无毛，有时于叶缘处具极稀短毛，表面绿色，背面浅绿色，主脉凸出。花于叶前开放，或近同时开放，单一，生于小枝顶端；花萼 3 片，绿色，卵状披针形，长为花瓣的 1/4～1/3，通常早脱；花冠 6 片，外面紫红色，内面白色，倒卵形，长 8cm 左右，雄蕊多数，螺旋排列，花药线形，花丝短；心皮多数分离，亦螺旋排列，花柱短小尖细。果实长椭圆形，有时稍弯曲。花期 2～3 月，果期 6～7 月。

图 14-36　辛夷

鉴别：

① 本品粉末灰绿色或淡黄绿色。非腺毛甚多，散在，多碎断；完整者 2～4 细胞，亦有单细胞，壁厚 4～13μm，基部细胞短粗膨大，细胞壁极度增厚似石细胞。石细胞多成群，呈椭圆形、不规则形或分枝状，壁厚 4～20μm，孔沟不甚明显，胞腔中可见棕黄色分泌物。油细胞较多，类圆形，有的可见微小油滴。苞片表皮细胞扁方形，垂周壁连珠状。

② 取本品粗粉 1g，加氯仿 10mL，密塞，超声处理 30min，滤过，滤液蒸干，残渣加氯仿 2mL 使溶解，作为供试品溶液。另取木兰脂素对照品，加甲醇制成 1mL 含 1mg 的溶液，作为对照品溶液。吸取上述两种溶液各 2～10μL，分别点于同一以羧甲基纤维素钠为黏合剂的硅胶 H 薄层板上，以氯仿-乙醚（5：1）为展开剂，展开，取出，晾干，喷以 10％硫酸乙醇溶液，在 90℃加热至斑点显色清晰。供试品色谱中，在与对照品色谱相应的位置上，显相同的紫红色斑点。

含量测定：本品含挥发油不得少于 1.0％（mL/g）。挥发油主要成分为柠檬醛、丁香酚、茴脑等。

33. 木姜子

木姜子别名山鸡椒、木香子、山苍子、青皮树、过山香、山胡椒、野胡椒、澄茄子（文山），荜澄茄（商品名误用）、沙海藤、雪白（傣语）等，见图 14-37。

图 14-37　木姜子

植物形态：落叶灌木或小乔木，高 3～8(10)m；幼树树皮黄绿色，光滑，老树树皮灰褐色。小枝细长，绿色，无毛，枝、叶具芳香味。顶芽圆锥形，外面被柔毛。叶互生，披针形、椭圆状披针形或卵状长圆形，长5～13cm，宽 1.5～4.0cm，先端渐尖，基部楔形，上面绿色，下面灰绿色，被薄的白粉，两面均无毛，羽状脉，侧脉每边 6～10 条，纤细，与中脉在两面均凸起；叶柄长 0.6～2cm，无毛。伞形花序单生或簇生于叶腋短枝上；总梗细长，长 6～10mm；苞片 4，坚纸质，边缘有睫毛，内面密被白色绒毛；每一伞形花序有花 4～6 朵，先叶开放或与叶同时开放；花梗长约 1.5mm，密被绒毛；花被片 6，宽卵形；雄花中能育雄蕊 9，花丝中下部有毛，第三轮雄蕊基部的腺体具短柄，退化雌蕊无毛；雌花中退化雄蕊中下部具柔毛；子房卵形，花柱短，柱头头状。

产于广东、广西、福建、台湾、浙江、江苏、安徽、湖南、湖北、江西、贵州、四川、云南、西藏。生于向阳的山地、灌丛、疏林或林中路旁、水边，海拔 500～3200m。东南亚各国也有分布。

木姜子根、茎、叶和果实均可入药，有祛风散寒、消肿止痛之效。果实入药，上海、四川、昆明等地中药业称之为"荜澄茄"（一般生药学上所记载的"荜澄茄"是属胡椒科的植物，学名为 *Piper cubeba* Linn.）。应用"荜澄茄"治疗血吸虫病，效果良好。

贵州酸汤鱼是苗族独有的食品，入口酸味鲜美，辣劲十足，令人胃口大开，其主要香料就是木姜子。

在湖北西部地区会将新鲜采摘的山鸡椒放入泡菜水中浸泡，待过半个月左右即可捞起食用，可单独作为泡菜食用，也可以在炒菜时当作调料。

在湖南怀化地区当地居民使用作食品调料，著名的"芷江鸭"就是使用了山鸡椒作调料入味，从而形成特色美食。

台湾太耶鲁族群众利用山鸡椒果实有刺激性以代食盐。

性状鉴别：果实类圆球形，直径 4～5mm。外表面黑褐色或棕褐色，有网状皱纹，先端钝圆，基部可见果柄脱落的圆形疤痕，少数残留宿萼及折断提醒柄。除去果皮，可见硬脆的果核，表面暗棕褐色。质坚脆，有光泽，外有一隆起纵横纹。破开后，内含种子1粒，胚具子叶2片，黄色，富油性。气蓄谋香，味辛辣、微苦而麻。

显微鉴别（果实横切面）：外果皮为1列略切向延长的细胞，外被厚角质层。中果皮细胞含微小草酸钙针晶，长 $5\sim6\mu m$；油细胞散列，以外侧为多；石细胞单个散在或成群，以靠近胚根的部位较集中。内果皮为 $4\sim6$ 列梭形石细胞，栅状排列，贴近中果皮的1列切向壁外侧细胞间隙埋有草酸钙方晶，形成一结晶环，细胞腔偶含草酸钙方晶；内果皮内外均有1列薄壁的色素层。种皮为数列薄壁细胞，细胞壁具网状纹理。胚乳呈颓废层。子叶2枚，占横切面的大部分，细胞含糊粉粒和微小草酸钙方晶。胚的少数细胞含大形方晶，直径 $32\sim35\mu m$。

粉末特征：香气浓烈。

① 油细胞椭圆形或圆形，长 $110\sim180\mu m$，宽 $26\sim96\mu m$，内含黄棕色油滴。

② 石细胞长方形或类圆形，直径 $26\sim86\mu m$，壁厚，胞腔小，纹孔及孔沟明显；也有的壁较薄。

③ 外果皮细胞表面观多角形，直径 $20\sim32\mu m$，具角质纹理；断面观类圆形或矩圆形，角质层厚 $10\sim18\mu m$。

④ 内果皮石细胞梭形，黄色，栅状镶嵌排列，直径约 $15\mu m$，胞腔狭细，有的含草酸钙方晶；顶面观细胞多角形，外壁附着多数草酸钙方晶。

化学成分：

① 清香木姜子鲜果含挥发油 $2.5\%\sim3.0\%$，主成分为柠檬醛 a，柠檬醛 b 即橙花醛，共 80.5%，柠檬烯 5.1%，香茅醛 3.9%，芳樟醇 2.8%，香叶醇 1.9% 等。种仁含油 57.7%，主成分为月桂酸占 85.6%，还含癸酸 7.5%，肉豆蔻酸 2.8%，油酸 2.6%，亚油酸 1.1%，棕榈酸 0.3%，十四碳烯酸 0.1% 等。

② 毛叶木姜子果含挥发油 $3\%\sim5\%$，脂肪油 25%。

③ 木姜子干果含挥发油 $2\%\sim6\%$，主要成分为柠檬醛、香叶醇、柠檬烯等。种仁含油 55.4%，主要成分为月桂酸 39.5%，癸酸 41.7%，还含有十二碳烯酸 8.1%，癸烯酸 2.7%，十四碳烯酸 1.0%，肉豆蔻酸 1.0%，油酸 1.7%，亚油酸 2.9%，辛酸 0.1% 等。

辛香料绝大多数可以用水蒸气蒸馏法提取精油，得到的精油用气相色谱或气质联机测定，与标准品的色谱图和数据对照即可鉴别真伪、判定优劣、等级。

第二节　树脂、浸膏、净油、油树脂

树脂通常是指受热后软化或熔融的范围，软化时在外力作用下有流动倾向，常温下是固态、半固态，有时也可以是液态的有机聚合物。树脂一般认为是植物组织的正常代谢产物或分泌物，常和挥发油并存于植物的分泌细胞、树脂道或导管中，尤其是多年生木本植物心材部位的导管中。

树脂有天然树脂和合成树脂之分。天然树脂是指由自然界中动植物分泌物所得的无定形有机物质，如松香、安息香、琥珀、虫胶等。合成树脂是指由简单有机物经化学合成或某些天然产物经化学反应而得到的树脂产物。

浸膏通常是指用有机溶剂浸提不含有渗出物的香料植物组织（如花、叶枝、茎、树皮、根、果实等）中所得的香料制品，成品中不含原用的溶剂和水分。

从广义上来说，浸膏是指用有机溶剂浸提香料植物器官中（有时包括香料植物的渗出物树胶或树脂）所得的香料制品，成品中应不含原用的溶剂和水分。通常是指用有机溶剂浸提不含有渗出物的香料植物组织（如花、叶枝、茎、树皮、根、果实等）中所得的香料制品，成品中不含原用的溶剂和水分。

浸膏中含有相当数量的植物蜡、色素等。在室温中，它呈蜡状固态，有时有结晶物质析出，也不全溶于乙醇。

净油从浸膏中除去植物蜡制得的浓缩物，是用于香料的浓缩天然精油，如茉莉花净油、玫瑰花净油、桂花净油等。

油树脂是用无毒溶剂从辛香料中萃取得到的油状制品。含精油和对味感有作用及可增强香味的非挥发性组分。例如辣椒经萃取可得浓缩辣椒素及其衍生物，黑胡椒经萃取可得胡椒碱及其同系物。

安 息 香

安息香（图 14-38）是波斯语 mukul 和阿拉伯语 aflatoon 的汉译，原产于中亚古安息国、龟兹国、漕国、阿拉伯半岛及伊朗高原，唐宋时因以旧名。《酉阳杂俎》载安息香出波斯国，作药材用。《新修本草》曰："安息香，味辛，香、平、无毒。主心腹恶气鬼。西戎似松脂，黄黑各为块，新者亦柔韧"。

图 14-38 安息香

安息香为球形颗粒压结成的团块，大小不等，外面红棕色至灰棕色，嵌有黄白色及灰白色不透明的杏仁样颗粒，表面粗糙不平坦。常温下质坚脆，加热即软化。气芳香、味微辛。

安息香有泰国安息香与苏门答腊安息香两种。中国进口商品主要为泰国安息香，分有水安息、旱安息、白胶香等规格。

安息香与麝香、苏合香均有开窍作用，均可治疗猝然昏厥、牙关紧闭等闭脱之证，但其芳香开窍之力有强、弱不同，麝香作用最强，安息香、苏合香开窍之功相似，而麝香兼有行气通络、消肿止痛之功，安息香兼可行气活血，又可用于心腹疼痛，产后血晕之症。

气味辛、苦，平，无毒。

安息香功能、主治：开窍清神，行气活血，止痛。用于中风痰厥，气郁暴厥，中恶昏迷，心腹疼痛，产后血晕，小儿惊风。

安息香历来依赖进口，据中国医学科学院药物研究所报道，中国的粉背安息香树（分布于云南、广西、广东）、青山安息香树（分布于广西）、白叶安息香树（分布于广西、广东）亦能生产安息香。经定性定量试验结果，除青山安息香树、白叶安息香树两种树脂的总香脂酸含量略低于中国《药典》规定之外，树脂的其他指标及化学鉴别反应均合乎《药典》规定。

《中华人民共和国药典》记录该品为安息香科植物白花树［即越南安息香 *Styrax tonkinensis*（Pierre）Craib ex Hartw.］的干燥树脂。树干经自然损伤或于夏、秋二季割裂树干，收集流出的树脂，阴干。

该品为不规则的小块，稍扁平，常黏结成团块。表面橙黄色，具蜡样光泽（自然出脂）；或为不规则的圆柱状、扁平块状，表面灰白色至淡黄白色（人工割脂）。质脆，易碎，断面平坦，白色，放置后逐渐变为淡黄棕色至红棕色。加热则软化熔融。气芳香，味微辛，嚼之有砂粒感。

鉴别：

（1）取该品约 0.25g，置干燥试管中，缓缓加热，即发生刺激性香气，并产生多数棱柱状结晶的升华物。

（2）取该品约 0.1g，加乙醇 5mL，研磨，滤过，滤液加 5％三氯化铁乙醇溶液 0.5mL，即显亮绿色，后变为黄绿色。

检查：

干燥失重——取该品粗粉，置硫酸减压干燥器内，干燥至恒重，减失重量不得过 2.0％。总灰分不得过 0.50％。

醇中不溶物——精密称取该品细粉 2.5g，置索氏提取器中，用乙醇浸出，至醇溶性物质全部被浸出为止，残渣在 100℃干燥至恒重，计算供试品中所含乙醇中不溶物，不得过 2.0％。

含量测定：取该品粉末约 1.5g，精密称定，置锥形瓶中，加乙醇制氢氧化钾滴定液（0.5mol/L）25mL，加热回流 1.5h，在水浴上除去乙醇，残渣加热水 50mL，使均匀散裂，放冷，加水 150mL 与硫酸镁溶液（1→20）50mL，搅匀，静置 10min 后，抽气滤过，滤渣用水 20mL 洗涤，合并洗液与滤液，加盐酸使成酸性后，移置分液漏斗中，用乙醚分次振摇提取 4 次（50mL，40mL，30mL，30mL），合并乙醚液，用碳酸氢钠溶液（1→20）分次用力振摇提取 5 次（20mL，20mL，10mL，10mL，10mL），每次分出的水液均用同一的乙醚 20mL 洗涤，合并水液，加盐酸使成酸性，再用乙醚分次振摇提取 4 次（30mL，20mL，10mL，10mL），合并乙醚液，置称定重量的烧瓶中，放置，待大部分的乙醚挥散，转动烧瓶，使残渣均匀散布在烧瓶内壁，置硫酸减压干燥器中干燥至恒重，精密称定，算出供试品中含有的量（％），再根据供试品的水分与乙醇中不溶物含量，改算成醇溶性浸出物的干燥品中含有的量（％），即为总香脂酸含量。该品含总香脂酸以醇溶性浸出物的干燥品计算，不得少于 30.0％。

化学成分：

（1）苏门答腊安息香主含树脂约 90%，其成分有桂酸松柏醇酯，3-桂酰苏门树脂酸酯，香兰素 1%，苏合香素（styracin cinnamoylcinnamate）2%～3%，桂酸苯丙醇酯 1% 及游离苯甲酸和桂酸等。总苯甲酸含量 10%～20%，总桂酸含量 10%～30%。

（2）越南安息香，主含树脂 70%～80%，其成分有苯甲酸松柏醇酯，3-苯甲酰泰国树脂酸酯，游离苯甲酸 20%，香兰素 0.15%～2.30%，不含桂酸。

（3）国内发现的粉背安息香树、青山安息香树及白叶安息香树，它们的树脂的总香脂酸含量，顺次是 31%、28%、27%～28%，而香脂酸完全是安息香酸，另一报道为 31.09%、25.67%、21.17%～31.46%（以能溶于乙醇的树脂为 100%）。

下面是安息香标准 IR 谱图（图 14-39）：

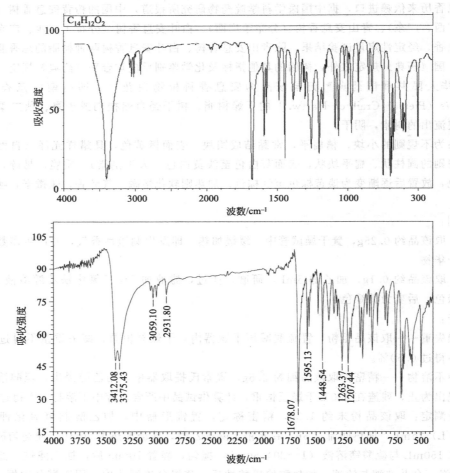

图 14-39　安息香标准 IR 谱图

安息香可以用水蒸气蒸馏法提取精油，得到的精油用气相色谱或气质联机测定，与标准品的色谱图和数据对照即可鉴别真伪、判定优劣。

乳　香

乳香，中药名。为橄榄科植物乳香树 *Boswellia carterii* Birdw 及同属植物 *Boswellia bhaurdajiana* Birdw 树皮渗出的树脂。分为索马里乳香和埃塞俄比亚乳香，每种乳香又分为乳香珠和原乳香。

拉丁学名：*Boswellia carteri*。

矮小灌木，高4～5m，罕达6m。树干粗壮，树皮光滑，淡棕黄色，纸状，粗枝的树皮鳞片状，逐渐剥落。叶互生，密集或于上部疏生，单数羽状复叶，长15～25cm，叶柄被白毛；小叶7～10对，对生，无柄，基部者最小，向上渐大，小叶片长卵形，长达3.5cm，顶端者长达7.5cm，宽1.5cm，先端钝，基部圆形、近心形或截形，边缘有不规则的圆齿裂，

图14-40 乳香树

或近全缘，两面均被白毛，或上面无毛。花小（图14-40），排列成稀疏的总状花序；苞片卵形；花萼杯状，先端5裂，裂片三角状卵形；花瓣5片，淡黄色，卵形，长约为萼片的2倍，先端急尖；雄蕊10，着生于花盘外侧，花丝短；子房上位，3～4室，每室具2垂生胚珠，柱头头状，略3裂。核果倒卵形，长约1cm，有三棱，钝头，果皮肉质，肥厚，每室具种子1枚。

本名薰陆，为橄榄科常绿乔木的凝固树脂。因其滴下成乳头状，故亦称乳头香（图14-41）。为薰香原料，又供药用。

制乳香为原药捣成粉末后，置锅内炒至熔化，然后倒出，待微冷切成小块者。炒乳香为原药用文火炒至表面稍见熔化后，略呈黄色，取出放凉入药者。醋炒乳香又称炙乳香。为净乳香用文火炒至表面熔化时，喷洒米醋再炒至外层光亮，取出放凉入药者。

图14-41 乳香

特质：无色或淡黄色，有树脂的香气。

挥发性：中到慢。

属性：阳性。

干燥胶树脂，多呈小形乳头状、泪滴状颗粒或不规则的小块，长0.5～3cm，有时粘连成团块。淡黄色，常带轻微的绿色、蓝色或棕红色。半透明。表面有一层类白色粉尘，除去粉尘后，表面仍无光泽。质坚脆，断面蜡样，无光泽，亦有少数呈玻璃样光泽。气微芳香，味微苦。嚼之，初破碎成小块，迅即软化成胶块，黏附牙齿，唾液成为乳状，并微有香辣感。遇热则变软，烧之微有香气（但不应有松香气），冒黑烟，并遗留黑色残渣。与少量水共研，能形成白色乳状液。以淡黄色、颗粒状、半透明、无砂石树皮杂质、粉末粘手、气芳香者为佳。

采取部位：树皮，春、夏将树干的皮部由下向上顺序切开，使树脂由伤口渗出，数天后凝成硬块，收集即得。

为橄榄科植物卡氏乳香树的胶树脂。春、夏均可采收，以春季为盛产期。采收时，干树干的皮部由下向上顺序切伤，并开一狭沟，使树脂从伤口渗出，流入沟中，数天后凝成干硬的固体，即可采取。落于地面者常黏附砂土杂质，品质较次。本品性黏，宜密闭，防尘；遇热则软化变色，故宜贮藏于阴凉处。

分布于红海沿岸至利比亚、苏丹、土耳其等地。主产于红海沿岸的索马里和埃塞俄比亚。在我国历史上也有地方出产。明正德《颍州志·台馆》"乳香台在州西一百八十里。旧产乳香，故名。"颍州，即今安徽阜阳，乳香台在明弘治十年（1497）之前属颍州，设有乳香台巡检司。

为什么主产于西亚的乳香会在中国中部也有出产，后来又为什么没有了，的确值得探讨。

乳香采用薄层色谱法进行定性鉴别，具有简便、快速、重现性好等特点，现将方法介绍如下：

实验材料：CQ 超声波清洗器，硅胶 G，乳香药材对照、没药药材对照，乳香样品Ⅰ（市售品，伪品）、样品Ⅱ为正品乳香。

供试液制备：取乳香药材对照及没药药材对照各 0.5g，加 65％乙醇 5mL 超声提取 10min，滤过，滤液作乳香对照液及没药对比液。

另取乳香样品Ⅰ、Ⅱ分别同上法制成乳香样品供试液。

薄层色谱测试：取上述样品Ⅰ、Ⅱ及乳香对照液，没药对比液各 10μL，分别点于同一硅胶 G 板，以石油醚（30～60℃）-乙酸乙酯（85：5）展开 2 次，展距均为 10cm，取出晾干，喷洒 5％香兰素浓硫酸液，于 110℃烘 10min，结果见图 14-42。

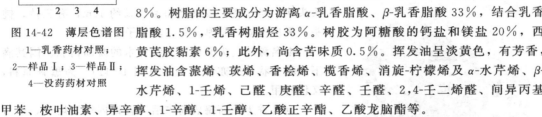

图 14-42　薄层色谱图
1—乳香药材对照；
2—样品Ⅰ；3—样品Ⅱ；
4—没药药材对照

结果：从薄层色谱图（图 14-42）可见，样品Ⅱ与乳香药材对照在相同位置显相同颜色斑点，样品Ⅰ及没药药材对照在相应位置无斑点。

化学成分：含树脂 60％～70％，树胶 27％～35％，挥发油 3％～8％。树脂的主要成分为游离 α-乳香脂酸、β-乳香脂酸 33％，结合乳香脂酸 1.5％，乳香树脂烃 33％。树胶为阿糖酸的钙盐和镁盐 20％，西黄芪胶黏素 6％；此外，尚含苦味质 0.5％。挥发油呈淡黄色，有芳香，挥发油含蒎烯、莰烯、香桧烯、榄香烯、消旋-柠檬烯及 α-水芹烯、β-水芹烯、1-壬烯、己醛、庚醛、辛醛、壬醛、2,4-壬二烯醛、间异丙基甲苯、桉叶油素、异辛醇、1-辛醇、1-壬醇、乙酸正辛酯、乙酸龙脑酯等。

乳香也可以用水蒸气蒸馏法提取精油，得到的精油用气相色谱或气质联机测定，与标准品的色谱图和数据对照即可鉴别真伪、判定优劣。

没　药

没药（图 14-43）为橄榄科植物没药树 *Commiphora myrrha* Engl. 或爱伦堡没药树的胶树脂，又名末药。主产于非洲索马里、埃塞俄比亚以及印度等地。采集由树皮裂缝处渗出的白色油胶树脂，于空气中变成红棕色而坚硬的圆块。打碎后，炒至焦黑色应用。主治胸腹瘀痛、痛经、经闭、癥瘕、跌打损伤、痈肿疮疡、肠痈、目赤肿痛。有活血止痛、消肿生肌等功效。活血化瘀药。

气味苦，平，无毒。

主治破血止痛，疗金疮杖疮，诸恶疮痔漏，猝下血，目中翳晕痛肤赤。堕胎，及产后心腹血气痛，并入丸散服。

没药树：低矮灌木或乔木，高约 3m。树干粗，具多数不规则尖刻状的粗枝；树皮薄，光滑，小片状剥落，淡橙棕色，后变灰色。叶散生或丛生，单叶或三出复叶；小叶倒长卵形或倒披针形，中央 1 片长 7～18mm，宽 4～5mm，远较两侧 1 对为大，钝头，全缘或末端稍具锯齿。花小，丛生于短枝上；萼杯状，宿存，上具 4 钝齿；花冠白色，4 瓣，长圆形或线状长圆形，直立；雄蕊 8，从短杯状花盘边缘伸出，直立，不等长；子房 3 室，花柱短粗，柱头头状。核果卵形，尖头，光滑，棕色，外果皮革质或肉质。种子 1～3 颗，但仅 1 颗成熟，其余均萎缩。花期夏季。

爱伦堡没药树：小形无刺乔木或灌木。3 出复叶，簇生于短枝上，具长柄，光滑或具短毛，小叶倒卵形或长圆形，先端短尖或钝圆。花 1 朵或 2 朵于叶簇旁伸出；花梗中部有小苞片 2 枚。核果卵形，略压缩，一侧略隆起，短喙状，1 室，果皮坚硬，黄色；种子无胚乳。分布红海两侧的海滨地区，及阿拉伯半岛从北纬22°向南至索马里海滨一带。

来源：为橄榄树科植物地丁树、哈地丁树，树干部渗出的油胶树脂。分为天然没药和胶质没药。

功效：散血去瘀，消肿定痛。

主产于非洲东北部的索马里、埃塞俄比亚、阿拉伯半岛南部及印度等地。以索马里所产的没药质量最佳，销往世界各地。

性状鉴别：

天然没药——呈不规则颗粒性团块，大小不一，大者直径长达 6cm 以上。表面黄棕色或红棕色，近半透明部分呈棕黑色，被有黄色粉尘。质坚脆，破碎面不整齐，无光泽；有特异香气，味苦而微辛。

胶质没药——成不规则块状，多黏结成大小不等的团块。表面深棕色或黄棕色，不透明；质坚实或疏松。味苦而有黏性。

以块大、色红棕、半透明、香气浓而持久、杂质少者为佳。

制没药——不规则形的团块或小块，长1～2cm。表面黑棕色至黑褐色，粗糙，质硬，破碎面棕褐色；气香特异，味苦。

图 14-43　没药

醋没药——小碎块状或圆颗粒状，表面黑褐色或棕黑色，油亮，有醋气。

炒没药——形如醋没药，表面有光泽，气微香。

化学成分：没药树含树脂 25％～35％，挥发油 2.5％～9％，树胶约 57％～65％，此外为水分及各种杂质约 3％～4％。树脂的大部分能溶于醚，不溶性部分含 α-罕没药酸及 β-罕没药酸，可溶性部分含 α-没药酸、β-没药酸、γ-没药酸、没药尼酸、α-罕没药酚及 β-罕没药酚。尚含罕没药树脂、没药萜醇。挥发油在空气中易树脂化，含丁香酚、间苯甲酚、枯茗醛、蒎烯、二戊烯、柠檬烯、桂皮醛、罕没药烯等。树胶水解得阿拉伯糖、半乳糖和木糖。醇能溶解树脂和挥发油，上等没药的醇不溶性成分不超过 70％；灰分不超过 5％。

没药成分可因来源不同而稍有差异，一般商品没药含挥发油 3％～8％，没药树脂 25％～45％，树胶 55％～60％，苦味质少量，并含没药酸、甲酸、乙酸及氧化酶等。

没药挥发油为黄色或黄绿色浓稠液体，具有特殊气味，暴露在空气中易树脂化，油中含有丁香酚、间甲基酚、枯茗醛、桂醛、甲酸酯、乙酸酯、没药酸酯、罕没药烯；有的没药挥发油尚含 α-没药烯及 β-没药烯、dl-苎烯等。没药树脂为中性物质，加热得没药脂酸类：α-没药脂酸、β-没药脂酸、γ-没药脂酸，次没药脂酸，α-罕没药脂酸、β-罕没药脂酸、α-罕没药脂酚、β-罕没药脂酚；其中一种罕没药脂酚含原儿茶酸、儿茶酚、罕没药氧化树脂。树胶类化阿拉伯树胶，水解得阿拉伯聚糖、木聚糖、半乳聚糖等。

理化鉴定：

① 粉末遇硝酸显紫色。

② 该品乙醚浸出物或挥发油置于蒸发皿中，待乙醚挥散后，用溴或发烟硝酸蒸气接触皿

底的薄膜状残渣，即显紫红色。

③ 该品与水研磨形成黄棕色乳状液。

④ 取药材粉末少量，加香兰素试液数滴，天然没药立即染成红色，继而变为紫红色；胶质没药立即染成紫红色，继而变成蓝紫色。

功效：抗菌、抗微生物、抗炎、收敛、具香胶特质、除臭、祛肠胃胀气、消毒、利尿、通经、化痰、杀霉菌、激励、利胃、催汗、补身、利子宫、治创伤，对成熟、干裂、脱粗糙皮肤有助益。

适合与之调和的精油：安息香、丁香、乳香、白松香、薰衣草、广藿香、檀香。

没药可以用水蒸气蒸馏法提取精油，得到的精油用气相色谱或气质联机测定，与标准品的色谱图和数据对照即可鉴别真伪、判定优劣。

秘 鲁 浸 膏

秘鲁浸膏系中美洲地区的特产，由豆科槐属大树切割青树皮处渗出的分泌物制得秘鲁香膏，可用溶剂苯或乙醚萃取得到秘鲁浸膏。

秘鲁浸膏系黏稠半流动体，具有香荚兰豆香气息，带桂甜的膏香，有时稍带烟熏气，主要有苄醇的苯甲酸与桂酸的酯香，桂香较平淡，而其所含香兰素气息就较能显露出来。

秘鲁浸膏香气浓甜留长。液体中常有晶体析出。溶于大多数油脂，在矿物油中有白色浑浊。略溶于丙二醇，几不溶于甘油。

相对密度（25℃/25℃）1.152～1.170。

折射率 1.588～1.595。

沸点：314℃（lit.）。

闪点＞110℃。

主产于中美洲。生产方法：由豆科植物秘鲁香膏树（*Myroxylon pereirae*）的树脂，用苯或乙醇浸提或蒸馏而得。得率 0.7%～1.1%。主要产于萨尔瓦多。

广泛用于日用香精，常作为各种香型香精的定香剂。

用途：GB 2760—2014 允许使用的食品用香料。主要用于苦味物料，如配制巧克力和烟草香精。

秘鲁香膏的鉴别：秘鲁香膏含树脂 25%～30%，精油 60%～65%。主成分为苯甲酸和肉桂酸以及苄醇酯、香兰素、丁香酚、金合欢醇、松柏醇和肉桂酸松柏酯等。含酯量（按桂酸苄酯计算）大于 50%。可按此用水蒸气蒸馏法提取称量、化学分析法和气质联机检测鉴定。

芦 荟

别名：卢会、讷会、象胆、奴会、劳伟等。

芦荟有短茎；叶常绿，肥厚多汁，边沿疏生有刺，叶片长渐尖，长达 15～40cm，厚有1.5cm，草绿色；夏秋开花，总状花序从叶丛中抽出，高达 60～90cm，其中花序长达 20cm，上有疏离排列的黄色小花；蒴果种子多数，不同的品种之间的形状差异较大。

原产于地中海、非洲，为百合科多年生草本植物，有考证的野生芦荟品种 300 多种，主要分布于非洲等地。这种植物颇受大众喜爱，主要因其易于栽种，为花叶兼备的观赏植物。可食用的品种只有六种，而当中具有药有价值的芦荟品种主要有：洋芦荟、库拉索芦荟（分布于非洲北部、西印度群岛）、好望角芦荟（分布于非洲南部）、中国芦荟（图 14-44）、木剑芦荟（主要种植于日本，比较耐寒）等。

芦荟是集食用、药用、美容、观赏于一身的植物新星。其主要有效成分是芦荟素等蒽醌类和芦荟多糖物质，已广泛应用到医药和日化产品中。芦荟在中国民间被作为美容、护发和治疗皮肤疾病的天然药物。芦荟胶对蚊叮有一定的止痒作用。

芦荟化学成分：芦荟大黄素、芦荟大黄素苷、异芦荟大黄素苷、高塔尔芦荟素、大黄酚、大黄酚葡萄糖苷、蒽酚等蒽类及其苷类以及槲皮素、莰菲醇、芦丁等黄酮类和葡萄糖、甘露糖、阿拉伯糖、鼠李糖、蔗糖、木糖、果糖、葡萄糖醛酸等糖类物质，含有

图 14-44　中国芦荟

精氨酸、天冬酰胺、谷氨酸等八种人体必需氨基酸以及胆固醇、菜油甾醇、谷甾醇等。还含有癸酸、月桂酸、肉豆蔻酸、油酸、亚油酸、棕榈酸、琥珀酸、乳酸等脂肪酸类物质以及钾、钠、铜、锌、铬等二十多种无机元素和维生素类物质。

中药芦荟：百合科植物库拉索芦荟 *Aloe barbadensis* Miller、好望角芦荟 *Aloe ferox* Miller 或其他同属近缘植物叶的汁液浓缩干燥物。库拉索芦荟习称"老芦荟"，好望角芦荟习称"新芦荟"。

性状：

库拉索芦荟，呈不规则块状，常破裂为多角形，大小不一。表面呈暗红褐色或深褐色，无光泽。体轻，质硬，不易破碎，断面粗糙或显麻纹。富吸湿性。有特殊臭气，味极苦。

好望角芦荟，表面呈暗褐色，略显绿色，有光泽。体轻，质松，易碎，断面玻璃样而有层纹。

鉴别：

（1）取本品粉末 0.5g，加水 50mL，振摇，滤过，取滤液 5mL，加硼砂 0.2g，加热使溶解，取溶液数滴，加水 30mL，摇匀，显绿色荧光，置紫外线灯（365nm）下观察，显亮黄色荧光；再取滤液 2mL，加硝酸 2mL，摇匀，库拉索芦荟显棕红色，好望角芦荟显黄绿色；再取滤液 2mL，加等量饱和溴水，生成黄色沉淀。

（2）取本品粉末 0.1g，加三氯化铁试液 5mL 与稀盐酸 5mL，振摇，置水浴中加热 5min，放冷，加四氯化碳 10mL，缓缓振摇 1min，分取四氯化碳层 6mL，加氨试液 3mL，振摇，氨液层显玫瑰红色至樱红色。

（3）取本品粉末 0.5g，加甲醇 20mL，置水浴上加热至沸，振摇数分钟，滤过，滤液作为供试品溶液。另取芦荟苷对照品，加甲醇制成 1mL 含 5mg 的溶液，作为对照品溶液。试验，吸取上述两种溶液各 5μL，分别点于同一硅胶 G 薄层板上，以乙酸乙酯-甲醇-水（100：17：13）为展开剂，展开，取出，晾干，喷以 10％氢氧化钾甲醇溶液，置紫外线灯（365nm）下检视。供试品色谱中，在与对照品色谱相应的位置上，显相同颜色的荧光斑点。

炮制——砍成小块。

性味——苦，寒。

归经——归肝、胃、大肠经。

功能主治——清肝热，通便。用于便秘，小儿疳积，惊风；外治湿癣。

用法用量 2～5g。外用适量，研末敷患处。

据科学研究，发现芦荟中有不少成分对人体皮肤有良好的营养滋润作用，且刺激性少，用

后舒适，对皮肤粗糙、面部皱纹、疤痕、雀斑、痤疮等均有一定疗效。因此，其提取物可作为化妆品添加剂，配制成防晒霜、沐浴液等。

轻度的撞伤、挫伤、香港脚、冻伤、皮肤龟裂、疣子等，都可以使用芦荟来治疗。

药理作用：

（1）杀菌作用　芦荟大黄素是抗菌性很强的物质，能杀灭真菌、霉菌、细菌、病毒等病菌，抑制和消灭病原体的发育繁殖。芦荟抗菌杀菌的病菌类有：白喉菌、破伤风菌、肺炎菌、乳酸菌、痢疾菌、大肠菌、黑死病菌、霍乱菌以及引发中耳炎、膀胱炎、化脓症、麻疹、狂犬病、小儿麻痹、流行性脑炎等疾病的病菌。

（2）抗炎作用　芦荟的缓激肽酶与血管紧张来联合可抵抗炎症。尤其是芦荟的多糖类可增强人体对疾病的抵抗力，治愈皮肤炎、慢性肾炎、膀胱炎、支气管炎等慢性病症。

（3）湿润美容作用　芦荟多糖和维生素对人体的皮肤有良好的营养、滋润、增白作用。芦荟对消除粉刺有很好的效果。芦荟大黄素等属蒽醌苷物质，这类物质能使头发柔软而有光泽、轻松舒爽，且具有去头屑的作用。因此，芦荟美容霜、芦荟护肤霜、芦荟染发膏等芦荟化妆品占了欧洲化妆品市场的 80% 以上。

（4）健胃下泄作用　芦荟中的芦荟大黄素苷、芦荟大黄素等有效成分起着增进食欲、大肠缓泄的作用。服用适量芦荟，能强化胃功能，增强体质，因实证致虚而失去食欲的病危患者，服用芦荟也能恢复食欲。

健康的人，长期服用新鲜芦荟叶片和坚持芦荟浴，可以防治一些常见的疾病，但还是要根据各人情况对症保健。健康人体液呈弱碱性，过度劳累或生活紧张等原因会使体液变成酸性，易感染病毒，常用芦荟会使体液保持碱性，维持健康、不患感冒。

芦荟是治疗实热型便秘比较有效的药物，对于因肾气虚或脾气虚导致的严重的便秘，就要选用性质温和益气的食物或药物来调治。再服用大苦大寒清热泻火的芦荟之后，会加重病情的。因此对于不同类型的病症要用不同的方法，寒则热之，热者寒之。

（5）强心活血作用　芦荟中的异柠檬酸钙等具有强心、促进血液循环、软化硬化动脉、降低胆固醇含量、扩张毛细血管的作用，使血液循环畅通，减少胆固醇值，减轻心脏负担，使血压保持正常，清除血液中的"毒素"。

（6）免疫和再生作用　芦荟含有的芦荟素A、创伤激素和聚糖肽甘露（Ke-2）等具有抗病毒感染、促进伤口愈合复原的作用，有消炎杀菌、清热消肿、软化皮肤、保持细胞活力的功能，芦荟凝胶多糖与愈伤酸联合还具有愈合创伤活性，因此，它是一种治疗外伤（出血性外伤、不出血性外伤）不留伤痕的理想药品。

（7）免疫与抗肿瘤作用　芦荟中的黏稠物质多糖类（乙酰化葡甘聚糖、甘露聚糖、乙酰化甘露聚糖等）具有提高免疫力和抑制、破坏异常细胞生长的作用，从而达到抗癌目的。芦荟中的许多成分能阻止癌细胞活动，杀死生物内异常细胞等功效。用芦荟治疗癌症的另一种理论是"自身治愈力"——芦荟具有增强人体的自身治愈力，这个事实已得到证明。

（8）解毒作用　芦荟因其苦寒、清热，具有抑制过度的免疫反应、增强吞噬细胞吞噬功能的作用，故能清除体内代谢废物。芦荟中的一些成分具有促进肝脏分解体内有害物质的作用，还能消除生物体外部侵入的毒素。放射线或核放射能治疗癌症过程中会引起的烧伤性皮肤溃疡，用芦荟治疗不仅有解毒、消炎、再生新细胞的作用，还能增加因放射治疗而减少的白细胞。

（9）抗衰老作用　芦荟中的黏液是以芦荟多糖类为核心成分，是防止细胞老化和治疗慢性过敏的重要成分。黏液素存在于人体的肌肉和胃肠黏膜等处，让组织富有弹性，如果液素不足，肌肉和黏膜就会丧失了弹性而僵硬老化。构成人体的细胞，如果黏液素不足，细胞就会逐渐衰弱，失去防御病菌、病毒的能力。

(10) 镇痛、镇静作用　手指肿痛、牙痛而难以忍受时，在患部贴上芦荟生叶，能消除疼痛，神经痛、痛风、筋肉痛等，内服加外用芦荟，也有镇痛效果。芦荟还能预防和治疗宿醉、晕车、晕船等。

(11) 防晒作用　芦荟中的天然蒽醌苷或蒽的衍生物，能吸收紫外线，防止皮肤红、褐斑产生。

(12) 防虫、防腐作用　芦荟汁液具有很好的消毒、防腐作用。夏天皮肤上涂上芦荟汁，蚊子不咬。哥伦比亚人常给小孩脚上抹上芦荟汁，以防止虫害。芦荟汁喷洒门窗和室内，苍蝇不入，傣族人就是用芦荟汁防止苍蝇进室内的。

(13) 防臭作用　芦荟具有防止脚、口、腋等体臭的作用。很早以前，人们就用芦荟来消除体臭。非洲刚果人打猎时，在身上抹上芦荟汁，以免被动物闻到体臭。

(14) 促进愈合作用　对人工创伤鼠背，芦荟有促进愈合功效；对人工结膜水肿的兔，芦荟可缩短治愈天数。芦荟浆汁制剂对皮肤创伤、烧伤以及 X 射线局部照射均有保护作用。

中国的南方民众自古以来就有使用芦荟美容美发的习俗，家家户户都有盆栽芦荟，并且天天使用，闽南地区流传着"爱美抹水，爱嫁抹芦荟"的俚语。这里的妇女用皂角、茶枯饼等富含皂素的农副产品煮水凉后洗头，再用梳子插入芦荟叶子里沾上芦荟凝胶然后梳头，据说可以止痒、护发，又可以去头屑。

本书作者在 20 世纪 80 年代初率先研究中国芦荟在化妆品中的应用，先后研制、推出了芦荟洗发水、芦荟护发素、芦荟洗面奶、芦荟青春膏、芦荟护肤霜、芦荟化妆水、芦荟花露水、芦荟发胶、芦荟摩丝等一系列产品，又在多种科技杂志上发表了有关芦荟的科普和最新研究成果文章，编写了国内外第一本芦荟专著《神奇的植物——芦荟》，影响较大，各地生产洗涤剂和化妆品的厂家纷纷仿效跟进，开发、推出了更多的芦荟产品，后来还包括芦荟食品、饮料和奶制品，并取得很好的经济效益和社会效益。

芦荟的奇特功效引起了科学界，特别是医学界的广泛重视，尤其是以美国为代表的西方发达国家，投入了大量的人力、物力、财力研究开发应用芦荟，因而形成了一股"芦荟热"，芦荟发展非常迅速，开发成果利用显著，经济效益巨大，其研究成果不仅用于医疗、美容、食品保健，而且还应用于染料、冶金、纺织、农药、畜牧等领域中，从此芦荟身价百倍。

毒副作用：由上可知芦荟虽好，但要对症使用。芦荟味苦性寒，主要适用于实证病型，对于虚证病症就不太合适。尤其是阳气不足，脾胃虚弱或虚寒体质的人食用，有时不仅不会起到治疗效果，还会加重病情，甚至加速死亡。心脑血管患者、肝病患者、肾病患者等，中医辨证多属阳虚气虚类型，过用具有清肝热泻实火作用的芦荟，等于是雪上加霜。对于病情危重的患者用苦寒清热的芦荟产品，泄气伤阳死得更快。这时应以补气、温阳、固脱为主，中医方剂有独参汤、生脉饮等。

人到中年气血阴阳都逐渐亏虚，要想强身健体，应多食用些温和甘润的药食同源的食物，如山药、百合、核桃、栗子、香菇、金针菇、鲫鱼、乌鸡、羊肉等食物，像芦荟这样寒性重的植物，即使食用也要咨询一下中医师的意见，根据自己的身体状况加以调理，毕竟人到中年已不如年轻时的火气旺了，即使有火气多是虚火，常伴随腰膝酸软，口燥咽干，心烦易怒，精力下降、体力下降等表现，这是气虚、阴虚，要用益气、补肾阴的方法，再用清实热泻实火的芦荟就会使病症加重，伤阴劫津，损伤阳气。

服用芦荟产生副作用多因芦荟大寒的特性，表现主要是过食寒凉导致的阳虚气虚：如畏寒怕冷、手脚发凉、体质虚弱无力、腰痛肾痛、精神不振、嗜睡无力；凌晨腹泻，或者便秘；小便浓黄、夜尿频多；身浮肿，记忆力减退、脑力不济；性功能减退；阳痿、早泄；面部色青白等。

若是保健品含芦荟，怎样区别用了以后是好转反应或者副作用？若是属于好转反应，则一旦停服，身体会在三五天内很快恢复正常且精力体力都会有显著提升，若是属于副作用，则一旦停服，一两周后身体仍不见轻快或好转的迹象，甚至增加了以前没有的症状，则必是副作用无疑。好转反应不会在停用产品后挺长时间存在，一般停用一两天，反应就会消退。真正的好转反应过后必然是状态的提升、活力的增加。

芦荟食用方法：根据目前大量的科研资料表明，有三种——也就是目前在全世界大量种植的芦荟品种是可以吃的，这就是中国芦荟、库拉索芦荟和日本木剑芦荟（木立芦荟），但每次食用的量要有限制。中国芦荟最安全，根据中国药品生物制品鉴定所试验结果表明（急性毒性试验及长期毒性试验）中国芦荟"无任何毒副作用"。由于各人体质不同，一般情况下一个人一天吃鲜叶30g左右是没有问题的，体质虚的人每天10～20g较为安全。有人为了治小伤小病，想多吃一点，一般认为控制在食用后一天内有轻泻为最高限量（也就是说如发现轻度腹泻就要减少食用量了）。

库拉索芦荟也是可以食用的，只是它的叶皮厚，皮里含有较多的芦荟素，因此吃的方法有讲究：把皮与"肉"（凝胶）分开食用。元江的中国芦荟叶子长得比美国库拉索芦荟大，也可以把皮与"肉"分开吃。

日本木剑芦荟因含更多的芦荟素，所以食用时感觉更苦，难以下咽，但气味较好，一般人容易接受它的气味，不爱"吃苦"的人可以把它蘸蜜或加糖吃，食用量应比中国芦荟更少一些。

吃法搭配：配制多种主、辅原料的菜肴时，应当突出主料，芦荟叶肉作辅料配入。日本芦荟专家推荐日本芦荟的日服量，人与人之间有着很大的差别，标准量一般为一日生叶15g，而干燥叶或粉末为0.6g，最高上限量从成分上看是标准量的10倍。便秘症患者的日限量是标准量的两倍，甚至三四倍。腹泻症患者的日限量是标准量的二分之一左右。只要不腹泻，多服用的效果自然就明显很多，而且连续服用也没有副作用。

食用芦荟，应当选用它的叶肉部分，在把芦荟表皮除去的同时，也把芦荟的苦味素去除掉。叶片叶肉部分烧烫几分钟，即把表皮和叶肉结合部的药腥味除去，这样就可以作为食品用了。叶片叶肉表面黏滑，黏胶质多，呈胶质状，可以运用精细刀工，把原料切成丝、片、条、块、段、粒、末等品种形态，不仅便于烹煮和调味，且能使菜肴外形美观。

芦荟提取物是无色透明至褐色的略带黏性的液体，干燥后为黄棕色粉末。没有气味或稍有特异气味，含20%～40%芦荟素。

有效成分：芦荟多糖、芦荟苷、芦荟大黄素、芦荟大黄酸等。

来源：库拉索芦荟、好望角芦荟或中国芦荟叶。

主要成分：多糖类、蒽醌类化合物、蛋白质、维生素、矿物质等。

用途：增稠剂、稳定剂、胶凝剂、黏结剂。用于一般食品。也用于化妆品等中。

芦荟的蒽醌类化合物具有使皮肤收敛、柔软化、保湿、消炎、漂白的性能。还有解除硬化、角化、改善伤痕的作用，不仅能防止小皱纹、眼袋、皮肤松弛，还能保持皮肤湿润、娇嫩，同时，还可以治疗皮肤炎症，对粉刺、雀斑、痤疮以及烫伤、刀伤、虫咬等亦有很好的疗效。对头发也同样有效，能使头发保持湿润光滑，预防脱发。

从化学成分看，已知芦荟含有160多种化学成分，具有药理活性和生物活性的组分也不下100多种。但就其特殊性和功效而言，主要分两大类。

（1）蒽醌类化合物　包括芦荟素、芦荟大黄素、芦荟大黄酚、芦荟皂草苷、芦荟宁、芦荟苦素、芦荟霉素、后莫那特芦荟素等几十种，是芦荟中的活性成分，主要存在于芦荟叶片的外皮部分。

（2）芦荟多糖 主要存在于芦荟叶的凝胶部位，即由叶皮所包围的透明黏状部分。目前已被检出的有乙酰化葡聚糖、葡甘聚糖、阿拉伯-半乳聚糖等。芦荟多糖的分子结构、组成及相对分子量与芦荟品种、生长环境及生长期有关。

制备工艺：

国内外的研究者特别是美国、日本、韩国三个国家的科学家对芦荟活性成分的提取工艺进行了大量研究工作，取得了不少可贵的研究成果和宝贵经验。

（1）传统工艺法 长期以来，人们一直以芦荟胶的形式来制备芦荟活性成分。最初是采取割取芦荟叶片，收集叶汁，置于锅内熬成稠膏，再浸入容器，冷却凝固而得。这里所说的芦荟胶只能说是一种粗品，用锅煮加热的方法，会将天然活性成分多数分解，因此主要用作泻下药。这种手工作坊式的方法现已逐渐被淘汰，但在某些地方仍在采用。

（2）热处理法 基于传统制取工艺，本书作者在1984年提出一种能够制取稳定半透明芦荟胶的方法，即在制备过程中加入抗氧化剂、防腐剂，在芦荟胶的提取质量上有所改进。

（3）冷处理法 美国McAnalley教授领导的Carrington实验室经过多年的研究，分离出一种经过冻干后不再降解的活性糖胺聚糖（Carrisyn TM），并且证明它就是芦荟的主要活性成分。其工艺过程可简述为将芦荟叶洗净去皮、磨碎成浆、除去纤维质、醇沉、离心过滤、冷冻干燥等几步。由于McAnalley将芦荟活性成分进行了极为重要的定性、定量分析，因此他们实验所得的芦荟糖胺聚糖具有极高的应用价值，目前已获得美国FDA的批准，作为一种生物制剂广泛用于治疗胃肠道、免疫类、癌症、艾滋病等疾病，并取得了惊人的医疗效果。但Carrisyn TM仍是一种多糖的混合物，其中可能存在中性多糖、酸性多糖和糖蛋白。Coats在总结以往经验和McAnalley的工作后，又提出了一套新的提取稳定芦荟胶的改进方案。此方案使用了整片芦荟叶，产量有明显的提高，生物活性也得到了增强并在一定时间内稳定。

芦荟叶汁液干燥物质量标准（《中国药典》，2000）：

芦荟苷含量（干基计）

库索拉芦荟≥16.0%；

好望角芦荟≥6.0%；

水分≤12.0%；

总灰分≤4.0%。

有效成分检测：

（1）RP-HPLC法测定芦荟苷

① 仪器与试剂 美国Waters501型泵，U6K进样器，美国Beckman163型可变波长紫外检测器和427型积分记录仪；紫外吸收光谱用日立557型分光光度仪测定。

② 色谱条件 美国SUPELCOLC-18柱（250mm×4.6mm，5μm），柱温为室温；流动相为0.01mol/L乙腈-三氟乙酸（22∶78）；流速1.0mL/min；检测波长359nm；检测灵敏度0.05AUFS；进样量10μL。

③ 标准曲线制备 精密称取干燥至恒重的芦荟苷标准品适量（约12.5mg）置20mL容量瓶中，加甲醇溶液至刻度，摇匀，配成0.5mg/mL的溶液；分别精密吸取上述溶液1.0mL、2.0mL、3.0mL、4.0mL、5.0mL，置10mL容量瓶中，加甲醇稀释至刻度，摇匀。进样测定吸光度。

④ 样品测定 精密称取样品50mg，置50mL容量瓶中，加入甲醇45mL，超声波提取30min，加甲醇溶解至刻度，充分摇匀。经0.45μm微孔滤膜过滤，取滤液按标准品测定方法进行测定，以外标法计算样品芦荟苷含量。

（2）芦荟多糖的测定　将芦荟制品样品溶于水后，在调成的80％乙醇溶液中沉淀（若液体样品可直接在80％乙醇溶液中沉淀），沉淀物用80％乙醇溶液多次洗涤，经水溶制成多糖提取液，用苯酚-硫酸显色反应进行比色分析定量；亦可将上述沉淀物用盐酸水解成D-甘露糖和D-葡萄糖，利用醛己糖在常温下与苯肼生成甘露糖腙结晶物的特性，测定生成的甘露糖腙的量，进而计算出甘露聚糖的含量（0.233g甘露糖相当于0.35g甘露聚糖）。

市面上所谓的"芦荟油"并不是用芦荟植物或中药芦荟水蒸气蒸馏得到的精油，而是用芦荟干叶加植物油（橄榄油、茶油、棕榈油等）浸渍、滤去残渣得到的油，带有植物芦荟的草香气味，只含有少量的香料成分，用于按摩推油等。

阿　魏

阿魏是新疆一种独特的药材，属伞形科，多年生一次结果草本，阿魏分新疆阿魏和圆茎阿魏两种。新疆阿魏高50～100cm，全株披白色绒毛，根肥大，圆柱形或纺锤形，有时分杈，表皮紫黑色，有臭气，开黄色小花。圆茎阿魏与它相比，植株要高一倍，茎直立。分布于中亚地区及伊朗和阿富汗，我国只有新疆生长，生于戈壁滩及荒山上。

阿魏味辛、温，有理气消肿、活血消疲、祛痰和兴奋神经的功效。维吾尔族医生还用它驱虫、治疗白癜风。

性状：该品为不规则的块状和脂膏状。颜色深浅不一，表面蜡黄色至棕黄色。块状者体轻、质地似蜡，断面稍有孔隙；新鲜切面颜色较浅，放置后色渐深。脂膏状者黏稠，灰白色。具强烈而持久的蒜样特异臭气，味辛辣，嚼之有灼烧感。

真品鉴别：阿魏又名魏去疾、五彩魏，为伞形科植物阿魏、新疆阿魏及阜康阿魏的树脂，主产于中亚细亚地区及伊朗、阿富汗等国家和地区，中国新疆亦有产，主要生长在戈壁滩及荒山等多沙地带。多在其树未开花前采收。先挖松泥土，露出根部，将茎自根头处切断，即有乳液自断面流出，上面用树叶覆盖，约经10d渗出液凝固如脂，即可刮下置阴凉处干燥，密闭防热保存。其性温，味苦辛，具有消积、杀虫的功效，常用于治疗症瘕痞块、虫积、肉积、心腹冷痛、疟疾、痢疾等症。市场上有以葱属植物的鳞茎加工仿制的伪品，冒充正品阿魏，使用时注意鉴别。

真品阿魏：多由球粒凝聚而成大小不等的块状。外表暗黄色或黑棕色，贮藏日久，则变为红棕色。新采集的阿魏，断面为乳白色或浅黄棕色，或有红棕色交错其间，被称为"五彩阿魏"；质如脂膏状物，硬度如白蜡；加水研磨，成白色乳状液；由于其含有近20％的挥发油，所以具有强烈而持久的大蒜样臭气，故又称"臭阿魏"，用口尝之，味苦辣如蒜。

加工的伪品：外观呈不规则块状或颗粒状，表面黄棕色或棕褐色，略具光泽，断面不具有正品的特征；质地较疏松，手碾之易碎；不具有正品特殊的蒜臭气，闻之仅具有葱蒜气味，但不强烈。

现代药理研究表明，阿魏特异的臭气，能自肠道吸收，可灌肠作为祛风剂应用；其煎剂对结核杆菌有抑制作用，并可作为刺激性祛痰剂，而加工的伪品不具备这些功效，误用会贻误治疗，故应细辨之。

药材鉴定：

① 阿魏（进口）呈球粒状凝聚而成大小不等的团块。表面粗糙，颜色不一，由白、黄、暗黄、棕或红棕色相间而成，无光泽。干燥品较硬，新鲜品较软，断面乳白色或浅黄棕色，在空气中渐变成红色或红棕色，有强烈持久的蒜臭，味微辣而苦，嚼之粘牙。加热变柔软。与水共研成白色乳状液。

② 阿魏（国产，主要为新疆阿魏，少量阜康阿魏）呈不规则的块状和脂膏状颜色深浅不

一，表面蜡黄色至棕共同色。块状者体轻，质地似蜡，断面稍有孔隙，新鲜切面颜色较浅，放置后色渐深。脂膏状者黏稠、灰白色。具强烈而持久的蒜样特异臭气，味辛辣，嚼之粘牙并有灼烧感。加水研磨亦呈白色乳液。以凝块状、表面具彩色、断面乳白色或稍带微红色、气味浓而持久、纯净无杂质者佳。

理化鉴别：

① 取该品少量，加硫酸数滴使溶解后，显黄桂冠色至红棕色阿魏种子，再滴加氨试液使呈碱性，置紫外线灯（365nm）下检视，显亮天蓝色荧光。（检查伞形花内酯）

② 取该品少量，加盐酸0.5mL，煮沸，显淡黄棕色或淡紫红色，再加间苯三酚少量，颜色即变浅，继续煮沸，变为紫褐色。以上水解溶液加氨液里成碱性，再加水稀释，仍显蓝色荧光。（检查阿魏酸）

③ 取块状者切断，在新鲜切面上滴加硝酸1滴，由草绿色渐变为黄棕色。

④ 取粗粉0.2g，置10mL容量瓶中，滤过。取滤液0.2mL，置50mL容量瓶中，加无水乙醇稀释至刻度，摇匀，按《中华人民共和国药典》分光光度法测定，在323nm处应有最大吸收。

⑤ 取该品少许放在瓷皿中，置紫外光灯（365nm）下观察，呈微弱蓝色荧光，加入硝酸数滴，则显亮蓝色荧光。

阿魏植物精油是从伞形科阿魏属（Ferula L.）植物阿魏中提取的一种植物精油。50g阿魏植物加入300mL水，水蒸气蒸馏6h后，用乙醚萃取，萃取液浓缩后得到精油。

阿魏植物精油对仓储害虫赤拟谷盗成虫有很强的驱避活性，72h后其驱避活性仍然保持在Ⅳ级，驱避效果比较明显，并且随着处理时间的延长，其驱避效果基本相当，保持在Ⅳ级以上；对小菜蛾2龄幼虫和黄粉虫10龄幼虫有较好的触杀活性，但对赤拟谷盗成虫触杀作用较弱；对小菜蛾2龄幼虫具有非常明显的熏蒸作用，不同浓度与对照相比差异显著，对赤拟谷盗成虫无明显的熏蒸作用；对棉铃虫卵孵化、赤拟谷盗当代种群及黄粉虫蛹生长发育有一定抑制作用。

有人采用水蒸气蒸馏法从新疆阿魏中提取挥发油成分，测得新疆阿魏挥发油的含量为1.0%。用气相色谱-质谱法（GC/MS）对其挥发性成分进行分离鉴定，分离出38种成分，共确认了其中36种成分，占检出量的92.32%。采用峰面积归一化法确定了各成分的相对含量，其中主要成分为2，3-二甲基-3-己醇（18.34%）、2-乙硫基丁烷（8.00%）、丙基丁基二硫醚（6.95%）、十八烷基三烯（6.64%）、乙酸乙酯（6.21%）、油酸（5.10%）。

多伞阿魏挥发油优选提取工艺为加入14倍水，提取4h，平均提取率为8.02%±0.007%。GC/MS测定多伞阿魏挥发油化学成分，鉴定出44种化合物，主要成分是(1R)-(+)-蒎烯（3.64%）、莰烯（4.68%）、β-蒎烯（2.28%）、3-蒈烯（4.15%）、D-柠檬烯（9.08%）、异松油烯（3.00%）、（1S,2S,4R)-乙酸-1,3,3-三甲基-双环[2.2.1]庚烯-2-醇（3.13%）、左旋乙酸冰片酯（17.78%）、(E)-β-金合欢烯（11.26%）、α-法尼烯（7.48%）、反式橙花叔醇（6.33%）、愈创木醇（11.44%），未检出多硫化合物。

有人对维吾尔族、哈萨克族等民族民间常用药物香阿魏Ferulaferulaeoidis的化学成分进行分析，采用气相色谱-质谱联用法经计算机检索及核对质谱资料进行鉴定，用面积归一化法计算各峰的相对含量，从挥发油中分离出50个组分，鉴定了其中36种成分，占挥发油总量的91.4%，其主要成分为α-愈创木醇、α-松油醇和乙酸龙脑酯等，不含多硫化物。

采用毛细管气相色谱和GC-MS-DS联用方法分析了多伞阿魏根的挥发油中的化学成分，从分离出的62个色谱峰中鉴定了34种成分，并测定了相对含量。多伞阿魏根的挥发油主要成分及相对含量是：愈创木醇占79.2%，倍半萜占88.85%，聚硫烷类占3.02%，其他占 0.45%。

阿魏可以用水蒸气蒸馏法提取精油，得到的精油用气相色谱或气质联机测定，与标准品的色谱图和数据对照即可鉴别真伪、判定优劣。

格 蓬 树 脂

原产地：伊朗、土耳其。

由伞形科草本植物格蓬树（*Ferula galbaniflua* Boiss et Buhse）能产生一种树脂般的渗出物。商业上有两种规格：地中海东部沿岸的格蓬树脂（软的）；伊朗的格蓬树脂（硬的），含有大约 15%～26% 精油。树脂样经水蒸气蒸馏得到精油，具清香、草木香味膏香，带有格蓬的特征香气。

精油成分——月桂烯、杜松烯、右旋-α-蒎烯、β-蒎烯、1,3,5-十二碳三烯、3-蒈烯、倍半萜烯醇、吡嗪化合物、少量的吡嗪和大环内酯等。

外观：无色至淡黄色液体。

相对密度（20℃/20℃）：0.8670。

折射率：1.4780～1.4850。

旋光度：+7°～+15°（20℃）。

应用：广泛用于日用香精，可用于食品香精。

中药材基原：为伞形科植物格蓬阿魏的乳状胶脂。

格蓬阿魏是多年生一次结实植物，高约 1m。茎圆柱形。叶具白色柔毛，根生叶数回羽裂，小羽片多数，最终裂片长 1～2mm，狭线形，早凋；茎叶片小，椭圆瓜，具有膨大的叶鞘。长圆锥花序，分枝交互排列，稍细。伞梗分散，中心伞辐 5～8（15）枚，宽约 10cm，侧枝 2，对生，每花梗 10（20）朵花，苞片膜质，早脱，萼齿小，三角形，花瓣黄白色。果淡红棕色，长约 16mm，宽约 8mm，肋间油管 1～2 个。花期 4 月。喜生于平地草原。我国不产；国外土耳其、伊朗有分布。

本植物茎与根部含有许多离生油脂道，分泌乳状胶脂汁液，格蓬树脂部分得自天然渗出，部分来自茎或根头处切割后流出的汁液，经固化后收集。贮于干燥处。

药材鉴别：本品呈类圆形、乳液状或块状物，颗粒状者如豌豆大或稍大。表面棕黄色或橙棕色，粗糙，质软，有黏性与延长性。破折面不规则，不透明，类黄色。颗粒状者多少有些半透明，呈类蓝绿色。气芳香而特异，味苦，令人不快。有时夹杂有植物碎片及果实等杂质。

理化鉴别：

(1) 本品乙醇浸液显蓝紫色荧光。

(2) 取本品少许，加乙醇溶解，加氨水至碱性，在日光下可见有蓝色荧光。

(3) 取本品加氢氧化钾煮沸放冷，加氯仿即显深绿色。

药理作用：本品可用作末梢神经兴奋剂。

性味：三级干热，味苦。

功效：祛寒散风，清除异常黏液质，通阻强筋，利尿退肿，补胃除胀，止咳平喘，通经止痛。

主治：湿寒性或黏液质性疾病，如瘫痪、面瘫、癫痫、抽筋、手足颤抖、肠梗阻、尿闭水肿、胃虚腹胀、黏液质性咳嗽、哮喘、闭经腹痛等。

格蓬树脂含挥发油 5%～20%，树脂成分 60.0%～63.5%，树胶 20%，酸价 21.2～63.5，皂化价 116.2～135.2。挥发油含 α-松油烯和 β-松油烯、杜松烯、缬草酸、龙脑酯等。油的相对密度 0.890～0.895；$[\alpha]_D$=10～+20。

格蓬树脂可以用水蒸气蒸馏法提取精油，得到的精油用气相色谱或气质联机测定，与标准品的色谱图和数据对照即可鉴别真伪、判定优劣。

赖伯当树脂

赖伯当、赖百当都是岩蔷薇的俗称，学名为 *Cistua ladaniferus* L.，为半日花科岩蔷薇属，多年生常绿亚灌木。赖伯当树脂、赖伯当浸膏为黄绿色至棕色膏状物，浸膏及其精油具有温暖的龙涎和琥珀膏香气，留香时间长，定香效果好，是难得的具动物香韵的天然植物香料，大量用于高档化妆品、香水及烟用香精的调配。

产地：主产于西班牙、前南斯拉夫、俄罗斯、摩洛哥、法国和中国的江苏、浙江等地。

制备：干燥的叶、枝切碎后，用石油醚浸提制取浸膏，得膏率为 2%～2.5%。用乙醇萃取浸膏可得净油。岩蔷薇分泌树脂，用水蒸气蒸馏粗制树脂，可得岩蔷薇精油。用烃类萃取粗制树脂，可得岩蔷薇香树脂。

外观：为黄绿色至棕色膏状物。

熔点：48～52℃。

酸值：73。

酯值：96。

香气：具有温暖的龙涎和琥珀膏香气，留香时间长。

主要成分：岩蔷薇醇、松油醇、叶醇、柠檬醛、苯甲醛、糠醛、苯乙酮、薄荷酮、丁二酮、丁香酚、龙脑、乙酸龙脑酯、乙酸香叶酯、蒎烯、水芹烯等。

应用：可微量用于食用和烟用香精中。建议用量在最终加香食品中浓度为 0.01～10mg/kg。中国 GB 2760—1996 批准为允许使用的食品香料。大量用于高档化妆品、香水的调配。

赖伯当树脂可以用水蒸气蒸馏法提取精油，得到的精油用气相色谱或气质联机测定，与标准品的色谱图和数据对照即可鉴别真伪、判定优劣。

苏　合　香

苏合香为金缕梅科植物苏合香树所分泌的树脂（因为产地得名），苏合香树属乔木，金缕梅科，高 10～15m。叶互生；具长柄；托叶小，早落；叶片掌状 5 裂，偶为 3 或 7 裂，裂片卵形或长方卵形，先端急尖，基部心形，边缘有锯齿。花单性，雌雄同株，多数成圆头状花序，小花黄绿色；雄花的花序成总状排列，雄花无花被，仅有苞片，雄蕊多数，花药长圆形，2 室纵裂，花丝短；雌花的花序单生，花柄下垂，花被细小，雌蕊心皮多数，基部愈合，子房半下位，2 室，有胚珠数枚，花柱 2 枚，弯曲。果序圆球状，直径约 2.5cm，聚生，多数蒴果，有宿存刺状花柱；蒴果先端喙状，成熟时先端开裂。种子 1～2 枚，狭长圆形，扁平，顶端有翅。

性味：辛，温。

归经：归心经、脾经。

功能：开窍，辟秽，止痛。

主治：用于中风痰厥，猝然昏倒，胸腹冷痛，惊痫。

用法用量：0.3～1g，宜入丸散服。

生态环境：喜生于肥沃的湿润土壤中。

资源分布：原产小亚细亚南部，如土耳其、叙利亚北部地区，现中国广西等南方地区有少量引种栽培。

药材基源：本品为金缕梅科枫香属植物苏合香树的树干渗出的香树脂，经加工精制而成。

采收贮藏：通常于初夏将树皮击伤或割破，深达木部，使分泌香脂，浸润皮部。至秋季剥下树皮，榨取香脂；残渣加水煮后再榨，除去杂质，即为苏合香的初制品。如再将此种初制品溶解于酒精中，过滤，蒸去酒精，则成精制苏合香。宜装于铁筒中，并灌以清水浸之，置阴凉处，以防止走失香气。

炮制：取原药材，滤去杂质。贮密闭容器内，置阴凉干燥处，防潮。

用药禁忌：阴虚多火者禁用。

化学成分：苏合香树脂含挥发油，内有 α-蒎烯及 β-蒎烯，月桂烯，樟烯，柠檬烯，1,8-桉叶素，对聚伞花素，异松油烯，芳樟醇，松油-4-醇，α-松油醇，桂醛，反式桂酸甲酯，乙基苯酚，烯丙基苯酚，桂酸正丙酯，β-苯丙酸，1-苯甲酰基-3-苯基炔，苯甲酸，棕榈酸，亚油酸，二氢香豆酮，桂酸环氧桂酯，顺式桂酸，顺式桂酸桂酯等。又含齐墩果酮酸，3-表齐墩果酸等。

药理作用：

（1）抗血小板聚集功能　实验证明苏合香有抗血栓的作用，显著抑制体外血栓形成。

（2）对心血管的影响　冠心苏合丸可使实验性心肌梗死大的冠窦血流量明显增加，使其恢复正常或接近正常，并能明显减慢心率，降低心肌耗氧量；对于非心肌梗死大的冠窦血流量无明显影响，但可减慢心率，降低心肌耗氧量。

（3）抑菌、抗炎作用　苏合香有较弱的抗菌作用，可用于各种呼吸道感染。

（4）温和的刺激作用　用于局部可缓解炎症，如湿疹和瘙痒，并能促进溃疡与创伤的愈合。

临床应用：

（1）流行性乙型脑炎：流行性乙型脑炎是一种急性传染病，季节性强，7、8、9 三个月多发与流行，近年来发病率降低，这与加强疫苗接种工作有关。但病死率高，后遗症多，如果能及时治疗，采取紧急综合溴代苏合香烯性治疗，可以获救。可用苏合香丸、安宫牛黄丸各 1 丸，各加 5mL 水溶化，分别给药，间隔 1h。有神志不清者可胃管内注入。

（2）心绞痛：心绞痛是冠心病发作的症状之一。笔者以消心痛 10mg、心痛定 10mg，心动过速加心得安 10mg 配以苏合香丸，疗效甚佳，对缓解心前区疼痛 3~5min 见效，10~15min 内完全消失，频发率降低。苏合香丸并不亚于冠心苏合丸。

（3）一氧化碳中毒后遗症：一氧化碳中毒是时有发生的，重症中毒经抢救治疗后，由昏迷到苏醒，但清醒过后会留下精神、神经症状。多数在昏迷症状消失后的清醒期 3~4 周出现精神、神经症状，在对症、支持疗法的基础上加服苏合香丸 1~2 粒有良好效果。经常便秘者，配大黄煎汤送服之。

（4）其他：呃逆、小儿吮食用苏合香丸可治；双眼挤动症可用菊花 10g、芥穗 5g，水煎剂送苏合香丸也很有疗效。

性状鉴别：本品为半流动性的浓稠液体。棕黄色或暗棕色，半透明。质黏稠。气芳香。本品在 90% 乙醇、二硫化碳、氯仿或冰醋酸中溶解，在乙醚中微溶。

显微鉴别：不定形团块，淡黄棕色，埋有细小方形结晶。分泌细胞类圆形，含淡黄棕色至红棕色分泌物，其周围细胞作放射状排列。含晶细胞方形或长方形，壁厚，木化，胞腔含草酸钙方晶。具缘纹孔导管纹孔密，内含淡黄色或黄棕色树脂状物。果皮纤维层淡黄色，斜向交错排列，壁较薄，有纹孔。花粉粒三角形，直径约 16μm。不规则碎片淡灰黄色，稍有光泽，表面密布微细灰棕色颗粒及不规则纵长裂缝。不规则细小颗粒暗棕色，有光泽，边缘暗黑色。

理化鉴别：

① 取本品 0.5g，加硝酸-高氯酸（5∶2）混合溶液 10mL，直火加热至无棕色气体，放冷，加 2 倍量水稀释后滤过。取滤液 1mL，滴加 1%碘化钾溶液，显橙红色混浊，放置，生成橙红色沉淀，沉淀能溶解于过量碘化钾溶液中。

② 取本品 0.3g，研细，加乙酸乙酯 15mL，超声处理 2min，滤过，滤液浓缩至近干，加乙酸乙酯 0.5mL 使溶解，作为供试品溶液。另取冰片对照品，加乙酸乙酯制成 1mL 含 2.5mg 的溶液，作为对照品溶液。照薄层色谱法试验，吸取上述两种溶液各 2μL，分别点于同一硅胶 G 薄层板上，以苯-丙酮（9∶1）为展开剂，展开，取出，晾干，喷以 5%香兰素硫酸溶液，热风吹至斑点显色清晰。供试品色谱中，在与对照品色谱相应的位置上，显相同颜色的斑点。

③ 取本品 1g，研碎，加氯仿 25mL，超声处理 30min，滤过，滤液蒸干，残渣加氯仿 1mL 使溶解，作为供试品溶液。另取胡椒碱对照品，加氯仿制成 1mL 含 2mg 的溶液，作为对照品溶液。照薄层色谱法试验，吸取上述两种溶液各 5μL，分别点于同一硅胶 G 薄层板上，以环己烷-乙酸乙酯（1∶1）为展开剂，展开，取出，晾干，再展开一次，取出，晾干，喷以硫酸乙醇溶液（1→10），置紫外线灯（365nm）下检视。供试品色谱中，在与对照品色谱相应的位置上，显相同颜色的斑点。

④ 取本品 1g，研细，置具塞试管中，加乙醚 5mL 振摇，滤过，滤液作为供试品溶液。另取麝香酮对照品，加乙醚制成 1mL 含 0.1mg 的溶液，作为对照品溶液。照气相色谱法试验，柱长为 2m，以聚乙二醇（PEG）-20M 和甲基硅橡胶（SE-30）为混合固定液，涂布浓度分别为 1.64% 和 1.32%，柱温为 180℃。分别取对照品溶液和供试品溶液适量，注入气相色谱仪。供试品应呈现与对照品保留时间相同的色谱峰。

含量测定：取本品约 1.25g，精密称定，置锥形瓶中，加新配制的乙醇制氢氧化钾滴定液（0.5mol/L）25mL，加热回流 1h，于低温迅速蒸去乙醇，残渣加热水 50mL 使均匀分散，放冷，加水 80mL 与硫酸镁溶液（1.5→50）50mL，混匀，静置 10min，滤过，滤渣用水 20mL 洗涤，合并洗液与滤液，加盐酸使成酸性后，用乙醚振摇提取 4 次，每次 40mL。合并乙醚液，用碳酸氢钠溶液（1→20）振摇提取 5 次（20mL、20mL、10mL、10mL、10mL），每次分出的水液均用同一乙醚 20mL 洗涤。合并水液，加盐酸使成酸性，再用氯仿振摇提取 4 次（30mL、20mL、20mL、10mL），每次氯仿提取液均用同一个装有无水硫酸钠的脱脂棉层滤过。合并滤液蒸发至约 10mL 时，停止蒸发，任其自然挥散除尽溶剂，残渣用中性乙醇（对酚红指示液）10mL 温热溶解，放冷，加酚红指示液 2~3 滴，用氢氧化钠滴定液（0.1mol/L）滴定。1mL 的氢氧化钠滴定液（0.1mol/L）相当于 14.82mg 的肉桂酸（$C_9H_8O_2$）。本品含总香脂酸以桂酸（$C_9H_8O_2$）计，不得少于 28.5%。

应用鉴别：苏合香与麝香，二药均辛温芳香，开窍醒神，对于中风、中痰以及山岚瘴气侵袭经络而昏厥属寒闭者，常相须配用，增强开窍醒神作用。然而苏合香有较好的辟秽和祛痰作用，故对于秽浊之气侵袭人体昏厥或中风昏迷痰盛者，用之最好；麝香开窍醒神力较苏合香强，且走窜通经达络，故气血壅滞而肿痛也为常用。

枫香树脂

枫香脂，中药名。为金缕梅科植物枫香树 *Liquidambar formosana* Hance 的干燥树脂。7、8 月间割裂树干，使树脂流出，10 月至次年 4 月采收，阴干。

植物形态：落叶乔木，高 20~40m。树皮灰褐色，方块状剥落。叶互生；叶柄长 3~7cm；托叶线形，早落；叶片心形，常 3 裂，幼时及萌发枝上的叶多为掌状 5 裂，长 6~12cm，宽 8~15cm，裂片卵状三角形或卵形，先端尾状渐尖，基部心形，边缘有细锯齿，齿尖有腺状突。

花单性，雌雄同株，无花被；雄花淡黄绿色，成葇荑花序再排成总状，生于枝顶；雄蕊多数，花丝不等长；雌花排成圆球形的头状花序；萼齿 5，钻形；子房半下位，2 室，花柱 2，柱头弯曲。头状果序圆球形，直径 2.5～4.5cm，表面有刺，蒴果有宿存花萼和花柱，两瓣裂开，每瓣 2 浅裂。种子多数，细小，扁平。花期 3～4 月，果期 9～10 月。

化学成分：枫香树脂含阿姆布酮酸（ambronic acid，即模绕酮酸 moronic acid），阿姆布醇酸（ambrolic acid，即模绕酸 morolic acid），阿姆布二醇酸（ambradiolic acid），路路通酮酸（liquidambronic acid），路路通二醇酸（liquidambrodiolic acid），枫香脂熊果酸（forucosolic acid），枫香脂诺维酸（liquidambronovic acid）等。

药材鉴定：本品呈不规则块状，或呈类圆形颗粒状，大小不等，直径多在 0.5～1cm 之间，少数可达 3cm。表面淡黄色至黄棕色，半透明或不透明。质脆易碎，破碎面具玻璃样光泽。气清香，燃烧时香气更浓，味淡。

理化鉴别：

（1）取本品少量，燃烧，有浓烟及火焰，具特异香气。

（2）取本品约 50mg，置试管中，加四氯化碳 5mL，振摇使溶解，沿管壁加硫酸 2mL，两液接界处显红色环。

（3）取本品约 0.2g，加四氯化碳 5mL，振摇使成混悬液，加硝酸 3mL，轻轻摇匀，待分层，上层液显淡红色至红橙色。

鸢尾浸膏

鸢尾（学名：*Iris tectorum*），又名屋顶鸢尾、蓝蝴蝶（广州）、紫蝴蝶、扁竹花（陕西）、蛤蟆七（湖北），为鸢尾科鸢尾属的植物。属天门冬目，鸢尾科多年生宿根性直立草本，高 30～50cm，植株基部围有老叶残留的膜质叶鞘及纤维，根状茎粗壮，直径约 1cm，斜伸；须根较细而短。叶基生，黄绿色，稍弯曲，中部略宽，宽剑形，长 15～50cm，宽 1.5～3.5cm，顶端渐尖或短渐尖，基部鞘状，有数条不明显的纵脉。花茎光滑，高 20～40cm，顶部常有 1～2 个短侧枝，中、下部有 1～2 枚茎生叶；苞片 2～3 枚，绿色，草质，边缘膜质，色淡，披针形或长卵圆形，长 5～7.5cm，宽 2～2.5cm，顶端渐尖或长渐尖，内包含有 1～2 朵花。花蓝紫色，直径约 10cm；花梗甚短；花被管细长，长约 3cm，上端膨大成喇叭形，外花被裂片圆形或宽卵形，长 5～6cm，宽约 4cm，顶端微凹，爪部狭楔形，中脉上有不规则的鸡冠状附属物，成不整齐的繸状裂，内花被裂片椭圆形，长 4.5～5cm，宽约 3cm，花盛开时向外平展，爪部突然变细；雄蕊长约 2.5cm，花药鲜黄色，花丝细长，白色；花柱分枝扁平，淡蓝色，长约 3.5cm，顶端裂片近四方形，有疏齿，子房纺锤状圆柱形，长 1.8～2cm。蒴果长椭圆形或倒卵形，长 4.5～6cm，直径 2～2.5cm，有 6 条明显的肋，成熟时自上而下 3 瓣裂；种子黑褐色，梨形，无附属物。花期 4～5 月，果期 6～8 月。

分布区域：北非地区、西班牙、葡萄牙、高加索地区、黎巴嫩、以色列、日本、缅甸以及中国山西、安徽、江苏、浙江、福建、湖北、湖南、江西、广西、陕西、甘肃、青海、四川、贵州、云南、西藏等地。生于海拔 800～1800m 的阳坡地、林缘及水边湿地，在庭园已久经栽培。

其根状茎可作中药，全年可采，具有消炎作用。

生长习性：耐寒性较强。按习性可分为：

（1）要求适度湿润，排水良好，富含腐殖质、略带碱性的黏性土壤；

（2）生于沼泽土壤或浅水层中；

（3）生于浅水中；

(4) 喜阳光充足，气候凉爽，耐寒力强，亦耐半阴环境。

性寒，味辛、苦。

功能主治：活血祛瘀，祛风利湿，解毒，消积。用于跌打损伤，风湿疼痛，咽喉肿痛，食积腹胀，疟疾；外用治痈疖肿毒，外伤出血。

鸢尾浸膏生产方法：将鸢尾科二年生或三年生的香根鸢尾（*Iris pallida*）、佛罗伦萨鸢尾（*I. Forentina*）的根除去泥土和小幼根后，在 400℃下干燥和发酵六个月，粉碎后经水蒸气蒸馏而得。得率为 0.16%～0.27%（干根计）。亦可用溶剂浸提，得率 0.5%～0.8%。主要产于意大利北部、法国、德国和摩洛哥，我国云南有少量生产。

鸢尾净油生产方法：鸢尾浸膏（用石油醚或苯浸提）经钠碱或钙碱或钾碱处理，以除去肉豆蔻酸后而得。化学性质：淡黄色至深黄色液体，呈强烈紫罗兰香气。

用途：GB 2760—2014 规定为允许使用的食用香料。用以配制草莓、桃子、覆盆子等香精。主要用于软饮料、糖果和明胶甜食。

鸢尾浸膏和鸢尾净油的主要香气成分是鸢尾酮，鸢尾酮为无色或微黄色透明液体，具有柔和的甜香，香气清新带甜，是一种国际公认的高级香料，与紫罗兰酮类似，有 3 种异构体。主要存在于鸢尾科各种植物的根茎以及橡苔植物中。其中含有大约 75 %γ-鸢尾酮、25 %α-鸢尾酮和微量 β-鸢尾酮。新鲜的鸢尾根茎并无香气，经过 2～3 年甚至更长时间的陈化，待鸢尾酮逐渐形成后才具有香气。鸢尾浸膏已被用于烟草的增香，改善卷烟风味，也供配制食用香精和日用香精。β-鸢尾酮结构式如下：

β-鸢尾酮结构式

鸢尾浸膏也可以用水蒸气蒸馏法提取精油，得到的精油用气相色谱或气质联机测定，与标准品的色谱图和数据对照即可鉴别真伪、判定优劣。其中鸢尾酮的含量是评价鸢尾浸膏质量的一个重要的指标。

橡 苔 浸 膏

橡苔属松萝科扁地衣属植物，具有独特的干草清香，目前已作为重要的烟草添加剂及化妆品自然清香的香原料。

橡苔的核心香气物质是松油萜醇（有辛香、壤香和清香气息，并有木香香韵）、苔黑酚单甲醚、苔黑酚羧酸甲酯、赤星衣酸甲酯、赤星衣酸乙酯等，尤其是苔黑酚单甲醚与苔黑酚羧酸甲酯，具有强烈的橡苔香气，两者按一定的比例配制具有逼真的天然橡苔香气。值得注意的是：橡苔的苯甲酸苄酯、赤星衣酸乙酯、树脂酸衍生物等组分对某些人体的皮肤有过敏反应，所以国际日用香料香精协会（FGE）要求橡苔浸膏或精油在消费品中的含量应低于 0.1%，因此橡苔浸膏或精油的质量控制方法应从以上角度综合考虑。

橡苔浸膏是用石油醚或苯浸提橡苔，再用乙醇提取得到的精油。它具有独特的干草清香和浓郁的树脂香，净油有草药味，但留香很持久。用于烟用香精，能增进清香和自然风味，掩盖烟草中的不良杂气和泥土气，改善烟气吸味，是一种重要的烟用香料之一。

橡苔苯浸膏为深绿色蜡状固体、呈特殊苔清香气。熔点 52℃，酸值 22～68，酯值 42～74。石油醚浸膏为棕绿色稠厚液体，熔点约 50℃，酸值约 68，酯值约 79。我国 GB 2760 规定为允许使用的食用香料。

浸膏的主要致香成分是挥发油。可以采用挥发油提取器测定橡苔浸膏中的挥发油含量，并利用 GC 和 GC/MS 进行定量、定性和质量控制。

提取条件：称取 7g 的样品置于 1000mL 的圆底烧瓶中，在挥发油提取器中油的密度低于或接近于水时所用的装置）的收集管中加满水，再准确加入 1mL 的二甲苯。待蒸出的挥发油成分不再增加时，停止加热。冷却后，记录二甲苯溶液体积。将油层与水层分离出来，加少量无水硫酸钠干燥。挥发油在浸膏中的质量分数为 9.6%，取 0.4μL 进行 GC 和 GC/MS 分析。

气相色谱仪：岛津 GC-14B。检测器 FTD，色谱柱 Supelco-5（30m × 0.32mm i.d. × 0.25μm）。进样口温度 250℃，FID 温度 280℃，进样量 0.4μL，分流比 50：1，柱温以 4℃/min 的升温速率从 50℃升到 250℃（保持 10min），载气高纯氮气，柱头压 80kPa。

气-质联用仪：Autosystem XL GC/Turbo Mass（美国 PE 公司）。色谱柱 PE-5（20m × 0.18mm i.d. × 0.18μm），进样口温度 250℃，传输线温度 250℃，离子源温度 170℃，进样量 0.4μL，分流比 50：1，柱温以 4℃/min 的升温速率从 50℃升到 250℃（保持 10min），载气高纯氦气，柱头压 84kPa，电离方式 EI，电子能量 70 eV，溶剂延迟 3min，扫描范围 40～350u（原子质量单位）。

结果与讨论：用上述条件对橡苔浸膏挥发油进行分离，经 EI 谱图分析及标准谱图检索定性，按峰面积归一化法测定各组分相对质量分数（见表 14-1）。从所鉴定的 24 种成分中可见，萜烯类成分最多，有 12 种；酯类 7 种；其他成分 5 种。主要成分有芳樟醇、α-松油醇和雪松烷等。前者有清新飘逸的花香、木香，淡弱的柑橘类果香，留香持久。α-松油醇有似紫丁香、海桐花特征的清甜花香。

表 14-1 橡苔浸膏挥发性成分的 GC-MS 分析结果

化合物	t/min	相对含量/%	鉴定方法	化合物	t/min	相对含量/%	鉴定方法
α-蒎烯	7.74	0.08	GC/MS/COINJ	环长叶烯	23.24	6.39	GC/MS/COINJ
莰烯	8.23	0.02	GC/MS/COINJ	异长叶松萜烯	23.86	11.87	GC/MS/COINJ
β-蒎烯	9.27	0.36	GC/MS/COINJ	刺柏烯	24.40	0.31	GC/MS(905)
α-水芹烯	9.76	0.18	GC/MS/COINJ	依兰烯	24.52	1.28	GC/MS(936)
对聚伞花烃	10.98	0.04	GC/MS/COINJ	石竹烯	24.70	0.70	GC/MS/COINJ
柠檬烯	11.10	0.03	GC/MS/COINJ	罗汉柏烯	25.19	1.56	GC/MS/COINJ
苯甲醇	11.79	14.96	GC/MS/COINJ	苔黑酚单甲醚	27.07	0.16	GC/MS/COINJ
顺式芳樟醇氧化物	12.75	0.02	GC/MS/COINJ	δ-愈创木烯	27.27	0.13	GC/MS(917)
对甲苯酚	13.05	痕量	GC/MS/COINJ	卡拉烯	27.82	0.18	GC/MS(946)
反式芳樟醇氧化物	13.36	0.01	GC/MS/COINJ	水杨酸异戊酯	28.30	6.23	GC/MS/COINJ
芳樟醇	13.84	2.03	GC/MS/COINJ	水杨酸戊酯	29.52	7.02	GC/MS/COINJ
异戊酸异戊酯	13.98		GC/MS/COINJ	邻苯二甲酸二乙酯	30.13	26.27	GC/MS/COINJ
葑醇	14.45	痕量	GC/MS(921)	柏木脑	30.44	0.35	GC/MS/COINJ
γ-萜品醇	15.13	0.11	GC/MS(915)	大根香叶烯 B	32.15	0.76	GC/MS(945)
β-松油萜醇	15.55	0.09	GC/MS/COINJ	正十八烷	32.94	0.02	GC/MS/COINJ
戊酸戊酯	15.74	0.06	GC/MS/COINJ	β-苔黑酚羧酸甲酯	33.18	1.23	GC/MS/COINJ
冰片	16.04	0.03	GC/MS/COINJ	赤星衣酸甲酯	33.98	0.03	GC/MS/COINJ
辛酸乙酯	17.32	6.04	GC/MS/COINJ	赤星衣酸乙酯	34.10	1.11	GC/MS/COINJ
异松油烯	17.44	0.88	GC/MS/COINJ	苯甲酸苄酯	34.83	0.06	GC/MS/COINJ
香叶醇	19.27	0.09	GC/MS/COINJ	荜丸烷	38.86	0.11	GC/MS(812)
茴香醛	19.46	0.58	GC/MS/COINJ	5α-荜丸-6-酮	39.59	0.09	GC/MS(932)
2-壬炔酸甲酯	20.92	0.67	GC/MS/COINJ	棕榈酸乙酯	39.90	1.46	GC/MS/COINJ
待定	21.47	0.74		亚油酸乙酯	44.08	0.23	GC/MS/COINJ
广藿香奥醇	21.96	0.08	GC/MS(897)	二氢异海松酸甲酯	47.89	1.21	GC/MS(804)
待定	22.14	0.08		5-丁基-6-己基八氢化茚	48.80	2.62	GC/MS(784)
长叶松萜烯	22.45	0.08	GC/MS/COINJ	4-表脱氢松香醇	49.17	0.64	GC/MS(813)

另据文献报道，橡苔浸膏的主要成分是煤地衣酸甲酯、煤地衣酸乙酯和煤地衣二酸等，而本方法测得的挥发性化学成分中无这些物质，主要是一些萜烯类物质。

橡苔浸膏挥发油中的主要成分：间薄荷烷（0.661%），柠檬萜（0.175%），1-甲基-3-异丙苯（0.225%），芳樟醇（7.513%），γ-松油萜醇（0.548%），异戊酸异戊酯（0.478%），α-松油萜醇（14.754%），茴香醛（0.342%），2-壬炔酸甲酯（0.415%），环长叶烯（3.572%），异长叶松萜烯（1.809%），雪松烷（10.514%），罗汉柏烯（3.257%），δ-愈创木烯（0.483%），δ-杜松萜烯（0.520%），异戊基水杨酸酯（4.439%），邻苯二甲酸二乙酯（16.327%），α-柏木脑（3.234%），广藿香醇（0.482%），苯甲酸苄酯（2.359%），亚油酸乙酯（1.404%），二氢异海松酸甲酯（0.379%），5-丁基-6-己基八氢化茚（6.259%），4-表脱氢松香醇（3.446%）。

树 苔 浸 膏

树苔浸膏用附生于松、枞、云杉、冷杉等树干上的粉屑扁枝衣和附生于栎、麻栎树干上的丛生树花，用苯、石油醚或热乙醇浸提而得。苯浸膏呈深棕色至绿棕色固体，石油醚浸膏为深棕色稠厚膏状物。呈清香兼有松木气味，具有浓郁类似麝香和薰衣草的香气，是配制馥奇、素心兰等类型香精的良好定香剂。

树苔浸膏的制法：丛生树花（俗称树花菜），用苯（得率 2%～4%）、石油醚（得率 1.5%～3%）或热乙醇浸提而得。我国云南有产。

用超临界 CO_2 萃取树苔净油，确定的最佳萃取工艺条件为：萃取压力 15～18MPa，萃取温度 40℃，夹带剂流量 20～30mL/h，CO_2 流量 2～3L/h，萃取时间 3h。在此条件下萃取，树苔净油的得率为 2.03%。所得树苔净油进行卷烟加香试验，评吸结果表明：该树苔净油能增加烟香，掩盖杂气，降低刺激，明显提高卷烟的吸味品质，说明树苔净油是一种理想的优质烟用香料。

根据光谱数据测定分属于三个科的七种云南产地衣植物的化学成分，这些植物是亚洲树发（*Alectoria asiatica* DR.）、沟树发（*Alectoria sulcata* Nyl.）、长茎松萝（*Usnea longissima* Ach.）、胡子松萝 [*Usnea comosa*（Ach.）Rohl.]、林石蕊（*Cladonia arbuscula* Rabh.）、砖孢发 [*Oropogon loxensis*（Fee.）Th. Fr.] 和卷梢雪花衣 [*Anaptychiaboryi*（Fee.）Mass.]，成分为：松萝酸（usnic acid）、维任西酸（virensic acid）、赤星衣酸乙酯（ethyl haematommate）、瑞藏酸（rhizonic acid）、赤星衣酸（haematommic acid）、扁枝衣酸乙酯（ethyleverninate）、黑茶渍素（atranorin）和泽屋萜（zeorin）。

有人采用同时蒸馏萃取法共鉴定出 85 种化学成分，采用分子蒸馏法鉴定出 61 种成分，两种不同处理方式所得萜类物质差异较大，同时蒸馏萃取法所得萜类成分种类多于分子蒸馏法，但两种不同方式提取的主要成分相同，均鉴定出苔黑酚单甲醚、分歧扁枝衣素单甲醚、扁枝衣酸乙酯、柔扁枝衣酸甲酯、β-苔黑酚羧酸甲酯、赤星衣酸乙酯、苔黑酚羧酸乙酯、柔扁枝衣酸乙酯、棕榈酸乙酯、油酸乙酯、亚麻酸乙酯和亚油酸乙酯等成分，而且所占比例较大（相对含量 76% 以上），为构成树苔浸膏典型苔清香的关键成分，同时，这些成分在分子蒸馏的重组分中得到较好的富集。

也有人采用固相微萃取和气相色谱-质谱法分析了树苔净油和浸膏的香气成分，并用树苔净油进行了卷烟加香试验。结果表明：树苔净油和浸膏的香气成分组成基本相同，其主要香气成分均为苔黑酚双甲醚、苔黑酚单甲醚、阿兰酚、β-苔黑酚酸甲酯、赤星衣酸甲酯、赤星衣酸乙酯、扁枝衣酸乙酯、柔扁枝衣酸甲酯、棕榈酸乙酯、亚油酸乙酯、油酸乙酯、硬脂酸乙酯、松香酸和松香酸甲酯等；树苔净油可赋予卷烟苔样的青香香气风格，明显增加烟气浓度，并且能改善口腔和喉部的舒适感。

总结：树苔浸膏的主要成分是囊状地衣酸、四甲基地衣缩酚酸、地衣二酸、煤地衣酸甲酯、地衣二酚单甲醚、扁枝衣宁酸甲酯及乙酯、苔黑酚单醚和苔黑酚等组成。

产品应用：GB 2760—2014 规定为允许使用的食用香料。

限量：按国际香料协会规定，因可致过敏反应，在加香产品中的浓度不得超过 0.1%。

另有树苔净油（Tree moss absolute）亦为 GB 2760—2014 规定允许使用的食用香料。

性状：深棕色黏稠物或墨绿至棕绿色蜡状物，有青滋香气并带有松木气味。

用途：常使用在香水、香皂、花露水、香粉以及某些化妆品香精中。

橡苔浸膏和树苔浸膏也可以用水蒸气蒸馏法提取精油，得到的精油用气相色谱或气质联机测定，与标准品的色谱图和数据对照即可鉴别真伪、判定优劣。

晚香玉净油

晚香玉（*Polianthes tuberosa* L.），又名夜来香、月下香。石蒜科晚香玉属多年生球根草本。原产墨西哥及南美洲。据称在当地本属植物有 12 种，仅有晚香玉是栽培种，没有发现野生植株。1629 年引入欧洲。我国很早就引入栽培，各地均有栽培。现北京附近、江苏、浙江、四川、广东、云南等均有大面积栽培，以四川、广东、云南生长最为良好。

晚香玉花香浓郁，在夜晚开花，在印度东部地区，被人们称作"Ratkirani"，意思就是"夜晚的女王"。由于其花期较长，花茎较细，是重要的鲜切花之一；可以做庭院种植和大型盆栽；另一个重要的用途是提取浸膏和净油。

晚香玉如果采取水蒸气蒸馏法提取精油，得油率低，而且会造成香气质量差，较少情况使用。一般使用溶剂浸提得到浸膏，再除去油脂、植物蜡得到净油，但是得率低。

晚香玉提取的浸膏、净油可以调配多种花香香精，主要用于制造高级香水和香皂等，也是定香剂，可在食品、日用品、化妆品、香水和烟草生产中作调香剂使用。如晚香玉浸膏、净油被广泛应用在烟草加香中，是烟草可以使用的香原料。又如被使用在许多高档香水中。

净油提取方法：称取 10kg 样品放入提取容器中，加入适量石油醚，提取，然后倒出石油醚，重复 2 次提取后，合并 3 次的提取液。用旋转蒸发仪回收溶剂后得到晚香玉浸膏。浸膏加入无水乙醇重溶后，放入冰箱中 24h，过滤，然后将滤液用旋转蒸发仪回收溶剂，得到净油。

单瓣晚香玉浸膏得率 0.097%；单瓣晚香玉净油得率 0.041%；重瓣晚香玉浸膏得率 0.124%；重瓣晚香玉净油得率 0.050%。

在实验中，对单瓣晚香玉和重瓣晚香玉净油分别进行了气相色谱-质谱联用（GC-MS）分析，单瓣晚香玉净油鉴定出 27 种化合物，重瓣晚香玉净油鉴定出 31 种化合物，分别见表 14-2、表 14-3。

从表 14-2 中可以看出单瓣晚香玉净油中主要含有的是一些醇类和酯类化合物。其中含量较大的是 α-松油醇（3.679%）、邻氨基苯甲酸甲酯（11.564%）、异丁香酚甲醚（8.636%）、金合欢醇（13.263%）、苯甲酸苄酯（39.785%）、水杨酸苄酯（5.113%）。

表 14-2　单瓣晚香玉净油主要成分含量

序号	保留时间/min	化合物英文名称	化合物中文名称	百分含量/%
1	4.504	benzoic acid, methyl ester	苯甲酸甲酯	0.123
2	6.593	3-cyclohexene-1-methanol, trimethyl-	α-松油醇	3.679
3	7.776	3-penten-1-ol, 2-methyl-	2-甲基-3-戊烯-1-醇	0.065
4	9.138	5H-1-pyrindine	5H-1-氮茚	0.292
5	10.472	benzoic acid, 2-amino-, methyl ester	邻氨基苯甲酸甲酯	11.564

续表

序号	保留时间/min	化合物英文名称	化合物中文名称	百分含量/%
6	10.672	eugenol	丁香酚	0.575
7	12.003	benzeneethanol, butyl-	丁基苯乙醇	0.964
8	13.428	phenol, 2-methoxy -4-(1-propenyl)-	异丁香酚	0.263
9	14.679	2H-pyran-2-one, tetrahydro-6-(2-pentenyl)-, (Z)-	(Z)-7-癸烯-5-酸	6.534
10	14.854	benzene, 1,2-dimethoxy -4-(1-propenyl)-	异丁香酚甲醚	8.636
11	17.095	3-mercaptohexyl hexanoate	3-巯基己醇己酸酯	0.213
12	18.400	1-hepten-4-ol	1-庚烯-4-醇	0.055
13	20.990	2,6,10-dodecatrien-1-ol, 3,7,11-trimethyl-, (E,E)-	金合欢醇	13.263
14	22.117	geranyl bromide	溴化香叶酯	0.374
15	22.532	benzyl benzoate	苯甲酸苄酯	39.785
16	23.142	1-octanol, 2-nitro-	2-硝基-1-辛醇	0.049
17	24.523	benzoic acid, 2-phenylethyl ester	苯甲酸-2-苯乙酯	0.073
18	24.953	benzoic acid, 2-hydroxy -, phenylmethyl ester	水杨酸苄酯	5.113
19	26.963	dibutyl phthalate	邻苯二甲酸二丁酯	0.389
20	27.169	geranyl benzoate	苯甲酸香叶酯	0.645
21	27.329	n-hexadecanoic acid	棕榈酸	0.287
22	29.130	decanoic acid, 10-fluoro-, trimethylsilyl ester	10-氯甲基硅基癸酸酯	1.648
23	31.430	10-undecyn-1-ol	10-十一炔醇	0.269
24	33.206	cyclohexanol, 2-(trimethylsilyl)-, trans-	2-三甲硅环己醇	0.118
25	33.351	linolenic acid, trimethylsilyl ester	三甲基硅亚麻酸酯	0.487
26	34.262	3-(1-ethoxy -ethoxy)-butan-1-ol	3-(1-乙氧基)-1-丁醇	0.115
27	34.467	Butyl citrate	柠檬酸三丁酯	0.630

表 14-3　重瓣晚香玉主要成分含量对比

序号	保留时间/min	化合物英文名称	化合物中文名称	百分含量/%
1	3.529	eucalyptol	桉叶油醇,桉树脑	1.632
2	4.504	benzoic acid, methyl ester	苯甲酸甲酯	8.869
3	5.985	benzoic acid	苯甲酸	0.328
4	6.530	methyl salicylate	水杨酸甲酯	1.303
5	6.595	3-cyclohexene-1-methanol, trimethyl-	α-松油醇	2.706
6	7.826	1-pentene, 5-bromo-	5-溴-1-戊烯	0.035
7	9.141	5H-1-pyrindine	5H-1-氮茚	0.225
8	10.472	benzoic acid, 2-amino-, methyl ester	邻氨基苯甲酸甲酯	6.038
9	10.682	eugenol	丁香酚	0.286
10	12.002	benzeneethanol, butyl-	丁基苯乙醇	1.063
11	14.684	2H-pyran-2-one, tetrahydro-6-(2-pentenyl)-, (Z)-	(Z)-7-癸烯-5-酸	6.205
12	14.859	benzene, 1,2-dimethoxy -4-(1-propenyl)-	异丁香酚甲醚	4.454
13	15.154	phenol, 2,4-bis(1,1-dimethylethyl)-	2,4-二叔丁基苯酚	0.031
14	17.090	3-mercaptohexyl hexanoate	3-巯基己醇己酸酯	0.365
15	20.991	2,6,10-dodecatrien-1-ol, 3,7,11-trimethyl-, (E,E)-	金合欢醇	6.394
16	22.537	benzyl benzoate	苯甲酸苄酯	26.005
17	24.958	benzoic acid, 2-hydroxy -, phenylmethyl ester	水杨酸苄酯	2.650
18	26.964	dibutyl phthalate	邻苯二甲酸二丁酯	0.669
19	27.169	geranyl benzoate	苯甲酸香叶酯	0.396
20	27.299	n-hexadecanoic acid	棕榈酸	0.100
21	27.939	undecanoic acid, ethyl ester	十一酸乙酯	0.156
22	28.404	bis-(3,5,5-trimethylhexyl) phthalate	邻苯二甲酸二异壬酯	0.543
23	28.564	1,2-benzenedicarboxylic acid, mono(2-ethylhexyl)	邻苯二甲酸单乙基己酯	0.993
24	29.149	undecanoic acid, 11-fluoro-, trimethylsilyl ester	十一酸-11-氟-三甲氧基硅酯	0.357
25	31.485	9,12,15-octadecatrienal	9,12,15-十八碳三烯醛	0.207

续表

序号	保留时间/min	化合物英文名称	化合物中文名称	百分含量/%
26	31.816	10-undecyn-1-ol	10-十一炔醇	0.129
27	32.336	4-nonene, 5-nitro-	5-硝基-4-壬烯	0.027
28	32.466	butyl citrate	柠檬酸三丁酯	0.121
29	34.772	tributyl acetylcitrate	乙酰柠檬酸三丁酯	20.168
30	37.513	1-phenanthrenecarboxylicacid, 1,2,3,4,4a,9,10,10a-	脱氢松香酸甲酯	0.910
31	40.354	hexanedioic acid, mono(2-ethylhexyl)ester	己二酸-2-乙基己醇酯	0.486

　　下面两图分别是单瓣晚香玉净油总离子流图（图 14-45）和重瓣晚香玉净油总离子流图（图 14-46）：

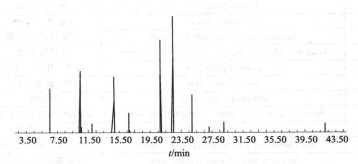

图 14-45　单瓣晚香玉净油总离子流

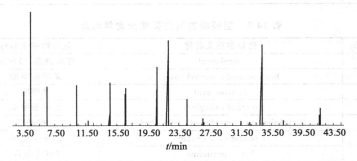

图 14-46　重瓣晚香玉净油总离子流

　　可以看出重瓣晚香玉净油中的主要化合物是醇类和酯类。其中桉叶油醇（1.632%）、苯甲酸甲酯（8.869%）、水杨酸甲酯（1.303%）、α-松油醇（2.706%）、邻氨基苯甲酸甲酯（6.038%）、异丁香酚甲醚（4.454%）、金合欢醇（6.394%）、苯甲酸苄酯（26.005%）、水杨酸苄酯（2.650%）等含量较高。

　　对两种晚香玉的浸膏进行评香实验。单瓣晚香玉浸膏：头子上是青香、果香，带辛香的花香；中段是浓甜的花香，带轻微的水杨酸气息和油脂气，香气强；后段是油脂气，带药草气。留香尚持久。重瓣晚香玉浸膏：头子上是花香、弱的青香，带药草气；中段是浓甜的花香，较强的水杨酸气息和内酯类的坚果香，带油脂气，香气强，但不如单瓣的香气透发；后段是油脂气，带药草气和坚果香。留香尚持久。

　　单瓣晚香玉净油的主香成分含量较高，重瓣晚香玉浸膏、净油得率较高。从评香结果可以看出两种晚香玉浸膏的香气较类似，都是浓甜的花香为主，带青香、果香。这主要是因为成分中有氨基苯甲酸甲酯、金合欢醇等化合物；而苯甲酸甲酯赋予了它水杨酸气息；α-松油醇带有樟脑气味、辛辣味；苯甲酸苄酯具有香脂香气，并有淡而微弱的杏仁气息。正是这些主要成分综合的结果给予了两种晚香玉相似的香气，而不同成分及不同的含量给予了每种晚香玉特殊的香韵。单瓣晚香玉和重瓣晚香玉都可以用来作为香原料来提取浸膏和净油。

　　晚香玉主要作为鲜切花，是重要的鲜切花材料。但是作为香料植物来种植的较少，主要原因是净油得率低。现作为鲜切花的品种主要是重瓣晚香玉，而作为香料原料的单瓣晚香玉几乎绝迹。晚香玉在中国南方种植有着得天独厚的优势，而晚香玉浸膏和净油属高档香料，有着广泛的市场前景。

茉莉花净油、精油和头香油

　　在茉莉花香气分析和香料工业中，通常采用溶剂浸提法同时蒸馏-萃取法（SDE）、多孔树脂吸附法和吹气冷冻法制备净油，所得净油样品经 GC、GC/MS 分析表明各样品香气组分的数量、组分含量差异显著。有人对相同材料用不同方法制备的茉莉花净油进行香气组分的组成、含量及品质差异性研究，并结合感官审评作比较分析，结果报道如下。

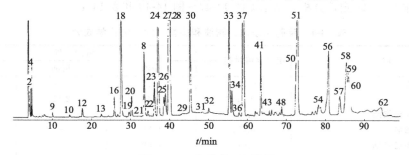

图 14-47　净油的 GC 谱图

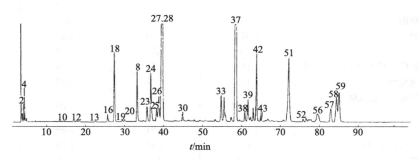

图 14-48　精油的 GC 谱图

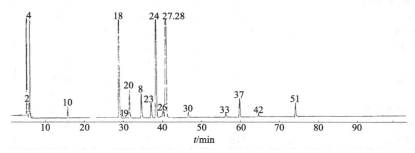

图 14-49　头香的 GC 谱图

供试材料与净油制备方法：

　　于上午 10:00 采摘朵大、洁白成熟的双瓣茉莉花 ［*Jasminum sambac*（L.）Alton］花蕾，于当日 23:00 茉莉花释香最浓郁时取样，分别按如下步骤同时制备净油：

溶剂浸提法制备茉莉净油：准确称取 10.0g 茉莉鲜花置于 250mL 具塞三角瓶中，加 0.2mg/mL 癸酸乙酯内标溶液 2.0mL，加入石油醚（沸程 30～60℃）50mL，浸提 6h，每隔 1h 摇动一次，过滤，滤液经无水硫酸钠脱水后浓缩至 0.2mL 左右，−20℃ 低温过滤，滤液备用；

同时蒸馏-萃取法制备茉莉精油：准确称取 10.0g 茉莉鲜花样品于 3L 圆底烧瓶中，加 0.2mg/mL 癸酸乙酯内标溶液 2.0mL，加 1L 沸水，萃取瓶中加 50mL 无水乙醚，回流 30min，乙醚提取液经无水硫酸钠脱水后浓缩至 0.2mL 左右；

XAD-2 树脂吸附法制备茉莉头香（油）：称取 100g 茉莉鲜花置于 5L 真空干燥器中，用装有 1g XAD-2 树脂的吸附管抽气吸附 1h，用 50mL 无水乙醚淋洗吸附管，淋洗液中加 0.2mg/mL 癸酸乙酯内标溶液 2.0mL，淋洗液经无水硫酸钠脱水后浓缩至 0.2mL 左右。

分别对三种方法所得的茉莉花净油、精油和头香（油）进行 GC 定量分析，选取组分数最多的油样品作 GC/MS 定性分析，结果见图 14-47～图 14-49 和表 14-4。

表 14-4　茉莉花净油、精油和头香（油）的化学成分

峰号	成　　分	相对保留时间/min	组分含量/%		
			净油	精油	头香
2	乙酸乙酯	0.137	0.17	0.32	0.47
4	乙醇	0.145	0.48	2.55	4.03
9	乙酸顺-3-己烯酯	0.432	0.06	—	1.42
10	顺-3-己烯醇	0.531	0.32		
13	丁酸顺-3-己烯酯	0.673	0.09		
16	甲酸乙酯	0.773	0.61		
18	芳樟醇	0.824	7.49	5.12	22.49
20	苯甲酸甲酯	0.903	0.71	0.37	4.43
23	丁子香烯	1.076	1.40	1.18	2.76
24	萜品醇	1.105	7.70	4.43	21.57
25	2,5-二甲基-3-甲烯基-1,5-庚二烯	1.174	0.72	0.49	0.32
26	芳樟醇氧化物	1.165	1.26	2.27	1.65
27 28	乙酸苯甲酯+α-法呢烯	1.190	22.19	30.66	33.04
30	苯甲醇	1.347	7.01	0.49	0.86
33	cyclobuta(1,2,3,4)	1.642	4.98	1.64	0.73
34	橙花叔醇	1.661	1.0	1.53	—
37	苯甲酸顺-3-己烯酯	1.751	16.44	26.30	2.94
41	邻氨基苯甲酸甲酯	1.881	1.99	0.52	—
42	未知物 1	1.907	0.05	4.82	0.58
49	11-二十三烯	2.036	0.26	—	
50	9-二十三烯	2.129	0.03	—	
51	吲哚	2.155	7.19	4.92	2.25
56	亚油酸甲酯	2.385	3.93	0.58	
57	软脂酸	2.475	1.07	0.90	
58	2-甲基-1-苯基丁酮	2.518	3.24	2.12	
59	亚麻酸甲酯	2.537	2.52	3.16	
60	苯甲酸苯甲酯	2.548	0.79	—	

三种精油制备方法，就技术而言，净油制备方法最为简便，是目前我国香料工业中广泛采用的方法；SDE 法虽然溶剂利用率高，但所用溶剂（乙醚）安全性差、设备要求高，加之生产的精油夹杂有水闷气味，工业上一般不采用此法，目前主要在香气分析中应用，制备待测样

品；吸附法所制备的头香（油）品质最好，是制备高档茉莉香精油的有效方法之一，目前已有这方面的专利报道，但是将吸附法应用于大规模工业化生产，还有待于降低吸附剂减少能耗、提高香精油制率。此外，在现有茉莉香精油制备技术的基础上，研究无有机溶剂污染且香型更接近于自然花香的茉莉精油制备方法，对我国茉莉花产业经济效益的提高具有重要意义。

辣椒油树脂

辣椒油树脂又称辣椒提取物、辣椒油、辣椒精油等，是含有许多种物质的混合物，主要含有辣椒色素类物质和辣味类物质构成。其代表物为辣椒红素、辣椒玉红素、辣椒黄素、玉米黄质、堇菜黄素、辣椒红素二乙酸酯、辣椒红素软脂酸酯等；辣味物质中包括辣椒素、辣椒醇、二氢辣素、降二氢辣素等。其他的有胡萝卜素、酒石酸、苹果酸等。

外观：暗红至橙红色澄明液体，用乙醇抽提者其颜色比乙醚抽提物要暗。略黏，有强烈辛辣味，并有炙热感，可及整个口腔乃至咽喉（胡椒之辣主要在舌端，姜之辣主要在舌的边缘和背部）。

由茄科植物辣椒（*Cdpsicum annuum*），尤其是牛角椒（*C. annuum* var. *longum*）等成熟（红色）果实经粉碎后用有机溶剂（乙醚、丙酮或乙醇）提取而得。得率约占干燥果的 15%，或种子的 28%。可进一步制成脱色制品。亦可根据要求将其辣度标准化。

味道：有强烈辛辣味，有炙热感，并可及整个口腔至咽喉。

化学成分：辣椒油树脂为混合物，包括辣椒精油树脂和辣椒红油树脂，辣椒精油树脂是辣椒油树脂中辣味所在，辣椒红油树脂是不辣的，呈血红色。

纯的辣椒红色素可以从石油醚中析出有光泽的针状结晶得到，熔点 181～182℃。最大吸收光波为 483nm，旋光度 [α] +36°（氯仿中）。溶于丙酮、氯仿，易溶于甲醇、乙醇、乙醚、苯，略溶于石油醚、二硫化碳，不溶于水和甘油而溶于大多数非挥发性油。耐热、酸、碱。遇 Fe^{3+}、Cu^{2+}、Co^{2+} 等可使其褪色，遇 Pb^{3+} 形成沉淀。

某辣椒油树脂粗品含有辣椒红素约 50%、辣椒玉红素约 8.3%、玉米黄质约 14%、β-胡萝卜素约 13.9%、隐辣椒质约 5.5% 等等。其 Scoville 辣值（Scoville Heat units）在 100000～2000000。残留溶剂≤0.003%，重金属（以 Pb 计）≤0.002%。可部分溶于乙醇，可溶于大多数非挥发油类（或食用油）。

用途：调味剂，着色剂，增香剂。我国 GB 2760—2014 规定为允许使用的食用香料。在食品工业中可作调味、着色、增香剂和健身辅助剂等。也可作为制成其他复合物或单一制剂的原料。目前市场上也把辣椒提物加工成水分散性制剂以扩大应用面。

花椒油树脂

花椒油树脂：采用萃取法从花椒中提取的含有花椒全部风味特征的油状制品，每千克相当于 20～30kg 花椒所具有的香气和麻感，且性状稳定，使用时分散均匀无残留物，是调制花椒香气、麻味的理想原料。

从花椒中提取出的挥发性油，是花椒香气的主要有效成分，每千克精油相当于 60～100kg 原料花椒所具有的香气程度。可直接或稀释后用于调制产生花椒的特有香气，是食品加工企业和香料行业理想的调香原料。

传统的以花椒粉为原料的调味品在贮藏中其色、香、味会降低。在烹调中会降低食品的综合感官指标。而且用它种植物油炸制的花椒油所含的调味有效物质不足。因此开发研制以花椒为原料的改型及改性调味品是适合市场和社会的需求。目前，花椒除了以完整或粉碎的形式作为调味料如用于五香粉、十三香等外，主要就是花椒调味油、花椒油树脂及花椒微胶囊产品的开发。

花椒油树脂是采用适当的溶剂从天然花椒中萃取出的具有香气、香味和特征麻味的浓缩萃取物。在食品工业中使用花椒油树脂具有卫生、久贮不变质、能均匀分布于食品中、贮运费用低等优点。用乙醇回流的方法萃取花椒油树脂，提取效果良好，产率达 11.84％。采用丙酮为萃取溶剂萃取花椒油树脂，萃取三次，油树脂得率能达到 13.7％，产品既保持了花椒的原有风味，又延长了保质期，且不含木质纤维，食用方便。用超临界 CO_2 萃取时，以江津产九叶青花椒为原料，在原料水分 9％、原料粒度 40 目、萃取时间 2h、流量 25kg/h、温度为 45℃、压力为 32MPa 时，花椒油树脂的理论得率为 13.69％，实际得率为 12.62％。

花椒油树脂为褐色油状物或深褐色油状黏稠性产品，具有强烈麻味和天然花椒的特征香气。

花椒麻味物质定量检测方法：

高效液相色谱（HPLC）法——HPLC 方法是较常用的检测花椒酰胺的方法。采用 35％～70％乙腈-水溶液在 40min 内进行线性梯度洗脱，在流量为 0.5mL/min、柱温为 40℃、检测波长为 254nm 条件下对花椒麻素进行检测。也可以采用苯-乙酸乙酯（25：2、5：4）作为流动相，采用 CIG 柱、柱温为 40℃、检测波长为 254nm 对花椒的麻素进行检测。

采用 HPLC 法对花椒中麻素的检测多用于酰胺类物质分离纯化过程，并常与酰胺类物质的结构鉴定等相结合，具有操作烦琐、检测条件要求严格等缺陷。目前，市场上没有花椒麻素的标准品，因此，应用 HPLC 方法检测花椒麻素含量首先要制备标准品，加大了 HPLC 检测花椒麻素含量的难度，限制了 HPLC 法在花椒质量控制等方面的应用。

气-质联用检测法——气质联用法检测花椒酰胺类物质需经过复杂的前期处理，以去除花椒挥发油的干扰，方法是首先对花椒油树脂进行硅胶柱色谱分离纯化，再采用气质联用对制得的花椒麻素进行检测。

大蒜油树脂

大蒜油树脂由百合科植物大蒜（*Allium sativum* L.）的鳞茎经有机溶剂提取得到。有强烈刺激气味，似硫醇。主成分为烯丙基丙基二硫化物、二烯丙基二硫化物、二烯丙基三硫化物、大蒜素等。主产于埃及、中国等。主要用于制备辛香调味料，也用于消毒剂等药品。

大蒜油是大蒜中的特殊物质，呈现明亮透明琥珀色的液体，它是大蒜中抽取而得最重要的物质，此精油含很重要的活性硫化物，它对一般健康及心脏血管的健康很有帮助。大蒜油微溶于水，易溶于乙醇、苯、乙醚等有机溶剂，利用这一性质可以用有机溶剂将大蒜油浸提出来。该法得到的大蒜油与水蒸气蒸馏获得的大蒜油没有明显的区别。有机溶剂的选择是关键，要求该溶剂对大蒜油的溶解性好，浸提结束后易于分离，沸点差异显著，不含其他不良气味和溶剂残留。溶剂法的一般流程为：大蒜去皮→洗净→捣碎→酶解→溶剂萃取→蒸馏分离→回收溶剂→大蒜油。

超临界 CO_2 萃取大蒜油一般流程为：大蒜去皮→洗净→捣碎→装填萃取柱→密封→超临界萃取→降压→大蒜油。

超声辅助提取法——超声提取在天然产物有效成分提取方面有突出作用。超声波能有效地打破细胞边界层，使扩散速度增加，同时提高了破碎速度，缩短了破碎时间，可显著地提高提取效率。浸提过程中无化学反应，被浸提的生物活性物质活性不减。

微波辅助提取法——微波是一种频率在 300～300000MHz 的电磁波，极性分子在微波电场的作用下，以每秒 24.5 亿次的速率不断改变其正负方向，使分子高速地碰撞和摩擦而产生高热。为加快大蒜素的浸出速度并提高浸出效率，不少研究者采用微波辅助提取的手段，结果表明效果显著。

性状：淡黄到棕红色挥发性液体，有浓烈的大蒜气味，不溶于水、甘油和丙二醇等，部分溶于乙醇，相对密度 1.050～1.059，折射率 1.550～1.580，化学性质较稳定，但遇碱易失效。

虽然大蒜油中的主要成分属硫醚类化合物，但化学性质比较稳定，在非强酸环境中可耐120℃以上高温而不易分解，但若长期暴露于紫外线下，可诱发分解。

基本功效：

（1）体内循环系统的天然强壮剂　降低胆固醇及血脂，增强血管弹性，减低血小板凝集而促进血液循环，能预防血栓、高血压等心血管疾病。

（2）预防感冒，并适用于发烧、止痛、咳嗽、喉痛及鼻塞等感冒症状。

（3）激活胃肠黏膜，健胃整肠，促进食欲，加速消化。

（4）能调节血糖，预防糖尿病发作。

大蒜油树脂：由大蒜提取精制而成，产品为褐色或黑色膏状油树脂，具有强烈刺激气味和蒜的辛辣味，溶于油。广泛应用于调味品行业，是肉类产品、香肠、榨菜的良好调味料。

应用范畴：大蒜油树脂是一种广谱抗菌物质，具有活化细胞、促进能量产生、增加抗菌及抗病毒能力、加快新陈代谢、缓解疲劳等多种药理功能。因此，在很多领域都有广泛的应用。在医疗方面，大蒜素可用于治疗感染性疾病、消化系统疾病、口腔疾病、心脑血管疾病等，且具有防衰老、防金属中毒、防癌抗癌等作用。在养殖方面，大蒜素对动物有明显的诱食作用，且在体内具有杀菌、抗氧化作用，并能增强动物免疫功能。在各种动物饲料中添加大蒜素，可提高动物的采食量和饲料转化率，提高动物的成活率，减少发病率，并能改善动物产品肉质，是一种极有应用价值的饲料添加剂。在种植方面，大蒜素可用于对农作物害虫和线虫的防治。一些企业看好大蒜素的开发前景，为了使用方便、增加疗效，已经研制出大蒜素、大蒜素注射液、大蒜素胶丸、大蒜素泡腾片、大蒜油微囊、大蒜油气雾剂、大蒜酊、大蒜液、大蒜糖浆、大蒜片、大蒜灌肠液、大蒜注射液等。

发展现状：中国是世界上重要的大蒜生产国和出口国，但对大蒜进行深加工比较少，主要是出口初级产品和原料型产品。为了增强国际竞争力，对大蒜进行深加工，尤其是提取高质量的大蒜油，使产品向高附加值方向发展是必要的。这就要求对大蒜油的提取工艺进行不断的完善。传统的水蒸气蒸馏提取法和有机溶剂提取法，提取时间长，且大蒜油的提取率相对较低。超临界 CO_2 萃取技术具有生产周期短、提取效率高、安全可靠等优点，其中试和工业化应用已在进行中。相信随着将超临界萃取技术与产业化相结合研究的进一步深入，此技术在大蒜深加工中的应用将会有飞速发展。而新型的超声和微波辅助提取技术，因其具有可以提高传质速率、缩短浸提时间等优点，在天然产物提取中逐渐显露出优势。但此类方法目前主要还是处于实验室研究阶段，对其大规模应用于工业生产还需进一步研究。同时，在大蒜油树脂的提取过程中，应不断改进和完善脱臭技术和蒜素的稳定化技术，确保提取到的大蒜油质量好、活性好。同时应该加紧对大蒜油树脂深加工产品的研制与开发，用好的产品来帮助提高人们对大蒜油树脂的认识，促进该领域的发展。

预防功能：

防治心血管疾病——大蒜中的一群含硫化合物（以下简称蒜精）可以抑制肝脏中胆固醇生合成 HMGCOA 作用，进而达到降低血胆固醇（高血胆固醇是构成动脉硬化心脏病、高血压的最主要因素）。蒜精具强力抗血栓活性，对于心肌梗死、动脉硬化及静脉瘤皆具有令人满意的防治效果。

防治糖尿病——糖尿病是由于体内葡萄糖的代谢产生了问题，而使血糖上升的病症，其原因主要是胰岛素的分泌不足或细胞对胰岛素的敏感度下降，导致细胞无法有效利用葡萄糖，而导致血糖上升。科学家发现，蒜精可以明显地抑制某些葡萄糖的生成酵素的合成，却有助于肝脏中与葡萄糖代谢作用相关的酵素之作用，因为大蒜同时可以使血液中的三酸甘油酯浓度下降。

保护肝脏——大蒜的挥发油分对由 CCl_4、半乳糖胺诱发的小鼠肝细胞毒肝损伤模型呈现出良好的抗肝毒活性。大蒜对肝功能（特别是解毒功能）有着强有力的增强作用，因而对肝脏疾病（特别是肝炎，尤其是慢性肝炎）有较好的功效。

抗肿瘤——大蒜及其有效成分不但能抑制癌物质如亚硝胺类在体内的合成并保护亚硝胺所致的组织损害，而且对肿瘤细胞有直接杀伤作用。大蒜还能增强肿瘤患者的免疫反应，防止癌细胞的繁殖和扩散。

大蒜油树脂已被农业部批准为饲料添加剂，大蒜油加某种载体预混成为大蒜素，一般规格为含大蒜油 25%。农业上用作杀虫、杀菌剂，也用于饲料、食品、医药等方面。

大蒜素作为饲料添加剂具有如下功能：

（1）增加肉仔鸡、甲鱼的风味　在鸡或甲鱼的饲料中加入大蒜素，可使鸡肉、甲鱼的香味变得更浓。

（2）提高动物成活率　大蒜有解菌、杀菌、防病、治病的作用，在鸡、鸽子等动物中饲料中添加 0.1% 得大蒜素，可提高成活率 5%～15%。

（3）增加食欲　大蒜素有增加胃液分泌和胃肠蠕动，刺激食欲及促进消化的作用，在饲料中添加 0.1% 的大蒜素制剂，可增强饲料的适口性。

（4）抗菌作用　大蒜素可抑制痢疾杆菌、伤寒杆菌繁殖，对葡萄球菌、肺炎球菌等有明显的抑制、灭杀作用。

基本作用：

（1）广谱抗菌，抑菌力强。

（2）调味诱食，改善饲料品质。

（3）增强免疫功能，保健促进生长。

（4）改善动物品质。

（5）降毒驱虫，防霉保鲜。

（6）无毒、无副作用、无药残留、无耐药性。

（7）抗球虫作用。

用法与用量：

畜禽用药——与饲料拌和使用。

鱼类用药——与饲料黏合使用（鱼、虾每日投喂一次）。

大蒜精油标准：

沸点：150～208℃；

折射率：n_D^{20} 1.575；

闪点：47℃；

相对密度（25℃/25℃）：1.050～1.095；

酸值/（mgKOH/g）≤20；

砷（以 As 计）/%≤0.0002；

铅（以 Pb 计）/%≤0.001。

大蒜油国家标准：

折射率：20℃，1.572～1.579；

旋光：20℃，0°；

相对密度：1.054～1.065；

含量：大蒜素＞63％±2％；

　　　纯度＞99.99％；

　　　色泽：金黄或橙红色；

　　　气味：蒜臭气；

　　　皂化值≤20；

　　　重金属：＜10×10^{-6}。

大蒜油化学参数：S-烯丙基蒜氨酸85％、丙基蒜氨酸2％、S-丙基蒜氨酸13％。

姜 油 树 脂

姜油树脂是姜科植物姜（*Zingibe officinale* Roscoe）的根茎用有机溶剂提取得到或干姜片经低温粉碎后，采用超临界 CO_2 萃取技术生产的深棕色黏性或高黏性的液体。具有姜特有的香和味。可溶于乙醇。挥发油含量18～35mL/100g。残留溶剂≤0.003％。重金属含量（以Pb计）≤0.002％。代替姜粉，直接用于食品。

酸值：≤20mg KOH/g。

相对密度：0.9300～0.9900（20℃）。

折射率：1.5000～1.5200。

主要成分：姜醇、姜酚、姜酮、水芹烯、芳姜黄烯、β-榄香烯等。

性状：棕红色油状液体，姜辣味强烈，香气特异。

本品每克的香气和风味相当于纯原粉50g。

用途：用于熟肉制品、方便食品、膨化食品、焙烤食品、食用调味料、啤酒饮料、医药保健品等。

下面是某姜油树脂/超临界生姜提取物企业标准：

色状：深棕红色至浅褐色油状液体。

香气：具有生姜自然晾干后特有的香气。

香味：生姜特征的香辣味和苦味。

工艺特点：以优质生姜为原料，经清洗、去皮、烘干后制成烤姜片，低温粉碎后，采用高新分离技术生产。

主要成分：6-姜醇、姜烯、姜烯酚等（姜辣素含量≥25％）。

产品规格：1∶50浓缩，即每克本品相当于50g生姜干品或350g生姜鲜品。

塑化剂检测：DBP＜1mg/kg，检测结果：未检出。检测方法：GB/T 21911—2008。

　　　　　　DEHP＜1.5mg/kg，检测结果：未检出。检测方法：GB/T 21911—2008。

　　　　　　DINP＜9mg/kg，检测结果：未检出。检测方法：GB/T 21911—2008。

产品特性：

（1）纯天然　100％生姜提取物，无溶残及化学添加剂；

（2）风味完整　产品中包含了全部生姜中的香气和风味物质；

（3）溶解性和分散性好　能全溶于植物油和高于70％的乙醇中；

（4）具有较强的抗氧化性　其抗氧化性能优于50％天然维生素 E；

（5）与生姜精油相比颜色较深，油树脂含量高，生姜的清凉香气重，留香时间长。

产品应用：

（1）咸味香精的香原料；

（2）肉制品、方便面、调味食品；

（3）啤酒饮料；

（4）医药保健品原料。

用法用量：根据工艺需要适量添加。

参考用量：咸味香精 0.1%～0.5%；肉制品 0.01%～0.03%；方便面 0.02%～0.05%；调味料 0.02%～0.05%；啤酒饮料 $(10～50)×10^{-6}$。

产品说明：本产品未添加合成抗氧化剂。

保质期：18 个月。

保存方法：产品放置于阴凉、干燥、通风处保存。理想保存温度 3～25℃。

质量指标见表 14-5。

表 14-5　某姜油质量指标

项　　目	指　　标	检测方法
折射率(20℃)	1.4990～1.5190	GB/T 14454.4—2008
相对密度(25℃/25℃)	0.9290～0.9880	GB/T 11540—2008
过氧化值/%	≤0.5	GB/T 5009.37—2008
砷(以 As 计)/(mg/kg)	≤3	GB/T 5009.11—2008
重金属(以 Pb 计)/(mg/kg)	≤10	GB/T 5009.12—2008
菌落总数/(cfu/g)	≤30000	GB/T 4789.2—2008
大肠杆菌/(cfu/100g)	≤90	GB/T 4789.3—2008

八角油树脂

八角油树脂有严格质量指标，符合卫生标准，使用时易于定量控制，有利于食品工业的自动化、规模化，且加工食品风味能保持一致，我国及世界上大多数国家允许作为食品添加剂使用。自 20 世纪 70 年代以来，美国、日本、英国、韩国、新加坡等西方发达国家及部分东南亚国家开始将八角油树脂应用于肉类制品、调味品、软饮料、冷饮、糖果以及面包、蛋糕、糕点等食品加工业，市场消费量逐年增加，有逐步代替辛香料的趋势。

八角油树脂以溶剂萃取法生产。为了保证产品的得率和质量，在选择溶剂时必须综合考虑溶剂的溶解性、挥发性、毒性、气味、化学性质、物理性质（黏度、渗透性）以及安全性、易燃性、价格等。常用的溶剂有乙醇、丙酮、石油醚、CO_2 等。

有机溶剂萃取法——以乙醇、丙酮、石油醚等之一种或两种以上混合物为溶剂提取油树脂的方法通常称为有机溶剂萃取法，其工艺过程为：将八角粉碎后，在萃取器中用适当的溶剂进行萃取，萃取液经过滤除去杂质后常压蒸馏挥去溶剂，然后高真空脱除溶剂（必要时添加共沸剂或通入氮气），得到的残留物即为八角油树脂产品，溶剂经回收处理后循环使用。有机溶剂萃取法生产八角油树脂工艺流程图如图 14-50。

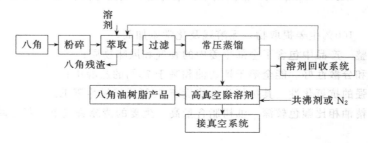

图 14-50　有机溶剂萃取法生产八角油树脂工艺流程

相同的八角原料用不同的溶剂萃取，得到的八角油树脂产品得率、质量以及色泽、香气、风味特征也不相同，因此溶剂选择是八角油树脂生产的最重要因素之一。

CO_2是提取八角油树脂最理想的新型溶剂。以CO_2为溶剂的萃取过程，按照操作压力、温度的不同分别称为液体CO_2或超临界CO_2萃取。采用液体或超临界CO_2萃取技术提取八角油树脂与传统有机溶剂萃取法相比具有显著优点：低温，高效，无毒，无污染，无残留，所得的产品具有完整的气味、滋味和感官特性，基本保持八角的特征。

液体或超临界CO_2萃取八角油树脂工艺流程图见图14-51：

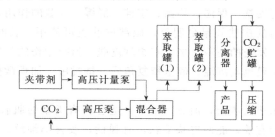

图 14-51　液体或超临界CO_2萃取八角油树脂工艺流程

第三节　纯　露

纯露，又称水精油（hydrolat），是指精油在蒸馏萃取过程中，提炼精油时分离出来的一种100%饱和的蒸馏原液，是精油生产时的一种副产品，成分天然纯净，香味清淡怡人。

纯露就是芳疗植物蒸馏所得的冷凝水溶液。在蒸馏萃取过程中油水会分离，因密度不同，大多数精油会漂浮在上面，水分则沉淀在下面，这些水分就叫纯露；也有少量精油比水重，取出下层精油后，上面的水层也是纯露。纯露中除了含有少量精油成分之外，还含有植物体内的可挥发水溶性物质。其低浓度的特性容易被皮肤所吸收，温和不刺激，纯露可以每天使用，也可替代纯水调制各种面膜等。

纯露作用：有些纯露例如芳樟叶油纯露、薰衣草纯露和玫瑰花纯露具有良好的消炎杀菌及调整肌肤油脂分泌的功效，对于油性皮肤非常适合。在洁肤后，可以代替爽肤水，它可以促进细胞再生，达到预防暗疮和淡化暗疮印的功效，还可以改善脆弱、疲劳的肌肤，在家也可以当作花露水使用，治疗蚊虫叮咬。

下面介绍几款常用的纯露：

玫瑰花纯露——具有平缓、静心、抚慰、抗发炎、止痒和延缓衰老的特质，它是很温和的杀菌剂和收敛剂，这些特性都使它成为良好的皮肤保养剂。最敏感的皮肤也可以安全地使用玫瑰纯露，并且它还是干性皮肤极佳的保养液。有保湿、美白、亮肤、淡化斑点等作用。用玫瑰纯露沾湿棉片，轻敷在眼睛上，可以让眼睛更明亮。所含的香料成分主要为苯乙醇、香叶醇和香茅醇等。

薰衣草纯露——薰衣草作为"万用"花草，其纯露具有优良的消炎杀菌及平衡调整肌肤油脂分泌等功效，是混合性皮肤和偏油性皮肤的首选。在洁肤后，可以代替爽肤水，它也可以促进细胞再生，对预防暗疮和淡化暗疮印有很好的功效，还可以改善脆弱、疲劳的肌肤，被蚊虫叮咬后涂抹也可以止痒消毒。喷洒在枕头边，可促进睡眠。其香料成分主要为左旋芳樟醇等。

芳樟纯露——其香料成分主要也是左旋芳樟醇，而含量比薰衣草纯露高得多，所以功效也比薰衣草纯露更加卓著，安全性也更高。其香气淡雅，令人百闻不厌，是目前纯露极品中的极品。

薄荷纯露——促进细胞再生，柔软皮肤，平衡油脂分泌，清洁皮肤，消毒抗菌，避免感染，促进青春痘和小伤口迅速愈合，防止留下疤痕，并能保湿、收敛毛孔，非常适合用于调理易生粉刺或毛孔粗大的肌肤。特殊的清凉感觉，令人清醒，提高工作效率。对瘙痒、发炎、灼伤的皮肤有缓解的功效。

洋甘菊纯露——具有安抚、保湿、均衡、宁神、舒缓、养肤的作用，任何皮肤都适用，尤其是对于缺水及敏感脆弱的皮肤效果更明显，眼部皮肤也可使用，长时间使用可以修复红血丝。能减轻烫伤、水泡、发炎的伤口疼痛，有柔软皮肤、治疗创伤的作用；能镇定晒后红肿肌肤，避免肌肤晒伤，防止黑色素沉淀；健全修复角质、抗过敏、加强微循环、收敛排水、加强新陈代谢作用等。

茉莉花纯露——气味迷人清新，消炎，镇定，适合所有类型的肌肤，有促进循环的效果，对于干燥缺水的肌肤较为有效，能使皮肤柔软，有弹性，改善小细纹，并且使皮肤细嫩明亮，具有优越的保湿、抗老化效果，并且对容易燥热的、甚至是有瘢痕的肌肤，都有出乎意料的效果。有效收缩毛孔，可以平衡皮肤的油脂分泌，帮助清洁肌肤，赶走油腻并去痘。对老化干燥肌肤有帮助。

迷迭香纯露——可以对抗皮肤衰老，激活老化皮肤细胞再生、促进皮肤血液循环，亮丽皮肤。对皮肤细胞再生、平衡油脂分泌功效较强。对油性或混合型肌肤的 pH 值调节功效较好。用于头发保养可使油腻发质清爽柔顺；并能改善头皮皮肤、去除头屑、刺激毛发再生。

檀香纯露——东印度檀香木提取液，可增加皮肤活力，具调节、补水、净化、收敛、保湿、抗敏、养肤、抗衰老作用，干性、成熟性皮肤适用。檀香纯露适合老化，干燥及缺水皮肤，能治疗蜂窝组织炎，具有促进皮肤细胞生长的作用，对伤口或疤痕可以迅速复原，进而具有弹性，紧缩作用。对干燥的肌肤、变硬的皮肤角质，干燥性湿疹，创伤等都可以去使用。具有抗菌功效，改善皮肤发痒、发炎，改善面疱、疖和感染伤口。使皮肤柔软，是绝佳的颈部滋润产品。檀香纯露适合任何肤质，可以说是一款全效的纯露。

杉木纯露——其香料成分主要是柏木醇，安全性高。其香气淡雅，令人愉悦，是目前纯露中较优的品种。可抗敏、养肤、收敛舒缓肌肤、调节油脂分泌、紧缩毛孔，使皮肤柔软，保湿作用显著。更能促进结疤、帮助伤口愈合。在身体护理方面，它还能收敛、消除肌肤的浮肿，具有一定的消脂瘦身效果，对腿部的静脉曲张也有功效。

橙花纯露——有增强细胞活动力的特性，能帮助细胞再生，增加皮肤弹性，抗衰老。适合干性（缺水）、敏感及成熟老化型肌肤，橙花纯露极佳的收敛效果适合用来处理脆弱、敏感肤质以及混合偏油肤质，快速补充皮肤水分，瞬间让皮肤充满活力，增强皮肤弹性，温和的美白效果能淡化斑点，消除肤色不均和暗沉，对于其他的皮肤问题也都有帮助。橙花纯露促进细胞再生和振奋皮肤，对皮肤和女性非常有益，通常用于成熟、老化、皱纹皮肤，起到以修复或改正作用，对于敏感的皮肤也有良好的镇静作用，对暗疮皮肤留下的凹洞和疤痕也有良好的镇定作用。

另外，橙花是主要的抗忧郁及镇静剂，对于中枢神经系统有轻微的放松作用。

金盏菊纯露——金盏菊又名万寿菊，富含矿物质磷和维生素 C 等，它也是功效强大的药草，以治疗皮肤的疾病及创伤为主，外用具有消炎、杀菌抗霉、收敛、防溃烂的效果，并减轻晒伤、烧烫伤等。可促进肌肤的清洁柔软。适合于干性、中性、敏感，舒缓的功效比较显著。

伊兰花纯露——可增加皮肤活力，具有净化、平衡、保湿、养肤作用，使干性皮肤增加分泌，油性皮肤减少分泌，油性、混合性皮肤适用。

　　茶树纯露——澳洲茶树提取液，具有调节、净化、抗炎、收敛作用，可使油性皮肤减少分泌，使暗疮伤口加快愈合，油性、暗疮皮肤适用。

　　有人用精油加水搅拌后静置分层，取出水层当做纯露，这是不行的，须知纯露与精油的成分并不完全一样，纯露含有的成分比较"亲水"，醇类香料一般较多，香气也不一样。例如薰衣草纯露里芳樟醇与乙酸芳樟酯的比例肯定跟薰衣草油里的比例不一样，玫瑰花纯露里苯乙醇含量比香叶醇、香茅醇都多，而玫瑰花油里苯乙醇含量比香叶醇和香茅醇都少。

　　纯露的检测：纯露大多数含水 99.9% 以上，外观似水，有淡淡的香气。可以用乙醚萃取其中的香料成分然后用气相色谱或气质联机直接进样测定，与标准品的色谱图和数据对照即可鉴别真伪。

　　也可以采用顶空分析法（固相微萃取）得到纯露样品的挥发性成分，然后通过气相色谱-质谱法对挥发性成分进行定性和定量检测。顶空分析操作时可以向顶空瓶中加入纯露样品，然后加入食盐让纯露中的香料成分更容易挥发出来供分析。

第四节　合成香料、单体香料和单离香料

　　合成香料是用单离、半合成和全合成方法制成的香料。

　　用物理或化学的方法从精油中提取出的香料称为单离香料，如从丁香油中得到的丁香酚；利用某种天然成分经化学反应使结构改变后所得到的香料称为半合成香料，如利用松节油中的蒎烯制得的松节醇；利用基本化工原料合成的称全合成香料（如由乙炔、丙酮等合成的芳樟醇等）。

　　合成香料工业创始于 19 世纪末。早期从天然产物中所含的芳香化合物，如冬青油中的水杨酸甲酯、苦杏仁油中的苯甲醛、香荚兰豆中的香兰素和黑香豆中的香豆素等人工合成香料并实行工业化生产。稍后，紫罗兰酮和硝基麝香等的出现，也是合成香料发展中的重要里程碑。由于天然精油生产受自然条件的限制，加上有机化学工业的发展，自 20 世纪 50 年代以来合成香料发展迅速，一些原来得自精油的萜类香料如芳樟醇、香叶醇、橙花醇、香茅醇、柠檬醛等已先后用半合成法或全合成法投入生产，产量相当可观。此外，还有一系列在自然界未曾发现的新型香料如铃兰醛、新铃兰醛、五甲基三环异色满麝香等陆续出现。这类香料对新香型香精的调配有重要作用，目前常用的品种不少于 2000 种。

　　合成香料通常按有机化合物的官能团分类，主要有烃类、醇类、醚类、酸类、酯类、内酯类、醛类、酮类、缩醛（酮）类、腈类、酚类、杂环类及其他各种含硫含氮化合物。各种合成香料的分子量一般不超过 300，挥发度同其香气的持久性有关。分子结构稍有不同往往会导致香气的差异，如顺式-3-己烯醇（即叶醇）要比它的反式异构体更为清香，左旋香芹酮有留兰香的特征香气，而右旋体为葛缕子香，因此用途也不一样。

　　合成香料是精细有机化学品的一类。合成方法繁简不一，涉及多种有机反应，如氧化、还原、酯化、缩合、环化、加成、异构化、裂解等，主要通过减压分馏和结晶等单元操作进行提纯。产品除了要符合规定的物理化学规格如比重、折射率、比旋度、熔点、溶解度外，还要符合应有的香气质量要求。不论是配制食用香精还是日化香精所用的香料均有安全使用方面的质量标准。

　　合成香料生产主要来源于农林加工产品和煤炭、石油化工品三类：

① 使用农林加工产品有松节油、山苍籽油、香茅油、菜籽油等；

② 使用煤炭化工产品，例如以苯酚为原料可合成大茴醛、双环麝香—DDHI等；

③ 使用石油化工品，例如以乙炔和丙酮为基本原料，经一系列反应可得到芳樟醇、香茅醇等。

目前合成香料的检测最佳方法都是用气相色谱或气质联机测定，与标准品的色谱图和数据对照即可鉴别真伪、判定等级。

单体香料是以单一成分为主的香料产品，如乙酸乙酯、苯乙醇、苯甲醛、紫罗兰酮、丁子香酚、香兰素等，是香料工业中的重要组成部分，是调配日用香精的支柱，在日用香精中公认安全使用的有 4000 余种，其中最常用的约 400 种。

单体香料中有的是从天然香料中分离而得到的，称为单离香料，如薄荷脑、樟脑、丁香酚、茴香脑、柠檬醛等；有的是以化工原料或某一单体香料为原料，经过化学反应制得的香料产品称为合成香料。

单体香料均有一定的理化指标，现在已采用国际标准，包括外观、沸点 bp（℃）或熔点 mp（℃，或凝固点）、相对密度 d_4^t、折射率 n_D^t 和香气。香气是单体香料的一项重要质量指标。通常由有嗅香经验的人员进行嗅感鉴定，认为香气纯正的则为香气合格品。其实，这是一项经验指标，并不取决于纯度。单体香料中的一些个别品种常有多种纯度规格，如香叶醇有 85％、92％的，柠檬醛有 85％、97％的。使用单体香料时均有含量指标的要求，如果含量达到指标而有异杂气味的也认为是不合格的，比如带有氯化苄气味的苄醇、乙酸苄酯，带有脂肪酸气味的酯类等，就不能用于生产香精。

单离香料：使用物理的或化学的方法从天然香料中分离出来的单体香料化合物称为单离香料。芳香精油是主要的天然香料。从植物中提取的芳香精油是一个多组分的复杂混合物，需将其中的有效成分分离出来成为单离香料。这些单离香料在制药、食品、日化等工业中有重要用途。例如一些单离香料在治疗各种疾病中有特殊的功效，它们对细菌和真菌有很高的杀伤力。单离香料的价格往往比混合精油价格高出几倍乃至几十倍，在出口创汇方面也是有优势的。因此，研究天然香料的单离技术是一项十分有意义的工作。

单离香料制作方法有蒸馏、萃取、结晶等。蒸馏是最常用的方法。有时采用两种单元操作相结合的方法，如用蒸馏与结晶结合单离茴脑。蒸馏法分为水蒸气蒸馏、减压蒸馏及分子蒸馏等。水蒸气蒸馏的优点是产品纯净，蒸馏沸点低。水蒸气蒸馏以纯水为夹带剂，所得产品干净。这种蒸馏方法可降低芳香精油的沸点，水蒸气蒸馏往往以大量水夹带少量芳香精油，在总压中水的分压占主要比例，高沸点精油蒸气压所占的比例就很少，所以芳香精油可在低于100℃下沸腾。水蒸气蒸馏的缺点是馏出物中各组分含量与该物质的沸点成反比，沸点愈高，含量愈少。

下面介绍几个常用的单离香料：

香 兰 素

香兰素（vanillin），又名香草素、香草醛，这两个名称建议不用，因为容易与"香草植物"和"香茅醛"（一种广泛使用的可食用香料）混淆。香兰素天然存在于烟叶、芦笋、咖啡和香荚兰豆中。具有甜香带粉气的豆香，微辛但较干，有香荚兰香气及浓郁的奶香，留香持久，是重要的食品香料之一，起增香和定香作用，它是全球产量最大的合成香料。

香兰素在香荚兰的种子中含量较多，也可以人工合成。广泛运用在各种需要增加奶香气息的调香食品中，如蛋糕、冷饮、巧克力、糖果等；还可用于香皂、牙膏、香水、橡胶、塑料、医药品等。

香兰素是人类合成香料较早的一种，由德国的 M. 哈尔曼博士与 G. 泰曼博士于 1874 年合成成功。德国的巧克力制造商首先应用了人造香兰素。此后不久，伦敦的糖果厂也开始用水果香精加香兰素制造硬水果糖。

香兰素也称甲基香兰素，化学名：3-甲氧基-4-羟基苯甲醛，为白色或浅黄色针状或结晶状粉末，熔点 82～83℃，沸点 284℃，闪点大于 147℃，溶于 125 倍的水、20 倍的乙二醇及 2 倍的 95％乙醇，易溶于氯仿和其他各种液体香料中。香兰素结构式如下：

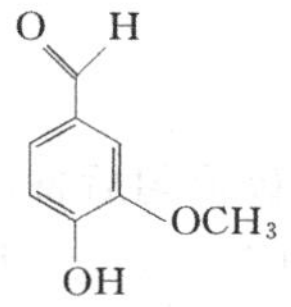

香兰素应用领域很广，主要用于食品添加剂，配制食用香精和日用香精，也大量用于生产医药中间体，并用于植物生长促进剂、杀菌剂、润滑油消泡剂、电镀光亮剂、印制线路板生产导电剂等。

（1）在制药工业里，用于生产降压药甲基多巴、儿茶酚类药物多巴，以及白内停、敌菌净等。

（2）用于日用化学品中，是获取粉香、豆香的好香料，常作粉底香用。可广泛用于几乎所有香型，如紫罗兰、草兰、葵花、东方香型中。能和洋茉莉醛、异丁香酚苄醚、香豆素、麝香等合用兼作是定香、修饰剂与和合剂，也可用于掩盖不良气息。

（3）GB 2760 规定为允许使用的食用香料，用于配制香草、巧克力、奶油等型香精，用量可达 25％～30％，或直接用于饼干、糕点，用量 0.1％～0.4％，冷饮 0.01％～0.30％，糖果 0.2％～0.8％，尤其是含乳制品。注意：不能用于婴幼儿配方食品——中国《食品安全国家标准食品添加剂使用规定》GB 2760 中指出"凡使用范围涵盖 0～6 个月婴幼儿配方食品不得添加任何食用香料"。

（4）用于分析化学，检验蛋白质氮杂苘、间苯三酚及单宁酸等。

（5）用作有机分析标准试剂。

香兰素和乙基香兰素的检测方法很多，有化学分析法、薄层色谱法、气相色谱法、液相色谱法、分光光度法等等。其中，利用高效液相色谱仪测定食品中香兰素的含量，得出的结果准确可靠，检出限好，以下是食品中香兰素的液相色谱仪测定的详细检测方法：

（1）仪器与试剂

① 仪器

LC-10Tvp 高效液相色谱仪；

Vertex 色谱柱 250mm×4.6mm×5μm；

超声波水浴；

万分之一天平；

组织捣碎机；

微孔滤膜：0.45μm，水相。

② 试剂

甲醇：色谱纯；

无水乙醇；

磷酸溶液：0.01mol/L；

香兰素标准工作液：称取一定量的香兰素用流动相溶解配置成 100mg/L 的溶液，逐级稀释到一定的浓度作为工作液。

（2）测定原理　样品加适量乙醇经超声提取、高效液相色谱仪测定、外标法定量。

（3）色谱条件

色谱柱：Vertex 色谱柱 250mm×4.6mm×5μm；

流动相：甲醇磷酸水溶液 0.01mol/L；

流速：1mL/min；

进样量：20μL；

检测波长：350nm。

（4）试样溶液的制备

样品制备：固体样品经组织捣碎机捣碎混匀后备用；液体样品摇匀后备用。

试样处理：准确称取一定量的（精确至 0.01g）试样至 500mL 离心管中，加入 20mL 乙醇，混匀，经超声浸提 30min 后，4000r/min 离心 5min，取上清液 1mL，加入 4mL 的流动相，混匀，经 0.45μm 微孔滤膜过滤后，待液相色谱测定。

（5）结果分析　在添加 0.25～5.0g/kg 内，回收率在 89%～106%，相对标准偏差小于 5%。

随着近年来人们对天然产品的需求日益旺盛，天然香兰素的产量已远远不能满足需求。原先天然香兰素的唯一来源是从发胶后的香荚兰豆提取，由于香荚兰豆的资源受到自然条件的限制，难以快速发展来满足市场需求。随着生物技术的不断发展，采用天然原料，通过生物方法获取天然香兰素已成为近年来行业研究的热门。许多细菌和真菌都可用来生产香兰素，这些微生物以阿魏酸、丁香酚、异丁香酚、香草醇等化合物为前体，发酵后可获得香兰素，可以预计生物转化的天然香兰素具有很大的市场发展潜力。

可以作为微生物转化香兰素的底物有葡萄糖、丁香酚、异丁香酚、木质素、阿魏酸等。其中丁香酚和木质素发酵产率低，没有产业化竞争优势；异丁香酚由于采用了化学方法处理，严格意义上讲不属于天然原料；葡萄糖工艺所用菌种均为基因工程菌种，产品为基因工程产品，不符合目前安全、健康的产品定位；目前已经被国际组织认可的方法是以米糠油为原料来源的天然阿魏酸，通过微生物转化得到天然香兰素。

香兰素的生物制备方法主要有微生物发酵、酶工程、细胞工程等。从综合技术可行性、经济性、安全性等各方面因素考虑，微生物发酵法被认为是目前最具有产业化价值的天然香兰素制备方法。

当今国际市场上，合成香兰素价格约为 10 美元/kg，天然香荚兰豆提取的香兰素约为 4000 美元/kg，生物转化制备的天然香兰素价格约为 1000 美元/kg。

天然香兰素的价格比合成香兰素高了一百倍以上，但二者的化学结构完全一样，香气、外观也难以分辨，用气质联机法测定，可以看出二者所含的杂质有些不同，但由此判定所测样品为天然品或是合成品却往往不能令人信服。

目前唯一的检测方法是"同位素"检测，详见第二章第五节"同位素分析"，这里不再赘述。

冰　片

其他名称：龙脑、龙脑香、脑子、片脑、冰片脑、梅花脑、老梅片、梅片。

性状：为半透明似梅花瓣块状、片状的结晶体；直径 0.1～0.7cm，厚约 0.1cm；类白色至淡灰棕色，气清香，味清凉，嚼之慢慢溶化。燃烧时无黑烟或微有黑烟。

"龙脑香"为常绿乔木，高达 5m，光滑无毛，树皮有凹入的裂缝，外有坚硬的龙脑结晶。叶互生，革质；叶柄粗壮；叶片卵圆形，先端尖；基部钝圆形或阔楔形，全缘，两面无毛，有光泽，主脉明显，侧脉羽状，先端在近叶缘处相连。圆锥状花序，着生于枝上部的叶腋间，花两性，整齐；花托肉质，微凹；花萼 5，覆瓦状排列，花后继续生长；花瓣 5，白色；雄蕊多数，离生，略呈周位状，花药线状，药室内向，边缘开裂，药隔延长呈尖尾状，花丝短；雌蕊1，由 3 心皮组成，子房上位，中轴胎座，3 室，每室有胚珠 2 枚，花柱丝状。干果卵圆形，果皮革质，不裂，花托呈壳斗状，边缘有 5 片翼状宿存花萼。种子 1~2 枚，具胚乳。

龙脑香产于东南亚地区，主要分布在南洋群岛一带，我国云南、海南和台湾都有引种。

从龙脑香的树脂和挥发油中取得的结晶，是几乎纯粹的右旋龙脑。龙脑香的树脂和挥发油中含有多种萜类成分，除龙脑外，尚含有葎草烯、β-榄香烯、石竹烯等倍半萜类成分和齐墩果酸、麦珠子酸、积雪草酸、龙脑香醇酮、龙脑香二醇酮、古柯二醇等三萜类成分。

真正的"梅片"是由菊科多年生草本植物艾纳香（大艾）*Blumea balsamifera* DC. 叶的升华物经加工劈削而成，称"艾片"，为左旋龙脑，与右旋龙脑药性有所不同。艾纳香主产于广东、广西、云南、贵州等地。

合成冰片多用松节油、樟脑等经化学方法合成，称"机制冰片"。分子式 $C_{10}H_{18}O$。白色半透明的六方形晶体，像樟脑的气味。熔点 208℃，沸点 212℃，相对密度 1.011（20℃/4℃），比旋光度 +37.7°（乙醇）；溶于乙醇、乙醚和苯。左旋冰片为六方形片状晶体；熔点208.6℃，沸点 210℃（779mmHg），相对密度 1.1011（20℃/4℃），比旋光度 -37.74°（乙醇）；溶于乙醇、乙醚、丙酮和苯。消旋冰片为叶片状晶体；熔点 210.5℃，易升华，相对密度 1.011（20℃/4℃）；溶于乙醇、乙醚和苯。冰片成品须贮于阴凉处，密闭。研粉用。

冰片氧化时生成樟脑。所以冰片也可由樟脑在乙醇溶液中用金属钠还原，或由蒎烯在催化剂存在下用草酸酯化再经水解制得。

冰片广泛用于配制迷迭香、薰衣草型香精，并用于中药和中国墨中。

冰片气清香，味清凉，嚼之则慢慢溶化。微量升华后，在显微镜下观察，其结晶为棒状或多角形。燃烧时无黑烟或微有黑烟。以片大而薄、色洁白、质松、气清香纯正者为佳。

机制冰片，即合成冰片，表面有如冰的裂纹。质松脆有层，可以剥离成薄片，手捻即粉碎。气清香，味辛凉。燃烧时有黑烟，无残迹遗留。合成冰片主要含龙脑（左右旋体各半）59.78%~58.93%、异龙脑 38.98%~37.52%、樟脑 2.70%~2.09%。

（1）抑菌、抗炎作用 体外实验表明：较高浓度的冰片（0.5%）有抑菌作用。合成冰片和天然冰片的抑菌作用相同。龙脑、异龙脑均有抗菌作用；并均能显著抑制大鼠蛋清性足跖肿胀；异龙脑对巴豆油耳廓肿胀亦有抑制作用。提示它们对液体的渗出和组织水肿等炎肿过程有抑制作用。

（2）对妊娠的作用 动物实验证明：冰片对早期妊娠无明显引产作用，对中晚期妊娠小鼠具有明显引产作用。有研究认为，冰片可作为抗生育药应用，选用阴道栓给药作为冰片抗生育的给药剂型可以提高生物利用度，增强其抗生育作用。冰片的阴道栓剂基质应用水溶性基质，并加适量表面活性剂，则有利于冰片的释放。

（3）其他作用 动物实验证明：龙脑和异龙脑均能延长小鼠的耐缺氧时间。比较而言，异龙脑的这一作用显著，龙脑则不显著。异龙脑提高小鼠耐缺氧的能力、使小鼠在缺氧状态下生存时间延长的作用可能与其脂溶性较大有关。冰片能影响肾上腺素受体活性，然而其是否与延长耐缺氧时间有关，尚有待进一步研究。

龙脑、异龙脑能显著延长戊巴比妥引起的小鼠睡眠时间并与戊巴比妥产生协同作用，异龙脑的这一作用尤为显著。研究表明：冰片灌服后 5min 即可通过血脑屏障并蓄积在中枢神经系统，提示异龙脑、龙脑能延长戊巴比妥所致小鼠睡眠时间，其作用部位可能在中枢，异龙脑的脂溶性较大则更容易通过血脑屏障进入中枢发挥作用。

有研究指出，冰片应用于局部对感觉神经的刺激很轻，而有某些止痛及温和的防腐作用，可用于神经痛。局部刺激试验发现，使用龙脑、异龙脑为人用量的 5～10 倍，但刺激并不严重，提示龙脑、异龙脑可以考虑用作黏膜或肌内注射途径给药。冰片在黏膜和皮下组织均易吸收，在体内与葡萄糖醛酸结合后排出。

冰片局部应用对感觉神经有较微刺激，有一定的止痛及温和的防腐作用。经肠系膜吸收迅速，给药 5min 即可通过血脑屏障，且在脑蓄积时间长，量也相当高，此为冰片的芳香开窍作用提供了初步实验依据。较高浓度（0.5%）对葡萄球菌、链球菌、肺炎双球菌、大肠杆菌及部分致病性皮肤真菌等有抑制作用。对中、晚期妊娠小鼠有引产作用。

在美容方中以之作清热散火、辟秽化浊之品，用于因血热、内热蕴结所致的口臭、体气、疮疡肿疖等症的治疗。

质量标准

外观：叶片状晶体。

熔点：205～210℃。

鉴别：香兰素硫酸颜色反应，樟脑气味反应。

检查 pH 值：酚酞和甲基红均不得显红色。

不挥发物：小于 0.035%。

水分：石油醚溶解应澄清。

重金属：不得超过 $5×10^{-6}$。

含量测定：采用 GC 方法，以水杨酸甲酯为内标，采用龙脑标准品计算校正因子，测定样品，计算龙脑含量。

现在我国天然龙脑的来源已转向龙脑樟，20 世纪末，江西吉安、湖南新晃和福建先后都发现、培植了大面积的龙脑樟林，改写了我国没有天然冰片的历史。种植两年后采收龙脑樟叶提炼龙脑，副产龙脑精油，龙脑精油现在也已大量用于芳香疗法和芳香养生。

天然冰片的价格是合成冰片的数十倍，但二者的香气、外观却难以分辨，旋光度的不同是二者最大的差异，因此，测定样品的旋光度成了区分天然冰片与合成冰片的最佳方法，可以用旋光光度计测定，也可以用"手性柱子"在气相色谱仪或液相色谱仪上分析得出结论。

樟　脑

樟脑为樟科植物樟的枝、干、叶及根部，经提炼制得的颗粒状白色结晶性粉末或为无色透明的硬块，粗制品则略带黄色，有光亮，在常温中易挥发，火试能发生有烟的红色火焰而燃烧。若加少量乙醇、乙醚或氯仿则易研成白粉。具窜透性的特异芳香，味初辛辣而后清凉。以洁白、透明、纯净者为佳。

别称：韶脑、潮脑、脑子、油脑、树脑。

樟，常绿乔木，高 20～30m。树皮灰褐色或黄褐色，纵裂；小枝淡褐色，光滑；枝和叶均有樟脑味。叶互生，革质，卵状椭圆形以至卵形，长 6～12cm，宽 3～6cm，先端渐尖，基部钝或阔楔形，全缘或呈波状，上面深绿色有光泽，下面灰绿色或粉白色，无毛，幼叶淡红色，脉在基部以上 3 出，脉腋内有隆起的腺体；叶柄长 2～3cm。圆锥花序腋生；花小，绿白色或淡黄色，长约 2mm；花被 6 裂，椭圆形，长约 2mm，内面密生细柔毛；能育雄蕊 9，花药 4 室；子房卵形，光滑无毛，花柱短；柱头头状。核果球形，宽约 1cm，熟时紫黑色，基部为宿存、扩大的花被管所包围。花期 4～6 月，果期 8～11 月。

樟脑由粗樟脑精制而成。粗樟脑通常在冬季加工，用 50 年生以上樟树树干和根为原料，削成薄片后在木甑中隔水蒸馏。现在主要是选取含樟脑较多的樟树，即"脑樟"，一般树干、树根部位各含有樟脑和樟油 2%～4%，枝、叶各含 1%～3%。树龄越大含量越高。枝叶有苦涩味者含樟脑多，辣涩味的含樟油多。采收应选秋季为好，此时树叶含脑量高。砍伐后的树枝和根应劈成宽 2.5cm、厚 1cm、长 10cm 的薄片。加水蒸煮时樟脑和樟脑油随水蒸气馏出，冷凝所得白色晶体为粗樟脑，油状液体为樟脑油，总得率 1.0%～2.5%。

上锅蒸馏蒸锅不能用铁制的，以铜或不锈钢制的为好。蒸灶上设木制蒸桶，与锅口径大小一致。套在锅上。加工时，把樟树叶或樟柴薄片装入蒸桶内。锅内的水与原料相隔 10cm。投料后要立即关闭锅盖及装料口，再检查蒸馏锅与冷却器的连接处，若不漏气，才能开始蒸馏。蒸馏时应保持锅中水位，防止烧干或烧焦。把油水分离后的水作为回水，重返蒸锅内使用。

冷却分离带有樟脑和樟油的蒸汽，经过导气管进入多环的盘形冷却器，冷凝后樟脑和油浮在水面。分离水应是透明的，如不透明应再次分离，提高出油率。把浮在水面的樟脑和樟油用纱布过滤。即得粗樟脑，剩下的樟油中含有大部分樟脑，故称樟脑油。

复蒸提纯用樟脑油提取樟脑时，把樟脑油放入蒸馏锅内，进行二次蒸馏，收集 155～200℃的蒸馏液称为白油。白油冷却后析出结晶樟脑。

粗樟脑精制有吹风升华法和连续分馏升华法两种方法。中国以吹风升华法为主。粗樟脑先经离心机除去油和水，放入升华锅熔融、升华，樟脑蒸气随锅顶吹入的空气一起引入第 1 升华室，控制冷却温度得粉状结晶成品。随后进入第 2、3 升华室的馏分，因控制温度较低，沸点低于樟脑的水分和油分随同少量樟脑蒸气在此冷凝结晶，为樟脑粗品（含油水 8%以上），需重新升华精制。中国天然精制樟脑有粉状和块状两种。质量符合各国药典规格：熔点 174～179℃，比旋度 [α]＋41°～＋43°（20%于乙醇中），不挥发物 0.05%以下，水分符合 1g 加石油醚 10mL 澄清溶解。

樟脑油主要由各种萜类化合物组成。一般用多塔式连续减压精馏，结合冷冻、升华等工艺制得精制樟脑和各种单离香料（如桉叶素、芳樟醇、松油醇、黄樟素等）以及副产品（如白樟油、红樟油、蓝樟油等）。

樟脑具有通关窍、利滞气、辟秽浊、杀虫止痒、消肿止痛的功效，主治疥癣瘙痒、跌打伤痛、牙痛等症状。主要成分为纯粹的右旋樟脑，是莰类化合物。

天然樟脑纯度高、比旋度大，在医药等方面的特殊用途难于用合成樟脑完全代替。

合成樟脑：优级松节油减压分馏所得 α-蒎烯，用偏钛酸催化剂异构成莰烯。经分馏所得的纯莰烯（凝固点在 44℃以上）用冰醋酸等酯化成乙酸异龙脑酯。分馏提纯至含酯量达 95%以上，用约 45%浓度的氢氧化钠水溶液和适量二甲苯加压皂化，反应完毕再加入适量二甲苯作溶剂，静置分层，分离去乙酸钠后，水洗至中性，得异龙脑二甲苯溶液。以碱式碳酸铜 $[CuCO_3 \cdot Cu(OH)_2]$ 为催化剂，在 180℃使异龙脑脱氢并蒸去二甲苯，最后于 212℃进行吹风升华制得合成樟脑。中国合成樟脑的规格分工业级和药用级两类。工业级樟脑粉规格为熔点 165℃以上，含脑量 96%以上；药用级能符合各国药典规格。

合成樟脑用于制造赛璐珞和摄影胶片；无烟火药制造中用作稳定剂；医药方面用于制备中枢神经兴奋剂（如十滴水、人丹等）和复方樟脑酊等。能防虫、防腐、除臭，具馨香气息，是衣物、书籍、标本、档案的防护珍品。

天然樟脑的价格比合成樟脑高，但二者的香气、外观却难以分辨，用气质联机法测定，可以看出二者所含的杂质完全不同，由此可以判定所测样品是天然品或是合成品。

旋光度的不同是二者最大的差异，因此，测定样品的旋光度成了区分天然樟脑与合成樟脑的最佳方法。可以用旋光光度计测定，也可以用"手性柱子"在气相色谱仪或液相色谱仪上分析得出结论。

苯 甲 醛

苯甲醛为苦扁桃油提取物中的主要成分，也可从杏仁、桃核、樱桃、月桂树叶中提取得到。该化合物也在其他一些果仁和坚果中以和糖苷结合的形式（扁桃苷 amygdalin）存在。

苯甲醛为苯的氢被醛基取代后形成的有机化合物，是最简单的、同时也是工业上最常使用的芳香醛。在室温下苯甲醛为无色液体，具有特殊的杏仁气味。

别称：安息香醛、苯醛、人造苦杏仁油。

苯甲醛的化学性质与脂肪醛类似，但也有不同。苯甲醛不能还原费林试剂；用还原脂肪醛时所用的试剂还原苯甲醛时，除主要产物苯甲醇外，还产生一些四取代邻二醇类化合物和均二苯基乙二醇。在氰化钾存在下，两分子苯甲醛通过授受氢原子生成安息香。苯甲醛还可进行芳核上的亲电取代反应，主要生成间位取代产物，例如硝化时主要产物为间硝基苯甲醛。空气中极易被氧化，生成白色苯甲酸。可与酰胺类物质反应，生产某些医药中间体。

苯甲醛的工业生产方法主要有两大类：分别以甲苯和苯为原料。实验室制备还可采用催化（钯/硫酸钡）还原苯甲酰氯的方法。

(1) 甲苯氯化再水解法 以甲苯为原料，在光照下进行氯化，得混合氯苄，氯苄水解得苯甲醇，再经氧化得苯甲醛。

(2) 苯甲醇氧化法。

(3) 甲苯直接氧化法 苯甲醛是甲苯氧化制苯甲酸的中间产物。甲苯→苯甲醇→苯甲醛→苯甲酸。

(4) 以苯为原料 在加压和三氯化铝作用下，苯与一氧化碳和氯化氢反应得。

工业品苯甲醛的含量在 98.5% 以上。进一步的提纯方法有：

(1) 把苯甲醛溶于一定量的乙醚中，然后用 Na_2CO_3 溶液洗。洗过的有机溶液用无水 Na_2SO_4 干燥，然后旋转蒸发去掉溶剂（乙醚）。把如上处理过的苯甲醛加入少量锌粉，减压蒸馏。

(2) 先用氢氧化钠或 10% 碳酸钠洗涤，然后亚硫酸钠水溶液洗涤。硫酸镁或氯化钠干燥；最后加入二硫化物氮气保护减压蒸馏。

利用天然桂醛在碱催化下的水解反应（逆羟醛缩合反应），从肉桂油中提取出天然桂醛，天然桂醛在碱催化下水解生成苯甲醛和沸点较低的乙醛，因此随着乙醛的逸出，可使反应向有利于苯甲醛生成的方向进行。由于反应过程中没有引入其他的反应物，因此这种苯甲醛基本保持其天然特性。虽然用这种方法生产"天然苯甲醛"的说法还是有点牵强，但使用苯甲醛的食品、饮料生产厂接受了它，尤其是可口可乐制造者（全世界使用"天然苯甲醛"最多的厂家）声称用天然桂醛制造的苯甲醛属于"天然品"，人们也就不再"计较"了。

国内有些厂家利用松节油、柠檬烯等为起始原料合成苯甲酸酯类，再"切段"生产"天然苯甲醛"，"天然"的说法也有些牵强，但有一定的市场。

天然苯甲醛的价格比合成苯甲醛高了几十倍，但二者的化学结构完全一样，香气、外观也难以分辨，用气质联机法测定，可以看出二者所含的杂质有些不同，但由此判定所测样品为天然品或是合成品却往往不能令人信服。

目前唯一的检测方法是"同位素"检测，类似香兰素的鉴别法，这里不再赘述，详见第二章第五节"同位素分析"。

芳 樟 醇

芳樟醇（linalool）又名沉香醇、沉香油醇、胡荽醇、芫荽醇、伽罗木醇、里那醇等。学名是 3,7-二甲基-1,6-辛二烯-3-醇或 3,7-二甲基辛二烯-[1,6]-醇-[3]。分子式 $C_{10}H_{18}O$，结构式

分子量 154.24，属于链状萜烯醇类，有 α 和 β 两种异构体，还有左旋、右旋两种光异构体。在不同来源的精油中，多为异构体的混合物。消旋体存在于香紫苏油、茉莉油和合成的芳樟醇中。右旋体相对密度 0.8733（20℃），沸点 198～200℃，比旋光度＋19.30°（20℃），存在于胡荽子油（芫荽油）、某些品种的香紫苏油中；左旋体存在于芳樟叶油、芳樟木油、黄樟油、香柠檬油、薰衣草油、玫瑰木油等精油中，相对密度 0.8622（20℃），沸点 198℃，比旋度－20.10°（20℃）。左旋体和右旋体的闪点都是 76℃。

芳樟醇是无色液体，具有铃兰花香气，但随来源不同而有不同的气息。芳樟醇几乎不溶于水和甘油，溶于丙二醇、非挥发性油和矿物油，混溶于乙醇和乙醚。芳樟醇容易发生异构化，但在碱中比较稳定。芳樟醇是香水香精、家化产品香精及皂用香精配方中使用频率最高的香料品种，也用于配制食用香精，现在全世界用于配制各种香精的芳樟醇达 10000 多吨。

芳樟醇也是重要的化工原料，用于合成各种芳樟酯类香料如甲酸酯、乙酸酯、丙酸酯、丁酸酯、异丁酸酯、己酸酯、辛酸酯、苯甲酸酯、邻氨基苯甲酸酯、肉桂酸酯、水杨酸酯、苯基丙烯酸酯等和维生素 A、维生素 D、维生素 E、维生素 K、β-胡萝卜素、角鲨烯以及一些重要的药物（如抗癌药物西松内酯等），每年需求量约 50000t。

美国的 GLIDCO 公司芳樟醇和香叶醇（可根据市场需要调节芳樟醇和香叶醇产量的比例）生产能力 10000t/a，英国的 BBA 公司芳樟醇和香叶醇年产能力 8000t/a，都是用松节油为起始原料。日本的 KUSASAY 公司年产芳樟醇 4000t，德国的 BASF 公司芳樟醇年生产能力为 4000t，瑞士的奇华顿公司为 1400t，这些公司的生产路线是乙炔-丙酮法或异戊二烯法，而不是以松节油为起始原料。

不管用松节油还是石油为原料合成芳樟醇，都会产生大量的废气、废液和废渣（算一下数吨松节油或者石油才制造一吨芳樟醇，就知道有多少"三废"产生了），造成严重的环境污染。

当今世界使用的芳樟醇百分之九十几来自"合成芳樟醇"。建成一个年产 2000t 芳樟醇的企业需要投资 2 亿元，这还不包括治理"三废"污染需要的投资额。

自从世界上第一个合成香料在实验室里制造出来并成功地用于调配香水香精后，化学家们就幻想着有一天把天然香料从调香师的"架子上"全部"赶走"，设想着所有的香料都能在化工厂里大量生产，不受地理、气候、物种、人工条件等因素的制约。一百多年过去了，天然香料不但没有"消亡"，在与合成香料的竞争中反而还"越战越强"，每年的世界总需求量一直稳定地增长着，让化学家们"汗颜"。近年来"芳香疗法"的大流行，更是向世人明确宣示天然香料又一次浩浩荡荡地"卷土重来"了。究其原因，人们把它归之于"崇尚自然""复古""怀旧""人性的复苏""三十年河东、三十年河西，风水轮流转"等，其实并不尽然。天然香料的再次"强势推出"主要还在于它们的"香气魅力"，而人们对"香气魅力"的理解现在还处于"原始阶段"，连"初级阶段"都谈不上。合成芳樟醇与天然芳樟醇的发展过程就是一个很好的例子。

60 年前的调香师只能用天然芳樟醇来配制各种香精，因为那个时候还没有合成芳樟醇可供调香师使用。天然芳樟醇的资源有限，虽然含有芳樟醇的天然香料多得不计其数（这也是在几乎所有的日用香精里都能检测到它的缘故），但可用于从中提取芳樟醇或直接作为芳樟醇加进香精里的天然香料品种只有芳樟木油、芳樟叶油、白兰叶油、玫瑰木油、伽罗木油和芫荽子

油等寥寥数种，其他天然香料如橙叶油、柠檬叶油、玳玳叶油、香柠檬薄荷油、香紫苏油以及从茉莉花、玫瑰花、依兰依兰花、玉兰花、树兰花、薰衣草等各种花、草提取出来的精油里面所含的芳樟醇则是以"次要成分"进入香精的。市售天然芳樟醇主要从伽罗木油、玫瑰木油、胡荽子油、芳樟油等天然精油中分离而得。用高效分馏柱分馏，可分别制得左旋和右旋芳樟醇粗品，进行第二次分馏可得含量 99.9％以上的天然芳樟醇成品。

俄罗斯大量种植芫荽提取右旋芳樟醇，年产量约 200t。我国江西吉安生产的天然右旋芳樟醇利用"大叶樟树"的鲜枝叶蒸馏提纯而成，用于配制烟用、日化、食品等香精中，产量不大。

来自天然的芳樟醇气味纯正、圆和、甜润、幽雅，是合成芳樟醇难以相比的。由于天然芳樟醇有旋光性的特点，特别是左旋体在医药上的"生物效价"要比合成芳樟醇（消光性）优异，有些药物只能用左旋芳樟醇为起始原料，所以"天然芳樟醇"里左旋体要比右旋体更加受到关注。

中国的芳樟油是芳樟醇重要资源之一。但天然芳樟树在种植过程中的杂化，所得芳樟醇含量不高，且杂质（主要是樟脑）不低，须经过复杂的精馏过程的分离才能获得合格的产品，能耗、工耗、物耗增加了成本。因此，天然资源在生产数量上不能满足市场日益增长的需要。

从芳樟木油、芳樟叶油提取的芳樟醇是目前"天然芳樟醇"的主要来源之一，我国的台湾和福建两省从 20 世纪的 20 年代就已开始利用樟树的一个变种——芳樟的树干、树叶蒸馏制造芳樟木油和芳樟叶油并大量出口创汇，国外把这两种天然香料叫做"Ho（wood）oil""Shiu（wood）oil"和"Ho leaf oil""Shiu leaf oil"，"Ho"和"Shiu"是闽南话与日语"芳"和"樟"的近似发音。天然的芳樟树毕竟有限，经过将近一个世纪的滥采滥伐至今已所剩无几，人工大量种植芳樟早已排上日程。福建的闽西、闽北地区采用人工识别（鼻子嗅闻）的方法，从杂樟树苗中筛选含芳樟醇较高的"芳樟"栽种，进而提炼"芳樟叶油"也有三十几年的历史了。用这种办法可以得到芳樟醇含量 60％以上的精油，个别厂家可以成批供应含芳樟醇 70％的"芳樟叶油"，再用这种"芳樟叶油"精馏得到主成分 95％以上的"天然芳樟醇"（左旋体一般占85％～90％）。由于樟叶油的成分里面除了芳樟醇以外，主要杂质是桉叶油素和樟脑，而这两种物质的沸点与芳樟醇非常接近，即使很"精密"的精馏也不容易把这两种杂质除干净，所以用这种方法得到的"天然芳樟醇"香气虽然比"合成芳樟醇"稍好一些，但不太明显，香气特征不突出。

民间自古以来就将含有芳樟醇的挥发油或植物作为催眠和镇静剂使用的报道。但是，萜烯醇类中只有叔甲基醇类的芳樟醇和 α-萜烯醇才有明显的镇静作用。将芳樟醇给予实验模型的小白鼠喂药，以评价芳樟醇的直接精神药理作用，结果表明，对中枢神经系统，包括睡眠、抗惊厥、降体温等，有随着剂量而增强的现象。将（RS)-(±）芳樟醇，（R)-(一）芳樟醇和（S)-(＋）芳樟醇给人体吸入，在精神工作、体力运动和声间讯号的条件下，作额面脑电图记录和评分，结果表明，左旋体、消旋体的镇静作用明显，而右旋体则相反。

香 叶 醇

香叶醇（反-3，7-二甲基-2，6-辛二烯-1-醇），又名"牻牛儿醇"，是一种单萜烯醇，橙花醇的顺式异构体，相对密度 0.883～0.886，折射率 n_D^{20} 1.4766，沸点 230℃，能溶于醇、醚。香叶醇天然存在于牻牛儿苗科天竺葵属天竺葵、禾本科香茅属芸香草、樟科木姜子属山鸡椒的果实山苍子、禾本科香茅、蔷薇科蔷薇属玫瑰等 250 多种植物的花、叶、茎、根和种子中，广泛应用于药物、烟草、食品配料等领域。

提取分离：目前，从天然植物中提取出挥发油，再从挥发油中提取单离香料，仍是市场的主要来源。香叶醇的提取工艺并不复杂，关键是香叶醇与其他挥发油成分的分离技术。例如：香叶醇与香茅醇的沸点相差很小，常压下相差 5.4℃，在 1.33kPa 时，差 2.3℃。周光宗等将粉碎后的无水 CaCl$_2$ 烘干后，取 40g 与混合醇 100g（含香叶醇 52%），置于三口瓶中，加入环己烷 500mL，加入醇量的 3% 乙醇为催化剂，搅拌 7h，过滤分离用水溶解其中的 CaCl$_2$，经蒸馏得含量在 90% 的香叶醇。

橙花醇和香叶醇是同分异构体，沸点差仅为 2℃，且具有热敏性，对两者进一步分离很困难。韩金玉等采用减压高效间歇精馏方法对橙花醇和香叶醇的混合物进行了分离研究，确定适宜的操作条件，塔顶压力为 600～700Pa，塔 4.8～4.9kPa，釜温在 150～152℃ 之间，全回流6h，采用 20:1，10:1，5:1 的变回流比操作，得到了含量大于 90% 的橙花醇产品，将釜液闪蒸可得到含量大于 95% 的香叶醇产品。

合成：目前，合成香叶醇有的以 β-蒎烯为原料。刘先章等以月桂烯为原料，月桂烯可由脂松节油中的 β-蒎烯热异构而得到。在催化剂存在时，月桂烯先与氯化氢加成反应得加成混合物，主要含有香叶基氯、橙花基氯和少量其他氯化氢加成物，如芳樟基氯和松油基氯。然后再分别催化转变成乙酸酯。主要产物为香叶醇和橙花醇，两种醇的转化率为 50%～60%。

黄宇平等应用配有冷凝管、温度计、搅拌器的三口烧瓶中加入芳樟醇、钒催化剂、硼酸酯，搅拌加热至 170～175℃ 反应 10h。水解、分离水层和反应物层，反应液经精馏得香叶醇和橙花醇。芳樟醇的转化率达 70.8%。

以柠檬醛为原料制备橙花醇、香叶醇的合成方法已有许多报道。例如催化氢化法、醇铝法、硼氢化钠法。尹显洪对硼氢化钠法进行改进研究，以水和苯作混合溶剂，替代纯有机溶剂。采用相转移催化方法，提高反应速率。

定性定量分析：香叶醇存在于许多精油中，一般采用 GC-MS 方法进行在线定性、定量分析。结构经 ^{1}HNMR 和 IR 确认。陈集双等从香茅中提取挥发油经 GC-MS 分析，以质谱离子峰面积归一化法测得这些成分各自的百分含量，共分离出 38 个峰，分析鉴定了 33 种成分，主要成分是香叶醛和橙花醛，其次为 β-香叶烯、香叶醇、乙酸香叶酯、香叶酸等。

周诚等采用 GC-MS 联用技术对越南产千年健挥发油化学成分进行分析，用毛细管气相色谱分离出 65 个组分，鉴定出芳樟醇、松油醇、香叶醇等 30 种化学成分，占挥发油总量 87.02%，用面积归一化法确定了各组分的相对百分含量，其中芳樟醇含量高达 67.66%。

药理作用：

抗肿瘤作用——对小鼠的肝癌和黑素瘤研究发现，香叶醇抑制肝肿瘤细胞和黑素瘤细胞的增生作用是能抑制 3-羟基-3-甲基戊二酸单酰辅酶 A 的还原酶活性。这个酶是甲轻戊酸合成的关键酶，抑制了细胞内甲轻戊酸的生物合成，导致细胞内甲轻戊酸数量的减少，限制了蛋白质的异戊烯化。研究表明过多异戊烯化蛋白质起到调节细胞生长或转化的作用。

Carnesecchi 等发现香叶醇能抑制 70% 结肠肿瘤细胞的生长，使细胞积累在细胞生长周期的 S 期，伴随抑制 DNA 合成酶的作用，也没发现细胞的溶解；结果还表明香叶醇降低了细胞内鸟氨酸脱羧酶活性的 50%。该酶是细胞内多胺生物合成的关键酶，导致丁二胺在细胞内的数量减少了 40%，多胺能促进肿瘤细胞的生长。

Stephanie Carnesecchi 等研究表明香叶醇调节 DNA 合成和 5-氟尿嘧啶增效剂对人结肠肿瘤异种移植物的效果中。香叶醇而不是 5-氟尿嘧啶造成癌细胞中的胸苷酸合成酶和胸苷激酶表达的双倍减少。在动物模型中，5-氟尿嘧啶（20mg/kg）和香叶醇（150mg/kg）的混合作用使得肿瘤体积减小了 53%；单独使用香叶醇使得肿瘤体积减小 26%，5-氟尿嘧啶单独使用没有效果。

方洪拒等腹腔注射香叶醇、香茅醇、甲酸香茅酯和乙酸香茅酯等，结果能延长患 S180 腹水型的动物寿命，同时对白血病细胞株 HL-60 有轻度诱导分化作用。Burke 发现香叶醇也能抑制胰腺肿瘤细胞的生长。

平喘作用：香叶醇民间用于治疗哮喘由来已久。陈珏等研究发现：香叶醇能使猫离体肺条自然张力明显松弛，并能对抗组织胺所致肺条收缩作用，表明香叶醇除能作用于大气道平滑肌外，对小气道平滑肌亦有良好作用。香叶醇能阻断抗原攻击所致致敏肠段的痉挛性收缩，表明香叶醇可能影响过敏介质的释放。在祛痰作用的试验中，随着香叶醇使用量的增加（0.1～0.3g/L），酚红排出量（mg/L）由 0.30 ± 0.27 降至 0.18 ± 0.11。

抗菌作用：余伯良等采用平板法比较山苍子油及其柠檬醛等 5 种主要成分对 8 种霉菌的抗菌效力。结果表明，在培养基 pH 4.5 时，香叶醇等对曲霉属中的黄曲霉、黑曲霉、杂色曲霉均有较强的抗菌作用。

Vannina Lorenzi 等研究报道，香叶醇能还原抗生素活性，抑制革兰阴性菌多重抗药性。蜡菊属植物意大利苍耳的挥发油明显减少多药耐药肠产气杆菌作用；抑制埃希氏菌属大肠（杆）菌，假单胞菌铜绿菌素和鲍曼不动杆菌的多重药物抗药性。其中香叶醇作为组成成分，大大提高了内酰胺类、喹诺酮类和氯霉素类药物的疗效。

其他作用：林永丽等报道 24 种对蚊虫驱避效果较好的植物挥发油香叶醇、芳樟醇、柠檬醛和茴香醛，对德国小蠊的驱避性剂量为 $1000\mu g/cm$ 时，香叶醇的驱避性最高。

百 里 香 酚

百里香酚又名麝香草粉，分子量 150.22。常温下为白色至淡黄色结晶性粉末，沸点 233℃，熔点 48～51℃，折射率 $n_D^{20}1.523$，其化学结构式如下：

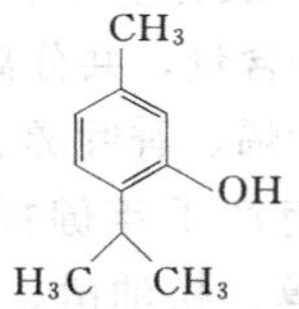

百里香酚具有百里草或麝香草的特殊香气，是制备薄荷脑的一种重要原料。百里香酚具有防腐性，且毒性低于苯酚，具有药用价值，可用于口腔卫生品中；它还具有抗真菌和寄生虫功能，可用来处理伤口，贮存解剖标本等；由于它具有酚类气味，也常用于驱虫剂。此外，百里香酚还可作为抗氧化剂，鉴定氮化钛用的特殊试剂、百里香酚兰的对比基准。

杀菌作用：麝香草酚的杀菌作用比苯酚强，且毒性低，对口腔咽喉黏膜有杀菌、杀真菌作用，对龋齿腔有防腐、局麻作用，用于口腔、咽喉的消毒杀菌、皮肤癣菌病、放射菌病及耳炎。能促进气管纤毛运动，有利于气管黏液的分泌，起祛痰作用，再加有杀菌作用，故可用于治疗气管炎、百日咳等。

有很强的杀螨作用，1%溶液半小时死亡率 100%，0.03%的溶液 24h 杀灭率 100%。亦可用作驱蛔虫剂。麝香草酚 0.05%～0.2%溶液有较强的杀原头蚴作用，可在 5～10min 内达到百分之百杀死原头蚴的效果，作用迅速可靠，毒性小。原头蚴与药液接触后可在 2～3min 内出现皮层起泡、起刺、皮层分离、溶解及虫体发暗、钙粒减少等形态结构变化。原头蚴经药液处理 10min 后，给小白鼠腹腔接种，均未发育成棘球蚴。

百里香酚的天然来源：在 20 世纪 40 年代以前，百里香酚主要来源于自然界。百里香酚广泛存在于植物中，但不同的植物亚种中的实际含量不相同，如表 14-6 所示：

表 14-6　不同植物亚种中百里香酚的含量

植物精油	百里香酚含量	植物精油	百里香酚含量
细斑香蜂草	64%～80%	百里香	25%～58%
冬香草	微量～66%	埃及甘牛至油	21%
牛至	0.4%～65%	柑油	微量～15%
香旱芹种子	6%～62%		

罗勒油、丁香罗勒油等植物精油也含有百里香酚。

天然百里香酚通常由百里香油分离得到，可以用氢氧化钠等碱液处理百里香油、牛至油、罗勒油、丁香罗勒油等来提取；由于天然资源有限，以及提取的品质和数量经常会受到时间、气候等各种自然因素的影响，使得天然提取百里香酚的成本很高。据估计，其成本大约是合成百里香酚的 10 倍。

用途：检定氨、锑、砷、钛、硝酸盐和亚硝酸盐；测定氨、钛和硫酸盐；在香料工业中，可用于牙膏、香皂以及某些化妆品香精配方中，但用量有一定限制；用作防腐剂、驱虫剂等；常用于皮肤霉菌和癣症；也用于烘烤食品、冰冻乳制品、布丁等。

丁　香　酚

又名丁子香酚，分子式为 $C_{10}H_{12}O_2$，结构式：

OH
O—

无色或苍黄色液体，有强烈的丁香香气，干甜的花香和辛香。有香石竹气息，又似丁香油香气。气势较强，透发有力，尚持久，味温、辛、香。

溶于 2 体积 60% 乙醇与油类，几乎不溶于水。主要用于抗菌，降血压；也可用于香水香精以及各种化妆品香精和皂用香精配方中；还可以用于食用香精的调配。

学名：2-甲氧基-4-(2-丙烯基)苯酚。

摩尔质量：164.20g/mol。

相对密度：1.063～1.068。

熔点：−9.2～−9.1℃。

沸点：255℃。

折射率：1.540～1.542。

闪点：110℃。

贮存条件：0～6℃。

用途：

(1) 调配香石竹花香的体香　广泛用于香薇等香型，可作为修饰剂和定香剂，用于有色香皂加香；可用于许多花香香精，如玫瑰等，也可用于辛香、木香和东方型、薰香型中；还可用于食用的辛香型、薄荷、坚果、各种果香、枣子香等香精及烟草香精中。

(2) 丁香酚具有浓郁的石竹麝香气味，是康乃馨系香精的调和基础，在化妆、皂用、食用等香精的调和中均有使用。丁香酚具有很强的杀菌力，作为局部镇痛药可用于龋齿，且兼有局部防腐作用。丁香酚是其他一些香料的中间体，衍生物有异丁香酚、甲基丁香酚、甲基异丁香酚、乙酰丁香酚、乙酰基丁香酚、苄基异丁香酚等。丁香酚在氢氧化钾中加热时，丙烯基的双键发生重排作用，变为与苯环共轭的 α-丙烯基，从而得到异丁香酚，经乙酰化和温和的氧化，

· 335 ·

α-丙烯基断裂，即得香兰素，它是一种重要的人造调味剂的主要成分。丁香酚还可用于制造治疗肺结核的特效药异烟肼。

（3）用于配制康乃馨型香精及制异丁香酚和香兰素等，也用作杀虫剂和防腐剂。

（4）GB 2760—2014 规定为允许使用的食用香料。主要用于配制烟熏火腿、坚果和香辛料等型香精。亦为合成香兰素的主要原料。

医学用途：

（1）抗菌　在（1∶8000）～（1∶16000）浓度时，对致病性真菌有抑制作用；在（1∶2000）～（1∶8000）浓度时，对金黄色葡萄球菌及肺炎、痢疾、大肠、变形、结核等杆菌均有抑制作用。

（2）健胃　5%的乳剂可使胃黏液分泌显著增加，而酸度不增加。

（3）其他　家兔静脉注射可产生麻醉、降低血压、呼吸抑制与抗惊厥等作用，但小鼠皮下注射不产生麻醉作用。体外，经肌肉标本实验表明有强的抗组织胺作用。

（4）毒性　大鼠口服的LD_{50}为 1.93g/kg。

含量分析：

（1）用非极性柱按气相色谱法（GT-10-4）测定，含量按面积百分率求取。

（2）按酚测定法（OT-37）测定，其中放置 30min 改为在水浴上加热 30min 后室温冷却。

天然存在：

丁香酚天然存在于多种精油中，尤以丁香油（含 80%）、月桂叶油（含 80%）、丁香罗勒油（含 60%）含量为最多，在樟脑油、金合欢油、紫罗兰油、依兰油中均有存在。丁香酚主要存在于丁香罗勒的精油内及樟属肉桂叶的精油内，是多种芳香油的成分。

生产方法：

（1）工业上可以从天然精油中单离，也可由化学合成而得。但化学合成法产生的同分异构体，沸点非常接近而分离极为困难，以单离法为主。

（2）天然精油单离法　以多年生亚灌木丁香罗勒为原料，经水蒸气蒸馏得精油和水的混合物。油水混合物中加入 20%的氢氧化钠，再进行水蒸气蒸馏除去非酸性物质。在 50℃下将所得丁香酚钠溶液加入 30%的硫酸搅拌中和至 pH＝2～3（水层）。静置后分出下层粗丁香油，经减压蒸馏得丁香酚成品。

（3）化学合成法　将烯丙基溴、邻甲氧基苯酚、无水丙酮和无水碳酸钾加入反应釜中，加热回流数小时。冷却后加水稀释，然后用乙醚提取。提取物用 10%的氢氧化钠洗涤，再用无水碳酸钾干燥。常压蒸馏回收乙醚、丙酮后进行减压蒸馏，收集 110～113℃（1600Pa）的馏分，即为邻甲氧基苯基烯丙醚。将其煮沸回流 1h 后冷却，所得油状物用乙醚溶解，再用 10%的氢氧化钠水溶液提取，提取液经盐酸酸化后乙醚萃取。萃取液用无水硫酸钠干燥，常压蒸馏回收乙醚后即得丁香酚成品。也可由邻甲氧基苯酚与烯丙基氯在金属铜的催化和 100℃下一步反应得到成品。

（4）用丁香油之类含有大量丁香酚的精油，加 30%氢氧化钠液处理，再加无机酸或通入二氧化碳使之析出。或使之与乙酸钠加成，以使游离出来后再经水蒸气蒸馏而得纯品。

单离丁香酚与合成丁香酚的鉴别，主要是利用后者有丁香酚同分异构体而前者没有，用气质联机检测。单离丁香酚含有少量丁香油或丁香罗勒油带进来的萜烯类杂质，这一点也可以分清是单离丁香酚还是合成丁香酚。

大 茴 香 脑

又名茴脑、升白宁、茴香脑、茴香精、异草蒿脑、八角茴香脑、反式茴香脑、天然茴香脑。

国家标准：GB 1886.167—2015 食品添加剂　大茴香脑

大茴香原产于我国广西南部和西南部，仅防城县西部地区和得保县的产量就各占全国的四分之一。台湾、福建、广东、贵州、云南、浙江等省区也有栽培。

大茴香为常绿乔木，高可达 20m，树皮灰色至红褐色。单叶互生，革质，披针形至长椭圆形，长 5～12cm，宽 1.5～5cm，顶端短尖或短渐尖，基部狭楔形，上面有光泽和透明的油点，下面疏被柔毛；叶柄粗壮，长约 1cm。花春季开放，单生叶腋，花被肉质；萼片 3，黄绿色；花瓣 6～9，排成 2～3 轮，淡粉红色或深红色，阔卵圆形或长圆形；雄蕊 11～20 枚，排成 2～3 轮；心皮 8～9 枚，分离，花柱短，基部肥厚，柱头细小。聚合果排成星芒状，直径 2.5～3.5cm，成熟心皮红棕色。种子扁球形，棕色，有光泽。花期每年两次。春果收期在 1～2 月，秋果期为 8～9 月，以秋果为主。

大茴香果实是惯用的调味辛香料，在医药上有开胃下气、暖肾散寒等效果。茴香油在医药上是合成阴性激素己烷雌酚的主要原料。

大茴香油由大茴香的果实和枝叶经水蒸气蒸馏而得。主成分：甲基黑椒酚、反式茴脑（含量达 87%～94%）、大茴香醛、雪松烯、2-甲基丁酸异丁香酚酯等。

大茴香油在香料工业上的主要用途，是用来单离大茴香脑，作为制备大茴香醛、大茴香醇、大茴香酸及其酯类的起始原料，还用于食用香精及牙膏、牙粉和酒类、糖果、饮料及烟草的加香，少量用于日用香精中。

大茴香脑的工业制法有多种：

（1）将茴香油或大茴香油冷却，析出结晶，经蒸馏并用酒精再结晶可得。也可以对大茴香油精馏，收集 230～234℃的馏出物。或减压精馏，收集 142℃（5.60kPa）或 110℃（2.7kPa）馏分，即得大茴香脑。

（2）由对甲氧基苯基丁烯酸经 220～240℃加热而得。

（3）将对丙烯基苯甲醚与苛性碱一起加热，异构化为茴香脑。

（4）由对丙烯基苯酚甲基化而得。

（5）茴香醛与 C_2H_5MgX 作用，将生成物加热水脱水得到茴香脑。

（6）茴香醛与丙酸酐及丙酸钠一起加热得到茴香脑。

（7）在茴香醚和丙醛混合物中，于 0℃加入浓盐酸和磷酸，使氯化氢气体达饱和，将产物与吡啶一起加热脱去氯化氢，即得到茴香脑。也可用氢溴酸代替浓盐酸，产物用金属钠处理，脱溴化氢即得到茴香脑。

（8）将对溴茴香醚制备成 Grignard 试剂，并与烯丙基溴反应，生成对甲氧基苯丙烯，然后与氢氧化钾一起加热，异构化得到茴香脑。

物理、化学性质：无色或微黄色液体或结晶，分子式 $C_{10}H_{12}O$，分子量 148.2，熔点为 22.5℃，沸点 235℃，相对密度 0.9883（20℃/4℃），折射率 1.56145，闪点 90℃。能与氯仿、醚混溶，溶于苯、乙酸乙酯、丙酮、二硫化碳、石油醚和醇，不溶于水。带有甜味，具茴香的特殊香气。

用途：在食品特别是糕点的加香中，用作茴香香精和甘草香精；也用于饮料；还广泛用于杏、槜榕、杨梅等的香精及牙膏和含漱液等。此外，茴香脑还用于药物的矫味剂和矫气味剂、化妆品和香皂的香料、合成药物的原料及彩色照相的增感剂等。茴香脑作为药物，以因化疗或放疗反致的白细胞减少症，及其他原因引起的白细胞减少症有一定的治疗作用。

茴香脑作为生产大茴香醛的消费比重较大。在对氨基苯磺酸的存在下，茴香脑（或含茴香脑的精油）经臭氧、硝酸、高锰酸钾或红矾硫酸液氧化即得大茴香醛。

柠檬醛

柠檬醛的分子式为 $C_{10}H_{16}O$，是开链单萜中最重要的代表之一。存在于枫茅油和山苍子油中。天然柠檬醛是两种几何异构体组成的混合物。

又名 2,6-二甲基-2,6-辛二烯醛、3,7-二甲基-2,6-辛二烯-1-醛、3,7-二甲基-2,6-辛二烯醛、橙花醛、牻牛儿醛、柠檬醛、香叶醛。

物理与化学性质：无色或微黄色液体，呈浓郁柠檬香味。无旋光性。有顺反异构体两种。用亚硫酸氢钠处理，顺式溶解性极微，反式溶解性很大，故可将两者分开。

顺式柠檬醛（橙花醛）：

相对密度：0.8898；

折射率（n_D^{20}）：1.4891；

沸点：118～119℃（2666Pa）。

反式柠檬醛（香叶醛）：

相对密度：0.8888；

折射率（n_D^{20}）：1.4891；

沸点：117～118℃（2666Pa）。

柠檬醛溶于油类、丙二醇和乙醇，不溶于甘油和水。

天然品存在于柠檬草油（70%～80%）、山苍子油（约70%），柠檬油、白柠檬油、柑橘类叶油等中。

柠檬醛在硫酸作用下能环化生成对异丙基甲苯。在碱中不稳定，强碱作用下能被树脂化。

柠檬醛 a（又称香叶醛、反式柠檬醛）为无色油状液体，有柠檬香气；沸点229℃，密度0.8888（20℃）；在空气中易氧化变黄。柠檬醛 a 用氨性氧化银氧化得香叶酸。

柠檬醛 b（又称橙花醛、顺式柠檬醛）为无色或淡黄色液体；沸点120℃，密度0.8869（20℃）。两种异构体都溶于乙醇和乙醚。

通常情况下柠檬醛是以上两者的混合物，为淡黄色有柠檬香味的油状易挥发液体，难溶于水，可溶于乙醇、乙醚、丙二醇、甘油、矿物油等有机溶剂。相对密度0.891（25℃/25℃），沸点228～229℃。存在于柑橘油、柠檬油、柠檬草油、山苍子油、白柠檬油、马鞭草油等植物精油中。

柠檬醛可从精油中分出，也可从工业香叶醇（及橙花醇）用铜催化剂减压气相脱氢得到，也可从脱氢芳樟醇在钒催化剂作用下合成。柠檬醛可用于制造柑橘香味食品香料，因易氧化并聚合而变色，只用于中性介质中，还用于合成异胡薄荷醇、羟基香茅醛和紫罗兰酮，紫罗兰酮是合成维生素 A 的原料。

生产方法：

（1）天然存在于柠檬草油，柠檬油、白柠檬油、柑橘油、山苍子油、马鞭草油中。在柠檬草油、山苍子油的天然精油中含量70%～80%，可以从精油中划温蒸馏而得。如果需制取精品，可用亚硫酸氢钠法进行纯化处理后，减压蒸馏。工业上合成柠檬醛的方法是以合成甲基庚烯酮为基础，由甲基庚烯酮和乙炔制得3,7-二甲基辛烯-6-炔-1-醇-3（脱氢芳樟醇）。然后，在聚合的硅矾催化剂存在下，于140～150℃在惰性溶剂里将脱氢芳樟醇直接重排而成。另外，从工业香叶醇（及橙花醇）用铜催化剂减压气相脱氢可制取柠檬醛。

（2）柠檬醛天然存在于山苍子油（约80%）、柠檬草油（80%）、丁香罗勒油（65%）、酸柠檬叶油（35%）和柠檬油，工业上可以从天然精油中分离而得，也可由化学合成制备。

（3）以甲基庚烯酮为原料合成　乙氧基乙炔溴化镁与甲基庚烯酮缩合生成 3,7-二甲基-1-乙氧基-3-羟基-6-辛烯-1-炔，经部分催化加氢得烯醇醚，后者用磷酸水解和脱水得柠檬醛，得率按甲基庚烯酮计为 68%。也可由乙炔与甲基庚烯酮缩合制得脱氢芳樟醇，然后在缩合硅砜催化下，在 140～150℃和惰性溶剂中重排得到柠檬醛。

（4）从山苍子油中分离（这是中国生产柠檬醛的主要方法）。

（5）由柠檬草油或山苍子油用分馏法或亚硫酸氢盐法分离而得。由香叶醇、橙花醇或芳樟醇在铬酸催化下氧化而得。

检验方法：取柠檬醛 1mL，加亚硫酸氢钠试液 2mL 和碳酸钠试液 2 滴，振荡混合，发热后生成白色的结晶块。然后再追加亚硫酸氢钠 10mL，置水浴上边振荡边加热，其结晶块溶解，失去柠檬样的香味。

用途：GB 2760—2014 规定为允许使用的食用香料。主要用于配制柠檬、柑橘和什锦水果型香精，亦为合成紫罗兰酮的主要原料。

用作调香剂，配制柠檬香精，也用作合成紫罗兰酮和维生素 A 的原料。

用途广泛，用于需要柠檬香气的各个方面，是柠檬型、防臭木型香精、人工配制柠檬油、香柠檬油和橙叶油的重要香料及合成紫罗兰酮类、甲基紫罗兰酮类的原料。也可用来掩盖工业生产中的不良气息。还可用于生姜、柠檬、白柠檬、甜橙、圆柚、苹果、樱桃、葡萄、草莓及辛香等食用香精。酒用香精亦可用之。

柠檬醛是中国规定允许使用的食用香料，可用于配制草莓、苹果、杏、甜橙、柠檬等水果型食用香精。用量按正常生产需要，一般在胶姆糖中使用量为 1.70mg/kg；烘烤食品中为 43mg/kg；糖果中为 41mg/kg；冷饮中为 23mg/kg；软饮料中为 9.2mg/kg。

用于人造柠檬油、柑橘油的调制，以及其他柑橘类香料、水果香精、樱桃、咖啡、李子等食品的香精，还广泛用于餐具的洗涤剂、肥皂、花露水的加香剂。柠檬醛是合成紫罗兰酮及甲基紫罗兰酮、二氢大马酮等原料；作为有机原料可还原为香茅醇、橙花醇与香叶醇；还可转化成柠檬腈。医药工业中用于制造维生素 A 和维生素 E 等，也是叶绿醇的原料。

主要用于配制柠檬香精和制造柑橘类香料，也用于合成紫罗兰酮（合成维生素 A 的原料）、柠檬腈、甲基紫罗兰酮、羟基香茅醛、异胡薄荷醇、二氢大马酮等化合物。亦有抗菌和信息素功能。

柠檬醛的化学性质较活泼，容易发生氧化还原反应生成香叶酸或香叶醇/橙花醇。

香水过敏者应避免接触柠檬醛。

制备：从柠檬油中分离，也可从香叶醇、橙花醇、芳樟醇用铜催化剂作用下减压气相脱氢氧化制取，或由脱氢芳樟醇在聚钒有机硅氧烷催化剂作用下异构化合成。脱氢芳樟醇可从甲基庚烯酮和乙炔制得。如需制取精品，可用亚硫酸氢钠处理生成结晶性的柠檬醛亚硫酸氢钠加合物，进行纯化后减压蒸馏。

叶　醇

叶醇的化学名称为顺式-3-己烯-1-醇，顺式-3-己烯醇，折射率 1.4303，分子式为 $C_6H_{12}O$，分子量为 100.16，沸点 156～157℃，相对密度 0.8508。无色油状液体，结构式 $CH_3CH_2CH \Longequal CHCH_2CH_2OH$：

从茶、刺槐、萝卜、草莓、圆柚等植物中发现有青香、药草香、绿叶香香气特性。建议应用于草莓、浆果、甜瓜、茶香精中。叶醇是重要的香原料，我国 GB 2760—2014 标准规定中允许作为食用香料，可用于调配草莓、浆果、甜瓜、茶等食用香精。

溶解性：微溶于水。溶于醇及大多数有机溶剂。能与大部分油混合。

香气：具有强烈的新鲜草叶的青香，新茶叶和苹果青香，扩散力强，稀释后具有特殊的药草香和叶子气味，味平和。

制备：主要采用合成法。以四氢呋喃或茴香醚为原料，进行合成而得。天然叶醇存在于发酵过的茶叶中，可采用浸提法而得。

存在：天然存在于许多植物的叶子、精油和水果中，在绿茶的精油中含量高达 30%～50%。

用途：叶醇具有强烈的新鲜叶草香气，属清香型名贵香料，可用于香精配方、化妆品及食品香料中及使用于制备系列的叶醇酯中。主要用作各种花香型香精的前味剂，用于调和丁香、香叶天竺葵油、橡苔、薰衣草、薄荷等花精油，提供新鲜的顶香。

叶醇具有新鲜的青叶香气，但香气强度比 3-己烯醛弱，稀释后具有特殊的药草香和叶子气味，叶醇是具有青香香韵的代表性香料。许多高等植物都含有叶醇，它广泛存在于大茉莉花、小茉莉花、薄荷、香茅、紫花地丁、番茄、茶叶、百里香、三竹果、香叶、天竺葵、鸡桑、草莓、葡萄、猕猴桃、圆柚、旋钩子、桂花、栀子花、紫罗兰叶、红三叶草、瑞香花、牡丹、欧芹叶、金雀花、覆盆子、绿豆、接骨木、绣线菊、康乃馨、黑茶藨子花、苹果、萝卜、覆盆子、刺槐、胡柚、楚门文旦、西番莲果、毛竹叶等等。

目前主要有两种获得叶醇的途径，一类是由植物中分离，主要从精油中提取，然后与相应的邻苯二酸盐或脲基甲酸盐反应而提纯，得到的产物中顺式异构体占 95%，但不易分离。另一类是通过合成的方法得到，主要有化学合成法和生物合成法。

目前，由于传统的天然和合成香料加工方法在产品品种、资源利用和环境保护方面存在诸多问题，从而使得利用生物化学技术合成叶醇得到很多人的重视。

生化合成法是在酶的作用下将亚麻酸或亚油酸转化成 (Z)-3-己烯-1-醛，然后在酵母的作用下将 3-己烯醛还原成叶醇。生化合成法的原料有茶叶、新鲜卷心菜叶、小萝卜叶、茴香叶、亚麻酸、亚麻油等。Brunerie 以新鲜小萝卜叶为原料，在亚麻酸存在下将小萝卜叶捣碎，以裂合酶为催化剂，在室温下搅拌约 45min。当 (Z)-3-己烯-1-醛达到最大浓度时，加入适量的酵母发酵 2h，1kg 小萝卜叶得到 550.7 mg 叶醇。该方法条件温和，易于操作，缺点是原料中的叶醇含量有限，所需原料较多。

Muler 以亚麻酸或亚麻油为原料，在脂肪氧合酶的作用下，得到 13-过氧羟基-十八碳-9，12，15-三烯酸，在裂合酶的作用下 13-过氧羟基-十八碳-9，12，15-三烯酸转化成 (Z)-3-己烯-1-醛，在酵母的作用下将 (Z)-3-己烯-1-醛还原得到 (Z)-3-己烯-1-醇。

尽管生物化学合成法合成叶醇收率不高，但是反应条件温和，具有较高的立体选择性，所用原料广泛，因此具有很好的开发前景。

目前，世界叶醇主要生产国家有日本、美国、法国等，其中主要生产商是日本杰昂公司，生产能力 100 t/a，其次是日本信越公司，生产能力 70 t/a。目前世界消费量约为 200 t，其中 35 t 直接用于配制香精，65 t 做成酯类使用，主要有甲酸、乙酸、苯甲酸和柳酸酯等。日本是世界叶醇主要出口国。叶醇在日本用于食品工业中，叶醇广泛应用于有天然新鲜风味的香蕉、草莓、柑橘、玫瑰香葡萄、苹果等香精的调配，也与乙酸、戊酸、乳酸酯等酯类并用，以改变食品口味，主要用于抑制清凉饮料和果汁的甜味余味。在欧美国家叶醇调配的香精主要用于化妆品，在化妆品方面，叶醇不仅直接用做化妆品的香味剂，还与老鹳草油、薰衣草油、薄荷油等一起配合使用。据报道，全世界 40 多种著名香精配方中均含有叶醇成分，通常只需加入 0.5％或更少的叶醇，就可使香精具有显著的青香气味。

叶醇及其衍生物的使用作为香料行业绿色化进程的一个标志，近年来发展迅速，目前叶醇在日本食品工业中应用广泛，需求量不断增加；在欧美化妆品市场中需求量大，叶醇及其酯的市场规模成倍增长。业内人士预计未来 5 年国际市场叶醇的需求量将保持 7％～10％的增长速度；国内叶醇的年消费量约为 3 t，需求量每年将以 8％的速率增加。近年来国内对叶醇的合成进行大量研究工作，通过不断研究与开发，国内目前基本具备建设小型的叶醇生产装置的能力，相信不久的将来对叶醇的研究会有更大的进展。

苯 甲 醇

苯甲醇是最简单的芳香醇之一，可看作是苯基取代的甲醇。在自然界中多数以酯的形式存在于香精油中，例如茉莉花油、风信子油和秘鲁香脂中都含有此成分。

外观与性状：无色液体，有芳香味。

熔点（℃）：－15.3；

相对密度（水＝1）：1.04（25℃）；

沸点（℃）：205.7；

相对蒸气密度（空气＝1）：3.72；

分子式：C_7H_8O；

分子量：108.13；

饱和蒸气压（kPa）：0.13（58℃）；

闪点（℃）：100；

引燃温度（℃）：436；

溶解性：微溶于水，易溶于醇、醚、芳烃；

折射率：1.5396。

化学性质：经氧化或脱氢反应生成苯甲醛。加氢可生成甲苯、联苄或甲基环己烷、环己基甲醇。与羧酸进行酯化反应生成相应的酯。在氯化锌、三氟化硼、无水硼酸或磷酸及硫酸存在下，缩合成树脂状物。

作用与用途：苄醇是极有用的定香剂，是茉莉、月下香、伊兰等香精调配时不可缺少的香料。用于配制香皂；日用化妆香精。但苄醇能缓慢地自然氧化，一部分生成苯甲醛和苄醚，使市售产品常带有杏仁香味，故不宜久贮。

苄醇在工业化学品生产中用途广泛。用于涂料溶剂、照相显影剂、聚氯乙烯稳定剂、医药、合成树脂溶剂、维生素 B 注射液的溶剂、药膏或药液的防腐剂。可用作尼龙丝、纤维及塑料薄膜的干燥剂，染料，纤维素酯，酪蛋白的溶剂，制取苄基酯或醚的中间体。同时，广泛用于制笔油（圆珠笔油）、油漆溶剂等。

苄醇在化妆品组分中为限用防腐剂，最大用量为 1％。

GB 2760—2014 规定为暂时允许使用的食用香料。亦为定香剂、油脂溶剂。作为香料，主要用于配制浆果、果仁等型香精。用于制备花香油和药物等，也用作香料的溶剂和定香剂；用作溶剂、增塑剂、防腐剂，并用于香料、肥皂、药物、染料等的制造。

制备：

氯化苄水解法——以氯化苄为原料，在碱的催化作用下加热水解而得。香料级苄醇的规格（QB 792—81）：相对密度 1.041～1.046，折射率 1.538～1.541，沸程 203～206℃馏出量在 95％以上，溶解度全溶于 30 倍容量的蒸馏水中，含醇量≥98％，含氯试验（N.F）为副反应。

原料消耗定额：氯化苄 1600kg/t；纯碱 1000kg/t。

甲苯氧化法——在碱性催化剂的作用下，将甲苯氧化制备苯甲醇，考虑到苯甲醇从反应产物乙酸、乙酸苄酯和水中很难分离，于是在特定的催化剂碘化苯乙烯-二乙烯基苯的作用下，循环反应；并且也可以将乙酸苄酯、甲醇进行酯交换反应，经过分离和提纯，可以得到高纯度的苯甲醇。

苯与甲醛合成苯甲醇——以 β-环糊精为母体，先与马来酸酐反应合成双（6-氧-丁烯二酸单酯）β-环糊精（简写 E1），后用氯乙酸修饰 E1，得到了双［6-氧-（3-脱氧柠檬酸单酯）］β-环糊精（简写 E2），再利用 E1 或 E2 作为催化剂，催化苯和甲醛反应生成苯甲醇。

苄酯水解反应制备苯甲醇——以甲酸苄酯、丙酸苄酯、乙酸苄酯或苯甲酸苄酯等为原料，在温度 150～320℃进行液相水解制备苯甲醇。水解后将反应混合物冷却 80～180℃的温度，分层，分离出有机相就可以获得纯度大于 98％的苯甲醇，转化率大于 98％。

苯 乙 醇

苯乙醇即 β-苯乙醇，分子式为 $C_8H_{10}O$，分子量为 122.17。无色黏稠液体，熔点－27℃，沸点 219.5℃，相对密度 1.0230，折射率 1.5310～1.5340。溶于水，可混溶于醇、醚，溶于甘油等。在苹果、杏仁、香蕉、桃子、梨子、草莓、可可、蜂蜜等天然植物中发现。它具有清甜的玫瑰样花香。建议应用在蜂蜜、面包、苹果、玫瑰花香型香精等中。

制备：

（1）氧化苯乙烯法 以氧化苯乙烯在少量氢氧化钠及骨架镍催化剂存在下，在低温、加压下进行加氢即得。

（2）环氧乙烷法 在无水三氯化铝存在下，由苯与环氧乙烷发生 Friedel-Crafts 反应制取。

（3）苯乙烯在溴化钠、氯酸钠和硫酸催化下进行卤醇化反应，得溴代苯乙醇，加 NaOH 进行环化得环氧苯乙烷，再在镍催化下加氢而得。

用途：苯乙醇是我国规定允许使用的食用香料，GB 2760—2014。主要用以配制蜂蜜、面包、桃子和浆果类等型香精，可以调配各种食用香精，如草莓、桃、李、甜瓜、焦糖、蜜香、奶油等型食用香精。

用量按正常生产需要：一般在口香糖中 21～80mg/kg；烘烤食品中 16mg/kg；糖果中 12mg/kg；冷饮中 8.3mg/kg。主要用以配制蜂蜜、面包、桃子和浆果类等型香精。调配各种食用香精，如草莓、桃、李、甜瓜、焦糖、蜜香、奶油等型食用香精。

广泛用于调配皂用和化妆品用香精，用于日化和食用香精，广泛用于调配皂用和化妆品香精。也可用于调配玫瑰香型花精油和各种花香型香精，如茉莉香型、丁香香型、橙花香型等，几乎可以调配所有的花精油。

在美国市场上，化学合成的市场售价为 3.50 美元/kg，而天然的苯乙醇售价则高达 1000 美元/kg。所谓"天然"，即此物质必须来源于自然，通过物理、酶或微生物途径产生。天然苯乙醇存在于很多花和植物的精炼油中，例如风信子、茉莉花、水仙、百合等，但多数情况下浓度太低，无法提取。唯一例外的是玫瑰精油，从某些种类的玫瑰精油中可以得到 60％以上的苯乙醇。更高浓度的苯乙醇只能通过溶剂萃取的方法得到。但是，从玫瑰中提取天然 苯乙醇生产周期长，花费昂贵，无法进行大规模的工业生产来满足市场的需要。利用微生物作为生产菌株进行合成可以克服上述缺点，许多利用微生物发酵生产的食用品中都含有苯乙醇，如可可、咖啡、面包、啤酒、奶酪等，特别是 Ehrlich（艾利希）发现，在酵母培养物中添加 L-苯丙氨酸可以使苯乙醇的产量得到大幅提高，故可以利用酵母菌生物转化生产。必须说明的是，欧洲的相关法令规定，如果通过微生物代谢途径得到的产物需要定义为天然产物，那么参与代谢的前体物质必须是天然物质，如天然氨基酸等。目前我国已有较多关于此生物合成的研究报告，但对于苯乙醇生物合成的研究尚处于起步阶段。

对天然产品需求的激增和由此所带来的可观经济收益使得利用微生物合成天然产品成为重要的研究课题之一。酵母生物转化合成苯乙醇具有生产成本低、周期短、污染少、对环境温和等优点，最终必将成为苯乙醇生产的主流。特别是我国 L-苯丙氨酸产业已进入年产千吨级水平，使得酵母生物转化合成苯乙醇更具有开发价值。

配伍禁忌：与氧化试剂和蛋白质如血清有配伍禁忌。聚山梨酯能引起苯乙醇部分失活，但活性降低作用次于羟苯酯类与聚山梨酯类的抗微生物活性降低。

桂　醛

肉桂醛又名苯基丙烯醛，简称桂醛，具有浓郁的桂油特殊气味和烧焦芳香味，在香料、制药、日用化学品、饲料、造纸及食品加工等方面都有广泛应用，同时也是重要的有机合成中间体。肉桂醛在自然界中大量存在于肉桂等植物体内。自然界中天然存在的肉桂醛均为反式结构，该分子为一个丙烯醛上连接上一个苯基，因此可被认为是一种丙烯醛衍生物。

其化学结构式如下：

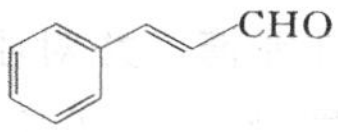

桂醛是一种黄色强折光的液体，遇光和空气变成暗棕色黏稠液体，可溶于乙醇和乙醚，微溶于水，不溶于石油醚，在空气中易氧化，熔点 $-7.5℃$，折射率（$20℃$）$1.619\sim1.623$，相对密度（$25℃/25℃$）$1.046\sim1.050$，酸值 $\leqslant1.0\%$，沸点（℃）253（常压），外观为无色或淡黄色液体，难溶于水、甘油和石油醚，易溶于醇、醚中。能随水蒸气挥发。在强酸性或者强碱性介质中不稳定，易导致变色，在空气中易氧化。

在香精香料中的应用：

肉桂醛有良好的持香作用，在调香中作配香原料使用可使主香料香气更清香。又因为其沸点比分子量相当的其他有机物高，所以还可以用作定香剂。如在皂用香精中使用肉桂醛可以调制洋水仙、栀子、素馨、铃兰、玫瑰等香精，这些香精广泛应用于香皂、洗衣粉和洗发水；在食品中应用可以用肉桂醛来调制苹果、樱桃等水果香精，这些香精可用于糖果、冰激凌、饮料、口香糖、蛋糕及烟草等。

在食品添加剂领域中的应用：

肉桂醛作为食品防霉剂对人体无毒或低毒，而对微生物的繁殖能起到较强的抑制作用，对黄曲霉、黑曲霉、橘青霉、串珠镰刀菌、交链孢霉，白地霉、酵母等均有强烈的抑菌效果。日本科研人员在 22 种致病性真菌条件下对肉桂醛进行抗真菌作用研究，结果表明，肉桂醛对受试各菌具有抗菌作用。主要是通过破坏真菌细胞壁，使药物渗入真菌细胞内，破坏细胞器而起到杀菌作用。肉桂醛与苯甲酸钠不同，其应用不受产品本身的 pH 值影响，无论在酸性或碱性条件下，都具有较强的杀菌消毒功能。由于肉桂醛具有保鲜、防腐、防霉功能，人们将其广泛应用在方便面、口香糖、槟榔等休闲食品及面包、蛋糕、糕点等焙烤食品中，用作食品的防霉剂、蔬菜的保鲜剂，同时还可以改变口味，刺激消费。常用于食用香料、保鲜防腐防霉剂（纸），同时也是很好的调味（料）油，用来改善口感风味。如：方便面、口香糖、槟榔等食品以及面包、蛋糕、糕点等焙烤食品。

现美国、日本已研究开发将肉桂醛应用于食品添加剂中，主要是利用其杀菌、消毒、防腐的功能。肉桂醛作为食品防霉剂，对人体无毒或低毒，而对微生物的繁殖能起到较强的抑制作用。能溶于乙醇、乙醚、氯仿、油脂等。浓度为 2.5×10^{-4} 时，对黄曲霉、黑曲霉、橘青霉、串珠镰刀菌、交链孢霉、白地霉、酵母，均有强烈的抑菌效果。

湖南某造纸研究所研制生产了一种含有肉桂醛的水果防霉保鲜纸，对水果等食品有很好的防霉、保鲜作用。

美国最近研究还发现，咀嚼含有肉桂醛的食品有助于记忆、增强脑力，这一发现暗示着在食品行业有关提高记忆的功能性食品将是发展趋势，因而肉桂醛的应用前景十分看好。

在日用化学品中的应用：

美容护肤品——肉桂醛可以促进血液循环，使皮肤回温，收紧皮肤组织。外用于按摩可使身体舒畅，对水分滞留的现象可以得到充分的改善，具有很强的脂肪分解作用。同时，肉桂醛对皮肤的疤痕、纤维瘤的软化与清除等均有较好效果。因此，肉桂醛常被应用于按摩液、美容产品中。

口腔护理产品——肉桂醛既可用来调制各种香型，又可对口腔起到杀菌和除臭的双重功效，常用于牙膏、口香糖、口气清新剂等口腔护理品。

最新研究表明，肉桂醛用于口香糖对口腔可起到杀菌和除臭的双重功效。美国芝加哥伊利诺伊大学牙科学院的专家报告了一项最新的研究成果：含有肉桂醛的口香糖能够杀死口腔中的细菌，并由此减少口臭的产生。实验过程中，15 名受试者分别咀嚼 3 种口香糖，分别是肉桂味、其他天然风味和不加任何调味料的口香糖，并对咀嚼前后的唾液进行测试。实验结果表明，肉桂味口香糖使唾液中的厌氧菌浓度减少了 50％，甚至舌后的厌氧菌也被清除了 43％；而不加任何调味剂的口香糖则基本不具备减少口腔细菌的功能。因此，含有肉桂醛的口香糖可以作为功能保健食品，它们可以在短期内对口腔卫生产生积极影响，不仅可用来掩盖口臭，而且能够真正清除引起口臭的细菌。目前，国内外特别是在欧美国家的牙膏厂已长期将肉桂醛应用于牙膏中，且使用效果很好。

在香精香料中的应用：

肉桂醛有良好的持香作用，在调香中作配香原料使用，使主香料香气更清香。因其沸点比分子结构相似的其他有机物高，因而常用作定香剂。常用于皂用香精，调制栀子、素馨、铃兰、玫瑰等香精，在食品香料中可用于水果香精。其中添加量可参考如下：清凉饮品 10×10^{-6}，糖果 700×10^{-6}，冰激凌 $(8 \sim 200) \times 10^{-6}$，口香糖 5000×10^{-6}，肉类 60×10^{-6}，调味品 20×10^{-6}。

在饲料上的应用：

肉桂醛本身是一种香料，它具有促进生长、改进饲料效率以及控制禽、畜细菌性下痢的功能，并能增加饲料的香味，引诱动物进食，还能长时间防止饲料霉变，添加肉桂醛后不用再添加其他防腐剂。专家进一步研究发现，肉桂醛还具有以下特性：

（1）促进生长　肉桂醛不仅使用于猪饲料的效果良好，也可使用于鸡、鸭、牛饲料中，还对缩短上市时间有极大益处。更值得一提的是，即使高剂量（25×10^{-6}/50×10^{-6}/100×10^{-6}/200×10^{-6}）使用，也不会伤害到肠绒毛。

（2）改进饲料效率　肉桂醛不同于一般生长促进剂，它可以提高饲料中氮素在动物体内的潴留量（约提高 7％），氮素为合成动物肌肉细胞的主要成分，所以对屠体品质的改善具有正面的影响。

（3）试验显示，肉桂醛对引起猪只下痢的溶血性大肠杆菌具有杀灭的功用，而对肠道内无害的非溶血性大肠杆菌没有影响，安全性高，没有繁殖障碍的顾虑，母猪饲料中也可安心使用。

（4）无残留问题　肉桂醛经采食后，被吸收的成分在 24h 后，90％经尿排泄，5％随粪便排出，剩下的 5％被分解成营养物质，在肉品中没有任何对人体有害的残留。

此外，长期使用肉桂醛的猪场、鸡场，其掺杂粪便的泥土经检验发现，肉桂醛被排泄至泥土中经过 24h 后，90％～99％已经分解消失。

（5）一般用法用量：

猪：5～20kg100×10^{-6}，20～60kg（50～100）×10^{-6}，60～100kg50×10^{-6}。

鸡：小鸡料 40×10^{-6}。

大鸡料 20×10^{-6}。

鸭：50×10^{-6}。

从肉桂皮中提取肉桂醛的方法——肉桂皮→乙醇萃取→浸取液→普通蒸馏→回收乙醇→水蒸气蒸馏萃取→肉桂醛。

由于天然肉桂醛的价格昂贵且提取物成分多，通常以化学合成方法来制备。在工业上主要通过苯甲醛和乙醛在稀碱的存在下缩合而成。

薄 荷 脑

薄荷脑系从薄荷的叶和茎中提取，白色晶体，分子式 $C_{10}H_{20}O$，为薄荷和欧薄荷精油中的主要成分。目前在世界上，印度是主要的天然薄荷生产国。薄荷脑和消旋薄荷脑均可用作牙膏、香水、饮料和糖果等的赋香剂。在医药上用作刺激药，作用于皮肤或黏膜，有清凉止痒作用；内服可作为驱风药，用于头痛及鼻、咽、喉炎症等。其酯用于香料和药物。

性状：无色针状或棱柱状结晶或白色结晶性粉末，有薄荷的特殊香气，味初灼热后清凉；乙醇溶液显中性反应。本品在乙醇、氯仿、乙醚、液状石蜡或挥发油中极易溶解，在水中极微溶解。

其他名称：薄荷冰。

熔点：42～44℃。

比旋度：取该品精密称定，加乙醇制成 1mL 含 0.1g 的溶液，依法测定，比旋度应为 $-50°$～$-49°$。

适应证：外用于各种原因引起的皮肤瘙痒和瘙痒性皮肤病。

主要用途：用于制清凉油、止痛药、牙膏、牙粉、糖果、饮料、香料等。

制备：工业上从薄荷中提取薄荷油和薄荷脑采用水蒸气蒸馏法和有机溶剂提取法，前者提取效率低，后者存在有机溶剂残留的毒性。采用超临界二氧化碳从薄荷中提取的薄荷脑（薄荷醇），则可消除上述两种方法所产生的弊端。其得率比水蒸气蒸馏法要高一些，比有机溶剂法也高一些，产品保持纯天然特征，质量好，纯度高，无溶剂残留毒性，易达到出口要求，具有更好的竞争力，可以占领市场。

薄荷脑可由天然薄荷原油提纯，也可用合成法制取。唇形科植物薄荷的地上部分（茎、枝、叶和花序）经水蒸气蒸馏所得的精油称薄荷原油，得油率为 0.5％～0.6％。合成薄荷脑的方法有多种：

从香茅醛制造——利用香茅醛易环化成异胡薄荷醇的性质，将右旋香茅醛用酸催化剂（如硅胶）环化成左旋异胡薄荷脑，分出左旋异胡薄荷脑，氢化生成左旋薄荷。其立体异构体经热裂解可部分地遭到转变成右旋香茅醛，再循环使用。

从百里香酚制造——在间甲酚铝存在情况下，对间甲酚进行烷基化反应生成百里香酚。经催化加氢得所有四对薄荷脑立体异构体（即消旋薄荷脑、消旋新薄荷脑、消旋异薄荷醇和消旋新异薄荷脑）。将其进行蒸馏，取消旋薄荷醇馏分，制造酯后反复重结晶，进行异构体的分离和光学拆分。分离出来的左旋薄荷醇酯，经皂化后得薄荷脑。

消旋薄荷脑可用蒸馏法与其他三对异构体分开，剩下的异构体混合物在百里香酚氢化条件下可平衡成消旋薄荷脑、消旋新薄荷脑和消旋异薄荷脑，比例为 6：3：1，新异薄荷脑含量很少，可不计。从以上混合物可再分出消旋薄荷脑。消旋薄荷醇经苯甲酸酯饱和溶液或其超冷混合物以左旋酯接种结晶，分开后皂化，得纯左旋薄荷脑；不要的右旋薄荷脑及其他异构体，可再按氢化条件平衡转变为消旋薄荷脑。

从薄荷油制造——将薄荷油冷冻后析出结晶，离心所得结晶用低沸溶剂重结晶得纯左旋薄荷醇。除去结晶后的母液仍含薄荷醇 40%～50%，还含较大量的薄荷酮，经氢化转变为左旋薄荷醇和右旋新薄荷醇的混合物。将酯的部分皂化，经结晶、蒸馏或制成其硼酸酯后分去薄荷油中的其他部分，可得到更多的左旋薄荷醇。

鉴别：

（1）取本品 1g，加硫酸 20mL 使溶解，即显橙红色，24h 后析出无薄荷脑香气的无色油层（与麝香草酚的区别）。

（2）取本品 50mg，加冰醋酸 1mL 使溶解，加硫酸 6 滴与硝酸 1 滴的冷混合液，仅显淡黄色（与麝香草酚的区别）。

药理学：薄荷脑能选择性地刺激人体皮肤或黏膜的冷觉感受器，产生冷觉反射和冷感，引起皮肤黏膜血管收缩（实际上皮肤保持正常）；另外对深部组织的血管也可引起收缩，而产生治疗作用。

适应证：外用用于局部止痛，止痒，头痛，眩晕，蚊虫叮咬；滴鼻用于伤风鼻塞，吸入或喷雾用于咽喉炎；口服可以健胃。

药理作用——该品与葡萄糖醛酸形成结合物在尿和胆汁中排出，各种异构体以不同量与葡萄糖醛酸结合。在狗和大鼠体内产生分子降解反应。它可以薄荷酮代谢物的形式存在。

松 油 醇

松油醇又名萜品醇（terpilenol），以旋光、不旋光的游离醇或其酯的形式存在于松油、杉木油、樟油、橙花油等精油中，因此属于植物醇类，也可由松节油合成制得。分子式为 $C_{10}H_{18}O$，分子量为 154.2493。无色稠厚液体或低熔点透明，有紫丁香的芳香和甜味。可燃。一般工业上出售的是左旋、右旋和消旋三种异构体的混合物，相对密度 0.9337（20℃/4℃）。固化点 2℃。旋光度 $[\alpha]$ $-0°10'$～$+0°10'$。沸程 214～224℃。折射率 n_D^{20} 1.4825～1.4850。1 份松油醇能溶于 2 份（体积）70% 的乙醇溶液中，微溶于水和甘油。

用途：目前，松油醇用于制备香精，高级溶剂，杀菌除臭；也可用于医药、农药和肥皂等行业；近年亦用于食品防腐和抗菌消毒。

杀灭微生物作用：国内早在 1995 年即有研究报道，用体积分数 30% 的松油醇在常温下作用 5 min，对载体上金黄色葡萄球菌、大肠杆菌和铜绿假单胞菌均可达到完全杀灭，将其与戊二醛或碘伏进行复配，作用 5 min 可以杀灭载体上枯草杆菌黑色变种芽孢和乙型肝炎表面抗原。用浓度为 3000 mg/L 松油醇水溶液，对载体上金黄色葡萄球菌、铜绿假单胞菌、大肠杆菌和白色念珠菌等细菌作用 1 min，平均杀灭率达到 99.99% 以上。最新研究表明，以松油醇为主要杀菌成分的新型医用消毒超声耦合凝胶对载体上大肠杆菌、金黄色葡萄球菌、铜绿假单胞菌和白色念珠菌作用 1.5 min，平均杀灭对数值均达到 4.0 以上。松油醇水溶液对小鼠急性经口毒性试验，$LD_{50}>5000mg/kg$，属于实际无毒级；蓄积系数 $K>5$，属于弱蓄积毒性；该消毒液原液对白兔皮肤刺激指数＜0.5，属无刺激性；该消毒液对小鼠骨髓嗜多染红细胞无致突变作用，对鼠精子亦无致畸作用。

松油醇的合成工艺方法主要有两种：一种是一步法，即松节油在酸催化作用下直接进行水合反应生成松油醇；另一种是二步法，即松节油首先在酸催化作用下水合成萜二醇，再经稀酸催化脱水生产松油醇。由于二步法生产所得的松油醇香气和纯度较稳定，且投资相对少，被广泛采用。

由于天然松油醇的香气比合成松油醇好，且国外客户要求购买，所以售价较高。

天然松油醇存在于松油、樟油、鱼腥草油、豆蔻油、艾蒿油、高良姜油、玉树油、草果油及橙花油等天然植物精油中。

对由杂樟油精馏得到的天然松油醇进行了分析，天然松油醇的杂质主要是1，8-桉叶油素、芳醇、异丙烯基甲苯、芳樟醇、樟脑、龙脑、4-松油醇和黄樟素。天然松油醇中的 β-松油醇、γ-松油醇含量不如合成松油醇中的高；天然松油醇中 4-松油醇含量达到 18％ 以上，经再精馏可以较容易得到纯的 4-松油醇和 α-松油醇产品。

通过"标准"的合成与天然松油醇色谱图和保留时间，可判断松油醇产品是天然的或合成的。

松油烯-4-醇

松油烯-4-醇又称 4-松油醇、松油醇-4、1-对蓋烯-4-醇、1-甲基-4-异丙基-1-环己烯-4-醇等。无色油状液体，微溶于水，溶于醇类和油类。呈暖的胡椒香、较淡的泥土香和陈腐的木材气息。它有一对立体异构体，天然物中有右旋体和左旋体之分，也有二者等量混合的外消旋体物质。自然界以右旋体居多，但也有左旋体，合成品以外消旋体为主。如天然纯品右旋 4-松油醇为无色透明液体，有特殊香气，沸点 209～212℃（1.33kPa 沸点 86～87℃），相对密度 $d25/4=0.9285$，折射率 $n_D^{25}=1.4765$，比旋光度 $[\alpha]_D^{20}=+21°22'$。

松油烯-4-醇的红外图谱，如图 14-52 所示。

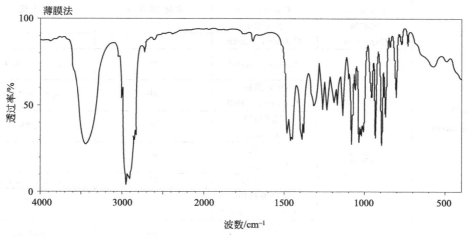

图 14-52　松油烯-4-醇的红外图谱

3463	26	2727	77	1306	47	1071	26	886	26
3013	52	1471	32	1250	44	1050	57	865	42
2962	4	1448	28	1226	44	1027	26	836	51
2927	8	1438	29	1179	50	1013	31	799	62
2914	7	1384	32	1162	47	999	33	728	81
2854	28	1378	28	1126	42	950	52	573	70
2839	31	1367	33	1093	62	926	29	491	72

由于天然的 4-松油醇来源有限，合成原料不足及合成方法的研究开发跟不上等原因，其应用一直未能得以很好展开。近些年来，澳大利亚原产的桃金娘科植物互叶白千层（*Melaleuca alternifola*）在我国引种和推广成功，互叶白千层精油（习惯上又称茶树油）资源得到了大幅增加。同时茶树油的应用研究也日趋活跃。4-松油醇是茶树油的主要组成成分，占 35%～40%，也是其主要的活性成分。这样，为 4-松油醇的研究和利用创造了资源条件。

天然资源：澳洲茶树油是目前最好的 4-松油醇资源。张燕君等曾对我国引种的互叶白千层精油（即茶树油）的组成状况进行过研究，4-松油醇含量为 39.4%。印度和澳大利亚报道的茶树油中含 4-松油醇 36.49%。近几年来，我国许多地方已经开始大量推广种植互叶白千层，有的已经开始形成生产能力。未来几年内，我国的这一资源会有较大的发展。

作为 4-松油醇的资源，杜香属植物精油也是比较重要的，特别是在黑龙江、内蒙古的大兴安岭地区有较广泛的天然细叶杜香资源。

自然界里含松油烯-4-醇的植物种类很多。现有文献报道，已发现 20 多个科 60 多个属 80 多种植物的精油中含有松油烯-4-醇（见表 14-7），其中，柏科（Cupressaceae）、番荔枝科（Annonaceae）、唇形科（Labiatae）、菊科（Compositae）、樟科（Lauraceae）、芸香科（Rutaceae）、木兰科（Magnoliaceae）、桃金娘科（Myrtaceae）、橄榄科（Burseraceae）、露兜树科（Pandanceae）、姜科（Zingiberaceae）、爵床科（Acanthaceae）、杜鹃花科（Ericaceae）植物精油中含松油烯-4-醇极为丰富，含量达 10%～50%，如菊蒿（*Tanacetum longifolium* Wall.）根油中含松油烯-4-醇为 25.8%，姜科的 *Zingiber cassumunar* Roxb. 根油中含量为 50.5%。

表 14-7　含松油烯-4-醇的植物种类

科	属	种	含松油烯-4-醇的部位	精油中含松油烯-4-醇的量
柏科 Cupressaceae	圆柏属 *Sabina*	砂地柏 *S. vulgaris* Ant.	枝、叶、果实	22.3%
	罗汉柏属 *Thujopsis*	罗汉柏 *T. dolabrata*	木材、树皮、叶	大量
	柏木属 *Cupressus*	巴克柏木 *C. bakeri* Jepson		
	刺柏属 *Juniperus*	*J. indica* Bertol	叶	3.7%～13.0%
		兴安圆柏 *J. davurica* Pall	叶	5.8%～7.7%
		欧洲刺柏 *J. communis* L.	叶	2.7%
		高山柏 *J. saltuaria*	叶	3.9%
		J. recurva	叶	0.2%～3.7%
		昆仑方枝柏 *J. centrasiatica*	叶	中等量
		北美圆柏 *J. jarkendensis*	叶	中等量
		新疆方枝柏 *J. psedosabina*		中等量
松科 Pinaceas	松属 *Pinus*	欧洲赤松 *P. sylvestris*		主成分
杉科 Taxodiaceae	柳杉属 *Cryptomeria*	日本柳杉 *C. japonica*		
麻黄科 Ephedraceae	麻黄属 *Ephedra*	麻黄 *E. sinica*		3.9%

续表

科	属	种	含松油烯-4-醇的部位	精油中含松油烯-4-醇的量
番荔枝科 Annonaceae	木瓣树属 *Xylopia*	*X. aethiopica*	果实	12.9%
	Unonopsis	*U. guatterioides*	根、果实	15.7%
唇形科 Labiatae	牛至属 *Origanum*	甜牛至	全株	32.3%
		O. majorana L.	叶	16.8%
		O. ramonense Danin		
		O. sbusp. Viride	全株	16.82%
	香科属 *Teucrium*	狭叶香科	全株	4.5%
		T. polium L.	全株	22.8%
	荆芥属 *Nepeta*	*N. asterotrichus*		
	水苏属 *Stachys*	*S. gluinosa*	全株	13.1%
	百里香属 *Thymus*	*T. camphoratas*		
		T. herbabarona		
	罗勒属 *Ocimum*	灰罗勒	全株	17.6%
		O. americanum	全株	12.6%
	香薷属 *Elsholtzia*	鸡骨柴		
		E. fruticosa		
	山香属 *Hyptis*	山香	叶	1.2%
		H. suaveolens		
菊科 Compositae	蓍属 *Achillea*	*A. biebersteinii* Afan	全株	3.1%
		A. fragrantissima	全株	6.5%
	蒿属	*A. afra* Willd	全株	
		苦艾蒿	全株	
	Artemisia	*A. absinthium*	全株	
		盐蒿		
		A. halodendron	根	
	艾菊属 *Tanacetum*	菊蒿		25.8%
		T. longifolium Wall.		
	蜡菊属 *Helichrysum*	*H. gymnocephalum*		
		H. gymnocephalum		
	春黄菊属 *Anthemis*	*A. carpatica*	全株	9.7%
		S. graveolens		
	千里光属 *Senecio*	*C. micranthum*		
樟科 Lauraceae	樟属 *Cinnamomum*	Hayata	木材	13.3%
		C. cambodianum		3.2%
		H. Lec.		
		沉水樟		0.9%~6.3%
		香樟	叶、枝、皮	
		C. camphora Nees		
		桂树	木材	7.3%
		C. burmannii BL.	叶	
		锡兰肉桂		
		C. zeylanicum		
芸香料 Rutaceae	柑橘属 *Citrus*	唐金橘		
		C. mitis Blance		
		马蜂橙	果实	17.55%

科	属	种	含松油烯-4-醇的部位	精油中含松油烯-4-醇的量
木兰 Magnoliaceae		C. hystriz DC	叶	6.1%
	九里香属 Murraya	麻绞叶 M. koenigii Spreng	叶	5.28%
	花椒属 Zanthoxylum	花属 Z. chaly beum Thunb	果实	11.0%
	八角属 Iuicium	喜马八角 I. griffithii Hook	果实	20.72%
桃金娘 Myrtaceae	娘众香树属 Pimenta	香叶多香果 P. racemosa		
		玉桂子 P. dioica		
	白千层属 Melaleuca	M. alternifola		
		M. armillaris		
		M. linariifolia		
		M. dissitifolia		
	桃金娘属 Uromyrtus	U.sp		8%~13%
		D.Edulis		25.6%
橄榄科 Burseraceae	蜡烛树属 Dacryodes	露兜树	树皮	15.2%
露兜树科 Pandanceae	露兜树属 Pandanus	P. fascicularis Lam.		50.5%
姜科 Zingiberaceae	姜属 Zingiber	Z. cassumunar Roxb.	根茎、叶	
	姜花属	黄姜花		
	山姜属 Alpinina	H. flavum		
		A. speciosa	根、茎、叶、花	10%~50%
马鞭草科 Verbenaceae	马缨丹属 Lantana	L. camara 马缨丹		
牻牛儿苗科 Geraniaceae	天竺葵属 Pelargonium	头状天竺葵 P. capitatum		
胡椒科 Piperaceae	胡椒属 Piper	P. nigrum 岩兰草		
禾本科 Gramineae	香根草属 Vetiveria	V. zizaniodes		
蔷薇科 Rosaceae	悬钩子属 Rubbus	R. glaucus	全株	
		B. gibralrarium	全株	
伞形科 Umbelliferae	柴胡属 Bupleurum	P. integerrima	树皮	5.1%
漆树科 Andcardiaceae	黄连木属 Pistacia	P. leatiscas	果实	30.3%
				15.07%
		S. callosis		19%~23%
爵床科 Acanthaceae	马蓝属 Strobilanthe	加茶杜香		
杜鹃花科 Ericaceae	杜香属 Ledum	L. groenlandicum		

　　在辛香料中，4-松油醇主要存在于肉豆蔻、小豆蔻，迷迭香、芫荽等中。

　　4-松油醇的活性及应用：4-松油醇是单环单萜烯醇，具有辛香、木香、壤香和百合香气，是有用的日化香料之一。只是由于长期以来没有找到合适的资源，或没有有效而廉价的合成方法，使得4-松油醇的研究和应用未能广泛开展。近些年由于澳洲茶树油的开发和在中国较大面积的推广，对4-松油醇的研究日益增多。尤其是在生物活性方面显现的良好效果，更引起了人们的关注和重视。

由于4-松油醇是茶树油的主成分和关键活性成分，茶树油质量的优劣主要就以4-松油醇含量来判别。当前茶树油的主要用途就是未来4-松油醇的用途。

茶树油由于特殊的香气，同时又具有天然防腐剂的作用，被广泛用于调香、高级化妆品和个人护理用品。茶树油也可作为食用香料和食欲增强剂的添加成分。茶树油能高效杀死皮肤表面的真菌，并对皮肤的灼伤有治疗作用。从日本罗汉柏（*Thujopsis dolabrata*）获得的4-松油醇还被用来作为驱虫剂和驱蚊剂使用。

4-松油醇还具有杀虫活性。如含4-松油醇30%的活性氧化铝可用作衣物防虫蛀剂使用。

另外，一些中药的药效作用可能也与4-松油醇有直接关系。辛夷挥发油具有抗过敏和局部收敛的作用，据认为其中所含4%的4-松油醇是其治疗鼻炎的有效物质基础。

松油烯-4-醇对昆虫表现出多种生物活性，包括引诱、忌避、毒杀及抑制生长发育等。

引诱活性：Couillien等（1994）报道以松油烯-4-醇、小茴香醇龙脑、α-松油醇、马鞭草烯酮、小茴香酮、樟脑、戊烷等量混合，对大露尾甲（*Rhizophagus grandis* Gyll）的诱捕率达21.6%，比用其喜食的食物诱捕率（11.1%）高。Thiery等（1998）发现黄杉大痣小蜂（*Megastigmus spermotrophus*）雌虫产卵特别趋向花旗松，为研究这种特别趋性是否与花旗松挥发物有关，进一步用从花旗松花和叶中得到萜、醇、醛对黄杉大痣小蜂进行了触角电生理反应测试，发现雌虫对松油烯-4-醇、己烯醇等反应敏感。Vite等（1990）用含松油烯-4-醇的聚乙烯管可使小蠹虫（*Rtyogenes chalcagphus*）在扩散和群集行为中迷向，可在其种群控制中加以利用。Fettkother等（2000）测定发现北美家天牛（*Hylotrupes bajulus*）雌、雄虫对松油烯-4-醇均有强烈的趋性。

忌避活性：Cowles等（1990）发现松油烯-4-醇能阻止葱蝇（*Delia antiqua*）在其寄主上产卵。Takekawa等（1998）用包括松油烯-4-醇在内的4种单萜制成一种衣物防虫抗菌剂，可有效地防止蛀虫对衣物的损害，且无霉味。Ishida等（1994）也报道用70%的活化矾土吸附30%的松油烯-4-醇制成的杀虫剂，放在衣橱内，可有效防止衣物蛀虫。Kameoka等（1994）发明了一种以松油烯-4-醇为有效成分的蚊子驱避剂。

毒杀及抑制生长发育活性：Shaaya等（1991）测定了28种植物精油及其主成分对常见贮粮害虫的熏蒸活性，发现松油烯-4-醇对谷蠹（*Rhyzopertha dominea*）的活性最高。Lee等（1997）测定了34种天然单萜对三种主要害虫西部根叶甲（*Diabrotica virgifera*）、二斑叶螨（*Tetranychus urticae* Koch）、家蝇（*Musca domestica* L.）的杀虫杀螨活性，发现松油烯-4-醇对二斑叶螨是最为高效的。Bessette等（1998）通过饲喂试验发现，松油烯-4-醇等含氧单萜能抑制昆虫和螨类幼体的生长发育。西北农林科技大学无公害农药研究服务中心从砂地柏精油中分离鉴定出松油烯-4-醇，初步对其杀虫活性作了测试，发现该精油单体对小菜蛾、菜青虫等的熏蒸毒力高于砂地柏精油。

松油烯-4-醇的抑菌活性：松油烯-4-醇及含松油烯-4-醇的植物精油还具有较高的抑菌活性。Nia等（1995）报道苦艾蒿（*Artemisia absinthum*）叶油及花油具有抗细菌活性，其中含松油烯-4-醇。Malika等（1996）发现牛至属植物 *Orianum majarana* 精油的主成分为松油烯-4-醇（含量32.3%），该精油 5×10^{-6} 处理可完全抑制酵母菌和乳酸菌。Chalchat等（1997）测定出木瓣树属植物 *Xylopia aethiopica* 果实油中含松油烯-4-醇达12.9%，该精油对金黄色葡萄球菌（*Staphylococcus aureus*）、大肠杆菌（*Escheri chiacali*）、奇异杆菌（*Proteus miabilis*）、肺炎杆菌（*Klebsirlla pneumaniae*）、绿脓杆菌（*Psedomonas aeruginosa*）、白假丝酵母（*Candida albicans*) 等表现出抗菌活性。Barel (1991) 也报道蓍属植物 *Achillea fragrantissima* 精油对上述菌类的生长表现出抑制作用，其主成分之一为松油烯-4-醇。Prudeat 等（1993）报道山姜属植物 *Alpinia speciosa* 的根、茎、叶、花油的主要组分均为松油烯-4-醇，含量在 10%～50%，用 5 种细菌、6 种真菌测定了其叶油的抗菌活性，发现其对真菌和 G$^+$ 细菌的最小抑制浓度在 2000×10^{-6}，对 G$^-$ 细菌的抑制浓度要高一些。Perez 等（1999）证实了含松油烯-4-醇的千里光属植物 *Senecio graveolens* 精油对藤黄微球菌（*Micrococcus luteus*）、金黄色葡萄球菌，白假丝酵母的抗菌活性。Reddy 等（1998）研究了百里香属植物 *Thymus vulgaris* 的两个无性型（Ⅰ、Ⅱ）的精油成分及其对两种常见的草莓贮藏期病害 *Botrytis cinerea* 和 *Rhizopus stolonifer* 的抑制作用，结果发现其精油主成分均由松油烯-4-醇、对异丙甲苯、芳樟醇、百里香酚组成，分别占其精油总量的 53.5% 及 66.2%，用 $50 \sim 200 \times 10^{-6}$ 处理，Ⅰ型的精油对上述两种病菌的抑制率分别为 26.5%～63.5% 和 5.5%～50.5%，Ⅱ型的抑制率分别为 36.9%～90.5% 和 11.5%～65.8%；用 200×10^{-6} 处理，两种精油可使两种病菌导致的烂果率均降低 73.0%～75.8%，观察期间未发现该精油对草莓果实的毒害作用。

　　松油烯-4-醇在其他方面的应用：除杀虫抑菌作用外，松油烯-4-醇还广泛应用于日用化学品、医药、食用等方面。由于松油烯-4-醇有明显的香味且对皮肤无刺激，有杀菌和消除人体螨虫的作用。已有不少含松油烯-4-醇的日用化学品问世，如香水、香皂、牙膏、沐浴液等。Lee yu-soon（1996）发明了一种能预防和治疗痤疮的抗菌美容香皂，其组分中含 0.01%～4% 的白千层油，该油中松油烯-4-醇的含量大于 30%，对诱发痤疮的丙酸菌有杀灭作用。Grewe（1990）用松油烯-4-醇或富含松油烯-4-醇的植物精油如白千层油、桉油、雪松油、柏油、莳萝油等制成沐浴液，能有效地消除人体皮肤及头发毛囊中的螨虫及由其引起的过敏反应。Dteude 等（1997）发明了一种含白千层油的牙膏和口腔清洁剂，其中白千层油含松油烯-4-醇超过 30%。松油烯-4-醇在医药方面也有应用。Matsunaga 等（2000）报道，从日本柳杉（*Cryptomeria japonica*）叶子中提取的精油对由酒精、阿司匹林、水浸及幽门结扎诱发的胃溃疡表现出强烈的抑制活性。抗溃疡活性成分，分别是单萜类的松油烯-4-醇及倍半萜类的榄香醇，其中松油烯-4-醇的抗溃疡作用更为迅速有效，且其两种光学异构体具有同样高的抗溃疡活性，试验还发松油烯-4-醇对与胃溃疡有关的幽门螺杆菌（*Helicobacter pylori*）表现出抑菌活性。松油烯-4-醇还可以食用，许多食用植物或食用香料的精油中均含有松油烯-4-醇。印度牛至（*Origanum majorana* L.）有香味，用于烹调，其挥发物的主成分之一即为松油烯-4-醇，是该植物特征香气的代表化合物。其他如荆芥、香芝麻叶、肉桂、花椒、八角、姜、胡椒、柑橘等可食用香料中松油烯-4-醇的含量均比较高，如姜油中含松油烯-4-醇的量为 10%～50%，在其叶、茎、花、根油中均为主要成分。

　　松油烯-4-醇的毒性：松油烯-4-醇可用于日用化学品，可药用、食用，其毒性应该是不高的。Bessette 等（1998）将包括松油烯-4-醇在内的含氧单萜称之为"环境安全的杀虫杀螨剂"。Southwell 等（1997）测试了澳大利亚茶树油及其组分中主要单体对人的皮肤的刺激性，共挑选了 25 个参试者，测试了 21d，结果无一人对松油烯-4-醇、α-蒎烯、β-蒎烯、柠檬烯、桉树脑、α-松油醇等有异常反应。Hayes 等（1997）则测定了澳大利亚茶树油对人的五种不同细胞系的离体毒性。结果发现，毒性大小依次为：α-松油醇＞茶树油＞松油烯-4-醇＞1,8-桉油精。与常用药物的毒性相比，氯化汞＞茶树油＞阿司匹林，茶树油对人的五种细胞系的 IC 值（致线粒体脱氢酶活性降低 50%）在 0.02～2.8g/L。应该说松油烯-4-醇对人类是很安全的。

　　关于松油烯-4-醇的合成路径报道不多，主要有两种。Morikawa（1990）用 4,8-环氧化异松油烯（terpiolene 4, 8-eposide）在铜存在下通过异构化或氢化来制备。Mitchell 等（1985）报道了用 1,4-桉叶油素通过 E2 消除反应来制备松油烯-4-醇的方法。

　　用气质联机法可以方便的区分天然与合成松油烯-4-醇，因为二者所含的杂质完全不同。

紫 罗 兰 酮

　　紫罗兰酮又称香堇酮，是一种主要的名贵香料，因为气味与紫罗兰花散发出来的香味相同而得名，它又被称为环柠檬烯丙酮。1893 年，蒂曼首次合成了紫罗兰酮，在这合成香料的历史上有划时代的意义，它在自然界中广泛地存在于高茎当归、金合欢、大柱波罗尼花、西红柿、指甲花等中，紫罗兰酮存在 α 体、β 体和 γ 体 3 种同分异构体，在自然界中多以 α 体、β 体这两种异构的混合形式存在，γ-体较为少见，其结构如下：

α-紫罗兰酮　　　　　　β-紫罗兰酮　　　　　　γ-紫罗兰酮

　　紫罗兰酮的合成方法有的是先由山苍子油单离柠檬醛，再用柠檬醛与丙酮进行醇醛缩合反应来合成假性紫罗兰酮。我国目前大都采用半合成法，工业上一般用 2％～4％氢氧化钠水溶液催化柠檬醛与丙酮缩合制得假（性）紫罗兰酮，收率约 75％，在各种酸环化下得紫罗兰酮。β-紫罗兰酮具有较强的生物活性，特别是对肿瘤的发生有明显的抑制作用。β-紫罗兰酮可明显抑制 MCF-7 细胞增殖、细胞核分裂、集落形成和细胞 DNA 的合成，随着剂量的增加，抑制作用增强。在医药工业上，β-紫罗兰酮也是合成维生素 A 的重要原料。尽管紫罗兰酮具有商业价值，然而紫罗兰酮目前极少有天然产品，工业品均是合成而得。

　　紫罗兰酮的理化常数见表 14-8。

表 14-8　紫罗兰酮的理化常数

性能	α-紫罗兰酮	β-紫罗兰酮	γ-紫罗兰酮
相对密度(25℃)	0.927～0.933	0.941～0.947	0.9426
折射率	1.497～1.502	1.519～1.521	1.500～1.506
沸点/℃	121～122(1kPa)	127～128(1kPa)	80(173Pa)

　　紫罗兰酮为无色至淡黄色的透明液体，不溶于水和丙二醇，可溶解于乙醇和油中。化学性质稳定，不会导致变色，紫罗兰香味柔和淳厚而留长，具有甜的花香兼木香，并带有果香和香脂香。紫罗兰酮的各种异构体因结构上双键位置不同而出现了香味差异，α-紫罗兰酮具有类似于紫罗兰花和鸢尾花的甜香，被稀释以后则具有柔和而浓郁的紫罗兰花香；β-紫罗兰酮香气较柔和而木香稍重，具有覆盆子的香味，被稀释以后有类似紫罗兰花和柏木香味；γ-紫罗兰酮具有类似香堇型香气，更具有龙涎香气息。

　　紫罗兰酮的香味是有力的甜木香味并带有果香，微苦，然后是花木香，紫罗兰酮因本身存在异构体，在合成过程中又容易生成副产物，因此很难制得高纯度的紫罗兰酮产品，所以产品的香味就会有差别．从香味上讲，α-紫罗兰酮比 β-紫罗兰酮更受调香师的喜欢。在香料工业上使用的是以 α-紫罗兰酮为主的产品，而 β-紫罗兰酮则主要用于医药工业，γ-紫罗兰酮则无工业化产品。

　　现在合成紫罗兰酮的方法主要有两种，一种是全合成法，即以乙炔和丙酮为起始原料的合成路线和以异戊二烯为起始原料的合成路线，对纯度要求很高的 β-紫罗兰酮（医药工业用）可采用全合成路线；另一种是半合成路线，即以天然精油中所含的柠檬醛和松节油中的 α-蒎烯为起始原料的合成路线，目前多采用柠檬醛来合成工业紫罗兰酮，20 世纪 50 年代以前是从亚热带生长的柠檬草中提取柠檬醛，现在都改用中国的山苍子精油为原料提取柠檬醛。山苍子精油里面含有的柠檬醛含量很高，质量分数高达 60％～90％，而且产量较高。

紫罗兰酮类香料还有 α-紫罗兰酮、β-紫罗兰酮、甲基紫罗兰酮、假紫罗兰酮、异甲基紫罗兰酮、二氢-β-紫罗兰酮、4，5-环氧-α-紫罗兰酮等。

下面介绍 α-紫罗兰酮：

学名：（3E）-4-（2，6，6-三甲基-2-环己烯-1-基）-3-丁烯-2-酮，（E）-α-紫罗兰酮；

分子式：$C_{13}H_{20}O$；

分子量：192.30；

外观：油状液体，淡黄色至黄色。

α-紫罗兰酮天然存在于覆盆子、烤杏仁、胡萝卜、桂花浸膏、紫罗兰花和叶制取的浸膏、竹叶油中，也存在于烤烟烟叶、白肋烟烟叶、香料烟烟叶、主流烟气中，β-紫罗兰酮存在于玫瑰花、番茄等中，二氢-β-紫罗兰酮也存在于桂花和竹叶的香气成分里，从这些天然物质里提取紫罗兰酮得率都很低，因此，天然紫罗兰酮的价格都是非常高昂的。

用气质联机法测定紫罗兰酮类香料，很容易辨别是否为天然品，因为天然与合成的紫罗兰酮类香料所含的杂质完全不同。

桉 叶 油 素

桉叶油素有两种，一是 1,8-桉叶油素，二是 1,4-桉叶油素。二者都属于单萜类化合物，为无色液体，味辛冷，有与樟脑相似的气味，分子式都是 $C_{10}H_{18}O$，分子量也都是 154.25。一般场合下"桉叶油素"指的是 1,8-桉叶油素。

1,4-桉叶油素沸点 173℃，闪点 48℃，密度 0.887。几乎不溶于水，溶于油脂。存在于橙、柠檬、橘、白柠檬、杏子、可可、白兰地、葡萄中。气味凉，类似松木、薄荷、樟脑、萜、青香香韵。具有薄荷和薄荷脑样的凉味，青香、药草、萜类及樟脑样的风味。用于柑橘、白柠檬、辛香料、热带水果、漱口水和薄荷型香精中。由桉树油分馏得粗品，再经低温结晶制得。在生产 1,8-桉叶素时有 1,4-桉叶素异构体生成，分离制得。

1,8-桉叶油素俗称桉树脑，熔点 1.5℃，凝固点 1℃，闪点 47~48℃，沸点 176~178℃，密度（25℃）0.921~0.930g/cm³，折射率 n_D^{20} 1.454~1.461，溶于乙醇（1mL 溶于 5mL 60% 乙醇）、乙醚、氯仿、冰醋酸、丙二醇、甘油和大多数非挥发性油，微溶于水。有樟脑气息和清凉的草药气味，香气检出阈值 1~64μg/kg。

桉叶油素提取工艺图示（图 14-53）：

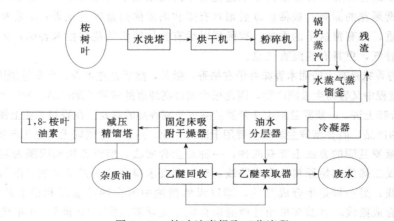

图 14-53　桉叶油素提取工艺流程

用途——我国 GB 2760—2014：用于止咳糖、薄荷制品等中，也广泛用于医药、配制牙膏等日用香精。

参考用量——FEMA（1994）：含醇饮料 0.9～5.9mg/kg，焙烤制品 5.6～9.7mg/kg，胶姆糖 118.3～465mg/kg，冷饮 3.8～7.1mg/kg，凝胶、布丁 4.6～6.6mg/kg，白葡萄酒 0.6～1.5mg/kg，硬糖 63.4～129.4mg/kg，肉制品 1.7～4mg/kg，无醇饮料 0.43～1.54mg/kg，软糖 14～19.5mg/kg。

限量——FEMA：软饮料 0.13mg/kg，冷饮 0.50mg/kg，糖果 15mg/kg，胶姆糖 190mg/kg，焙烤食品 0.50～4.0mg/kg。

桉叶油素是以桉叶为原料，经粉碎、净化，水蒸气蒸馏，萃取，精馏，根据沸点不同将其他杂质组分分离出去而获得。

制法：由桉叶油等含桉叶油素较多的精油，取 170～180℃精馏分，经冷冻或在冷冻下分馏单离而得。

呋 喃 酮

呋喃酮广泛存在于菠萝、草莓、柑橘等天然产物中，香味阈值为 0.04×10^{-9}，少量添加就具有明显的增香修饰效果，因而广泛用作食品、烟草、饮料的增香剂。

呋喃酮又称菠萝酮或草莓酮，具有强烈的焙烤焦糖香味，其香味特征类似麦芽酚，1965 年，J. O. Rodin 等人在菠萝汁的乙醚萃取液中首次分离出呋喃酮，并鉴定其结构为：

学名：2，5-二甲基-4-羟基-3（$2H$）-呋喃酮。

性状：白色至浅黄色结晶体或粉末状固体。

熔点：73～77℃（lit.）。

沸点：188℃。

密度：1.049g/mL（25℃）。

折射率：$n_D^{20} 1.439$。

闪点：>230°F

溶解度：微溶于水，易溶于乙醇等有机溶剂。

含量分析：用气液色谱法（GT-10-4）用极性柱在适当溶剂中测定。

天然存在：天然品存在于草莓、燕麦、干酪、煮牛肉、啤酒、可可、咖啡、茶叶、芒果、荔枝、麦芽、鹅莓、葡萄、加热牛肉、菠萝等中。

呋喃酮虽然广泛存在于天然产物中，但由于其含量很低，不能满足日常所需，现在食品行业所用的多为合成产品。制备方法：

（1）由 2-丁烯腈与乳酸乙酯在碱存在下缩合环化，再与 $KHSO_4$ 作用脱去 HCN 而成。

（2）由丙二醇在锌催化剂存在下氧化、还原、二聚脱水环化而成。

应用领域：GB 2760—2014 规定为可用于食品香料。可广泛用于食品、饮料以及日化产品中，使美国使用香料协会（FEMA）（登记号：3174）和欧洲香料理事会（文号：536）认可的使用安全香料。

使用限量：FEMA（mg/kg）：冰激凌、明胶和布丁，5.0；糖果，焙烤制品，10.0；含醇饮料，60。

呋喃酮可用于菠萝、草莓、荔枝、焦糖、牛肉及咖啡等食用香精的调配，具有显著增香、柔和及清新作用，广泛用于膨化食品、烘烤食品、保健食品和饮料等；用于烟草香精中具有明显除辣味，掩盖杂气，改善味道及增强烟香作用；呋喃酮在医学上还可以用来预防和治疗白内障。近年来随着食品、饮料及烟草工业的发展，对呋喃酮的需求急剧增加。

麦 芽 酚

麦芽酚（商品名 maltol，学名 2-甲基-3-羟基-4H-吡喃-4-酮）天然存在于麦芽以及菊苣、落叶松、针叶松树皮等植物中。麦芽酚是一种焦香型香味增效剂，广泛应用于食品、饮料、糖果、酒类、烟草香精中，是仅次于香兰素的第二大食用香料品种。

中文别名：甲基麦芽酚，2-甲基-3-羟基-4-吡喃酮，3-羟基-2-甲基-4-吡喃酮。

化学名称：3-羟基-2-甲基-4-吡喃酮。

化学结构式：

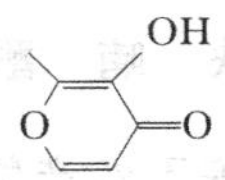

分子式：$C_6H_6O_3$；

分子量：126.11；

物化性质：熔点 160～164℃，沸点 170℃（10mmHg），水溶性 1.2g/100mL（25℃）；

性状：本品为白色晶状粉末，具有焦奶油硬糖的特殊香气，稀溶液具有草莓样芳香味道。1g 本品可溶于约 80mL 水、21mL 乙醇、81mL 甘油或 28mL 丙二醇。

麦芽酚、乙基麦芽酚和二乙酰麦芽酚为 1，2-二羰基化合物，该系列的化合物在 Ames 试验中表现为弱诱变剂。但在从正常食物来源中摄取这类物质的人当中，并未发现致病的病例。用狗进行的毒性试验表明，麦芽酚和乙基麦芽酚在口服后，迅速转化为无毒的葡萄苷酸衍生物，同样的过程也可能发生在人身上。

实际上，人们通过食物对 1，2-二羰基化合物的摄取量相当大，绝不止于麦芽酚和乙基麦芽酚。食物中酶促褐变和非酶促褐变反应的中间体大多为 1，2-二羰基化合物，这些化合物在 Ames 实验中都是弱诱变剂，但没有证据显示这些物质具有致癌活性。

麦芽酚具有焦奶油硬糖的特殊味道，溶于稀释溶液中可发出草莓样芳香，是一种广谱的香味增效剂，具有增香、固香、增甜的作用，可配制食用香精、化妆品香精等，广泛用于食品、饮料、酿酒、化妆品、制药等行业。

质量标准：执行中华人民共和国原轻工部部颁标准 QB/T 2642—2012，符合美国食品用化学品法典 FCC-Ⅳ。

参考用量：软饮料 4.1mg/kg；冰激凌、冰制食品 8.7mg/kg；糖果 3mg/kg；焙烤食品 30mg/kg；胶冻及布丁 7.5mg/kg；胶姆糖 90mg/kg；果冻 90mg/kg；通常 50～250mg/kg 浓度作为增香剂。

用气质联机法测定麦芽酚，很容易辨别是否为天然品，因为天然与合成的麦芽酚所含的杂质完全不同。

第五节 香　精

香精可分为食用香精和非食用香精两大类：非食用香精一般又称为日用香精；食用香精在

我国又被细分为食品用香精、烟用香精和饲料香精三大类。

食用香精是参照天然食品的香味，采用天然和天然等同香料、合成香料经调配而成、具有天然风味的各种香型的香精。包括水果类水质和油质、奶类、家禽类、肉类、蔬菜类、坚果类、蜜饯类、乳化类以及酒类等各种香精，适用于饮料、饼干、糕点、冷冻食品、糖果、调味料、乳制品、罐头、酒等食品中。

食用香精的剂型有液体、粉末、微胶囊、浆状等——液态香精（水溶性、油溶性、乳化性），其中香味物质占 10%～20%，溶剂（水、丙二醇等）占 80%～90%；乳化型香精，其中溶剂、乳化剂、胶、稳定剂、色素、酸和抗氧化剂等共占 80%～90%；粉末香精，其中香味物质占 10%～20%，载体占 80%～90%。

食用香精可分为甜味香精和咸味香精两类：

甜味香精历史悠久，主要用于配制饮料、乳制品、冷食、冷点和糖果、饼干、面包等烘焙类食品，按香型分类的话，可以分为水果香型香精、瓜香型香精、坚果香香精、奶香型香精、花香型香精、凉香型香精和其他香型香精七大类。

甜香型香精都是食用香基加适量的乙醇、水、丙二醇、植物油、柠檬酸三乙酯等稀释而成的，香基含量有高有低，从 5%～99% 都有。

应用范围：

（1）油质香精适用于硬糖、饼干及其他烘焙食品等，一般用量为 0.2% 左右。但用丙二醇作溶剂的油质香精也可用于汽水、饮料等，一般用量为 0.05%～0.1%。

（2）水质香精适用于汽水、饮料、雪糕、其他冷饮品、酒等，一般用量为 0.07%～0.15%。

（3）乳化香精适用于汽水、饮料等，一般用量为 0.1% 左右；混浊剂用量为 0.08%～0.12%。

（4）浆状香精适用于汽水、饮料配制底料用，也可直接用于汽水、饮料，一般用量为 0.2%～0.23%（全色）、0.05%（非全色，另补焦糖色 0.15%～0.18%）。

（5）粉末香精适用于饼干、膨化食品、方便食品和汤料，一般用量为 0.3%～1%。

咸味香精：

（1）肉味香精　如猪肉、鸡肉、牛肉等口味，也可分为烧烤、清炖、红烧等口味。

（2）海鲜味香精　如虾、蟹、海鱼等口味。

（3）植物类香精　如孜然、香荚兰、豆蔻、百里香等口味。

饲料香精可分为油溶性液体香精和粉末状香精两大类：

油溶性液体香精用喷雾法喷洒在颗粒状饲料中时香气得以很好地散发出来，因此用于加强饲料的芳香感。但重要的是必须设法防止饲料在贮存过程中香气的挥发、散失。

粉末状香精有吸附型和喷雾干燥型。所谓吸附型就是把液态香精吸附在阿拉伯树胶、桃胶、糊精、环糊精、纤维素等基质上，然后制成的粉末。喷雾干燥型是把香精加胶体物质制成乳液后用喷雾干燥机制成的粉末。前一种香精主要用于粥状饲料中，后一种香精因为有胶层包裹所以易保存、挥发性小，可用于伴有加热过程的粒状饲料中。

烟用香精类似于食用香精，但配方中各种浸膏、酊剂用量较多，有时候溶剂（乙醇、丙二醇、甘油、水等）占了 99% 以上。

日用香精经常由几十种甚至几百种天然和合成香料组成，一般的成分如下：

（1）香基　显示出香型特征的主体；

（2）合香剂　以调和各种成分的香气为目的的成分；

（3）修饰剂　使香精变化格调的成分；

（4）定香型　本身不易挥发，并能抑制其他易挥发香料的挥发度，使其挥发减慢；

（5）稀释剂　适当地把香味淡化及对结晶香料和树脂状香脂作溶解和稀释作用。本身应无臭、稳定、安全而且价格较低。

目前各种香精的检测最佳方法也是用气相色谱或气质联机测定，与标准品的色谱图和数据对照即可鉴别真伪、判定等级。有的香精可以直接进样分析，有的因为含有不挥发或难挥发物质，需要采用水蒸气蒸馏或乙醚萃取得到"香基"才能进样。

香料香精的分析方法进展：香料香精的组分可以按照其沸点的高低大致分为挥发性组分和非挥发性组分两类。对于香料香精中的挥发性组分，气相色谱（GC）仍然是目前最常用的分离手段。气相色谱中最先是用填充柱色谱来分离香气成分，但填充柱的柱效不高，难以满足分析复杂香精样品的要求，现在柱效更高的玻璃毛细柱管柱及石英毛细管柱已经成为香精成分分析的主流柱型。另外，随着毛细管柱外涂层技术的进步，出现了使用高温达440℃温度的毛细管柱，使可分离对象的沸程得到了大幅度的扩展。另外，全二维气相色谱（GC×GC）以其分辨率高、峰容量大（是两根色谱柱各自峰容量的乘积）、灵敏度高（比通常的一维色谱高20～50倍）、分析时间短、定性可靠性强等特点，使得该技术在复杂体系样品如香气、精油等的分离分析中占有越来越重要的地位。对于香料香精中的非挥发性成分，其主要的分析方法是薄层色谱法（TLC）和高效液相色谱法（HPLC），但由于分离速度慢等缺点，目前一般采用超临界流体色谱（SFC）来分析难挥发、易热解的香精成分。

每种检测器只对某类物质特别敏感，响应值高，而对另一类物质却不敏感，响应值很低，一般来说，很难利用单一的检测器对未知物进行定性。Parliament等采用玻璃内衬的不锈钢流路分离器，同时用FID、FPD、NPD测定香料和香味领域中很重要的一些含氮和含硫化合物，这些化合物对许多食品的香味起很大作用。如咖啡中的糠基硫醇等微量组分，用常规方法很难分离测定，但用多维检测系统则能很好地解决。

质谱检测器（MS）与色谱联用技术的应用使香料香精成分研究的效率得到了大幅度的提高。通过GC预分离，MS进行检测分析，通过谱库检索就能给出化合物的可能的结构信息，一个复杂的混合物在较短时间内就可以分析完毕。所以GC/MC是目前香料香精分析中应用最多的一种手段。由于香精组成十分复杂，MS/MS的应用为复杂样品的定性、定量分析提供了新的途径。MS/MS可以将色谱柱上不能分开的共流物利用时间编程和多通道检测将其完全分开。以飞行时间（TOF）作为质量分析器的MS检测器采用了延迟引出技术和离子反射技术，高速扫描（≥100次/s），分辨率达到20000以上（FWHM），TOF-MS与GC×GC联用对全二维色谱的定性分析很有帮助。

第六节　加香产品

加香产品多种多样，除上面各章里提到的以外，还有各种药品、保健品、气雾剂、消毒剂、添加剂、纸制品、塑料制品、橡胶制品、纺织品、涂料、家用电器、家具、玩具、文具、灯具、工艺品、石油产品、熏香品、香文化用品等等，这些产品的辨别识伪方法也多种多样，不一而足，我们在这里讨论的是与"香"有关的内容，也就是这些产品加入的香料或者香精怎样辨别识伪。

对于加香产品的辨香，可以参考各种香料、香精、香水等的辨香方法，主要是辨别它们的香气与"标准品"有没有差异，其他有关外观、质构、品质、品牌等方面的辨别和判断，本节里不讨论。

各种加香产品香气的检测，除了采用感官检测方法以外，还可以用水蒸气蒸馏、溶剂萃取等办法提取其中的香气成分，用气相色谱或气质联机测定，与标准品的色谱图和数据对照即可鉴别真伪、判定等级。有时也采用"固相微萃取"或"顶空分析法"测定香气成分。电子鼻现今也开始使用，以弥补感官测定的不足。

香　水

香水是一种混合了香精、酒精和水的液体，用来让物体（通常是人体部位）拥有持久且悦人的气味，可增加使用者的美感和吸引力。一般香精含量10%～30%，其余为酒精。香水的保质期，取决于保存环境，密封置于避光、阴凉的地方，可以保存很久，几十年甚至上百年。

在远古时代人类就使用香料改变人体气味，作为上层统治者的专利。香料的起源已随着岁月的流逝而被人们淡忘。如果说在东方人影响下对香料工艺的普遍使用翻开了香水历史的第一页，那么其后便是阿拉伯人发明的蒸馏工艺对香水的发展做出了新贡献。接下来，十字军东征使得法国人发现了香精油的存在，并由此确定了今天法国在香水王国里至高无上的地位。

20世纪的"美好年代"以几种经典香水的诞生作为标志，它们是JICKY（1889年诞生的最早香水，至今市场上仍有销售），ORIGAN（1905）和CHYPRE（1917）。两次世界大战期间，高级时装开始和香水工业结合在一起，每一种产品都体现着优雅和女性的高贵。例如N°5（1921）和ARPEGE（1927）。这一时期的标志是精美的瓶子表现出的高质量包装以及一些现在已成为经典香水的重大创作品的诞生，如SHALIMAR（1925）。

第二次世界大战末期，香水消费者的数量剧增，尤其是1945年，MOUSTACHE香水的创制成功使得男用香水重新成为时尚，这个潮流随着EAU SAUVAGE香水（1966）的成功而发展，并由此肯定了男用香水的全部魅力。

香水工业像所有其他工业一样，始终能够做到迅速适应上述种种社会巨变，不失时机地开发出清香型、东方型或花香型香水便是例证之一。

人们不断创造出更新颖更独特的香精，从而组成了香水世界的一部分，这一潮流已成为我们生活的时代的标志。

公元前三千年左右，埃及就开始使用香料，这远远比埃及其他的文明更早。埃及人发明的可菲神香是人类最早的香水，但因当时还没有精炼高纯度酒精的技术，所以准确来说，这种香水应叫香油，是由祭司和法老专门制成的。

在古波斯，香水象征着身份和地位。在王宫里，国王一定是最香的一个。

希腊人神化了香水，认为是众神发明了香水，闻到香味则代表着众神的降临与祝福。

较富裕的罗马人追求奢华风气，他们喜欢在地板和墙壁喷香水，喜欢给自己的宠物马和宠物狗擦香水、向凯旋军队的旗帜喷香水。

15世纪以后，香水被人们广泛使用，并开始使用了浓烈的动物脂香料。这种流行风尚很快就流传到法国、英国等欧洲国家。17世纪时，Paul Feminis配制出一种异香扑鼻的奇妙的液体，因他当时住在德国科隆，故命名为"科隆水"。之后，爱好服装和化妆品的法国人就特别热爱香水，香水继而成为了上流名媛手中不可少的时尚用品。

19世纪下半叶起，香水制造技术比较成熟了，早期的蒸馏法被挥发性溶剂所代替，特别是人工合成香料在法国诞生，香水不再局限于天然香精，这使香水工业迅速得到发展。由于法国人当时喜欢在皮革手套上加上香水，而要找这种手套最好就是前往格拉斯（Grasse），这个法国城市也因这种贸易而逐渐繁荣昌盛，并且它的香水业得到了很好的发展，法国很快就有了"世界香水之都"的称号。

（1）浓香水　即所谓的"香精"（PARFUM），赋香率为18%～25%，持续的时间可达7～9h之久，价格昂贵且容量小，通常都是7.5mL或15mL的包装，国内鲜少人使用。

（2）香水（EAU DE PARFUM）　赋香率为 12%～18%，持续的时间 3～4h。价格也比一般香水（Eau de toilette 简称 E. D. T）略高。

（3）淡香水（EAU DE TOILETTE）　泛指一般淡香水 赋香率为 7%～12%，持续的时间 2～3h。价格最便宜，也是最常见被广泛使用的。对于第一次尝试使用香水试用者是个不容易出错的选择，从居家到办公都适宜。

（4）古龙水（Eau de cologne）　赋香率为 3%～7%，持续的时间为 1～2h，价格最为便宜，但因为留香时间不长，一般用作浴后喷香剂。花露水也属于古龙水类，但一般不把它视作香水，而是归入"卫生消毒品"类。其他 Eau Fraiche 淡香水（也称清凉水），在各个香水等级中香精含量最低，1%～3%，刮须水和体香剂都属此等级。

试香时，最好先将香水喷在手腕上或是试香纸上，等香水干了再闻。一般来说，从开瓶到试香大约 3min，一种良好品质的香水均具有三段式香味，由前味、中味、后味表现出起承转合的韵律感。

前味：香水喷在肌肤上约 10min 后会有遮盖住的香味产生。最初会有香味和挥发性高的酒精稍稍混在一起的感觉。

中味：在前味之后而得来的 10min 左右香味，酒精味道消失，此时的香味是香水原本的味道。

后味：香水喷后约 30min 后才会有的香味，是表现个性最好的香味。这种香味会混合个人肌肤以及体味所产生的综合味道。此外在试香水时，也可向空中喷洒香水，再用手拨接味道至鼻边闻，此时直接呈现中味及后味，为香水的主调。

最好不要在饥饿时去试香，如此会对香味产生恶心感，另外要在确定知道第一种香味后，再试第二种，不要在两者中闻来闻去。

优质的香水香味纯正，并能保持一段时间。无刺鼻的酒精气味及其他令人不愉快的气味。根据香味的稳定性和香料的成分，香水和花露水分为特级和甲、乙、丙级四个等级。幻想型的特级香水洒在纺织品上，在一定条件下，其香味应该保持不少于 70h，花香型的不少于 60h。

取悦女人嗅觉的香水，其促销常常要靠香水商品的视觉形象。如同其他商品一样，包装精细之处往往是体现了商品的内在质量。香水的外包装是香水内在质量的一种显示。在鉴别香水质量时，要特别注意香水瓶的密封情况，瓶口与瓶盖之间要严密无间隙，否则易导致酒精挥发。此外，还要注意香水包装是否整齐、图案是否清晰、瓶外观有无裂纹等。若带喷头的香水瓶，还应检查喷头是否灵活，有无漏泄。

各种香水的检测，最佳方法是用气相色谱或气质联机测定，与标准品的色谱图和数据对照即可鉴别真伪、判定等级。

化 妆 品

化妆品是指以涂抹、喷洒或者其他类似方法，散布于人体表面的任何部位，如皮肤、毛发、指甲、唇齿等，以达到清洁、保养、美容、修饰和改变外观，或者修正人体气味，保持良好状态目的的化学工业品或精细化工产品。

主要分类：

按使用目的分类：

（1）清洁化妆品　用以洗净皮肤。

（2）毛发的化妆品　这类化妆品如清洁霜、洗面奶、浴剂、洗发护发剂、剃须膏等。

（3）基础化妆品　化妆前，对面部、头发的基础处理。这类化妆品如各种面霜、蜜，化妆水，面膜，发乳、发胶等定发剂。

　　(4) 美容化妆品　用于面部及头发的美化用品。这类化妆品指胭脂，口红，眼影，头发染烫、发型处理、固定等用品。

　　(5) 疗效化妆品　介于药品与化妆品之间的日化用品。这类化妆品如清凉剂、除臭剂、育毛剂、除毛剂、染毛剂、冷烫液、驱虫剂等。

按使用部位分类：

　　(1) 肤用化妆品：指面部及皮肤用化妆品。这类化妆品如各种面霜、浴剂等。

　　(2) 发用化妆品：指头发专用化妆品。这类化妆品如香波、摩丝、喷雾发胶等。

　　(3) 美容化妆品：主要指面部美容产品，也包括指甲头发的美容品。

　　(4) 特殊功能化妆品：指添加有特殊作用药物的化妆品。

按剂型分类：

液体：洗面乳、浴液、洗发液、化妆水、香水、原液如艾丽丝雅原液等。

乳液：蜜类、奶类。

膏霜类：润面霜、粉底霜、洗发膏。

粉类：香粉、爽身粉、散粉。

块状：粉饼、化妆盒、口红、发蜡。

　　化妆品讲究"品牌"，消费者在购买日用化学品时最担心的是花了大钱却买到赝品，假冒伪劣产品让你防不胜防。检测方法除了利用品牌的外观识别以外，香气识别也是非常重要的。因为香气是所有名牌化妆品最大的特色之一，大牌产品在推出市场之前，对使用的香精花了许多功夫，有的厂家甚至要购买三种外来的香精"二次调香"供自己使用，让别的厂家难以模仿。所以检测化妆品的香气成分是很有意义的。

　　大部分化妆品都含有表面活性剂，所以不能用水蒸气蒸馏法提取其中的香气成分，只能用溶剂提取（一般是用乙醚），提取后直接进样作气相色谱分析，必要时用气质联机分析，比较该样品的谱图与标准品谱图的差异，就可以得出正确的评判结果了。

　　用液相色谱法检测化妆品也是比较方便、准确的。根据被检测样品的溶解性，把它溶于水、乙醇（最常用）、丙酮或乙醚、石油醚等，滤去不溶物，直接进样检测，得到的谱图与"标准品"的"指纹图"对照，即可得到正确的结果。

食品、饮料、美酒

　　每一种食品、饮料和酒，都有自己特征性的香气，如各种地方小吃、可口可乐、各色美酒，长期使用的消费者在打开包装时闻到香气马上就能辨别真假，鼻子在辨香时远超过最好的仪器设备，但对于初次接触、享用的食品、饮料和酒，辨别它们就难了。比如现在到处可见的"法国红葡萄酒"，有的说明"窖存数十年"甚至"几百年"，标出天价，谁知道是真是假？网上搜索一下，"正规原汁葡萄酒一般不用白玻璃瓶或塑料桶盛装，否则属低档配制型葡萄酒（即我们通常说的勾兑酒）。这是因为红葡萄酒内有机营养物质，光线照射要引起变质。所以正规的红葡萄酒只能用有颜色的遮光玻璃瓶盛装。"，再就是认瓶贴，所有红葡萄酒的酒瓶背面都有一个小瓶贴，上面有些内容是应该看的。首先是生产标准号，国家对葡萄酒生产有一个比较严格的技术标准，标准号为 GB/T 15037—2006。正规的原汁葡萄酒均执行该标准，在背标生产标准一栏也标注该标准。只要不是执行该标准的，多为配制型低档酒。其次是果汁浓度，中高档红葡萄酒一般标注"100%"或"全汁"，反之，则为低档配制酒。再就是酒精度，酒精度是指酒内的酒精含量，中高档红葡萄酒的标准酒精度一般在 10%～12%（体积分数），且不允许添加外源性酒精。酒精度低于 10%（体积分数）的基本都是低档配制酒。另外就是糖度，甜红葡萄酒的糖度应大于每升 50g，干红葡萄酒应小于每升 4g。这样的说明显然是不够的。

食品、饮料和色酒都可以用水蒸气蒸馏法提取香气成分，香气较淡的样品在蒸馏时只能得到类似"纯露"的含香蒸馏水，不管是"精油"还是"纯露"，包括白酒都可以直接进样做气相色谱分析，必要时用气质联机分析，比较该样品的谱图与标准品谱图的差异，就可以得出正确的评判结果。

陈化多年的美酒，其香气成分要比未经陈化的酒复杂，从它的色谱图可以看出许许多多"杂碎峰"，"杂碎峰"越多、面积越大，说明陈化时间越久。香水也是这样。

香　烟

香烟是烟草制品的一种。制法是把烟草烤干后切丝，然后以纸卷成长约 120mm、直径 10mm 的圆桶形条状。吸食时把其中一端点燃，然后在另一端用口吸产生烟雾。

人们普遍认为烟草最早源于美洲。考古发现，人类尚处于原始社会时，烟草就进入到美洲居民的生活中了。那时，人们在采集食物时，无意识地摘下一片植物叶子放在嘴里咀嚼，因其具有很强的刺激性，正好起到恢复体力和提神打劲的作用，于是便经常采来咀嚼，次数多了，便成为一种嗜好。

考古学家认为，迄今发现人类使用烟草最早的证据是在墨西哥南部贾帕思州倍伦克的一座建于公元 432 年的神殿里一幅浮雕。它是一张半浮雕画，浮雕上画着一个叼着长烟管烟袋的玛雅人，在举行祭祖典礼时，以管吹烟和吸烟的情景，头部还用烟叶裹着。考古学家还在美国亚利桑那州北部印第安人居住过的洞穴中，发现了遗留的烟草和烟斗中吸剩的烟灰，据考证这些遗物的年代大约在公元 650 年。而有记载发现人类吸食烟草是在 14 世纪的萨尔瓦多。

香烟最初在土耳其一带流行，当地的人喜欢把烟丝以报纸卷起来吸食。在克里米亚战争中，英国士兵从鄂图曼帝国士兵中学会了吸食方法，之后传播到不同地方。大部分的香烟成分之中并不单只有烟草。1558 年航海水手们将烟草种子带回葡萄牙，随后传遍欧洲。1612 年，英国殖民官员约翰·罗尔夫在弗吉尼亚的詹姆斯镇大面积种植烟草，并开始做烟草贸易。16 世纪中叶烟草传入中国。开始传入的是晒晾烟，距今已有 400 多年的种植历史。

在国人众多的嗜好品中，崇洋媚外之风越刮越猛，唯独香烟这个为国家创造最大税利的奢侈品最使国人扬眉吐气，尽管洋烟在 80 年代的中国各地也神气了一段时间，但国产烟最终还是打败了这些"侵略者"。

高档香烟吸引人之处在于其优美醇和的香气。同样是烟草，同样只是吸吸它的烟气而已，人们竟愿意用百倍的价钱买来享受，这同香水的情形一模一样——香气在这里起了决定性作用。

生产商通常在香烟内加入大量不同的添加剂，目的是控制烟丝的成分和质量、防腐，以及改变燃点时烟雾对吸食者所能产生的感觉。有些香烟加入了丁香，目的是令吸烟者的口及肺部出现少量麻痹，从而产生轻微的快感。有些香烟的烟丝经过很多的特别处理。

"品烟"，从烟草专业术语上讲，是吸食品尝、评价鉴定的意思。对健康而言，烟草产品品质越纯越好，对吸烟族来讲，口感好、香气纯、味道正能过烟瘾最好，但归根到底，不论烟草品质的好坏、不管卷烟产品价格高低和吸烟数量多少，能健康科学地吸烟最好。

辨别假烟方法：

一摸——

香烟，无论软包装还是硬香烟包装，都外包有透明薄膜。消费者购烟时，最开始接触的就是这层外包装。真烟：塑料膜摸起来手感光滑，透明度较好，光泽度好，是一种特殊的薄膜，这种薄膜只用于香烟包装。拆开再摸，会感觉这层外包装薄膜较薄，手感较柔软。假烟：用的是一般性薄膜，光泽较差，透过薄膜看烟盒会感觉透明度较差，用手摸有滞手感，拆开后再摸，会感觉这种薄膜较厚且硬。

二看——

从色泽上鉴别。经常抽一种香烟的消费者，购烟时请注意比较烟盒的颜色。如果可能在下次购烟时，不妨将真的空烟盒带上。假烟盒再逼真，与真烟盒还是有颜色上的差异。从烟丝上鉴别。有些人误以为烟丝越黄表明香烟质量越好，其实这是误解。真烟：真烟的烟丝色泽自然，黄中偏黑。烟丝中一般没有未经处理的烟梗，因为未处理的烟梗不易燃烧，容易熄火。正规厂家在制作时，对烟梗进行了膨化处理。假烟：为迷惑消费者，一般会采用硫磺熏制烟叶，烟丝显得黄亮。假烟中经常会看到烟梗，其制造者不可能花力气去对烟梗做膨化处理，那是一种专门的工艺，且需要购买高档设备。

从烟灰上鉴别。一般消费者吸烟后，看到烟灰较白，便认为是好烟。其实这也是一种误解。实际上，烟灰的色泽受烟叶的干燥程度影响，烟叶较干时，烟灰燃烧后呈灰白色，反之则较黑，也难吸。从烟灰来看真假烟，应在燃烧中观察，烟丝中是否掺杂有烟梗冒头，当烟梗出现时，香烟也就难吸了。

三吸——

品吸香烟是消费者鉴定烟的真假较有效的手段。一般消费者会长时间吸一种香烟，口味突然出现大的变化，可能就遇到了假烟。真烟：一般配方较稳定，口味也稳定。正规烟厂一个品种的香烟，选料有讲究，配方也是长时间研制出来的。虽然烟叶来源可能来自全国不同的地区，但按烟丝配料 40 个等级进行综合配方，口味的稳定就能保证。假烟：制假者不可能顾及口味的问题，能糊弄成大致相仿的香烟，能换成钱，就万事大吉。也可以说假烟的味道都一样。

四拆——

通过以上方式，一时还难以鉴别烟的真假时，最直接的办法就是：拆开看！拆开包装盒，从粘胶方式上进行鉴别，是较直接的方式。真烟：包装盒都是通过机器大规模生产的。机器上胶为点状胶点，烟盒上两边黏合处，点胶是等齐的、很规整、有固定的位置。如每条烟烟盒侧面的上胶都有固定的三点，每处胶点的间距是相等的，大约为 10cm。一包烟烟盒两侧的上胶是以点胶的方式，如果撕开来看，可以看到排列整齐的一点一点胶迹，两点之间相隔 2～2.5mm。两侧的胶迹也很对称。假烟：都是人工上胶，用刷子刷上去的。拆开来看，可以明显看见刷子的痕迹，烟盒两侧胶迹也不对称，随意性很大。

打假专业人士称，拆开烟盒辨真伪是最灵的，适用于所有的假烟鉴别。拆开后鉴别的另一种方式是看内衬纸。每包香烟内都有金属色的锡箔纸。打开烟盒后，要拉开铂纸才能拿到香烟。在拉开处就有讲究，真烟铂纸只有两点连接，其他部位完全切开，拉很容易。而假烟铂纸拉开时，中间呈锯齿状，拉开处毛糙、不平。

香气成分的比较——所有香烟都可以用水蒸气蒸馏法提取香气成分，得到"精油"和类似"纯露"的含香蒸馏水，不管是"精油"还是"纯露"，都可以直接进样作气相色谱分析，必要时用气质联机分析，比较该样品的谱图与标准品谱图的差异，就可以得出正确的评判结果。

燃　香

燃香是人们采用各种木粉（会燃烧的树皮、树干弄碎）、粘粉，根据一定的比例，制成各式的香饼、香球、线香、棒香、盘香等，加上一些有香的物质（可以是有香的桧粉，也可以是各种中药粉或是各种香料香精），通过点燃，使之发出香味作为敬神拜佛、熏屋熏衣、防虫驱瘟、香化环境、调理身心作用的一种传统民族生活用品，所以大家称之为卫生香，有时也被称为"神香""檀香"。由于卫生香是点燃后熏香，所以也有把卫生香理解成"熏香"。现在统称为燃香。

目前我国的燃香可以归纳为"南方人喜欢焚烧的棒香、塔香"和"北方人喜欢焚烧的线香、盘香"四大类。

棒香，因卫生香中心是一根"竹棒"而得名，"竹棒"的好坏直接影响棒香的质量，因此选好"竹棒"非常关键。竹棒的长度、大小都有比较固定的规格，竹棒分圆形和方形两种，质量又分一层竹、二层竹等等。最好的竹棒是一层竹，圆形的起码径1.1cm，这种竹棒一吨价值人民币一万多元。竹棒的长度有21cm、27cm、32.5cm、39.5cm等规格，这种竹棒主要在山区生产，有许多专门配套的生产厂家，生产好的棒香不能靠机器全自动生产。

印度、泰国、马来西亚、新加坡、中国港澳地区、中国台湾地区都盛行这种燃香，台湾还十分喜欢中药棒香，是因为采用大量的中药粉末而得名。

"竹棒"的要求很高，制作工艺也很精致，所以价格也最高。

线香，因生产出来的卫生香像线一样一条一条而得名，生产线香方法比较简单，就是各种香木粉按配方搅拌均匀后，用机器自动化生产出来，长度、直径按需要调整，经过烘干或晒干就可以了，也叫"菜香"。

塔香，把长长的一根线香盘成一圈或两根线香盘成一圈，因点燃时用一根漂亮的香架架起成一个塔状而得名，各地都有生产。这种卫生香根据配方的不同可以制作成各种不同的规格，燃烧时间一般有4h、8h、12h、24h等，它是我国古代的祖先们发明的，是用卫生香来计时的计时香的延伸。

其他类型——显像香，因点燃后会留下各种形状的图形或文字而得名；闪光香，因燃烧时会闪光而得名。这些特殊香生产量一般比较小。

燃香来源于古中国和古印度，至今已有几千年的历史，主要是佛教用途多，而我国有关卫生香的记载也非常多，流传最广的是现在的各大寺院、各地方的庙宇。从古至今，香火不断，源远流长。日本至今还流传着的"香道"文化，是古代中国发明而传入日本的，至今日本的一些地方还可以找到其痕迹，说明日本的熏香是从中国传入的。

燃香用途广泛，但主要还是应用于宗教活动和民间信仰方面，历代的王朝贵族，都有焚香祭祀拜天祭神的习惯，盼望风调雨顺，国泰民安。佛教信仰者每天都有点香拜神敬佛的习惯。自古道：人争一口气，佛受一炷香。烧香是为了传递信息，经常三柱香烧香敬佛，"功德无量"，心诚则灵。而马来西亚东南亚华侨们烧香并不是几根，每次都是一大把一大把地燃烧。

我国各大寺庙每天都迎来无数的香客，每人都会带上大量的燃香，祈求神明保佑。中国的四大佛教名山，有时更是人山人海，人们盼望神佛会给他们带来好运。大旱之年，焚香祭天求雨；丰收之年，答谢神明；出门前焚香求平安、好运；开业时，焚香求发财；出海前，焚香保平安；大厦奠基时，焚香求吉利。可见焚香已成为人们渴望实现某种愿望的精神寄托，也是表明心迹的一种方式。另外，各个地方的祭祀活动、宗教活动和民间的修谱等，更是大量的焚烧卫生香，这种活动更有一场比一场壮观的趋势发展，每个地方的活动越搞越大，燃香的使用量也越来越大。

自古以来，人们生儿育女、延续香火的想法，已成为一种信念，人死后，后人会烧上三炷香悼念，表达思念之情，代代相传。清明扫墓更是中华民族的优良传统，不但出远门的人们都要回家祭奠，有的侨胞、港澳台同胞更是不远千里返乡祭祖，给祖先点上三炷香，以表明自己不忘祖德祖训的心声。

另外，和尚坐禅、念经，要点燃卫生香传递信息，练气功的人们也要点香，使心情平和，有益于修身养性，保健身体。

熏香还有防病驱瘟的作用，古代就有在端午节焚烧艾蒿的习惯，确实非常科学，它不但可以杀菌、驱除瘴气，还能赶走蚊蝇。现代生活水平高了，人们有时在房间、宾馆里或公共场所点燃好闻的卫生香，使人一闻顿感空气清新、环境优雅。随着对芳香疗法的重视，卫生香更加凸显其美好的明天。

历代人们使用卫生香，至今都有记载。早在商周时期，就有姜太公焚香祭天的传说，这在小说《封神榜》中有许多叙述。而在唐朝时期，佛教盛行，香作坊、香客遍布全国，形成一大行业。唐玄装到西天印度取经的故事，四大名著之一《西游记》至今大家仍津津乐道，其中多处描写焚香。宋朝时期，宋洪驹先生的著书《香谱》中就记载着汉武帝宫廷制香的配方。明朝时期盛行的各种庙会，清朝各代皇帝的天坛祭天的传说，说明从古至今，燃香行业长盛不衰。

文革时期的破四旧、立四新运动，佛教、寺庙遭到前所未有的破坏，燃香也一度被禁用。但改革开放以来，宗教信仰自由使得各地香作坊纷纷生产燃香来满足市场的需求。到现在，全国大大小小的香厂多达万家，发展成规模的厂家也不低于百家，由于中国的劳动力还算便宜，生产的燃香质量又非常好，东南亚地区等国家纷纷到大陆来购买卫生香，使得我国燃香出口一度繁荣起来。

古代特别是四大文明古国的宗教徒们礼拜时用的燃香，就大量用一些天然植物材料如艾叶、菖蒲、沉香、檀香、樟木、柏木、杉木、松针、玫瑰花、茉莉花、薰衣草等掺入其中，使之燃烧时发出更好闻的香气。那时候香料的使用局限于天然香料，由于古人无法知道各种天然香料所含的成分，也不知道这些香料焚烧时所起的化学变化，他们只能凭借经验将各种香料合理配搭，使之在焚烧时散发出更加美好的香气。所以"经典"的燃香仅局限于沉香、檀香、樟香、柏香四大木香，后来才多了几个花香如玫瑰、茉莉、桂花和某些中草药香等几种比较固定的香型。

近来报纸上、网上、微信和各种媒体经常有人发表一些耸人听闻的段子，说"化学香"如何如何害人，毒过蛇蝎，把熏香的所有问题都归之于"化学香"，兹将这些段子的"论点"和"论据"摘录如下：

（1）"据香港理工大学科研部门的专家研究证实"：化学香中的香精、染料在燃烧过程中释放出大量的"苯"和"甲醛"，这二者都属强烈致癌物，被国家列为一类空气污染物，在建筑装修等生活领域对其严加控制。而其在燃烧时的毒性是常态挥发毒性的5~7倍！

（2）栖霞寺僧人向本报反映，大量劣质香流向寺院，此类香中是以锯木屑、工业树脂、香精、色素为原料，毒性较大，污染空气，长期吸入焚香时产生的粉尘烟雾，还会危及健康，甚至导致患癌。栖霞寺的不少高僧都受害于香火，得了肺癌或呼吸器官疾病。近年由于香火太旺，劣质香应运而生，小作坊为降低成本，纷纷用工业色素、香精、树脂、锯木屑作原料制香，此类香在焚烧时产生的煤焦油和有害毒雾及粉尘，令长期生活在此类环境中的僧侣们受到的危害性极大，一些寺院法师和礼佛者近年肺癌频发，与长期焚烧劣质香关联甚大。

（3）室内焚香易患肺癌——广州人有在屋内点香的习俗。长期生活在烟雾缭绕中，肺癌容易找上门来。中山大学附属肿瘤医院胸外科主任医师曾灿光教授向记者介绍，在室内点香会引起众多问题，长期慢性地吸入燃香释放出来的有害物质，可能会出现咳嗽、哮喘、过敏性鼻炎发作，严重的甚至会患上肺癌。

（4）焚香不当有害健康——烧香拜祭是中国的传统习俗。烧香对空气的影响究竟有多大？台湾的科研人员做了一个测试。结果证明，香烛不断的寺庙内，苯并芘（可导致肺癌）的含量比有人吸烟的房屋内高45倍，比没有室内燃烧源（如烧饭的烟火）的场所高118倍。由此可见，居室不宜过量烧香。否则，经常或过多吸入苯并芘、二氧化碳、烟雾微粒等有害物质，会引起咳嗽、过敏性鼻炎发作，会出现皮肤瘙痒、哮喘等过敏反应，严重的会罹患肺癌。

（5）早晚三炷香是许多年长家庭主妇每天要做的事，但是，消基会抽验祭祀用的香，验出最多的致癌物质是甲苯和乙醛。如果吸入过多的量，将造成眼睛、皮肤、呼吸系统、中枢神经系、运动失调、忧郁症、肝脏、肾脏和心血管循环系统伤害！此外验出 1,3-丁二烯、苯可导致淋巴癌。

（6）香在中国社会代代相传生生不息，买香、烧香是大家都有过的经验。"香"不仅是佛道教信徒在用，其他宗教亦用，且不分种族，可见香在人类社会所扮演的角色是多么的微妙，尤其在台湾的中国人更称为烧香的民族。日前即八十四年（公元 1995 年）4 月 23 日"自由时报"刊载中山医学院生化科所提出"劣质香"对人体影响之研究报告，文中有深入报导。更有"劣质香"会致癌之说，种种报导令人触目惊心。若真有其事，追究其原因，都是目前市面所充斥的"劣质香"惹的祸。市售"劣质香"因不易点燃，所以在制造过程中加入了助燃炭粉或助燃化学物质。如此，您每天在礼佛敬神祭祖时是否身陷危险环境之中而不自知？然而礼佛敬神理应是祈求平安，修持智慧，使人身体气脉畅通而达静心健康之效，若将之用于修行上，更是具有不可思议的助缘。

（7）《联合早报》报道，污染度高过都市要道——来自台湾成功大学的研究小组就台北一家寺庙烧香所产生的迷雾进行研究，发现其中含有高度的化学物，会造成肺癌，而其污染程度也高过一般都市的十字路口的正常值。将寺庙中的空气样本和十字路口的空气做比较，发现寺庙空气中含有浓浓的多环芳香烃等致癌物。对空气分析的结果显示，寺庙内多环芳香烃的含量较寺庙外一般空气高出 19 倍，也略高于十字路口。研究人员甚至发现，寺庙空气中含有尤其容易致癌的苯并芘，含量较有人抽烟的居家高出 45 倍，较没有烟雾来源的住家高出 118 倍。他们说："在寺庙举行重大仪式时，同时有数百柱或甚至千余炷香在燃烧，我们担心的是寺庙工作人员的健康问题。"香气从口鼻、毫毛孔窍入体，通于肺腑气血，对身与心都有直接的影响，而修行人六根敏锐，气脉畅通，如用化学香，入体则毒，扰乱定境，易引烦恼，火气上升，不但不安神，反使身心受损，徒增违缘，故真修法弟子不可不察！

类似的报道还有许多，但大同小异，我们来分析一下这些"论据"吧：

仔细阅读这些言论，你会发现它们指出的都是焚香普遍存在的问题，希望人们少烧香，烧好香，并没有分别说明是"化学香"还是"天然香"，有的说"劣质香"不好，也跟"化学"无关——"天然香"就没有劣质的吗?! 用合成香料制造的熏香就一定"劣质"吗？当今世界每年评选出的十大名牌香水绝大多数都是用合成香料配制的，都是"劣质"的吗？

至于"化学香中的香精、染料在燃烧过程中释放出大量的'苯'和'甲醛'"，这是伪专家们欺骗"科盲"民众的一种惯用手法。没有一个实验可以证实日用香料和香精里含有大量的苯、甲醛，因为苯和甲醛都不是香料，不可能用来配制香精；所有的植物材料包括柴草、油类在熏染、不完全燃烧时都会产生一定量的苯和甲醛，没有一个实验可以证实日用香料和香精燃烧后会产生更大量的苯和甲醛，说明这"专家"要不不存在，要不是伪专家，专门搞些危言耸听的段子，"语不惊人誓不休"。

有人还列举了"化学香"的"害处"：

害处一，以有毒化工香精香毒熏诸圣贤，损害诸根无有功德，致使性命受损。

害处二，干扰定境，致使心境烦乱。致修为无法寸进。

害处三，有毒化工香由化工物质或杂粉组成，采用红、黄、金等有毒色彩掩盖成分、燃烧气味冲鼻、呛人或有冶艳香气。长期熏闻会导致呼吸道炎症，如僧人或居士长期处于有毒化工香品熏烧之道场，于 300 米范围内工作、修持，身体易不适，容易衰老及病变癌症。

害处四，有毒化工香精多由石粉和杂木构成，表面特别细滑，富含重金属，熏闻后人体吸入毒粉易导致人体慢性中毒、引烦恼、升火气、不安神，致使身心受损，烦躁不安。

害处五，以有毒香精香长期供养点燃于寺庙、佛堂，喜神吉神远离，神鬼厌烦，灾殃临近，钱财易损。

害处六，家庭不和，易多埋怨、多口角。

显然上面这些全是废话，这种想当然的文字也写得出来，读者自己分析一下就不会相信了，无须讨论。

实际上，用天然香料制香，对人体更有可能产生伤害。直接用沉香、檀香木、柏木和各种中草药的粉末制成燃香，在熏燃的时候，烟气较大，由于不完全燃烧释放出数以千种的有的至今都还没有分析清楚的烟尘物质，其中包含着 3，4-苯并芘之类致癌物，同抽烟的烟气成分相近而更加严重！

我国的蚊香工业早就使用碳粉全部或部分取代木粉，较少了烟尘量，其中的无烟蚊香就是不用木粉制作的。卫生香的制作理应向蚊香看齐，尽量少用木粉，尤其是熏燃时产生大量烟尘的植物材料。用碳粉制作卫生香在技术上没有任何问题，站在佛教的角度看会更加"纯净"一些，没有烟尘污染对人们的健康是有利的，只是目前由于习惯性的问题，民众可能还不太容易接受。

把天然香料的香味成分提取出来再用来配制燃香是个好办法，其中用水蒸气蒸馏得到的精油使用时效果最好，但有的天然香料用水蒸气提取法得率太低，或者能耗太大，不得不用有机溶剂或超临界二氧化碳萃取得到香树脂、浸膏或净油，这些提取物的成分还是非常复杂的，在熏燃时仍然可能会有烟尘和对人有害的物质释放出来。

200 年前，合成香料还没有问世，世人只能使用天然香料，好的加香产品都是贵重的奢侈品。合成香料出现以后，有的调香师热烈欢迎它们，很快就在自己的调香室里使用并创作出许许多多优秀的"调香作品"，其中不少还是不朽珍品，例如香奈儿 5 号香水和我国的"明星花露水"；有少数调香师坚持不使用合成香料，声称他们全部使用天然香料配制的香精才是"上帝赐予的"，在他们眼中，化学家都是"妖魔鬼怪"；还有一些调香师绝不使用天然香料，说是完全用合成香料最终也能调配出"与上帝抗衡"的作品出来。后两类调香师都坚持不太久，形成了目前调香界的公认事实——合成香料与天然香料一起使用，相辅相成。世界香料香精事业就这样跌跌撞撞并快速发展起来，达到今日欣欣向荣的局面。可以想象，如果没有合成香料，我们现在的绝大多数人们，可能一辈子都见不到"高级"香水！更不可能去使用它们！

点香，包括宗教用香，其目的都是为了使人愉悦，有个好心情；或者能够集中精力工作、学习，如果香味能够令人提高效率、减少差错就更好；或者为了更好地休息、睡眠；不烦躁，不动气，能安心地做好每一件事。好的燃香产品就应该是这样的，其他迷信的说法都是没有实际意义的，不必理会。

其实，正规厂家生产的香料、香精不管是天然的还是化学合成的，在按规定使用的前提下对人体都是安全无害的，不正确或过量使用的时候，不管天然的还是合成的都存在同样的一系列问题，合成香料并不显得更加严重。

用符合法规的日用香料——不管是天然香料还是合成香料制作的燃香对人来说都是安全无害的，在过量使用即一次性大量焚烧燃香时后者反而更加安全一些，因为它们更加"纯净"，我们对它们的成分了解得更加充分。

本书著者并不反对推销"天然香"，也不反对生产厂家利用"一切回归大自然"的呼声多赚些利润，只是反对"言过其实""哗众取宠"。消费者有权知道自己买到的商品是用什么材料生产制作的，有人喜欢用"全天然"的产品，可能出于"高档""时髦"等等想法，不一定全是为了"安全""健康"，也可能出于对环境保护、生态友好等方面的忧虑，单单从这一个角度来看，难道大量耗费宝贵的天然资源就值得大力提倡吗?!

　　生活在青藏高原上的藏族同胞，虽然人均香料资源比较匮乏，但是一千多年来在雪域的大地上，无论是寺庙、佛塔、山口、河岸，还是在平常百姓家，都从来没断过袅袅的香烟。藏民们早先也是用大量宝贵的香料例如沉香、檀香、丁香、木香、当归、肉桂、没药、甘草、菖蒲、甘松、长松萝、排草、豆蔻、乳香、安息香、冰片及红花等二十多种乃至百多种天然香料及药材合以金、银、珍珠粉等珍贵矿物制香。但现在，你要是到藏区去的话，会发现这些用极其贵重的香料制作的藏香其实主要是卖给游客和"收藏家"的，藏民们并不使用。在寺庙、佛塔等处，你会看到藏民们熏燃的主要是村子里和周边到处可见可采的松树枝叶、柏叶、艾蒿、荆条等，这是他们响应各地活佛们的号召"尽量节省、不浪费天然资源"的结果。藏民们这种新风尚值得我们学习、仿效。

　　所有燃香都可以用水蒸气蒸馏法提取香气成分，香气较淡的样品在蒸馏时只能得到类似"纯露"的含香蒸馏水，不管是"精油"还是"纯露"，都可以直接进样作气相色谱分析，必要时用气质联机分析，比较该样品的谱图与标准品或天然精油谱图的差异，就可以得出正确的评判结果。

参 考 文 献

[1] 董丽，邢钧，吴采樱. 香精香料的分析方法进展 [J]. 分析科学学报，2003 (02).

[2] 王平，朱晓兰，苏庆德. 色谱指纹图谱分析在香精香料质量控制中的应用 [J]. 化工新型材料，2010 (04).

[3] 车宗伶. 气相色谱-质谱联用 (GC/MS) 技术对香精香料分析的经验探讨 [J]. 香料香精化妆品，2010 (05).

[4] 孙海燕，袁豪庭. 食品中感官评价的研究 [J]. 农技服务，2009 (10).

[5] 赵镭，刘文，汪厚银. 食品感官评价指标体系建立的一般原则与方法 [J]. 中国食品学报，2008 (03)

[6] 陈玉铭. 食品感官分析技术在产品开发中的应用 [J]. 食品研究与开发，2007 (02).

[7] 邵春凤. 食品感官评价的影响因素 [J]. 肉类研究，2006 (05).

[8] 邵春凤. 感官评价在食品中的研究进展 [J]. 肉类工业，2006 (06).

[9] 林宇山. 感官评价在食品工业中的应用 [J]. 食品工业科技，2006 (08).

[10] 张爱霞，生庆海. 食品感官评定的要素组成分析 [J]. 中国乳品工业，2006 (12).

[11] 刘建，张睿，徐文科. 食品感官分析工作中存在问题及对策 [J]. 粮油食品科技，2005 (05).

[12] 张爱霞，邓宏斌，陆淳. 感官分析技术及其在食品工业中的应用 [J]. 乳业科学与技术，2004 (03).

[13] 吕丽爽，陶菲. 香精香料分析方法进展 [J]. 食品科学，2005 (08).

[14] 王昊阳，郭寅龙，张正行，等. 静态顶空与顶空-SPME-气质联用法在烟用香料分析中的比较 [J]. 分析测试学报，2004 (03).

[15] 刘百战，李树正，詹建波，等. 香精香料中溶剂及水分含量的气相色谱分析 [J]. 烟草科技，1998 (05).

[16] 汪秋安，陈清奇. 日化香精香料的分析技术 [J]. 日用化学工业，1994 (02).

[17] 齐衡. 气相色谱的应用 [J]. 张家口师专学报：自然科学版，1994 (05).

[18] 周奕，周芸，陆冰琳. 关于香精香料的检测的探讨 [J]. 轻工科技，2013 (11).

[19] 刘大星，付留杰，赵怀龙. 食品安全检测前处理技术研究进展 [J]. 中国卫生检验杂志，2012 (04).

[20] 程雷，孙宝国，宋焕禄，等. 食用香精香料的安全性评价现状及发展趋势 [J]. 食品科学，2010 (21).

[21] 徐易，曹怡，金其璋. 食用香料香精安全性与国内外法规标准 [J]. 中国食品添加剂，2009 (02).

[22] 谭志光、黄伟科、张玉萍、唐书泽，食用香精香料的制备及其安全控制 [J]. 中国食品添加剂，2009.

[23] 李时珍. 本草纲目 [M]. 北京：人民卫生出版社，1985.

[24] 陈煜强，刘幼君. 香料产品开发与应用 [M]. 上海：上海科学技术出版社，1994.

[25] 邵俊杰，林金云. 实用香料手册 [M]. 上海：上海科学文献出版社，1991.

[26] 林翔云. 第六感之谜 [M]. 北京：化学工业出版社，2016.

[27] 王德峰，王小平编著. 日用香精调配手册 [M]. 北京：中国轻工业出版社，2002.

[28] 范成有. 香料及其应用 [M]. 北京：化学工业出版社，1990.

[29] 张玉奎，张维冰，邹汉法主编. 分析化学手册：第6分册：液相色谱分析 [M]. 北京：化学工业出版社，2000.

[30] 林翔云. 加香术 [M]. 北京：化学工业出版社，2016.

[31] 何坚，季儒英. 香料概论 [M]. 北京：中国石化出版社，1993.

[32] 钟庆辉. 烟草化学基本知识 [M]. 北京：中国轻工业出版社，1985.

[33] 丁德生. 美妙的香料 [M]. 北京：中国轻工业出版社，1986.

[34] 林翔云. 半个鼻子品天下 [M]. 厦门：凌零出版社，2015.

[35] 丁德生，龚隽芳. 实用合成香料 [M]. 上海：上海科学技术出版社，1991.

[36] 何坚，孙宝国. 天然香料 [M]. 北京：北京轻工业学院，1990.

[37] 《天然香料加工手册》编写组. 天然香料加工手册 [M]. 北京：中国轻工业出版社，1997.

[38] 《天然香料手册》编委会. 天然香料手册 [M]. 北京：轻工业出版社，1989.

[39] 《中国香料植物栽培与加工》编写组. 中国香料植物栽培与加工 [M]. 北京：轻工业出版社，1985.

[40] A. R. 品德尔著. 萜类化学 [M]. 刘铸晋，等译. 北京：科学出版社，1964.

[41] 蒋健，杨君，黄芳芳，等. 闪蒸-气相色谱指纹图谱及系统聚类分析用于烟用香精香料的测定 [J]. 色谱，2011（06）.

[42] 黄世杰，许蔼飞，王维刚，等. 主成分分析法在烟用香精质量控制中的应用 [J]. 安徽农业科学，2009（30）.

[43] 魏海峰. 烟用香精香料的品质分析 [J]. 内蒙古科技与经济，2009（07）.

[44] 李蓉，曹慧君，李晓宁. 烟用香精香料的气相色谱特征指纹图谱分类研究 [J]. 化工时刊，2007（08）.

[45] 王小燕，吕健. 烟用香精、香料质量控制体系研究 [J]. 郑州轻工业学院学报：自然科学版，2007（04）.

[46] 格哈特·布赫鲍尔，李宏，叶咏平. 芳香疗法研究中使用的各种方法 [J]. 香料香精化妆品，2000，（03）.

[47] D. P. 阿诺尼丝著. 调香笔记——花香油和花香精 [M]. 王建新译. 北京：中国轻工业出版社，1999.

[48] G. 浮宁主编. 食品香料化学——杂环香味化合物 [M]. 李和，等编译. 北京：中国轻工业出版社，1992.

[49] H. 马斯，R. 贝耳兹编著. 芳香物质研究手册 [M]. 徐汝巽，林祖铭译. 北京：中国轻工业出版社，1989.

[50] N. H. 勃拉图斯著. 香料化学 [M]. 刘树文译. 北京：中国轻工业出版社，1984.

[51] 丁敩芳主编. 香料香精工艺 [M]. 北京：中国轻工业出版社，1999.

[52] 杜建. 芳香疗法源流与发展 [J]. 中国医药学报，2003（08）.

[53] 陈代文，李小兵. 饲用调味剂在畜禽饲粮中的应用. 饲料工业：网络版，2004.

[54] 程鹏，潘勤，许善初. 薰衣草精油的生物活性 [J]. 国外医药植物药分册，2008（01）.

[55] 林翔云. 三值理论在日化调香实践中的应用 [J]. 日用化学品科学，2015，3

[56] 王建新，王嘉兴，周耀华. 实用香精配方 [M]. 北京：中国轻工业出版社，1995.

[57] 王箴主编. 化工辞典 [M]. 第3版. 北京：化学工业出版社，1992.

[58] 魏永祥，韩德民. 嗅觉研究现状 [J]. 中国医学文摘：耳鼻咽喉科学，2007（04）.

[59] 丛浦珠，苏克曼主编，分析化学手册：第9分册：质谱分析 [M]. 北京：化学工业出版社，2000.

[60] 林翔云. 芳樟提取液在家庭卫生领域的应用 [J]. 中华卫生杀虫药械，2015，6.

[61] 冯兰宾，童俐俐. 化妆品工艺学 [M]. 北京：轻工业出版社，1987.

[62] 顾忠惠. 合成香料生产工艺 [M]. 北京：轻工业出版社，1993.

[63] 何坚，孙宝国. 香料化学与工艺学 [M]. 北京：化学工业出版社，1995.

[64] 林翔云. 自然界气味关系图 [J]. 香料香精化妆品, 2015, 1.

[65] 黄梅丽, 姜汝焘, 江小梅. 食品色香味化学 [M]. 北京: 中国轻工业出版社, 1987.

[66] 黄士诚, 张绍扬. 芳香植物名录汇编（十九）[J]. 香料香精化妆品, 2009 (01).

[67] 黄致喜, 王慧辰. 萜类香料化学 [M]. 北京: 中国轻工业出版社, 1999.

[68] 梅全喜, 林焕泽, 李红念. 沉香的药用历史、品种、产地研究应用浅述 [J]. 中国中医药现代远程教育, 2013 (08).

[69] 林峰, 梅文莉, 吴娇, 等. 人工结香法所产沉香挥发性成分的 GC-MS 分析 [J]. 中药材, 2010 (02).

[70] 邓红梅, 周如金, 童汉清, 等. 超临界二氧化碳萃取沉香精油工艺条件研究 [J]. 时珍国医国药, 2009 (03).

[71] 晋锴, 肖敬, 长勇, 等. 香烟的启示 [M]. 北京: 职工教育出版社, 1989.

[72] 林翔云. 膜分离技术在芦荟原汁加工中的应用 [J]. 中国民族民间医药杂志, 2000, 6.

[73] 张力, 郑中朝主编. 饲料添加剂手册 [M]. 北京: 化学工业出版社, 2000.

[74] 张妹妍. 恶臭污染监测与防治的研究∥恶臭污染测试与控制技术——全国首届恶臭污染测试与控制技术研讨会论文集 [C]. 2003.

[75] 瞿新华. 植物精油的提取与分离技术 [J]. 安徽农业科学, 2007 (32).

[76] 周良模, 等. 气相色谱新技术 [M]. 北京: 科学出版社, 1998.

[77] 周申范, 宁敬埔, 王乃岩. 色谱理论及应用 [M]. 北京: 北京理工大学出版社, 1994.

[78] 朱鑫, 王俊杰, 吴秀英. 芳香植物及其栽培技术简介 [J]. 天津农业科学, 2008 (02).

[79] 《合成香料工艺学》编写组. 合成香料工艺学（上、下册）[M]. 上海: 上海轻工业高等专科学校, 1983.

[80] 李健, 滕亮, 徐建军, 等. 新疆阿魏挥发油提取工艺的比较研究 [J]. 中成药, 2009 (04).

[81] 王珊, 柯瑾, 蒲旭峰. 阿魏挥发油成分 GC 指纹图谱研究 [J]. 中成药, 2008 (04).

[82] 赵文彬, 朱芸, 相颖, 等. 气相色谱-质谱法分析新疆阿魏挥发油化学成分 [J]. 时珍国医国药, 2007 (05).

[83] 李晓瑾, 姜林, 帕丽达. 新疆阿魏抗溃疡作用组分筛选研究 [J]. 中国现代中药, 2007 (10).

[84] 杨俊荣, 敬松, 李志宏, 等. 新疆阿魏化学成分研究 [J]. 中国中药杂志, 2007 (22).

[85] 谭秀芳, 李晓瑾, 杜翠玲, 等. 药用植物阿魏概况及研究进展 [J]. 中国民族民间医药杂志, 2006 (01).

[86] 宋东伟, 赵文军, 吴雪萍, 等. 阿魏属植物化学成分及药理活性研究进展 [J]. 中成药, 2005 (03).

[87] 戴斌, 戴向东, 丘翠嫦. 香阿魏挥发油成分的研究 [J]. 中国民族民间医药杂志, 2004 (03).

[88] 倪慧, 姜传义, 陈茂齐. 新疆多伞阿魏根中挥发成分研究 [J]. 中成药, 2001 (01).

[89] 林翔云. 重整精油 [J]. 香料香精化妆品, 2013 (1).

[90] 顾良英. 日用化工产品及原料制造与应用大全 [M]. 北京: 化学工业出版社, 1997.

[91] 丁耐克. 食品风味化学 [M]. 北京: 中国轻工业出版社, 1996.

[92] 李书渊. 降香的本草再考 [J]. 海峡医药, 1997 (4).

[93] 周兴法. 降真香的化学成分研究 [J]. 中国医药杂志, 1989 (2).

[94] 何坚, 闫世翔. 香料学 [M]. 北京: 北京轻工业学院, 1983.

[95] 林翔云. 化妆品中芦荟添加量的测定∥2002 年中国化妆品学术研讨会 [C]. 2002

[96] 黄绍元, 等译. 科学的未知世界 [M]. 上海: 上海科学技术出版社, 1985.

[97] 黄致喜, 金其璋, 罗寿根, 等译. 香料化学与工艺学 [M]. 北京: 中国轻工业出版社, 1991.

[98] 曹梦晔. 紫藤属药学研究概况 [J]. 山东中医药大学学报, 2012 (1).

[99]　济南轻工研究所. 合成食用香料手册 [M]. 北京：中国轻工业出版社，1985.

[100]　夏铮南，王文君. 香料与香精 [M]. 北京：中国物资出版社，1998.

[101]　林翔云. 樟树及其应用开发的探索 [J]. 家庭卫生用品，2014（2）.

[102]　江燕，章银柯，应求是. 我国芳香植物资源、开发应用现状及其利用对策 [J]. 中国林副特产，2007（05）.

[103]　金紫霖，张启翔，潘会堂，等. 芳香植物的特性及对人体健康的作用 [J]. 湖北农业科学，2009（05）.

[104]　许戈文，李布清主编. 合成香料产品技术手册 [M]. 北京：中国商业出版社，1996.

[105]　许鹏翔，贾卫民，毕良武，等. 芳香植物精油分析的气相色谱技术 // 2002年中国香料香精学术研讨会论文集 [C]. 2002.

[106]　杨薇炯. 微生物发酵法制得的天然苯乙醇香料. 中国生物信息技术网.

[107]　林翔云. 中国芦荟的开发和利用 // 全国精细化工技术信息交流会 [C]. 1987.

[108]　姚雷，吴亚妮，乐云辰，等. 薄荷品种间遗传关系分析与植物学性状和精油成分差异 // 第七届中国香料香精学术研讨会论文集 [C]. 2008.

[109]　李浩春主编. 分析化学手册：第5分册：气相色谱分析 [M]. 北京：化学工业出版社，1999.

[110]　李和，等编译. 食品香料化学 [M]. 北京：轻工业出版社，1992.

[111]　唐薰，等. 香料香精及其应用 [M]. 长沙：湖南大学出版社，1987.

[112]　王淳浩，王彦吉，孟品佳，等. 气-质联用鉴别人体气味 [J]. 化学研究与应用，2008（01）.

[113]　林翔云. 定香机理及定香基的配制 [J]. 香料香精化妆品，2011，1.

[114]　恽季英. 香精制造大全 [M]. 上海：上海商务印书馆，1925.

[115]　张成才，陈奇伯，韩伟宏. 香化艺术在园林中的应用 [J]. 北方园艺，2008（12）.

[116]　张承曾，汪清如. 日用调香术 [M]. 北京：轻工业出版社，1989.

[117]　疆维吾尔自治区卫生厅. 维吾尔药材标准：上册 [M]. 乌鲁木齐：新疆科技卫生出版社，1993：291.

[118]　舒宏福编. 新合成食用香料手册 [M]. 北京：化学工业出版社，2005.

[119]　林翔云. 天然芳樟醇与合成芳樟醇 [J]. 化学工程与装备，2008，7.

[120]　周法兴，闵知大，降真香的化学成分研究 [J]. 中国中药杂志，1989（02）.

[121]　韩静，唐星，巴德纯. 降香挥发油的理化性质研究 [J]. 中医药学刊，2004（07）.

[122]　庄满贤. 降香檀叶质量评价和综合利用研究 [D]. 广州：中医药大学，2012.

[123]　孙宝国，等编著. 食用调香术 [M]. 北京：化学工业出版社，2003.

[124]　梁雅轩，廖鸿生. 酒的勾兑与调味 [M]. 北京：中国食品出版社，1989.

[125]　文瑞明主编. 香料香精手册 [M]. 长沙：湖南科学技术出版社，2000.

[126]　林翔云. 香气的分维 [J]. 香料香精化妆品，2006.1.

[127]　林进能，等. 天然食用香料生产与应用 [M]. 北京：轻工业出版社，1991.

[128]　史筱青. 浅谈芳香疗法的历史渊源 // 第八届东南亚地区医学美容学术大会论文汇编 [C]. 2004.

[129]　刘树荃，陆惠秀. 国外香料香精 // 中国香化协会、轻工业部香料工业科学研究所编印，1992.

[130]　宋小平，韩长日主编. 香料与食品添加剂制造技术 [M]. 北京：科学技术文献出版社，2000.

[131]　印藤元一著. 基本香料学 [M]. 欧静枝译. 台湾：复汉出版社，1978.

[132]　藤卷正生，等著. 香料科学 [M]. 夏云译. 北京：中国轻工业出版社，1988.

[133]　桑田勉原著. 香料工业 [M]. 黄开绳原译，强声补译修订. 北京：商务印书馆，1951.

[134]　林翔云. 日用品加香 [M]. 北京：化学工业出版社，2003.

[135]　芮和恺，王正坤. 中国精油植物及其利用 [M]. 昆明：云南科技出版社，1987.

[136]　毛多斌，马宇平，梅业安编著. 卷烟配方和香料香精 [M]. 北京：化学工业出版社，2001.

[137] 南开大学化学系仪器分析编写组. 仪器分析：下册 [M]. 北京：人民教育出版社，1978.

[138] 林翔云. 闻香说味——漫谈奇妙的香味世界 [M]. 上海：上海科学普及出版社，1999.

[139] 钱松，薛惠茹. 白酒风味化学 [M]. 北京：中国轻工业出版社，1997.

[140] 许飞，周金池. 光谱类分析仪器的主要特点及其发展现状 [J]. 光谱实验室，2012 (01).

[141] 叶昭艳，严辉，杨燕敏，等. 现代仪器分析在环境无机分析化学中的应用与发展 [J]. 化学工程与装备，2011 (04).

[142] 李冰，周剑雄，詹秀春. 无机多元素现代仪器分析技术 [J]. 地质学报，2011 (11).

[143] 向东山，谭建华. 现代仪器分析技术在环境监测中的应用 [J]. 湖北民族学院学报：自然科学版，2011 (04).

[144] 秦昆明，石芸，谈献和，等. 现代仪器分析技术在中药炮制机理研究中的应用 [J]. 中国科学：化学，2010 (06).

[145] 林翔云. 神奇的植物——芦荟 [M]. 福州：福建教育出版社，1991.

[146] 杨秀梅. 仪器分析方法与分析仪器主要特点及发展现状综述 [J]. 生命科学仪器，2010 (05).

[147] 李赞忠，乔子荣. 现代仪器分析技术的新进展 [J]. 内蒙古石油化工，2010 (23).

[148] 孙英鸿，齐懿鸣，王琛琛，等. 仪器分析方法与分析仪器主要特点及发展现状综述 [J]. 生命科学仪器，2009 (01).

[149] 王学琳. 现代分析仪器发展趋势 [J]. 现代仪器，2007 (06).

[150] 林翔云. 香料香精辞典 [M]. 北京：化学工业出版社，2007.

[151] 卿萍. 芳香疗法——开创肌肤保养理念新纪元 // 第五届东南亚地区医学美容学术大会论文汇编 [C]. 2000.

[152] 钮竹安. 香料手册 [M]. 北京：轻工业出版社，1958.

[153] 林翔云. 调香术 [M]. 第3版. 北京：化学工业出版社，2013.

[154] 中国香料香精化妆品工业协会编. 中国香料香精发展史 [M]. 北京：中国标准出版社，2001.

[155] 大西宪. 香料（日），1993，180：27.

[156] 李宝唐. 麝鼠香化学成分的研究 [J]. 中国药学杂志，1994，29 (7)：396-397.

[157] 林翔云. 香樟开发利用 [M]. 北京：化学工业出版社，2010.

[158] 陈玉山. 麝鼠香腺发育与活体取香的初步研究 [J]. 兽类学报，1996，16 (1)：4-47.

[159] 丛琳，邓慧，邓燕柠，等. 感官评价及其在化妆品上的应用 [J]. 广东化工，2015 (13).

[160] 史波林，赵镭，奂畅，等. 感官评价小组及成员排序能力评估的一般导则 [J]. 食品科学，2014 (17).

[161] 陆小腾驾，阮红倩，童华荣. 感觉的时间优势评价方法及其应用 [J]. 食品工业科技，2013 (05).

[162] 汪厚银，赵镭，李志，等. 差别检验感官分析方法标准的技术动态分析 [J]. 标准科学，2011 (06).

[163] 赵镭，刘文，高永梅，等. 感官分析标准中的标度技术进步 [J]. 中国食品学报，2011 (02).

[164] 赵华，王硕，董银卯，等. 成对比较检验在乳液基质化妆品感官评定中的应用 [J]. 科技导报，2011 (05).

[165] GB/T 13868—2009 感官分析，建立感官分析实验室的一般导则 [S].

[166] 国家药典委员会. 中华人民共和国药典，2015.

[167] 英国药典（1998）第一卷，1998.

[168] British Pharmacopoeia 2010, Volume Ⅲ. Herbal Drugs, Herbal Drug Preparations and Herbal Medicinal Products.

[169] 国内外药品标准对比分析手册编委会. 国内外药品标准对比分析手册. 北京：化学工业出版

社，2003.

[170] Keller H R，Massart D L，Liang Y Z. Evolving factor analysis in the presence of heteroscedastic noise. Analytica Chimica Acta，1992.

[171] Mehdi Jalali-Heravi，Hadi Parastara，Hassan Sereshti. Development of a method for analysis of I-ranian damask rose oil：Combination of gas chromatography-mass spectrometry with Chemometric techniques. Analytica Chimica Acta，2008.

[172] Liang Y Z，Xie P S，Chau F. Chromatographic fingerprinting and related chemometric techniques for quanlity control of traditional Chinese medicines. Journal of Separation Science，2010.

[173] Kovats E Composition of essential oils Part 7. Bulgarian oil of rose (*Rosa damascena* Mill.). Journal of Chromatography，1987.

[174] Hu Y，Liang Y Z，Li B Y，et al. Multicomponent spectral correlative chromatography applied to complex herbal medicines. Food Chemistry，2004.

[175] Maeder M Evolving factor analysis for the resolution of overlapping chromatographic peaks. Analytical Biochemistry，1987.

[176] Malinowski E R. Factor Analysis in Chemistry，1991.

[177] Arctander S. Perfume And Flavor Chemicals，1969.

[178] Bernard B K. Flavor and Fragrance Materials，1985.

[179] Maeder M. Zuberbuhler A D. The resolution of overlapping chromatographic peaks by evolving factor analysis. Analytica Chimica Acta，1986.

[180] Antimicrobial activity and chemical composition of some essential oils. Archives of Pharmacal Research，2002 (6).

[181] Aydinli M MTutas. Production of rose absolute from rose con-crete. Flavour Fragr，2003.

[182] Pin-Der Duh，Gow-Chin Yen. Antioxidant efficacy of methanolic extracts of peanut hulls in soybean and peanut oils. Journal of the American Oil Chemists' Society，1997 (6).

[183] Tada M，Nagai M，Okumura C，et al. Novel spiro-compound，Hyperolactone from *Hypericum chinense* L. Chemistry Letters，1989.

[184] Kang Bookyung，Lee Eunhee. Hong Insup，et al. Abolition of anaphylactic shock by *Solanum lyratum* Thunb. International Journal of immunopharmacology，1998.

[185] Ameri. Angela The effects of Aconitum alkaloids on the central nervous system. Progress in Neurobiology，1998.

[186] Sonia Placate，Cosimo Pizza，Nunziatina De Ommasi. Constituents of *Ardisia japonica* and their vitro anti-HIV activity. Journal of Natural Products，1996.

[187] De Mejia，Elvira Gonzaiez，Ramirez-Mares，Marco Vinicio. Leaf extract from *Ardisia compressa* protects against 1-nitropyrene-induced cytotoxicity and its antioxidant defense disruption in cultured rat hepatocytes. Toxicology，2002.

[188] Marcel Dicke，Jan Bruin. Chemical information transfer between plants：back to the future. Biochemical Systematics and Ecology，2001.

[189] Oh Hyuncheol Kang Dae-Gill，Lee Sunyoung，Lee Ho-Sub. Angiotensin converting enzyme inhibitors from *Cuscuta japonica* Choisy. Journal of Ethnobiology，2002.

[190] Richmond R. Calibrated salvage of gas chromatography capillary column retention indices. Journal of Chromatography，1996.

[191] Aramaki Y，Chiba K，Tada M. Sprio-lactones，Hyperolactone A-D from *Hypericum chinense*. Phytochemistry，1995.

[192] Koike K，Jia Z，Ohura S，Mochida S，Nikaido T. Chemical & Pharmaceutical Bulletin//Keith W Singleatry，Joan T Rokusek. Tissue-specific enhancement of xenobiotic detoxification enzymes in mice by dietary rosemary extract. Plant Foods for Human Nutrition，1997 (1).

[193] Jean-Michel Chardigny，Robert L Wolff，Estelle Mager，Corine C Bayard，Jean-Louis Sébédio，Lucy Martine，Ratnayake W M N. Fatty acid composition of French infant formulas with emphasis on the content and detailed profile of trans fatty acids. Journal of the American Oil Chemists' Society，1996 (11).

[194] Steven L Richheimer，Matthew W Bernart，Greg A King，Michael C Kent，David T Beiley. Antioxidant activity of lipid-soluble phenolic diterpenes from rosemary. Journal of the American Oil Chemists' Society. 1996 (4).

[195] Almeida R N，Motta S C，Brito F C，Catallani B，Leite J R. Anxiolytic like effects of rose oil inhalation on the elevated plus maze test in rats. Pharmacol Biochem Behav.，2004.

[196] Bradley B F，Starkey N J，Brown S L，Lea R W. The effects of prolonged rose odor inhalation in two animal models of anxiety. Physiology and Behavior，2007.

[197] Gerasimov A V，Gornova N V，Rudometova N V. Determination of Vanillin and Ethylvanillin in Vanilla Flavorings by Planar (Thin-Layer) Chromatography. Journal of Analytical Chemistry，2003 (7).

[198] Laurence Lesage-Meessen，Anne Lomascolo，Estelle Bonnin，Jean-Francois Thibault，Alain Buleon，Marc Roller，Michele Asther，Eric Record，Benoit Colonna Ceccaldi，Marcel Asther. A biotechnological process involving filamentous fungi to produce natural crystalline vanillin from maize bran. Applied Biochemistry and Biotechnology，2002 (1) .

[199] Liu C L，Liu M C，Zhu P L. Determination of gastrodin，p-hydroxybenzyl alcohol，vanillyl alcohol，p-hydroxylbenzaldehyde and vanillin in tall gastrodia tuber by high-performance liquid chromatography. Chromatographia，2001 (5).

[200] Umezu T Ito H，Nagano K et al. Anticonflict effects of rose oil and identification of its active constituents. Life Sciences，2002.

[201] Zhao C X，Liang Y Z，Fang H Z，et al. Temperature-programmed retention indices for gas chromatography-mass spectroscopy analysis of plant essential oils. Journal of Chromatography A，2005.

[202] Maeder M，Zilian A Evolving factor analysis，a new multivariate techniques in chromatography. Chemometrics and Intelligent Laboratory Systems，1988.

[203] Kvalheim O M，Liang Y Z. Heuristic evolving latent projections：resolving two-way multicomponent data. 2. Detection and resolution of minor constituents. Analytical Biochemistry，1992.

[204] Liang Y Z，Kvalheim O M，Keller H R，et al. Heuristic evolving latent projections：resolving two-way multicomponent data. Part 2：Detection and resolution of minor constituents. Analytical Biochemistry，1992.

[205] Manne R，Shen H L，Liang Y Z. Subwindow factor analysis. Chemometrics and Intelligent Laboratory Systems，1999.

[206] Ohloff G. Perfumer and Flavorist，1978，1 (3)：11-22.

[207] Ho C T. Washington DC：ACS，1989：258-267.

[208] Callabretta P. Perfumer and Flavorist，1978，3 (3)：33-42.

[209] Bjllot M，Wells F V. Perfumery Technology，1981.

[210] Susan J R，Bruce T F，Mark N H. The structure of the nasal chemosensory system in squamate

reptiles. 1. The olfactory organ, with special reference to olfaction in geckos. J Indian Academy of Science, 2000.

[211] Liman E R, Innan H. Relaxed selective pressure on an essential component of pheromone transduction in primate evolution//Proceedings of the National Academy of Sciences of the United States of America, 2003.

[212] Hunt D M, Dulai K S, Cowing J A, Julliot C, Mollon J D, Bowmaker J K, Li W H, Hewett-Emmett D. Molecular evolution of trichromacy in primates. Vision Research, 1998.

[213] Martha K, Mcclintoc. Menstrual synchrony and suppression. Nature, 2000, 229: 244-245.

[214] Dusenbery David B. Living at Micro Scale. Cambridge: Harvard University Press, 2009.

[215] Kimball J W. Pheromones. Kimball's Biology Pages, 2008.